実例操作 4：用长方体制作茶几

实例操作 7：用几何球体制作水晶珠帘

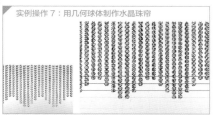

实例操作 9：用管状体制作笔筒

实例操作 12：创建并修改茶壶

2.9 课堂练习——制作储物架

实例操作 17：用线创建衣架

实例操作 5：用圆锥体制作圆台

实例操作 8：用圆柱体制作铅笔

实例操作 10：用圆环制作玉石扣

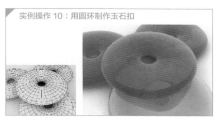

实例操作 13：用切角长方体制作桌椅组合

实例操作 15：用异面体制作手链

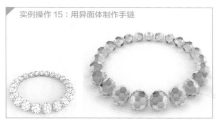

2.10 课后习题——制作鸡蛋

实例操作 18：用矩形创建中式窗

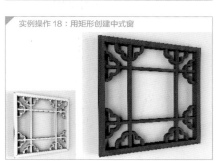

实例操作 6：用球体制作表造型

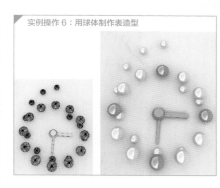

实例操作 11：用四棱锥制作铆钉装饰

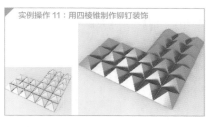

实例操作 14：用切角圆柱体制作沙发凳

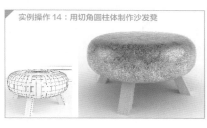

实例操作 16：使用墙工具制作墙体

实例操作 17：用线创建衣架

实例操作 19：使用圆制作铁艺凳

实例操作 20：使用星形制作铁艺画框

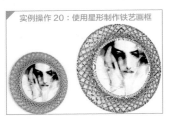

实例操作 22：使用螺旋线制作螺丝

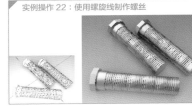

实例操作 23：使用文本制作 Logo

实例操作 24：使用圆环和墙矩形制作装饰画

实例操作 25：使用角度制作角铁

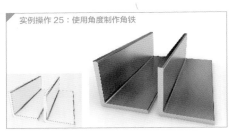

实例操作 26：使用角度制作墙壁储物架

实例操作 27：使用宽法兰制作户外长凳

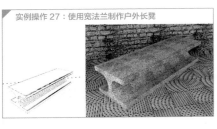

实例操作 28：使用横截面制作马蹄莲

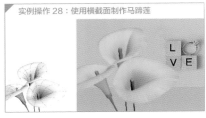

3.5 课堂练习——制作回旋针

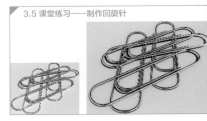

3.6 课后习题——制作五角星

实例操作 29：使用挤出制作扣子

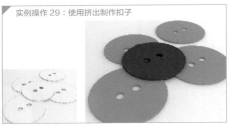

实例操作 30：使用车削制作葫芦装饰

实例操作 31：使用倒角制作挂钩

实例操作 32：使用倒角剖面制作文件架

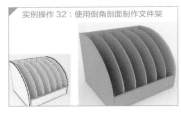

实例操作 33：使用扫描制作放大镜

实例操作 34：使用倒角和挤出制作四叶草装饰

实例操作 35：使用编辑样条线和挤出制作组合衣柜

实例操作 36：使用对称制作帽子

实例操作 37：使用网格平滑设置热水壶平滑

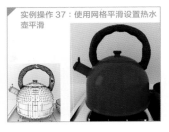

实例操作 38：使用涡轮平滑设置笔架的平滑

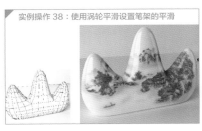

实例操作 39：使用 FFD4×4×4 修改器制作肥皂盒

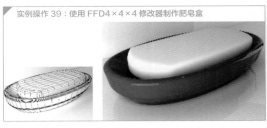

实例操作 40：使用 FFD（圆柱体）修改器调整竹节花瓶

实例操作 41：使用弯曲制作卷轴画

实例操作 42：使用锥化制作不同形状的玻璃瓶

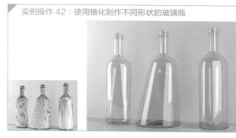

实例操作 43：使用噪波制作冰块

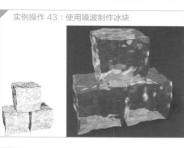

实例操作 44：使用晶格制作时尚台灯

实例操作 45：使用壳制作调料瓶

4.7 课堂练习——冰激凌模型的制作

4.8 课后习题——垃圾篓的制作

5.1 课堂案例——使用变形制作荷花绽放

5.2 课堂案例——使用散布制作灌木

5.3 课堂案例——使用一致制作山体公路

5.4 课堂案例——使用连接制作哑铃

5.6 课堂案例——使用图形合并制作象棋

5.6 课堂案例——使用图形合并制作象棋

5.7 课堂案例——使用布尔制作仿古草坪灯

5.8 课堂案例——使用地形制作假山

5.9 课堂案例——使用放样制作大蒜灯

5.11 课堂案例——使用 ProBoolean 制作保龄球

5.13 课堂练习——牙膏的制作

5.14 课后习题——地灯的制作

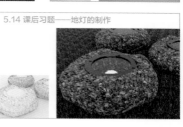

实例操作 46：使用编辑多边形制作手机

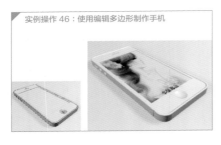

实例操作 47：使用可编辑多边形制作仙人球

6.3 课堂练习——咖啡杯的制作

6.4 课后习题——小鱼装饰的制作

课堂案例 48：使用编辑网格制作飘窗

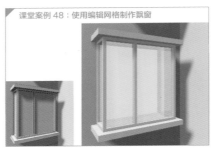

实例操作 49：使用编辑网格制作足球

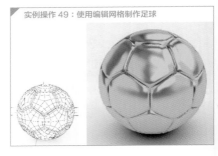

7.5 课堂练习——水晶樱桃的制作

7.6 课后习题——造型台灯的制作

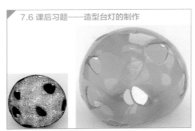

实例操作 50：使用 NURBS 制作辣椒

实例操作 51：使用 NURBS 制作酒杯

8.6 课堂练习——棒球棒的制作

8.7 课后习题——金元宝的制作

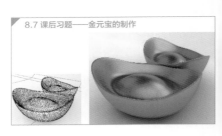

实例操作 52：使用面片制作波斯菊饰品

实例操作 53：使用面片制作面具

9.5 课堂案例——使用曲面制作勺子

9.6 课堂练习——卡通笑脸的制作

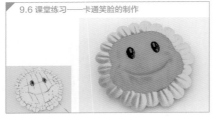

9.7 课后习题——蝴蝶结的制作

实例操作 54：使用标准材质设置耳麦材质

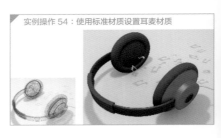

实例操作 55：使用光线跟踪材质设置玻璃材质

实例操作 56：使用混合材质设置花瓶图案

实例操作 57：使用多维／子对象材质设置包装盒材质

实例操作 58：使用位图贴图设置竹编垃圾篓

实例操作 59：使用棋盘格贴图设置地板砖

实例操作 60：使用渐变贴图设置渐变瓷器效果

实例操作 61：使用衰减贴图设置绒毛布料效果

实例操作 62：使用光线跟踪贴图设置木纹反射效果

10.4 课堂练习——设置果盘材质
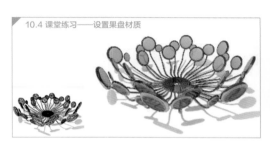

10.5 课后习题——设置金属漆材质

实例操作 63：使用自由摄影机创建动画

实例操作 64：使用目标摄影机创建室内摄影机

实例操作 66：使用摄影机的运动模糊制作运动模糊动画
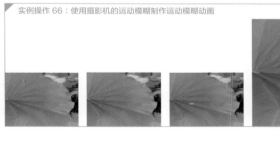

实例操作 65：使用目标摄影机创建景深

实例操作 67：使用标准灯光创建桌面静物光照

实例操作 68：使用标准灯光创建别墅照明

实例操作 69：利用 Web 灯光模拟壁灯灯光效果

11.5 课堂练习——室内灯光的创建

11.6 课后习题——为木屋创建摄影机和灯光

实例操作 70：使用默认扫描线渲染器渲染线框图

实例操作 71：使用 Mental Ray 渲染器设置焦散

12.7 课堂练习——渲染大堂的线框图

12.6 课堂案例——批处理渲染

12.8 课后习题——设置客厅的批处理渲染

实例操作 73：创建静物灯光

实例操作 74：布置室内灯光

案例操作 75：布置户外灯光

实例操作 76：设置金属材质
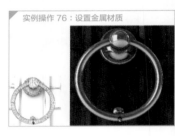

实例操作 77：设置玻璃材质

实例操作 78：设置针织布料材质

实例操作 79：设置霓虹灯材质

实例操作 80：设置材质包裹器材质
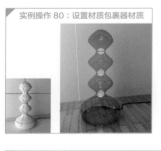

实例操作 81：创建 VR 物理摄影机

实例操作 82：设置 VR 物理摄影机的景深

实例操作 83：设置常规的室内渲染参数

实例操作 84：渲染光子图和白膜线框图

13.6 课堂练习——渲染走廊效果

13.7 课后习题——创建物理摄影机

实例操作 85：使用粒子流源制作喷射的数字

实例操作 86：使用粒子流源和风制作吹散的文字

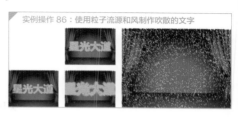

实例操作 87：使用雪制作流星

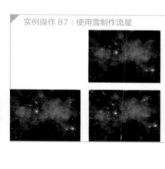

实例操作 88：使用雪粒子制作下雪

实例操作 89：使用喷射制作下雨

实例操作 90：使用超级喷射制作烟雾动画

实例操作 91：使用暴风雪粒子制作海底气泡

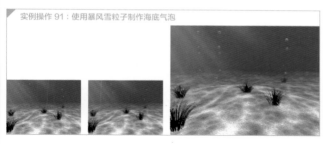

实例操作 92：使用暴风雪粒子制作花瓣雨

实例操作 93：使用粒子阵列制作手写文字

实例操作 94：使用漩涡制作旋风中的树叶

实例操作 95：使用风制作飘向天空的气球

实例操作 96：使用粒子爆炸制作爆炸

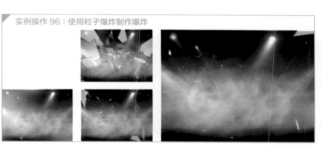

实例操作 97：使用重力制作喷泉

实例操作 98：使用置换制作鹅卵石地面

实例操作 99：使用导向板制作落地的枫叶

实例操作 100：使用波浪制作波浪字

实例操作 101：使用涟漪制作水面涟漪

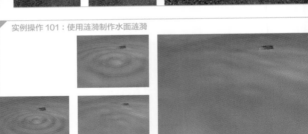

14.4 课堂练习——制作掉落的玻璃球

14.5 课后习题——制作烟花

实例操作 102：使用曝光控制设置室内场景

实例操作 103：使用火效果制作爆炸的火球

实例操作 104：使用体积雾制作水面雾效果

实例操作 105：制作体积光效果

实例操作 106：使用毛发和毛皮制作抱枕

实例操作 107：使用镜头效果制作路灯

实例操作 108：使用模糊效果制作模糊效果

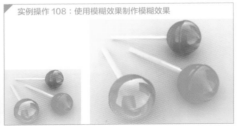

实例操作 109：使用亮度对比度效果调整面包效果

实例操作 110：使用色彩平衡效果调整效果图的色彩平衡

实例操作 111：使用景深效果设置

实例操作 112：学习使用文件输出

实例操作 113：使用运动模糊设置动画的运动模糊

15.5 课堂练习——设置燃烧的蜡烛

15.6 课后习题——设置云彩

实例操作 115：使用对比度事件

实例操作 114：使用底片事件

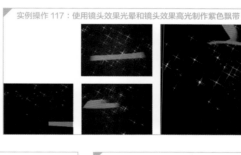

实例操作 116：使用简单擦除事件

实例操作 117：使用镜头效果光晕和镜头效果高光制作紫色飘带

实例操作 118：使用镜头效果光斑制作太阳光斑

实例操作 119：使用镜头效果焦点

实例操作 120：使用衰减事件

实例操作 121：使用星空制作圆月星空效果

16.3 课堂练习——制作闪光流星动画

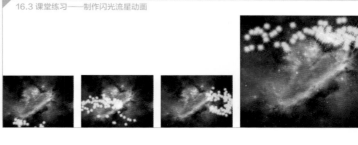

16.4 课后习题——制作炙热字

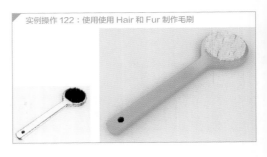

实例操作 122：使用使用 Hair 和 Fur 制作毛刷

实例操作 123：使用 Hair 和 Fur 制作草地效果

17.3 课堂案例——使用 VRay 毛皮制作地毯

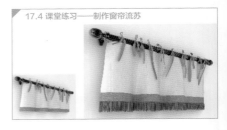

17.4 课堂练习——制作窗帘流苏

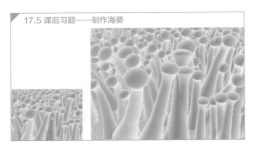

17.5 课后习题——制作海葵

实例操作 124：创建关键帧动画飞机飞行

实例操作 125：创建关键帧动画文字标版

实例操作 126：利用轨迹视图制作运动的汽车

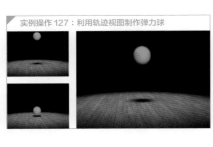

实例操作 127：利用轨迹视图制作弹力球

实例操作 128：通过指定控制器制作音响颤抖的动画

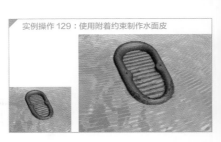

实例操作 129：使用附着约束制作水面皮

实例操作 130：使用路径约束制作自由的鱼儿

实例操作 131：使用位置约束制作用手拨动球的动画

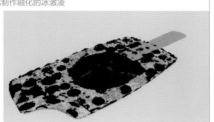

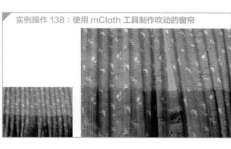
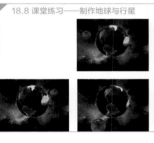

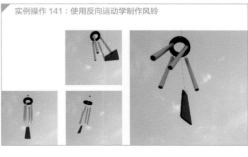

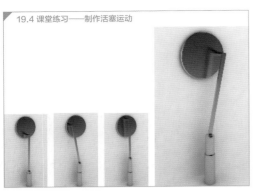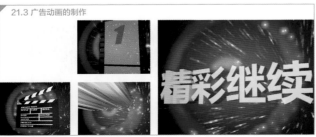

3ds Max 2014

从入门到精通

新视角文化行◎编著

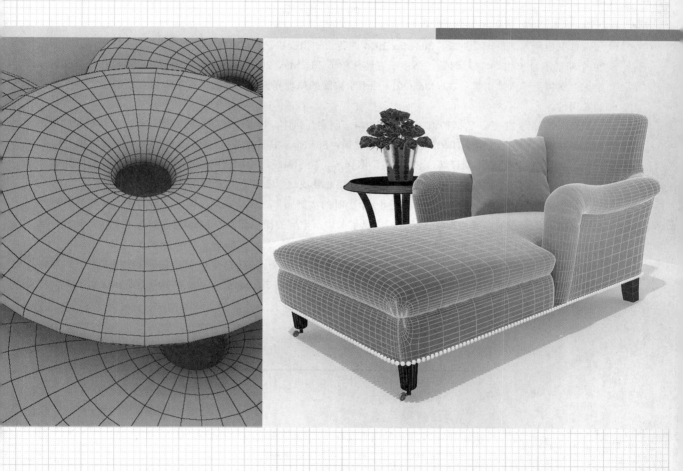

人民邮电出版社

北 京

图书在版编目（CIP）数据

3ds Max 2014从入门到精通 / 新视角文化行编著
. -- 北京 ： 人民邮电出版社，2017.2（2022.1重印）
ISBN 978-7-115-43887-4

Ⅰ. ①3… Ⅱ. ①新… Ⅲ. ①三维动画软件 Ⅳ.
①TP391.414

中国版本图书馆CIP数据核字(2016)第270890号

内 容 提 要

本书由浅入深，全面讲解了 3ds Max 2014 的各个知识模块。全书穿插 149 个实例操作、15 个课堂案例、20 个课堂练习和 20 个课后习题，循序渐进地介绍了 3ds Max 2014 的各种基础知识和基本操作，并通过 4 个综合案例更深入地讲解了 3ds Max 2014 应用于实践的原理和流程，案例讲解与知识点相结合，具有很强的实用性。

全书共分为 21 章，包括初识 3ds Max 2014，创建几何体，样条线建模，修改器建模，复合对象建模，多边形建模，网格建模，NURBS 建模，面片建模，3ds Max 中的材质和贴图，3ds Max 中的摄影机与灯光系统，3ds Max 中的渲染器详解，VRay 渲染器详解，粒子系统与空间扭曲，环境和效果，视频后期处理，毛发技术，基础动画的模拟，层次和运动学，骨骼与蒙皮，以及综合商业应用等内容。

随书附赠 DVD 光盘，包括 208 集近 19 个小时的实例操作、课堂案例、课堂练习、课后习题及综合案例的具体操作过程的多媒体教学视频，还提供了书中所需要的操作案例的 Map 文件和场景文件，全面配合书中所讲知识与技能，提高学习效率，提升学习效果。

本书既适合作为 3ds Max 2014 的初、中级读者的自学参考书，也适合作为大中专院校相关专业、各类社会培训班，以及建筑、工业设计的教辅教材，是一本实用的 3ds Max 2014 技术参考手册和操作宝典。

◆ 编　著　新视角文化行

责任编辑　杨　璐
责任印制　陈　犇

◆ 人民邮电出版社出版发行　北京市丰台区成寿寺路 11 号
邮编　100164　电子邮件　315@ptpress.com.cn
网址　https://www.ptpress.com.cn
三河市君旺印务有限公司印刷

◆ 开本：787×1092　1/16　　彩插：6
印张：34.5　　　　　2017 年 2 月第 1 版
字数：909 千字　　　2022 年 1 月河北第21次印刷

定价：78.00 元（附光盘）
读者服务热线：(010)81055410　印装质量热线：(010)81055316
反盗版热线：(010)81055315

前 言
PREFACE

3ds Max作为三维软件中非常具有代表性的软件，集三维建模、材质制作、灯光设定、摄影机设置、动画设定及渲染输出于一身，还提供三维动画及静态效果图全面完整的解决方案，一直以来都受到三维爱好者的青睐，特别是在建筑行业中，更深受建筑设计师和室内外装潢设计师的喜爱。

本书从软件基础开始，深入挖掘3ds Max 2014的核心工具、命令与功能，帮助读者在最短的时间内迅速掌握3ds Max 2014，并将其运用到实际操作中。本书由专门从事3ds Max培训的名师编写而成，将自己实际授课和作品设计制作过程中积累下来的宝贵经验和技巧展现给读者，全面系统地讲解了3ds Max 2014的基本知识和应用技巧。

本书特点

● 完善的学习模式

"基础知识＋实例操作＋操作延伸＋课堂练习＋课后习题"5大环节保障了可学习性。详细讲解操作步骤，力求让读者即学即会。149个实例操作，40个课堂练习和课后习题，做到处处有案例，步步有操作。

● 进阶式讲解模式

全书共21章，每一章都是一个技术专题，从基础入手，逐步进阶到灵活应用。基础讲解与操作紧密结合，方法全面，技巧丰富，不但能学习到专业的制作方法与技巧，还能提高实际应用的能力。

配套资源

● 超长的视频教学

208集近19小时的多媒体语音教学视频，详细记录了149个实例操作、15个课堂案例、20个课堂练习及20个课后习题的操作步骤，以及4个综合大案例的具体操作过程，是书中知识点和案例的有力补充。

● 超值的贴图及场景文件

提供书中操作案例所需要的925张贴图文件，以及每个案例的场景素材及场景效果文件，全面配合所讲知识与技能，提高学习效率，提升学习效果。

本书章节及内容安排

本书以精心设计的案例方式讲述最为实用的各种常用工具和命令，全书共分为21章，其主要内容如下。

第1章初识3ds Max 2014，包括3ds Max 2014软件简介、应用范围、新增功能、制作流程、文件的操作、常用的工具及视图的更改等内容。

第2章创建几何体，包括几何体的基础知识，创建标准基本体、扩展基本体、门对象、窗对象及AEC扩展和楼梯对象，以及相关实例和练习等内容。

第3章样条线建模，包括创建样条线，创建扩展样条线，样条线的选择和编辑，以及相关实例和练习等内容。

第4章修改器建模，包括修改命令面板简介、图形的网格编辑修改器、常见的网格编辑修改器、细分曲面、自由形式变形和参数化修改器，以及相关实例和练习等内容。

第5章复合对象建模，以课堂案例的方式介绍复合对象建模的方法和技巧，如变形、散布、一致、连接、水滴网格、图形、布尔、地形和放样，以及网格化和ProCutter工具的使用等内容。

第6章多边形建模，包括选择器的修改和"编辑多边形"修改器，以及相关实例和练习等内容。

第7章网格建模，包括编辑网格的子物体层级、公开参数卷展栏、子物体层级卷展栏和编辑网格的实例应用，以及相关实例和练习等内容。

第8章NURBS建模，包括NURBS建模简介，创建NURBS曲线及曲面，NURBS命令面板和工具箱，NURBS的实例应用，以及相关实例和练习等内容。

第9章面片建模，包括认识面片栅格、子物体层级和公共卷展栏，以及面片建模的实例应用和练习等内容。

第10章3ds Max中的材质和贴图，包括材质编辑器、材质类型和贴图类型，以及相关实例和练习等内容。

第11章3ds Max中的摄影机与灯光系统，包括摄影机、灯光的应用、标准灯光和光度学灯光，以及相关实例和练习等内容。

第12章3ds Max中的渲染器详解，包括渲染消息窗口、默认扫描线渲染器、Mental Ray渲染器、独立的渲染元素和渲染到纹理，以及相关实例和练习等内容。

第13章VRay渲染器详解，包括VRay渲染器介绍、VRay灯光、VRay材质、VRay摄影机、VRay渲染器的渲染参数，以及相关实例和练习等内容。

第14章粒子系统与空间扭曲，包括粒子系统、空间扭曲和几何/可变形，以及相关实例和练习等内容。

第15章环境和效果，包括辅助对象、环境、大气和效果，以及相关实例和练习等内容。

第16章视频后期处理，包括视频后期处理和添加图像过滤事件，以及相关实例和练习等内容。

第17章毛发技术，包括毛发技术的概述，Hair和Fur修改器，以及相关实例和练习等内容。

第18章基础动画的模拟，包括动画的基本概念，动画工具，轨迹视图（曲线编辑器），"运动"命令面板，动画约束，修改器与动画，MassFX工具，以及相关实例和练习等内容。

第19章层次和运动学，包括层次的介绍、正向动力学和反向动力学动画，以及相关实例和练习等内容。

第20章骨骼与蒙皮，包括骨骼系统、Biped、蒙皮和骨骼动画，以及相关实例和练习等内容。

第21章综合商业应用，运用3ds Max软件的建模、灯光、材质、动画和渲染等功能综合起来讲解了欧式亭子、梦幻的蘑菇小屋、广告动画及穿梭门等4个商业案例的制作。

本书读者对象

本书既适合作为3ds Max 2014的初、中级读者作为自学参考书，也适合作为大中专院校相关专业、社会各类培训班，以及建筑、工业设计的教辅教材，是一本实用的3ds Max 2014技术参考手册和操作宝典。

由于编者水平有限，书中难免有不足和疏漏之处，恳请广大读者朋友批评、指正。

编　者

目录
CONTENTS

第 01 章

初识3ds Max 2014

本章作为开篇章节将主要讲解3ds Max的基础知识，通过对本章内容的学习，读者可以初步认识和了解3ds Max这款软件。

1.1 3ds Max 2014软件的简介

3ds Max系列软件是Autodesk公司推出的效果图设计和三维动画设计软件。3ds Max是世界上应用最广泛的三维建模、动画和渲染软件，广泛应用于游戏开发、角色动画、电影电视视觉效果和设计等领域，深受CG爱好者的喜爱。

1.2 3ds Max 2014软件的应用范围

随着三维软件的盛行，3ds Max也逐渐占领三维行业。随着版本的提升，3ds Max 2014的各项功能也跟上了流行趋势，不仅在特效和模型方面进行了众多的改善，也在角色和动力学上做出了很多改善，正因为这些方面的完善，3ds Max在应用于各方面的三维创作中独占鳌头。

1.2.1 建筑可视化

建筑可视化包括室内效果图、建筑表现图及建筑动画，如图1-1所示。3ds Max中提供了建模、动画、灯光及渲染工具等可以让我们轻松地完成这些具有挑战性的项目设计，尤其是与3ds Max配套的一系列GI渲染器，例如，VRay、FinalRender、Brazil及Maxwell等，更是极大地促进了建筑可视化领域的发展。此外，Autodesk公司为建筑可视化领域又开发了Revit等功能非常强大的软件包，这些软件包与3ds Max的配合使用，可以为建筑可视化领域增光添彩。

图1-1

目前，可视化效果图设计已经产业化，并且在国内出现了很多相当规模的设计制作公司，3ds Max在这一应用领域已经取得了无可厚非的霸主地位。

1.2.2 电影电视特效

随着数字特效在电影中越来越广的运用，各类三维软件在影视特效方面得到了长足的应用和发展。3ds Max简便易用的各项工具、直观高效的渲染引擎，特别是和Discreet Flame及Inferno等电影特效软件方便快捷的交互系统，使得许多电影制作公司在特效制作方面广泛使用3ds Max，如图1-2所示为三维特效在影视方面的应用效果。

图1-2

1.2.3 虚拟现实及游戏开发

随着设计与娱乐行业对交互性内容的强烈需求，原有的静帧或动画的方式已经不能满足客户日益增长的需要了。由此逐渐催生了虚拟现实这个行业，平常我们所接触到的游戏，也可以认为是虚拟现实的一个子集。3ds Max以其方便、快捷的灯光和渲染工具，精准而易用的烘焙工具，二次开发的便利性，以及对不同游戏平台及3D显示引擎的良好兼容性，一直是虚拟现实行业的首选工具。国内外的虚拟现实开发与制作平台一般都拥有完善的与3ds Max对接的接口。3ds Max在这个行业拥有重要的地位。如图1-3所示为游戏场景。

图1-3

3ds Max软件在全球游戏市场扮演领导角色已经多年，它是全球最具影响力的动画制作系统，广泛应用于游戏资源的创建和编辑任务。其开发商也不断探求创新路线来支持游戏发展领域的客户，尤其是在网络游戏产业飞速发展的今天，3ds Max为网络游戏开发商实现最高经济利益提供了可靠的保障。3ds Max与游戏引擎的出色结合能力，极大地满足了游戏开发商们的众多要求，使得设计师们可以充分发挥自己的创造潜能，集中精力来创作最受欢迎的艺术作品。一批国际顶级的游戏厂商均选择了3ds Max，如Blizzard、Bioware、Ubisoft、Digital Extremes和NCsoft等，3ds Max在这个市场上拥有超过60%的占有率。

1.2.4 片头及广告栏目包装

在媒介竞争激烈、信息过剩的时代，品牌概念已经成为电视栏目非常重要的因素，而电视包装是提升电视品牌形象的有效手段。从制作角度讲，电视包装通常会涉及三维软件、后期特效软件、音频处理软件及后期编辑软件等。其中，在电视包装中经常会使用的三维软件一般有3ds Max、Maya及Softimage|XSI等。目前3ds Max自身的强大功能和众多特效插件的支持，使其在制作金属、玻璃、文字、光线及粒子等电视包装常用效果方面得心应手，同时也和许多常用的后期软件（如After Effects、Combustion等）都有良好的文件接口，所以许多著名的公司通常都使用3ds Max作为主要的三维制作软件，并以众多效果优异的佳作赢得了业界的普遍认可。图1-4所示为片头动画。

图1-4

1.2.5 影视广告

应用三维和后期特效软件参与制作，以求取得更加绚丽多彩的效果，是当今影视广告领域的一大趋势。作为产品、形象广告来讲，如今制作公司已经不仅是局限于实拍的效果表现，而是更多地通过实拍与三维相结合，进行一定的后期特效处理，以求获得更好的表现力，全三维的广告也日益增多。

3ds Max 拥有完善的建模、纹理制作、动画制作及渲染等功能，能够帮助创作人员轻松地制作出各类精彩的影视广告与动画作品，并通过与常用后期软件的良好结合，使得整个制作流程更加畅通，这些都奠定了 3ds Max 在当今影视广告制作领域的地位。

1.2.6 工业设计

随着社会的发展、各种生活需求的扩大，以及人们对产品精密、视觉效果要求的日益提高，工业设计已经逐步成为一个成熟的应用领域。早些时候，人们更多地使用 Rhino、Alias Studio 等软件专门从事工业设计工作。随着 3ds Max 在建模工具、格式兼容性、渲染效果与性能方面的不断提升，一些著名的公司也使用 3ds Max 来作为主要的工业设计工具，并且取得了很多优秀的成果。3ds Max 日益强大的功能使其可以承担起工业设计可视化的任务。图1-5所示为汽车轮胎的设计。

图1-5

1.2.7 多媒体内容创作

当前 Internet 上最流行的网页动画大多数是用 Flash 制作而成的，Flash 是美国 Macromedia 公司出品的二维矢量图形编辑和动画创作软件，目前已经被兼并到 Adobe 旗下。其实，三维动画的创作过程比 Flash 更加有趣味，但由于技术等原因，想用三维动画自由表现自己的想法会有一定的难度，不过现在已经可以将三维动画直接输出为 Flash 动画，并随着网络与数据传输条件的不断提升，三维动画的优势也将会在相关应用领域逐渐体现出来。

▶1.3 3ds Max 2014新增功能

本节将介绍几种常用且重要的 3ds Max 2014 新增功能。

1.3.1 全局菜单搜索增强

3ds Max 2014 界面中的增强功能如下。

使用搜索 3ds Max 命令可以按名称搜索操作。

当输入字符串时，该对话框显示包含指定文本的命令名称列表。从该列表中选择一个操作会应用相应的命令（前提是该命令对于场景的当前状态适用），然后对话框将会关闭。此功能的快捷键为 X。

在菜单栏中选择"帮助 >Search 3ds max Commands"命令，弹出 3ds Max 的搜索命令框，如图1-6所示。

图1-6

1.3.2 新增【填充】工具集

使用"填充"工具集，可轻松、快速地向场景中添加设置动画的角色，如图1-7所示。这些角色可以沿路径或"定义流"行走，其他角色可以在"定义空闲区域"随意行走。"流"可以是简单的，也可以是复杂的，一切取决于用户的喜好。"流"还可以包括小幅度的上倾和下倾。

图1-7

- （创建流）：可为模拟的人创建沿之行走的分段通道。要创建第一个流段，可在起点处单击，然后移动鼠标，并单击另一个点。起点可以位于主栅格或任何曲面上。

- （编辑流）：可通过移动流点和流段来调整流。当"编辑流"处于活动状态时，可以在移动流与流段之间进行交互式切换。

- （添加到流）：可在任意一端延伸选定的流，或者在流内对流段进行细分。仅当"编辑流"处于活动状态时可用。

- （创建坡度）：支持在流段内创建上倾和下倾区域。仅当"编辑流"处于活动状态并且选中了一个或多个流段时可用。

- （创建自由空闲区域）：支持通过在视口中徒手绘制来创建任意形状的空闲区域。激活"创建自由空闲区域"后，可以在视口中拖出区域的形状。

- （创建矩形空闲区域）：支持通过在视口中拖出尺寸来创建矩形空闲区域。激活"矩形自由空闲区域"后，可以在视口中拖出区域的形状。

- （创建圆空闲区域）：支持通过在视口中徒手绘制来创建圆形或椭圆形空闲区域。激活"创建圆空闲区域"后，可以在视口中拖出区域的形状。

- （添加到空闲区域）：支持增加现有空闲区域的大小。单击"添加到空闲区域"按钮之后，选择一个空闲区域，选择要添加的形状（"自由""矩形"或"圆"），然后拖出新空闲区域的形状，使其与选定区域重叠。完成绘制之后，两个空闲区域将合并为一个空闲区域。

- （从空闲区域减去）：支持减小现有空闲区域的大小。单击"从空闲区域减去"按钮之后，选择一个空闲区域，选择要减去的形状（"自由""矩形"或"圆"），然后拖出新空闲区域的形状，使其与选定区域重叠。完成绘制之后，新空闲区域的重叠部分将从现有空闲区域中删除。

- （修改空闲区域）：支持通过用笔刷类型的界面移动单个空闲区域的顶点来更改该区域的形状。要使用该功能，需要选择一个空闲区域，单击"修改空闲区域"按钮，必要的话可以调整笔刷大小（请参见下文），然后拖动空闲区域以移动其顶点。笔刷圆圈中心附近的顶点移动得最远，得到的效果朝着笔刷边缘的方向衰减。

- 笔刷大小：修改"修改空闲区域"笔刷的大小。还可以通过按住Ctrl+Shift组合键并拖动在视口中以交互方式更改笔刷大小。

- 帧数：模拟时生成的动画长度（以帧为单位）。要更改长度，应调整该值，然后再次单击"模拟"按钮。如果"帧数"大于活动时间段，那么模拟会相应地增加活动时间段，最大值为10000。

- （模拟）：单击以人来填充模拟并创建动画。模拟完成后，播放该动画查看在场景中移动的人。

- （重新生成选定对象）：要在模拟后随机改变一人或多人的外观，应先选中此人，然后单击该按钮。"重新生成选定对象"将会更改所选群组成员的身体网格和布料材质。

- （群组外观）：选择人在模拟过程中的显示方式。

- （显示环境对象）：切换流和空闲区域的可见性，不会对人产生影响。

- （显示人）：切换人的可见性，而不会对流和空闲区域产生影响。
- （删除人）：从模拟中移除所有人，同时保留流和空闲区域及其属性。

1.3.3 增强型菜单

可选的增强型菜单系统改进了默认布局的组织方式、可配置的显示、链接到相关帮助主题的详细工具提示、拖放菜单类别及从键盘搜索菜单命令的功能。

要访问增强型菜单，可打开快速访问工具栏上的工作区下拉列表，然后选择"默认使用增强型菜单"选项，如图1-8所示。

即可以看到增强型菜单，如图1-9所示。

图1-8

图1-9

1.4 3ds Max 2014的全貌

图1-10

运行3ds Max 2014，进入操作界面。在3ds Max 2014的操作界面中，界面的外框尺寸是可以改变的，但功能区的尺寸不能改变，只有4个视图区的尺寸可以改变。工具栏和命令面板不能全部显示，只能通过拖动滑动条才能显示出来。下面介绍3ds Max 2014操作界面的组成。

3ds Max 2014操作界面主要由标题栏，菜单栏，工具栏，工作视图，提示及状态栏，命令面板，视图控制区，以及动画控制区共8个区共域组成，如图1-10所示。

1.4.1　标题栏

在3ds Max 2014最顶部的一行是系统的"标题栏"。"标题栏"最左侧是3ds Max的程序图标，单击后可打开一个图标菜单，双击可关闭当前的应用程序，其右侧是快速访问按钮等，中间是文件名和软件名。在标题栏最右侧是Windows的3个基本控制按钮：最小化、最大化和关闭按钮。其显示如图1-11所示。

图1-11

单击（程序图标）按钮，会弹出如图1-12所示的菜单。菜单中的各选项含义如下。

● 新建：包括新建全部，保留对象，以及保留对象和层次。

● 重置：使用重置选项可以清除所有数据并重置3ds Max设置（视口配置、捕捉设置、材质编辑器、背景图像，等等），还可以还原启动默认设置（保存在maxstart.max文件中）及移除当前会话期间所做的任何自定义设置。

● 打开：可以在弹出的子菜单中选择打开的文件类型。

● 保存：保存将当前场景。

● 另存为：将场景另存为。

● 导入：可以根据弹出的子菜单中的命令选择导入、合并和替换等方式导入场景。

● 导出：可以根据弹出的子菜单中的命令选择直接导出、导出选定对象和导出DWF文件等。

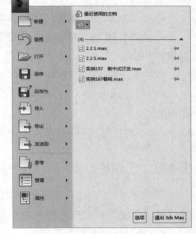

图1-12

● 参考：在子菜单中选择相应的选项可以设置场景中的参考模式。

● 管理：包括设置项目文件夹和资源追踪。

● 属性：从中访问文件属性和摘要信息。

快速访问工具栏提供一些最常用的文件管理命令，以及撤销和重做命令。

● （新建场景）：单击以开始一个新的场景。

● （打开文件）：单击以打开保存的场景。

● （保存文件）：单击保存当前打开的场景。

● （撤销场景操作）：用于撤销最近一次操作的命令，可以连续使用，快捷键为Ctrl + Z。单击向下箭头以显示以前操作的排序列表，以便用户选择撤销操作的起始点。

● （重做场景操作）：用于恢复撤销的命令，可以连续使用，快捷键为Ctrl + Y。单击向下箭头可以显示以前操作的排序列表，支持用户选择重做操作的起始点。

● （项目文件夹）：可以为特定项目指定存放文件的位置。

● （快速访问工具栏下拉菜单）：单击以显示工作区的布局设计和用于管理快速访问工具栏显示的下拉列表，在自定义快速访问工具栏中可以自定义快速访问工具，也可以选择隐藏该工具栏等。

标题和信息中心可以显示标题和访问一些产品信息。

● 标题显示.max文件的名称。

● 通过信息中心可访问有关3ds Max 和其他 Autodesk 产品的信息。将鼠标放到信息中心的工具按钮上会出现按钮的功能提示。

1.4.2 菜单栏

"菜单栏"位于"标题栏"的下面。它与标准的Windows文件菜单模式及使用方法基本相同。菜单栏为用户提供了一个用于文件的管理、编辑、渲染及寻找帮助的用户接口。"菜单栏"显示如图1-13所示。

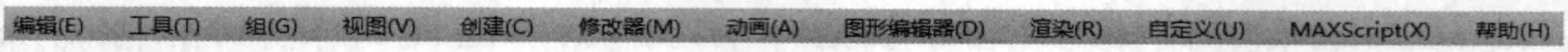

| 编辑(E) | 工具(T) | 组(G) | 视图(V) | 创建(C) | 修改器(M) | 动画(A) | 图形编辑器(D) | 渲染(R) | 自定义(U) | MAXScript(X) | 帮助(H) |

图1-13

- 编辑：编辑菜单包含用于在场景中选择和编辑对象的命令，如撤销、重做、暂存、取回、删除、克隆及移动等对场景中的对象进行编辑的命令。
- 工具：在 3ds Max 场景中，工具菜单可帮助用户更改或管理对象，从下拉菜单中可以看到常用的工具和命令。
- 组：包含用于将场景中的对象成组和解组的功能，可以将两个或多个对象组合为一个组对象，也可以为组对象命名，然后像任何其他对象一样对它们进行处理。
- 视图：该菜单包含用于设置和控制视图窗的命令。
- 创建：提供了创建几何体、灯光、摄影机和辅助对象的方法。该菜单包含各种子菜单，与创建面板中的各项是相同的。
- 修改器：修改器菜单提供了快速应用常用修改器的方式。该菜单将划分为一些子菜单，其各个选项的可用性取决于当前选择。
- 动画：提供一组有关动画、约束和控制器，以及反向运动学解算器的命令。此菜单中还提供自定义属性和参数关联控件，以及用于创建、查看和重命名动画预览的控件。
- 图形编辑器：使用"图形编辑器"菜单可以访问用于管理场景及其层次和动画的图表子窗口。
- 渲染：渲染菜单包含用于渲染场景、设置环境和渲染效果，以及使用 Video Post 合成场景及访问 RAM 播放器的命令。
- 自定义：自定义菜单包含用于自定义 3ds Max 用户界面（UI）的命令。
- MaxSctipt（X）：该菜单包含用于处理脚本的命令，这些脚本是使用软件内置脚本语言Max Script创建而来的。
- 帮助：通过帮助菜单可以访问3ds Max的联机参考系统。

1.4.3 工具栏

在3ds Max中的工具栏分为主工具栏和浮动工具栏。工具栏是把经常用到的命令以工具按钮的形式放在不同的位置，以便用户在应用程序中最简单、最方便的使用工具。

在3ds Max菜单栏下面有一行工具按钮，称为"工具栏"，为操作时大部分常用任务提供了快捷而直观的图标和对话框，其中一些在菜单栏中也有相应的命令，但大部分用户习惯使用工具栏来进行操作。其显示的全部工具栏的形态如图1-14所示。

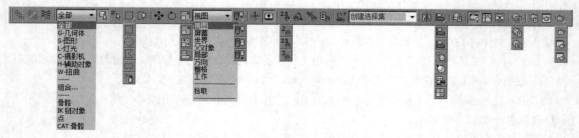

图1-14

主工具栏中的工具是对已经创建的对象进行选择、变换、着色及赋材质等。但即使是在1024×768的分辨率下，工具栏上的工具也不可能全部显示，可以将鼠标光标移动到按钮之间的空白处，当鼠标变为形状时，就可以按住鼠标左键，左右拖动工具栏来进行选择。

提示

许多按钮的右下角会带有三角标记的按钮，这表示含有多重选择按钮的弹出按钮。在这样的按钮上按住鼠标左键不放，会弹出按钮选择菜单，移动到所需要的命令按钮上单击即可进行选择。

- （选择并链接）：可以通过将两个对象链接作为子和父，定义它们之间的层次关系。子级将继承应用于父级的变换（移动、旋转和缩放），但是子级的变换对父级没有影响。
- （断开当前选择链接）：可移除两个对象之间的层次关系。
- （绑定到空间扭曲）：可以把当前选择附加到空间扭曲。
- 全部（选择过滤器）：使用选择过滤器列表，可以限制由选择工具选择的对象的特定类型和组合，如图1-15所示。例如，如果选择“摄影机”选项，则使用选择工具只能选择摄影机。

图1-15

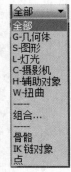

- （选择对象）：选择对象可使用户选择对象或子对象，以便进行操纵。
- （按名称选择）：可以使用选择对象对话框从当前场景中的所有对象列表中按名称选择对象。
- （矩形选择区域）：在视口中以矩形框选区域。弹出按钮提供了（圆形选择区域）、（围栏选择区域）、（套索选择区域）和（绘制选择区域）等选项。
- （窗口/交叉）：在按区域选择时，窗口/交叉选择切换可以在窗口和交叉模式之间进行切换。在窗口模式中，只能选择所选内容内的对象或子对象。在交叉模式中，可以选择区域内的所有对象或子对象，以及与区域边界相交的任何对象或子对象。
- （选择并移动）：要移动单个对象，则无须先选择该按钮。当该按钮处于活动状态时，单击对象可以进行选择，拖动鼠标可以移动该对象。
- （选择并旋转）：当该按钮处于激活状态时，单击对象可以进行选择，拖动鼠标可以旋转该对象。
- （选择并均匀缩放）：使用（选择并均匀缩放）按钮，可以沿3个轴以相同的量缩放对象，同时保持对象的原始比例。（选择并非均匀缩放）按钮可以根据活动轴约束以非均匀方式缩放对象。（选择并挤压）按钮可以根据活动轴约束来缩放对象。
- 视图（参考坐标系）：参考坐标系统列出了所有可以指定给变换操作（移动、旋转、放缩）的坐标系统。在对对象进行变换时需要灵活使用这些坐标系，首先选定坐标系，然后选择轴向，最后才进行变换，这是一个标准的操作流程。
- （使用轴点中心）：（使用轴点中心）弹出按钮提供了对用于确定缩放和旋转操作几何中心的3种方法的访问。
- （选择并操纵）：使用该按钮可以通过在视口中拖动“操纵器”编辑某些对象、修改器和控制器的参数。
- （键盘快捷键覆盖切换）：使用键盘快捷键覆盖切换可以在只使用主用户界面快捷键和使用主快捷键和组（如编辑/可编辑网格、轨迹视图和NURBS等）快捷键之间进行切换。用户可以在自定义用户界面对话框中自定义键盘快捷键。
- （捕捉开关）：（3D捕捉）是默认设置。光标直接捕捉到 3D 空间中的任何几何体。3D 捕捉用于创建和移动所有尺寸的几何体，而不考虑构造平面。（2D捕捉）光标仅捕捉到活动构建栅格，包括该栅格平面上的任何几何体，但是会忽略 z 轴或垂直尺寸。（2.5D捕捉）光标仅捕捉活动栅格上对象投影的顶点或边缘。
- （角度捕捉切换）：角度捕捉切换确定多数功能的增量旋转。默认设置为以5° 增量进行旋转。
- （百分比捕捉切换）：百分比捕捉切换通过指定的百分比增加对象的缩放。
- （微调器捕捉切换）：使用微调器捕捉切换设置 3ds Max 中所有微调器的单个单击增加或减少值。
- 创建选择集（编辑命名选择集）：创建选择集（编辑命名选择集）显示编辑命名选择对话框，可用于管理对象的命名选择集。
- （镜像）：单击该按钮将弹出“镜像”对话框，使用该对话框可以在镜像一个或多个对象的方向时，移动这些对象。“镜像”对话框还可以用于围绕当前坐标系中心镜像当前选择。使用“镜像”对话框可以同时创建克隆对象。

- 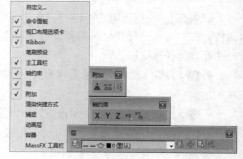（对齐）：（对齐）弹出按钮提供了用于对齐对象的6种不同工具的访问。在对齐弹出按钮中单击（对齐）按钮，然后选择对象，将弹出"对齐"对话框，使用该对话框可将当前选择与目标选择对齐。目标对象的名称将显示在"对齐"对话框的标题栏中。执行子对象对齐时，"对齐"对话框的标题栏会显示为对齐子对象当前选择；使用"快速对齐"按钮可将当前选择的位置与目标对象的位置立即对齐；使用（法线对齐）按钮弹出对话框，基于每个对象上面或选择的法线方向将两个对象对齐；使用（放置高光）按钮，可将灯光或对象对齐到另一对象，以便可以精确定位其高光或反射；使用（对齐摄影机）按钮，可以将摄影机与选定的面法线对齐；（对齐到视图）按钮可用于显示对齐到视图对话框，用户可以将对象或子对象选择的局部轴与当前视口对齐。

- （层管理器）：主工具栏上的（层管理器）按钮是可以创建和删除层的无模式对话框。也可以查看和编辑场景中所有层的设置，以及与其相关联的对象。使用此对话框，可以指定光能传递解决方案中的名称、可见性、渲染性、颜色，以及对象和层的包含。

- （切换功能区）：单击该按钮，可以打开或关闭Graphite建模工具功能区。"Graphite建模工具"代表一种用于编辑网格和多边形对象的新范例。它具有基于上下文的自定义界面，该界面提供了完全特定于建模任务的所有工具（且仅提供此类工具），且仅在用户需要相关参数时才提供对应的访问权限，从而最大限度地减少屏幕上的杂乱。

- （曲线编辑器）：轨迹视图 – 曲线编辑器是一种轨迹视图模式，用于以图表上的功能曲线来表示运动。利用它，用户可以查看运动的插值和软件在关键帧之间创建的对象变换。使用曲线上找到的关键点的切线控制柄，可以轻松查看和控制场景中各个对象的运动和动画效果。

- （图解视图）：图解视图是基于节点的场景图，通过它可以访问对象属性、材质、控制器、修改器、层次和不可见场景关系，如关联参数和实例。

- （材质编辑器）：材质编辑器提供创建和编辑对象材质，以及贴图的功能。

- （渲染设置）：渲染场景对话框具有多个面板，面板的数量和名称因活动渲染器而异。

- （渲染帧窗口）：可以显示渲染输出。

- （快速渲染）：该按钮可以使用当前产品级渲染设置来渲染场景，而无须显示"渲染场景"对话框。

在主工具栏空白处单击鼠标右键，可以调用其他工具行和命令面板，其中"轴约束""层"和"附加"属于浮动工具栏，其形态如图1-16所示。

图1-16

"层"就像一张张透明的、覆盖在一起的图，将不同的场景信息组织聚合在一起，形成一个完整的场景。在3ds Max中，新建对象会从创建的层中呈现颜色、可视性、可渲染性、显示隐藏情况等共同的属性。使用层可以使场景信息管理更加快捷容易。

- （层管理器）：打开"层"属性对话框。

- （0层）：在层列表中显示所有层的名称及属性图标。

- （新建层）：通过这个按钮，可以建立新图层。

- （将当前选择添加到当前层）：可以将当前选择的物体添加到当前的图层中。

- （选择当前层中的对象）：单击此按钮，可以选择当前层中的物体。

- （设置当前层为选择的层）：可以将当前的涂层设置为选择的涂层。

"轴约束"与"附加"工具栏各按钮的功能：

- X Y Z （轴向约束）：用于锁定坐标轴向，进行单方向或双方向的变换操作。X、Y、Z按钮用于锁定单个坐标轴向；在XY按钮中还包含了YZ、ZX按钮，用于锁定双方向的坐标轴向。

- （在捕捉中启用轴约束切换）：在捕捉时锁定坐标轴向。

- （阵列）：创建当前选择对象的阵列（即一连串的复制对象），它可以控制产生一维、二维、三维的阵列复制，常用于大量有序地复制对象。

- （自动栅格）：通过基于单击的面的法线生成和激活一个临时构造平面，使用"自动栅格"可以自动创建、合并或导入其他对象表面上的对象。
- （测量距离）：使用"测量距离"工具可以快速测量两个点之间的距离。

1.4.4　工作视图

视图区域是3ds Max操作界面中最大的区域，位于操作界面的中部，它是主要的工作区。在视图区域中，3ds Max 2014系统本身默认为4个基本视图。

- "顶"视图：从场景正上方向下垂直观察对象。
- "前"视图：从场景正前方观察对象。
- "左"视图：从场景正左方观察对象。
- "透视"视图：能从任何角度观察对象的整体效果，可以变换角度进行观察。透视图是以三维立体方式对场景进行显示观察的，其他3个视图都是以平面形式对场景进行显示观察的。

> **提示**
>
> 4个视图的类型是可以转换的，激活后按相应的快捷键即可实现视图之间的转换。顶视图的快捷键为 T、底视图的快捷键为 B、左视图的快捷键为 L、正交视图的快捷键为 U、前视图的快捷键为 F、透视图的快捷键为 P、摄影机视图的快捷键为 C。

切换视图还可以用另一种方法。在每个视图的左上角都有视图类型提示，单击视图名称，弹出如图1-17所示的菜单，在菜单中选择要切换的视图类型即可。

在3ds Max 2014中，各视图的大小也不是固定不变的，将光标移到视图分界处，鼠标光标变为十字形状✛，按住鼠标左键不放并拖曳光标，就可以调整各视图的大小，如图1-18所示。如果想恢复均匀分布的状态，可以在视图的分界线处单击鼠标右键，在弹出的快捷菜单中选择"重置布局"命令，即可复位视图，如图1-19所示。

图1-17

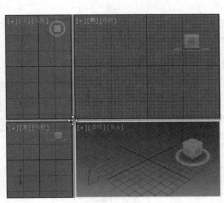
图1-18

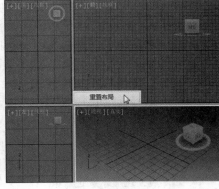
图1-19

1.4.5　提示及状态栏

状态栏用于设定多种点模式，状态栏显示的是一些基本的数据。提示栏主要用于在建模时对造型空间位置的提示及说明。其形态如图1-20所示。

图1-20

1.4.6 命令面板

命令面板位于3ds Max界面的右侧，是3ds Max的核心工作区，提供了丰富的工具及修改命令，用于完成模型的建立编辑、动画轨迹的设置、灯光和相机的控制等，外部插件的窗口也位于这里。命令面板的使用，包括按钮、输入区、下拉菜单等，都非常容易；鼠标的操作也很简单，单击或拖动即可。无法同时显示的区域，只要是当鼠标光标变成 形状时上下拖动即可。

命令面板包括6大部分： （创建）、 （修改）、 （层次）、 （运动）、 （显示）、 （实用程序），如图1-21所示。

- （创建）：创建命令面板中的对象种类有7种，包括几何体、图形、灯光、摄影机、辅助对象、空间扭曲、系统。

- （修改）：改变现有对象的创建参数，应用修改命令调整一组对象或单独对象的几何外形，进行次对象组分的选择和参数修改，删除修改，转换参数对象为可编辑对象。

- （层次）：主要用于调节相互连接对象之间的层级关系。在层次命令面板中包括轴、IK、链接信息。

图1-21

- （运动）：提供了对选择对象的运动控制能力，可以控制运动轨迹，以及指定各种动画控制器，并且对各个关键点的信息进行编辑操作。主要配合"轨迹视图"来一同完成动作的控制，分为"参数"和"轨迹"两部分。

- （显示）：主要用于控制场景中各种对象的显示情况，通过显示、隐藏、冻结等控制来更好地完成效果图制作，加快画面的显示速度。

- （实用程序）：这里提供了31个外部程序，用于完成一些特殊的操作，包括资源浏览器、透视匹配、塌陷、颜色剪贴板、测量、运动捕捉、重置变换、Max Script（脚本语言）、Fight Studio（c）。选择了相应的程序后，在命令面板下方就会显示出相应的参数控制面板。

1.4.7 视图控制区

在屏幕右下角有8个图标按钮，它们是当前激活视图的控制工具，主要用于调整视图显示的大小和方位。可以对视图进行缩放、局部放大、满屏显示、旋转及平移等显示状态的调整。其中有些按钮会根据当前被激活视窗的不同而发生变化。根据不同的操作，视图控制区的全部按钮的显示形态如图1-22所示。

标准视图工具详解如下。

- （缩放）：单击该按钮后，视图中光标变为 形状，按住鼠标左键不放并拖曳光标，可以拉近或推远场景，只作用于当前被激活的视图窗口。缩放的快捷键为Alt+Z，但会放弃正使用的其他工具；使用快捷键Ctrl+Alt+鼠标中键可以以及时进行视图的推拉放缩，无需放弃正在使用的工具，这是最常用的快捷操作方式。

标准视图工具　摄影机视图工具

图1-22

- （缩放所有视图）：单击该按钮后，在视图中光标变为 形状，按住鼠标左键不放并拖曳光标，所有可见视图都会同步拉近或推远场景。

- （最大化显示选定对象）：最大化显示选定对象将选定对象或对象集在活动透视或正交视口中居中显示。当要浏览的小对象在复杂场景中丢失时，该控件非常有用。

- （最大化显示）：该按钮是 （最大化显示）按钮的隐藏按钮，单击该按钮后，最大化显示将所有可见的对象在活动、透视或正交视口中居中显示。当在单个视口中查看场景的每个对象时，这个控件非常有用。

- （所有视图最大化显示选定对象）：所有视图最大化显示选定对象将选定对象或对象集在所有视口中居中显示。当要浏览的小对象在复杂场景中丢失时，该控件非常有用。

- （所有视图中最大化显示）。所有视图最大化显示将所有可见对象在所有视口中居中显示。当希望在每个可用视口的场景中看到各个对象时，该控件非常有用。

- （缩放区域）：使用 （缩放区域）可放大在视口内拖动的矩形区域。仅当活动视口是正交、透视或用户三向投影视图时，该控件才可用。该控件不可用于摄影机视口。

● ▶（视野）：该按钮只能在透视图或摄影机视图中使用，单击该按钮，按住鼠标左键不放并拖曳光标，视图中相对视野及视角会发生远近的变化。

● ✋（平移视图）：单击该按钮，视图中的光标变为 ✋ 形状，按住鼠标左键不放并拖曳光标，可以移动视图位置。也可以在视图中直接按住滚轮不放并拖曳光标。

● ⟲（环绕）：将视图中心用作旋转中心。如果对象靠近视口的边缘，它们可能会旋出视图范围。

● ⟲（选定的环绕）：将当前选择的中心用作旋转的中心。当视图围绕其中心旋转时，选定对象将保持在视口中的同一位置上。

● ⟲（环绕子对象）：将当前选定子对象的中心用作旋转的中心。当视图围绕其中心旋转时，当前选择将保持在视口中的同一位置上。

技巧

> 在进行弧形旋转时，视图中会出现一个黄色圆圈，在圈内拖动时会进行全方位的旋转；在圈外拖动时会在当前视点平面上进行旋转；在四角的十字框上拖动时会以当前点进行水平或垂直旋转，如果配合 Shift 键进行左右移动或上下移动，可以将旋转锁定在水平方向或垂直方向上。

● ⊡（最大化视口切换）：单击此按钮，当前视图满屏显示，便于对场景进行精细编辑操作。再次单击此按钮，可恢复原来的状态，其快捷键为 Alt+W。

摄影机视图工具详解如下。

● ⬆（推拉摄影机）：沿视线移动摄影机的出发点，保持出发点与目标点之间连线的方向不变，使出发点在此线上滑动，这种方式不改变目标点的位置，只改变出发点的位置。

● ⬆（推拉目标）：沿视线移动摄影机的目标点，保持出发点与目标点之间连线的方向不变，使目标点在此线上滑动，这种方式不会改变摄影机视图中的影像效果，只是有可能使摄影机反向。

● ⬆（推拉摄影机＋目标）：沿视线同时移动摄影机的目标点与出发点，这种方式产生的效果与"推拉摄影机"相同，只是保证了摄影机本身形态不发生改变。

● ▽（透视）：以推拉出发点的方式来改变摄影机的"镜头"值，配合 Ctrl 键可以增加变化的幅度。

● ⟳（测滚摄影机）：沿着垂直与视平面的方向旋转摄影机的角度。

● ▶（视野）：固定摄影机的目标点与出发点，通过改变视野取景的大小来改变"镜头"值，这是一种调节镜头效果的好方法，起到的效果其实与"透视＋推拉摄影机"相同。

● ✋（平移摄影机）：在平行与视平面的方向上同时平移摄影机的目标点与出发点，配合 Ctrl 键可以加速平移变化，配合 Shift 键可以锁定在垂直或水平方向上平移。可以直接使用鼠标中键进行平移。

● ◉（环游摄影机）：固定摄影机的目标点，使出发点围着它进行旋转观测，配合 Shift 键可以锁在单方向上的旋转。

● ◉（摇移摄影机）：固定摄影机的出发点，使目标点进行旋转观测，配合 Shift 键可以锁定在单方向上的旋转。

1.4.8　动画控制区

动画控制区位于屏幕的下方，包括动画控制区、时间滑块和轨迹条，主要用于制作动画时，进行动画的记录、动画帧的选择、动画的播放及动画时间的控制等。图 1-23 所示为动画控制区。

图 1-23

- **自动关键点**：启用自动关键点后，对对象位置、旋转和缩放所做的更改都会自动设置成关键帧（关键点）。
- **设置关键点**：其模式使用户能够自己控制什么时间创建什么类型的关键帧，在需要设置关键帧的位置单击 ⊶（设置关键点）按钮，创建关键点。
- √ （新建关键点的默认入/出切线）：该弹出按钮可为新的动画关键点提供快速设置默认切线类型的方法，这些新的关键点是用设置关键点模式或者自动关键点模式创建的。
- **关键点过滤器...** （打开过滤器对话框）：显示设置关键点过滤器对话框，在该对话框中可以定义哪些类型的轨迹可以设置关键点，哪些类型不可以。
- ◄◄ （转至开头）：单击该按钮可以将时间滑块移动到活动时间段的第一帧。
- ◄◄ （上一帧）：将时间滑块向后移动一帧。
- ► （播放动画）：播放按钮用于在活动视口中播放动画。
- ►► （下一帧）：可将时间滑块向前移动一帧。
- ►►► （转至结尾）：将时间滑块移动到活动时间段的最后一个帧。
- ◄►► （关键点模式切换）：使用关键点模式可以在动画中的关键帧之间直接跳转。
- 👥 （时间配置）：打开时间配置对话框，提供了帧速率、时间显示、播放和动画的设置。

实例操作1：设置关键点时间

【案例学习目标】设置时间。

【案例知识要点】通过时间配置案例来设置动画时间的长度。

通过 👥 （时间配置）按钮可以更改动画的时间，具体操作如下：在动画控制区中单击 👥 （时间配置）按钮，在弹出的对话框中设置"结束时间"为500，图1-24所示为100帧的时间，图1-25所示为500帧的时间。

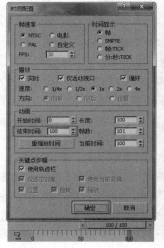

图1-24

图1-25

▶1.5 用计算机制作效果图的流程

现实生活中，建造高楼大厦之前，首先要有一个合适的场地，再将砂、石、砖等建筑材料运到场地的周围，然后用这些建筑材料将楼房的框架建立起来，再用水泥、涂料等装饰材料进行内、外墙装饰，直至最终完成时呈现人们面前的壮丽景观。用3ds Max来制作效果图的过程与建筑流程相似，首先用三维对象或二维线形建立一个地面，用来模拟现实中场地的面积，再依次建立模型的其他部分，并赋予相应的材质（材质指实际用到的建筑材料），为它设置摄影机和灯光，然后渲染成图片，最后用Photoshop等软件添加一些配景，比如，添加人物、植物及装饰物等，最后达到理想的效果。

1.5.1 建立模型阶段

建立模型是制作效果图的第一步，首先要根据已有的图纸或自己的设计意图在脑海中勾勒出大体框架，并在计算机中制作出它的雏形，然后利用材质、光源对其进行修饰、美化。模型建立的好坏直接影响到效果图的最终效果。

建立模型大致有两种方法：第一种是直接使用3ds Max建立起模型。一些初学者用此方法建立起的模型常会导致比例失调等现象，这是因为没有掌握好3ds Max中的单位与捕捉等工具的使用。第二种是在AutoCAD软件中绘制出平面图和立面图，然后导入到3ds Max中，再以导入的线形做参考来建立起三维模型。此方法是一些设计院或作图公司最常使用的方法，因此将其称为"专业作图模式"。

无论采用哪种方法建模，最重要的是先做好构思，做到胸有成竹，在未正式制作之前脑海中应该已有对象的基本形象，必须注意场景模型在空间上的尺寸比例关系，先设置好系统单位，再按照图纸上标出的尺寸建立模型，以确保建立的模型不会出现比例失调等问题。

图1-26所示为在3ds Max中建立的模型。

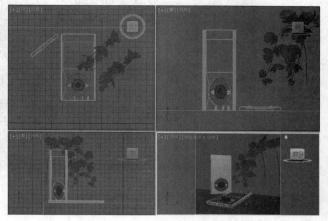

图1-26

1.5.2　设置摄影机阶段

设置摄像机主要是为了模拟现实中人们从何种方向与角度观察建筑物，得到一个最理想的观察视角，如图1-27所示。设置摄像机在制作效果图中比较简单，但是想要得到一个最佳的观察角度，必须了解摄像机的各项参数与设置技巧。

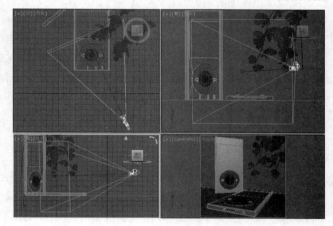

图1-27

1.5.3　赋材质阶段

通过3ds Max中默认的创建模式所建立的模型如果不进行处理，其所表现出来的状态还只是像建筑的毛坯、框架，要想让它更美观，就需要通过一些外墙涂料、瓷砖、大理石来对它进行修饰，3ds Max 2014也是这样建完模型后需要材质来表现它的效果。给模型赋予材质是为了更好地模拟对象的真实质感，当模型建立完成后，显示在视图中的对象，仅仅是以颜色块的方式显示，这种方式下的模型就如同儿童用积木建立起的楼房，无论怎么看都还只是一个儿童玩具，只有赋予其材质才能将对象的真实质感表现出来，例如，大理石地面、玻璃幕墙、哑光不锈钢、塑料等都可以通过材质编辑器来模拟，如图1-28所示。

1.5.4　设置灯光阶段

光源是效果图制作中最重要的一步，也是最具技巧性的，灯光及其产生的阴影将直接影响到场景中对象的质感，以及整个场景中对象的空间感和层次感，材质虽然有自己的颜色与纹理，但还会受到灯光的影响。室内灯光的设置要比室外的灯光复杂一些，因此，制作者需要提高各方面的综合能力，包括对3ds Max灯光的了解、对现实生活中光源的了解、对光能传递的了解、对真实世界的分析等，如果掌握了这些知识，用户一定能设置出理想的灯光效果。

制作效果图过程中，设置灯光最好与材质同步进行，这样会使看到的效果更接近真实效果，如图1-29所示。

图1-28

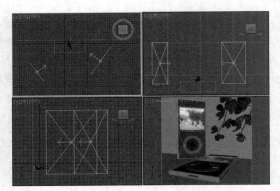

图1-29

1.5.5　渲染阶段

无论在使用3ds Max制作效果图的过程中，还是在已经制作完成时，都要通过渲染来预览制作的效果是否理想，渲染所占用的时间也非常多，尤其是初学者，有可能建立一个对象就想要渲染一下看看，不过这样会占用很多作图时间，那么作图速度就会受到影响。在现代激烈的商业竞争中，可能很多机会白白地让给了其他的商家，那么什么时候渲染才合适呢　第一次：建立好基本结构框架时；第二次：建立好内部构件时（有时为了观察局部效果，也会进行多次局部放大渲染）；第三次：整体模型完成时；第四次：摄影机设置完成时；第五次：在调制材质与设置灯光时（注：这时可能也要进行多次渲染以便观察具体的变化）；第六次：一切完成准备出图时（这时应确定一个合理的渲染尺寸）。渲染的每一步都是不一样的，在建模初期常采用整体渲染，只看大效果，到细部刻画阶段采用局部渲染的方法，以便看清具体细节。

1.5.6　后期处理阶段

后期处理主要是指通过图像处理软件为效果图添加符合其透视关系的配景和光效等，这一步工作量一般不大，但要想让图最后的确能在这个操作中有更好的表现效果也是不容易的，因为这是一个很感性的工作，需要作者本身有较高的审美观和想象力，应知道加入什么样的图形是适合这个空间的，如果处理不好会画蛇添足。所以，这一部分的工作不可小视，也是必不可少的，它可以使场景显得更加真实、生动。配景主要包括装饰物、植物、人物等。但配景的添加不能过多或过于随意，过多会给人一种拥挤的感觉，过于随意会给人一种不协调的感觉，图1-30所示为后期处理的效果图前后对比。

图1-30

▶ 1.6　文件的操作

在文件菜单中包含了对文件的一些操作，下面介绍常用的几种操作文件的命令。

实例操作2：打开与导入文件

【案例学习目标】打开与导入文件。

【案例知识要点】打开原始场景文件，通过为场景导入文件，对场景进行装饰。

【场景所在位置】光盘>场景>Ch01>打开与导入模型o.max。

【效果图参考场景】光盘>场景>Ch01>打开与导入模型.max。

下面介绍在3ds Max 2014中如何打开已有的文件。

01 启动3ds Max 2014的界面，单击 ■（应用程序）按钮，在弹出的下拉菜单中选择"打开"选项，在弹出的对话框中选择随书附带光盘中的"光盘>场景>Ch01>打开与导入模型o.max"文件，单击"打开"按钮，打开的场景如图1-31所示。

02 继续单击 ■（应用程序）按钮，在弹出的下拉菜单中选择"导入>合并"选项，在弹出的对话框中选择随书附带光盘中的"光盘>场景>Ch01>实例1 打开与导入模型"场景文件，单击"打开"按钮，如图1-32所示。

图1-31

图1-32

03 在弹出的对话框中左侧列表中选择随书附带光盘中的"光盘>场景>Ch01>桌椅和壁画.max"文件，单击"打开"按钮，如图1-33所示。

04 在弹出的对话框中勾选"应用于所有重复情况"复选框，单击"使用合并材质"按钮，在场景中调整模型的大小、角度和位置，调整的场景如图1-34所示。

图1-33

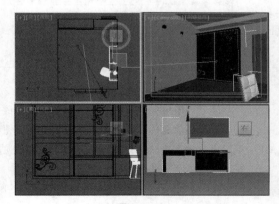

图1-34

05 使用同样的方法将随书附带光盘中的"吊灯.max和"床和床头柜.max"文件合并到场景中，调整模型的大小、角度和位置。完成的场景如图1-35所示。

06 在场景中调整摄影机的角度，如图1-36所示。

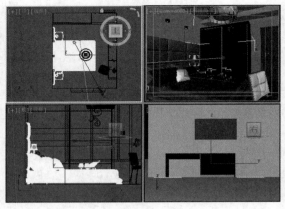

图1-35

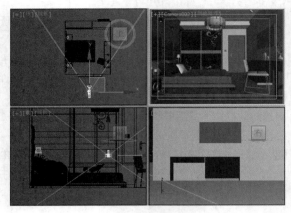

图1-36

技巧

除了单击 ■（应用程序）按钮，在弹出的下拉菜单中选择"打开"选项打开场景外，还可以选择需要打开的场景文件，将其拖曳到启动 3ds Max 2014 的界面上，在弹出的快捷菜单中选择"打开文件"选项，即可将场景打开，如图1-37所示。

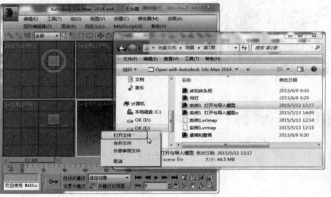

图1-37

▌实例操作3：指定贴图路径 ▌

在打开场景时一般都会弹出"缺少外部文件"窗口，这是由于之前场景指定贴图、光域网文件、VR代理文件的路径改变所致，未找到路径的信息都会在该窗口中显示，如图1-38所示。

在"缺少外部文件"窗口中单击"浏览"按钮，可指定贴图、光域网文件、VR代理文件的路径，一般打开场景后都会做调整，所以，不推荐在此处解决贴图问题，单击"继续"按钮或右上角的关闭按钮即可，在调试好场景后再解决贴图路径问题。

缺少贴图、光域网文件、VR代理文件路径的解决方法大致分为两种：

【案例学习目标】指定贴图路径。

【案例知识要点】通过设置贴图路径来解决缺少贴图的困扰。

01 贴图、光域网文件、VR代理文件分别位于较多不同路径。

02 贴图、光域网文件、VR代理文件位于1个路径文件夹或2个至3个路径文件夹中。

当贴图、光域网文件位于较多路径文件夹中时的解决方法如下：

01 切换到 ↗（实用程序）选项卡，单击"更多"按钮，在弹出的"实用程序"对话框中选择"位图/光度学路径"选项，单击"确定"按钮，如图1-39所示。

02 此时在"实用程序"卷展栏下会出现"路径编辑器"卷展栏，如图1-40所示。

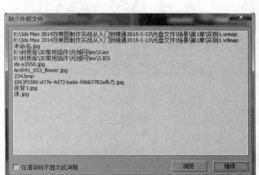

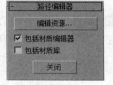

图1-38　　　　　　　　　　　　　　　　图1-39　　　　　　　　　　图1-40

03 单击"编辑资源"按钮，弹出"位图/光度学路径编辑器"对话框，左侧列表中会显示场景中所有的贴图，单击"选择丢失的文件"按钮，丢失的贴图会在窗口中被标注，如图1-41所示。

04 单击"新建路径"后的 ■（指定路径）按钮，在弹出的"选择新路径"对话框中指定贴图路径，单击"使用路径"按钮，如图1-42所示。

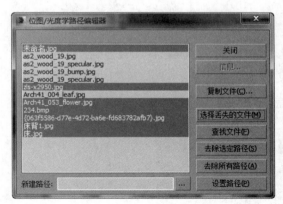

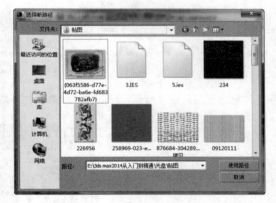

图1-41　　　　　　　　　　　　　　　　　　图1-42

05 返回"位图/光度学路径编辑器"对话框，单击"设置路径"按钮，再次单击"选择丢失的文件"按钮确认贴图和光域网文件是否都指定上，如图1-43所示。如果未全指定，可多次重复之前的操作，直到将路径都指定好为止。

06 该方法适用贴图较多，且不知道具体每个贴图在哪个路径文件中，但该方法不能指定VR代理物体路径，可用第二种指路径方法。

　　当贴图、光域网文件位于同一文件夹或较少路径文件夹中时的解决方法如下：

01 按Shift+T组合键打开"资源追踪"窗口，单击 ☑（刷新）按钮更新一下信息状态，在列表中丢失路径的文件后"状态"栏中会显示"文件丢失"，选择丢失文件，如果有相隔的，可先选需要指定路径的第一个文件，按住Shift键选相连的最后一个，然后按住Ctrl键选相隔的第一个文件，再按住Ctrl+Shift组合键选最后一个文件，如图1-44所示。

图1-43

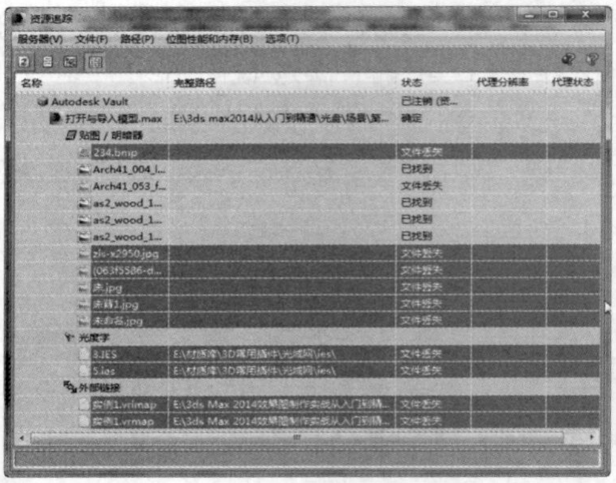

图1-44

02 选择"路径 > 设置路径"命令，弹出"指定资源路径"窗口，找到贴图、光域网文件、VR代理文件所在的文件夹，单击路径，按Ctrl+C组合键复制路径，回到3ds Max中，单击"指定路径"下的路径，按Ctrl+V组合键粘贴路径，单击"确定"按钮，如图1-45所示。

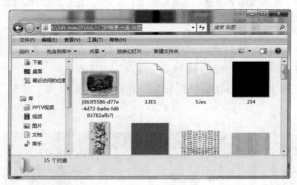

图1-45

03 指定好路径后，在"资源管理"中"状态"栏下均显示为"确定"，如图1-46所示。

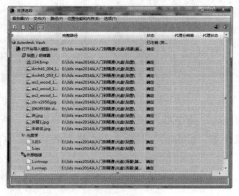

图1-46

保存与归档

1. 保存

当制作场景制作完成或制作到某个阶段完成，应保存当前场景。单击■（应用程序）按钮，在弹出的下拉菜单中选择"保存"选项，如果当前是新建场景，会弹出"文件另存为"对话框，如图1-47所示，指定一个输出路径和文件名，在文件保存后再次重复"■（应用程序）>保存"命令即可对当前场景状态存储。

2. 另存为

需要保留打开场景状态，同时又想将当前操作过的场景存储，此时可单击■（应用程序）按钮，在弹出的下拉菜单中选择"保存"选项，会弹出"文件另存为"对话框，指定一个输出路径和文件名即可。

3. 保存选定对象

选择需要保存的模型，可单击■（应用程序）按钮，在弹出的下拉菜单中将鼠标光标移至"另存为"选项，在弹出

图1-47

的子菜单中选择"保存选定对象"命令，如图1-48所示。该操作只保存当前选定的对象，一般应用于需要将选择的模型应用于其他场景，或者当前操作场景误删模型，在存储的原始场景中另存为文件再导入操作场景中。

4. 归档

在当前工作完成后，需要进行归档场景。归档场景可以将场景中所有贴图、光域网、VR代理文件光子图和.max文件归档在一个压缩包中，这样既节省空间，又可以防止贴图、光域网、VR代理文件因删除或改变路径而丢失。

单击■（应用程序）按钮，在弹出的下拉菜单中将鼠标光标移至"另存为"选项，在弹出的子菜单中选择"归档"命令，在弹出的"文件归档"对话框中指定路径和文件名，如图1-49所示，单击"保存"按钮。等待弹出的如图1-50所示的窗口保存完成即可。

在归档完成后，在指定路径文件夹中可以找到相应的压缩包文件。

图1-48

图1-49

图1-50

▶1.7 常用的工具

1.7.1 选择工具

对象的选择是3ds Max的基本操作。无论对场景中的任何对象做何种操作和编辑，首先要做的就是选择该对象。为了方便用户，3ds Max提供了多种选择对象的方式：基本选择、区域选择、名称选择、"编辑"菜单选择、过滤器选择、选择集选择。

1. 基本选择

选择对象最基本的方法就是直接单击要选择的对象，当工具栏中的■（选择对象）、■（选择并移动）、■（选择并旋转）、■（选择并均匀缩放）按钮中任意一个处于激活状态时具备了基本选择的条件，将光标移动到对象上，单击即可选择该对象。

如果要同时选择多个对象，可以按住Ctrl键，连续单击或框选要选择的对象，如果想取消其中个别对象的选择，可以按住Alt键，单击或框选要取消选择的对象。

2. 区域选择

3ds Max 提供了多种区域选择方式，使操作更为灵活、简单。■（矩形选择）方式是系统默认的选择方式，其他选择方式都是矩形选择方式的隐藏选项。■（选择对象）的快捷键为 Q，当 ■（选择对象）按钮处于激活状态时，再次按 Q 键，选择方式会依次从 ■（矩形选择区域）方式变换为其他方式。

- ■（矩形选择区域）：在视口中拖动，然后释放鼠标。单击的第一个位置是矩形的一个角，释放鼠标的位置是相对的角。
- ■（圆形选择区域）：在视口中拖动，然后释放鼠标。首先单击的位置是圆形的圆心，释放鼠标的位置定义了圆的半径。
- ■（围栏选择区域）：拖动绘制多边形，创建多边形选择区。
- ■（套索选择区域）：围绕应该选择的对象拖动鼠标以绘制图形，然后释放鼠标按钮。要取消该选择，可在释放鼠标前单击右键。
- ■（绘制选择区域）：将鼠标拖至对象之上，然后释放鼠标按钮。在进行拖放时，鼠标周围将会出现一个以画刷大小为半径的圆圈。绘制碰触的模型被选中。

几种选择方式的效果如图1-51所示。

  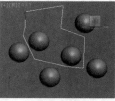  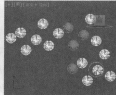

矩形选择　　　　　圆形选择　　　　　围栏选择　　　　　套索选择　　　　　绘制选择

图1-51

以上几种选择方式都可以与 ■（窗口/交叉）配合使用。■（窗口/交叉）的两种方式为 ■（交叉模式）和 ■（窗口模式）。

- ■（交叉模式）：可以选择区域内的所有对象或子对象，以及与选区边界相交的任何对象或子对象。可以理解为碰选，只要碰到就可以选中。
- ■（窗口模式）：只能选择选区完全包住的对象或子对象。可以理解为框选，只有完全在选择区域框之内的对象可以选中。

一般在3ds Max的操作中不对交叉模式和窗口模式手动切换，是在菜单栏中选择"自定义>首选项"命令，弹出"首选项设置"窗口，在"常规"选项卡的"场景选择"选项组中勾选"按方向自动切换窗口/交叉"复选框，保持默认的"右->左 => 交叉"，单击"确定"按钮，如图1-52所示。

- 右->左 => 交叉：从右向左创建选区时为交叉模式，从左向右创建选区时为窗口模式。

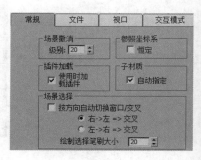

图1-52

3. 名称选择

3ds Max 提供了可以通过名称对象的功能。该功能不仅可以通过对象的名称选择，还能通过对象类型选择。

通过名称选择对象的操作步骤如下：

01 单击工具栏中的（按名称选择）按钮或按H键，弹出"从场景选择"对话框，如图1-53所示。

02 在列表中选择对象的名称后单击"确定"按钮，或直接双击列表中的对象名称，该对象即被选择。

在该对话框中按住Ctrl键可以选择多个对象，按住Shift键单击并选择

图1-53

连续范围。在对话框的右侧可以设置对象以什么形式进行排序，也指定显示在对象列表中的列出类型包括几何体、图形、灯光、摄影机、辅助对象、空间扭曲、组/集合、外部参考和骨骼类型这些均在工具栏中以按钮形式显示，弹起工具栏中的按钮类型，在列表中将隐藏该类型。

4. "编辑"菜单选择

在菜单栏中选择"编辑"菜单，在弹出的下拉菜单中显示如图1-54所示的几项命令。

图1-54

编辑菜单中的选择方式如下：

- 撤销：撤销上一步场景操作，快捷键为Ctrl+Z。
- 重做：恢复上一次的操作，快捷键为Ctrl+Y。
- 暂存/取回：一般暂存与取回是配合使用的。在场景或模型重缩放世界单位后，3ds Max会有一个暂时显示问题，先使用"暂存"保存下场景，再使用"取回"找回场景即恢复正常。"暂存""取回"也能应用到系统快要卡崩、贴图的显示问题等。
- 删除：删除场景中选定的对象，快捷键为Delete。
- 克隆：复制场景中选定的对象，快捷键为Ctrl+V。
- 全选：选择场景中的全部对象，快捷键为Ctrl+A。
- 全部不选：取消所有选择，快捷键为Ctrl+D。
- 反选：此命令可反选当前选择集，快捷键为Ctrl+I。
- 选择类似对象：自动选择与当前选择类似对象的所有项。通常，这意味着这些对象必须位于同一层中，并且应用了相同的材质（或不应用材质），快捷键为Ctrl+Q。
- 选择实例：选择选定对象的所有实例。
- 选择方式：从中定义以名称、层、颜色选择方式选择对象。
- 选择区域：这里参考上一节中区域选择的介绍。

5. 过滤器选择

"选择过滤器"工具用于设置场景中能够选择的对象类型，这样可以避免在复杂场景中选错对象。

在"选择过滤器"工具的下拉列表框 全部 中，包括几何体、图形、灯光、摄影机等对象类型，如图1-55所示。

图1-55

- 全部：表示可以选择场景中的任何对象。
- G - 几何体：表示只能选择场景中的几何形体（标准几何体、扩展几何体）。
- S - 图形：表示只能选择场景中的图形。
- L- 灯光：表示只能选择场景中的灯光。
- C- 摄影机：表示只能选择场景中的摄影机。
- H- 辅助对象：表示只能选择场景中的辅助对象。
- W- 扭曲：表示只能选择场景中的空间扭曲对象。
- 组合：选择"组合"后弹出"过滤器组合"窗口，可以在"所有类别ID"列表中使用"添加"按钮，将其类别指定到"当前类别ID过滤器"列表中，添加后在选择过滤器下拉列表中将会显示添加的类型ID。
- 骨骼：表示只能选择场景中的骨骼。
- IK链对象：表示只能选择场景中的IK链接对象。
- 点：表示只能选择场景中的点。

6. 选择集选择

在建模和场景制作时，通过对选择集进行编辑命名，可快速选择命名后的选择集，该方式是非常方便且不易出错的。如在室内或室外建模、灯光的排除和包含使用时。

选择集的使用方法：

01 选择需要组成选择集的一个或多个对象，在工具栏的"创建选择集"文本框中输入命名选择集，按Enter键选择集创建并命名完成。

02 需要选择创建过的选择集对象，可单击右侧的下拉列表，从中选择设置过的选择集命名即可，如图1-56所示。

03 在创建选择集列表中选择隐藏的选择集名称，会弹出如图1-57所示的对话框，单击"确定"按钮，该选择集会显示并被选择。

图1-56　　　　　　　　　　　　图1-57

1.7.2　变换工具

对象的变换包括对象的移动、旋转和缩放，这3项操作几乎在每一次建模中都会用到，也是建模操作的基础。

1. 移动对象

（1）启用移动工具有以下几种方法：

- 单击工具栏中的 （选择并移动）按钮。
- 按W键。
- 选择对象后单击鼠标右键，在弹出的快捷菜单中选择"移动"命令。
- 在菜单栏中选择"编辑>移动"命令。

使用移动工具的操作方法如下：选择对象并启用移动工具，当鼠标光标移动到对象坐标轴上时（比如x轴），光标会变成 形状，并且坐标轴（x轴）会变成亮黄色，表示可以移动，如图1-58所示。此时按住鼠标左键不放并拖曳光标，对象就会跟随光标一起移动。

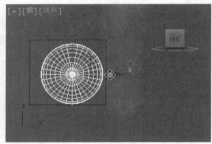
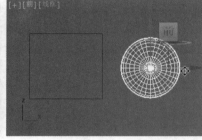

图1-58

正视图有"顶"视图、"底"视图、"前"视图、"后"视图、"左"视图、"右"视图，在正视图中通过坐标轴只能移动x、y、xy轴方向的位置，在"正交"视图和"透视"视图中还可以调整z、xz、yz轴方向的位置。

（2）移动复制法复制对象。移动复制法复制对象是建模中常用的复制方法，选择需要移动复制的对象，按住Shift键，鼠标沿需要复制的轴向拖动模型，如图1-59所示，在合适的位置释放鼠标左键，弹出"克隆选项"对话框，如图1-60所示，从中设置以"复制""实例"或"参考"的方式复制对象，并设置需要复制的"副本数"，单击"确定"按钮，移动复制法复制模型的效果如图1-61所示。

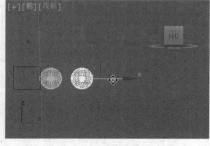

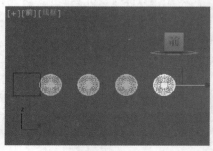

图1-59　　　　　　　　图1-60　　　　　　　　图1-61

（3）锁定对象和轴约束。在移动物体时，为了防止在移动过程中出错，可以按空格键或在状态栏中单击 🔒（选择锁定切换）按钮，此时只能调整被选择的对象。

F5键为约束到 x 轴，F6键为约束到 y 轴，F7键为约束到 z 轴，F8键为约束到 xy、xz、yz 轴，多次按F8键可在3轴向之间切换。

2. 旋转对象

（1）启用旋转命令，有以下几种方法：

- 单击工具栏中的 ⟳（选择并旋转）按钮。
- 按E键。
- 选择对象后单击鼠标右键，在弹出的快捷菜单中选择"旋转"命令。
- 在菜单栏中选择"编辑 > 旋转"命令。

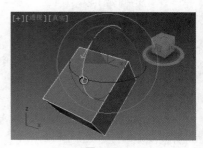

图1-62

使用旋转工具的操作方法如下：选择对象并启用旋转工具，当鼠标光标移动到对象的旋转轴上时，光标会变为 ⟳ 形状，旋转轴的颜色会变成亮黄色，如图1-62所示。按住鼠标左键不放并拖曳光标，对象会随光标的移动而旋转。旋转对象只能用于坐标轴方向的旋转。

旋转工具可以通过旋转来改变对象在视图中的方向，熟悉各旋转轴的方向很重要。

（2）旋转复制法。方法基本与移动复制法相同，如图1-63所示。

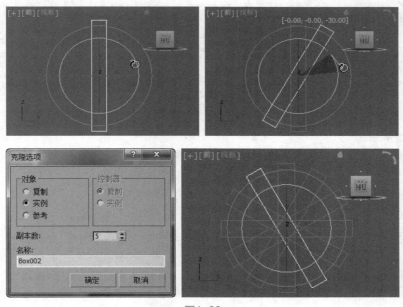

图1-63

3. 缩放对象

（1）启用缩放命令，有以下几种方法：

- 单击工具栏中的 ▣（选择并均匀缩放）按钮。
- 按R键。
- 选择对象后单击鼠标右键，在弹出的快捷菜单中选择"缩放"命令。
- 在菜单栏中选择"编辑 > 旋转"命令。

（2）3ds Max提供了3种缩放类型，包括 ▣（选择并均匀缩放）、▣（选择并非均匀缩放）、▣（选择并挤压）。在系统默认设置下工具栏中显示的是 ▣（选择并均匀缩放），▣（选择并非均匀缩放）和 ▣（选择并挤压）按钮是隐藏按钮。

- ▣（选择并均匀缩放）：只改变对象的体积，不改变形状，因此坐标轴向对它不起作用。

- ■ （选择并非均匀缩放）：对对象在制定的轴向上进行二维缩放（不等比例缩放），对象的体积和形状都发生变化。
- ■ （选择并挤压）：在制定的轴向上使对象发生缩放变形，对象体积保持不变，但形状会发生改变。

选择对象并启用缩放工具，当光标移动到缩放轴上时，光标会变成▧形状，按住鼠标左键不放并拖曳光标，即可对对象进行缩放。缩放工具可以同时在两个或三个轴向上进行缩放。

1.7.3 轴心控制

轴心控制是对象发生变换时的中心，只影响对象的旋转和缩放。对象的轴心控制包括3种方式：■ （使用轴点中心）、■ （使用选择中心）、■ （使用变换坐标中心）。

1. ■ （使用轴点中心）

把被选择对象自身的轴心点作为旋转、缩放操作的中心。如果选择了多个对象，则以每个对象各自的轴心点进行变换操作，如图1-64所示。

2. ■ （使用选择中心）

把选择对象的公共轴心点作为对象旋转和缩放的中心。如图1-65所示，3个长方体围绕一个共同的轴心点旋转。

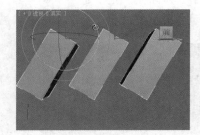
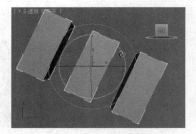

图1-64 图1-65

3. ■ （使用变换坐标中心）

把选择的对象所使用当前坐标系的中心点作为被选择对象旋转和缩放的中心。例如，可以通过拾取坐标系统进行拾取，把被拾取对象的坐标中心作为选择对象的旋转和缩放中心。

下面通过实例来介绍■ （使用变换坐标中心）工具的使用，操作步骤如下：

01 框选右侧的模型，如图1-66所示。

02 在工具栏中选择"参考坐标系统"下拉列表框中的"拾取"选项，如图1-67所示。

03 单击左侧模型，将右侧模型的坐标中心拾取在左侧模型上，此时"参考坐标系统"显示左侧模型的名称，如图1-68所示。

04 对右侧模型进行旋转，会发现右侧模型的旋转中心是被拾取的左侧模型的坐标中心，如图1-69所示。

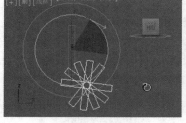

图1-66 图1-67 图1-68 图1-69

1.7.4 捕捉工具

在建模过程中为了精确定位，使建模更精准，经常会用到捕捉控制器。捕捉控制器由4个捕捉工具组成，即

（捕捉开关）、 （角度捕捉切换）、 （百分比捕捉切换）和 （微调器捕捉切换）。

1. 3种捕捉工具

捕捉工具有3种，系统默认设置为 （3D捕捉），在3D捕捉按钮中还隐藏着另外两种捕捉方式： （2D捕捉）和 （2.5D捕捉）。

- （3D捕捉）：启用该工具，可应用于所有创建和移动所有尺寸的几何体，而不考虑构造二维平面。
- （2D捕捉）：只捕捉激活视图构建平面上的元素，z轴向被忽略，通常用于平面图形的捕捉。
- （2.5D捕捉）：是二维捕捉和三维捕捉的结合。2.5D捕捉能捕捉三维空间中的二维图形和激活视图构建平面上的投影点。该方式是在室内、室外建模中必用的。

2. 角度捕捉工具

角度捕捉用于捕捉进行旋转操作时的角度间隔，使对象或者视图按固定的增量值进行旋转，系统默认值为5°。角度捕捉配合旋转工具能准确定位对象。

3. 百分比捕捉工具

百分比捕捉用于捕捉缩放或挤压操作时的百分比间隔，使比例缩放按固定的增量值进行缩放，用于准确控制缩放的大小，系统默认值为10%。

4. 捕捉工具的参数设置

在工具栏中鼠标右键单击捕捉工具按钮即可弹出"栅格和捕捉设置"对话框，"栅格和捕捉设置"对话框由4个选项卡组成，即捕捉、选项、主栅格和用户栅格。

（1）"捕捉"选项卡（如图1-70所示）中各选项介绍如下。

图1-70

- 栅格点：捕捉到栅格交点。默认情况下，此捕捉类型处于启用状态。
- 栅格线：捕捉到栅格线上的任何点。
- 轴心：捕捉到对象的轴点。
- 边界框：捕捉到对象边界框的8个角中的一个。
- 垂足：捕捉到样条线上与上一个点相对的垂直点。
- 切点：捕捉到样条线上与上一个点相对的相切点。
- 顶点：捕捉到网格对象或可以转换为可编辑网格对象的顶点。
- 端点：捕捉到网格边的端点或样条线的顶点。
- 边/线段：捕捉沿着边（可见或不可见）或样条线分段的任何位置。
- 中点：捕捉到网格边的中点和样条线分段的中点。
- 面：捕捉到面的曲面上的任何位置。已选择背面，因此它们无效。
- 中心面：捕捉到三角形面的中心。

（2）"选项"选项卡（如图1-71所示）中各选项介绍如下。

- 显示：切换捕捉指南的显示。禁用该选项后，捕捉仍然起作用，但不显示。
- 大小：以像素为单位设置捕捉"击中"点的大小。这是一个小图标，表示源或目标捕捉点。

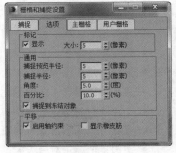

图1-71

- 捕捉预览半径：当光标与潜在捕捉到的点的距离在捕捉预览半径和捕捉半径值之间时，捕捉标记跳到最近的潜在捕捉到的点，但不发生捕捉。默认设置为30。
- 捕捉半径：以像素为单位设置光标周围区域的大小，在该区域内捕捉将自动进行。默认设置为20。
- 角度：设置对象围绕指定轴旋转的增量（以度为单位）。
- 百分比：设置缩放变换的百分比增量。
- 捕捉到冻结对象：启用此选项后，启用捕捉到冻结对象。默认设置为禁用状态。该选项也位于"捕捉"快捷菜单中，按住 Shift 键 的同时右键单击任何视口，可以进行访问，同时也位于 捕捉工具栏中。

- 启用轴约束：约束选定对象使其沿着在"轴约束"工具栏上指定的轴移动。禁用该选项后（默认设置），将忽略约束，并且可以将捕捉的对象平移为任何尺寸（假设使用 3D 捕捉）。该选项也位于"捕捉"快捷菜单中，按住 Shift 键的同时右键单击任何视口，可以进行访问，同时也位于捕捉工具栏中。

- 显示橡皮筋：当启用此选项并且移动一个选择时，在原始位置和鼠标位置之间显示橡皮筋线。当微调默认设置为启用时，使用该可视化辅助选项可使结果更精确。

（3）"主栅格"选项卡（如图1-72所示）中各选项介绍如下。

- 栅格间距：栅格间距是栅格的最小方形的大小。使用微调器可调整间距（使用当前单位），或直接输入值。

- 每 N 条栅格线有一条主线：主栅格显示更暗的或主线以标记栅格方形的组。使用微调器调整该值，它是主线之间的方形栅格数，或可以直接输入该值，最小为 2。

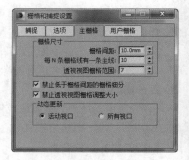

图1-72

- 透视视图栅格范围：设置透视视图中的主栅格大小。

- 禁止低于栅格间距的栅格细分：当在主栅格上放大时，使 3ds Max 将栅格视为一组固定的线。实际上，栅格在栅格间距设置处停止。如果保持缩放，固定栅格将从视图中丢失。不影响缩小。当缩小时，主栅格不确定扩展以保持主栅格细分。默认设置为启用。

- 禁止透视视图栅格调整大小：当放大或缩小时，使 3ds Max 将"透视"视口中的栅格视为一组固定的线。实际上，无论缩放多大多小，栅格将保持一个大小。默认设置为启用。

- 动态更新：默认情况下，当更改"栅格间距"和"每 N 条栅格线有一条主线"的值时，只更新活动视口。完成更改值之后，其他视口才进行更新。选择"所有视口"可在更改值时更新所有视口。

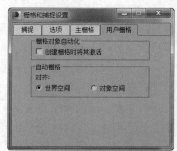

（4）"用户栅格"选项卡（如图1-73所示）中各选项介绍如下。

- 创建栅格时将其激活：启用该选项可自动激活创建的栅格。

- 世界空间：将栅格与世界空间对齐。

- 对象空间：将栅格与对象空间对齐。

图1-73

1.7.5 镜像与对齐

1. 镜像工具

镜像工具用于镜像对象的方向，以及应用于对称模型的复制。当建模中需要创建两个对称的对象时，如果使用直接复制，对象间的距离很难控制，而且要使两对象相互对称直接复制是办不到的，使用"镜像"工具就能很简单地解决这个问题。

选择对象后，在工具栏中单击 (镜像) 按钮，弹出"镜像：屏幕坐标"对话框，如图1-74所示。

- 镜像轴：用于设置镜像的轴向，系统提供了6种镜像轴向。

- 偏移：用于设置镜像对象和原始对象轴心点之间的距离。

- 克隆当前选择：用于确定镜像对象的复制类型。

- 不克隆：表示仅把原始对象镜像到新位置而不复制对象。

- 复制：把选定对象镜像复制到指定位置。

- 实例：把选定对象关联镜像复制到指定位置。

- 参考：把选定对象参考镜像复制到指定位置。

使用"镜像"工具进行复制操作，首先应该熟悉轴向的设置，选择对象后单击 (镜像) 按钮，可以依次选择镜像轴，视图中的复制对象是随镜像对话框中镜像轴的改变实时显示的，选择合适的轴向后单击"确定"按钮即可，如果单击"取消"按钮则取消镜像。

图1-74

2. 对齐工具

使用对齐工具可以将物体进行设置、方向和比例的对齐，还可以进行快速对齐、法线对齐、放置高光、对齐摄影机和对齐视图等操作。对齐工具有实时调节、实时显示效果的功能。

（对齐）工具用于使当前选定的对象按指定的坐标方向和方式与目标对象对齐。对齐工具中有6种对齐方式，即（对齐）、（快速对齐）、（法线对齐）、（放置高光）、（对齐摄影机）、（对齐到视图）。其中（对齐）工具是最常用的，一般（对齐）是用于进行轴向上的对齐。

下面通过一个实例来介绍使用（对齐）工具，操作步骤如下：

01 在视图中创建平面、长方体、球体、茶壶，如图1-75所示。

02 选择长方体、球体、茶壶模型，然后在工具栏中单击（对齐）按钮，这时鼠标光标会变为形状，将鼠标光标移到平面模型上，光标会变为形状，如图1-76所示。

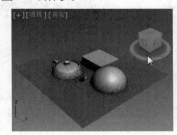
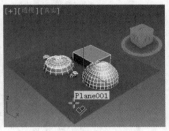

图1-75　　　　　　　　　　图1-76

03 单击平面模型，弹出"对齐当前选择"对话框，如图1-77所示。"对齐位置（屏幕）"选项组中的x轴、y轴、z轴表示方向上的对齐，设置对齐属性，单击"确定"按钮。

04 对齐后的效果如图1-78所示。

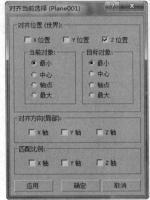

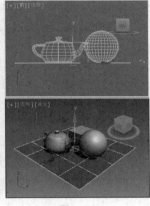

图1-77　　　　　　　　　　图1-78

▶ 1.8　视图的更改

工作视图区是三维制作中使用频率最高的工作区，它使我们透过二维的屏幕去观察和控制三维世界，尤其是在进行造型创作时，代替了现实中围着模型转来转去的观察方式，而是让模型自己转来转去，只有熟练地掌握了视图控制工具，才能使自己融入到计算机的三维世界中。

1.8.1　调整视口布局

3ds Max 2014首次将"视口布局选项卡"直接显示在界面中，"视口布局选项卡"位于工作视图的左侧，单击（创建新的视口布局选项卡）按钮，弹出"标准视口布局"选项窗口，如图1-79所示，从中可以选择系统默认提供的12种视口布局方案，最常用的是"列1、列1"类型，如图1-80所示。

如果不习惯左侧的视口布局选项卡，可以在工具栏空白处单击鼠标右键，在弹出的快捷菜单中取消勾选"视口布局选项卡"复选项，如图1-81所示。

也可以在界面右下角的视图控制区单击鼠标右键，在弹出的"视口配置"窗口中切换到"布局"选项卡，从中选择视口布局。

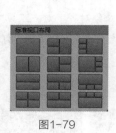

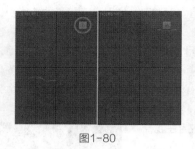

图1-79　　　　　　　　　　　图1-80　　　　　　　　　　　图1-81

1. 视口标签菜单

在视口中单击左上角的"+"按钮，弹出"视口标签"菜单，如图1-82所示。

- 最大化视口/还原视口：此选项可最大化或最小化视口。它相当于"最大化视口"切换，快捷键为Alt+W。
- 活动视口：允许用户从当前视口配置中的可见视口的子菜单列表中选择活动视口。
- 禁用视口：防止视口使用其他视口中的更改进行更新。当禁用的视口处于活动时，则其行为正常。然而，如果更改另一个视口中的场景，则在再次激活禁用视口之前不会更改其中的视图。使用此控件可以在处理复杂几何体时加快屏幕重画速度。禁用视口后，文本"<禁用>"显示在视口标签菜单的右侧，快捷键为D。
- 显示栅格：切换主栅格的显示。不会影响其他栅格显示，快捷键为G。
- ViewCube：显示带有 ViewCube 显示选项的子菜单。
- SteeringWheels：显示带有 SteeringWheels 显示选项的子菜单。
- xView：显示 xView 子菜单。
- 创建预览：显示"创建预览"子菜单。
- 配置视口：显示"视口配置"对话框。

2. 观察点视口标签菜单

单击视口名，将弹出该菜单，如图1-83所示，从中可以编辑当前视图。

- 扩展视口：显示一个带有附加视口选项的"扩展视口"子菜单。
- 显示安全框：启用和禁用安全框的显示。在"视口配置"对话框中定义安全框。安全框的比例符合所渲染图像输出尺寸的"宽度"和"高度"，快捷键为Shift+F。
- 视口剪切：可以采用交互方式为视口设置近可见性范围和远可见性范围。将显示在视口剪切范围内的几何体。不会显示该范围之外的面。这对于要处理使视图模糊细节的复杂场景非常有用。
- 撤销视图更改：撤销上一次视图更改，快捷键为Shift+Z。

图1-82

图1-83

图1-84

3. 明暗处理视口标签菜单

在左上角单击"真实"或"线框"，弹出明暗处理视口标签菜单，如图1-84所示。

- 真实：显示为实体模型，并显示指定的材质创建灯光的阴影效果。
- 明暗处理：显示为实体模型，将阴影类型忽略掉。
- 一致的色彩：没有高光，显示为平面类型和平面类型的阴影区域。
- 边面：显示模型的真实效果和线框。
- 面：显示模型的边面效果。将几何体显示为面状，无论其平滑组设置是什么。此选项为建模人员提供了便利，尤其是希望看到所处理的精确几何体的那些角色建模人员。
- 隐藏线：将模型呈现为灰色显示，线框为黑色显示。
- 线框：以线框模式显示模型。
- 边界框：以边界框模型显示模型。
- 粘土：将几何体显示为均匀的赤土色。此选项为建模人员提供了便利，尤其是不想受到对象纹理困扰的那些角色建模人员。
- 样式化：打开子菜单，用于选择一个非真实照片级样式。
- 显示选定对象：打开一个能让用户选择如何在明暗处理视口中显示选定几何体的子菜单。
- 照明和阴影：打开子菜单，其中包含用于在视口中进行照明和阴影预览的选项。
- 材质：显示带有材质显示选项的子菜单。
- 视口背景：打开子菜单，其中包含用于在视口中显示背景的选项。
- 配置：打开"视口配置"对话框的"视觉样式和外观"面板。使用该选项，可以更改视觉样式并设置其他选项。

1.8.2　改变用户界面方案

在菜单栏中选择"自定义 > 自定义 UI 与默认设置切换器"命令，弹出"为工具选项和用户界面布局选择初识设置"对话框，在右侧列表中可以选择3ds Max 系统提供的4种用户界面，选择一种方案，在下方简介面板中会显示该方案的介绍，如图1-85所示。

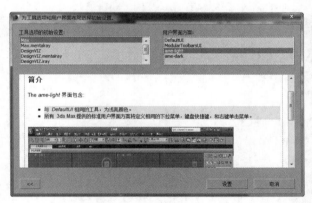

图1-85

▶1.9　课堂案例——快捷键的设置

【案例学习目标】设置快捷键。

【案例知识要点】通过设置常用的快捷键，可以提高作图效率。

在工作中熟练使用快捷键是非常有必要的。在使用快捷键前先将▨（键盘快捷键覆盖切换）改为▨弹起状态。

在菜单栏中选择"自定义 > 自定义用户界面"命令，在弹出的"自定义用户界面"对话框中可以创建一个完全自定义的用户界面，包括快捷键、四元菜单、菜单、工具栏和颜色。其中在"键盘"选项卡中用户可以自定义快捷键，如图1-86所示。

在"键盘"选项卡的操作列表中先随便选一项，输入修改器名称，如"挤出修改器"，输入"挤出修改器"

后，会自动找到需要的修改器，先按Caps Lock（大小写切换）键锁定大写，再在"热键"文本框中输入想要设置的快捷键，单击"指定"按钮即可。快捷键的设置基础为标准触键姿势下以左手能快速覆盖的位置为宜。

图1-86

最常用的几个快捷键更改为："隐藏选定对象"设置为Alt+S组合键；"编辑网格"修改器设置为Y键；"挤出"修改器设置为U键；"后"视图改为B键；"显示变换Gizmo"改为X键。

用户可以根据自己的喜好设置常用快捷键。

▶ 1.10　课堂练习——导入文件

【练习知识要点】通过本例练习可以熟练掌握将文件导入3ds Max中，同时掌握合并场景文件。

▶ 1.11　课后习题——归档场景

【习题知识要点】通过本例练习数量掌握归档的场景的流程及注意事项，养成良好的工作习惯。

第 **02** 章

创建几何体

3ds Max主要是利用软件提供的各种几何体建立基本的结构，再对它们进行适当的修改，完成基础模型的搭建。本章主要讲解创建几何体的方法和技巧，通过本章内容的学习，可以设计制作出简单的三维模型。

2.1 几何体建模的基础知识

三维模型中最简单的模型是"标准几何体"和"扩展基本体"。在3ds Max中用户可以使用单个基本对象对很多现实中的对象建模。还可以将"标准几何体"结合到复杂的对象中，并使用修改器进一步地细化。

2.1.1 认识什么是建模

在学习建模之前首先要了解建模的思路。其实建模的过程就是一个堆砌和雕刻的过程，图2-1所示为制作的中式壁灯。

通过对场景进行分析可以看到如图2-2所示的壁灯结构图，该壁灯是由8个结构构成的，其中结合了标准基本体的长方体、球体、平面，并结合使用了矩形、螺旋线、线工具，使用了各种修改器来组合各个模型完成壁灯的效果。

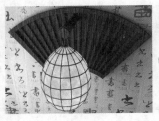

图2-1 　　　　　　　　　　　　　　　　　　图2-2

技巧

由此可见一个精美的模型是由多个简单的对象作为基础对象，然后通过一系列的调整、组合完成的。

2.1.2 模型的创建方法

模型的创建方法基本相同，都是单击拖动鼠标创建模型，根据参数来创建，一般参数只有一个的如球体，单击拖动即可创建出球体；参数有3个的如长方体，需要单击拖动出长宽，然后单击拖动出高度，再次单击即可创建完成模型。

除了通过鼠标创建模型外还可以通过"键盘输入"卷展栏创建模型，图2-3所示为"长方体"的"键盘输入"卷展栏。

对于简单的基本建模，使用键盘创建方式比较方便，直接在"键盘输入"卷展栏中输入几何体的创建参数，然后单击"创建"按钮，视图中会自动生成该几何体。如果创建较为复杂的模型，建议使用手动方式建模。

图2-3

2.1.3 参数化模型

创建模型后，可以对模型进行修改，修改模型参数时需要切换到 ☑ （修改）命令面板，对模型的参数进行修改，如图2-4所示。

图2-4

下面介以茶壶的参数来介绍参数化模型。

（1）首先，单击" ❖ （创建）> ◉ （几何体）> 茶壶"按钮，在"顶"视图中创建茶壶，如图2-5所示。

（2）在"参数"卷展栏中设置"半径"，可以更改茶壶的大小，如图2-6所示。

（3）可以通过"分段"来设置茶壶的平滑，分段越多，模型越平滑，如图2-7所示。

（4）在"茶壶部件"选项组中勾选显示各部分零件，取消勾选则不显示相应的零件。

图2-5

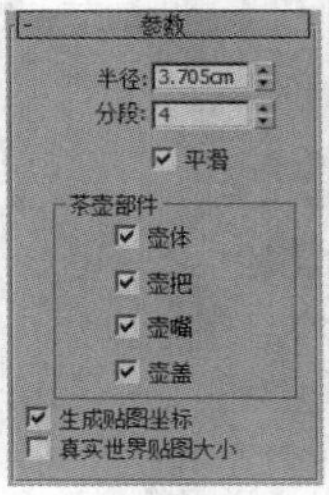

图2-6

分段为：4　　　　　　　　分段为：12

图2-7

2.2　创建标准基本体

我们熟悉的几何基本体在现实世界中就是像水皮球、管道、长方体、圆环和圆锥形冰激凌杯这样的对象。在 3ds Max 中，可以使用单个基本体对很多这样的对象建模。还可以将基本体结合到更复杂的对象中，并使用修改器进一步进行优化。"标准几何体"面板如图2-8所示。

在内置的几何体中标准基本体的使用率是非常高的，下面将介绍标准基本体的创建和使用。

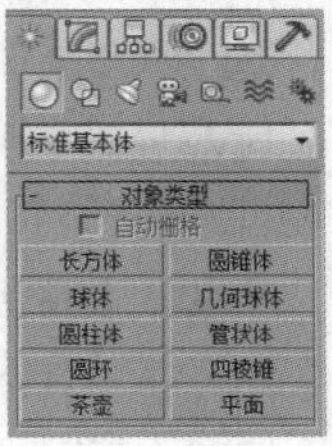

图2-8

▌实例操作4：用长方体制作茶几▌

长方体是最基础的标准几何物体，用于制作正六面体或长方体。

长方体的重要参数介绍如下（图2-9所示为长方体的参数面板）：

- 长度/宽度/高度：确定长、宽、高3个方向的长度。

- 长度/宽度/高度分段：控制长、宽、高3条边上的分段数量，分段数量由模型需求设置。

- 生成贴图坐标：勾选此复选框，系统自动指定贴图坐标。

- 真实世界贴图大小：不勾选此复选框时，贴图大小符合创建对象的尺寸；勾选此复选框时，贴图大小由绝对尺寸决定，而与对象的相对尺寸无关。

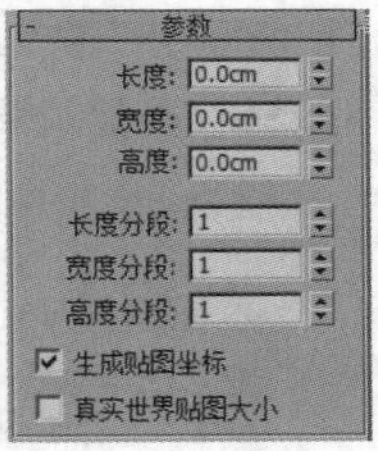

图2-9

【案例学习目标】学习使用长方体制作茶几模型。

【案例知识要点】创建长方体并对长方体进行复制，通过调整模型的位置完成茶几模型的制作，完成的效果如图2-10所示。

【场景所在位置】光盘>场景>Ch02>茶几.max。

【效果图参考场景】光盘>场景>Ch02>茶几ok.max。

【贴图所在位置】光盘>Map。

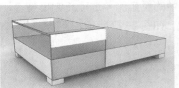
图2-10

01 单击"⚙（创建）>○（几何体）>标准基本体>长方体"按钮，在"顶"视图中创建长方体作为茶几面，在"参数"卷展栏中设置"长度"为600、"宽度"为800、"高度"为100，如图2-11所示。

02 按Ctrl+V组合键原地复制模型作为玻璃面，在弹出的"克隆选项"对话框中选择"复制"单选按钮，单击"确定"按钮，如图2-12所示。

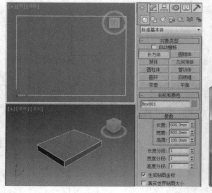

图2-11　　　　　　　　　　　　图2-12

03 切换到☑（修改）命令面板，在"参数"卷展栏中修改模型参数，设置"宽度"为300、"高度"为10，调整模型至合适的位置，如图2-13所示。

04 按Ctrl+V组合键再复制一个长方体作为侧玻璃面，使用◐（选择并旋转）工具调整模型的角度，切换到☑（修改）命令面板，在"参数"卷展栏中设置合适的"长度"参数，调整模型至合适的位置，如图2-14所示。

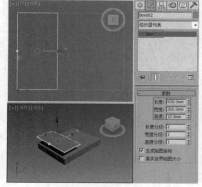

图2-13　　　　　　　　　　　　图2-14

05 切换到"左"视图，确定侧玻璃面模型处于选择状态，按W键激活✥（选择并移动）工具，按住Shift键沿x轴移动复制模型，移动至合适位置释放鼠标，在弹出的对话框中单击"确定"按钮，如图2-15所示。

注意

在复制模型时，使用"实例"复制方式是在确定复制出的模型与原模型为同等大小，修改一个，其他的都会跟随变化。

06 激活"顶"视图，按住Ctrl键并单击鼠标右键，在弹出的快捷菜单中选择"长方体"命令，在"顶"视图中创建长方体，在"参数"卷展栏中设置"长度"为60、"宽度"为60、"高度"为30，如图2-16所示。

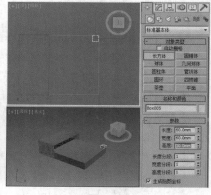

图2-15　　　　　　　　　　　图2-16

07 使用移动复制法中的"实例"选项复制模型，调整模型至合适的位置，如图2-17所示。

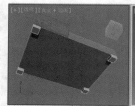
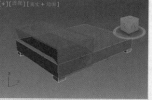

图2-17

实例操作5：用圆锥体制作圆台

　　圆锥体用于制作圆锥、圆台、四棱锥和棱台，以及它们的局部，下面介绍圆锥体的创建方法及其参数的设置和修改。

　　圆锥体的重要参数如下（图2-18所示为"参数"卷展栏）。

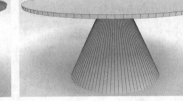

图2-18

- 半径1：设置圆锥体底面的半径。
- 半径2：设置圆锥体顶面的半径（若半径2不为0，则圆锥体变为平顶圆锥体）。
- 高度：设置圆锥体的高度。
- 高度分段：设置圆锥体在高度上的段数。
- 端面分段：设置圆锥体在两端平面上底面和下底面上沿半径方向上的段数。
- 边数：设置圆锥体端面圆周上的片段划分数。值越高，圆周越光滑。
- 平滑：表示是否进行表面光滑处理。开启时，产生圆锥、圆台，关闭时，产生四棱锥、棱台。
- 启用切片：表示是否进行局部切片处理。
- 切片起始位置：确定切除部分的起始幅度。
- 切片结束位置：确定切除部分的结束幅度。

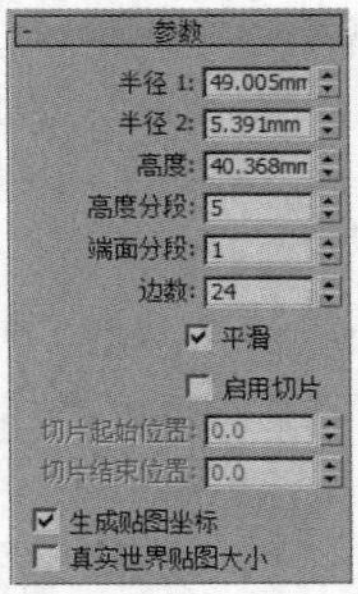

　　【案例学习目标】学习使用圆锥体制作圆台模型。

　　【案例知识要点】创建圆锥体并对圆锥体进行复制，通过调整模型的位置完成圆台模型的制作，完成的效果如图2-19所示。

　　【场景所在位置】光盘>场景>Ch02>圆台.max。

　　【效果图参考场景】光盘>场景>Ch02>圆台ok.max。

　　【贴图所在位置】光盘>Map。

图2-19

01 单击"　（创建）>　（几何体）>标准基本体>圆锥体"按钮，在"顶"视图中创建圆锥体，在"参数"卷展栏中设置"半径1"为30、"半径2"为8、"高度"为50、"边数"为30，如图2-20所示。

02 按Ctrl+V组合键，在弹出的对话框中选择"复制"选项，单击"确定"按钮，复制模型。

03 复制出模型后，切换到　（修改）命令面板，在"参数"卷展栏中设置"半径1"为59.5、"半径2"为60、"高度"为2、"边数"为100，如图2-21所示。

这样圆台模型就组合完成了。

图2-20

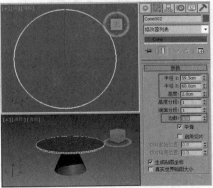

图2-21

实例操作6：用球体制作表造型

球体用于制作面状或光滑的球体，也可以制作半球和局部球体，下面介绍球体的创建方法及其参数的设置和修改。

球体的重要参数如下（如图2-22所示）。

- 半径：设置球体的半径大小。
- 分段：设置表面的段数，值越高，表面越光滑，造型也越复杂。
- 平滑：是否对球体表面自动光滑处理（系统默认是开启的）。
- 半球：用于创建半球或球体的一部分。其取值范围为0～1。默认为0.0，表示建立完整的球体，增加数值，球体被逐渐减去。值为0.5时，制作出半球体，值为1.0时，球体全部消失。
- 切除>挤压：在进行半球系数调整时发挥作用。用于确定球体被切除后，原来的网格划分也随之切除，或者仍保留但被挤入剩余的球体中。

图2-22

【案例学习目标】学习使用球体。

【案例知识要点】创建球体、圆锥体、长方体，结合使用阵列，组合完成表的造型，完成的效果如图2-23所示。

【场景所在位置】光盘>场景>Ch02>表造型.max。

【效果图参考场景】光盘>场景>Ch02>表造型ok.max。

【贴图所在位置】光盘>Map。

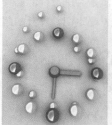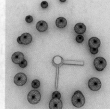

图2-23

01 单击"＊（创建）>◯（几何体）>球体"按钮，在"顶"视图中创建球体，在"参数"卷展栏中设置"半径"为2，如图2-24所示。

02 切换到▦（层次）命令面板，在"调整轴"卷展栏中单击"仅影响轴"按钮，在"前"视图中移动轴的位置，如图2-25所示。

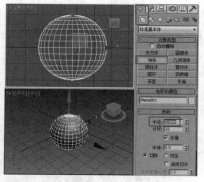

图2-24

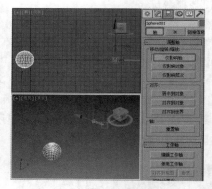

图2-25

03 确定当前视口为"透视"图，在菜单栏中选择"工具>阵列"命令，在弹出的对话框中设置"总计"中的"移动"X为22.1、"旋转"Z为360，设置"阵列纬度"为12，如图2-26所示。

04 阵列复制出的模型，如图2-27所示。

05 在场景中复制出一个球体模型，切换到☑（修改）命令面板，在"参数"卷展栏中设置"半径"为3，如图2-28所示，调整球体的位置。

06 确定当前视口为"透视"图，在菜单栏中选择"工具>阵列"命令，在弹出的对话框中设置"总计"中的"旋转"Z为360，设置"阵列纬度"为12，如图2-29所示。

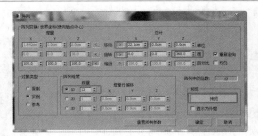

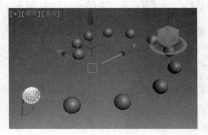

图2-26　　　　　　　　　　　　　　　　　　图2-27

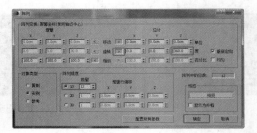

图2-28　　　　　　　　　　　　　　　　　　图2-29

07 单击"⚙（创建）>◯（几何体）>圆锥体"按钮，在"顶"视图中创建圆锥体，在"参数"卷展栏中设置"半径1"为3、"半径2"为2、"高度"为5、"高度分段"为1，如图2-30所示。

08 单击"⚙（创建）>◯（几何体）>长方体"按钮，在"顶"视图中创建长方体，设置合适的参数即可，如图2-31所示。

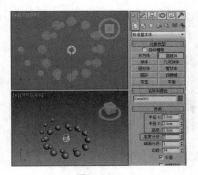

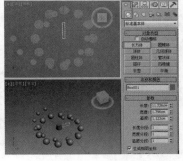

图2-30　　　　　　　　　　　　　　　　　　图2-31

09 调整长方体的轴心位置，如图2-32所示。

10 复制并调整长方体的参数，如图2-33所示。

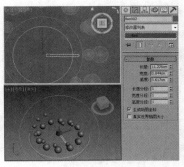

图2-32　　　　　　　　　　　　　　　　　　图2-33

实例操作7：用几何球体制作水晶珠帘

"几何球体"的参数卷展栏如图2-34所示。

"参数"卷展栏介绍如下。

● 半径：确定几何球体的半径。

● 分段：设置球体表面的划分复杂度，该值越大，三角面越多，球体也越光滑，系统默认值为4。

● "基点面类型"选项组：用于确定由哪种规则的多面体组合成球体。默认"四面体""八面体"和"二十面体"的效果分别如图2-35所示。

图2-34

图2-35

● 平滑：将平滑组应用于球体的曲面。

● 半球：制作半球体。

● 轴心在底部：设置球体的轴心点位置在球体的底部，该选项对半球体不产生作用。

【案例学习目标】学习使用几何球体。

【案例知识要点】创建几何球体和圆柱体，结合使用移动复制来组合完成水晶珠帘，如图2-36所示。

【场景所在位置】光盘>场景>Ch02>水晶珠帘.max。

【效果图参考场景】光盘>场景>Ch02>水晶珠帘ok.max。

【贴图所在位置】光盘>Map。

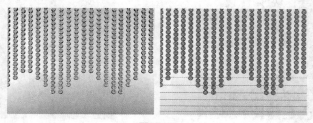

图2-36

01 单击"[图标]（创建）>[图标]（几何体）>几何球体"按钮，在"前"视图中创建几何球体，在"参数"卷展栏中设置"半径"为10、"分段"为2、"基点面类型"为"二十面体"，取消勾选"平滑"复选框，如图2-37所示。

02 在"前"视图中按住使用移动工具，按住Shift键移动复制模型，在弹出的"克隆选项"对话框中选择"对象"为"实例"，设置"副本数"为18，如图2-38所示。

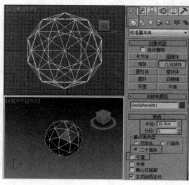

图2-37

图2-38

03 复制出几何球体后，单击"⚙（创建）> ◯（几何体）>圆柱体"按钮，在"顶"视图中创建圆柱体，在"参数"卷展栏中设置"半径"为1、"高度"为450、"高度分段"为1、"边数"为10，如图2-39所示。

04 继续复制模型，并对模型进行调整，调整出一个自己喜欢的造型即可，如图2-40所示。

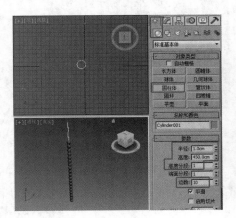

图2-39

图2-40

实例操作8：用圆柱体制作铅笔

圆柱体用于制作圆柱体，也可以围绕主轴进行切片。下面介绍圆柱体的创建方法及其参数的设置和修改。

单击圆柱体将其选中，切换到 ☑（修改）命令面板，在修改命令面板中会显示圆柱体的参数，如图2-41所示。

"参数"卷展栏介绍如下。

● 半径：设置底面和顶面的半径。

● 高度：确定柱体的高度。

● 高度分段：确定柱体在高度上的段数。如果要弯曲柱体，高度段数可以产生光滑的弯曲效果。

● 端面分段：确定在柱体两个端面上沿半径方向的段数。

● 边数：确定圆周上的片段划分数（即棱柱的边数），对于圆柱体，边数越多越光滑。其最小值为3，此时圆柱体的截面为三角形。

图2-41

【案例学习目标】学习使用圆柱体制作铅笔模型。

【案例知识要点】创建圆柱体并对圆柱体进行复制，通过调整模型的位置和参数完成铅笔模型的制作，完成的效果如图2-42所示。

图2-42

【场景所在位置】光盘>场景>Ch02>铅笔.max。

【效果图参考场景】光盘>场景>Ch02>铅笔ok.max。

【贴图所在位置】光盘>Map。

01 单击"⚙（创建）> ◯（几何体）>标准基本体>圆柱体"按钮，在"顶"视图中创建圆柱体作为铅笔笔身，在"参数"卷展栏中设置"半径"为5、"高度"为180、"高度分段"为1、"边数"为6，取消勾选"平滑"复选框，如图2-43所示。

02 按Ctrl+V组合键原地复制圆柱体作为笔芯，在"参数"卷展栏中设置"半径"为1.5、"高度"为181、"边数"为25，勾选"平滑"复选框，在"前"视图中调整模型至合适的位置，如图2-44所示。

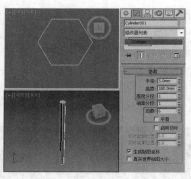

图2-43

图2-44

实例操作9：用管状体制作笔筒

管状体类似于中空的圆柱体，用于建立各种空心管状体对象，包括管状体、棱管及局部管状体。下面介绍管状体的创建方法及其参数的设置和修改。

单击管状体将其选中，切换到 ☑（修改）命令面板，在修改命令面板中会显示管状体的参数，如图2-45所示。

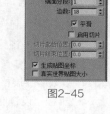

图2-45

"参数"卷展栏介绍如下。

- 半径1：确定管状体的起始半径大小。
- 半径2：确定管状体的结束半径大小。
- 高度：确定管状体的高度。
- 高度分段：确定管状体高度方向的段数。
- 端面分段：确定管状体上下底面的段数。
- 边数：设置管状体侧边数的多少。值越大，管状体越光滑。对棱柱管来说，边数值决定其属于几棱管。

【案例学习目标】学习使用管状体制作笔筒模型。

【案例知识要点】创建管状体作为笔筒外壁，创建圆柱体作为封底，完成的效果如图2-46所示。

【场景所在位置】光盘>场景>Ch02>笔筒.max。

【效果图参考场景】光盘>场景>Ch02>笔筒ok.max。

【贴图所在位置】光盘>Map。

图2-46

01 单击 ☀（创建）> ◯（几何体）>标准基本体>管状体"按钮，在"顶"视图中创建管状体作为笔筒外壁，在"参数"卷展栏中设置"半径1"为60、"半径2"为55、"高度"为128、"高度分段"为1、"边数"为30，如图2-47所示。

02 单击 ☀（创建）> ◯（几何体）>标准基本体>圆柱体"按钮，在"顶"视图中创建圆柱体作为封底模型，在"参数"卷展栏中设置"半径"为55、"高度"为10、"高度分段"为1、"边数"为30，如图2-48所示。

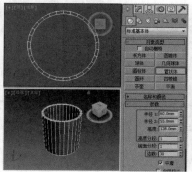

图2-47

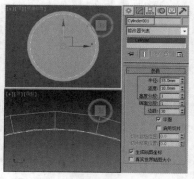

图2-48

技巧

圆柱体的边数要与管状体的边数相同，否则会有间隙。

03 在工具栏中右键单击 （角度捕捉）按钮，弹出"栅格和捕捉设置"对话框，在"选项"选项卡中设置捕捉的"角度"6（度），如图2-49所示。

04 确定圆柱体处于选择状态，在工具栏中单击 （对齐）按钮，在"顶"视图中单击管状体，在弹出的"对齐当前选择"对话框中选择"对齐位置"为"X位置""Y位置"，选择"当前对象""目标对象"均为"轴点"，单击"确定"按钮，如图2-50所示。

05 激活 （角度捕捉）按钮，使用 （选择并旋转）工具在"顶"视图中以z轴为中心旋转6度，在"前"视图中调整圆柱体的位置，如图2-51所示。

图2-49

图2-50

图2-51

实例操作10：用圆环制作玉石扣

"圆环"参数的修改：

单击圆环将其选中，切换到 （修改）命令面板，在修改命令面板中会显示圆环的参数，如图2-52所示。

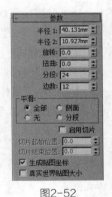

- 半径1：设置圆环中心与截面正多边形的中心距离。
- 半径2：设置截面正多边形的内径。
- 旋转：设置片段截面沿圆环轴旋转的角度，如果进行扭曲设置或以不光滑表面着色，则可以看到它的效果。
- 扭曲：设置每个截面扭曲的角度，并产生扭曲的表面。
- 分段：确定沿圆周方向上片段被划分的数目。值越大，得到的圆环越光滑，最小值为3。
- 边数：确定圆环的边数。

图2-52

- 平滑：设置光滑属性，将棱边光滑。有如下4种方式：全部，对所有表面进行光滑处理；侧面，对侧边进行光滑处理；无，不进行光滑处理；分段，光滑每一个独立的面。

【案例学习目标】学习使用圆环模型。

【案例知识要点】创建圆环并对其进行缩放，完成玉石扣效果如图2-53所示。

【场景所在位置】光盘>场景>Ch02>玉石扣.max。

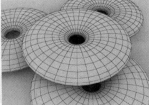

图2-53

【效果图参考场景】光盘>场景>Ch02>玉石扣ok.max。

【贴图所在位置】光盘>Map。

01 单击"（创建）>（几何体）>圆环"按钮，在"顶"视图中创建圆环，在"参数"卷展栏中设置"半径1"为8、"半径2"为6、"分段"为35、"边数"为20，如图2-54所示。

02 在"左"视图中缩放模型，如图2-55所示。

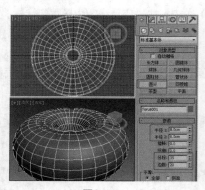

图2-54

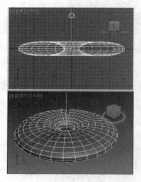

图2-55

实例操作11：用四棱锥制作铆钉装饰

四棱锥基本体拥有方形或矩形底部和三角形侧面，多用于制作四棱锥形的采光井玻璃、建筑顶尖。下面就来介绍四棱锥的创建方法及其参数的设置和修改。

"四棱锥"参数的修改：

单击四棱锥将其选中，切换到（修改）命令面板，在修改命令面板中会显示四棱锥的参数，如图2-56所示。

- 宽度：确定四棱锥的宽度。
- 深度：可以理解为确定四棱锥的长度。
- 高度：确定四棱锥的高度和方向。
- 宽度分段>深度分段>高度分段：设置四棱锥对应面的分段。

图2-56

【案例学习目标】学习使用四棱锥模型。

【案例知识要点】创建四棱锥对其进行复制完成四棱锥装饰的制作，完成后的效果如图2-57所示。

【场景所在位置】光盘>场景>Ch02>铆钉装饰.max。

【效果图参考场景】光盘>场景>Ch02>铆钉装饰ok.max。

【贴图所在位置】光盘>Map。

01 单击"（创建）>（几何体）>四棱锥"按钮，在"顶"视图中创建四棱锥，在"参数"卷展栏中设置"宽度"为12、"深度"为12、"高度"为7，如图2-58所示。

02 在场景中复制模型，如图2-59所示。

图2-57

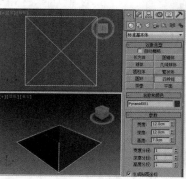

图2-58

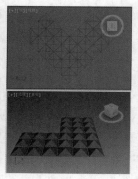

图2-59

实例操作12：创建并修改茶壶

"茶壶"用于建立标准的茶壶造型或者茶壶的一部分，其复杂的曲线和相交曲面非常适用于测试现实世界对象上不同种类的材质贴图和渲染设置。下面就来介绍茶壶的创建方法及其参数的设置和修改。

"参数"卷展栏介绍如下（如图2-60所示）。

- 半径：确定茶壶的大小。
- 分段：确定茶壶表面的划分精度，值越大，表面越细腻。
- 平滑：是否自动进行表面光滑处理。
- 茶壶部件：设置各部分的取舍，分为壶体、壶把、壶嘴和壶盖4部分。

"平面"用于在场景中直接创建平面对象，可以用于建立如地面、场、山体等，使用起来非常方便，下面就来介绍平面的创建方法及其参数设置。

图2-60

"平面"参数的修改：

单击平面将其选中，切换到  （修改）命令面板，在修改命令面板中会显示平面的参数，如图2-61所示。

"参数"卷展栏介绍如下。

- 长度/宽度：确定平面的长、宽，以决定平面的大小。
- 长度分段：确定沿平面长度方向的分段数，系统默认值为4。
- 宽度分段：确定沿平面宽度方向的分段数，系统默认值为4。
- 渲染倍增：只在渲染时起作用，可进行"缩放"和"密度"设置。缩放，渲染时平面

图2-61

的长和宽均以该尺寸比例倍数扩大；密度，渲染时平面的长和宽方向上的分段数均以该密度比例倍数扩大。

- 总面数：显示平面对象全部的面片数。

【案例学习目标】学习使用茶壶模型。

【案例知识要点】创建茶壶和平面制作茶壶和茶壶垫的效果如图2-62所示。

【场景所在位置】光盘 > 场景 > Ch02 > 茶壶.max。

【效果图参考场景】光盘 > 场景 > Ch02 > 茶壶ok.max。

【贴图所在位置】光盘 > Map。

图2-62

01 单击 " （创建）> （几何体）> 茶壶" 按钮，在 "透视" 图中拖动鼠标创建茶壶，在 "参数" 卷展栏中设置 "半径" 为10，可以提高 "分段" 设置模型的平滑，如图2-63所示。

02 切换到 （修改）命令面板，为模型施加 "锥化" 修改器，在 "参数" 卷展栏中设置 "拉伸" 为0.5，如图2-64所示。

03 单击 " （创建）> （几何体）> 平面" 按钮，在 "顶" 视图中创建平面，在场景中将平面放置到茶壶的底部，如图2-65所示，在 "参数" 卷展栏中设置 "长度" 为25、"宽度" 为25、"长度分段" 为1、"宽度分段" 为1，如图2-65所示。

> **提示**
>
> 修改器的使用将在后面的章节中为大家介绍，这里就不详细介绍了。

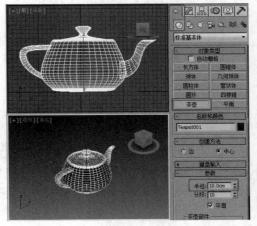

图2-63

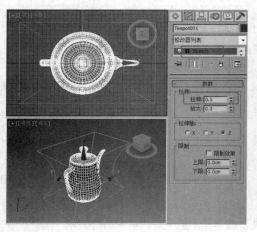

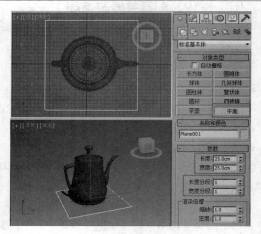

图2-64　　　　　　　　　　　　　　　　　　　图2-65

▶ 2.3　创建扩展基本体

上一节详细讲述了标准基本体的创建方法及参数，如果想要制作一些带有倒角或特殊形状的物体，它们就无能为力了，这时可以通过扩展基本体来完成。该类模型与标准基本体相比，其模型结构要复杂一些，它可以看作对标准基本体的一个补充。

▌实例操作13：用切角长方体制作桌椅组合▐

切角长方体具有圆角的特性，用于直接产生带切角的立方体，下面介绍切角长方体的创建方法及其参数的设置。

"切角长方体"参数的修改：

单击切角长方体将其选中，切换到 ☑（修改）命令面板，在修改命令面板中会显示切角长方体的参数，如图2-66所示。

"参数"卷展栏介绍如下。

- 圆角：设置切角长方体的圆角半径，确定圆角的大小。
- 圆角分段：设置圆角的分段数，值越高，圆角越圆滑。

其他参数请参见长方体的参数说明。

【案例学习目标】学习使用切角长方体模型。

【案例知识要点】创建切角长方体模型，并通过修改模型的参数和复制模型，组合完成桌椅组合，如图2-67所示。

【场景所在位置】光盘>场景>Ch02>桌椅组合.max。

【效果图参考场景】光盘>场景>Ch02>桌椅组合ok.max。

【贴图所在位置】光盘>Map。

01 单击"⚙（创建）> ◯（几何体）>扩展基本体>切角长方体"按钮，在"顶"视图中创建切角长方体，在"参数"卷展栏中设置"长度"为150、"宽度"为180、"高度"为8、"圆角"为0.2，如图2-68所示。

02 按Ctrl+V组合键，在弹出的对话框中选择"复制"单选按钮，单击"确定"按钮，如图2-69所示。

03 切换到 ☑（修改）命令面板，在"参数"卷展栏中设置"长度"为15、"宽度"为100、"高度"为120、"圆角"为0.2，如图2-70所示。

图2-66

图2-67

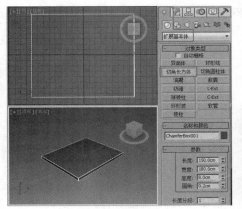

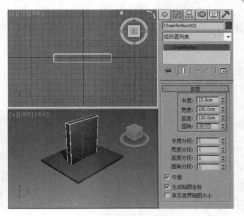

图2-68 图2-69 图2-70

04 继续复制模型，修改"长度"为15、"宽度"为70、"高度"为120、"圆角"为0.2，如图2-71所示转换模型。

05 复制模型，修改"长度"为8、"宽度"为85、"高度"为120、"圆角"为0.2，如图2-72所示。

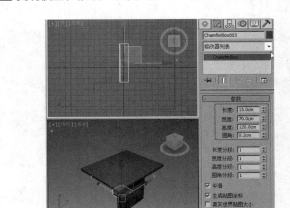

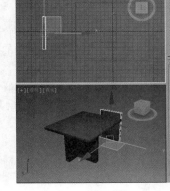

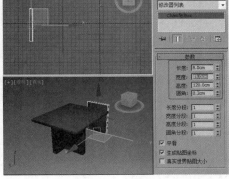

图2-71 图2-72

06 复制模型，设置"宽度"为70，旋转模型，如图2-73所示。

07 单击"（创建）>（几何体）>扩展基本体>切角长方体"按钮，在"顶"视图中创建切角长方体，在"参数"卷展栏中设置"长度"为72、"宽度"为67、"高度"为10、"圆角"为1，如图2-74所示。

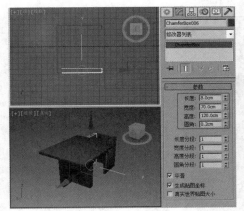

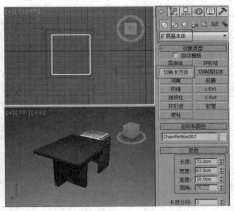

图2-73 图2-74

08 调整模型作为坐垫，并继续复制切角长方体，修改"宽度"为65、"高度"为1，如图2-75所示。

图2-75

实例操作14：用切角圆柱体制作沙发凳

切角圆柱体和切角长方体创建方法基本相通，两者都具有圆角的特性，下面介绍切角圆柱体的创建方法及其参数的设置。

"切角圆柱体"参数的修改：

单击切角圆柱体将其选中，切换到 ▨（修改）命令面板，在修改命令面板中会显示"切角圆柱体"的参数，如图2-76所示，"切角圆柱体"的参数与"圆柱体"大部分都是相同的。

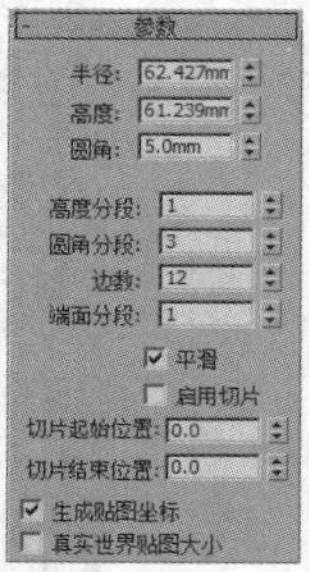

"参数"卷展栏介绍如下。

● 圆角：设置切角圆柱体的圆角半径，确定圆角的大小。

● 圆角分段：设置圆角的分段数，值越高，圆角越圆滑。

其他参数请参见前面章节圆柱体的参数说明。

【案例学习目标】学习使用切角圆柱体模型。

图2-76

【案例知识要点】创建切角圆柱体模型，并通过修改模型的参数配合其他的模型组合成沙发凳效果如图2-77所示。

【场景所在位置】光盘>场景>Ch02>沙发凳.max。

【效果图参考场景】光盘>场景>Ch02>沙发凳ok.max。

【贴图所在位置】光盘>Map。

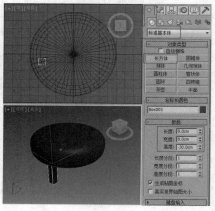

图2-77

01 单击"🔅（创建）> ◎（几何体）>扩展基本体>切角圆柱体"按钮，在"顶"视图中创建"切角圆柱体"，在"参数"卷展栏中设置"半径"为50、"圆角分段"为4、"边数"为50，如图2-78所示。

02 单击"🔅（创建）> ◎（几何体）>标准基本体>长方体"按钮，在"顶"视图中创长方体，在"参数"卷展栏中设置"长度"为8、"宽度"为8、"高度"为-30，如图2-79所示。

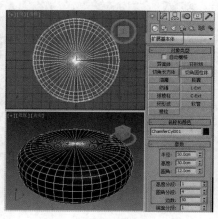

图2-78

图2-79

03 在场景中旋转长方体的角度，并对长方体进行复制，如图2-80所示。

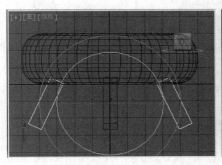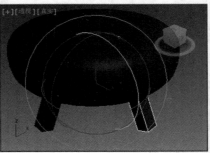

图2-80

实例操作15：用异面体制作手链

"异面体"可以创建各种具备奇特表面组合的多面体，利用它的参数，可以制作出种类繁多的复杂造型。

"异面体"参数的修改（如图2-81所示）如下：

- 系列：提供了5种基本形体方式供选择。
- 系列参数：为多面体顶点和面之间提供两种方式变换的关联参数。
- P、Q：P和Q将以最简单的形式在顶点和面之间来回更改几何体。
- 轴向比率：多面体可以拥有多达3种多面体的面，如三角形、方形或五角形。这些面可以是规则的，也可以是不规则的。如果多面体只有一种或两种面，则只有一个或两个轴向比率参数处于活动状态。不活动的参数不起作用。
- P、Q、R：控制多面体一个面反射的轴。
- 重置：将轴返回为其默认设置。

"顶点"组中的参数决定多面体每个面的内部几何体。"中心"和"中心和边"会增加对象中的顶点数，因此增加面数。

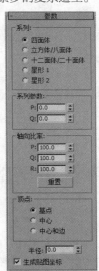

- 基点：面的细分不能超过最小值。
- 中心：通过在中心放置另一个顶点（其中边是从每个中心点到面角）来细分每个面。
- 中心和边：通过在中心放置另一个顶点（其中边是从每个中心点到面角，以及到每个边的中心）来细分每个面。与"中心"相比，"中心和边"会使多面体中的面数加倍。

图2-81

- 半径：以当前单位数设置任何多面体的半径。

【案例学习目标】学习使用异面体模型。

【案例知识要点】创建异面体，并介绍"阵列"命令来制作手链效果如图2-82所示。

【场景所在位置】光盘>场景>Ch02>手链.max。

【效果图参考场景】光盘>场景>Ch02>手链ok.max。

图2-82

【贴图所在位置】光盘>Map。

01 单击"（创建）>（几何体）>扩展基本体>异面体"按钮，在"顶"视图中创建异面体，在"参数"卷展栏中选择"系列"为"十二面体>二十面体"选项，设置"系列参数"的P为0.37，如图2-83所示。

02 切换到（层次）命令面板，在"调整轴"卷展栏中打开"仅影响轴"按钮，在场景中调整轴的位置，如图2-84所示。

03 关闭"仅影响轴"按钮，在菜单栏中选择"工具>阵列"命令，在弹出的对话框中设置阵列的"总计"Z为360、"阵列维度"的"1D"数量为23，如图2-85所示，单击"确定"按钮。

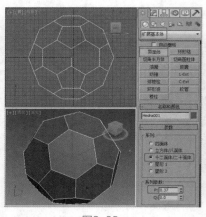

图2-83 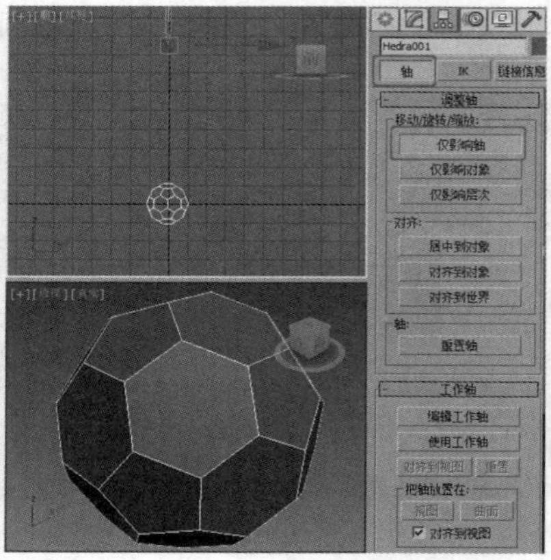   图2-84

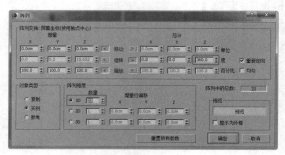

图2-85

▶2.4 创建门对象

3ds Max提供直接创建门窗物体的工具，可以快速地产生各种型号的门窗模型。系统提供了3种类型的门：枢轴门、推拉门、折叠门，如图2-86所示。

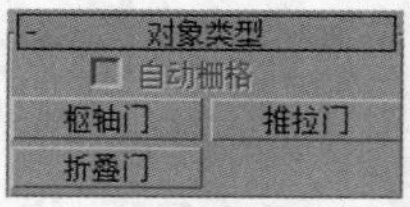

如图2-87所示，从左至右分别是枢轴门、推拉门、折叠门效果。

- 枢轴门：可以是单扇枢轴门，也可以是双扇枢轴门；可以向内开，也可以向外开。门的木格可以设置，门上的玻璃厚度可以指定，还可以产生倒角的框边。

图2-86

- 推拉门：使用推拉门可以将门进行滑动，就像在轨道上一样。该门有两个门元素，一个保持固定，另一个可以移动。

- 折叠门：折叠门在中间转枢，也在侧面转枢。该门有两个门元素。也可以将该门制作成有4个门元素的双门。

3ds Max中3种门的参数基本相通，下面介绍"枢轴门"的创建方法及其参数的设置。

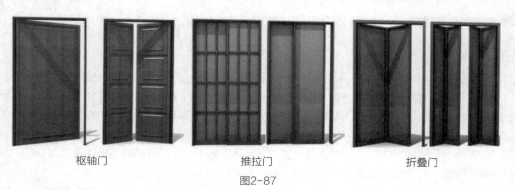

枢轴门   推拉门   折叠门

图2-87

1. 创建"枢轴门"的操作步骤

01 首先单击"■（创建）>■（几何体）>门>枢轴门"按钮。

02 在"顶"视图中按住鼠标左键不放，确定门宽的第一点，拖曳光标至合适位置释放鼠标，确定门宽的第二点，如图2-88所示。

03 上下移动鼠标光标可调整门的深度，单击鼠标左键确定门的深度，如图2-89所示。

04 上下移动鼠标光标可调整门的高度，移至合适位置单击，确定高度并完成创建，设置门的参数属性，完成的门如图2-90所示。

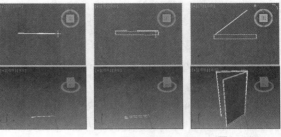

图2-88　　　　　图2-89　　　　　图2-90

2. "创建方法"卷展栏

"创建方法"卷展栏（如图2-91所示）中的选项功能介绍如下。

图2-91

● 宽度/深度/高度：前两个点定义门的宽度和门脚的角度。通过在视口中拖动来设置这些点。第一个点（在拖动之前单击并按住的点）定义单枢轴门（两个侧柱在双门上都有铰链，而推拉门没有铰链）的铰链上的点。第二个点（在拖动后在其上释放鼠标按键的点）定义门的宽度及从一个侧柱到另一个侧柱的方向。这样，就可以在放置门时使其与墙或开口对齐。第三个点（移动鼠标后单击的点）指定门的深度，第四个点（再次移动鼠标后单击的点）指定高度。

● 宽度/高度/深度：与"宽度/深度/高度"选项的作用方式相似，只是最后两个点首先创建高度，然后创建深度。

● 允许侧柱倾斜：允许创建倾斜门。

3. "参数"卷展栏

"参数"卷展栏（如图2-92所示）中的选项功能介绍如下。

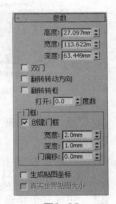

● 双门：制作一个双门。

● 翻转转动方向：更改门转动的方向。

● 翻转转枢：在与门面相对的位置上放置转枢。此选项不可用于双门。

● 打开：指定门打开的百分比。

● "门框"组：该组中包含用于门侧柱门框的控件。虽然门框只是门对象的一部分，但它的行为就像墙的一部分。打开或关闭门时，门框不会移动。

● 创建门框：这是默认启用的，以显示门框。禁用此复选框可以禁用门框的显示。

● 宽度：设置门框与墙平行的宽度。仅当启用了"创建门框"复选框时该选项才可用。

● 深度：设置门框从墙投影的深度。仅当启用了"创建门框"复选框时该选项才可用。

● 门偏移：设置门相对于门框的位置。

图2-92

4. "页扇参数"卷展栏

"页扇参数"卷展栏（如图2-93所示）中的选项功能介绍如下。

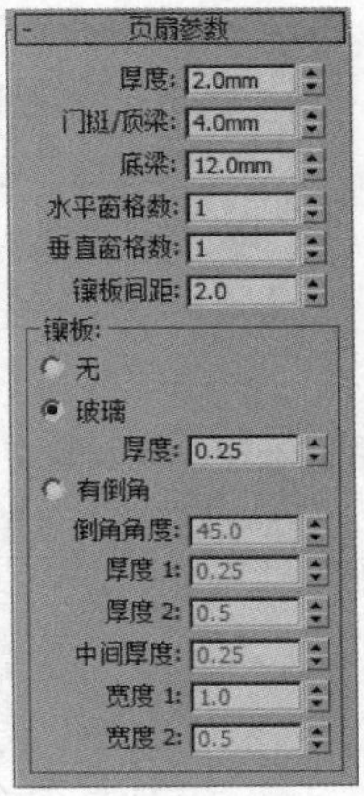

● 厚度：设置门的厚度。

● 门挺/顶梁：设置顶部和两侧的面板框的宽度。仅当门是面板类型时，才会显示此设置。

● 底梁：设置门脚处的面板框的宽度。仅当门是面板类型时，才会显示此设置。

● 水平窗格数：设置面板沿水平轴划分的数量。

● 垂直窗格数：设置面板沿垂直轴划分的数量。

● 镶板间距：设置面板之间的间隔宽度。

● "镶板"组：确定在门中创建面板的方式。

● 无：门没有面板。

● 玻璃：创建不带倒角的玻璃面板。

● 厚度：设置玻璃面板的厚度。

图2-93

- 倒角角度：选择此选项可以具有倒角面板。
- 厚度1：设置面板的外部厚度。
- 厚度2：设置倒角从该处开始的厚度。
- 中间厚度：设置面板内面部分的厚度。
- 宽度1：设置倒角从该处开始的宽度。
- 宽度2：设置面板的内面部分的宽度。

2.5 创建窗对象

窗户在室内、室外模型建模中非常实用的，3ds Max 系统提供了6种类型的窗户（如图2-94所示）：遮蓬式窗、平开窗、固定窗、旋开窗、伸出式窗、推拉窗。

各种窗的具体效果表现如图2-95至图2-100所示。

窗户的参数也大致相同，下面以"遮蓬式窗"为例介绍窗户的创建方法及其参数的设置。

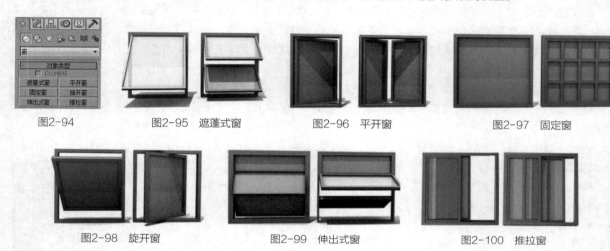

图2-94　　　图2-95　遮蓬式窗　　　图2-96　平开窗　　　图2-97　固定窗

图2-98　旋开窗　　　图2-99　伸出式窗　　　图2-100　推拉窗

1. 创建"遮蓬式窗"的操作步骤

01 首先单击"（创建）>（几何体）>窗>遮蓬式窗"按钮。

02 在"顶"视图中按住鼠标左键不放，确定窗宽的第一点，拖曳光标至合适位置释放鼠标左键，确定窗宽第二点，如图2-101所示。

03 上下移动鼠标光标调整窗的深度，单击确定调整，继续上下移动鼠标光标调整窗的高度，单击完成窗的创建，设置窗的参数属性，完成的窗如图2-102所示。

2."参数"卷展栏

"参数"卷展栏（如图2-103所示）中的选项功能介绍如下。

- "窗框"选项组：从该组中设置窗框属性。
- 水平宽度：设置窗口框架水平部分的宽度（顶部和底部）。该设置也会影响窗宽度的玻璃部分。
- 垂直宽度：设置窗口框架垂直部分的宽度（两侧）。该设置也会影响窗高度的玻璃部分。
- 厚度：设置框架的厚度。
- "玻璃"选项组：设置玻璃属性。
- 厚度：设置玻璃的厚度。
- "窗格"选项组：设置窗格属性。
- 宽度：设置窗框中窗格的宽度（深度）。

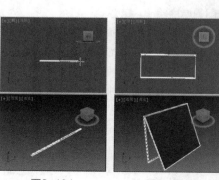

图2-101　　　　图2-102　　　　图2-103

- 窗格数：设置窗中的窗框数。
- "开窗"选项组：设置开窗属性。
- 打开：指定窗打开的百分比。此控件可设置动画。

2.6　创建AEC 扩展

AEC 扩展对象是专为在建筑、工程和构造领域中使用而设计的。该面板中3ds Max系统提供了3种对象：植物、栏杆、墙，如图2-104所示。

2.6.1　创建植物对象

"植物"可产生各种植物对象，如树种。3ds Max 将生成网格表示方法，以快速、有效地创建漂亮的植物。具体效果表现如图2-105所示。

图2-104　　　　　　　　　　图2-105

1. 创建"植物"的操作步骤

01 单击"　（创建）>　（几何体）> AEC扩展>植物"按钮。

02 在"收藏的植物"卷展栏中选择一种要创建的植物，在视口中单击创建植物，如图2-106所示。

03 在"参数"卷展栏中调整植物属性。

2. "收藏的植物"卷展栏

"收藏的植物"卷展栏中的选项功能介绍如下。

- 植物列表：调色板显示当前从植物库载入的植物。
- 自动材质：为植物指定默认材质。
- 植物库：单击此按钮，弹出"配制调色板"对话框，如图2-107所示。使用此对话框无论植物是否处于调色板中，都可以查看可用植物的信息，包括其名称、学名、种类、说明和每个对象近似的面数量，还可以向调色板中添加植物，以及从调色板中删除植物，清空植物色板。

3. "参数"卷展栏

"参数"卷展栏中的部分选项功能介绍如下。

- 高度：控制植物的近似高度。
- 密度：控制植物上叶子和花朵的数量。值为1时表示植物具有全部的叶子和花；值为0.5时表示植物具有一半的叶子和花；值为0时表示植物没有叶子和花。
- 修剪：只适用于具有树枝的植物。
- 新建种子：显示当前植物的随机变体。

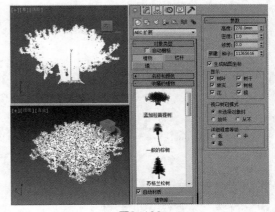

图2-106

图2-107

- "显示"选项组：控制植物的树叶、果实、花、树干、树枝和根的显示。
- "视口树冠模式"选项组：在 3ds Max 中，植物的树冠是覆盖植物最远端（如叶子或树枝和树干的尖端）的一个壳。
- 未选择对象时：未选择植物时以树冠模式显示植物。
- 始终：始终以树冠模式显示植物。
- 从不：从不以树冠模式显示植物。3ds Max 将显示植物的所有特性。
- "详细程度等级"选项组：控制 3ds Max 渲染植物的方式。
- 低：以最低的细节级别渲染植物树冠。
- 中：对减少了面数的植物进行渲染。
- 高：以最高的细节级别渲染植物的所有面。

提示

可以在创建多个植物之前设置参数。这样不仅可以避免显示速度减慢，还可以减少必须对植物进行的编辑工作。

2.6.2 创建栏杆对象

"栏杆"对象的组件包括栏杆、立柱和栅栏。具体的效果表现如图 2-108 所示。

1. 创建"栏杆"的操作步骤

01 单击"单击"⚙（创建）>◯（几何体）>AEC扩展>栏杆"按钮。

02 在"顶"视图中单击并拖动鼠标创建栏杆的宽度，如图 2-109 所示，单击并移动鼠标创建栏杆的高度，再次单击完成创建，调整栏杆参数达到效果，如图 2-110 所示。

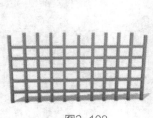

图2-108

图2-109

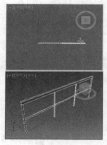

图2-110

2. "栏杆"卷展栏

"栏杆"卷展栏（如图 2-111 所示）中各参数的含义如下。

- 拾取栏杆路径：单击该按钮，然后单击视口中的样条线，将其用作栏杆路径。
- 分段：设置栏杆对象的分段数。只有使用栏杆路径时，才能使用该选项。
- 匹配拐角：在栏杆中放置拐角，以便与栏杆路径的拐角相符。
- 长度：设置栏杆对象的长度。拖动鼠标时，长度将会显示在编辑框中。
- "上围栏"选项组：默认值可以生成上栏杆组件。
- 剖面：设置上栏杆的横截面形状。
- 深度：设置上栏杆的深度。
- 宽度：设置上栏杆的宽度。
- 高度：设置上栏杆的高度。
- "下围栏"选项组：控制下栏杆的剖面、深度和宽度，以及其间的间隔。

图2-111

3. 立柱卷展栏

"立柱"卷展栏（如图 2-112 所示）中各参数的含义如下。

- 剖面：设置立柱的横截面形状，包括无、方形和圆。
- 深度：设置立柱的深度。
- 宽度：设置立柱的宽度。
- 延长：设置立柱在上栏杆底部的延长。

图2-112

4. 栅栏卷展栏

"栅栏"卷展栏（如图2-113所示）中各参数的含义如下。

- 类型：设置立柱之间的栅栏类型，包括无、支柱和实体填充。
- "支柱"选项组：控制支柱的剖面、深度和宽度，以及其间的间隔。
- 剖面：设置支柱的横截面形状。
- 深度：设置支柱的深度。
- 宽度：设置支柱的宽度。
- 延长：设置支柱在上栏杆底部的延长。
- 底部偏移：设置支柱与栏杆对象底部的偏移量。

图2-113

- ⊞（支柱间距）：设置支柱的间距。单击该按钮时，将会弹出"支柱间距"对话框。使用"计数"选项指定所需的支柱数。
- "实体填充"选项组：控制立柱之间实体填充的厚度和偏移量。只有将"类型"设置为"实体填充"时，才能使用该选项。
- 厚度：设置实体填充的厚度。
- 顶部偏移：设置实体填充与上栏杆底部的偏移量。
- 底部偏移：设置实体填充与栏杆对象底部的偏移量。
- 左偏移：设置实体填充与相邻左侧立柱之间的偏移量。
- 右偏移：设置实体填充与相邻右侧立柱之间的偏移量。

┃ 实例操作16：使用墙工具制作墙体 ┃

"墙"对象由3个子对象类型构成，这些对象类型可以在▨（修改）面板中进行修改。与编辑样条线的方式类似，同样也可以编辑墙对象、其顶点、其分段和其轮廓。

1. "参数"卷展栏

"参数"卷展栏（如图2-114所示）中的选项功能介绍如下。

- 宽度：设置墙的厚度。
- 高度：设置墙的高度。
- "对齐"选项组：设置基墙的对齐属性。
- 左：根据墙基线（墙的前边与后边之间的线，即墙的厚度）的左侧边对齐墙。
- 居中：根据墙基线的中心对齐。
- 右：根据墙基线的右侧边对齐。

图2-114

2. "编辑对象"卷展栏

"编辑对象"卷展栏（如图2-115所示）中的选项功能介绍如下。

- 附加：将视口中的另一个墙附加到通过单次拾取选定的墙。附加的对象也必须是墙。
- 附加多个：将视口中的其他墙附加到所选墙。单击此按钮可以弹出"附加多个"对话框，在该对话框中列出了场景中的所有其他墙对象。

3. "子物体层级"卷展栏

"墙"修改器面板中的子层级（如图2-116所示）功能介绍如下。

- 顶点：可以通过顶点调整墙体的形状。
- 分段：可以通过分段选择集对墙体进行编辑。
- 剖面：可以以剖面的方式对墙体进行编辑。

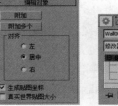

图2-115

图2-116

4．"编辑顶点"卷展栏

"编辑顶点"卷展栏（如图2-117所示）中的选项功能介绍如下。

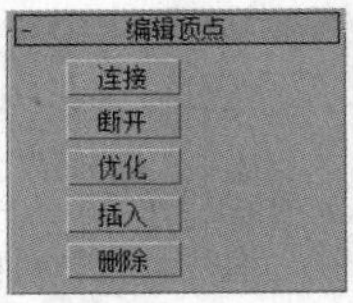

- 连接：用于连接任意两个顶点，在这两个顶点之间创建新的样条线线段。
- 断开：用于在共享顶点断开线段的连接。
- 优化：向着沿用户单击的墙线段的位置添加顶点。
- 插入：插入一个或多个顶点，以创建其他线段。
- 删除：删除当前选定的一个或多个顶点，包括这些顶点之间的任何线段。

图2-117

5．"编辑分段"卷展栏

"编辑分段"卷展栏中的选项功能介绍如下（如图2-118所示）。

- 断开：指定墙线段中的断开点。
- 分离：分离选择的墙线段，并利用它们创建一个新的墙对象。
- 相同图形：分离墙对象，使它们不在同一个墙对象中。
- 重新定位：分离墙线段，复制对象的局部坐标系，并放置线段，使其对象的局部坐标系与世界空间原点重合。
- 复制：复制分离墙线段，而不是移动分离墙线段。
- 拆分：根据"拆分参数"微调器中指定的顶点数细分每个线段。
- 拆分参数：设置拆分线段的数量。
- 插入：提供与"顶点"选择集选择中的"插入"按钮相同的功能。
- 删除：删除当前墙对象中任何选定的墙线段。
- 优化：提供与"顶点"子对象层级中的"优化"按钮相同的功能。
- "参数"组：更改所选择线段的参数。
- 宽度：更改所选线段的宽度。
- 高度：更改所选线段的高度。
- 底偏移：设置所选线段距离底面的距离。

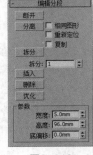

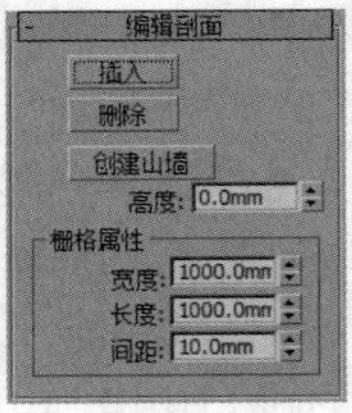

图2-118　　　　图2-119

6．"编辑剖面"卷展栏

"编辑剖面"卷展栏中的选项功能介绍如下（如图2-119所示）。

- 插入：插入顶点，以便可以调整所选墙线段的轮廓。
- 删除：删除所选墙线段的轮廓上的所选顶点。
- 创建山墙：通过将所选墙线段的顶部轮廓的中心点移至用户指定的高度，来创建山墙。
- 高度：指定山墙的高度。
- 栅格属性：栅格可以将轮廓点的插入和移动限制在墙平面以内，并允许用户将栅格点放置到墙平面中。
- 宽度：设置活动栅格的宽度。
- 长度：设置活动栅格的长度。
- 间距：设置活动网格中的最小方形的大小。

【案例学习目标】学习使用墙工具。

【案例知识要点】创建并修改墙体，如图2-120所示。

【场景所在位置】光盘>场景>Ch02>墙体.max。

【效果图参考场景】光盘>场景>Ch02>墙体ok.max。

图2-120

01 首先需要一张CAD平面图纸，单击 （应用程序）按钮，选择"导入"命令，在弹出的对话框中选择"Drawing1.dwg"文件，双击文件或单击"打开"按钮，如图2-121所示。在弹出的"导入选项"窗口中单击"确定"按钮。

02 导入的图纸如图2-122所示。

图2-121

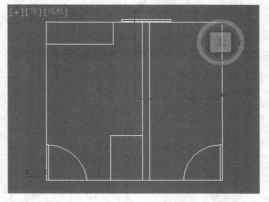

图2-122

03 单击"■（创建）> ■（几何体）> AEC扩展>墙"按钮，在"参数"卷展栏中设置"宽度"为0.5、"高度"为9.6，在"顶"视图中创建墙体，墙体的创建与线的创建基本相同，只需要单击起点转折点，创建完成后右键单击即可。图2-123所示为创建的墙体。

04 切换到 ■（修改）面板中，将选择集定义为"顶点"，在"顶"视图中调整顶点，如图2-124所示。

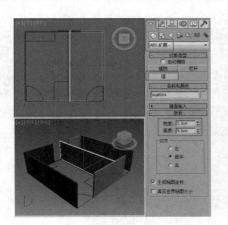

图2-123

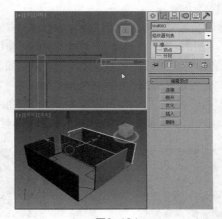

图2-124

05 单击"■（创建）> ■（几何体）> AEC扩展>墙"按钮，在"顶"视图中窗户的位置创建墙，在"参数"卷展栏中设置"宽度"为0.5、"高度"为5.5，如图2-125所示。

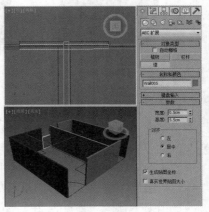

图2-125

2.7 创建楼梯对象

楼梯是较为复杂的一类建筑模型，往往需要花费大量的时间，3ds Max提供的参数化楼梯大大方便了用户，不仅加快了制作速度，还使得模型更容易修改，只需修改几个参数，楼梯就可以改头换面。

3ds Max系统提供了4种类型楼梯（如图2-126所示）：直线楼梯、L形楼梯、U形楼梯、螺旋楼梯。

- 直线楼梯：使用"直线形楼梯"对象可以创建一个简单的楼梯，侧弦、支撑梁和扶手可选。
- L形楼梯：使用"L形楼梯"对象可以创建带有彼此成直角的两段楼梯。
- U形楼梯：使用"U形楼梯"可以创建一个两段的楼梯，这两段彼此平行并且它们之间有一个平台。
- 螺旋楼梯：使用"螺旋楼梯"对象可以指定旋转的半径和数量，还可以添加侧弦和中柱，甚至更多。

直线楼梯　　　　　　　　L形楼梯　　　　　　　　U形楼梯　　　　　　　　螺旋楼梯

图2-126

1. 创建楼梯的操作步骤

下面以创建"直线楼梯"为例介绍楼梯的创建楼梯的操作步骤。

01 单击" [创建] > [几何体] > 楼梯 > 直线形楼梯"按钮，如图2-127所示。

02 在"顶"视图中拖动可设置直线形楼梯的长度，如图2-128所示，释放鼠标，然后移动光标并单击，可设置想要的直线形楼梯宽度，如图2-129所示，将鼠标向上或向下移动可定义楼梯的总高，然后单击完成直线形楼梯）创建，如图2-130所示。

03 在"直线形楼梯"参数面板中调整模型的形状至满意的效果。

图2-127

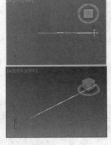  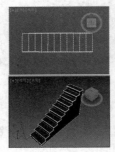

图2-128　　　　　　　　图2-129　　　　　　　　图2-130

2. "参数"卷展栏

"参数"卷展栏中的选项功能介绍如下（如图2-131所示）。

- "类型"选项组：在该选项组中可以设置楼梯的类型。
- 开放式：创建一个开放式的梯级竖板楼梯。
- 封闭式：创建一个封闭式的梯级竖板楼梯。
- 落地式：创建一个带有封闭式梯级竖板和两侧有封闭式侧弦的楼梯。
- "生成几何体"选项组：在该选项组中可以设置楼梯的生成模型。
- 侧弦：沿着楼梯的梯级端点创建侧弦。
- 支撑梁：在梯级下创建一个倾斜的切口梁，该梁支撑台阶或添加楼梯侧弦之间的支撑。
- 扶手：创建左扶手和右扶手。

图2-131

- 左：创建左侧扶手。
- 右：创建右侧扶手。
- 扶手路径：创建楼梯上用于安装栏杆的左路径和右路径。
- 左：显示左侧扶手路径。
- 右：显示右侧扶手路径。
- "布局"选项组：设置楼梯的平面布局范围。
- 长度：控制楼梯的长度。
- 宽度：控制楼梯的宽度，包括台阶和踏步。
- "梯级"选项组：3ds Max 当调整其他两个选项时，保持梯级选项锁定。要锁定一个选项，可单击图钉按钮。要解除锁定选项，可单击抬起的图钉按钮。3ds Max 使用按下去的图钉，锁定参数的微调器值，并允许使用抬起的图钉更改参数的微调器值。
- 总高：控制楼梯段的高度。
- 竖板高：控制梯级竖板的高度。
- 竖板数：控制梯级竖板数，梯级竖板总是比台阶多一个。
- "台阶"选项组：从中设置台阶的参数。
- 厚度：控制台阶的厚度。
- 深度：控制台阶的深度。

3. "支撑梁"卷展栏

"支撑梁"卷展栏中的选项功能介绍如下（如图2-132所示）。
- 深度：控制支撑梁离地面的深度。
- 宽度：控制支撑梁的宽度。
- ▦（支撑梁间距）：设置支撑梁的间距。单击该按钮，将会弹出"支撑梁间距"对话框。使用"计数"选项指定所需的支撑梁数。

图2-132

- 从地面开始：控制支撑梁是从地面开始，还是与第一个梯级竖板的开始平齐，或是否将支撑梁延伸到地面以下。

4. "栏杆"卷展栏

"栏杆"卷展栏中的选项功能介绍如下（如图2-133所示）。
- 高度：控制栏杆离台阶的高度。
- 偏移：控制栏杆离台阶端点的偏移。
- 分段：指定栏杆中的分段数目。该值越高，栏杆显示得越平滑。
- 半径：控制栏杆的厚度。

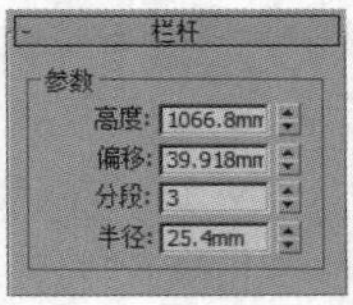

图2-133

5. 侧弦卷展栏

"侧弦"卷展栏中的选项功能介绍如下（如图2-134所示）。
- 深度：控制侧弦离地板的深度。
- 宽度：控制侧弦的宽度。
- 偏移：控制地板与侧弦的垂直距离。

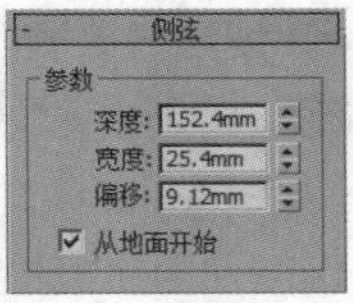

图2-134

- 从地面开始：控制侧弦是从地面开始，还是与第一个梯级竖板的开始平齐，或是否将侧弦延伸到地面以下。

▶2.8 课堂案例——创建mr代理

mr 代理对象，使用此对象可简化大型几何体场景加载的渲染。

mr 代理对象用于要使用 mental ray 进行渲染的大型场景。

当场景包含某个对象的很多实例（例如，礼堂具有座位模型的成百上千个实例）时，此对象类型很有用。尤其是针对有大量多边形计数的对象更加有用，既可以避免将其转化为 mental ray 格式又无需在渲染时显示源对象，因此，既节约时间又释放渲染时占用的大量内存。唯一的缺陷是降低了代理对象在视口中的逼真度以及无法直接编辑代理对象。

使用 mr 代理对象前，确保 mental ray 为活动渲染器。

Mr 代理的"参数"卷展栏如图 2-135 所示。

图 2-135

- 源对象：从中显示代理的源对象资料。

- 对象按钮：显示源对象的名称，如未指定，则显示 None（无）。要指定对象，可单击按钮后选择源对象，选定后，源对象的名称将显示在按钮上，除非随后删除了源对象，否则一直显示。

- ✖（移除源对象窗）：将源对象按钮标签恢复为 None（无），但不会影响代理对象。

- 将对象写入文件…：将对象保存为 MIB 文件，随后可以使用"代理文件"控件将该文件加载到其他的 mr 代理对象中。

- 代理文件：此可编辑字段显示使用"将对象写入文件"命令存储基础 MIB 文件的位置和名称。要使用不同的文件，可以手动编辑字段或单击 ⋯ 按钮，然后使用"文件名称"对话框选择新文件。

- ⋯：单击此按钮可选择要加载到代理对象的 MIB 文件。可以使用此按钮将现有 MIB 文件加载到新代理对象，并可以在不同的场景之间轻松转移对象。

- 比例：调整代理对象的大小。此外，还可以使用"缩放"工具重新调整对象的大小。

- 显示：在该组中设置在视口中显示的效果。

- 视口顶点：以代理对象时点云形式显示的顶点数。为表现最佳性能，仅显示足以看清对象的顶点数。

- 渲染的三角形：显示为三角形面。

- 显示点云：启用时，代理对象在视口中以点云（一组顶点）的形式显示。

- 显示边界框：启用时，代理对象在视口中以边界框的形式显示。

- 动画支持：这些设置控制动画播放

- 在帧上：启用后，如果当前 MIB 文件为动画序列的一部分，则将播放代理对象中的动画。禁用后，代理对象任然保持在最后动画帧的状态。

- 重新播放速度：用于像倍增器那样调整播放速度。

- 帧偏移：用于像倍增器那样调整播放速度。

- 往复重新播放：启用时，动画向前播放，然后返回来，再向前播放，如此反复。禁用时，则仅播放一遍。

【案例学习目标】学习 MR 代理工具。

【案例知识要点】创建模型并将其转换为 MR 代理对象。

【场景所在位置】光盘 > 场景 > Ch02 > 墙体.max。

01 确保 mental ray 为活动渲染器，如图 2-136 所示。

02 创建一棵植物，如图 2-137 所示。

03 单击" ❖（创建）> ◯（几何体）>mental ray>mr 代理"按钮，在场景中单击拖动创建出 mr 代理，如图 2-138 所示。

04 转至 ◪（修改）面板。

05 在"参数"卷展栏中单击"无"按钮，在场景中拾取创建的植物，作为代理，如图 2-139 所示。

图 2-136

图 2-137

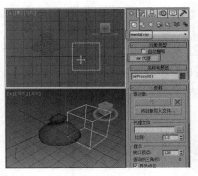

图2-138

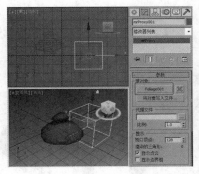

图2-139

06 单击"将对象写入文件…"按钮，输入文件名，然后单击"保存"按钮，如图2-140所示。此操作会打开"mr 代理创建"对话框，此对话框可为代理对象文件设置参数（包括动画帧及预览设置）。按需更改设置，然后单击"确定"按钮继续，如图2-141所示。

图2-140

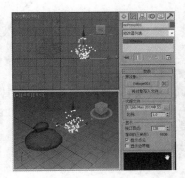

图2-141

▶2.9 课堂练习——制作储物架

【练习知识要点】使用切角圆柱体和圆柱体，结合使用移动和复制来完成储物架的制作，完成的储物架效果如图2-142所示。

【效果图参考场景】光盘>场景>Ch02>储物架ok.max。

【贴图所在位置】光盘>Map。

▶2.10 课后习题——制作鸡蛋

【习题知识要点】使用球体或几何球体，结合使用缩放工具（FFD修改器），完成的鸡蛋效果如图2-143所示。

【效果图参考场景】光盘>场景>Ch02>鸡蛋ok.max。

【贴图所在位置】光盘>Map。

图2-142

图2-143

第

03 章

样条线建模

样条线图形可以作为平面和线条对象，作为"挤出"，"车削"或"倒角"等加工成型的截面图形，还可以作为"放样"对象使用的图形等。

本章将介绍二维图形的创建和参数的修改方法。通过学习本章内容，读者要掌握创建二维图形的方法和技巧，并能绘制出符合实际需要的二维图形。

3.1　创建样条线

样条线共有11种类型，在顶端的"开始新图形"复选框默认是开启的，表示每创建一个曲线都将作为一个新的独立对象。如果将它禁用，那么创建的多条曲线都将被作为一个对象来对待。

实例操作17：用线创建衣架

"线"命令可以自由绘制任何形状的封闭或开放型曲线或直线，可以直接单击绘制直线，也可以拖动鼠标绘制曲线。

创建好线之后，切换到 （修改）命令面板，在修改器堆栈中可以展开其选择集，如图 3-1 所示。

下面介绍一些线的重要参数。

1．子物体层级

● 顶点：可以使用标准方法选择一个或多个顶点并移动它们。如果顶点属于 Bezier 或"Bezier 角点"类型，还可以移动和旋转控制柄，进而影响在顶点连接的任何线段的形状。

图3-1

● 线段："线段"是样条线曲线的一部分，在两个"顶点"之间。选择"线段"选择集后，可以选择一条或多条线段，并使用标准方法移动、旋转、缩放或克隆它们。

● 样条线：选择"样条线"选择集后，可以选择一个图形对象中的一个或多个样条线，并使用标准方法移动、旋转和缩放它们。

2．"渲染"卷展栏

创建线后，可以显示出各种相关的卷展栏。下面介绍"渲染"卷展栏中的选项功能，如图 3-2 所示。

● 在渲染中启用：启用该复选框后，使用为渲染器设置的径向或矩形参数将图形渲染为 3D 网格。

● 在视口中启用：启用该复选框后，使用为渲染器设置的径向或矩形参数将图形作为 3D 网格显示在视口中。

● 使用视口设置：可以为视口显示和渲染设置不同的参数，并显示视口中"视口"设置所生成的网格。只有启用"在视口中启用"复选框时，此设置才可用。

● 生成贴图坐标：启用此复选框后，可应用贴图坐标。默认设置为禁用状态。

● 真实世界贴图大小：控制应用于该对象的纹理贴图材质所使用的缩放方法。

图3-2

● 视口：选择该单选按钮，为该图形指定径向或矩形参数，当启用"在视口中启用"复选框时，它将显示在视口中。只有启用"使用视口设置"复选框时，此选项才可用。

● 渲染：选择该单选按钮为该图形指定径向或矩形参数，当启用"在视口中启用"复选框时，渲染或查看后它将显示在视口中。

● 径向：当 3D 对象具有环形横截面时，显示样条线。

● 厚度：指定横截面的直径。

● 边：在视口或渲染器中为样条线网格设置边数。

● 角度：调整视口或渲染器中横截面的旋转位置。

● 矩形：当 3D 对象具有矩形横截面时，显示样条线。

● 长度：指定沿本地 y 轴横截面的大小。

● 宽度：指定沿本地 x 轴横截面的大小。

● 纵横比：设置矩形横截面的纵横比。启用锁定之后，将宽度与长度的比例进行锁定，根据锁定的比例创建矩形。

● 自动平滑：启用该复选框后，使用"阈值"设置指定的平滑角度自动平滑样条线。自动平滑基于样条线分段之间的角度设置平滑。如果它们之间的角度小于阈值角度，则可以将任何两个相接的分段放到相同的平滑组中。

● 阈值：以度数为单位指定阈值角度。

3."插值"卷展栏

"插值"卷展栏中的选项功能介绍如下，如图3-3所示。

图3-3

● 步数：使用"步数"字段可以设置程序在每个顶点之间使用的划分的数量，即步长。带有急剧曲线的样条线需要许多步数才能显得平滑，而平缓曲线则需要较少的步数。范围为 0～100。

● 优化：启用该复选框后，可以从样条线的直线线段中删除不需要的步数。默认设置为启用。

● 自适应：启用该复选框后，可以自动设置每个样条线的步长数，以生成平滑曲线。直线线段始终接收 0 步长。禁用时，可允许使用"优化"和"步数"进行手动插补控制。默认设置为禁用状态。

4."几何体"卷展栏

"几何体"卷展栏（如图3-4所示）中的选项功能介绍如下。

● 线性：新顶点将具有线性切线。

● 平滑：新顶点将具有平滑切线。选择该单选按钮后，会自动焊接覆盖的新顶点。

● Bezier：新顶点将具有 Bezier 切线。

● Bezier 角点：新顶点将具有"Bezier角点"切线。

● 创建线：绘制新的曲线并将它加入到当前曲线中。

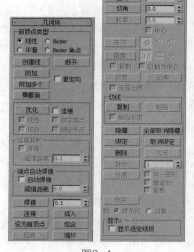

图3-4

● 断开：将当前选择点打断，按下此按钮后不会看到效果，但是移动断点处，会发现它们已经分离了。

● 附加：按下该按钮，在视图中点取其他的样条线，可以将它合并到当前的曲线中。如果选择"重定向"复选框，新加入的曲线会移动到原样条线位置处。

● 附加多个：按下该按钮后，弹出"附加多个"对话框，该对话框中包含了当前场景中所有可被结合的曲线，选择需要结合的曲线或多条曲线后，单击"附加"按钮。

● 横截面：可创建图形之间横截面的外形框架，按下"横截面"按钮，选择一个形状，再选择另一个形状，便可以创建链接两个形状的样条线。

● 优化：在曲线上单击，可以在不改变曲线形状的前提下加入一个新的点，这是羽化原曲线的好方法。

● 连接：启用该复选框时，通过连接新顶点创建一个新的样条线子对象。使用"优化"添加顶点完成后，"连接"会为每个新顶点创建一个单独的副本，然后将所有副本与一个新样条线相连。

● 线性：启用该复选框时，新的样条线顶点将以"角点"的方式链接，禁用时顶点将以"平滑"方式链接。

● 绑定首点：将创建的第一个顶点约束到当前的曲线上。

● 闭合：控制新的曲线创建完毕后是否自动关闭。

● 绑定末点：将创建的最后一个顶点约束到当前的曲线上。

● 连接：复制分段或样条线时会在新线段与原线段端点之间创建线段连接关系，启用该复选框后，会启用连接复制功能。

● 阈值距离：用于指定连接复制的距离范围。

● 自动焊接：启用该复选框时，如果两个端点属于同一曲线，并且在阈值范围内，将被自动焊接。

● 焊接：焊接同一样条线的两个端点或两个相邻点为一个点，使用时先移动两个端点或相邻点使彼此接近，然后同时选择这两点，按下"焊接"按钮后，这两个点会焊接到一起。如果这两个点没有被焊接到一起，可以增大焊接阈值重新焊接。

- 连接：连接两个断开的点。
- 插入：在选择点处按下鼠标，会引出新的点，连续单击可以不断加入新点，右击停止插入。
- 设为首顶点：指定作为样条线起点的顶点，在"放样"时首顶点会确定截面图形之间的相对位置。
- 熔合：移动选择的点到它们的平均中心。熔合会选择点放置在同一位置，不会产生点的连接。
- 反转：颠倒样条线的方向，也就是颠倒顶点序号的顺序。
- 循环：用于点的选择；在视图中选择一组重叠在一起的顶点后，单击此按钮，可以选择逐个顶点进行切换，直到选择到需要的点为止。
- 相交：按下此按钮后，在两条相交的样条线交叉处单击，将在这两条样条线上分别增加一个交叉顶点。但这两条曲线必须属于同一曲线对象。
- 圆角、切角：用于对曲线的加工，对直的折角点进行架线处理，以产生圆角和切角效果。
- 轮廓：在当前曲线上加一个双线勾边，如果为开放曲线，将在加轮廓的同时进行封闭。可以手动添加轮廓，也可以通过微调器设置数值来添加轮廓。
- 布尔：提供 （并集）、（差集）和（交集）3种运算方式。
- （并集）：将两个重叠样条线组合成一个样条线，在该样条线中，重叠的部分被删除，保留两个样条线不重叠的部分，构成一个样条线。
- （差集）：从第一个样条线中减去与第二个样条线重叠的部分，并删除第二个样条线中剩余的部分。
- （交集）：仅保留两个样条线的重叠部分，删除两者的不重叠部分。
- 镜像：可以对曲线进行 水平、 垂直和 对角镜像。
- 复制：如启用该复选框，将在镜像的过程中镜像出一个复制品。
- 以轴为中心：将以曲线对象的中心为镜像中心，否则，以曲线的集合中心进行镜像。
- 修剪：使用修剪可以清理形状中的重叠部分，使端点接合在一个点上。
- 延伸：使用"延伸"可以清理形状中的开口部分，使端点接合在一个点上。
- 无限边界：启用该复选框，将以无限远未界限进行修剪扩展计算。

创建线后，将选择集定义为"顶点"，在顶点上单击鼠标右键，在弹出的快捷菜单中包含顶点类型，如图3-5所示。

图3-5

5. 顶点类型

"顶点"类型的选项功能介绍如下。

- Bezier角点："Bezier 角点"带有不连续的切线控制柄的不可调整的顶点，用于创建锐角转角。线段离开转角时的曲率是由切线控制柄的方向和量级决定的。
- Bezier：有锁定连续切线控制柄的不可调解的顶点，用于创建平滑曲线。顶点处的曲率由切线控制柄的方向和量级确定。
- 角点：产生一个尖端。样条线在顶点的任意一边都是线性的。
- 平滑：通过顶点产生一条平滑、不可调整的曲线。由顶点的间距来设置曲率的数量。

【案例学习目标】学习使用线工具的创建和编辑。

【案例知识要点】创建线，通过调整顶点来调整图形的形状，设置图形的可渲染参数，完成衣架模型的制作，如图3-6所示。

【场景所在位置】光盘>场景>Ch03>衣架.max。

【效果图参考场景】光盘>场景>Ch03>衣架ok.max。

图3-6

01 首先单击"■（创建）>■（图形）>线"按钮，在"顶"视图中单击创建一点，作为形状的起点，继续单击创建第二点、第三点、第四点……，如图3-7所示。

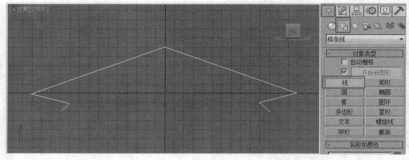

图3-7

02 切换到■（修改）命令面板，在修改器堆栈中将当前选择集定义为"顶点"，在场景中选择全部的"顶点"，右键点击鼠标，在弹出的菜单中选择顶点类型，如图3-8所示。

提示

全选顶点可以通过菜单来选择，在菜单栏中选择"编辑 > 全选"命令，或按 Ctrl+A 组合键，即可全选顶点。

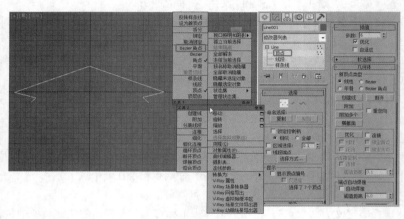

图3-8

03 通过顶点的控制点调整样条线的形状，可以删除另一半图形的形状，在"渲染"卷展栏中选择"在渲染中启用"和"在视口中启用"复选框，设置"厚度"为4，如图3-9所示。

04 调整好形状后，激活"前"视图，在工具栏中单击■（镜像）按钮，在弹出的对话框中设置"镜像轴"为X，设置"克隆当前选择"为"实例"，单击"确定"按钮，如图3-10所示。

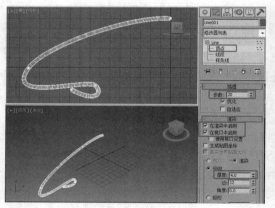

图3-9

图3-10

05 镜像后继续调整其中一条样条线，另一条也会跟着改变，修改图形的形状至满意为止，同时还可以调整样条线的可渲染参数，如图3-11所示。

06 使用同样的方法创建出另外两条样条线，完成衣架的制作，如图3-12所示。

07 制作完成的衣架效果如图3-13所示。

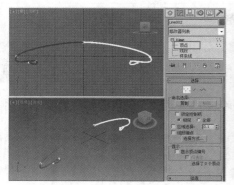
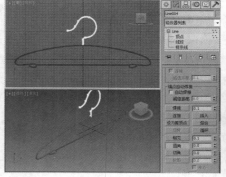

<table>
<tr><td>图3-11</td><td>图3-12</td><td>图3-13</td></tr>
</table>

实例操作18：用矩形创建中式窗

"矩形"用于创建矩形和正方形，下面介绍矩形的重要参数的设置。

单击矩形将其选中，然后单击 （修改）按钮，在修改命令面板中会显示矩形的参数，如图3-14所示。

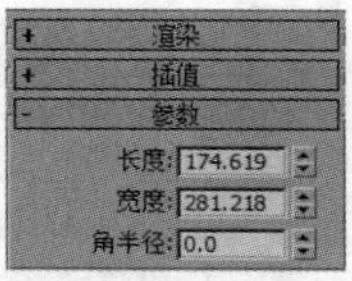

图3-14

- 长度：设置矩形的长度值。

- 宽度：设置矩形的宽度值。

- 角半径：设置矩形的四角是直角还是有弧度的圆角。若其值为0，则矩形的4个角都为直角。

【案例学习目标】学习使用矩形工具创建和编辑图形。

【案例知识要点】创建矩形，通过设置合适的矩形渲染参数制作出窗口矩形，结合使用可渲染的样条线制作出中式窗，如图3-15所示。

【场景所在位置】光盘>场景>Ch03>中式窗.max。

【效果图参考场景】光盘>场景>Ch03>中式窗ok.max。

图3-15

01 单击" "（创建）> （图形）>矩形"按钮，在"前"视图中创建矩形，在"参数"卷展栏中设置"长度"为80、"宽度"为80，在"渲染"卷展览中选择"在渲染中启用"和"在视口中启用"复选框，选择"矩形"单选按钮，设置"长度"为6、"宽度"为4，如图3-16所示。

02 单击" "（创建）> （图形）>线"按钮，在"前"视图中创建样条线，设置其可渲染为"矩形"，设置"长度"为4、"宽度"为2，如图3-17所示。

03 继续使用可渲染的样条线制作出窗花效果，如图3-18所示。

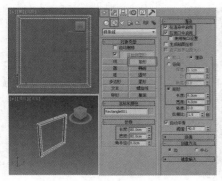
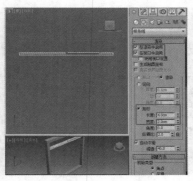
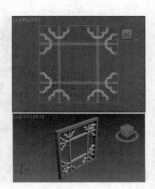

<table>
<tr><td>图3-16</td><td>图3-17</td><td>图3-18</td></tr>
</table>

实例操作19：使用圆制作铁艺凳

"圆"用于创建圆形。下面介绍圆的重要参数的设置。

选择圆，切换到 （修改）命令面板，其中显示了相关的参数，如图3-19所示。

圆的"参数"卷展栏只设置"半径"参数，通过"半径"的参数设置圆的大小。

【案例学习目标】学习使用可渲染的圆制作铁艺凳模型。

图3-19

【案例知识要点】创建圆作为铁艺凳支架的顶和底，创建可渲染的线作为支杆，创建切角圆柱体作为凳面，完成的效果如图3-20所示。

【场景所在位置】光盘>场景>Ch03>铁艺凳.max。

【效果图参考场景】光盘>场景>Ch03>铁艺凳ok.max。

【贴图所在位置】光盘>Map。

01 单击" （创建）> （图形）>样条线>圆"按钮，在"顶"视图中创建圆，在"参数"卷展栏中设置合适的"半径"，在"渲染"卷展栏中设置可渲染属性，如图3-21所示。

02 在"前"视图中使用移动复制法向上复制模型，如图3-22所示。

图3-20

03 单击" （创建）> （几何体）>复合对象>切角圆柱体"按钮，在"顶"视图中创建切角圆柱体作为凳面，在"参数"卷展栏中设置合适的参数，调整模型至合适的位置，如图3-23所示。

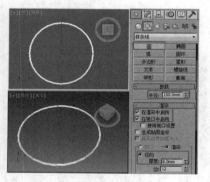
图3-21

图3-22

图3-23

04 使用线在"前"视图中创建如图3-24所示的可渲染的样条线，调整模型至合适的位置。

05 切换到 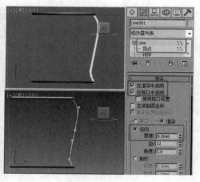（层次）命令面板，在"调整轴"卷展栏中单击"仅影响轴"按钮，在工具栏中单击 （对齐）按钮，在"顶"视图中对齐圆，弹出"对齐当前选择"对话框，设置"对齐位置（屏幕）"为"X位置"和"Y位置"，设置"当前对象"为"轴点"、"目标对象"为"轴点"，单击"确定"按钮，如图3-25所示。

图3-24

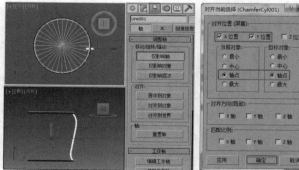
图3-25

06 按E键激活 （选择并旋转）按钮，按A键激活 （角度捕捉）按钮，按住Shift键在"顶"视图中以z轴为中心旋转90°，在弹出的"克隆选项"对话框中设置"副本数"为3，单击"确定"按钮，如图3-26所示。

07 制作完成的铁艺凳模型效果如图3-27所示。

图3-26

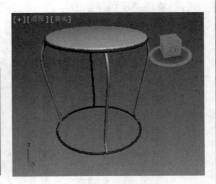

图3-27

实例操作20：使用星形制作铁艺画框

"星形"用于创建多角星形，也可以创建齿轮图案，下面就来介绍星形的创建方法，以及其参数的设置和修改。

"星形"的重要参数介绍如下。

单击星形将其选中，单击 （修改）按钮，在修改命令面板中会显示星形的参数，如图3-28所示。

- 半径1：设置星形的内顶点所在圆的半径大小。
- 半径2：设置星形的外顶点所在圆的半径大小。
- 点：设置星形的顶点数。
- 扭曲：设置扭曲值，使星形的齿产生扭曲。
- 圆角半径1：设置星形内顶点处的圆滑角的半径。
- 圆角半径2：设置星形外顶点处的圆滑角的半径。

【案例学习目标】学习使用可渲染的星形制作铁艺画框模型。

【案例知识要点】创建星形，通过设置合适的渲染参数和基本星形参数制作出星形的花样，并结合使用可渲染的圆和圆柱体制作出画框的模型，完成的效果如图3-29所示。

【场景所在位置】光盘>场景>Ch03>铁艺画框.max。

【效果图参考场景】光盘>场景>Ch03>铁艺画框ok.max。

【贴图所在位置】光盘>Map。

图3-28

图3-29

01 单击" （创建）> （图形）>样条线>星形"按钮，在"前"视图中创建星形，在"参数"卷展栏中设置"半径1"为75、"半径2"为75、"点"为40、"扭曲"为98、"圆角半径1"为5、"圆角半径2"为0；在"渲染"卷展栏中选择"在渲染中启用"和"在视口中启用"复选框，设置"厚度"为2，如图3-30所示。

02 单击" （创建）> （图形）>样条线>圆"按钮，在"前"视图中星形的内侧创建圆，在"参数"卷展栏中设置"半径"为

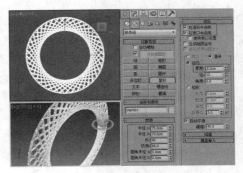

图3-30

50，在"渲染"卷展栏中选择"在渲染中启用"和"在视口中启用"复选框，设置"厚度"为5，如图3-31所示。

03 单击"■（创建）> ■（几何体）> 圆柱体"按钮，在"前"视图中可渲染圆的内侧创建圆柱体，在"参数"卷展栏中设置"半径"为50、"高度"为1、"高度分段"为1，如图3-32所示。

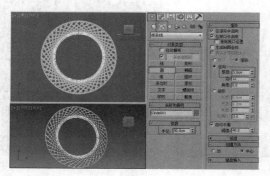

图3-31

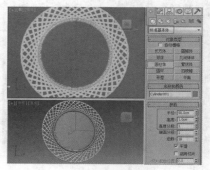

图3-32

实例操作21：使用弧和螺旋线制作便签夹

1. 弧

"弧"可用于建立弧线和扇形。"弧"的参数介绍如下。

选择弧，单击■（修改）按钮，在修改命令面板中会显示弧的参数，如图3-33所示。

- 半径：用于设置弧的半径大小。
- 从：设置建立的弧在其所在圆上的起始点角度。
- 到：设置建立的弧在其所在圆上的结束点角度。
- 饼形切片：选择该复选框，则分别把弧中心和弧的两个端点连接起来构成封闭的图形，如图3-34所示。

图3-33

图3-34

2. 螺旋线

"螺旋线"用于创建各种形态的弧或3D螺旋线或螺旋。

"螺旋线"的参数介绍如下。

单击螺旋线将其选中，单击■（修改）按钮，在修改命令面板中会显示螺旋线的参数，如图3-35所示。

- 半径1/半径2：定义螺旋线开始圆环的半径。
- 高度：设置螺旋线的高度。
- 圈数：设置螺旋线在起始圆环与结束圆环之间旋转的圈数。
- 偏移：设置螺旋的偏向。
- 顺时针/逆时针：设置螺旋线的旋转方向。

图3-35

【案例学习目标】学习使用可渲染的弧和螺旋线制作便签夹模型。

【案例知识要点】创建可渲染的弧和螺旋线，并结合使用"编辑样条线"修改器来修改完成便签夹的制作，通过创建球体和圆锥体制作出便签夹的底座，如图3-36所示。

【场景所在位置】光盘>场景>Ch03>便签夹.max。

【效果图参考场景】光盘>场景>Ch03>便签夹ok.max。

【贴图所在位置】光盘>Map。

图3-36

01 单击"■（创建）> ■（图形）>样条线>弧"按钮，在"前"视图中创建弧，在"参数"卷展栏中设置"半径"为130、"从"为55、"到"为305，如图3-37所示。

02 切换到■（修改）命令面板，在"修改器列表"下拉列表框中选择"编辑样条线"修改器，将选择集定义为"顶点"，在"前"视图中调整顶点，如图3-38所示。

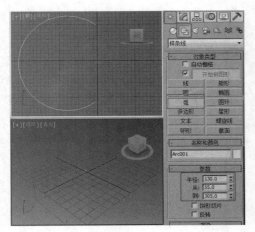

图3-37

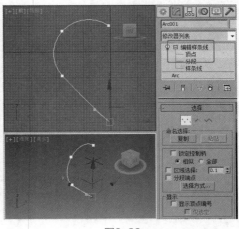

图3-38

03 将选择集定义为"样条线"，在"前"视图中选择样条线，在"几何体"卷展栏中单击"镜像"按钮，如图3-39所示。

04 在"前"视图中调整样条线的位置，如图3-40所示。

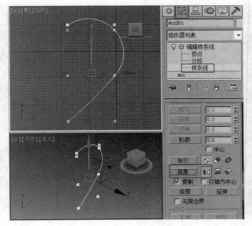

图3-39

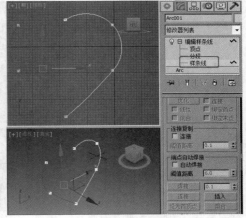

图3-40

05 将选择集定义为"顶点"，按Ctrl+A组合键，全选顶点，在"几何体"卷展栏中设置"焊接"为1，单击"焊接"按钮，焊接顶点，如图3-41所示。

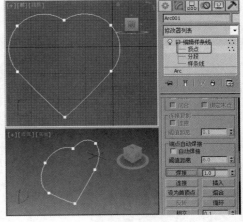

图3-41

06 继续将选择集定义为"顶点",在"几何体"卷展栏中单击"圆角"按钮,在场景中设置底部顶点和顶部顶点的圆角,如图3-42所示。

07 将选择集定义为"样条线",在"几何体"卷展栏中单击"轮廓"按钮,在"前"视图中设置样条线的轮廓,如图3-43所示。

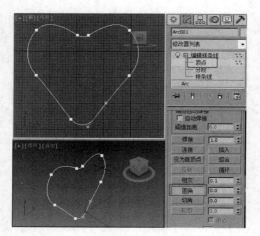

图3-42

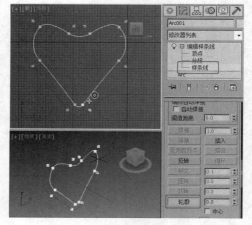

图3-43

08 关闭选择集,在"修改器列表"下拉列表框中选择"可渲染样条线"修改器,在"参数"卷展栏中选择"在渲染中启用"和"在视口中启用"复选框,设置"厚度"为15,如图3-44所示。

09 单击"■(创建)> ■(图形)>样条线>线"按钮,在"前"视图中创建线,在"渲染"卷展栏中选择"在渲染中启用"和"在视口中启用"复选框,设置"厚度"为15,如图3-45所示。

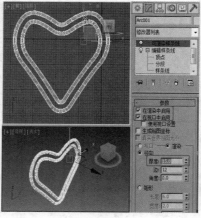

图3-44

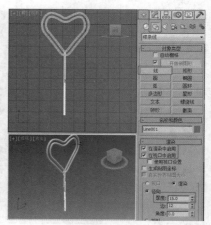

图3-45

10 单击"■(创建)> ■(几何体)> 球体"按钮,在"顶"视图中创建球体,在"参数"卷展栏中设置"半径"为200、"半球"为0.5,如图3-46所示。

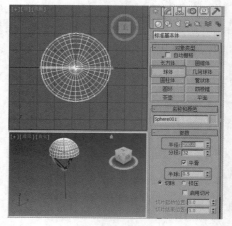

图3-46

11 单击 "■（创建）> ■（图形）> 螺旋线" 按钮，在 "前" 视图中创建螺旋线，在 "参数" 卷展栏中设置 "半径1" 为215、"半径2" 为70、"高度" 为0、"圈数" 为4、"偏移" 为0；在 "渲染" 卷展栏中选择 "在渲染中启用" 和 "在视口中启用" 复选框，设置 "厚度" 为15，如图3-47所示。

12 切换到 ■（修改）命令面板，在 "修改器列表" 下拉列表框中选择 "编辑样条线" 修改器，将选择集定义为 "顶点"，在 "前" 视图中调整顶点，如图3-48所示。

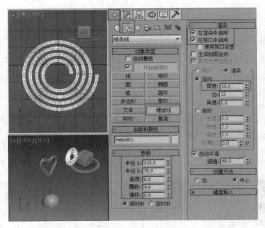

图3-47

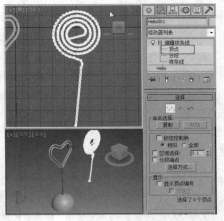

图3-48

13 单击 "■（创建）> ■（几何体）> 圆锥体" 按钮，在 "顶" 视图中创建圆锥体，在 "参数" 卷展栏中设置 "半径1" 为220、"半径2" 为25、"高度" 为220、"高度分段" 为1、"端面分段" 为1、"边数" 为24，如图3-49所示。

14 组合并调整模型，最终效果如图3-50所示。

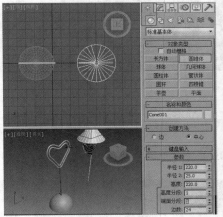

图3-49

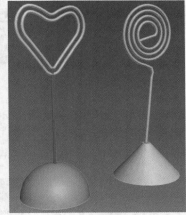

图3-50

实例操作22：使用螺旋线制作螺丝

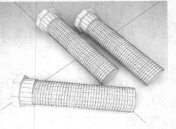

图3-51

【案例学习目标】学习使用螺旋线工具。

【案例知识要点】创建可渲染的螺旋线，并组合使用圆柱体制作出螺丝的效果，如图3-51所示。

【场景所在位置】光盘>场景>Ch03>螺丝.max。

【效果图参考场景】光盘>场景>Ch03>螺丝ok.max。

【贴图所在位置】光盘>Map。

01 单击"⚙（创建）>◯（几何体）>圆柱体"按钮，在"前"视图中创建"圆柱体"，在"参数"卷展栏中设置"半径"为50、"高度"为400、"高度分段"为1，如图3-52所示。

02 单击"⚙（创建）>◻（图形）>螺旋线"按钮，在"前"视图中绘制螺旋线，在"参数"卷展栏中设置"半径1"为50、"半径2"为50、"高度"为400、"圈数"为40、"偏移"为0；在"渲染"卷展栏中选择"在渲染中启用"和"在视口中启用"复选框，选择"矩形"单选按钮，设置"长度"为3.72、"宽度"为2、"角度"为0、"纵横比"为1.86，如图3-53所示。

03 在场景中选择螺旋线，在工具栏中单击▣（对齐）按钮，在场景中拾取圆柱体，在弹出的"对齐当前选择"对话框中选择"X位置""Y位置"和"Z位置"复选框，并设置"当前对象"和"目标对象"均为"中心"，然后单击"确定"按钮，如图3-54所示。

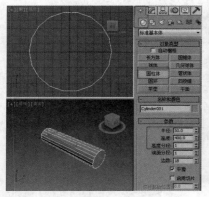

图3-52

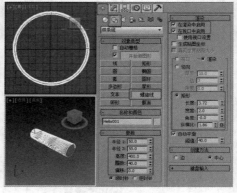

图3-53

图3-54

04 在场景中选择圆柱体模型，按Ctrl+V组合键，在弹出的对话框中选择"复制"单选按钮，单击"确定"按钮，如图3-55所示。

05 复制出圆柱体后，在"参数"卷展栏中修改"半径"为55、"高度"为50，如图3-56所示。

图3-55

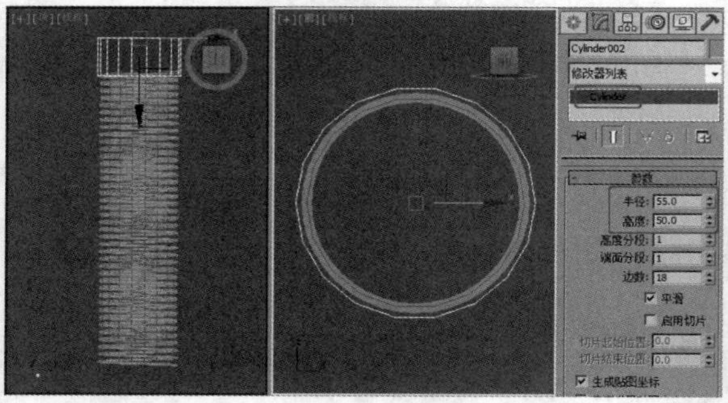

图3-56

图3-57

06 按照上述方法再执行一次复制操作，如图3-57所示。复制出圆柱体后，在"参数"卷展栏中修改"半径"为70、"高度"为30、"边数"为8，如图3-58所示。

07 制作出的螺丝模型效果如图3-59所示。

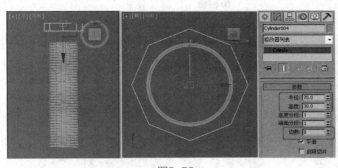

图3-58

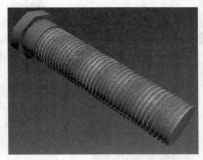

图3-59

实例操作23：使用文本制作Logo

"文本"用于在场景中直接产生二维文字图形或创建三维的文字图形。下面介绍文本的创建方法及其参数的设置。

"文本"的创建比较简单，下面介绍几个比较重要的参数，如图3-60所示。

图3-60

- 字体下拉列表框：用于选择文本的字体。
- *I* 按钮：设置斜体字体。
- U 按钮：设置下划线。
- 按钮：向左对齐。
- 按钮：居中对齐。
- 按钮：向右对齐。
- 按钮：两端对齐。
- 大小：用于设置文字的大小。
- 字间距：用于设置文字之间的间隔距离。
- 行间距：用于设置文字行与行之间的距离。
- 文本：用于输入文本内容，同时也可以进行修改。
- 更新：用于设置修改完文本内容后，视图是否立刻进行更新显示。当文本内容非常复杂时，系统可能很难完成自动更新，此时可选择手动更新方式。
- 手动更新：用于进行手动更新视图。当选择该复选框时，只有当单击"更新"按钮后，文本输入框中当前的内容才会显示在视图中。

【案例学习目标】学习使用文本工具。

【案例知识要点】创建文本并设置文本的参数，通过设置不同的挤出参数完成logo的制作，如图3-61所示。

【场景所在位置】光盘 > 场景 > Ch03 > logo.max。

【效果图参考场景】光盘 > 场景 > Ch03 > logook.max。

【贴图所在位置】光盘 > Map。

图3-61

01 单击"⚙（创建）> 🔘（图形）>文本"按钮，在"参数"卷展栏中选择字体为"微软雅黑Bold"，设置"大小"为100，在文本框中输入需要的文本Logo标题，如图3-62所示。

02 单击"⚙（创建）> 🔘（图形）>矩形"按钮，在"前"视图中创建矩形，在"参数"卷展栏中设置"长度"为3、"宽度"为270，如图3-63所示。

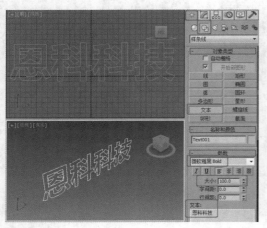
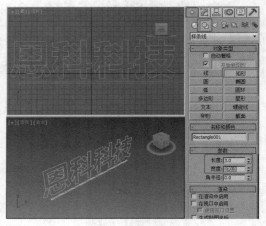

图3-62   图3-63

03 继续创建文本，设置合适的参数作为副标题，如图3-64所示。

04 选择上面创建的两个文本和矩形，切换到🖉（修改）命令面板，在"修改器列表"下拉列表框中选择"挤出"修改器，在"参数"卷展栏

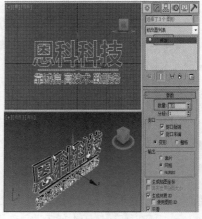

图3-64   图3-65

中设置"数量"为8，如图3-65所示。

05 在场景中选择副标题，在修改器堆栈中单击🝑（使唯一）按钮，取消修改器的关联，修改挤出的"数量"为4，如图3-66所示。

图3-66

3.2 创建扩展样条线

1. 圆环

"圆环"用于制作由两个同心圆组成的圆环，属于样条线工具。

单击圆环将其选中，单击 （修改）按钮，切换到修改命令面板，其中显示了圆环的参数，如图3-67所示。

"圆环"的参数介绍如下。

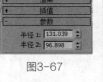

图3-67

- 半径1：用于设置第一个圆形的半径大小。
- 半径2：用于设置第二个圆形的半径大小。

2. 墙矩形

使用"墙矩形"可以通过两个同心矩形创建封闭的形状。每个矩形都由4个顶点组成。墙矩形的"参数"卷展栏中的选项功能介绍如下（如图3-68所示）。

图3-68

- 长度、宽度：设置墙矩形外围矩形的长宽值。

- 厚度：设置墙矩形厚度，即内外矩形的间距。

- 同步角过滤器：选择此复选框时，墙矩形内外矩形圆角保持平衡，同时下面的"角半径2"失效。

- 角半径1、角半径2：可以分别设置墙矩形内外矩形的圆角值。

【案例学习目标】学习使用圆环和墙矩形。

【案例知识要点】创建圆环和墙矩形图形，并结合使用"挤出"修改器和平面来辅助完成画框的制作，如图3-69所示。

【场景所在位置】光盘>场景>Ch03>画框.max。

【效果图参考场景】光盘>场景>Ch03>画框ok.max。

【贴图所在位置】光盘>Map。

图3-69

01 单击"（创建）>（图形）>圆环"按钮，在"前"视图中创建圆环，在"参数"卷展栏中设置"半径1"为150、"半径2"为100，如图3-70所示。

02 切换到（修改）命令面板，在"修改器列表"下拉列表框中选择"挤出"修改器，在"参数"卷展栏中设置"数量"为10，如图3-71所示。

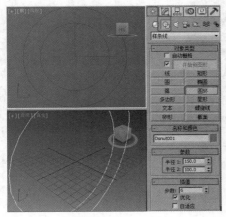

图3-70

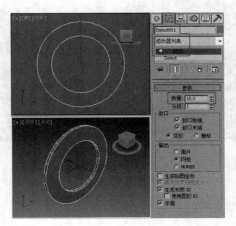

图3-71

03 单击"⚙（创建）> ◎（几何体）> 平面"按钮，在"前"视图中创建平面，在"参数"卷展栏中设置"长度"和"宽度"均为208，如图3-72所示。

04 在场景中选择平面模型，在工具栏中单击◾（对齐）按钮，在场景中拾取挤出厚度的圆环，在弹出的"对齐当前选择"对话框中"X位置""Y位置"和"Z位置"复选框，并设置"当前对象"和"目标对象"均为"轴点"，单击"确定"按钮，如图3-73所示。

05 单击"⚙（创建）> ◎（图形）>扩展样条线>墙矩形"按钮，在"前"视图中创建墙矩形，在"参数"卷展栏中设置"长度"为300、"宽度"为410、"厚度"为48，如图3-74所示。

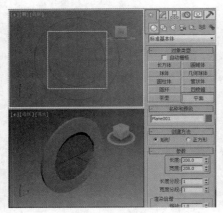

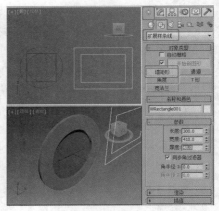

图3-72　　　　　　　　　　　　　　图3-73　　　　　　　　　　　　　　图3-74

06 切换到☑（修改）命令面板，在"修改器列表"下拉列表框中选择"挤出"修改器，在"参数"卷展栏中设置"数量"为10，如图3-75所示。

07 单击"⚙（创建）> ◎（几何体）> 平面"按钮，使用捕捉工具在挤出厚度的墙矩形的内侧创建平面，如图3-76所示。

08 在场景中选择平面模型，在工具栏中单击▣（对齐）按钮，在场景中拾取挤出厚度的墙矩形，在弹出的"对齐当前选择"对话框中选择"X位置""Y位置"和"Z位置"复选框，并设置"当前对象"和"目标对象"均为"轴点"，单击"确定"按钮，如图3-77所示。

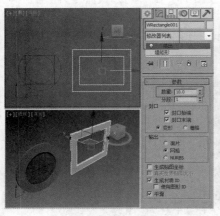

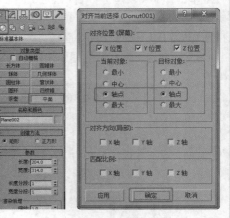

图3-75　　　　　　　　　　　　　　图3-76　　　　　　　　　　　　　　图3-77

实例操作25：使用角度制作角铁

使用"角度"命令创建一个闭合的形状为L的样条线。

"参数"卷展栏（如图3-78所示）中的选项功能介绍如下：

- 长度、宽度：设置"角度"边界长方形的长宽值。
- 厚度：设置槽的厚度。

【案例学习目标】学习使用角度。

【案例知识要点】创建角度，设置合适的参数，并为其施加"挤出"修改器，设置厚度后完成角铁的制作，如图3-79所示。

【场景所在位置】光盘>场景>Ch03>角铁.max。

【效果图参考场景】光盘>场景>Ch03>角铁ok.max。

【贴图所在位置】光盘>Map。

图3-78

图3-79

01 单击"（创建）>（图形）>扩展样条线>角度"按钮，在"前"视图中创建角度，在"参数"卷展栏中设置"长度"为150、"宽度"为150、"厚度"为15，选择"同步角过滤器"复选框，设置"角半径1"为12、"角半径2"为5、"边半径"为5，如图3-80所示。

02 切换到（修改）命令面板，在"修改器列表"下拉列表框中选择"挤出"修改器，在"参数"卷展栏中设置"数量"为500，如图3-81所示。

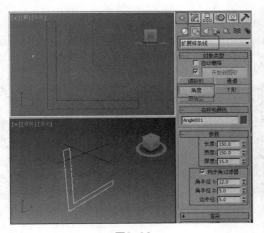

图3-80

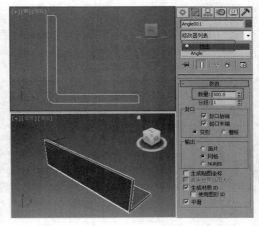

图3-81

实例操作26：使用角度制作墙壁储物架

【案例学习目标】学习使用角度。

【案例知识要点】创建角度，设置合适的参数，并为其施加"挤出"修改器，复制并修改模型的参数组合，完成墙壁储物架的制作，如图3-82所示。

【场景所在位置】光盘>场景>Ch03>墙壁储物架.max。

【效果图参考场景】光盘>场景>Ch03>墙壁储物架ok.max。

【贴图所在位置】光盘>Map。

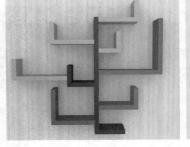

图3-82

01 单击"（创建）>（图形）>扩展样条线>角度"按钮，在"前"视图中创建角度，在"参数"卷展栏中设置"长度"为550、"宽度"为140、"厚度"为20，如图3-83所示。

02 继续在"前"视图中创建角度，在"参数"卷展栏中设置"长度"为100、"宽度"为198、"厚度"为20，如图3-84所示。

03 在"前"视图中选择创建的第二个角度，在工具栏中单击（镜像）工具，在弹出的对话框中设置"镜像轴"为X，设置"克隆当前选择"为"复制"，单击"确定"按钮，如图3-85所示。

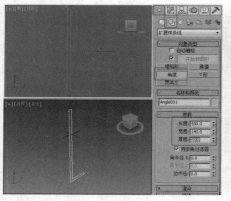
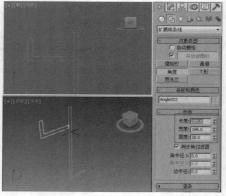
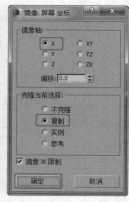

图3-83　　　　　　　　　　　　　图3-84　　　　　　　　　　　　　图3-85

04 在场景中复制并调整图形的参数，如图3-86所示。

05 在场景中选择所有的图形，切换到（修改）命令面板，在"修改器列表"下拉列表框中选择"挤出"修改器，在"参数"卷展栏中设置"数量"为100，如图3-87所示。

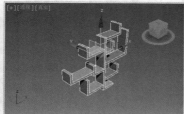
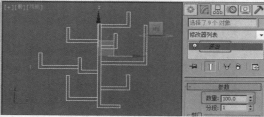

图3-86　　　　　　　　　　　　　　　　　　图3-87

实例操作27：使用宽法兰制作户外长凳

　　使用宽法兰创建一个闭合的形状为I的样条线。

　　宽法兰的"参数"卷展栏可以参考角度的参数介绍。

　　【案例学习目标】学习使用宽法兰。

　　【案例知识要点】创建并修改宽法兰，施加"编辑样条线"修改器，设置顶点的圆角，使用"挤出"修改器设置出模型的厚度，如图3-88所示。

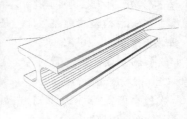

图3-88

【场景所在位置】光盘 > 场景 > Ch03 > 户外长凳 .max。

【效果图参考场景】光盘 > 场景 > Ch03 > 户外长凳 ok.max。

【贴图所在位置】光盘 > Map。

01 单击"（创建）>（图形）> 扩展样条线 > 宽法兰"按钮，在"前"视图中创建宽法兰，在"参数"卷展栏中设置"长度"为180、"宽度"为250、"厚度"为30、"角半径"为50，如图3-89所示。

02 切换到（修改）命令面板，在"修改器列表"下拉列表框中选择"编辑样条线"修改器，将选择集定义为"顶点"，在"几何体"卷展栏中单击"圆角"按钮，在场景中设置图形的圆角，如图3-90所示。

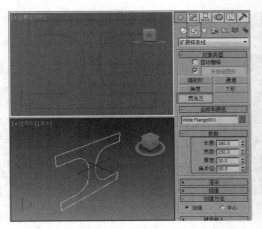

图3-89　　　　　　　　　　　　　　　　　图3-90

03 为模型施加"挤出"修改器，在"参数"卷展栏中设置"数量"为800，如图3-91所示。

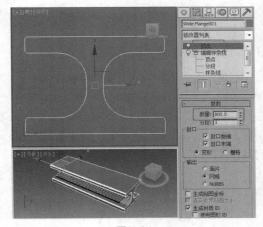

图3-91

3.3　样条线的选择

样条线的选择无非是使用各种选择工具，如（选择对象）、（按名称选择）、（选择并移动）、（选择并旋转）和（选择并均匀缩放）等，也可以通过 全部 ▼（选择过滤器）下拉列表框中的选项来选择图形，可以在复杂的场景中只对样条线和图形进行选择。此外，利用选择工具还可以选择图形或网格模型的子物体层级。

如图3-92所示，场景中创建有多个几何体和图形，在 全部 ▼（选择过滤器）下拉列表框中选择 s-图形 ▼ 选项，在窗口中任意选择或框选都不会选择其他模型，而只选择到样条线图形，如图3-93所示。

除了上面的各种选择工具以外，系统还提供了"样条线选择"修改器，图3-94所示为矩形施加"样条线选择"修改器。

　　"样条线选择"修改器将图形的子对象选择传到堆栈，传给随后的修改器。它提供了能在"编辑样条线"修改器中可得的同组选择功能。展开子物体层级，从中可以选择顶点、分段或样条线选择集，从而在场景中选择对应的子物体，也可以将选择从子对象层级更改到对象层级。

　　关于"选择顶点"卷展栏，可以根据选择集的不同出现相对应的"选择……"卷展栏，例如"选择分段"卷展栏，其各部分的按钮功能相同。

　　下面以"选择顶点"卷展栏为例进行介绍，如图3-94所示。

- 获取分段选择、获取样条线选择：基于上一个"分段"或"样条线"选择来选择顶点。该选择会被添加到当前选择中。仅当"顶点"不是当前子对象层级时才可用。
- 复制：将命名选择放置到复制缓冲区。
- 粘贴：从复制缓冲区中粘贴命名选择。

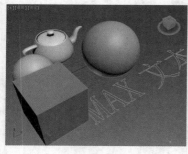
图3-92

图3-93

图3-94

3.4　样条线的编辑

　　下面介绍几种常用的样条线编辑修改器。

3.4.1　编辑样条线修改器

　　利用3ds Max提供的"编辑样条线"修改器可以很方便地调整曲线，把一个简单的曲线变成复杂的样条曲线。通过使用"线"工具创建的图形，它本身就具有编辑样条线命令的所有功能，除了该按钮以外的所有二维曲线，要想编辑样条线有下列两种方法。

　　（1）在"修改器列表"下拉列表框中选择"编辑样条线"修改器，如图3-95所示。

　　（2）在创建的图形上单击鼠标右键，在弹出的快捷菜单中选择"转换为>转换为可编辑样条线"命令，如图3-96所示。

　　"编辑样条线"命令可以对曲线的"顶点""分段"和"样条线"3个选择集进行编辑，在修改器的卷展栏中对图形进行编辑即可。

图3-95

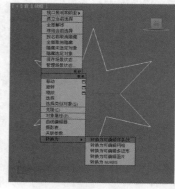
图3-96

提示

具体的参数介绍可以参考第3章中线的参数介绍。

┃实例操作28：使用横截面制作马蹄莲┃

　　利用横截面可以建立穿过不同形状样条线的蒙皮，这些样条线有不同的顶点数和打开/闭合状态。样条线的顶点数和复杂度越不相同，蒙皮的不连续性越相似。

横截面的重要参数介绍如下（如图3-97所示）。

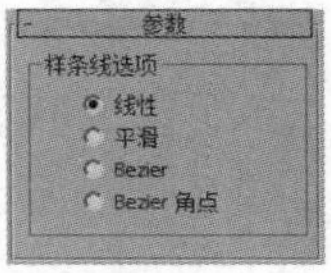

● 线性、平滑、Bezier、Bezier 角点：决定在样条线顶点上使用什么类型的曲线。

【案例学习目标】学习使用横截面和"曲面"修改器。

【案例知识要点】创建并修改图形，通过使用复制样条线的方法复制出马蹄莲花朵的截面，并通过使用横截面，将样条线贯穿，结合使用"曲面"等各种修改器制作出马蹄莲的效果，如图3-98所示。

图3-97

【场景所在位置】光盘 >场景 >Ch03>马蹄莲.max。

【效果图参考场景】光盘 >场景 >Ch03>马蹄莲ok.max。

【贴图所在位置】光盘 >Map。

01 单击"（创建）>（图形）>线"按钮，在"前"视图中创建线，通过将选择集定义为"顶点"，调整样条线的形状，如图3-99所示。

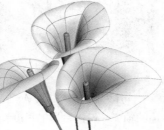

图3-98

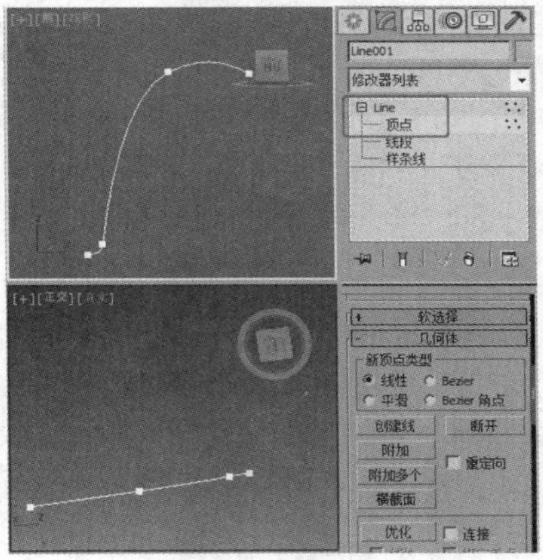

02 将选择集定义为"样条线"，旋转复制样条线，并通过"顶点"调整各个样条线的形状，如图3-100所示。

图3-99

03 调整图形的形状后，为其施加"横截面"修改器，在修改器堆栈中激活（显示最终结果）按钮，通过观察横截面的效果来调整曲面形状，如图3-101所示。

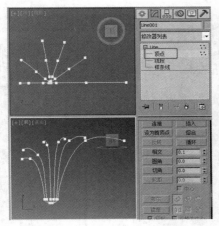

图3-100

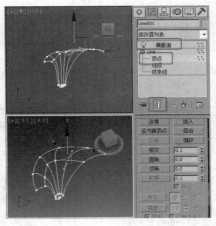

图3-101

04 为图形施加"曲面"修改器，在"参数"卷展栏中设置"阈值"为1，选择"翻转法线"和"移除内部面片"复选框，在"面片拓扑"选项组中设置"步数"为5，如图3-102所示。

05 继续为模型施加"对称"修改器，在"参数"卷展栏中选择z轴为镜像轴，选择"翻转"复选框，如图3-103所示。

06 打开材质编辑器，选择一个新的材质样本球，在"明暗器基本参数"卷展栏中选择"双面"复选框1，在"Blinn基本参数"卷展栏中设置"自发光"为30，为"漫反射"指定位图，贴图为"马蹄莲贴图.tif"文件，如图3-104所示。

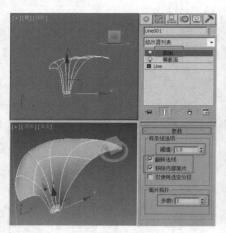
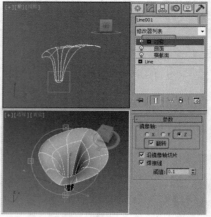

图3-102   图3-103   图3-104

07 将马蹄莲材质指定给场景中的马蹄莲模型，并为其施加"UVW贴图"修改器，在"参数"卷展栏中选择"平面"单选按钮，可以为其设置一个合适的轴线，设置合适的长度和宽度，并将选择集定义为Gizmo，在场景中调整Gizmo，如图3-105所示。

08 单击"■（创建）>◎（几何体）>扩展基本体>切角圆柱体"按钮，在"顶"视图中创建切角圆柱体，在"参数"卷展栏中设置"半径"为30、"高度"为500、"圆角"为25、"高度分段"为1、"圆角分段"为3、"边数"为12，如图3-106所示。

09 打开材质编辑器，选择一个新的材质样本球，可以为其设置一个自发光参数，为"漫反射颜色"指定"噪波"贴图，进入贴图层级后，在"噪波参数"卷展栏中设置"噪波类型"为"规则"、"大小"为3、"颜色#1"为浅橘红色、"颜色#2"为深橘红色，如图3-107所示。

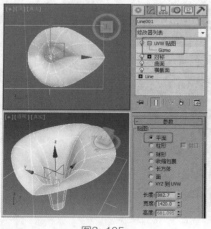
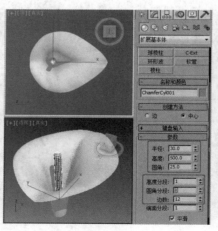

图3-105   图3-106   图3-107

10 将材质指定给场景中的切角圆柱体，并为其施加"UVW贴图"修改器，在"参数"卷展栏中设置贴图类型为"长方体"，设置合适的"长度"、"宽度"和"高度"参数，如图3-108所示。

11 在场景中创建圆柱体，作为马蹄莲的茎，设置合适的参数，并设置"高度分段"为5，如图3-109所示。

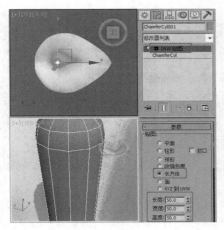
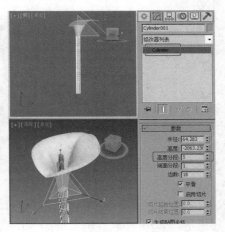

图3-108 图3-109

12 为圆柱体施加"编辑多边形"修改器,将选择集定义为"顶点",在场景中缩放顶点,如图3-110所示。

13 打开材质编辑器,选择一个新的材质样本球,在"Blinn基本参数"卷展栏中设置"自发光"为30,为"漫反射"指定位图贴图,贴图为"马蹄莲枝.tif"文件,如图3-111所示。

14 指定材质后,为其施加"UVW贴图"修改器,设置合适的贴图参数,这里就不详细介绍了,如图3-112所示。

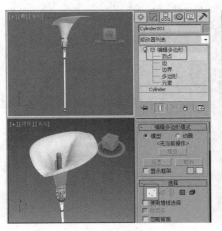

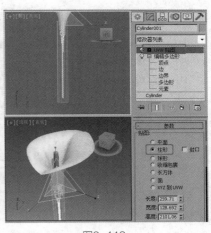

图3-110 图3-111 图3-112

3.4.2 删除样条线

"删除样条线"修改器提供了基于堆栈中当前子对象选择级别的样条线几何体的参数删除。可能的选择级别包括顶点、分段和样条线。应用"删除样条线"修改器可以删除在子对象层级指定的几何体,如图3-113所示,选择"分段"选择集,然后为其施加"删除样条线"修改器,即可将选择的分段删除。

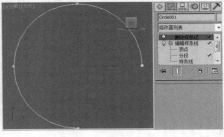

图3-113

3.4.3　圆角/切角

使用"圆角/切角"修改器可以将图形对象中线段之间的夹角变为圆角或切角。圆角在线段相交处时，将添加一个新控制顶点。切角将切一个倒角，添加另外一个顶点和线段。需要注意的是，此修改

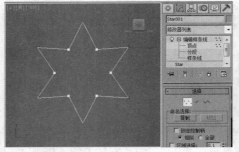
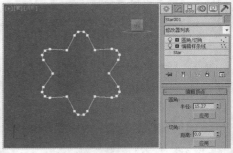

图3-114

器工作于图形子对象层级中的"样条线"上。它在两个或多个独立图形对象之间不工作。

如图3-114所示，创建星形并选择"顶点"选择集，施加"圆角/切角"修改器，通过设置圆角和切角参数来完成圆角和切角效果。

3.4.4　修剪/延伸

"修剪/延伸"修改器主要用于在多个样条线中清理重叠，或打开样条线使这些线相交于一个单独的点。当与"圆角/切角"修改器一起使用时，该修改器对图形中子对象层级的"样条线"进行操作。在应用于多个样条线的

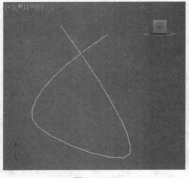

图3-115

图3-116

选择时，"修剪/延伸"修改器的操作与处理单独样条线时一样。

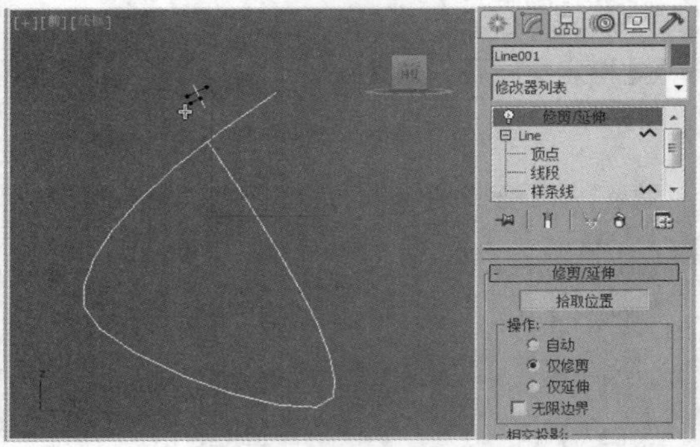

要进行修剪，需要将样条线相交，如图3-115所示。单击要移除的样条线部分。样条线将沿着它的长度搜索直到与另一条样条线相交，并删除到相交点的部分，如图3-116所示。如果线段在两边相交，整个线段删除两个相交点之间的部分。如果线段是一端打开并在另一端相交，整个线段将交点与开口端之间的部分删除。如果线段没有相交，则不进行任何处理。

要进行延伸操作，需要一条开口样条线，如图3-117所示。样条线最接近拾取点的末端会延伸直到它到达另一条相交的样条线，如图3-118所示。如果没有相交样条线，则不进行任何处理。曲线样条线沿样条线末端的曲线方向延伸。如果样条线的末端直接位于边缘（相

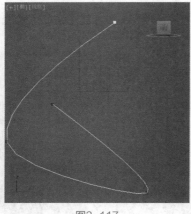

图3-117

图3-118

交样条线），它会沿此向更远的方向寻找相交点。

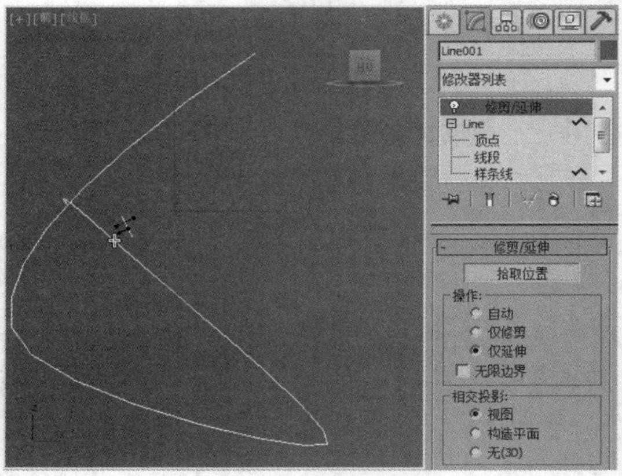

3.4.5　可渲染样条线

使用"可渲染样条线"修改器可以设置样条线对象的可渲染属性，而无须将对象转换为可编辑的样条线。对于从 AutoCAD 中链接的样条线，该修改器特别有用。也可以将相同的渲染属性同时应用于多条样条线。

具体的参数可以参考前面创建图形的章节。

3.5　课堂练习——制作回旋针

【练习知识要点】使用线工具，创建回旋针的基础形状，然后通过调整边角的圆角效果，制作出回旋针的模型，如图3-119所示。

【效果图参考场景】光盘 > 场景 >Ch03> 回旋针ok.max。

3.6　课后习题——制作五角星

【习题知识要点】创建星形并为其设置"倒角"修改器，完成五角星模型的制作，如图3-120所示。

【效果图参考场景】光盘 > 场景 >Ch03> 五角星ok.max。

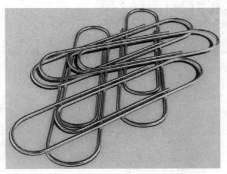

图3-119

图3-120

第 04 章

修改器建模

本章内容

- 了解修改命令面板的简介
- 了解图形的网格编辑修改器
- 了解常用的网格编辑修改器
- 了解细分曲面修改器
- 了解自由形式变形修改器
- 了解参数化修改器

在前面章节中介绍了3ds Max的基础建模，基础建模只可以创建简单规则的样条线和几何物体，但无法创建有变形和不规则的物体。本章将介绍各种常用二维修改器和网格修改器的应用，使简单、规则的物体具有变形和不规则的效果。

▶4.1　修改命令面板功能简介

通过修改命令面板可以直接对几何体进行修改，还能实现修改命令之间的切换。在前面章节中已对几何体的修改过程有所了解，接下来介绍修改命令面板的一些基本功能和应用。

创建几何体后，切换到 ☑（修改）命令面板，其中显示的是几何体的修改参数，当对几何体进行修改编辑后，修改命令堆栈中就会显示修改命令的参数，如图4-1所示。

在修改命令堆栈中，有些命令左侧有一个 ⊞ 图标，表示该命令拥有子层级命令，单击此按钮，子层级就会被打开，可以选择子层级命令，如图4-2所示。选择子层级命令后，该命令会变为黄色，表示已被启用，如图4-3所示。

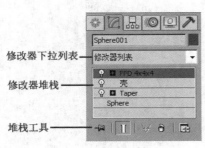

修改器下拉列表

修改器堆栈

堆栈工具

图4-1

图4-2

图4-3

接下来介绍修改命令面板的各种工具命令。

- 修改器堆栈：用于显示使用的修改命令。
- 修改器列表：用于选择修改命令，单击后会打开下拉列表框，可以选择要使用的修改命令。
- ♀（修改命令开关）：用于开启和关闭修改命令。单击后会变为 ♀ 图标，表示该命令被关闭，被关闭的命令不再对物体产生影响，再次单击此图标，命令会重新开启。
- ⬚（从堆栈中移除修改器）：用于删除命令，在修改命令堆栈中选择修改命令，单击"塌陷"按钮，即可删除修改命令，修改命令对几何体进行过的编辑也会被撤销。
- ⬚（配置修改器集）：用于对修改命令的布局进行重新设置，可以将常用的命令以列表或按钮的形式表现出来。

▶4.2　图形的网格编辑修改器

下面介绍常用的可以将二维图形装换为三维模型的修改器。

▌实例操作29：使用挤出制作扣子▐

"挤出"修改器可以使二维图形增加厚度，将其转化成三维物体。下面介绍"挤出"修改器的参数和使用方法。

在"参数"卷展栏的"数量"数值框中设置参数，多边形的高度会随之变化，如图4-4所示。

"挤出"修改器的参数如下。

- 数量：用于设置挤出的高度。
- 分段：用于设置在挤出高度上的段数。
- 封口始端：将挤出的对象顶端加面覆盖。
- 封口末端：将挤出的对象底端加面覆盖。
- 变形：选择该单选按钮，将不进行面的精简计算，以便用于变形动画的制作。
- 栅格：选择该单选按钮，将进行面的精简计算，不能用于变形动画的制作。

【案例学习目标】学习使用"挤出"修改器。

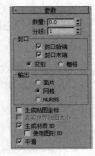

图4-4

【案例知识要点】创建扣子的截面图形，通过"挤出"修改器设置扣子的厚度，如图4-5所示。

【场景所在位置】光盘>场景>Ch04>扣子.max。

【效果图参考场景】光盘>场景>Ch04>扣子ok.max。

图4-5

01 单击"**⚙**（创建）> **◎**（图形）>圆"按钮，在"顶"视图中创建圆，在"参数"卷展栏中设置"半径"为150，如图4-6所示。

02 取消选择"开始新图形"复选框，再在圆内创建一个小圆，在"参数"卷展栏中设置"半径"为17，如图4-7所示。

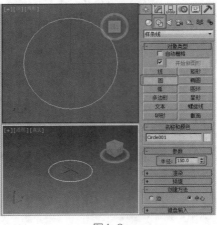

图4-6

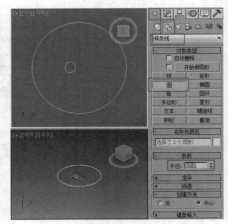

图4-7

03 切换到 **◢**（修改）命令面板，将选择集定义为"样条线"，在场景中复制内侧的小圆，如图4-8所示。

04 关闭选择集，为图形施加"挤出"修改器，设置"数量"为10，如图4-9所示。

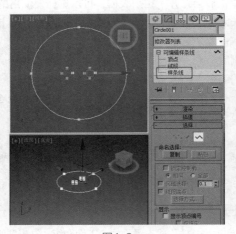

图4-8

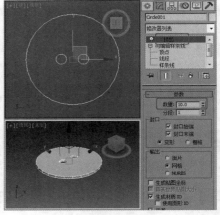

图4-9

实例操作30：使用车削制作葫芦装饰

"车削"修改器通过绕轴旋转一个图形或 NURBS 曲线来创建 3D 对象。

"车削"修改器的参数卷展栏如图4-10所示，重要参数介绍如下。

● 度数：确定对象绕轴旋转多少度（范围为 0 ~ 360，默认值是 360）。可以通过给"度数"设置关键点，来设置车削对象圆环增强的动画。"度数"自动将尺寸调整到与要车削图形同样的高度。

● 焊接内核：通过将旋转轴中的顶点进行焊接来简化网格。

● 翻转法线：依赖图形上顶点的方向和旋转方向，旋转对象可能会内部外翻。

● 分段：在起始点之间，确定在曲面上创建多少插补线段。

● 封口：如果设置的车削对象的"度数"小于360°，它控制是否在车削对象内部创建封口。

● 封口始端：封口设置的"度数"小于360°的车削对象的起始点，并形成闭合图形。

● 封口末端：封口设置的"度数"小于360°的车削对象的终点，并形成闭合图形。

● 变形：按照创建变形目标所需的可预见且可重复的模式排列封口面。

● 栅格：在图形边界上的方形修剪栅格中安排封口面。

● 对齐：设置对象的旋转对齐。

● X、Y、Z：设置轴的旋转方向。

● 最小、中心、最大：将旋转轴与图形的最小、中心或最大范围对齐。

● 输出：设置车削的模型以什么样的网格形式进行显示输出。

● 面片：产生一个可以折叠到面片对象中的对象。

● 网格：产生一个可以折叠到网格对象中的对象。

图4-10

● NURBS：产生一个可以折叠到 NURBS 对象中的对象。

【案例学习目标】学习使用"车削"修改器。

【案例知识要点】创建作为葫芦的截面图形，并为图形施加"车削"修改器，车削模型的葫芦效果，结合使用可渲染的样条线制作出流苏，如图4-11所示。

图4-11

【场景所在位置】场景 >Ch04>葫芦装饰.max。

【效果图参考场景】场景 >Ch04>葫芦装饰ok.max。

【贴图所在位置】光盘 >Map。

01 单击" （创建）> （图形）>样条线>线"按钮，在"前"视图中创建线，如图4-12所示。

02 切换到 （修改）命令面板，将

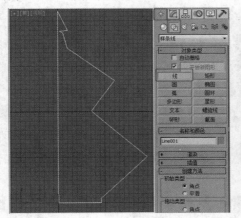

图4-12

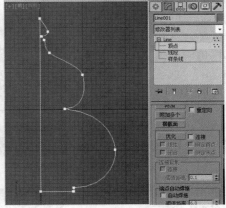

图4-13

选择集定义为"顶点"，在场景中调整图形的形状，如图4-13所示。

03 调整图形后为图形施加"车削"修改器，设置合适的参数，如图4-14所示。

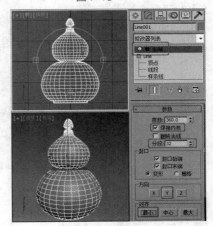

图4-14

04 在"顶"视图中创建可渲染的圆，如图4-15所示。

05 为圆施加"编辑样条线"修改器，将选择集定义为"顶点"，在"前"视图中调整圆的形状，如图4-16所示。

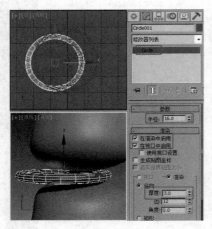
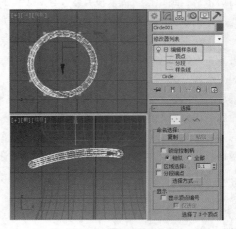

图4-15　　　　　　　　　　　　　　　　　　　图4-16

06 在"前"视图中创建截面图形，如图4-17所示。

07 调整图形的形状后，为图形施加"车削"修改器，设置合适的参数，如图4-18所示。

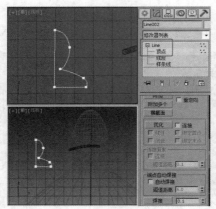
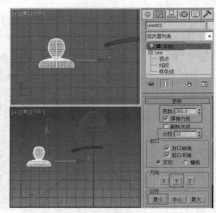

图4-17　　　　　　　　　　　　　　　　　　　图4-18

08 继续创建可渲染的圆，如图4-19所示。

09 创建流苏的可渲染的样条线，如图4-20所示。

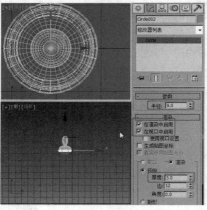
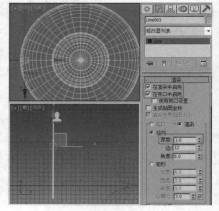

图4-19　　　　　　　　　　　　　　　　　　　图4-20

10 切换到 （层次）命令面板，按下"仅影响轴"按钮，在"顶"视图中调整轴的位置，如图4-21所示。

11 在菜单栏中选择"工具>阵列"命令，在弹出的对话框中设置阵列参数，如图4-22所示。

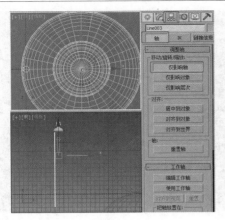

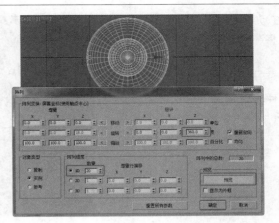

图4-21　　　　　　　　　　　　　图4-22

12 在场景中复制样条线，并调整轴的位置，如图4-23所示。

13 使用"阵列"命令，阵列出样条线，如图4-24所示。

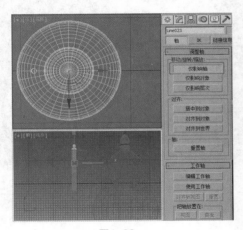

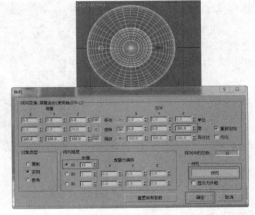

图4-23　　　　　　　　　　　　　图4-24

14 复制并调整样条线的轴，如图4-25所示。

15 阵列复制出的样条线，如图4-26所示。

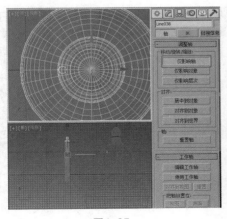

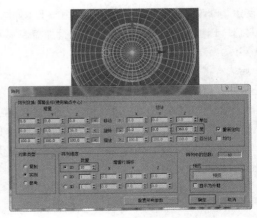

图4-25　　　　　　　　　　　　　图4-26

16 在场景中选择作为流苏的样条线，将选择集定义为"线段"，设置"拆分"为8，拆分样条线，如图4-27所示，使用同样的方法拆分其他的样条线流苏。

17 在场景中调整作为流苏的模型，如图4-28所示。

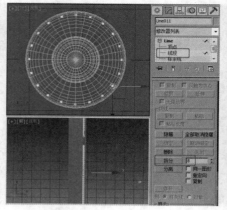

图4-27

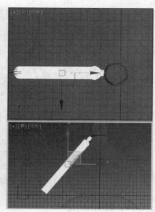

图4-28

18 在场景中选择作为流苏的样条线，为其施加"FFD4×4×4"修改器，将选择集定义为"控制点"，在场景中调整控制点，如图4-29所示。

19 组合调整完成的葫芦装饰模型，效果如图4-30所示。

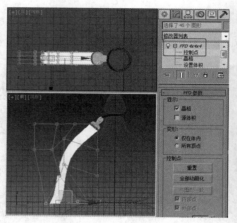

图4-29

图4-30

实例操作31：使用倒角制作挂钩

"倒角"修改器只用于二维形体的编辑，可以对二维形体进行挤出，还可以对形体边缘进行倒角。下面介绍"倒角"命令的参数和用法。

1. "参数"卷展栏

"倒角"修改器的"参数"卷展栏介绍如下（如图4-31所示）。

"封口"选项组：用于对造型两端进行加盖控制。如果对两端都进行加盖处理，则成为封闭实体。

- 始端：将开始截面封顶加盖。
- 末端：将结束截面封顶加盖。

"封口类型"选项组：用于设置封口表面的构成类型。

- 变形：不处理表面，以便进行变形操作，制作变形动画。
- 栅：进行表面网格处理，它产生的渲染效果要优于 Morph 方式。

"曲面"选项组：用于控制侧面的曲率和光滑度，并指定贴图坐标。

图4-31

- 线性侧面：将倒角内部片段划分为直线方式。
- 曲线侧面：将倒角内部片段划分为弧形方式。
- 分段：用于设置倒角内部的段数。其数值越大，倒角越圆滑。
- 级间平滑：选择该复选框，将对倒角进行光滑处理，但总是保持顶盖不被光滑。

● 生成贴图坐标：选择该复选框，将为造型指定贴图坐标。

"相交"选项组：用于在制作倒角时，改进因尖锐的折角而产生的突出变形。

● 避免线相交：选择该复选框，可以防止尖锐折角产生的突出变形。

● 分离：用于设置两个边界线之间保持的距离间隔，以防止越界交叉。

2. "倒角值"卷展栏

"倒角"修改器的"倒角值"卷展栏介绍如下（如图4-32所示）。

"倒角值"卷展栏用于设置不同倒角级别的高度和轮廓。

● 起始轮廓：用于设置原始图形的外轮廓大小。

● 级别1、级别2、级别3：可分别设置3个级别的高度和轮廓大小。

【案例学习目标】学习使用"倒角"修改器。

【案例知识要点】创建图形并设置图形并的倒角效果，结合使用可渲染的样条线和切角长方体完成挂钩的制作，如图4-33所示。

图4-32

【场景所在位置】光盘＞场景＞Ch04＞挂钩.max。

【效果图参考场景】光盘＞场景＞Ch04＞挂钩ok.max。

【贴图所在位置】光盘＞Map。

图4-33

01 单击"（创建）＞（几何体）＞扩展基本体＞切角长方体"按钮，在"前"视图中创建切角长方体，在"参数"卷展栏中设置"长度"为40、"宽度"为400、"高度"为10、"圆角"为1.2，如图4-34所示。

02 在"前"视图中使用"线"工具创建图形，并为图形施加"倒角"修改器，在"倒角值"卷展栏中设置"高度"为10；选择"级别2"复选框，设置"高度"为3、"轮廓"为-3，如图4-35所示。

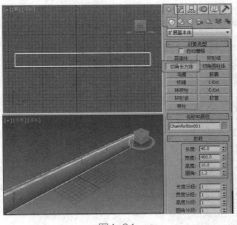

图4-34

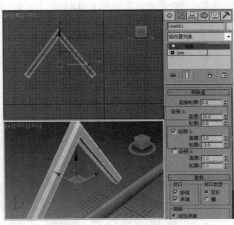

图4-35

03 继续使用"线"工具，在"前"视图中绘制并调整样条线的形状，如图4-36所示。

04 单击"■（创建）> ■（图形）>圆"按钮，取消选择"开始新图形"复选框，在"前"视图中创建圆，如图4-37所示。

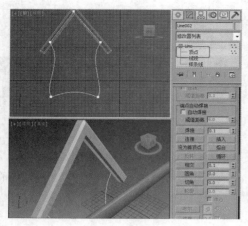

图4-36

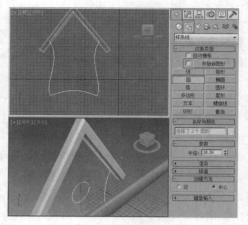

图4-37

05 为图形施加"倒角"修改器，在"倒角值"卷展栏中设置"高度"为5；选择"级别2"复选框，设置"高度"为3、"轮廓"为-1，如图4-38所示。

06 在场景中复制模型，如图4-39所示。

07 对复制出的模型图像进行修改，制作出如图4-40所示的效果。

08 单击"■（创建）> ■（图形）>线"按钮，在场

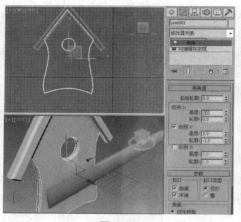

图4-38

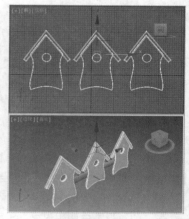

图4-39

景中创建挂钩，在"渲染"卷展栏中选择"在渲染红启用"和"在视口中启用"复选框，设置"厚度"为5，如图4-41所示，复制挂钩，完成场景模型的制作。材质和灯光的设置这里就不介绍了，可以参考最终场景。

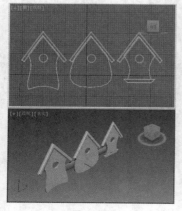

图4-40

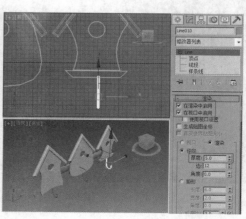

图4-41

实例操作32：使用倒角剖面制作文件架

"倒角剖面"修改器使用一个图形作为路径或"倒角剖面"来挤出另一个图形。

"倒角剖面"修改器的"参数"卷展栏如图4-42所示，重要参数介绍如下。

- 拾取剖面：选中一个图形或 NURBS 曲线来作为剖面路径。
- 生成贴图坐标：指定 UV 坐标。
- 真实世界贴图大小：控制应用于该对象的纹理贴图材质所使用的缩放方法。
- 避免线相交：防止倒角曲面自相交。这需要更多的处理器计算，而且在复杂几何体中很消耗时间。

图4-42

- 分离：设定侧面为防止相交而分开的距离。

【案例学习目标】学习使用"倒角剖面"修改器。

【案例知识要点】将样条线作为路径，然后创建图形，通过使用路径图形拾取截面制作出文件架的构建，如图4-43所示。

【场景所在位置】光盘>场景>Ch04>文件架.max。

【效果图参考场景】光盘>场景>Ch04>文件架ok.max。

【贴图所在位置】光盘>Map。

图4-43

01 单击"◆（创建）>◎（图形）>矩形"按钮，在"左"视图中创建矩形，在创建的矩形上单击鼠标右键，在弹出的快捷菜单中选择"转换为>转换为可编辑样条线"命令，将其转换为"可编辑样条线"，切换到 ◢（修改）命令面板，将选择集定义为"顶点"，设置顶点的"圆角"，调整图形的形状，如图4-44所示。

02 在"前"视图中创建如图4-45所示的图形。

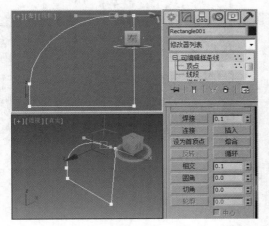

图4-44

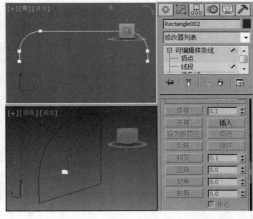

图4-45

03 在场景中为矩形施加"倒角剖面"修改器，在"参数"卷展栏中单击"拾取剖面"按钮，在场景中拾取在前视图中绘制的截面图形，将选择集定义为"剖面Gizmo"，在场景中旋转Gizmo，如图4-46所示。

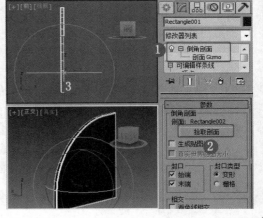

图4-46

04 创建合适大小的切角长方体，将模型转换为"可编辑网格"，复制并调整模型，如图4-47所示。

05 复制图4-46中的模型，将其"倒角剖面"修改器删除，并调整其图形，如图4-48所示。

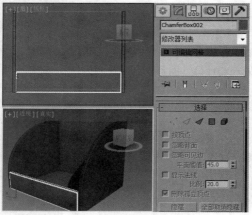
图4-47

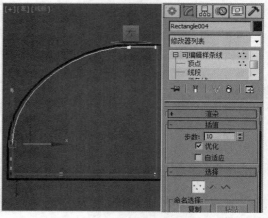
图4-48

06 为模型施加"挤出"修改器，设置合适的参数，并对模型进行复制，如图4-49所示。

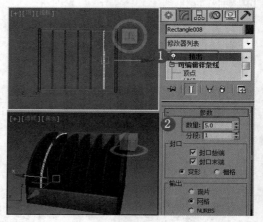
图4-49

实例操作33：使用扫描制作放大镜

"扫描"修改器用于沿着基本样条线或 NURBS 曲线路径挤出横截面。类似于"放样"复合对象，但它是一种更有效的方法。可以处理一系列预制的横截面，例如角度、通道和宽法兰等，也可以使用自己绘制的样条线或 NURBS 曲线作为自定义截面。

1. "截面类型"卷展栏

"截面类型"卷展栏如图4-50所示，相关参数介绍如下。

- 使用内置截面：选择该单选按钮可使用一个内置的备用截面。
- 内置截面列表：单击下拉按钮在下拉列表框中将显示常用结构截面。
- 使用自定义截面：如果已经创建了自己的截面，或者当前场景中含有另一个形状，或者想要使用另一个 MAX 文件作为截面，那么可以选择该单选按钮。
- 截面：显示所选择的自定义图形的名称。该区域为空白直到选择了自定义图形。
- 拾取：如果想要使用的自定义图形在视口中可见，那么可以单击"拾取"按钮，然后直接从场景中拾取图形。

图4-50

- 拾取图形：单击可按名称选择自定义图形。
- 提取：在场景中创建一个新图形，这个新图形可以是副本、实例或当前自定义截面的参考。
- 合并自文件：选择储存在另一个 MAX 文件中的截面。
- 移动：沿着指定的样条线扫描自定义截面。
- 复制：沿着指定的样条线扫描选中截面的副本。
- 实例：沿着指定的样条线扫描选中截面的实例。
- 参考：沿着指定的样条线扫描选中截面的参考。

2.　"扫描参数"卷展栏

"扫描参数"卷展栏如图 4-51 所示，相关参数介绍如下。

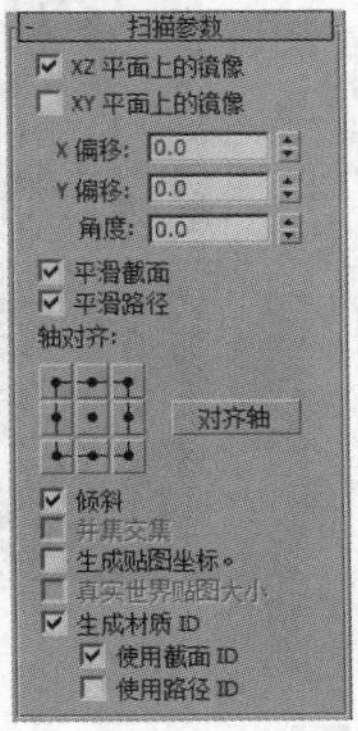

- 在 XZ 平面上的镜像：启用该复选框后，截面相对于应用"扫描"修改器的样条线垂直翻转。默认设置为禁用状态。
- 在 XY 平面上的镜像：启用该复选框后，截面相对于应用"扫描"修改器的样条线水平翻转。默认设置为禁用状态。
- X 偏移：相对于基本样条线移动截面的水平位置。
- Y 偏移：相对于基本样条线移动截面的垂直位置。
- 角度：相对于基本样条线所在的平面旋转截面。
- 平滑截面：提供平滑曲面，该曲面环绕着沿基本样条线扫描的截面的周界。
- 平滑路径：沿着基本样条线的长度提供平滑曲面。
- 轴对齐：提供帮助用户将截面与基本样条线路径对齐的 2D 栅格。选择 9 个按钮之一来围绕样条线路径移动截面的轴。
- 对齐轴：按下该按钮后，"轴对齐"栅格在视口中以 3D 外观显示。只能看到 3×3 的对齐栅格、截面和基本样条线路径。实现满意的对齐后，就可以关闭"对齐轴"按钮或单击鼠标右键以查看扫描。
- 倾斜：启用该复选框后，只要路径弯曲并改变其局部 z 轴的高度，截面便围绕样条线路径旋转。如果样条线路径为 2D，则忽略倾斜。如果禁用，则图形在穿越 3D 路径时不会围绕其 z 轴旋转。默认设置为启用。
- 并集交集：如果使用多个交叉样条线，比如栅格，那么启用该复选框可以生成清晰且更真实的交叉点。

图 4-51

【案例学习目标】学习使用"扫描"修改器。

【案例知识要点】创建扫描的路径，创建扫描的截面图形，使用扫描工具制作出放大镜的边框，并结合使用"车削"修改器和球体完成放大镜模型的制作，如图 4-52 所示。

图 4-52

【场景所在位置】光盘 > 场景 > Ch04 > 放大镜.max。

【效果图参考场景】光盘 > 场景 > Ch04 > 放大镜 ok.max。

【贴图所在位置】光盘 > Map。

01 单击"（创建）> （图形）> 圆"按钮，在"顶"视图中创建圆，在"参数"卷展栏中设置"半径"为 150，如图 4-53 所示。

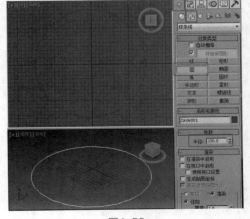

图 4-53

02 单击"■（创建）> ■（图形）>弧"按钮，在"前"视图中创建弧，在"参数"卷展栏中设置"半径"为11，设置"从"为70、"到"为289，如图4-54所示。

03 切换到 ■（修改）命令面板，为弧施加"编辑样条线"修改器，将选择集定义为"顶点"，使用捕捉工具捕捉顶点，在"几何体"卷展栏中单击"创建线"按钮，创建封闭的线，如图4-55所示。

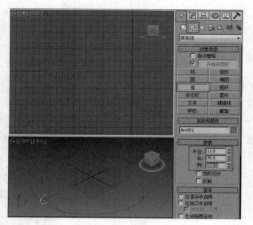

图4-54

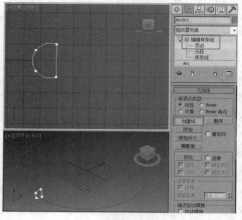

图4-55

04 按Ctrl+A组合键，全选顶点，在"几何体"卷展栏中单击"焊接"按钮，焊接弧和创建的线的两端顶点，如图4-56所示。

05 在"几何体"卷展栏中使用"优化"工具，在创建的线上添加4个顶点，如图4-57所示。

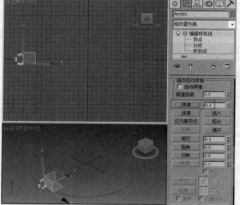

图4-56

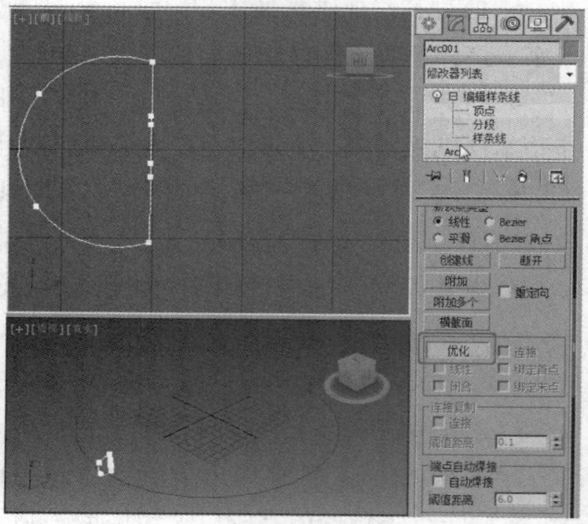

图4-57

06 通过调整顶点来修改图形的形状，如图4-58所示。

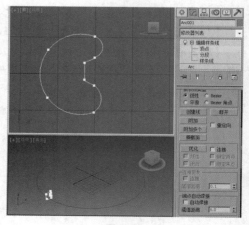

图4-58

07 在场景中选择圆，为圆施加"扫描"修改器，在"截面类型"卷展栏中选择"使用自定义截面"单选按钮，并单击"拾取"按钮，在场景中拾取调整后的弧图形；在"扫描参数"卷展栏中选择"XZ平面上的镜像"选项，如图4-59所示。

08 在修改器堆栈中回到Circle中，在"插值"卷展栏中设置"步数"为20，如图4-60所示，这样可以使模型变得平滑些。

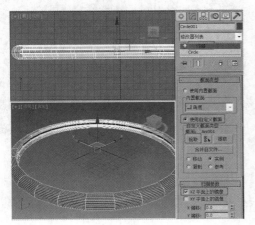
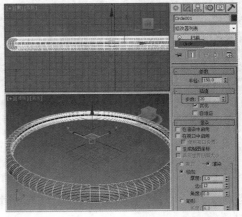

图4-59　　　　　　　　　　　　　　　　　　图4-60

09 单击"（创建）>（几何体）>球体"按钮，在"顶"视图中创建球体，在"参数"卷展栏中设置"半径"为150、"分段"为32，如图4-61所示。

10 在"前"视图中沿y轴缩放球体，如图4-62所示。

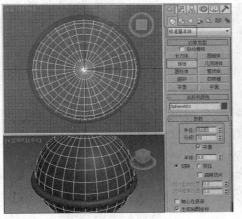
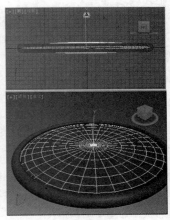

图4-61　　　　　　　　　　　　图4-62

11 单击"（创建）>（图形）>线"按钮，在"前"视图中创建并调整样条线，如图4-63所示。

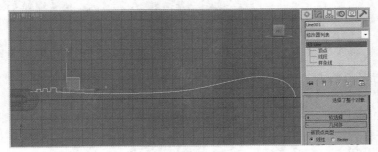

图4-63

12 切换到（修改）命令面板，为图形施加"车削"修改器，在"参数"卷展栏中单击"方向"为X，将选择集定义为"轴"，在"前"视图中移动轴，制作出放大镜把手，如图4-64所示。

13 完成的放大镜模型效果如图4-65所示。

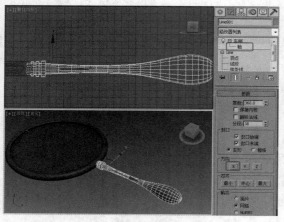
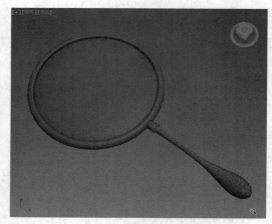

图4-64   图4-65

实例操作34：使用倒角和挤出制作四叶草装饰

【案例学习目标】学习使用"挤出"和"倒角"修改器。

【案例知识要点】创建并调整图形，并通过为图形施加"挤出"和"倒角"修改器设置出图形的厚度，完成四叶草装饰的制作，如图4-66所示。

【场景所在位置】光盘>场景>Ch04>四叶草.max。

图4-66

【效果图参考场景】光盘>场景>Ch04>四叶草ok.max。

【贴图所在位置】光盘>Map。

01 单击"（创建）>（图形）>线"按钮，在"前"视图中创建并调整图形的形状，如图4-67所示。

02 使用（选择并旋转）工具，按住Shift键旋转复制图形，如图4-68所示。

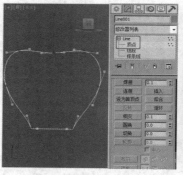

图4-67   图4-68

> **提示**
>
> 在场景中调整图形的轴心位置到叶子的根部，使用旋转工具，按住 Shift 键围绕轴心旋转复制图形。

03 单击"（创建）>（图形）>线"按钮，在"前"视图中如图4-69所示的位置创建图形，并调整图形的形状。

04 在"几何体"卷展栏中单击"附加"按钮，在场景中附加图形，如图4-70所示。

05 附加到一起后，调整图形的形状，可以在"几何体"卷展栏中使用"修剪"来调整图形的形状，这里可以根据情况使用不同的工具和命令，如图4-71所示。

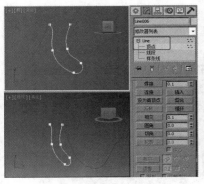
图4-69

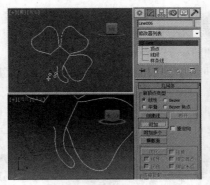
图4-70

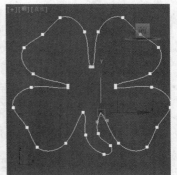
图4-71

06 调整顶点，按Ctrl+A组合键全选顶点，设置顶点的"焊接"和"连接"，如图4-72所示。

07 为图形施加"倒角"修改器，设置合适的倒角参数，如图4-73所示。

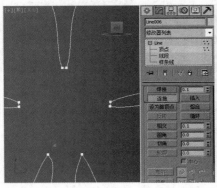
图4-72

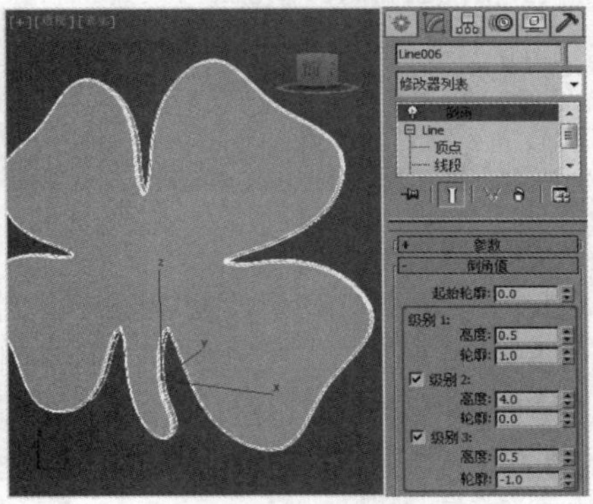

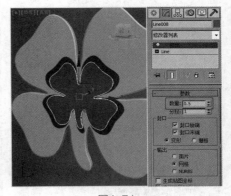
图4-73

08 在场景中复制模型，修改图形，删除"倒角"修改器，为其施加"挤出"修改器，并设置合适的参数，如图4-74所示。

提示

设置顶点的焊接时，必须选择需要焊接的顶点并设置焊接的参数，参数越大，焊接距离就越远。

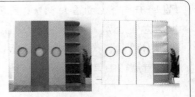
图4-74

实例操作35：使用编辑样条线和挤出制作组合衣柜

【案例学习目标】学习使用挤出和倒角修改器。

【案例知识要点】创建并调整图形，并通过为图形施加"编辑样条线"和"挤出"修改器设置出图形的厚度，完成组合衣柜的制作，如图4-75所示。

【场景所在位置】光盘>场景>Ch04>组合柜.max。

【效果图参考场景】光盘>场景>Ch04>组合柜ok.max。

图4-75

【贴图所在位置】光盘/Map。

01 单击"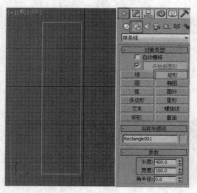（创建）>（图形）>矩形"按钮，在"前"视图中创建矩形，在"参数"卷展栏中设置"长度"为400、"宽度"为100，如图4-76所示。

02 单击"（创建）>（图形）>圆"按钮，取消选择"开始新图形"复选框，在矩形中部区域创建圆，在"参数"卷展栏中设置"半径"为30，如图4-77所示。

03 切换到（修改）命令面板，为图形施加"挤出"修改器，在"参数"卷展栏中设置"数量"为5，如图4-78所示。

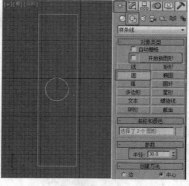
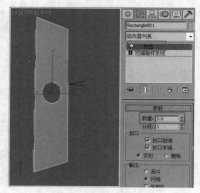

图4-76　　　　　　　　　　　图4-77　　　　　　　　　　　图4-78

04 单击"（创建）>（图形）>圆"按钮，在柜子门的圆孔处创建圆，调整图形至合适位置，切换到（修改）命令面板，在"参数"卷展栏中设置"半径"为30；在"渲染"卷展栏中选择"在渲染中启用"和"在视口中启用"复选框，设置"厚度"为2，如图4-79所示。

05 在场景中对柜子门模型进行复制，如图4-80所示。

06 单击"（创建）>（几何体）>长方体"按钮，在"顶"视图中创建长方体，在"参数"卷展栏中设置"长度"为93.85、"宽度"为305、"高度"为400，如图4-81所示。

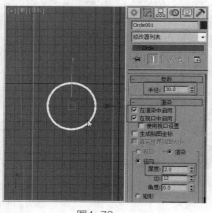
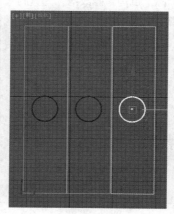
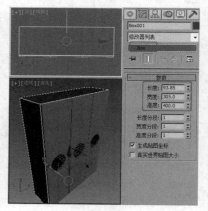

图4-79　　　　　　　　　　　图4-80　　　　　　　　　　　图4-81

07 单击"（创建）>（图形）>矩形"按钮，在"顶"视图中创建矩形，在"参数"卷展栏中设置"长度"为98.67、"宽度"为102.5，如图4-82所示。

08 切换到（修改）命令面板，为矩形施加"编辑样条线"修改器，将选择集定义为"顶点"，在"几何体"卷展栏中单击"圆角"按钮，在场景中设置矩形的圆角，如图4-83所示。

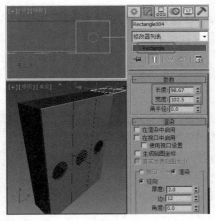
图4-82

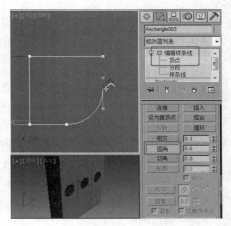
图4-83

09 调整图形后，关闭选择集，为图形施加"挤出"修改器，在
"参数"卷展栏中设置"数量"为8，并在场景中对模型进行复制，
如图4-84所示。

10 单击"■（创
建）>■（几何体）
>长方体"按钮，
在"前"视图中隔
板的后面创建长方
体，在"参数"卷
展栏中设置"长
度 " 为400、"宽
度 " 为103.566、

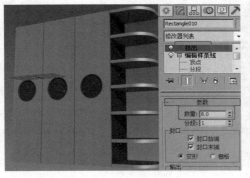
图4-84

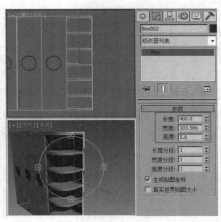
图4-85

"高度"为5，在场景中调整模型的位置，如图4-85所示。

4.3　常用的网格编辑修改器

4.3.1　法线

　　"法线"修改器可以统一或翻转对象的法线，而不用应用"编辑网格"修改器。例如，建
立单片的室内框架模型、塌陷多个复杂的对象，以及用"车削"修改器制作法线指向内部的对
象等。

图4-86

　　"法线"修改器只有"参数"卷展栏，如图4-86所示。

● 统一法线：通过翻转法线来统一对象的法线，这样所有法线都指向同样的方向，通常是向外。

● 翻转法线：翻转选中对象的面的全部曲面法线的方向。默认设置为启用。

4.3.2　平滑

　　"平滑"修改器基于相邻面的角提供自动平滑。可以将新的平滑组应用到对象上。通过将
面组成平滑组，平滑消除几何体的面。在渲染时，同一平滑组的面显示为平滑曲面。

　　"参数"卷展栏中的选项功能介绍如下（如图4-87所示）。

● 自动平滑：如果选择"自动平滑"复选框，则可以通过设置该选项下方的"阈值"来

图4-87

自动平滑对象。

- 禁止间接平滑：使用"自动平滑"时，可以启用此选项以防止平滑"泄漏"。如果将"自动平滑"应用到对象上，不应该被平滑的对象部分也变得平滑了，可以启用"禁止间接平滑"来查看它是否纠正了该问题。
- 阈值：以度数为单位控制平滑。

4.3.3 细化

"细化"修改器会对当前选择的曲面进行细分。它在渲染曲面时特别有用，并为其他修改器创建附加的网格分辨率。如果子对象选择拒绝了堆栈，那么整个对象会被细化。

其"参数"卷展栏中的选项功能介绍如下（如图4-88所示）。

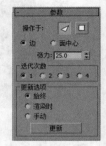

- 操作于：在三角形面或多边形面上执行细化操作。
- 边：从面或多边形的中心到每条边的中点进行细分。应用于三角面时，也会将与选中曲面共享边的非选中曲面进行细分。
- 面中心：从面或多边形的中心到角顶点进行细分。
- 张力：决定新面在经过边细分后是平面、凹面还是凸面。正值会将顶点向外推来围绕曲面。负值会将顶点向内拉来创建凹面。设为0会保持曲面为平面。同时此选项会与"边/多边形"方法共同操作。默认设置为25。

图4-88

实例操作36：使用对称制作帽子

"对称"修改器在构建角色模型、船只或飞行器时特别有用，该修改器是唯一能够执行以下3项常用模型任务的修改器。

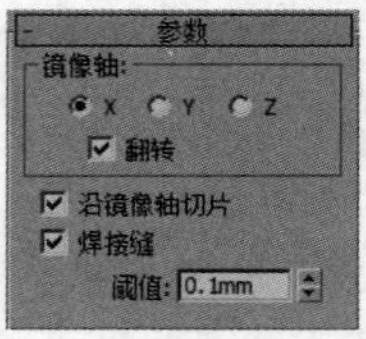

（1）围绕x、y或z平面镜像网格。

（2）切分网格，如有必要移除其中一部分。

（3）沿着公共缝自动焊接顶点。

其"参数"卷展栏中的选项功能介绍如下（如图4-89所示）。

图4-89

- X、Y、Z：指定执行对称所围绕的轴。可以在选中轴的同时在视口中观察效果。
- 翻转：如果想要翻转对称效果的方向，则启用该复选框。默认设置为禁用状态。
- 沿镜像轴切片：启用"沿镜像轴切片"复选框，可使镜像Gizmo在定位于网格边界内部时作为一个切片平面，当Gizmo位于网格边界外部时，对称反射仍然作为原始网格的一部分来处理。如果禁用"沿镜像轴切片"复选框，对称反射会作为原始网格的单独元素来进行处理。默认设置为启用。

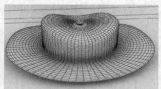

图4-90

- 焊接缝：启用"焊接缝"复选框，确保沿镜像轴的顶点在阈值以内时会自动焊接。默认设置为启用。

- 阈值：该值代表顶点在自动焊接起来之前的接近程度。默认设置是0.1。

【案例学习目标】学习使用"对称"修改器制作帽子。

【案例知识要点】创建圆柱体，结合使用"编辑多边形""FFD3×3×3""FFD（长方体）""对称""壳"和"涡轮平滑"修改器，制作帽子模型，完成的效果如图4-90所示。

【场景所在位置】光盘>场景>Ch04>帽子.max。

【效果图参考场景】光盘>场景>Ch04>帽子ok.max。

【贴图所在位置】光盘>Map。

01 在"顶"视图中创建圆柱体作为帽子模型，在"参数"卷展栏中设置"半径"为100、"高度"为85、

"高度分段"为5、"断面分段"为2、"边数"为20，如图4-91所示。

02 为模型施加"编辑多边形"修改器，将选择集定义为"多边形"，选择底部的多边形，如图4-92所示，按Delete键将多边形删除。

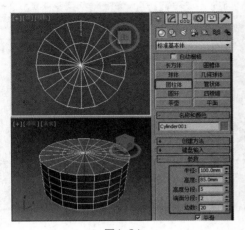

图4-91

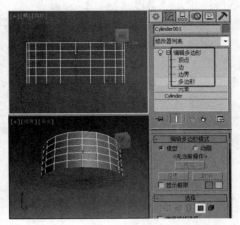

图4-92

03 将选择集定义为"边"，在"前"视图中选择最下面的一圈边，激活"顶"视图，按住Shift键使用缩放复制法向外复制边，复制4~5次即可，如图4-93所示。

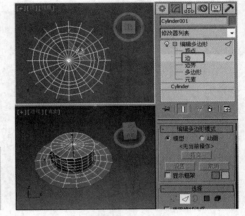

注意

在对选定的子层级对象进行调整时，一定不能关闭选择集，否则修改的对象就变为整个模型了。

图4-93

04 将选择集定义为"顶点"，在"前"视图中选择如图4-94所示的顶点。

05 为顶点施加"FFD3×3×3"修改器，将选择集定义为"控制点"，在"前"视图中调整控制点，如图4-95所示。

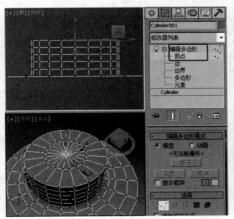

图4-94

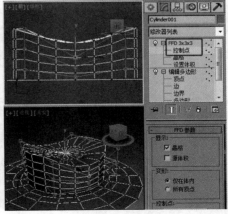

图4-95

06 关闭选择集，为模型施加"编辑多边形"修改器，将选择集定义为"顶点"，选择如图4-96所示的顶点，为顶点施加"FFD（长方体）"修改器，在"FFD参数"卷展栏中单击"设置点数"按钮，在弹出的对话框中设置"长度"和"宽度"均为5，如图4-96所示。

07 将选择集定义为"控制点"，在"前"视图中调整左侧的点，在"左"视图中调整右侧的点让帽子的前边翘起，如图4-97所示。

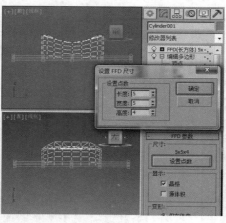

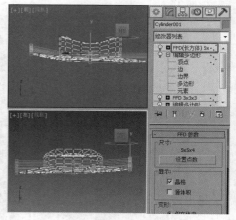

图4-96　　　　　　　　　　　　　　　　　图4-97

08 该帽子模型需要左右两侧对称，为模型施加"编辑多边形"修改器，将选择集定义为"多边形"，在"顶"视图中选择如图4-98所示的右侧多边形，按Delete键删除。

09 为模型施加"对称"修改器，在"参数"卷展栏中选择"翻转"复选框，如图4-99所示。

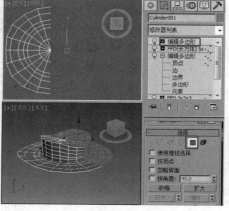

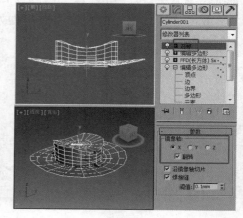

图4-98　　　　　　　　　　　　　　　　　图4-99

10 为模型施加"壳"修改器，设置"外部量"为3，如图4-100所示。

11 为模型施加"涡轮平滑"修改器，设置"迭代次数"为2，如图4-101所示。

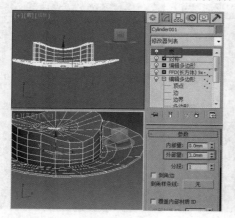

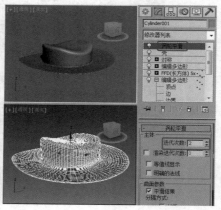

图4-100　　　　　　　　　　　　　　　　图4-101

4.4　细分曲面

实例操作37：使用网格平滑设置热水壶平滑

为模型施加"网格平滑"修改器之后，显示出相应的参数卷展栏，如图4-102所示。

图4-102

1. "细分方法"卷展栏

"细分方法"卷展栏中的选项功能介绍如下（如图4-103所示）。

● 细分方法：选择以下控件之一可确定网格平滑操作的输出。

NURMS：减少非均匀有理数网格平滑对象（缩写为 NURMS）。"强度"和"松弛"平滑参数对于 NURMS 类型不可用，此 NURBS 对象与可以为每个控制顶点设置不同权重的 NURBS 对象相似。通过更改边权重，可进一步控制对象形状。

经典：生成三面和四面的多面体。

四边形输出：仅生成四面多面体（假设看不到隐藏的边，因为对象仍然由三角形面组成）。

● 应用于整个网格：启用该复选框时，在堆栈中向上传递的所有子对象选择将被忽略，且"网格平滑"应用于整个对象。

● 旧式贴图：使用 3ds Max 版本 3 算法将"网格平滑"应用于贴图坐标。此方法会在创建新面和纹理坐标移动时变形基本贴图坐标。

图4-103

2. "细分量"卷展栏

"细分量"卷展栏中的选项功能介绍如下（如图4-104所示）。

● 迭代次数：设置网格细分的次数。增加该值时，每次新的迭代会通过在迭代之前对顶点、边和曲面创建平滑差补顶点来细分网格。

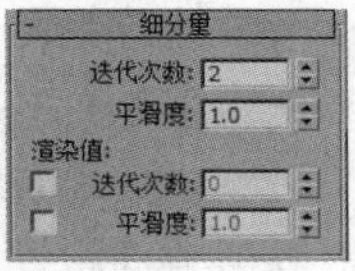

> **提示**
>
> 在增加迭代次数时要注意，对于每次迭代，对象中的顶点和曲面数量（以及计算时间）增加 4 倍。对平滑适度的复杂对象应用 4 次迭代会花费很长时间来进行计算。可按 Esc 键停止计算。

图4-104

● 平滑度：确定对多尖锐的锐角添加面以平滑它。

● 渲染值：用于在渲染时对对象应用不同的平滑迭代次数和不同的"平滑度"值。一般使用较低的迭代次数和较低的"平滑度"值进行建模，使用较高值进行渲染。这样，可在视口中迅速处理低分辨率对象，同时生成更平滑的对象以供渲染。

● "迭代次数"复选框：允许在渲染时选择一个不同数量的平滑迭代次数应用于对象。启用"迭代次数"复选框，然后使用其右侧的微调器来设置迭代次数。

● 平滑度：用于选择不同的"平滑度"值，以便在渲染时应用于对象。启用"平滑度"复选框，然后使用其右侧的微调器设置平滑度的值。

3. "局部控制"卷展栏

"局部控制"卷展栏中的选项功能介绍如下（如图4-105所示）。

● 子对象层级：启用或禁用 ✓（边）或 ⁞（顶点）层级。如果两个层级都被禁用，将在对象层级工作。

● 忽略背面：启用该复选框时，子对象选择会仅选择其法线使其在视口中可见的那些子对象。

● 控制级别：用于在一次或多次迭代后查看控制网格，并在该级别编辑子对象的点和边。

图4-105

● 折缝：创建不连续曲面，从而获得褶皱或唇状结构等清晰边界。

● 权重：设置选定顶点或边的权重。

● 等值线显示：对象在平滑之前的原始边。启用此复选框的好处是可以减少混乱的显示。

● 显示框架：在细分之前，切换显示修改对象的两种颜色线框的显示。框架颜色显示为复选框右侧的色样。

4."参数"卷展栏

"参数"卷展栏中的选项功能介绍如下（如图4-106所示）。

图4-106

"平滑参数"选项组：这些设置仅在网格平滑类型设置为经典或四边形输出时可用。

- 强度：使用0.0～1.0的范围设置所添加面的大小。
- 松弛：应用正的松弛效果以平滑所有顶点。
- 投影到限定曲面：将所有点放置到网格平滑结果的"投影到限定曲面"上，即在无数次迭代后生成的曲面上。

"曲面参数"选项组：将平滑组应用于对象，并使用曲面属性限制网格平滑效果。

- 平滑结果：对所有曲面应用相同的平滑组。
- 材质：防止在不共享材质ID的曲面之间的边上创建新曲面。
- 平滑组：防止在不共享至少一个平滑组的曲面之间的边上创建新曲面。

5."软选择"卷展栏

"软选择"卷展栏中的选项功能介绍如下（如图4-107所示）。

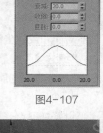
图4-107

- 使用软选择：在可编辑对象或编辑修改器的子对象层级上影响移动、旋转和缩放功能的操作，如果在子对象选择上操作变形修改器，那么也会影响应用到对象上的变形修改器的操作。启用该复选框后，3ds Max会将样条线曲线变形应用到所变换的选择周围的未选定子对象。要产生效果，必须在变换或修改选择之前启用该复选框，图4-108所示为使用该复选框时的软选择。

- 边距离：启用该复选框后，将软选择限制到指定的面数，该选择在所选择的区域和软选择的最大范围之间。影响区域根据"边距离"空间沿着曲面进行测量，而不是真实空间。

- 影响背面：启用该复选框后，那些法线方向与选定子对象平均法线方向相反的、取消选择的面就会受到软选择的影响。在顶点和边的情况下，这将应用到它们所依附的面的法线上。

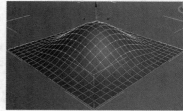
图4-108

- 衰减：用于定义影响区域的距离，它是用当前单位表示的从中心到球体的边的距离。使用越高的衰减设置，就可以实现更平缓的斜坡，具体情况取决于用户的几何体比例。默认设置为20。

- 收缩：沿着垂直轴提高并降低曲线的顶点，设置区域的相对突出度。为负数时，将生成凹陷，而不是点。

- 膨胀：沿着垂直轴展开和收缩曲线。

6."设置"卷展栏

"设置"卷展栏中的选项功能介绍如下（如图4-109所示）。

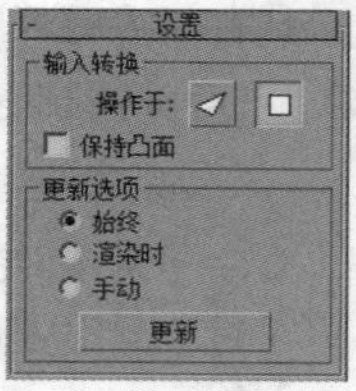

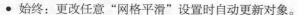
图4-109

- 操作于：作用于（面）时，将每个三角形作为面并对所有边（即使是不可见边）进行平滑。作用于（多边形）时，将忽略不可见边，将多边形（如组成长方体的四边形或圆柱体上的封口）作为单个面。

- 保持凸面：（仅在操作于（多边形）模式下可用）。保持所有输入多边形为凸面。选择此复选框后，会将非凸面多边形为最低数量的单独面（每个面都为凸面）进行处理。

"更新选项"复选框：设置手动或渲染时的更新选项，适用于平滑对象的复杂度过高而不能应用自动更新的情况。

- 始终：更改任意"网格平滑"设置时自动更新对象。
- 渲染时：只在渲染时更新对象的视口显示。
- 手动：启用手动更新。
- 更新：更新视口中的对象，使其与当前的"网格平滑"设置相匹配。仅在选择"渲染时"或"手动"

单选按钮时才起作用。

7. "重置"卷展栏

"重置"卷展栏中的选项功能介绍如下（如图4-110所示）。

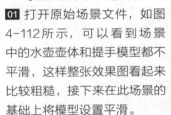

- 重置所有层级：将所有子对象层级的几何体编辑、折缝和权重恢复为默认或初始设置。

- 重置该层级：将当前子对象层级的几何体编辑、折缝和权重恢复为默认或初始设置。

- 重置几何体编辑：将对顶点或边所做的任何变换恢复为默认或初始设置。

- 重置边折缝：将边折缝恢复为默认或初始设置。

- 重置顶点权重：将顶点权重恢复为默认或初始设置。

- 重置边权重：将边权重恢复为默认或初始设置。

- 全部重置：将全部设置恢复为默认或初始设置。

图4-110

【案例学习目标】学习"网格平滑"修改器。

【案例知识要点】打开热水壶场景文件，为场景中的水壶施加"网格平滑"修改器，设置模型平滑效果，如图4-111所示。

图4-111

【场景所在位置】光盘>场景>Ch04>水壶.max。

【效果图参考场景】光盘>场景>Ch04>水壶ok.max。

【贴图所在位置】光盘>Map。

01 打开原始场景文件，如图4-112所示，可以看到场景中的水壶壶体和提手模型都不平滑，这样整张效果图看起来比较粗糙，接下来在此场景的基础上将模型设置平滑。

图4-112

02 在场景中选择水壶壶体，为其施加"网格平滑"修改器，在"细分量"卷展栏中设置"迭代次数"为1，如图4-113所示，可以看到水壶壶体平滑了。

03 在场景中选择水壶壶把手，为模型施加"网格平滑"修改器，在"细分量"卷展栏中设置"迭代次数"为2，如图4-114所示，增加迭代次数可以使模型变得更加

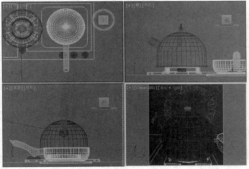

图4-113　　　　　　　图4-114

平滑，同样也会增加场景的负担，这里可以将其设置为2。

实例操作38：使用涡轮平滑设置笔架的平滑

"涡轮平滑"修改器可"比网格平滑"修改器更快、更有效率地利用内存。涡轮平滑提供网格平滑功能的限制子集。涡轮平滑使用单独平滑方法（NURBS），它可以仅应用于整个对象，不包含子对象层级并输出三角网格对象。

"涡轮平滑"卷展栏中的选项功能介绍如下（如图4-115所示）。

"主体"选项组：用于设置涡轮平滑的基本参数。

● 迭代次数：设置网格细分的次数。增加该值时，每次新的迭代会通过在迭代之前对顶点、边和曲面创建平滑差补顶点来细分网格。修改器会细分曲面来使用这些新的顶点。默认值为1。

● 渲染迭代次数：允许在渲染时选择一个不同数量的平滑迭代次数应用于对象。启用该复选框，并使用右边的数值来设置渲染迭代次数。

● 等值线显示：启用该复选框时，3ds Max 只显示等值线对象在平滑之前的原始边。使用此复选框的好处是可以减少混乱的显示。

图4-115

● 明确的法线：允许"涡轮平滑"修改器为输出计算法线，此方法要比 3ds Max 中网格对象平滑组中用于计算法线的标准方法迅速。默认设置为禁用状态。

"曲面参数"选项组：允许通过曲面属性对对象应用平滑组并限制平滑效果。

● 平滑结果：对所有曲面应用相同的平滑组。

● 材质：防止在不共享材质ID的曲面之间的边上创建新曲面。

● 平滑组：防止在不共享至少一个平滑组的曲面之间的边上创建新曲面。

"更新选项"选项组：设置手动或渲染时的更新选项，适用于平滑对象的复杂度过高而不能应用自动更新的情况。注意同时可以设置更高的平滑度仅在渲染时应用。

● 始终：更改任意平滑网格设置时自动更新对象。

● 渲染时：只在渲染时更新对象的视口显示。

● 手动：启用手动更新。选择手动更新时，改变的任意设置直到单击"更新"按钮时才起作用。

● 更新：更新视口中的对象，使其与当前的网格平滑设置。仅在选择"渲染时"或"手动"单选按钮时才起作用。

【案例学习目标】学习"涡轮平滑"修改器。

【案例知识要点】打开原始场景文件，在原始场景中为笔架模型施加"涡轮平滑"修改器，完成的笔架效果如图4-116所示。

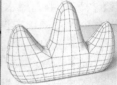

【场景所在位置】光盘>场景>Ch04>笔架.max。

【效果图参考场景】光盘>场景>Ch04>笔架ok.max。

图4-116

【贴图所在位置】光盘>Map。

01 打开原始场景文件，如图4-117所示，可以看到场景中有一个笔架的原始模型。

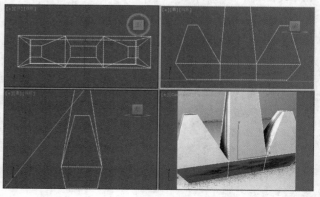

图4-117

02 在修改器堆栈中选择"可编辑多边形"修改器，在此修改器的上方添加"涡轮平滑"修改器，使用默认的参数可以得到如图4-118所示的笔架效果。

03 设置"迭代次数"为2，可以得到更加平滑的笔架模型，如图4-119所示。

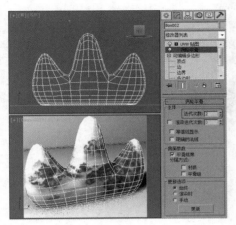

图4-118

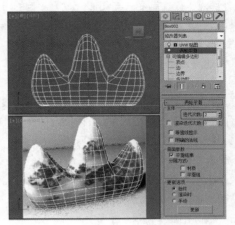

图4-119

4.5 自由形式变形

自由形式变形（FFD）提供了一种通过调整晶格的控制点使对象发生变形的方法。控制点相对原始晶格源体积的偏移位置会引起受影响对象的扭曲。

实例操作39：使用FFD4×4×4修改器制作肥皂盒

1. 子物体层级

FFD 4×4×4修改器堆栈中的子物体层级的功能介绍如下（如图4-120所示）。

图4-120

● 控制点：在此子对象层级可以选择并操纵晶格的控制点，可以一次处理一个或一组为单位处理（使用标准方法选择多个对象）。操纵控制点将影响基本对象的形状，可以给控制点使用标准变形方法，当修改控制点时如果启用了"自动关键点"按钮，此点将变为动画。

● 晶格：在此子对象层级可从几何体中单独摆放、旋转或缩放晶格框。当首先应用 FFD 时，默认晶格是一个包围几何体的边界框。移动或缩放晶格时，仅位于体积内的顶点子集合可应用局部变形。

● 设置体积：在此子对象层级，变形晶格控制点变为绿色，可以选择并操作控制点而不影响修改对象。这使晶格更精确地符合不规则图形对象，在变形时这将提供更好的控制。

2. "FFD参数"卷展栏

"FFD参数"卷展栏中的选项功能介绍如下（如图4-121所示）。

● 晶格：将绘制连接控制点的线条以形成栅格。

● 源体积：控制点和晶格会以未修改的状态显示。

● 仅在体内：只有位于源体积内的顶点会变形。默认设置为启用。

● 所有顶点：将所有顶点变形，无论它们位于源体积的内部还是外部。

● 重置：将所有控制点返回到它们的原始位置。

● 全部动画化：默认情况下，FFD晶格控制点将不在轨迹视图中显示出来，因为没有给它们指定控制器。如果在设置控制点动画时为它指定了控制器，则它在轨迹视图中将可见。使用"全部动画化"也可以添加和删除关键点，以及执行其他关键点操作。

图4-121

● 与图形一致：在对象中心控制点位置之间，沿直线延长线将每一个 FFD 控制点移动到修改对象的交叉点上，这将增加一个由"补偿"微调器指定的偏移距离。

● 内部点：仅控制受"与图形一致"影响的对象内部点。

● 外部点：仅控制受"与图形一致"影响的对象外部点。

● 偏移：受"与图形一致"影响的控制点偏移对象曲面的距离。

● 关于：显示版权和许可信息对话框。

【案例学习目标】学习 FFD 4×4×4 修改器。

【案例知识要点】本例通过创建并修改图形，为图形施加"车削"修改器，并设置图形的 FFD 变形，制作出肥皂盒，使用切角长方体结合使用 FFD 变形工具制作出肥皂，如图 4-122 所示。

图4-122

【场景所在位置】光盘>场景>Ch04>肥皂盒.max。

【效果图参考场景】光盘>场景>Ch04>肥皂盒ok.max。

【贴图所在位置】光盘>Map。

01 单击" ■（创建）> ◎（图形）>线"按钮，在"前"视图中创建样条线，如图 4-123 所示。

02 切换到 ◢（修改）命令面板，将选择集定义为"顶点"，在"几何体"卷展栏中按下"圆角"按钮，设置左侧顶点的圆角效果，如图4-124所示。

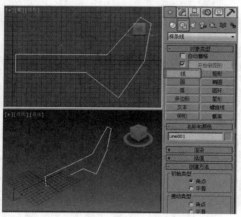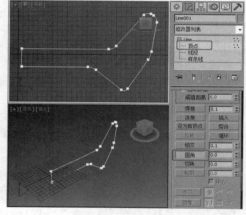

图4-123　　　　　　　　　　　　　　　　　图4-124

03 关闭选择集，为图形施加"车削"修改器，在"参数"卷展栏中设置"分段"为50，在"方向"选项组中按下Y按钮，在"对齐"选项组中按下"最小"按钮，如图4-125所示。

04 为模型施加"FFD 4×4×4"修改器，将选择集定义为"控制点"，在"顶"视图中选择左侧的一半顶点，并将其进行移动，如图4-126所示。

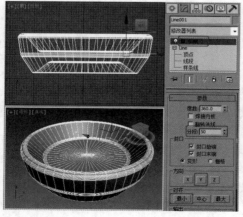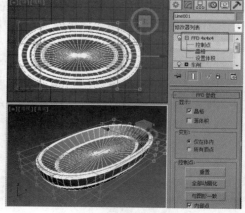

图4-125　　　　　　　　　　　　　　　　　图4-126

05 单击"■（创建）＞◎（几何体）＞扩展基本体＞切角长方体"按钮，在"顶"视图中创建切角长方体，设置合适的参数，如图4-127所示。

06 为模型施加"FFD 4×4×4"修改器，将选择集定义为"控制点"，在"顶"视图中调整控制点，如图4-128所示。

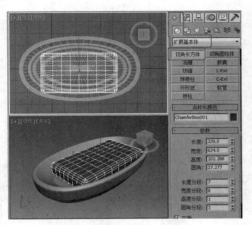

图4-127

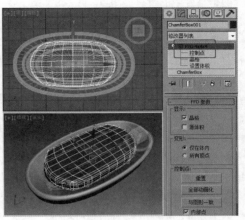

图4-128

实例操作40：使用FFD（圆柱体）修改器调整竹节花瓶

为模型施加"FFD（圆柱体）"修改器，即可显示"FFD参数"卷展栏，如图4-129所示。

"尺寸"选项组：用来调整源体积的单位尺寸，并指定晶格中控制点的数目。请注意点尺寸显示在"堆栈"列表中修改器名称的旁边。

- 晶格尺寸：用于显示晶格中当前的控制点数目（如3×4×4）。

- 设置点数：单击该按钮，将弹出一个对话框，其中包含"长度""宽度"和"高度"3个微调器，以及"确定"和"取消"按钮。指定晶格中所需控制点数目，然后单击"确定"按钮以进行更改。

"显示"选项组：这些选项将影响FFD在视口中的显示。

- 晶格：将绘制连接控制点的线条以形成栅格。虽然绘制这些额外的线条时会使视口显得混乱，但它们可以使晶格形象化。

- 源体积：控制点和晶格会以未修改的状态显示。当调整源体积以影响位于其内或其外的特定顶点时，该显示很重要。

"变形"选项组：这些选项所提供的控件用来指定哪些顶点受FFD影响。

- 仅在体内：只变形位于源体积内的顶点，源体积外的顶点不受影响。

- 所有顶点：变形所有顶点，无论它们位于源体积的内部还是外部，具体情况取决于"衰减"微调器中的数值。体积外的变形是对体积内的变形的延续。请注意离源晶格较远的点的变形可能会很极端。

- 衰减：它决定着FFD效果减为零时离晶格的距离。仅用于选择"所有顶点"单选按钮时。当设置为0时，它实际处于关闭状态，不存在衰减。所有顶点无论到晶格的距离远近都会受到影响。"衰减"参数的单位是实际相对于晶格的大小指定的：衰减值为1表示将那些到晶格的距离为晶格的宽度/长度/高度的点（具体情况取决于点位于晶格的哪一侧）所受的影响降为0。

- 张力、连续性：调整变形样条线的张力和连续性。虽然无法看到FFD中的样条线，但晶格和控制点代表着控制样条线的结构。在调整控制点时，会改变样条线（通过各个点）。

图4-129

样条线使对象的几何结构变形。通过改变样条线的张力和连续性，可以改变它们在对象上的效果。

"选择"选项组：这些选项提供了选择控制点的其他方法。可以切换 3 个按钮的任何组合状态来一次在 1 个、2 个或 3 个维度上选择。

● 全部 X、全部 Y、全部 Z：选中沿着由该按钮指定的局部维度的所有控制点。通过按下两个按钮，可以选择两个维度中的所有控制点。

"控制点"选项组中的参考介绍如下。

● 重置：将所有控制点返回到它们的原始位置。

● 全部动画化：默认情况下，FFD 晶格控制点将不在"轨迹视图"中显示出来，因为没有给它们指定控制器。

● 与图形一致：在对象中心控制点位置之间沿直线延长线，将每一个 FFD 控制点移到修改对象的交叉点上，这将增加一个由"补偿"微调器指定的偏移距离。

● 内部点：仅控制受"与图形一致"影响的对象内部点。

● 外部点：仅控制受"与图形一致"影响的对象外部点。

● 偏移：受"与图形一致"影响的控制点偏移对象曲面的距离。

● 关于：显示版权和许可信息对话框。

【案例学习目标】学习 FFD（圆柱体）修改器。

【案例知识要点】打开竹节花瓶场景，为花瓶模型施加 FFD（圆柱体）修改器，通过调整控制点，调整模型的弯曲效果，如图 4-130 所示。

图4-130

【场景所在位置】光盘 > 场景 > Ch04 > 竹节花瓶 .max。

【效果图参考场景】光盘 > 场景 > Ch04 > 竹节花瓶 ok.max。

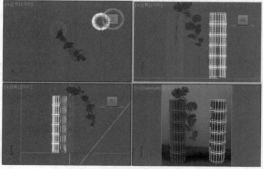

【贴图所在位置】光盘 > Map。

01 打开原始场景文件，如图 4-131 所示。

02 在场景中选择竹节花瓶模型，为其施加"FFD（圆柱体）"修改器，在"FFD 参数"卷展栏中单击"设置点数"按钮，在弹出的对话框中设置"侧面"为 6、"径向"为 2、"高度"为 6，如图 4-132 所示。

图4-131

03 将选择集定义为"控制点"，在场景中调整控制点，调整出花瓶的变形，如图 4-133 所示。

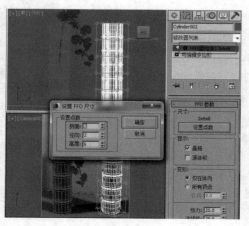

图4-132

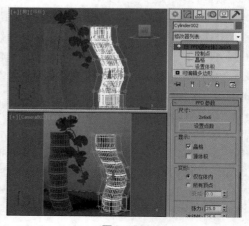

图4-133

4.6　参数化修改器

下面介绍参数化修改器的功能应用和参数。

实例操作41：使用弯曲制作卷轴画

"弯曲"修改器用于对物体进行弯曲处理，可以调节弯曲的角度和方向，以及弯曲依据的坐标轴向，还可以将弯曲限制在一定的坐标区域之内。

1. 子物体层级

修改器堆栈中的子物体层级的功能介绍如下（如图4-134所示）。

* Gizmo：可以在此子对象层级上与其他对象一样对Gizmo进行变换并设置动画，也可以改变"弯曲"修改器的效果。转换Gizmo将以相等的距离转换它的中心。根据中心转动和缩放Gizmo。

* 中心：可以在子对象层级上平移中心并对其设置动画，改变弯曲Gizmo的图形，并由此改变弯曲对象的图形。

图4-134

2. "参数"卷展栏

"参数"卷展栏中的选项功能介绍如下（如图4-135所示）。

* 角度：从顶点平面设置要弯曲的角度。范围为 -999,999.0 ~ 999,999.0。

* 方向：设置弯曲相对于水平面的方向。范围为 -999,999.0 ~ 999,999.0。

* X、Y、Z：指定要弯曲的轴。注意此轴位于弯曲Gizmo并与选择项无关。默认值为Z。

* 限制效果：将限制约束应用于弯曲效果。默认设置为禁用状态。

* 上限：以世界单位设置上部边界，此边界位于弯曲中心点上方，超出此边界弯曲不再影响几何体。默认值为0。范围为 0 ~ 999,999.0。

图4-135

* 下限：以世界单位设置下部边界，此边界位于弯曲中心点下方，超出此边界弯曲不再影响几何体。默认值为0。范围为 -999,999.0 ~ 0。

【案例学习目标】学习"弯曲"修改器。

【案例知识要点】创建平面，设置平面合适的分段，并设置分段的弯曲，通过设置"弯曲"参数来创建卷轴动画，如图4-136所示。

【场景所在位置】光盘>场景>Ch04>卷轴画.max。

【效果图参考场景】光盘>场景>Ch04>卷轴画ok.max。

【贴图所在位置】光盘>Map。

图4-136

01 单击"　（创建）> 　（几何体）> 长方体"按钮，在"顶"视图中创建长方体，在"参数"卷展栏中设置"长度"为40、"宽度"为100、"高度"为1、"长度分段"为40、"宽度分段"为70、"高度分段"为1，如图4-137所示。

02 切换到 　（修改）命令面板，在"修改器列表"下拉列表框中选择"编辑多边形"选项，将选择集定义为"多边形"，在场景中使用 　（选择对象）工具选择正面的多边形，在"多边形：材质ID"卷展栏中设置

"设置ID"为1，如图4-138所示。

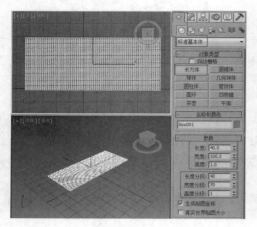
图4-137

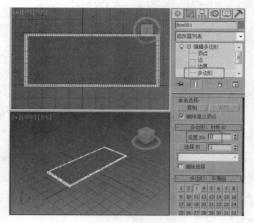
图4-138

03 按Ctrl+I组合键反选多边形，在"多边形：材质ID"卷展栏中设置"设置ID"为2，如图4-139所示，然后关闭选择集。

04 在"修改器列表"下拉列表框中选择"弯曲"修改器，在"参数"卷展栏中设置"角度"为-1800，设置"弯曲轴"为X，如图4-140所示。

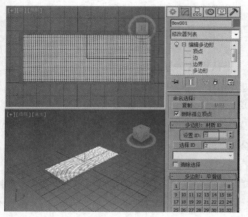
图4-139

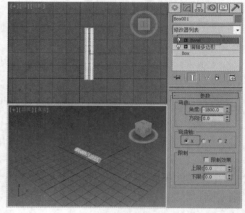
图4-140

05 在"限制"选项组中选择"限制效果"复选框，在堆栈中设置"弯曲"修改器的选择集为"中心"，使用 ![移动图标]（选择并移动）工具，在"前"视图中调整中心到模型的右侧，如图4-141所示。

06 在"限制"选项组中设置"下限"参数为-200，设置其模型卷起，如图4-142所示。

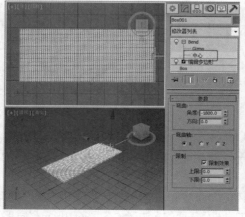
图4-141

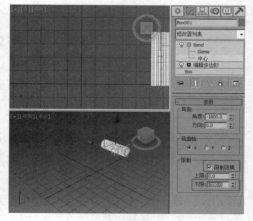
图4-142

07 打开"自动关键点",拖动时间滑块到100帧,然后在场景中移动"中心"使其展开,这样就制作出卷轴画的动画效果,如图4-143所示。

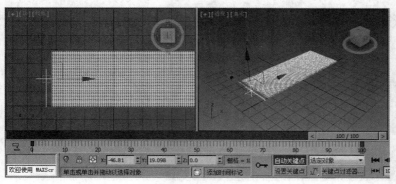

图4-143

实例操作42:使用锥化制作不同形状的玻璃瓶

"锥化"修改器通过缩放对象几何体的两端产生锥化轮廓,一端放大而另一端缩小。可以在两组轴上控制锥化的量和曲线,也可以对几何体的一端限制锥化。

为模型施加"锥化"修改器后,显示"参数"卷展栏,如图4-144所示。

● 数量:缩放扩展的末端。这个量是一个相对值,最大为10。

● 曲线:对锥化 Gizmo 的侧面应用曲率,因此影响锥化对象的图形。正值会沿着锥化侧面产生向外的曲线,负值会产生向内的曲线。值为 0 时,侧面不变。默认值为 0。

● 主轴:锥化的中心轴或中心线:X、Y 或 Z。默认为 Z。

● 效果:用于表示主轴上的锥化方向的轴或轴对。可用选项取决于主轴的选取。影响轴可以是剩下两个轴的任意一个,或者是它们的合集。如果主轴是 X,影响轴可以是 Y、Z 或 YZ。默认设置为 XY。

图4-144

● 对称:围绕主轴产生对称锥化。锥化始终围绕影响轴对称。默认设置为禁用状态。

"限制"选项组:锥化偏移应用于上下限之间。围绕的几何体不受锥化本身的影响,它会旋转以保持对象完好。

● 限制效果:对锥化效果启用上下限。

● 上限:用世界单位从倾斜中心点设置上限边界,超出这一边界以外,倾斜将不再影响几何体。

● 下限:用世界单位从倾斜中心点设置下限边界,超出这一边界以外,倾斜将不再影响几何体。

【案例学习目标】学习"锥化"修改器。

【案例知识要点】打开原始场景文件,在场景的基础上设置瓶子模型的锥化效果,如图4-145所示。

【场景所在位置】光盘>场景>Ch04>玻璃瓶.max。

【效果图参考场景】光盘>场景>Ch04>玻璃瓶ok.max。

【贴图所在位置】光盘>Map。

图4-145

01 打开场景文件,如图4-146所示。

02 选择右侧的瓶子,为模型施加"锥化"修改器,在"参数"卷展栏中设置锥化的"数量"和"曲线"参数,选择合适的锥化轴，如图4-147所示。

图4-146　　　　　　　　　　　　　　　　　　图4-147

03 选择中间的瓶子，为模型施加"锥化"修改器，在"参数"卷展栏中设置锥化的"数量"和"曲线"参数，选择合适的锥化轴，如图4-148所示。

04 选择左侧的瓶子，为模型施加"锥化"修改器，在"参数"卷展栏中设置锥化的"数量"和"曲线"参数，选择合适的锥化轴，如图4-149所示。

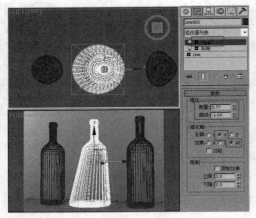　　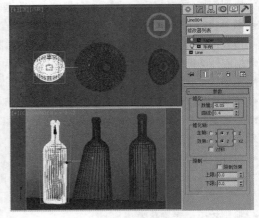

图4-148　　　　　　　　　　　　　　图4-149

实例操作43：使用噪波制作冰块

　　"噪波"修改器是一种能使物体表面凸起、破碎的工具，一般用来创建地面、山石或水面的波纹等不平整的场景。

　　为模型施加"噪波"修改器后，显示"参数"卷展栏，如图4-150所示。

　　"噪波"选项组：控制噪波的出现，及其由此引起的在对象的物理变形上的影响。默认情况下，控制处于非活动状态直到更改设置。

　　● 种子：从设置的数中生成一个随机起始点。在创建地形时尤其有用，因为每种设置都可以生成不同的配置。

　　● 比例：设置噪波影响（不是强度）的大小。较大的值将产生更为平滑的噪波，较小的值将产生锯齿现象更严重的噪波。

　　● 分形：根据当前设置产生分形效果。默认设置为禁用状态。

图4-150

- 粗糙度：决定分形变化的程度。
- 迭代次数：控制分形功能所使用的迭代（或是八度音阶）的数目。较小的迭代次数将使用较少的分形能量，并生成更平滑的效果。

"强度"选项组：控制噪波效果的大小。

- X、Y、Z：用于设置3条轴上噪波效果的强度。

"动画"选项组：通过为噪波图案叠加一个要遵循的正弦波形，控制噪波效果的形状。这使得噪波位于边界内，并加上完全随机的阻尼值。启用"动画噪波"复选框后，这些参数将影响整体噪波效果。但是，可以分别设置"噪波"和"强度"参数动画，这并不需要在设置动画或播放过程中启用"动画噪波"复选框。

- 动画噪波：调节"噪波"和"强度"参数的组合效果。
- 频率：设置正弦波的周期，调节噪波效果的速度。较高的频率会使噪波振动得更快。较低的频率将产生较为平滑和更温和的噪波。

相位：移动基本波形的开始和结束点。

【案例学习目标】学习"噪波"修改器。

【案例知识要点】创建切角长方体，结合使用"噪波"修改器制作冰块，如图4-151所示。

【场景所在位置】光盘>场景>Ch04>冰块.max。

【效果图参考场景】光盘>场景>Ch04>冰块ok.max。

【贴图所在位置】光盘>Map。

图4-151

01 在场景中创建切角长方体，设置合适的尺寸和圆角，设置"长度分段"为20、"宽度分段"为20、"高度分段"为20、"圆角分段"为2，如图4-152所示。

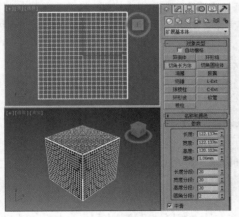

02 为模型施加"噪波"修改器，在"噪波"选项组中选择"分形"复选框，在"强度"选项组中为各轴向设置合适的强度，如图4-153所示。

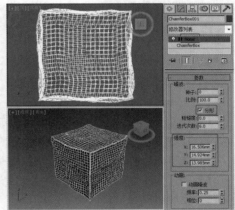

图4-152　　　　　　　　　图4-153

03 使用移动复制法复制模型，在弹出的对话框中选择"复制"单选按钮，在"噪波"选项组中更改"种子"的值做变化，使3块冰块看起来有变化，如图4-154所示。

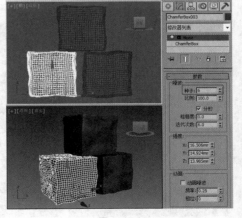

图4-154

球形化

"球形化"修改器可以将对象扭曲为球形。此修改器只有一个参数（一个百分比微调器），可以将对象尽可能地变形为球形。

为模型施加"球形化"修改器，即可显示"参数"卷展栏，如图4-155所示。

图4-155

• 百分比：设置应用于对象的球形化扭曲的百分比。

┃实例操作44：使用晶格制作时尚台灯┃

"晶格"修改器可以将图形的线段或边转化为圆柱形结构，并在顶点上产生可选的关节多面体。使用它可基于网格拓扑创建可渲染的几何体结构，或作为获得线框渲染效果的另一种方法。

为模型施加"晶格"修改器，即可显示"参数"卷展栏，如图4-156所示。

"几何体"选项组：指定是否使用整个对象或选择的子对象，并显示它们的结构和关节这两个组件。

• 应用于整个对象：将"晶格"应用到对象的所有边或线段上。禁用该复选框时，仅将"晶格"应用到堆栈中的选择子对象。默认设置为启用。

• 仅来自顶点的节点：仅显示由原始网格顶点产生的关节（多面体）。

• 仅来自边的支柱：仅显示由原始网格线段产生的支柱（多面体）。

• 二者：显示支柱和节点。

"支柱"选项组：提供影响几何体"支柱"的控件。

"节点"选项组：提供影响几何体"节点"的控件。

• 基点面类型：指定用于"节点"的多面体类型。提供了3种类型：四面体、八面体或二十面体。

• 半径：设置"节点"的半径。

• 分段：指定"节点"中的分段数目。分段越多，"节点"形状越像球形。

图4-156

【案例学习目标】学习"晶格"修改器。

【案例知识要点】创建几何球体、线、球体、切角圆柱体和散布，结合使用"细化""网格平滑"和"晶格"修改器，制作时尚台灯模型，如图4-157所示。

【场景所在位置】光盘>场景>Ch04>时尚台灯.max。

【效果图参考场景】光盘>场景>Ch04>时尚台灯ok.max。

【贴图所在位置】光盘>Map。

01 在"顶"视图中创建"几何球体"，在"参数"卷展栏中设置"半径"为100、"分段"为4，设置"基点面类型"为"八面体"，如图4-158所示。

图4-157

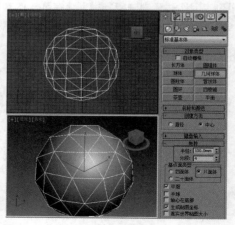

图4-158

02 切换到 ☑（修改）命令面板，为其施加"细化"修改器，在"参数"卷展栏中设置"操作于"为"边"、"张力"为-100、"迭代次数"为1，如图4-159所示。

03 为模型施加"网格平滑"修改器，在"细分方法"卷展栏中设置"细分方法"为"四边形输出"；在"细分量"卷展栏中设置"迭代次数"为1、"平滑度"为1；在"参数"卷展栏中设置"强度"为1、"松弛"为1，如图4-160所示。

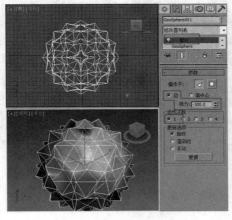 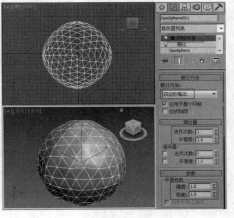

图4-159　　　　　　　　　　　　　　图4-160

04 为模型施加"晶格"修改器，在"参数"卷展栏中选择"仅来自边的支柱"单选按钮，设置"支柱"的"半径"为1、"分段"为1、"变数"为6，选择"平滑"复选框，如图4-161所示。

05 继续在场景中创建"几何球体"，在"参数"卷展栏中设置"半径"为3.3、"分段"为4，设置"基点面类型"为"四面体"，取消选择"平滑"复选框，这个模型将作为球体灯罩的装饰水晶，如图4-162所示。

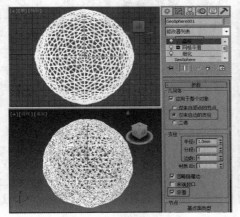 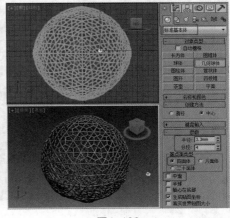

图4-161　　　　　　　　　　　　　　图4-162

06 选择装饰水晶的几何球体，使用"散布"工具，在"拾取分布对象"卷展栏中单击"拾取分布对象"按钮，在场景中拾取灯罩模型；在"散布对象"卷展栏中设置"源对象参数"选项组中的"重复数"为50，如图4-163所示。

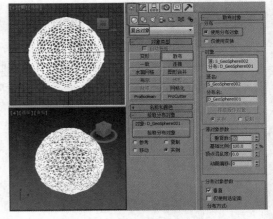

图4-163

07 选择散布出的模型，切换到 ⊡（显示）命令面板，按下"隐藏未选定对象"按钮，如图4-164所示。

08 在"前"视图中创建如图4-165所示的样条线。

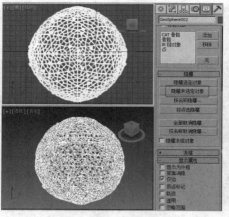

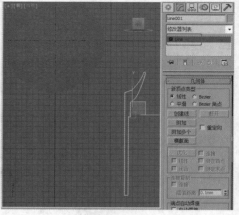

图4-164　　　　　　　　　　　　图4-165

09 为图形施加"车削"修改器，在"参数"卷展栏中单击"方向"选项组中的Y按钮，单击"对齐"选项组中的"最小"按钮，如图4-166所示。

10 创建"球体"作为灯泡，创建"切角圆柱体"作为底座，创建如图4-167所示的台灯支架。

11 组合模型到合适的效果，如图4-168所示。

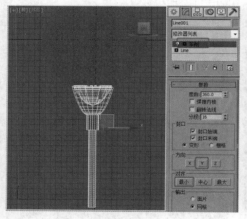

图4-166　　　　　　　　　图4-167　　　　　　　　　图4-168

实例操作45：使用壳制作调料瓶

通过添加一组朝向现有面相反方向的额外面，"壳"修改器凝固对象或者为对象赋予厚度，无论曲面在原始对象中的任何地方消失，边将连接内部和外部曲面。可以为内部和外部曲面、边的特性、材质ID，以及边的贴图类型指定偏移距离。"参数"卷展栏中的选项功能介绍如下（如图4-169所示）。

- 内部量、外部量：这两个数量设置值决定了对象壳的厚度，也决定了边的默认宽度。
- 分段：每一边的细分值。
- 倒角边：启用该复选框后，并指定倒角样条线，3ds Max会使用样条线定义边的剖面和分辨率。默认设置为禁用状态。
- 覆盖内部材质ID：启用此复选框，使用"内部材质ID"参数，为所有的内部曲面多边形指定材质ID。
- 内部材质ID：为内部面指定材质ID。
- 覆盖外部材质ID：启用此复选框，使用"外部材质ID"参数，为所有的外部曲面多边形指定材质ID。

- 外部材质ID：为外部面指定材质ID。
- 覆盖边材质ID：启用此复选框，使用"边材质ID"参数，为所有的新边多边形指定材质ID。
- 边材质ID：为边的面指定材质ID。

注意

当使用倒角样条线时，样条线的属性覆盖该设置。

- 自动平滑边：使用"角度"参数，应用自动和基于角平滑到边面。禁用此复选框后，不再应用平滑。
- 角度：在边面之间指定最大角，该边面由"自动平滑边"平滑。只在启用"自动平滑边"复选框之后才可用。
- 覆盖边平滑组：使用"平滑组"参数，用于为新边多边形指定平滑组。只在禁用"自动平滑边"复选框之后才可用。
- 平滑组：为边多边形设置平滑组。
- 边贴图：指定应用于新边的纹理贴图类型。
- TV偏移：确定边的纹理顶点间隔。
- 选择边：选择边面。从其他修改器的堆栈上传递此选择。
- 选择内部面：选择内部面，从其他修改器的堆栈上传递此选择。
- 选择外部面：选择外部面，从其他修改器的堆栈上传递此选择。
- 将角拉直：调整角顶点以维持直线边。

图4-169

【案例学习目标】学习"壳"修改器。

【案例知识要点】创建圆柱体，并通过删除圆柱体的封口，为其施加"壳"和"锥化"等修改器制作出瓶身，并创建切角长方体制作出瓶盖，如图4-170所示。

【场景所在位置】光盘>场景>Ch04>调料瓶.max。

图4-170

【效果图参考场景】光盘>场景>Ch04>调料瓶ok.max。

【贴图所在位置】光盘>Map。

01 在"顶"视图中创建"切角圆主体"作为瓶子，在"参数"卷展栏中设置"半径"为125、"高度"为300、"圆角"为9、"高度分段"为10、"圆角分段"为2、"边数"为35，如图4-171所示。

02 为模型施加"编辑多边形"修改器，将选择集定义为"多边形"，在场景中选择顶部的多边形，并将其删除，如图4-172所示。

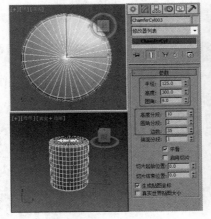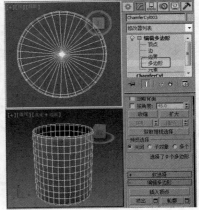

图4-171　　　　　　　　　　图4-172

03 为模型施加"壳"修改器，在"参数"卷展栏中设置"外部量"为2，如图4-173所示。

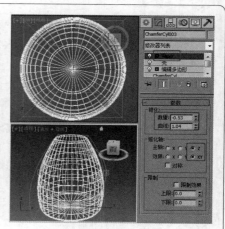

图4-173　　　　　　　　　　图4-174

04 为模型施加"锥化"修改器，在"参数"卷展栏中设置"数量"为-0.53、"曲线"为1.04；设置"锥化轴"选项组中的"主轴"为Z、"效果"为XY，如图4-174所示。

05 使用制作瓶身的方法制作出内侧的调料模型，如图4-175所示。

06 在"顶"视图中创建"切角圆柱体"，在"参数"卷展栏中设置"半径"为60、"高度"为70、"圆角"为3、"高度分段"为1、"圆角分段"为2、"边数"为25，如图4-176所示。

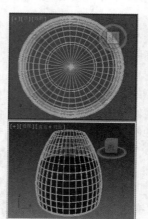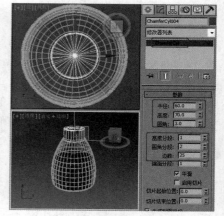

图4-175　　　　　　　　　　图4-176

▶ 4.7　课堂练习——冰激凌模型的制作

【练习知识要点】创建球体，为球体施加"噪波""网格平滑"和"融化"修改器，制作出冰激凌的模型，并创建图形，施加"车削"修改器，制作出冰激凌盒，效果如图4-177所示。

【效果图参考场景】光盘>场景>Ch04 >冰激凌ok.max。

【贴图所在位置】光盘>Map。

▶ 4.8　课后习题——垃圾篓的制作

【习题知识要点】创建圆柱体并为其施加"晶格"和"锥化"修改器，制作出垃圾篓的中间部分，使用管状体和圆柱体拼凑完成垃圾篓模型的制作，如图4-178所示。

【效果图参考场景】光盘>场景>Ch04 >垃圾篓ok.max。

【贴图所在位置】光盘>Map。

图4-177　　　　　　　　　　图4-178

第

05章

复合对象建模

复合物体是指由两个或两个以上的对象组合而成的一个新对象。3ds Max的基本内置模型是创建复合物体的基础，可以将多个内置模型组合在一起，从而产生出千变万化的模型。布尔运算工具和放样工具曾经是3ds Max的主要建模手段。虽然这两个建模工具已渐渐退出主要地位，但仍然是快速创建一些相对复杂的物体的好方法。

本章将介绍使用基础的图形和模型制作复合对象的方法。读者通过学习本章的内容，要掌握各种复合对象的应用和创建，并能制作出复杂、精美的模型。

▶5.1 课堂案例——使用变形制作荷花绽放

复合物体的创建工具包括变形、散布、一致、连接、水滴网格、图形合并、布尔、地形、放样、网格化、ProBoolean和ProCutter，如图5-1所示。

"变形"是一种与2D动画中的中间动画类似的动画技术。"变形"对象可以合并两个或多个对象，方法是插补第一个对象的顶点，使其与另外一个对象的顶点位置相符。如果随时执行这项插补操作，将会生成变形动画。

变形的种子对象和目标对象必须都是网格、面片或多边形对象，且两个对象必须包含相同的顶点数量，否则将无法使用"变形"按钮。

下面介绍一些"变形"的重要参数

图5-1

● 拾取目标：拾取目标对象时，可以将每个目标指定为"参考""移动"（目标本身）、"复制"或"实例"，如图5-2所示。根据创建变形之后场景几何体的使用方式进行选择。

● 变形目标：显示一组当前的变形目标。

● 创建变形关键点：在当前帧处添加选定目标的变形关键点。

● 删除变形目标：删除当前高亮显示的变形目标。如果变形关键点参考的是删除的目标，也会删除这些关键点。

【案例学习目标】学习"变形"工具的应用。

【案例知识要点】使用变形工具和时间栏完成种子到开花的动画变形，完成的单帧效果如图5-3所示。

【场景所在位置】光盘 >场景 >Ch05>荷花绽放.max。

【效果图参考场景】光盘 >场景 >Ch05>荷花绽放ok.max。

【贴图所在位置】光盘 >Map。

图5-2

图5-3

01 打开原始场景文件，文件位于"光盘 >场景 >Ch05>荷花绽放.max"，在场景中选择变形和目标模型。按Alt+Q组合键将其孤立出来，以便于观察，选择变形模型，单击"🔲（创建）>🔘（几何体）>复合对象>变形"按钮，在时间栏中单击"自动关键点"按钮记录动画，将时间滑块调至60帧处，在"拾取目标"卷展栏中单击"拾取目标"按钮，如图5-4所示。

02 在场景中单击目标模型将其拾取，拾取后的效果如图5-5所示，关闭"自动关键点"按钮。

03 退出孤立模式，将目标模型隐藏，将变形模型调整至之前目标模型所在的位置，使其与茎杆模型吻合。使用移动复制法复制变形模型和

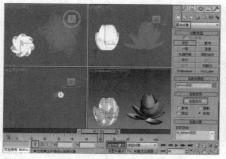

图5-4

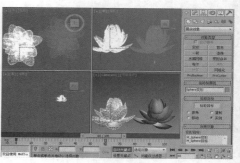

图5-5

茎秆模型，在"顶"视图中调整模型的角度以做变化，在时间栏中选择0帧和60帧两个关键点，将关键点整体向后调整10帧做一个时间变化，如图5-6所示。

04 使用同样的方法再复制出一组模型，调整模型的位置和角度，将开始帧设置为5、结束帧设置为65，如图5-7所示。

05 单击右下角的 （时间配置）按钮，弹出"时间配置"对话框，在"帧速率"选项组中先选择"自定义"单选按钮，设置FPS为25（帧/秒）；再选择PAL单选按钮，在"动画"选项组中设置"开始时间"为0（帧）、"结束时间"为85（帧），单击"确定"按钮，如图5-8所示。

06 单击 ▶（播放动画）按钮，播放动作。

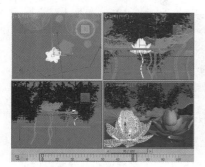

图5-6

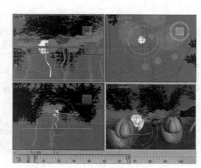

图5-7

图5-8

▶5.2　课堂案例——使用散布制作灌木

"散布"是复合对象的一种形式，可以将所选的源对象散布为阵列，或散布到分布对象的表面。

1. "拾取分布对象"卷展栏

"拾取分布对象"卷展栏中的选项功能介绍如下。

- 对象：显示使用拾取按钮选择的分布对象名称。
- 拾取分布对象：单击此按钮，然后在场景中选择一个对象，将其指定为分布对象。
- 参考、复制、移动、实例：用于指定将分布对象转换为散布对象的方式。

"散布对象"卷展栏中的选项功能介绍如下（如图5-9所示）。

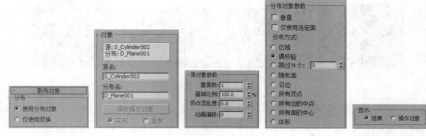

图5-9

"分布"选项组：通过以下两个单选按钮，可以选择散布源对象的基本方法。

- 使用分布对象：根据分布对象的几何体来散布源对象。
- 仅使用变换：选择该单选按钮后，则无须分布对象。而是使用"变换"卷展栏中的偏移值来定位源对象的重复项。

"对象"选项组：包含一个列表框，显示了构成散布对象的对象。在列表框中选择对象，以便能在堆栈中访问对象。

- 源名：用于重命名散布复合对象中的源对象。

- 分布名：用于重命名分布对象。
- 提取操作对象：提取所选操作对象的副本或实例。在列表框中选择操作对象时此按钮可用。

"源对象参数"选项组：该选项组中的参数只作用于源对象。

- 重复数：指定散布的源对象的重复项数目。
- 基础比例：改变源对象的比例，同样也影响每个重复项。该比例作用于其他任何变换之前。
- 顶点混乱度：对源对象的顶点应用随机扰动。
- 动画偏移：用于指定每个源对象重复项的动画偏移前一个重复项的帧数。可以使用此功能来生成波形动画。

"分布对象参数"选项组：用于设置源对象重复项相对于分布对象的排列方式。仅当使用分布对象时，这些选项才有效。

- 垂直：如果启用该复选框，则每个重复对象垂直于分布对象中的关联面、顶点或边。如果禁用，则重复项与源对象保持相同的方向。
- 仅使用选定面：如果启用该复选框，则将分布限制在所选的面内。
- "分布方式"选项组：该选项组中的选项用于指定分布对象几何体确定源对象分布的方式。如果不使用分布对象，则这些选项将被忽略。
- 区域：在分布对象的整个表面区域上均匀地分布重复对象，如图6-17所示。
- 偶校验：用分布对象中的面数除以重复项数目，并在放置重复项时跳过分布对象中相邻的面数。
- 跳过N个：在放置重复项时跳过N个面。该可编辑字段指定了在放置下一个重复项之前要跳过的面数。如果设置为0，则不跳过任何面；如果设置为1，则跳过相邻的面，以此类推。
- 随机面：在分布对象的表面随机地放置重复项。
- 沿边：沿着分布对象的边随机地放置重复项。
- 所有顶点：在分布对象的每个顶点放置一个重复对象。
- 所有边的中心：在每个分段边的中点放置一个重复项。
- 所有面的中心：在分布对象上每个三角形面的中心放置一个重复项。
- 体积：遍及分布对象的体积散布对象。其他所有选项都将分布限制在表面。

"显示"选项组：选择以何种方式显示。

2. "变换"卷展栏

"变换"卷展栏中的选项功能介绍如下（如图5-10所示）。

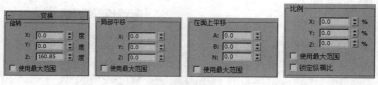

图5-10

"旋转"选项组：指定随机旋转偏移。

- X、Y、Z：输入希望围绕每个重复项的局部x、y或z轴旋转的最大随机旋转偏移。
- 使用最大范围：如果启用该复选框，则强制所有3个设置匹配最大值。其他两个设置将被禁用，只启用包含最大值的设置。

"局部平移"选项组：指定重复项沿其局部轴的平移。

- X、Y、Z：输入希望沿每个重复项的x、y或z轴平移的最大随机移动量。

"在面上平移"选项组：用于指定重复项沿分布对象中关联面的中心面坐标的平移。如果不使用分布对象，则这些设置不起作用。

- A、B、N：前两项用于设置指定面的表面上的中心坐标，而N用于设置指定沿面法线的偏移。

"比例"选项组：用于指定重复项沿其局部轴的缩放。

- X、Y、Z：指定沿每个重复项的 x、y 或 z 轴的随机缩放百分比。
- 锁定纵横比：如果启用该复选框，则保留源对象的原始纵横比。

3."显示"卷展栏

"显示"卷展栏中的选项功能介绍如下（如图5-11所示）。

图5-11

- "显示选项"选项组：该选项组中的选项将影响源对象和分布对象的显示。
- 代理：将源重复项显示为简单的楔子，在处理复杂的散布对象时可加速视口的重画。该选项对于始终显示网格重复项的渲染图像没有影响。
- 网格：显示重复项的完整几何体。
- 显示：指定视口中所显示的所有重复对象的百分比。该选项不会影响渲染场景。
- 隐藏分布对象：隐藏分布对象。隐藏对象不会显示在视口或渲染场景中。

"唯一性"选项组：用于设置随机值所基于的种子数目。因此，更改该值会改变总的散布效果。

- 新建：生成新的随机种子数目。

4."加载/保存预设"卷展栏

"加载/保存预设"卷展栏中的选项功能介绍如下（如图5-12所示）。

图5-12

- 预设名：用于定义设置的名称。单击"保存"按钮将当前设置保存在预设名下。
- 保存预设：包含已保存的预设名的列表框。
- 加载：加载"保存预置"列表框中当前高亮显示的预设。
- 保存：保存"预设名"字段中的当前名称并放入"保存预设"列表框中。
- 删除：删除"保存预设"列表框中的选定项。

【案例学习目标】学习"散布"工具的应用。

【案例知识要点】使用平面、球体和散布工具，结合"编辑多边形"和"可编辑多边形"修改器制作出灌木模型，完成的灌木效果如图5-13所示。

【场景所在位置】光盘>场景>Ch05>灌木.max。

【效果图参考场景】光盘>场景>Ch05>灌木ok.max。

【贴图所在位置】光盘>Map。

图5-13

01 在"顶"视图中创建平面作为叶子，设置"长度"为100、"宽度"为55、"长度分段"为3、"宽度分段"为2，如图5-14所示。

02 用鼠标右键单击模型，在弹出的快捷菜单中选择"转换为>转换为可编辑多边形"命令，将平面转换为可编辑多边形，将选择集定义为"顶点"，在"前"视图中选择如图5-15所示的顶点，调整顶点的位置。

03 继续在"左"视图中调整顶点，如图5-16所示。

04 在"细分曲面"卷展栏中选择"使用NURMS细分"复选框，设置"迭代次数"为1，继续在"顶"视图中调整顶点，如图5-17所示。

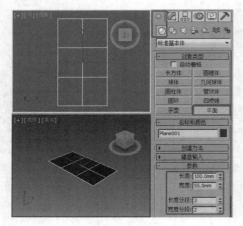

图5-14

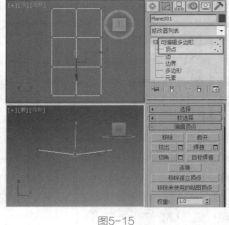

图5-15

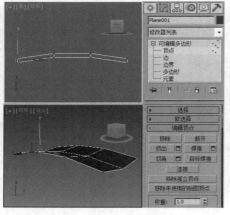

图5-16

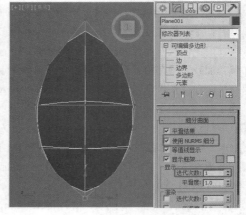

图5-17

05 在"顶"视图中创建球体，设置"半径"为350，在"顶"视图中稍微缩放下x、y轴，如图5-18所示。

06 在场景中选择树叶，单击"■（创建）>◎（几何体）>复合对象>散布"按钮，在"拾取分布对象"卷展栏中单击"拾取分布对象"按钮，拾取球体，在"散布对象"卷展栏中设置源对象的"重复数"为2500、"基础比例"为50，设置"分布对象参数"类型为"体积"，在"变换"卷展栏的"旋转"选项组中设置X为90、Z为180，如图5-19所示。

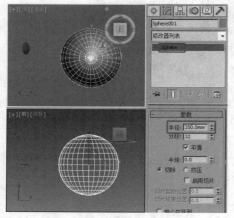

图5-18

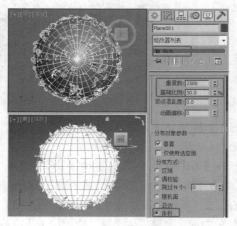

图5-19

07 移动一下模型位置，将原球体删除，为灌木施加"编辑多边形"修改器，将选择集定义为"元素"，选择球形元素，按Delete键将其删除，如图5-20所示。

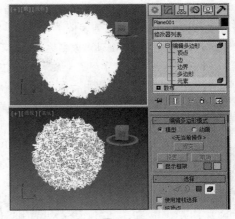

图5-20

▶ 5.3　课堂案例——使用一致制作山体公路

"一致"对象是一种复合对象，通过将"包裹器"的顶点投影至另一个对象"包裹器对象"的表面而创建。

1. "拾取包裹到对象"卷展栏

"拾取包裹到对象"卷展栏中的选项功能介绍如下（如图5-21所示）。

- 对象：显示选定包裹对象的名称。
- 拾取包裹对象：单击此按钮，然后选择希望当前对象包裹的对象。
- 参考、复制、移动、实例：用于指定将包裹对象转换为一致对象的方式。

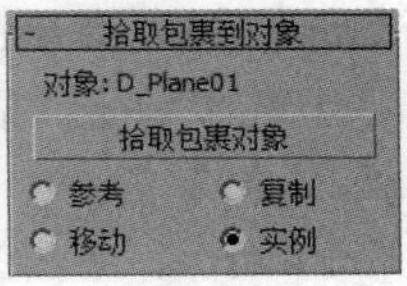

图5-21

2. "参数"卷展栏

"参数"卷展栏中的选项功能介绍如下（如图5-22所示）。

"对象"选项组：提供一个列表框和两个编辑字段，以浏览一致对象和重命名其组件。列出"包裹器"和"包裹对象"，在列表框中选择对象，以便能在修改器堆栈中访问对象。

"顶点投影方向"选项组：选择下列选项之一，以确定顶点的投射。

- 使用活动视口：远离活动视口（向内）投射顶点。
- 重新计算投影：重新计算当前活动视口的投射方向。
- 使用任何对象的Z轴：使用场景中任何对象的局部z轴作为方向。指定对象之后，可以通过旋转方向对象来改变顶点投射的方向。
- 拾取Z轴对象：单击此按钮，然后单击要用于指示投射源方向的对象。
- 对象：显示方向对象的名称。
- 沿顶点法线：沿顶点法线的相反方向向内投射包裹器对象的顶点。顶点法线是通过对该顶点连接的所有面的法线求平均值所产生的向量。如果包裹器对象将包裹对象包围在内，则包裹器将呈现包裹对象的形式。

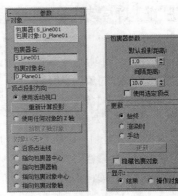

图5-22

- 指向包裹器中心：向包裹器对象的边界中心投射顶点。
- 指向包裹器轴：向包裹器对象的原始轴心投射顶点。
- 指向包裹对象中心：向包裹对象的边界中心投射顶点。
- 指向包裹对象轴：向包裹对象的轴心投射顶点。

"包裹器参数"选项组：提供用于确定顶点投射距离的控件。

- 默认投影距离：包裹器对象中的顶点在未与包裹对象相交的情况下距离其原始位置的距离。
- 间隔距离：包裹器对象的顶点与包裹对象表面之间保持的距离。
- 使用选定顶点：如果启用该复选框，则仅推动选定的包裹器对象的顶点子对象。如果禁用，则忽略修改器堆栈选择而推动对象中的所有顶点。要访问包裹器对象的修改器堆栈，请在列表框中选择包裹器对象，打开修改器堆栈并选择基础对象名称。

【案例学习目标】学习"一致"工具的应用。

【案例知识要点】使用一致工具制作出与山体坡度相契合的山路模型，完成的山体公路效果如图5-23所示。

图5-23

【场景所在位置】光盘>场景>Ch05>山体公路.max。

【效果图参考场景】光盘>场景>Ch05>山体公路ok.max。

【贴图所在位置】光盘>Map。

01 打开原始场景文件，文件位于"光盘>场景>Ch05>山体公路.max"，在场景中选择公路模型，单击"◎（创建）>◎（几何体）>复合对象>一致"按钮，在"拾取包裹到对象"卷展栏中单击"拾取包裹对象"按钮，如图5-24所示，单击山体将其拾取。

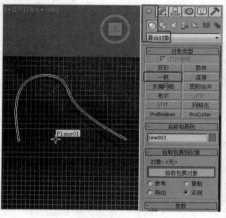

图5-24

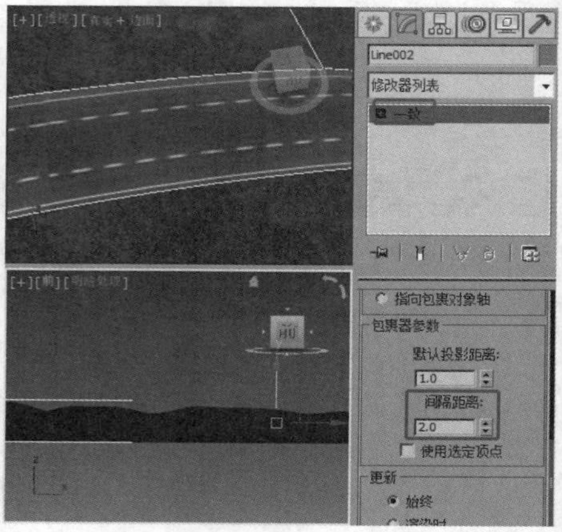

图5-25

02 单击鼠标右键，退出该按钮，选择原始山体模型，将其删除或隐藏，选择"一致"工具，在"参数"卷展栏的"包裹器参数"选项组中设置"间隔距离"为2，如图5-25所示。

03 渲染场景，即可得到如图5-23所示的效果。

5.4 课堂案例——使用连接制作哑铃

使用"连接"复合对象，可通过对象表面的"洞"连接两个或多个对象。要执行此操作，需要删除每个对象的面，在其表面创建一个或多个洞，并确定洞的位置，以使洞与洞之间面对面，然后应用"连接"。

1. "拾取操作对象"卷展栏

"拾取操作对象"卷展栏中的选项功能介绍如下（如图5-26所示）。

- 拾取操作对象：单击此按钮，将另一个操作对象与原始对象相连。
- 参考、复制、移动、实例：用于指定将操作对象转换为复合对象的方式。

图5-26

2. "参数"卷展栏

"参数"卷展栏中的选项功能介绍如下（如图5-27所示）。

- 操作对象：显示当前的操作对象。
- 名称：重命名所选的操作对象。
- 删除操作对象：将所选操作对象从列表框中删除。
- 提取操作对象：提取选中操作对象的副本或实例。
- 分段：设置连接桥中的分段数目。
- 张力：控制连接桥的曲率。
- 桥：在连接桥的面之间应用平滑。
- 末端：在与连接桥新旧表面接连的面与原始对象之间应用平滑。

图5-27

【案例学习目标】学习使用连接工具的应用。

【案例知识要点】使用球体和连接工具，结合"可编辑多边形"修改器，制作出哑铃模型，完成的哑铃效果如图5-28所示。

【场景所在位置】光盘>场景>Ch05>哑铃.max。

【效果图参考场景】光盘>场景>Ch05>哑铃ok.max。

【贴图所在位置】光盘>Map。

图5-28

01 在"前"视图中创建球体，设置合适的半径，如图5-29所示。

02 将模型转换为"可编辑多边形"，将选择集定义为"多边形"，选择如图5-30所示的多边形，按Delete键将其删除。

03 激活"左"视图，在工具栏中单击 （镜像）按钮，在弹出的对话框中设置"镜像轴"为X、

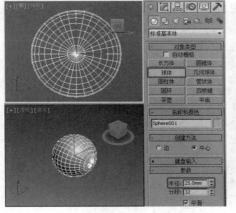

图5-29

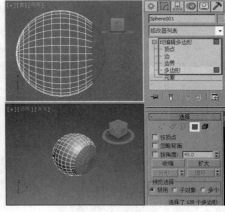

图5-30

"克隆当前选择"为"复制"，调整模型至合适的位置，如图5-31所示。

04 选择其中一个模型，单击" （创建）> （几何体）>复合对象>连接"按钮，在"拾取操作对象"卷展栏中单击"拾取操作对象"按钮，拾取另一个球体，如图5-32所示。

05 为模型施加"平滑"修改器，选择"自动平滑"复选框，效果如图5-33所示。

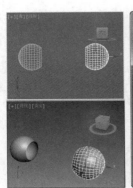

图5-31

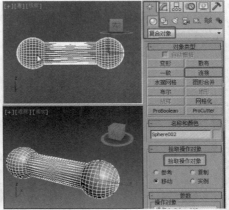

图5-32

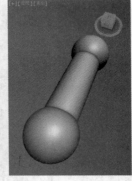

图5-33

5.5 课堂案例——使用水滴网格制作水字体

"水滴网格"复合对象可以通过几何体或粒子创建一组球体，还可以将球体连接起来，就好像这些球体是由柔软的液态物质构成的一样。如果球体在离另外一个球体的一定范围内移动，它们就会连接在一起。如果这些球体相互移开，将会重新显示球体的形状。

1. "参数"卷展栏

"参数"卷展栏中的选项功能介绍如下（如图5-34所示）。

- 大小：对象（而不是粒子）的每个变形球的半径。对于粒子，每个变形球的大小由粒子的大小确定。粒子的大小是根据粒子系统中的参数设置的。
- 张力：用于确定曲面的松紧程度。该值越小，曲面就越松。
- 计算粗糙度：设置生成水滴网格的粗糙度或密度。可以使用"渲染"和"视口"两个参数设置水滴网格面的绝对高度和宽度，还可以使用较小的值创建更平滑、更为密集的网格。
- 相对粗糙度：确定如何使用粗糙度值。
- 使用软选择：如果已经对添加到水滴网格的几何体使用软选择，启用该复选框后，可以使软选择应用于变形球的大小和位置。变形球位于选定顶点处，其大小由"最小大小"参数设置。
- 最小大小：启用"使用软选择"复选框时，设置衰减范围内变形球的最小大小。
- 大型数据优化：该复选框提供了计算和显示水滴网格的另外一种方法。
- 在视口中关闭：禁止在视口中显示水滴网格。水滴网格将仍然显示在渲染中。
- 水滴对象：在该列表框中显示水滴对象。
- 拾取：允许从屏幕中拾取对象或粒子系统以添加到水滴网格。
- 添加：单击该按钮，将弹出选择对话框，用户可以在其中选择要添加到水滴网格中的对象或粒子系统。
- 移除：从水滴网格中删除对象或粒子系统。

图5-34

2. "粒子流参数"卷展栏

"粒子流参数"卷展栏中的选项功能介绍如下（如图5-35所示）。

- 所有粒子流事件：启用该复选框时，所有粒子流事件将会生成变形球。禁用时，只有"粒子流事件"列表框中指定的粒子流事件才能生成变形球。
- 粒子流事件：在该列表框中显示粒子流事件。
- 添加：显示场景中的粒子流事件列表，以便可以拾取所需的事件，从而添加到"粒子流事件"列表框中。
- 移除：从"粒子流事件"列表框中删除选定的事件。

【案例学习目标】学习"水滴网格"工具的应用。

【案例知识要点】使用文本和水滴网格工具，结合"编辑多边形"和"噪波"修改器，制作水滴组成字母的动画，完成的单帧效果如图5-36所示。

图5-35

【场景所在位置】光盘>场景>Ch05>水滴字母.max。

【效果图参考场景】光盘>场景>Ch05>水滴字母ok.max。

【贴图所在位置】光盘>Map。

图5-36

01 单击"（创建）>（图形）>文本"按钮，在"参数"卷展栏中选择一种合适的字体，在"文本"文本框中输入要创建的文字，这里输入Z，在"前"视图中创建文本，如图5-37所示。

02 为文本施加"挤出"修改器，右击"数量"后的（微调器）按钮将其归0，如图5-38所示。

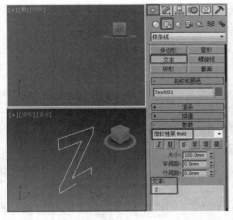

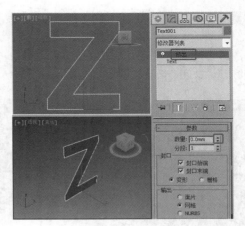

图5-37　　　　　　　　　　　　　　　　　　　图5-38

03 为模型施加"编辑多边形"修改器，将选择集定义为"边"，在"编辑几何体"卷展栏中单击"切割"按钮，在场景中切割文字对象，如图5-39所示。

04 单击"[图标]（创建）>[图标]（几何体）>复合对象>水滴网格"按钮，在"前"视图中创建水滴网格，如图5-40所示。

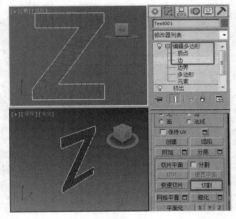

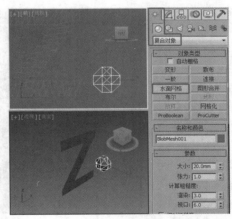

图5-39　　　　　　　　　　　　　　　　　　　图5-40

05 切换到[图标]（修改）命令面板，在"参数"卷展栏中单击"拾取"按钮，在场景中拾取文字，如图5-41所示。

06 在动画关键点控件中单击[图标]（时间配置）按钮，在弹出的"时间配置"对话框中设置FPS为25、"结束时间"为50，如图5-42所示，单击"确定"按钮。

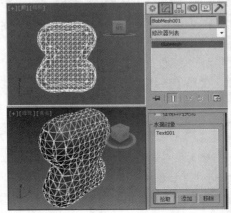

图5-41　　　　　　　　　　　　　　　　　　　图5-42

07 在场景中选择文字模型，为模型施加"噪波"修改器，在"参数"卷展栏的"噪波"选项组中设置"种子"为1、"比例"为35，在"强度"选项组中设置X、Y、Z轴向的强度均为200，如图5-43所示。

08 打开"自动关键点"按钮，将时间滑块拖动到40帧处，设置"强度"选项组中的X、Y、Z的参数均为0，如图5-44所示，关闭"自动关键点"按钮。

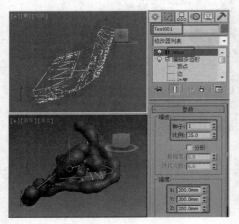

图20-43

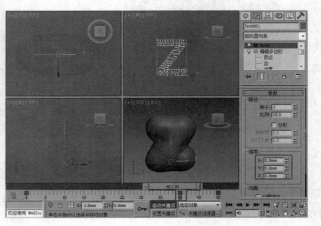

图5-44

09 在场景中选择水滴网格，在"参数"卷展栏中调整水滴网格的大小，如图5-45所示。

10 在场景中选择文字模型，单击鼠标右键，在弹出的快捷菜单中选择"对象属性"命令，弹出"对象属性"对话框，在"渲染控制"选项组中取消选择"可渲染"复选框，单击"确定"按钮，如图5-46所示。

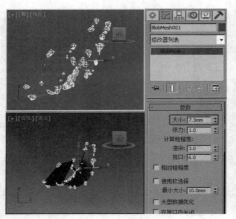

图5-45

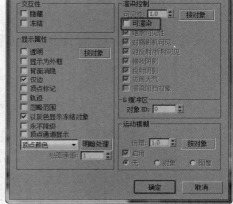

图5-46

▶5.6 课堂案例——使用图形合并制作象棋

使用"图形合并"来创建包含网格对象和一个或多个图形的复合对象。这些图形将嵌入在网格中（将更改边与面的模式），或从网格中消失。

"拾取操作对象"卷展栏中的选项功能介绍如下（如图5-47所示）。

● 拾取图形：单击该按钮，然后单击要嵌入网格对象中的图形。此图形沿图形局部负z轴方向投射到网格对象上。

● 操作对象：在复合对象中列出所有操作对象。第一个操作对象是网格对象，以下是任意数目的基于图形的操作对象。

● 名称：显示选择操作对象的名称。

● 删除图形：从复合对象中删除选中图形。

● 提取操作对象：提取选中操作对象的副本或实例。在列表框中选择操作对象时此按钮可用。

"操作"选项组：此选项组决定如何将图形应用于网格中。

图5-47

- 饼切：切去网格对象曲面外部的图形。
- 合并：将图形与网格对象曲面合并。
- 反转：反转"反转"或"合并"效果。

"输出子网格选择"选项组：提供指定将哪个选择级别传送到堆栈中的选项。

- 无：输出整个对象。
- 边：输出合并图形的边。
- 面：输出合并图形内的面。
- 顶点：输出由图形样条线定义的顶点。

【案例学习目标】学习"图形合并"工具的应用。

【案例知识要点】使用切角圆柱体、圆环、文本和图形合并工具，结合FFD 4×4×4和"编辑多边形"修改器，制作出象棋模型，完成的象棋效果如图5-48所示。

图5-48

【场景所在位置】光盘>场景>Ch05>象棋.max。

【效果图参考场景】光盘>场景>Ch05>象棋ok.max。

【贴图所在位置】光盘>Map。

01 在"顶"视图中创建切角圆柱体，在"参数"卷展栏中设置"半径"为25、"高度"为18、"圆角"为5、"圆角分段"为5、"边数"为30，如图5-49所示。

02 为模型施加FFD 4×4×4修改器，将选择集定义为"控制点"，在"前"视图中选择中间的控制点，沿y轴缩放控制点，如图5-50所示。

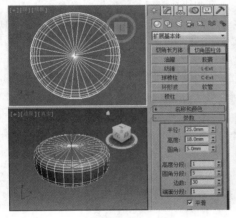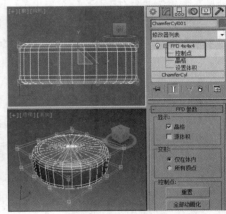

图5-49　　　　　　　　　　　　　图5-50

03 在"顶"视图中创建圆环，在"插值"卷展栏中设置"步数"为12，在"参数"卷展栏中设置"半径1"为21、"半径2"为20，如图5-51所示。

04 继续在"顶"视图中创建文本，在"参数"卷展栏中选择合适的字体，设置"大小"为35，在"文本"文本框中输入"帅"，调整图形至合适的位置，如图5-52所示。

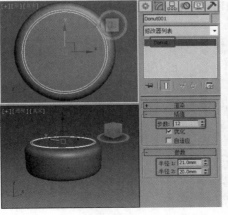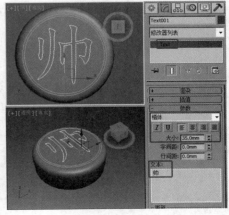

图5-51　　　　　　　　　　　　　图5-52

05 在场景中选择切角圆柱体，单击"❖（创建）>◯（几何体）>复合对象>图形合并"按钮，在"拾取操作对象"卷展栏中单击"拾取图形"按钮，在场景中拾取圆环和文本，如图5-53所示。

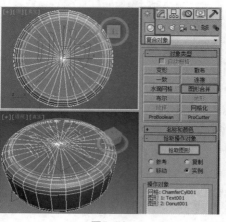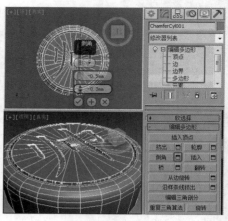

图5-53　　　　　　　　　　　　　图5-54

06 将图形隐藏，选择图形合并后的切角圆柱体，为模型施加"编辑多边形"修改器，将选择集定义为"多边形"，选择如图5-53所示的多边形，在"编辑多边形"卷展栏中单击"倒角"后的▣（设置）按钮，在弹出的小盒中设置"高度"为-0.5、"轮廓"为-0.25，如图5-54所示。

▶5.7　课堂案例——使用布尔制作仿古草坪灯

"布尔"对象通过对两个对象执行布尔运算将它们组合起来。在3ds Max中，布尔对象是由两个重叠对象生成的。原始的两个对象是操作对象（A和B），而布尔对象自身是运算的结果。

"布尔"工具只能布尔对象一次，如果直接拾取第二个模型则只会计算第二次操作结果。如果需要拾取第二个模型，需要重新操作"布尔>拾取操作对象B"命令再次布尔对象，但多次操作容易计算出错。

"拾取布尔"卷展栏中的选项功能介绍如下。

● 拾取操作对象B：此按钮用于选择完成布尔操作的第二个对象。

"参数"卷展栏中的选项功能介绍如下（如图5-55所示）。

● 操作对象：显示当前的操作对象。

● 名称：编辑此字段更改操作对象的名称。在"操作对象"列表框中选择一个操作对象，该操作对象的名称同时也将显示在"名称"文本框中。

● 提取操作对象：提取选中操作对象的副本或实例。在列表框中选择一个操作对象即可启用此按钮。该按钮仅在修改命令面板中可用，如果当前为创建面板，则无法提取操作对象。

"操作"选项组：用于选择运算方式。

● 并集：布尔对象包含两个原始对象的体积。将移除几何体的相交部分或重叠部分。

● 交集：布尔对象只包含两个原始对象公用的体积（即重叠的位置）。

● 差集（A-B）：从操作对象A中减去相交的操作对象B的体积。布尔对象包含从中减去相交体积的操作对象A的体积。

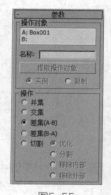

图5-55

● 差集（B-A）：从操作对象B中减去相交的操作对象A的体积。布尔对象包含从中减去相交体积的操作对象B的体积。

● 切割：使用操作对象B切割操作对象A，但不给操作对象B的网格添加任何东西。

● 优化：在操作对象B与操作对象A面的相交之处，在操作对象A上添加新的顶点和边。

● 分割：类似于"优化"，不过此种剪切还将沿着操作对象B剪切操作对象A的边界，添加第二组顶点和边或两组顶点和边。

● 移除内部：删除位于操作对象B内部的操作对象A的所有面。

● 移除外部：删除位于操作对象B外部的操作对象A的所有面。

【案例学习目标】学习"布尔工具"的应用。

【案例知识要点】使用长方体、球体和布尔工具，结合"编辑多边形"修改器，制作出仿古草坪灯模型，完成的效果如图5-56所示。

　　【场景所在位置】光盘 >场景 >Ch05>仿古草坪灯 .max。

　　【效果图参考场景】光盘 >场景 >Ch05>仿古草坪灯 ok.max。

　　【贴图所在位置】光盘 >Map。

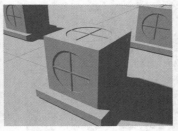

图5-56

01 在场景中创建长方体，设置"长度""宽度"和"高度"均为200，如图5-57所示。

02 在场景中创建球体作为布尔操作对象，设置合适的"半径"，调整模型至合适的位置，如图5-58所示。

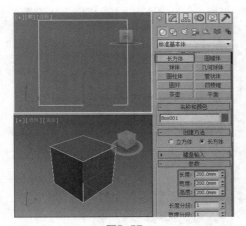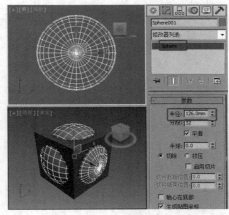

图5-57　　　　　　　　　　　　　　　　图5-58

03 选择长方体，单击"（创建）>（几何体）>复合对象>布尔"按钮，在"拾取布尔"卷展栏中单击"拾取操作对象B"按钮，拾取球体，如图5-59所示。

04 为模型施加"编辑多边形"修改器，将选择集定义为"元素"，选择如图5-60所示的元素，按Delete键将其删除。

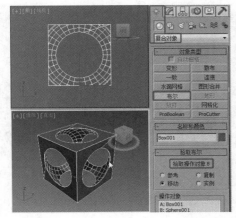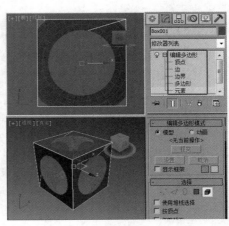

图5-59　　　　　　　　　　　　　　　　图5-60

05 为模型施加"壳"修改器，设置"外部量"为5，选择"将角拉直"复选框，如图5-61所示。

06 在"前"视图中创建长方体，设置合适的参数，复制模型，并调整模型至合适的位置和角度，如图5-62所示。

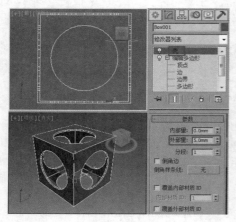

图5-61

图5-62

07 创建长方体作为灯玻璃，在"参数"卷展栏中设置"长度""宽度"和"高度"均为205，调整模型至合适的位置，如图5-63所示。

08 在"顶"视图中创建长方体作为底座，设置"长度"为280、"宽度"为280、"高度"为30，如图5-64所示。

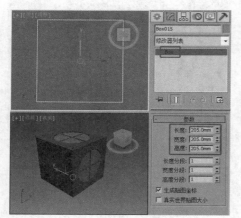

图5-63

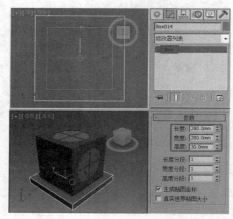

图5-64

5.8 课堂案例——使用地形制作假山

"地形"复合对象是使用等高线数据创建的行星曲面。

1. "拾取操作对象"卷展栏

"拾取操作对象"卷展栏中的选项功能介绍如下（如图5-65所示）。

● 拾取操作对象：将样条线添加到地形对象中。在场景中选择一个作为地形的样条线后，直接单击"地形"工具即可创建出地形，"拾取操作对象"只在将样条线添加到地形中时可以使用到。

图5-65

● 覆盖：用于选择覆盖其内部任何其他操作对象数据的闭合曲线。

2. "参数"卷展栏

"参数"卷展栏中的选项功能介绍如下（如图5-66所示）。

- 操作对象：显示当前的操作对象。
- 删除操作对象：将所选操作对象从"操作对象"列表框中删除。
- 分级曲面：在轮廓上创建网格的分级曲面。
- 分级实体：创建分级曲面和底面，表示可从任意方向看到实体。
- 分层实体：创建类似于纸板建筑模型的结婚蛋糕或薄片式实体。
- 缝合边界：启用该复选框时，当使用非闭合样条线来定义边缘条件时，禁止沿着地形对象的边缘创建新的三角形。当禁用时，大多数地形均以更合理的方式显示。

图5-66

- 重复三角算法：基本地形算法趋于平展或在急剧改变方向时形成凹口轮廓。
- 地形：仅显示轮廓线数据上的三角化网格。
- 轮廓：仅显示地形对象的轮廓线数据。
- 两者：同时显示地形对象的三角化网格和轮廓线数据。

3. "简化"卷展栏

"简化"卷展栏中的选项功能介绍如下（如图5-67所示）。

- 不简化：使用所有操作对象的顶点来创建复杂的网格。
- 使用点的1/2：使用操作对象中顶点集的一半来创建不太复杂的网格。这将产生比使用"不简化"选项更少的细节及更小的文件。
- 使用点的1/4：使用操作对象中顶点集的1/4来创建不复杂的网格。在这些单选按钮中，此单选按钮产生的细节最少且文件最小。
- 插入内推点*2：将操作对象中的顶点集增加到原来的两倍，以创建更优化但更复杂的网格。这在使用诸如圆和椭圆等结构曲线的地形中最为有效，这将产生比使用"不简化"选项更多的细节及更大的文件。

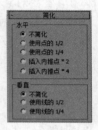

图5-67

- 插入内推点*4：将操作对象中的顶点集增加到原来的4倍，以创建更优化但更复杂的网格。这在使用诸如圆和椭圆等结构曲线的地形中最为有效。这将产生比使用"不简化"选项更多的细节及更大的文件。

"垂直"选项组：其中的"不简化"是使用地形对象的所有样条线操作对象的顶点来创建复杂的网格。这将产生比其他两个选项都更详细的细节及更大的文件。

4. "按海拔上色"卷展栏

"按海拔上色"卷展栏中的选项功能介绍如下（如图5-68所示）。

- 最大海拔高度：在地形对象的z轴上显示最大海拔高度。3ds Max可以从轮廓数据中派生出此数据。
- 最小海拔高度：在地形对象的z轴上显示最小海拔高度。3ds Max可以从轮廓数据中派生出此数据。
- 参考海拔高度：这是3ds Max在为海拔区域指定颜色时用做导向的参考海拔或数据。
- 创建默认值：创建海拔区域。

"色带"选项组：该选项组可以为海拔区域指定颜色。

图5-68

- 基础海拔：指定用户要为其指定颜色的区域的基础海拔。
- 基础颜色：单击色样以更改区域的颜色。
- 与上面颜色混合：将当前区域的颜色与其上面区域的颜色混合。
- 填充到区域顶部：在不与其上面区域的颜色混合的情况下填充到区域的顶部。
- 修改区域：修改区域的所选选项。
- 添加区域：为新的区域添加值和所选选项。
- 删除区域：删除所选区域。

【案例学习目标】学习"地形"工具的应用。

【案例知识要点】使用线和地形工具，结合"编辑多边形""补洞"和"网格平滑"修改器，制作出假山模型，完成的效果如图5-69所示。

【场景所在位置】光盘 >场景 >Ch05>假山 .max。

【效果图参考场景】光盘>场景>Ch05>假山ok.max。

【贴图所在位置】光盘>Map。

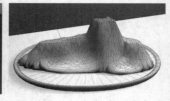

图5-69

01 打开随书附带光盘提供的地形图纸，图纸文件位于"光盘>场景>Ch05>假山.max"，先将场景另存保留原始图纸。选择样条线，将选择集定义为"样条线"，在"顶"视图中选择相应的样条线，在"前"视图中调整位置，在"插值"卷展栏中设置"步数"为2，如图5-70所示。

02 关闭选择集，单击"（创建）>（几何体）>复合对象>地形"按钮，将线转为网格地形，如图5-71所示。

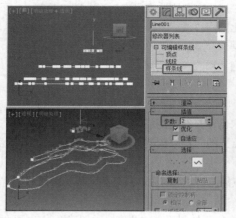
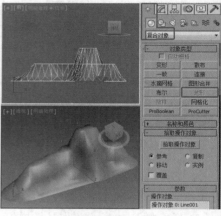

图5-70

图5-71

03 为模型施加"补洞"修改器，将底面空洞补上，如图5-72所示。

04 为模型施加"编辑多边形"修改器，将选择集定义为"多边形"，选择底部的多边形，在"前"视图中向下移动多边形避免共面，如图5-73所示。

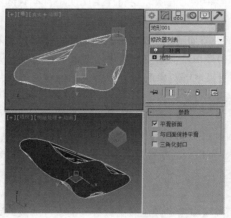
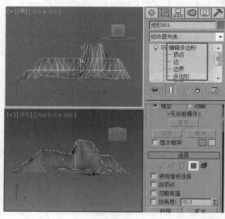

图5-72

图5-73

05 为模型施加"网格平滑"修改器，在"细分方法"卷展栏中设置"细分方法"为"四边形输出"，在"细分量"卷展栏中设置"迭代次数"为1，如图5-74所示。

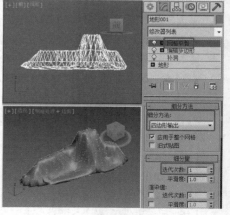

图5-74

▶ 5.9 课堂案例——使用放样制作大蒜灯

"放样"对象是沿着第3个轴挤出的二维图形。从两个或多个现有样条线对象中创建放样对象。这些样条线之一会作为路径。其余的样条线会作为放样对象的横截面或图形。沿着路径排列图形时，3ds Max会在图形之间生成曲面。

1. "创建方法"卷展栏

"创建方法"卷展栏中的选项功能介绍如下（如图5-75所示）。

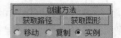

图5-75

- 获取路径：将路径指定给选定图形或更改当前指定的路径。
- 获取图形：将图形指定给选定路径或更改当前指定的图形。

2. "路径参数"卷展栏

"路径参数"卷展栏中的选项功能介绍如下（如图5-76所示）。

在"路径参数"卷展栏中，可以控制沿着放样对象路径在不同间隔期间的多个图形位置。

图5-76

- 路径：通过输入值或拖动微调器来设置路径的级别。如果"捕捉"处于启用状态，该值将变为上一个捕捉的增量。该路径值依赖于所选择的测量方法。更改测量方法将导致路径值的改变。

- 捕捉：用于设置沿着路径图形之间的恒定距离。该捕捉值依赖于所选择的测量方法。更改测量方法也会更改捕捉值，以保持捕捉间距不变。

- 启用：当启用"启用"复选框时，"捕捉"处于活动状态。默认设置为禁用状态。

- 百分比：将路径级别表示为路径总长度的百分比。

- 距离：将路径级别表示为路径第一个顶点的绝对距离。

- 路径步数：将图形置于路径步数和顶点上，而不是作为沿着路径的一个百分比或距离。

- ▮（拾取图形）：将路径上的所有图形设置为当前级别。当在路径上拾取一个图形时，将禁用"捕捉"，且路径设置为拾取图形的级别，会出现黄色的X。"拾取图形"仅在修改命令面板中可用。

- ▮（上一个图形）：从路径级别的当前位置沿路径跳至上一个图形上。黄色X出现在当前级别上。单击此按钮可以禁用"捕捉"。

- ▮（下一个图形）：从路径层级的当前位置沿路径跳至下一个图形上。黄色X出现在当前级别上。单击此按钮可以禁用"捕捉"。

3. "蒙皮参数"卷展栏

"蒙皮参数"卷展栏中的选项功能介绍如下（如图5-77所示）。

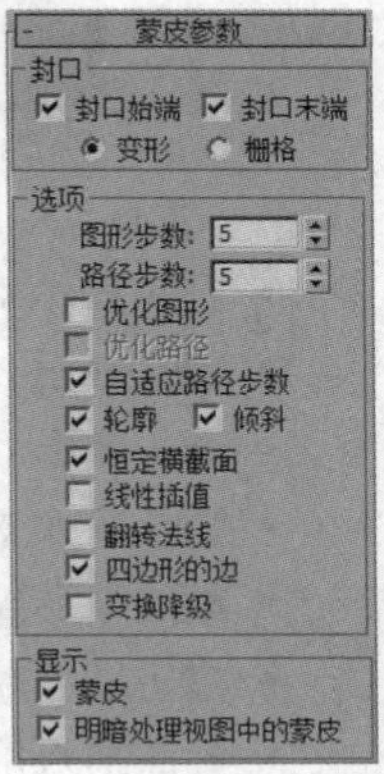

- 封口始端：如果启用该复选框，则路径第一个顶点处的放样端被封口。如果禁用，则放样端为打开或不封口状态。默认设置为启用。

- 封口末端：如果启用该复选框，则路径最后一个顶点处的放样端被封口。如果禁用，则放样端为打开或不封口状态。

- 变形：按照创建变形目标所需的可预见且可重复的模式排列封口面。变形封口能产生细长的面，与那些采用栅格封口创建的面一样，这些面也不进行渲染或变形。

- 栅格：在图形边界处修剪的矩形栅格中排列封口面。此方法将产生一个由大小均等的面构成的表面，这些面可以很容易地被其他修改器变形。

- 图形步数：设置横截面图形的每个顶点之间的步数。该值会影响围绕放样周界的边的数目。

图5-77

- 路径步数：设置路径的每个主分段之间的步数。

- 优化图形：如果启用该复选框，则对于横截面图形的直分段，忽略"图形步数"。如果路径上有多个图形，则只优化在所有图形上都匹配的直分段。

- 优化路径：如果启用该复选框，则对于路径的直分段，忽略"路径步数"。"路径步数"设置仅适用于弯曲截面。仅在"路径步数"模式下才可用。

● 自适应路径步数：如果启用该复选框，则分析放样，并调整路径分段的数目，以生成最佳蒙皮。主分段将沿路径出现在路径顶点、图形位置和变形曲线顶点处。

● 轮廓：如果启用该复选框，则每个图形都将遵循路径的曲率。

● 倾斜：如果启用该复选框，则只要路径弯曲并改变其局部 z 轴的高度，图形便围绕路径旋转。

● 恒定横截面：如果启用该复选框，则在路径中的角处缩放横截面，以保持路径宽度一致。

● 线性插值：如果启用该复选框，则使用每个图形之间的直边生成放样蒙皮。

● 翻转法线：如果启用该复选框，则将法线翻转180°。可使用此复选框来修正内部外翻的对象。

● 四边形的边：如果启用该复选框，且放样对象的两部分具有相同数目的边，则将两部分缝合到一起的面将显示为四方形。具有不同边数的两部分之间的边将不受影响，仍与三角形连接。

● 变换降级：使放样蒙皮在子对象图形／路径变换过程中消失。

● 蒙皮：如果启用该复选框，则使用任意着色层在所有视图中显示放样的蒙皮，并忽略"明暗处理视图中的蒙皮"设置。

● 明暗处理视图中的蒙皮：如果启用该复选框，则忽略"蒙皮"设置，在着色视图中显示放样的蒙皮。

4."变形"卷展栏

"变形"卷展栏如图5-78所示，包含缩放、扭曲、倾斜、倒角和拟合。单击任意按钮，将弹出该选项的"变形"窗口。

5."变形"窗口

"变形"窗口中的选项功能介绍如下（如图5-79所示）。

● 变形曲线首先作为使用常量值的直线。要生成更精细的曲线，可以插入控制点并更改它们的属性。使用变形对话框的工具栏中的按钮可以插入和更改变形曲线控制点。

● （均衡）：均衡是一个动作按钮，也是一种曲线编辑模式，可以对轴和形状应用相同的变形。

图5-78

图5-79

● （显示 x 轴）：仅显示红色的 x 轴变形曲线。

● （显示 y 轴）：仅显示绿色的 y 轴变形曲线。

● （显示 xy 轴）：同时显示 x 轴和 y 轴变形曲线，各条曲线使用各自的颜色。

● （变换变形曲线）：在 x 轴和 y 轴之间复制曲线。此按钮在启用 （均衡）时是禁用的。

● （移动控制点）：更改变形的量（垂直移动）和变形的位置（水平移动）。

● （缩放控制顶点）：更改变形的量，而不更改位置。

● （插入角点）：单击变形曲线上的任意处，可以在该位置插入角点控制点。

● （删除控制点）：删除所选的控制点，也可以通过按Delete键来删除所选的点。

● （重置曲线）：删除所有控制点（但两端的控制点除外）并恢复曲线的默认值。

● 数值字段：仅当选择了一个控制点时，才能访问这两个字段。第一个字段提供了点的水平位置，第二个字段提供了点的垂直位置（或值）。可以使用键盘编辑这些字段。

● （平移）：在视图中拖动，向任意方向移动。

● （最大化显示）：更改视图放大值，使整个变形曲线可见。

- （水平方向最大化显示）：更改沿路径长度进行的视图放大值，使得整个路径区域在对话框中可见。
- （垂直方向最大化显示）：更改沿变形值进行的视图放大值，使得整个变形区域在对话框中显示。
- （水平缩放）：更改沿路径长度进行的放大值。
- （垂直缩放）：更改沿变形值进行的放大值。
- （缩放）：更改沿路径长度和变形值进行的放大值，保持曲线纵横比。
- （缩放区域）：在变形栅格中拖动区域，区域会相应地放大，以填充变形对话框。

6. "曲面参数"卷展栏

"曲面参数"卷展栏中的选项功能介绍如下（如图5-80所示）。

- 平滑长度：沿着路径的长度提供平滑曲面。当路径曲线或路径上的图形更改大小时，这类平滑非常有用。
- 平滑宽度：围绕横截面图形的周界提供平滑曲面。当图形更改顶点数或更改外形时，这类平滑非常有用。
- 应用贴图：启用和禁用放样贴图坐标。必须启用"应用贴图"复选框才能访问其余的项目。
- 真实世界贴图大小：控制应用于该对象的纹理贴图材质所使用的缩放方法。
- 长度重复：设置沿着路径的长度重复贴图的次数，贴图的底部放置在路径的第一个顶点处。
- 宽度重复：设置围绕横截面图形的周界重复贴图的次数，贴图的左边缘将与每个图形的第一个顶点对齐。

图5-80

- 规格化：决定沿着路径长度和图形宽度的路径顶点间距如何影响贴图。
- 生成材质ID：在放样期间生成材质ID。
- 使用图形ID：提供使用样条线材质ID来定义材质ID的选择。
- 面片：放样过程可生成面片对象。
- 网格：放样过程可生成网格对象。

【案例学习目标】学习"放样"工具的应用。

【案例知识要点】使用多边形、圆线、放样和球体工具，结合"编辑多边形"和"壳"修改器，制作出大蒜灯模型，完成的效果如图5-81所示。

【场景所在位置】光盘 > 场景 > Ch05 > 大蒜灯.max。

【效果图参考场景】光盘 > 场景 > Ch05 > 大蒜灯 ok.max。

【贴图所在位置】光盘 > Map。

图5-81

01 在"顶"视图中创建多边形，作为路径为0和70时的放样图形，在"参数"卷展栏中设置"半径"为46、"角半径"为17，如图5-82所示。

02 为多边形施加"编辑样条线"修改器，将选择集定义为"顶点"，依次调整顶点，如图5-83所示。

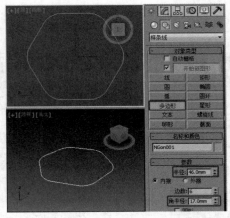

图5-82

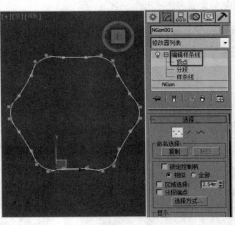

图5-83

03 在"顶"视图中创建圆，作为路径为100时的放样图形，在"参数"卷展栏中设置"半径"为18.7，如图5-84所示。

04 在"前"视图中由下向上创建如图5-85所示的两点直线。

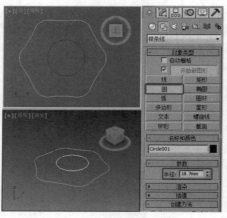 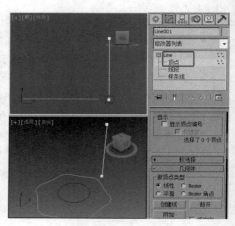

图5-84　　　　　　　　　　　　　　　　　　　　图5-85

05 选择线，单击"🔧（创建）>◯（几何体）>复合对象>放样"按钮，在"创建方法"卷展栏中单击"拾取图形"按钮，拾取多边形，如图5-86所示。

06 在"路径参数"卷展栏中设置"路径"为70，在"创建方法"卷展栏中单击"获取图形"按钮，再次拾取多边形，如图5-87所示。

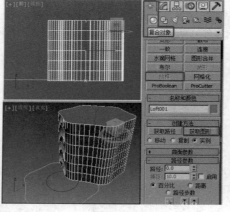 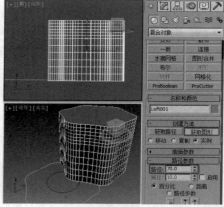

图5-86　　　　　　　　　　　　　　　　　　　　图5-87

07 在"路径参数"卷展栏中设置"路径"为100，在"创建方法"卷展栏中单击"获取图形"按钮，拾取圆，如图5-88所示。

08 切换到修改命令面板，在"变形"卷展栏中单击"缩放"按钮，打开"缩放变形"窗口，单击🔲（插入角点）按钮，在曲线上插入点，激活🔲（移动控制点）按钮调整控制点，选择某个控制点，单击鼠标右键，在弹出的快捷菜单中通过"Bezier-平滑"和"Bezier-角点"命令进行调整，在调整的同时观察视口中的模型变化，调整完成后的曲线如图5-89所示。

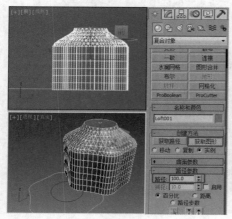 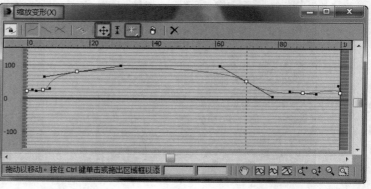

图5-88　　　　　　　　　　　　　　　　　　　　图5-89

09 在"蒙皮参数"卷展栏中设置"路径步数"为9，如图5-90所示。

10 为模型施加"编辑多边形"修改器，将选择集定义为"多边形"，选择底部的多边形，如图5-91所示，按Delete键删除。

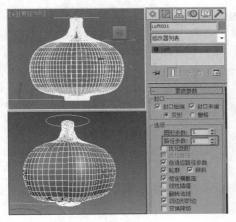

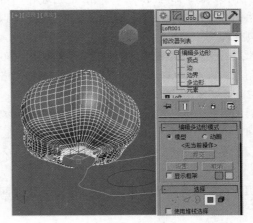

图5-90

图5-91

11 为模型施加"壳"修改器，设置"内部量"为1，如图5-92所示。

12 在"前"视图中创建如图5-93所示的可渲染的样条线，分别在"前"视图和"顶"视图中调整顶点，在"渲染"卷展栏中选择"在渲染中启用"和"在视口中启用"复选框，设置"径向"的"厚度"为1.2，在"插值"卷展栏中设置"步数"为10。

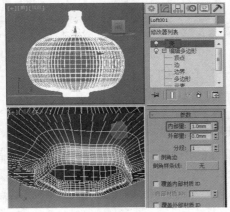

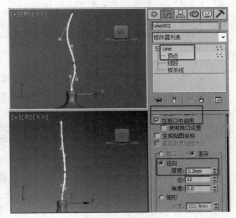

图5-92

图5-93

13 继续在"前"视图中创建可渲染的样条线，设置"径向"的"厚度"为0.5，调整模型至合适的位置，如图5-94所示。

14 在"顶"视图中创建一个合适的球体，为模型施加"编辑多边形"修改器，在"前"视图中选择如图5-93所示的顶点，缩放并调整顶点，如图5-95所示。

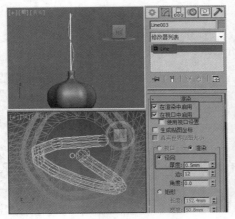

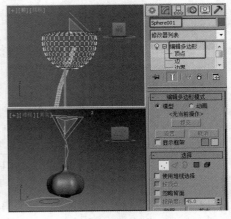

图5-94

图5-95

5.10 网格化工具的使用

"网格化"复合对象以每帧为基准将程序对象转化为网格对象，这样可以应用修改器，如弯曲或UVW贴图。它可用于任何类型的对象，但主要为使用粒子系统而设计。"网格化"对于复杂修改器堆栈的实例化对象同样有用。

"参数"卷展栏中的选项功能介绍如下（如图5-96所示）。

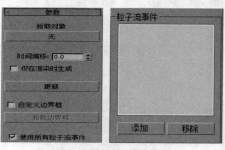

图5-96

- 拾取对象（无）：单击此按钮，然后选择由网格对象实例化的对象。之后，实例化对象的名称会出现在按钮上。

- 时间偏移：将运行网格粒子系统的原始粒子系统之前或之后的帧数。

- 仅在渲染时生成：启用此复选框后，网格效果不会出现在视口中，而仅在渲染场景后出现。默认设置为禁用状态。

- 更新：在编辑原始粒子系统的设置或者更改网格时间偏移设置之后，单击此按钮可以查看网格系统的变化。

- 自定义边界框：启用此复选框后，网格将来源于粒子系统和修改器的动态边界框替换为用户选择的静态边界框。

- 拾取边界框：要指定一个自定义边界框对象，请单击此按钮并选择对象。

- 使用所有粒子流事件：启用此复选框，并对粒子流系统应用"网格化"时，"网格化"会在该系统中为每个事件自动创建网格对象。

- 粒子流事件：对粒子流系统应用"网格化"对象时，请使用这些控件在该系统中为特定事件创建网格。"网格化"不会为其余事件创建网格。

- 添加：用于指定要受"网格化"影响的粒子流事件。

- 移除：从列表框中删除突出显示的事件。

5.11 课堂案例——使用ProBoolean制作保龄球

ProBoolean（超级布尔）复合对象在执行布尔运算之前，它采用了3ds Max网格并增加了额外的智能。首先它组合了拓扑，再确定共面三角形并移除附带的边，然后，不是在这些三角形上而是在N多边形上执行布尔运算。完成布尔运算之后，对结果执行重复三角算法，然后在共面的边隐藏的情况下将结果发送回3ds Max中。这样额外工作的结果有双重意义，布尔对象的可靠性非常高，因为有更少的小边和三角形，因此此结果输出更清晰。

ProBoolean复合对象较"布尔"复合对象有下列两点优势

- 运算结果比较稳定，且输出较清晰。

- 可以一次性拾取多个模型。

1. "拾取布尔对象"卷展栏

"拾取布尔对象"卷展栏中的选项功能介绍如下（如图5-97所示）.

- 开始拾取：在场景中拾取操作对象。

2. "参数"卷展栏

"参数"卷展栏中的选项功能介绍如下（如图5-98所示）。

"运算"选项组：用于确定布尔运算对象实际如何交互。

- 并集：将两个或多个单独的实体组合到单个布尔对象中。

- 交集：从原始对象之间的物理交集中创建一个新对象，移除未相交的体积。

图5-97

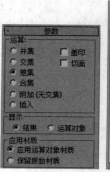

图5-98

- 差集：从原始对象中移除选定对象的体积。
- 合集：将对象组合到单个对象中，而不移除任何几何体。在相交对象的位置创建新边。
- 附加（无交集）：将两个或多个单独的实体合并成单个布尔对象，而不更改各实体的拓扑。实质上，操作对象在整个合并成的对象内仍为单独的元素。
- 插入：先从第一个操作对象减去第二个操作对象的边界体积，然后再组合这两个对象。
- 盖印：将图形轮廓（或相交边）打印到原始网格对象上。
- 切面：切割原始网格图形的面，只影响这些面。选定运算对象的面未添加到布尔结果中。

"显示"选项组：用于选择显示模式。

- 结果：只显示布尔运算而非单个运算对象的结果。
- 运算对象：显示定义布尔结果的运算对象。使用该模式编辑运算对象并修改结果。

"应用材质"选项组：用于选择一个材质应用模式。

- 应用运算对象材质：布尔运算产生的新面获取运算对象的材质。
- 保留原始材质：布尔运算产生的新面保留原始对象的材质。

"子对象运算"选项组：这些函数对在"层次视图"列表框中高亮显示的运算对象进行运算。

- 提取所选对象：对在"层次视图"列表框中高亮显示的运算对象应用运算。
- 移除：从布尔结果中移除在"层次视图"列表框中高亮显示的运算对象。它本质上撤销了加到布尔对象中的高亮显示的运算对象。提取的每个运算对象都将再次成为顶层对象。
- 复制：提取在"层次视图"列表框中高亮显示的一个或多个运算对象的副本。原始的运算对象仍然是布尔运算结果的一部分。
- 实例：提取在"层次视图"列表框中高亮显示的一个或多个运算对象的一个实例。对提取的这个运算对象的后续修改也会修改原始的运算对象，因此会影响布尔对象。
- 重排运算对象：在"层次视图"列表框中更改高亮显示的运算对象的顺序。将重排的运算对象移动到"重排运算对象"按钮旁边的文本字段中列出的位置。
- 更改运算：为高亮显示的运算对象更改运算类型。
- 层次视图：显示定义选定网格的所有布尔运算的列表。

3. "高级选项"卷展栏

"高级选项"卷展栏中的选项功能介绍如下（如图5-99所示）。

"四边形镶嵌"选项组：用于启用布尔对象的四边形镶嵌。

- 设为四边形：启用该复选框时，会将布尔对象的镶嵌从三角形改为四边形。当启用"设为四边形"复选框后，对"消减%"设置没有影响。"设为四边形"可以使用四边形网格算法重设平面曲面的网格。将该能力与"网格平滑""涡轮平滑"和"可编辑多边形"中的细分曲面工具结合使用可以产生动态效果。

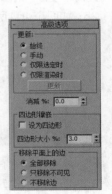

图5-99

- 四边形大小%：确定四边形的大小作为总体布尔对象长度的百分比。

"移除平面上的边"选项组：用于确定如何处理平面上的多边形。

- 全部移除：移除一个面上的所有其他共面的边，这样该面本身将定义多边形。
- 只移除不可见：移除每个面上的不可见边。
- 不移除边：不移除边。

【案例学习目标】学习ProBoolean工具的应用。

【案例知识要点】使用几何球体、圆柱体和ProBoolean工具，结合"壳"修改器，制作出保龄球模型，完成的效果如图5-100所示。

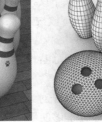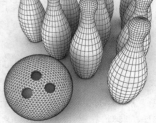

图5-100

【场景所在位置】光盘>场景>Ch05>保

龄球 .max。

【效果图参考场景】光盘 >场景 >Ch05>保龄球 ok.max。

【贴图所在位置】光盘 >Map。

01 在场景中创建几何球体，在"参数"卷展栏中设置"半径"为180、"分段"为15，设置"基点面类型"为

"二十面体"，如图
5-101所示。

02 在"前"视图中创建
圆柱体作为布尔对象，设
置"半径"为25、"高
度"为115、"高度分段"
为1、"边数"为30，移
动复制模型，调整模型的
角度，如图5-102所示。

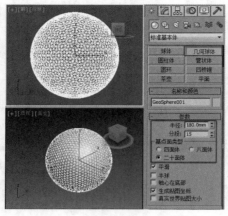

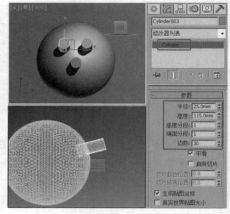

图5-101 图5-102

03 选择几何球体，单击" ■（创建）> ■（几何体）>复合对象>ProBlooean"按钮，在"参数"卷展栏中选
择"切面"复选框，在
"拾取布尔对象"卷展栏
中单击"开始拾取"按
钮，依次拾取3个圆柱
体，如图5-103所示。

04 为模型施加"壳"修
改器，设置"内部量"为
25，如图5-104所示。

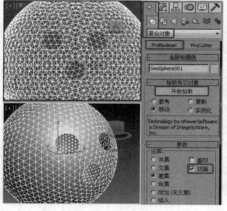

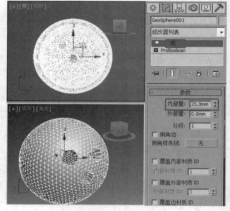

图5-103 图5-104

5.12 ProCutter工具的使用

ProCutter（超级切割）复合对象能够使用户执行特殊的布尔运算，主要目的是分裂或细分体积。ProCutter
运算的结果尤其适合在动态模拟中使用，在动态模拟中，对象炸开，或由于外力或另一个对象使对象破碎。

1. "切割器拾取参数"卷展栏

"切割器拾取参数"卷展栏中的选项功能介绍如下（如图5-105所示）。

• 拾取切割器对象：按下该按钮时，用户选择的对象被指定为切割器，用来细分各对象。

• 拾取原料对象：按下该按钮时，用户选择的对象被指定为原料对象，也就是由切割器
细分的对象。

"切割器工具模式"选项组：这些选项能够使用户将切割器用做塑形工具，在不同的地方
反复剪切同一对象。

图5-105

• 自动提取网格：选择子对象后自动提取结果。它没有将子对象保持为子对象，但对其进行了编辑，并用剪
切结果替换了该对象。这能够使用户快速剪切、移动切割器和再次进行剪切。

● 按元素展开：启用"自动提取网格"复选框时，自动将每个元素分割成单独的对象。禁用"自动提取网格"复选框时没有效果。

2. "切割器参数"卷展栏

"切割器参数"卷展栏中的选项功能介绍如下（如图5-106所示）：

● 被切割对象在切割器对象之外：结果包含所有切割器外部的原料部分。该复选框为用户提供了一个与从原料中进行切割器的布尔差集类似的结果。

● 被切割对象在切割器对象之内：结果包含一个或多个切割器内的原料部分。该复选框为用户提供了与切割器和原料的布尔交集类似的结果。因为每个切割器都是单独处理的，因此有一些差别。

● 切割器对象在被切割对象之外：结果包含不在原料内部的切割器的部分。请注意，如果剪切器也相交，则它们会进行相互剪切。

图5-106

▶ 5.13 课堂练习——牙膏的制作

【练习知识要点】创建一个圆柱体和长方体模型，使其相对，并将相对的多边形删除，使用"连接"工具将两个模型连接到一起，结合使用"编辑多边形"和"倒角"修改器制作出牙膏的模型，如图5-107所示。

【效果图参考场景】光盘 > 场景 > Ch05 > 牙膏.max。

【贴图所在位置】光盘 > Map。

▶ 5.14 课后习题——地灯的制作

【习题知识要点】创建切角圆柱体，通过为其施加"噪波"和"网格平滑"修改器模拟出石材的效果，并使用"布尔"工具布尔出内部的空间，结合使用几何体组合完成地灯的制作，如图5-108所示。

【效果图参考场景】光盘 > 场景 > Ch05 > 地灯.max。

【贴图所在位置】光盘 > Map。

图5-107

图5-108

06

多边形建模

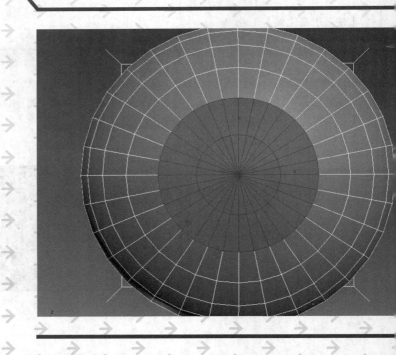

在前面几章中讲解了3ds Max中的基础建模，以及通过修改器对基本模型进行修改产生新的模型和符合建模的方法。然而通过这些建模方式只能制作一些简单或者很粗糙的基本模型，要想表现和制作一些更加精细的真实复杂的模型，就要用到高级建模的技巧。本章介绍高级建模——多边形建模。

6.1 选择修改器

"修改器列表"下拉列表框中的修改器可以按照修改器的类型划分为某个集，每个集中的修改器都是该类别的修改器，这样可以在应用时更快、更准确地找到需要的修改器。

用鼠标右键单击"修改器列表"，如图6-1所示，在弹出的快捷菜单中选择"显示列表中的所有集"命令，如图6-2所示，在"修改器列表"下拉列表框中所有的修改器会以功能划分集。该选项未激活时，修改器列表中只有"世界空间修改器"和"对象空间修改器"两个集，并且是以首字母的方式排序。

"选择修改器"集主要用于选择物体的子集，选择修改器包括网格选择、面片选择、多边形选择和体积选择4个修改器，如图6-3所示。

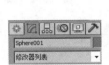

图6-1   图6-2   图6-3

6.1.1 网格选择

"网格选择"修改器可以在堆栈中为后续修改器向上传递一个子对象选择。它提供了在"编辑网格"修改器中可用的选择功能的超集。可以选择顶点、边、面、多边形或元素，也可以从子对象层级到对象层级来更改选择，如图6-4所示。

6.1.2 面片选择

"面片选择"修改器可以在堆栈中为后续修改器向上传递一个子对象选择。它提供在"编辑面片"修改器中可用的选择功能的超集。可以选择顶点、边、面片和元素，也可以将选择从子对象层级更改到对象层级，如图6-5所示。

6.1.3 多边形选择

"多边形选择"修改器可以在堆栈中为后续修改器向上传递一个子对象选择。它提供在可编辑多边形中可用的选择功能的超集。可以选择顶点、边、边界、多边形和元素，也可以将选择从子对象层级更改到对象层级，如图6-6所示。

图6-4   图6-5   图6-6   图6-7

6.1.4 体积选择

"体积选择"修改器可以对顶点或面进行子对象选择，沿着堆栈向上传递给其他修改器。子对象选择与对象的基本参数几何体是完全分开的。如同其他选择方法一样，"体积选择"修改器可用于单个或多个对象，如图6-7所示。

6.2 "编辑多边形"修改器

"编辑多边形"修改器与"可编辑多边形"的大部分功能相同，但"可编辑多边形"中包含"细分曲面"和"细分置换"卷展栏，以及一些具体的设置选项。

6.2.1 "编辑多边形"与"可编辑多边形"之间的区别

"编辑多边形"修改器与"可编辑多边形"之间的区别如下。

● "编辑多边形"是一个修改器，具有修改器状态的所有属性。其中包括在堆栈中将"编辑多边形"放到基础对象和其他修改器上方，在堆栈中将修改器移动到不同位置，以及对同一对象应用多个"编辑多边形"修改器（每个修改器包含不同的建模或动画操作）的功能。

图6-8

● "编辑多边形"有两个不同的操作模式："模型"和"动画"。

● "编辑多边形"中不再包括始终启用的"完全交互"开关功能。

● "编辑多边形"提供了两种从堆栈下部获取现有选择的新方法：使用堆栈选择和获取堆栈选择。

● "编辑多边形"中缺少"可编辑多边形"的"细分曲面"和"细分置换"卷展栏，如图6-8所示。

● 在"动画"模式中，通过单击"切片"而不是"切片平面"来开始切片操作。也需要通过单击"切片平面"来移动平面。可以设置切片平面的动画。

6.2.2 编辑多边形的子物体层级

为模型施加"编辑多边形"修改器后，在修改器堆栈中可以查看该修改器的子物体层级，如图6-9所示。"编辑多边形"子物体层级的介绍如下。

● 顶点：顶点是位于相应位置的点，它们定义了构成多边形对象的其他子对象的结构。当移动或编辑顶点时，它们形成的几何体也会受影响。顶点也可以独立存在，这些孤立顶点可以用来构建其他几何体，但在渲染时它们是不可见的。当定义为"顶点"时可以选择单个或多个顶点，并且使用标准方法移动它们。

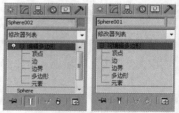

图6-9

● 边：边是连接两个顶点的直线，它可以形成多边形的边。边不能由两个以上多边形共享。另外，两个多边形的法线应相邻，如果不相邻，应卷起共享顶点的两条边。当定义为"边"选择集时可以选择一条或多条边，然后使用标准方法变换它们。

● 边界：边界是网格的线性部分，通常可以描述为孔洞的边缘，它通常是多边形仅位于一面时的边序列。例如，长方体没有边界，但茶壶对象有若干边界：壶盖、壶身和壶嘴上都有边界，还有两个边界在壶把上。如果创建圆柱体，然后删除末端多边形，相邻的一行边会形成边界。当将选择集定义为"边界"时可选择一个或多个边界，然后使用标准方法变换它们。

● 多边形：多边形是通过曲面连接的3条或多条边的封闭序列。多边形提供"编辑多边形"对象的可渲染曲面。当将选择集定义为"多边形"时可选择单个或多个多边形，然后使用标准方法变换它们。

● 元素：元素是两个或两个以上可组合为一个更大对象的单个网格对象。

6.2.3 公共参数卷展栏

无论当前处于何种选择集，它们都具有公共的卷展栏参数，下面将介绍这些公共卷展栏中的各种命令和工具的应用。在参数卷展栏中选择子物体层级后，相应的命令就会被激活。

1. "编辑多边形模式"卷展栏

"编辑多边形模式"卷展栏中的选项功能介绍如下（如图6-10所示）。

- 模型：用于使用"编辑多边形"功能建模。在"模型"模式下，不能设置操作的动画。

> **提示**
>
> 除选择"动画"单选按钮外，必须启用"自动关键点"或使用"设置关键点"，才能设置子对象变换和参数更改的动画。

- 动画：用于使用"编辑多边形"功能设置动画。
- 标签：显示当前存在的任何命令。否则，它显示"<无当前操作>"。
- 提交：在"模型"模式下，使用小盒接受任何更改并关闭小盒（与小盒上的确定按钮相同）。在"动画"模式下，冻结已设置动画的选择在当前帧的状态，然后关闭对话框，会丢失所有现有关键帧。

图6-10

- 设置：切换当前命令的小盒。
- 取消：取消最近使用的命令。
- 显示框架：在修改或细分之前，切换显示可编辑多边形对象的两种颜色线框的显示。框架颜色显示为复选框右侧的色样。第一种颜色表示未选定的子对象，第二种颜色表示选定的子对象，通过单击其色样可以更改颜色。"显示框架"切换只能在子对象层级使用。

2. "选择"卷展栏

"选择"卷展栏中的选项功能介绍如下（如图6-11所示）。

- （顶点）：访问"顶点"子对象层级，可从中选择光标下的顶点。区域选择将选择区域中的顶点。
- （边）：访问"边"子对象层级，可从中选择光标下的多边形的边。区域选择将选择区域中的多条边。
- （边界）：访问"边界"子对象层级，可从中选择构成网格中孔洞边框的一系列边。

图6-11

- （多边形）：访问"多边形"子对象层级，可选择光标下的多边形。区域选择将选择区域中的多个多边形。
- （元素）：访问"元素"子对象层级，通过它可以选择对象中所有相邻的多边形。区域选择将选择多个元素。
- 使用堆栈选择：启用该复选框时，"编辑多边形"自动使用在堆栈中向上传递的任何现有子对象选择，并禁止用户手动更改选择。
- 按顶点：启用该复选框时，只有通过选择所用的顶点才能选择子对象。单击顶点时，将选择使用该选定顶点的所有子对象。该功能在"顶点"子对象层级上不可用。
- 忽略背面：启用该复选框后，选择子对象将只影响面向用户的那些对象。
- 按角度：启用该复选框时，选择一个多边形会基于复选框右侧的角度设置同时选择相邻多边形。该值可以确定要选择的邻近多边形之间的最大角度。仅在"多边形"子对象层级可用。
- 收缩：通过取消选择最外部的子对象来缩小子对象的选择区域。如果不再减少选择大小，则可以取消选择其余的子对象，如图6-12所示。
- 扩大：向所有可用方向外侧扩展选择区域，如图6-13所示。

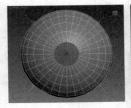
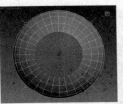

图6-12

图6-13

● 环形："环形"按钮旁边的微调器允许用户在任意方向将选择移动到相同环上的其他边，即相邻的平行边，如图6-14所示。如果用户单击了"循环"按钮，则可以使用该功能选择相邻的循环。只适用于"边"和"边界"子对象层级。

● 循环：在与所选边对齐的同时，尽可能远地扩展边选定范围。循环选择仅通过四向连接进行传播，如图6-15所示。

● 获取堆栈选择：使用在堆栈中向上传递的子对象选择替换当前选择。然后，可以使用标准方法修改此选择。

"预览选择"选项组：提交到子对象选择之前，该选项组允许预览它。根据鼠标的位置，用户可以在当前子对象层级预览，或者自动切换子对象层级。

● 关闭：预览不可用。

● 子对象：仅在当前子对象层级启用预览，如图6-16所示。

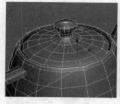
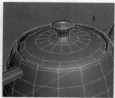
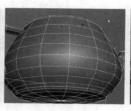
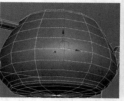
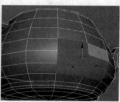

图6-14　　　　　　　　　　　　图6-15　　　　　　　　　　图6-16

● 多个：像"子对象"一样起作用，但根据鼠标的位置，也在"顶点""边"和"多边形"子对象层级级别之间起作用。

● 选定整个对象："选择"卷展栏底部是一个文本显示区域，提供有关当前选择的信息。如果没有子对象选择，或者选择了多个子对象，那么该文本给出选择的数目和类型。

3."软选择"卷展栏

"软选择"卷展栏中的选项功能介绍如下（如图6-17所示）。

提示

相同的参数可以参考第4章中"网格平滑"修改器的介绍，这里就不再重复介绍了。

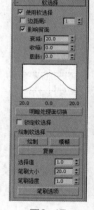

● 明暗处理面切换：显示颜色渐变，它与软选择权重相适应。

● 锁定软选择：启用该复选框将禁用标准软选择选项，通过锁定标准软选择的一些调节数值选项，避免程序选择对它进行更改。

图6-17

"绘制软选择"选项组：可以通过鼠标在视图上指定软选择，绘制软选择可以通过绘制不同权重的不规则形状来表达想要的选择效果。与标准软选择相比，绘制软选择可以更灵活地控制软选择图形的范围，让用户不再受固定衰减曲线的限制。

● 绘制：单击该按钮，在视图中拖动鼠标，可在当前对象上绘制软选择。

● 模糊：单击该按钮，在视图中拖动鼠标，可模糊当前的软选择。

● 复原：单击该按钮，在视图中拖动鼠标，可复原当前的软选择。

● 选择值："绘制"或"复原"软选择的最大权重，最大值为1。

● 笔刷大小：绘制软选择的笔刷大小。

● 笔刷强度：绘制软选择的笔刷强度，强度越高，达到完全值的速度越快。

提示

通过按 Ctrl+Shift+ 鼠标左键，可快速调整笔刷的大小。通过按 Alt+Shift+ 鼠标左键，可快速调整笔刷强度。绘制时按住 Ctrl 键可暂时启用复原工具。

笔刷选项：单击该按钮，将弹出"绘制选项"对话框，在其中可以自定义笔刷的形状，进行镜像和压力设置等，如图6-18所示。

（1）"笔刷属性"选项组。

- 最小强度：设置绘制顶点的最小权重。
- 最大强度：设置绘制顶点的最大权重。
- 最小大小：设置绘制的最小面积。
- 最大大小：设置绘制的最大面积。
- 绘制强度衰减曲线：通过曲线控制笔刷权重衰减的方式。
- 相加：选择该复选框时，在现有的顶点权重基础上绘制新的权重值。

图6-18

- ：提供一些标准的衰减曲线，用于快速设置，包括线性、平滑、减速、加速和水平。

（2）"显示选项"选项组。

- 绘制圆环：选择该复选框时，会在绘制线框的周围显示一个红色圆环标记，表示笔刷的大小，也就是影响的区域。
- 绘制法线：选择该复选框时，会在绘制线框的中心位置显示出一个垂直的法线标记，它的方向是所处表面位置的法线方向，长度表示笔刷强度的大小，长度越长强度越大。
- 绘制轨迹：选择该复选框时，会在绘制过程中显示出绘制的轨迹。
- 法线比例：设置绘制线框法线箭头的比例大小。
- 标记：选择该复选框时，在法线箭头的末端会显示出一个环形标记，它的数值用来设置这个标记离基点的距离，值越大，离基点越远。

（3）"压力选项"选项组。

- 启用压力灵敏度：控制是否对笔刷启动压力感应，主要是针对压感进行设置的。
- 压力影响：设置压力感应影响的笔刷参数。
- 预定义强度压力：选择该复选框时，将使用预设的压力强度曲线，单击右侧的按钮，可以通过衰减曲线设置强度受压力的变化。如果没有压感笔设备，可以启用此复选框进行模拟。
- 预定义大小压力：选择该复选框时，将使用预制的压力大小曲线。单击右侧的按钮，可以通过衰减曲线设置大小受压力的变化。如果没有压感笔设备，可以启用此复选框进行模拟。

（4）"镜像"选项组。

- 镜像：选择该复选框时，会在对象的另一边镜像复制出一个绘制线框，同时进行对称的权重绘制。通过下拉列表框可以指定对称的轴向，以世界坐标系统为基准。
- 偏移：偏移中央橙色的镜像平面。
- Gizmo大小：改变中央橙色镜像平面线框的大小。

（5）"其他"选项组。

- 树深：确定用于单击测试的平方树深度，平方树和绘制权重所需的内存量相关，值越大交互速度也越快（流畅），但消耗的内存也越多。
- 在鼠标向上移动时更新：选择该复选框时，在拖动鼠标绘制的过程中显示不进行更新，只有在松开鼠标后显示才会更新，这样可以节约刷新时间，避免不必要的更新。
- 滞后率：指定绘制时笔刷更新的速度，数值越高，更新的速度越慢。

4．"编辑几何体"卷展栏

"编辑几何体"卷展栏中的选项功能介绍如下（如图6-19所示）。

- 重复上一个：重复最近使用的命令。

"约束"选项组：可以使用现有的几何体约束子对象的变换。

- 无：没有约束。这是默认选项。
- 边：约束子对象到边界的变换。

图6-19

- 面：约束子对象到单个面曲面的变换。
- 法线：约束每个子对象到其法线（或法线平均）的变换。
- 保持UV：启用此复选框后，可以编辑子对象，而不影响对象的 UV 贴图。
- 创建：创建新的几何体。
- 塌陷：通过将其顶点与选择中心的顶点焊接，使连续选定子对象的组产生塌陷，如图6-20所示。

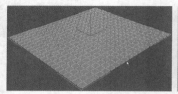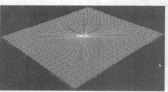

图6-20

- 附加：用于将场景中的其他对象附加到选定的多边形对象。单击▣（附加列表）按钮，在弹出的对话框中可以选择一个或多个对象进行附加。
- 分离：将选定的子对象和附加到子对象的多边形作为单独的对象或元素进行分离。单击▣（设置）按钮，弹出"分离"对话框，使用该对话框可设置多个选项。
- 切片平面：为切片平面创建 Gizmo，可以通过定位和旋转它来指定切片位置。同时按钮"切片"和"重置平面"按钮；单击"切片"按钮可在平面与几何体相交的位置创建新边。
- 分割：启用该复选框时，通过"快速切片"和"分割"操作，可以在划分边的位置处的点创建两个顶点集。
- 切片：在切片平面位置处执行切片操作。只有按下"切片平面"按钮时，才能使用该按钮。
- 重置平面：将"切片"平面恢复到其默认位置和方向。只有按下"切片平面"按钮时，才能使用该按钮。
- 快速切片：可以将对象快速切片，而不操纵 Gizmo。进行选择，并单击"快速切片"按钮，然后在切片的起点处单击一次，再在其终点处单击一次。激活命令时，可以继续对选定内容执行切片操作。要停止切片操作，请在视口中右击，或者再次单击"快速切片"按钮将其关闭。
- 切割：用于创建一个多边形到另一个多边形的边，或在多边形内创建边。单击起点并移动鼠标光标，然后再单击，再移动和单击，以便创建新的连接边。右击一次退出当前切割操作，然后可以开始新的切割，或者再次右击退出"切割"模式。
- 网格平滑：使用当前设置平滑对象。
- 细化：根据细化设置细分对象中的所有多边形。单击▣（设置）按钮，以便指定平滑的应用方式。
- 平面化：强制所有选定的子对象成为共面。该平面的法线是选择的平均曲面法线。
- X、Y、Z：平面化选定的所有子对象，并使该平面与对象的局部坐标系中的相应平面对齐。例如，使用的平面是与按钮轴相垂直的平面，因此，单击X按钮时，可以使该对象与局部 yz 轴对齐。
- 视图对齐：使对象中的所有顶点与活动视口所在的平面对齐。在子对象层级，此功能只会影响选定顶点或属于选定子对象的那些顶点。
- 栅格对齐：使选定对象中的所有顶点与活动视图所在的平面对齐。在子对象层级，只会对齐选定的子对象。
- 松弛：使用当前的"松弛"设置将"松弛"功能应用于当前选择。"松弛"可以规格化网格空间，方法是朝着邻近对象的平均位置移动每个顶点。单击▣（设置）按钮，以便指定"松弛"功能的应用方式。
- 隐藏选定对象：隐藏选定的子对象。
- 全部取消隐藏：将隐藏的子对象恢复为可见。
- 隐藏未选定对象：隐藏未选定的子对象。
- 命令选择：用于复制和粘贴对象之间的子对象的命名选择集。
- 复制：单击该按钮，弹出一个对话框，使用该对话框，可以指定要放置在复制缓冲区中的命名选择集。
- 粘贴：从复制缓冲区中粘贴命名选择。
- 删除孤立顶点：启用该复选框时，在删除连续子对象的选择时删除孤立顶点。禁用该复选框时，删除子对象会保留所有顶点。默认设置为启用。

5."绘制变形"卷展栏

图6-21

"绘制变形"卷展栏中的选项功能介绍如下（如图6-21所示）。

● 推/拉：将顶点移入对象曲面内（推）或移出曲面外（拉）。推拉的方向和范围由"推/拉值"设置所确定。

● 松弛：将每个顶点移到由它的邻近顶点平均位置所计算出来的位置上，来规格化顶点之间的距离。"松弛"使用与"松弛"修改器相同的方法。

● 复原：通过绘制可以逐渐擦除、反转"推/拉"或"松弛"的效果。仅影响从最近的"提交"操作开始变形的顶点。如果没有顶点可以复原，"复原"按钮将不可用。

"推/拉方向"选项组：此设置用于指定对顶点的推或拉是根据曲面法线、原始法线或变形法线进行，还是沿着指定轴进行。

● 原始法线：选择此单选按钮后，对顶点的推或拉会使顶点以它变形之前的法线方向进行移动。重复应用"绘制变形"，则总是将每个顶点以它最初移动时的相同方向进行移动。

● 变形法线：选择此单选按钮后，对顶点的推或拉会使顶点以它现在的法线方向进行移动，也就是说变形之后的法线。

● 变换轴：X、Y、Z，选择相应的单选按钮后，对顶点的推或拉会使顶点沿着指定的轴进行移动。

● 推/拉值：确定单个推/拉操作应用的方向和最大范围。正值将顶点拉出对象曲面，而负值将顶点推入曲面。

● 笔刷大小：设置圆形笔刷的半径。

● 笔刷强度：设置笔刷应用"推/拉"值的速率。低的强度值应用效果的速率要比高的强度值来得慢。

● 笔刷选项：单击此按钮，弹出"绘制选项"对话框，在该对话框中可以设置各种笔刷相关的参数。

● 提交：使变形的更改永久化，将它们烘焙到对象几何体中。使用"提交"后，就不可以将"复原"应用到更改上。

● 取消：取消自最初应用绘制变形以来的所有更改，或取消最近的"提交"操作。

6.2.4 子物体层级卷展栏

在"编辑多边形"中有许多参数卷展栏是与子物体层级相关联的，选择子物体层级时，将出现相应的卷展栏。下面对这些卷展栏进行详细介绍。

1."顶点"选择集

首先来介绍当选择"顶点"选择集时在修改器列表中出现的卷展栏。

"编辑顶点"卷展栏中的选项功能介绍如下（如图6-22所示）。

● 移除：删除选择的顶点，并接合起使用它们的多边形。

> **提示**
>
> 要删除顶点，先选择它们，然后按 Delete 键。这会在网格中创建一个或多个洞。要删除顶点而不创建孔洞，可单击"移除"按钮，效果如图 6-23 所示。
> 使用"移除"按钮可能导致网格形状变化并生成非平面的多边形。

图6-22

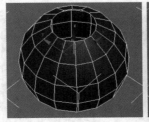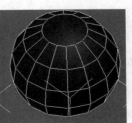

图6-23

● 断开：在与选定顶点相连的每个多边形上都创建一个新顶点，这可以使多边形的转角相互分开，使它们不再相连于原来的顶点上。如果顶点是孤立的或者只有一个多边形使用，则顶点将不受影响。

● 挤出：可以手动挤出顶点，方法是在视口中直接操作。单击此按钮，然后垂直拖动到任何顶点上，就可以挤出此顶点。挤出顶点时，它会沿法线方向移动，并且创建新的多边形，形成挤出的面，将顶点与对象相连。挤出对象的面的数目，与原来使用挤出顶点的多边形数目一样。单击■（设置）按钮，将弹出挤出顶点助手，以便通过交互式操作执行挤出。

● 焊接：对焊接助手中指定的公差范围内选定的连续顶点进行合并。所有边都会与产生的单个顶点连接。单击■（设置）按钮，将弹出焊接顶点助手以便指定焊接阈值。

● 切角：单击此按钮，然后在活动对象中拖动顶点。要用数字切角顶点，单击■（设置）按钮，然后使用切角量值，如图6-24所示。如果选定多个顶点，那么它们都会被同样切角。

● 目标焊接：可以选择一个顶点，并将它焊接到相邻目标顶点，如图6-25所示。"目标焊接"只焊接成对的连续顶点，也就是说，顶点有一个边相连。

图6-24

● 连接：在选择的顶点对之间创建新的边，如图6-26所示。

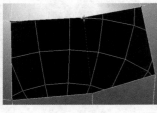
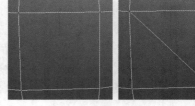

图6-25

图6-26

● 移除孤立顶点：将不属于任何多边形的所有顶点删除。

● 移除未使用的贴图顶点：某些建模操作会留下未使用的（孤立）贴图顶点，它们会显示在"展开UVW"编辑器中，但是不能用于贴图。可以使用该按钮自动删除这些贴图顶点。

2."边"选择集

下面介绍当选择"边"选择集时在修改器列表中出现的卷展栏。

"编辑边"卷展栏中的选项功能介绍如下（如图6-27所示）。

● 插入顶点：用于手动细分可视的边。按下"插入顶点"按钮后，单击某边即可在该位置处添加顶点。

● 移除：删除选定边并组合使用这些边的多边形。

● 分割：沿着选定边分割网格。对网格中心的单条边应用时，不会起任何作用。影响边末端的顶点必须是单独的，以便能使用该单选按钮。例如，因为边界顶点可以一分为二，所以，可以在与现有的边界相交的单条边上使用该单选按钮。另外，因为共享顶点可以进行分割，所以，可以在栅格或球体的中心处分割两个相邻的边。

● 桥：使用多边形的"桥"连接对象的边。桥只连接边界边，也就是只在一侧有多边形的边。创建边循环或剖面时，该工具特别有用。单击■（设置）按钮打开跨越边助手，以便通过交互式操作在边对之间添加多边形，如图6-28所示。

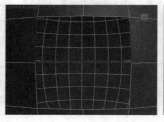

图6-27

图6-28

● 创建图形：选择一条或多条边后，单击此按钮可使用选定边，单击"创建图形"按钮后的■（设置）按钮，创建一个或多个样条线形状。

● 编辑三角剖分：用于修改绘制内边或对角线时多边形细分为三角形的方式。

● 旋转：用于通过单击对角线修改多边形细分为三角形的方式。按下"旋转"按钮时，对角线可以在线框和边面视图中显示为虚线。在"旋转"模式下，单击对角线可更改其位置。要退出"旋转"模式，请在视口中右击或再次单击"旋转"按钮。

3. "边界"选择集

下面介绍当选择"边界"选择集时在修改器列表中出现的卷展栏。

"编辑边界"卷展栏中的选项功能介绍如下（如图6-29所示）。

● 封口：使用单个多边形封住整个边界环，如图6-30所示。

图6-29　　　　　　　　　　　　　　　　图6-30

● 创建图形：用户可以预览"创建图形"功能、命名图形，以及将其设置为"权重"或"折缝"。

● 编辑三角剖分：用于修改绘制内边或对角线时多边形细分为三角形的方式。

● 旋转：用于通过单击对角线修改多边形细分为三角形的方式。

4. "多边形"选择集

下面介绍当选择"多边形"选择集时在修改器列表中出现的卷展栏。

"编辑多边形"卷展栏中的选项功能介绍如下（如图6-31所示）。

● 轮廓：用于增加或减少每组连续的选定多边形的外边，单击■（设置）按钮，弹出多边形加轮廓助手，以便通过数值设置执行加轮廓操作，如图6-32所示。

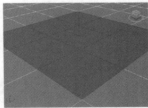
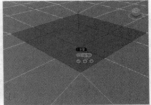

图6-31　　　　　　　　　　　　　　　　图6-32

● 倒角：通过直接在视口中操作执行手动倒角操作。单击■（设置）按钮，弹出倒角助手，以便通过交互式操作执行倒角处理。

● 插入：执行没有高度的倒角操作，即在选定多边形的平面内执行该操作。单击此按钮，然后垂直拖动任何多边形，以便将其插入。单击■（设置）按钮，弹出插入助手，以便通过交互式操作插入多边形。

● 翻转：反转选定多边形的法线方向。

● 从边旋转：通过在视口中直接操作，执行手动旋转操作。单击■（设置）按钮，弹出从边旋转助手，以便通过交互式操作旋转多边形。

● 沿样条线挤出：沿样条线挤出当前的选定内容。单击■（设置）按钮，弹出沿样条线挤出助手，以便通过交互式操作沿样条线挤出。

● 编辑三角剖分：使用用户可以通过绘制内边修改多边形细分为三角形的方式。

- 重复三角算法：允许 3ds Max 对多边形或当前选定的多边形自动执行最佳的三角剖分操作。
- 旋转：用于通过单击对角线修改多边形细分为三角形的方式。

"多边形：材质 ID"卷展栏中的选项功能介绍如下（如图 6-33 所示）。

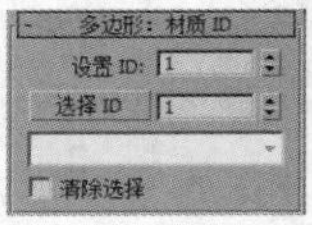

- 设置 ID：用于向选定的面片分配特殊的材质 ID 编号，以供多维/子对象材质和其他应用
使用。

图6-33

- 选择 ID：选择与相邻 ID 字段中指定的材质 ID 对应的子对象。键入或使用该微调器指定 ID，然后单击 "选择 ID"按钮。

- 清除选择：启用该复选框时，选择新 ID 或材质名称会取消选择以前选定的所有子对象。

"多边形：平滑组"卷展栏中的选项功能介绍如下（如图 6-34 所示）。

- 按平滑组选择：单击该按钮，弹出说明当前平滑组的对话框。
- 清除全部：从选定片中删除所有的平滑组分配多边形。

图6-34

- 自动平滑：基于多边形之间的角度设置平滑组。如果任何两个相邻多边形的法线之间的角度小于阈值角度
（由该按钮右侧的微调器设置），它们会包含在同一平滑组中。

提示

"元素"选择集的卷展栏中的相关命令与"编辑多边形"功能相同，这里就不重复介绍了，具体命令参见"多边形"选择集的相关卷展栏中功能的介绍。

| 实例操作46：使用编辑多边形制作手机 |

【案例学习目标】学习应用"编辑多边形"修改器制作手机。

【案例知识要点】创建圆角矩形、切角圆柱体、球体、长方体、圆和 ProBoolean，结合使用"编辑多边形"和"挤出"修改器，组合完成手机的造型，完成的效果如图 6-35 所示。

【场景所在位置】光盘>场景>Ch06>手机.max。

图6-35

【效果图参考场景】光盘>场景>Ch06>手机ok.max。

【贴图所在位置】光盘>Map。

01 在"顶"视图中创建圆角矩形，设置"长度"为125、"宽度"为60、"角半径"为8，如图6-36所示。

02 为图形施加"挤出"修改器，设置"数量"为7.5，如图6-37所示。

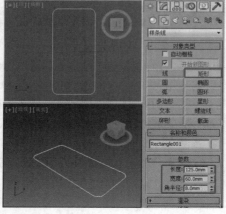
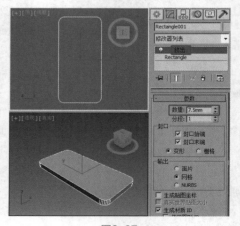

图6-36

图6-37

03 激活"前"视图，为模型施加"编辑多边形"修改器，将选择集定义为"边"，选择顶底的两行边，在"编辑边"卷展栏中单击"切角"后的■（设置）按钮，在弹出的小盒中设置切角的"数量"为0.5、"分段"为3，如图6-38所示。

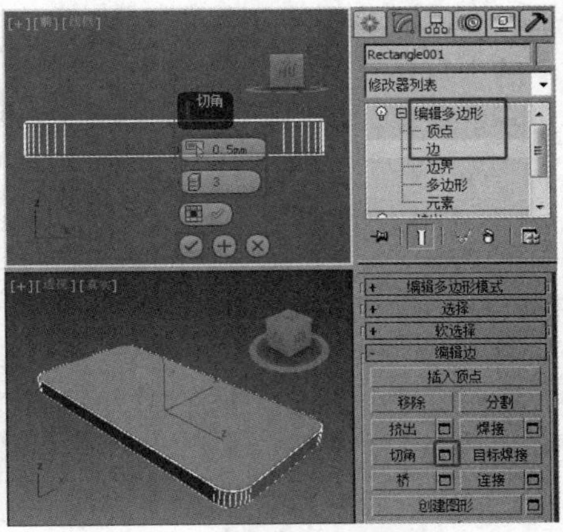

> **技巧**
>
> 定义子层级对象并选择对象后，单击鼠标右键，在弹出的快捷菜单中选择相应的命令，在实际工作中这样建模速度比较快。同样在基础建模时按住 Ctrl 键并右击，系统默认了 7 种快速建模命令。

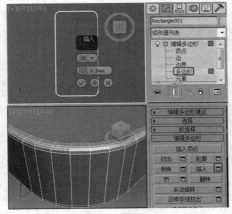

图6-38

04 将选择集定义为"多边形"，在"编辑多边形"卷展栏中单击"插入"后的■（设置）按钮，在弹出的小盒中设置插入的"数量"为0.8，如图6-39所示。

05 在"编辑多边形"卷展栏中单击"倒角"后的■（设置）按钮，在弹出的小盒中设置倒角的"高度"为-0.5、"轮廓"为-0.5，如图6-40所示。

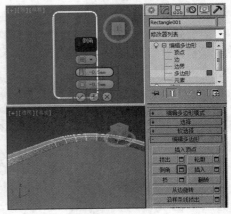

图6-39

图6-40

06 将选择集定义为"边"，选择倒角出的面两侧的两条边，如图6-41所示。

07 在"编辑边"卷展栏中单击"连接"后的■（设置）按钮，在弹出的小盒中设置连接边"分段"为2、"收缩"为77，如图6-42所示。

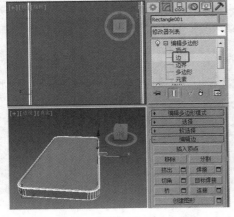

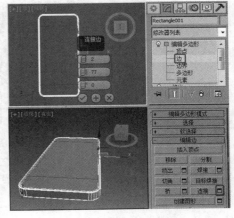

图6-41

图6-42

08 单击➕（应用并继续）按钮继续连接边，设置连接边"分段"为2、"收缩"为90，如图6-43所示。

09 将选择集定义为"多边形"，选择中间的多边形，在"编辑多边形"卷展栏中单击"挤出"后的▣（设置）按钮，在弹

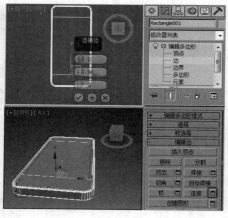

图6-43

图6-44

出的小盒中设置挤出的"高度"为-0.5，如图6-44所示。

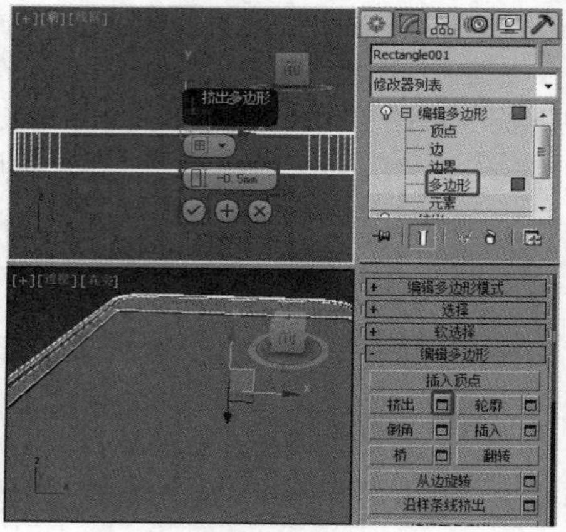

10 在"左"视图中创建圆角矩形作为按钮，设置"长度"为2、"宽度"为7、"角半径"为1。为图形施加"倒角"修改器，在"倒角值"卷展栏中勾选"级别2"选项，设置器"高度"为1，勾选"级别3"选项，设置"高度"为0.2，"轮廓"为-0.2；在"参数"卷展栏中设置"分段"为3，选择"级间平滑"复选框，使用旋转复制法复制模型，并调整模型至合适的位置，如图6-45所示。

11 在"左"视图中创建切角圆柱体作为按钮，在"参数"卷展栏中设置"半径"为2.5、"高度"为2、"圆角"为0.2、"圆角分段"为3、"边数"为

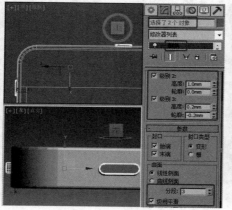

图6-45

图6-46

20，调整模型至合适的位置，使用移动复制法复制模型，如图6-46所示。

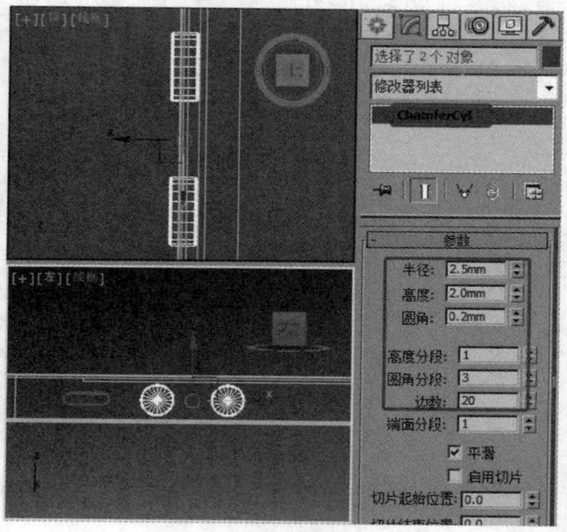

12 制作布尔对象模型，先在"顶"视图中创建一个"半径"为10的球体，再在"左"视图中创建长方体，设置"长度"为10、"宽度"为1.2、"高度"为3，调整模型至合适的位置，使用移动复制法复制长方体，如图6-47所示。

13 继续在"顶"视图中创建布尔对象模型，先创建一个圆角矩形，设置"长度"为2、"宽度"为10、"角半径"为1，再创建一个圆，设置"半径"为1，调整图形位置，为两个图形施加"挤出"修

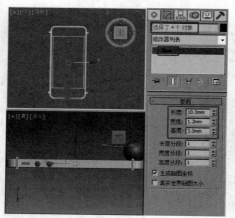
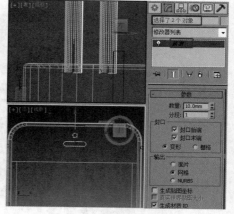

图6-47

图6-48

改器，调整模型至合适的位置，如图6-48所示。

14 可以先将所有的布尔对象模型附加到一起，在场景中选择手机模型，单击"█（创建）>█（几何体）>复合对象>ProBoolean"按钮，单击"开始拾取"按钮，拾取布尔对象，如图6-49所示。

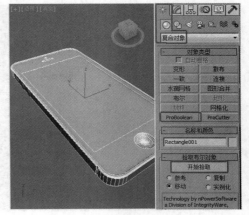

图6-49

实例操作47：使用可编辑多边形制作仙人球

【案例学习目标】学习应用"可编辑多边形"制作仙人球。

【案例知识要点】创建球体，将球体转换为可编辑多边形，选择相应的边，设置边的挤出，然后通过选择顶点，设置点的切角和挤出，最后，设置模型的平滑，完成仙人球的制作，如图6-50所示。

【场景所在位置】光盘>场景>Ch06>仙人球.max。

【效果图参考场景】光盘>场景>Ch06>仙人球ok.max。

【贴图所在位置】光盘>Map。

图6-50

01 单击"█（创建）>█（几何体）球体"按钮，在"顶"视图中创建球体，在"参数"卷展栏中设置"半径"为120、"分段"为32，如图6-51所示。

02 在场景中选择球体，单击鼠标右键，在弹出的对话框中选择"转换为>转换为可编辑多边形"，命令，如图6-52所示。

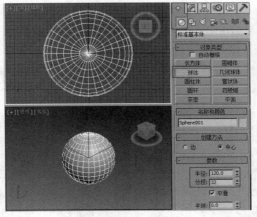

图6-51

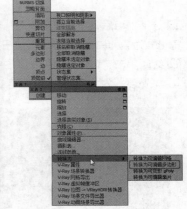

图6-52

03 将选择集定义为"边"，在"顶"视图中选择如图6-53所示的边。

04 在"选择"卷展栏中单击"循环"按钮，选择如图6-54所示的边。

05 在"编辑边"卷展栏中单击"挤出"后的█（设置）按钮，在弹出的小盒中设置挤出高度为20、"宽度"为10，单击☑（确定）按钮，如图6-55所示。

06 确定边处于选择状态，按住Ctrl键并单击"选择"卷展栏中的█（顶点）按钮，根据选择的边选择顶点，如图6-56所示。

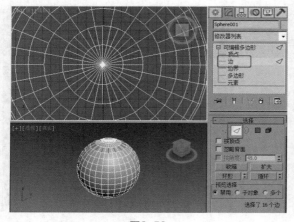

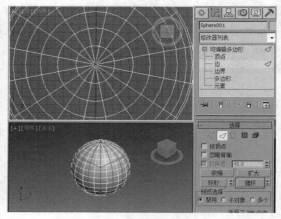

图6-53

图6-54

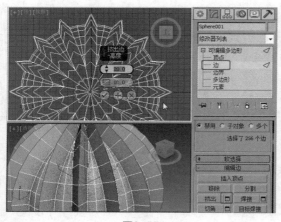

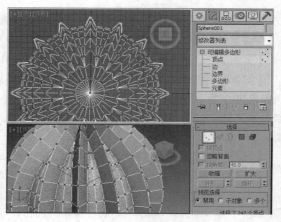

图6-55

图6-56

07 选择顶点后，在"编辑顶点"卷展栏中单击"切角"后的■（设置）按钮，在弹出的小盒助手中设置"切角量"为7，单击☑（确定）按钮，如图6-57所示。

08 继续单击"编辑顶点"卷展栏中"挤出"后的■（设置）按钮，在弹出的小盒助手中设置挤出"高度"为15、"宽度"为1，单击☑（确定）按钮，如图6-58所示。

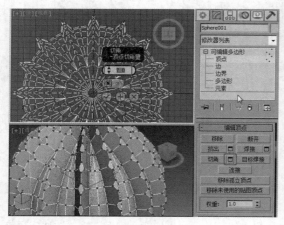

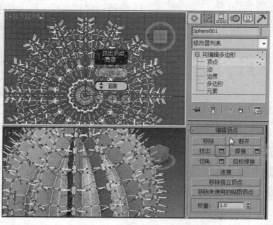

图6-57

图6-58

09 在"细分曲面"卷展栏中选择"使用NURMS细分"复选框，如图6-59所示，设置模型的平滑效果。

图6-59

6.3 课堂练习——咖啡杯的制作

【练习知识要点】创建球体，将球体转换为可编辑多边形，设置多边形的删除和挤出，通过调整顶点，调整出杯子和托盘的形状，最后设置模型的平滑，如图6-60所示。

【效果图参考场景】光盘 >场景 >Ch06>咖啡杯.max。

【贴图所在位置】光盘 >Map。

6.4 课后习题——小鱼装饰的制作

【习题知识要点】创建长方体，设置合适的分段，通过调整模型的顶点，设置多边形的挤出，通过使用各种编辑多边形的工具制作出小鱼的模型，通过结合使用"对称"修改器和几何体完成小鱼装饰的制作，如图6-61所示。

【效果图参考场景】光盘 >场景 >Ch06>小鱼装饰.max。

【贴图所在位置】光盘 >Map。

图6-60

图6-61

第

07 章

网格建模

本章内容

掌握编辑网格的子物体层级

掌握编辑网格的各项卷展栏参数

掌握使用编辑网格修改器制作模型
的技巧

在前面章节中介绍了多边形建模，接下来介绍高级建模——网格建模。

网格建模主要是使用"编辑网格"修改器，该修改器的大部分命令和参数与"编辑多边形"修改器中的各项命令和参数基本相同，重复的命令和工具可参考"编辑多边形"中各命令和工具的应用。

▶7.1　编辑网格的子物体层级

"编辑网格"修改器为选定对象的"顶点""边""面""多边形"和"元素"提供显式编辑工具。除了为对象施加"编辑网格"修改器外，也可以用鼠标右键单击选定的对象，在弹出的快捷菜单中选择"转换为 > 转换为可编辑网格"命令，将对象转换为可编辑网格对象。"编辑网格"修改器与可编辑网格对象的所有功能相匹配，只是不能在"编辑网格"中设置子对象动画。

"编辑网格"修改器中的各功能在"编辑多边形"修改器中一般都有，可以将其作为"编辑多边形"的基础，最明显的区别就是"编辑网格"是以三角面计算模型。具体参数可以参考"编辑多边形"修改器。

为模型施加"编辑网格"修改器后，在修改器堆栈中可以查看该修改器的子物体层级，如图7-1所示。

图7-1

▶7.2　公共参数卷展栏

"编辑网格修改器"有些区别于"编辑多边形"修改器的特有参数，下面介绍常用的各种工具和命令。

1．"选择"卷展栏

"选择"卷展栏中的选项功能介绍如下（如图7-2所示）。

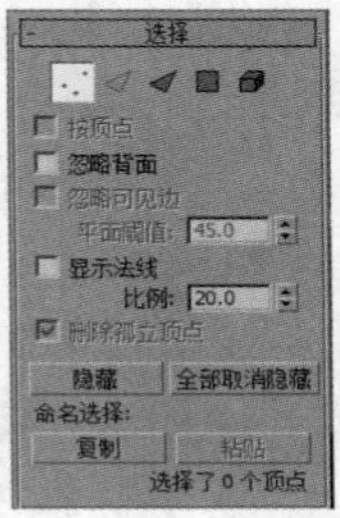

● 忽略可见边：当定义了"多边形"选择集时，该复选框将启用。当"忽略可见边"处于禁用状态（默认情况）时，单击一个面，无论"平面阈值"微调器的设置如何，选择不会超出可见边。当该功能处于启用状态时，面选择将忽略可见边，使用"平面阈值"设置作为指导。

● 平面阈值：指定阈值的值，该值决定对于"多边形"选择集来说哪些面是共面。

● 显示法线：启用该复选框时，3ds Max 会在视口中显示法线。法线显示为蓝线。在"边"模式中显示法线不可用。

图7-2

● 比例："显示法线"复选框处于启用状态时，指定视口中显示的法线大小。

● 删除孤立顶点：在启用状态下，删除子对象的连续选择时，3ds Max 将消除任何孤立顶点。在禁用状态下，删除选择会保留所有顶点。该功能在"顶点"子对象层级上不可用，默认设置为启用。

● 隐藏：隐藏任何选定的子对象。边不能隐藏。

● 全部取消隐藏：还原任何隐藏对象，使其可见。只有在处于"顶点"子对象层级时才能将隐藏的顶点取消隐藏。

● 命名选择：用于在不同对象之间传递命令选择信息。要求这些对象必须是同一类型，而且在相同子对象级别。例如两个可编辑网格对象，在其中一个的"顶点"子对象层级先进行选择，然后在工具栏中为这个选择集命名，接着单击"复制"按钮，从弹出的选择框中选择刚创建的名称，进入另一个网格对象的"顶点"子对象层级，单击"粘贴"按钮，刚才复制的选择会粘贴到当前的"顶点"子对象层级。

2．"编辑几何体"卷展栏

"编辑几何体"卷展栏中的选项功能介绍如下（如图7-3所示）。

● 删除：删除选择的对象。

● 附加：选择需要合并的对象进行合并，可以一次合并多个对象。

● 断开：为每一个附加到选定顶点的面创建新的顶点，可以移动面，使之互相远离它们曾经在原始顶点连接起来的地方。如果顶点是孤立的或者只有一个面使用，则顶点将不受影响。

● 改向：将对角面中间的边转向，改为另一种对角方式，从而使三角面的划分方式改变，通常用于处理不正常的扭曲裂痕效果。

● 挤出：为当前选择集的子对象施加一个厚度，使它突出或凹入表面，厚度值由后面的"数量"值决定。

● 切角：对选择面进行挤出成形。

● 法线：选择"组"单选按钮时，选择的面片将沿着面片组平均法线方向挤出。选择"局

图7-3

部"单选按钮时，面片将沿着自身法线方向挤出。

- 切片平面：一个方形化的平面，可通过移动或旋转来改变将要剪切对象的位置。单击该按钮后，"切片"按钮为禁用状态。
- 切片：单击该按钮后，将在切片平面处剪切选择的子对象。
- 切割：通过在边上添加点来细分子对象。单击该按钮后，在需要细分的边上单击，移动鼠标到下一边，依次单击，完成细分。
- 优化端点：选择该复选框时，在相邻的面之间进行平滑过渡。反之，则在相邻面之间产生生硬的边。

"焊接"复选框：用于顶点之间的焊接操作，这种空间焊接技术比较复杂，要求在三维空间内移动和确定顶点之间的位置，有两种焊接方法。

- 选定项：焊接在焊接阈值微调器（位于按钮的右侧）中指定的公差范围内的选定顶点。所有线段都会与产生的单个顶点连接。
- 目标：在视图中将选择的点（或点集）拖动到焊接的顶点上（尽量接近），这样会自动进行焊接。
- 细化：单击此按钮，会根据其下的细分方式对选择表面进行分裂复制处理，产生更多的表面，用于平滑需要。
- 边：以选择面的边为依据进行分裂复制。
- 面中心：以选择面的中心为依据进行分裂复制。
- 炸开：单击此按钮，可以将当前选择面爆炸分离（不是产生爆炸效果，只是各自独立），依据两种选项而获得不同的结果。
- 对象：将所有面爆炸为各自独立的新对象。
- 元素：将所有面爆炸为各自独立的新元素，但仍属于对象本身，这是进行元素差分的一个途径。
- 移除孤立顶点：单击此按钮后，将删除所有孤立的点，不管是否选择该点。
- 选择开方边：将选择对象的边缘线。
- 由边创建图形：在选择一个或更多的边后，单击此按钮将以选择的边界为模板创建新的曲线，也就是把选择的边变成曲线独立出来使用。
- 视图对齐：单击此按钮后，选择的子对象将被放置在同一平面，且这一平面平行于选择视图。
- 栅格对齐：单击此按钮后，选择的子对象将被放置在同一平面，且这一平面平行于视图的栅格平面。
- 平面化：将所有的选择面强制压成一个平面（不是合成，只是同处于一个平面上）。
- 塌陷：将选择的子对象删除，留下一个顶点或四周的面连接，产生新的表面，这种方法不同于删除面，它是将多余的表面吸收掉。

▶7.3 子物体层级卷展栏

下面将为大家介绍"编辑网格"修改器中的一些子物体层级的相关卷展栏。

将选择集定义为"顶点"，将出现以下几个卷展栏。

1. "曲面属性"卷展栏

"曲面属性"卷展栏中的选项功能介绍如下（如图7-4所示）。

- 权重：显示并可以更改 NURBS 操作的顶点权重。

"编辑顶点颜色"选项组：使用这些控件，可以分配颜色、照明颜色（着色）和选定顶点的"透明"值。

- 颜色：单击色样可更改选定顶点的颜色。
- 照明：单击色样可以更改选定顶点的照明颜色。用于更改顶点的照明而不用更改顶点的颜色。
- Alpha：用于向选定的顶点分配 Alpha（透明）值。微调器值是百分比值；0表示完全透明，100表示完全不透明。

图7-4

"顶点选择方式"选项组：该选项组中的各项命令如下。

● 颜色、照明：这两个单选按钮用于选择一种方式，按照顶点颜色值选择还是按照顶点照明值选择。设置所需的选项并单击选择。

● 范围：指定颜色匹配的范围。顶点颜色或者照明颜色中 R、G、B 这 3 个值必须匹配"顶点选择方式"选项组中"颜色"指定的颜色，或者在一个范围之内，这个范围由显示颜色加上和减去"范围"值决定。默认设置是 10。

图7-5

● 选择：选择的所有顶点应该满足如下条件，这些顶点的颜色值或者照明值要么匹配色样，要么在 RGB 微调器指定的范围内。要满足哪个条件取决于选择哪个单选按钮。

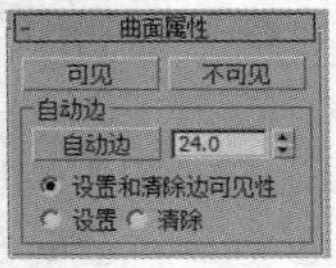

2. "边"选择集

将选择集定义为"边"，将出现以下卷展栏。

"曲面属性"卷展栏中的选项功能介绍如下（如图7-5所示）。

● 可见：使选择的边可见。

● 不可见：使选中的边不可见。

"自动边"选项组：根据共享边的面之间的夹角来确定边的可见性，面之间的角度由该选项右边的阈值微调器设置。

● 设置和清除边可见性：根据阈值设定更改所有选定边的可见性。

● 设置：当边超过了阈值设定时，使原先可见的边变为不可见，但不清除任何边。

● 清除：当边小于阈值设定时，使原先不可见的边可见，不让其他任何边可见。

3. "面""多边形"或"元素"选择集

将选择集定义为"面""多边形"或"元素"，将出现以下卷展栏。

"曲面属性"卷展栏中的选项功能介绍如下（如图7-6所示）。

● 翻转：反转选定面片的曲面法线的方向。

● 统一：翻转对象的法线，使其指向相同的方向，通常是向外。

图7-6

● 翻转法线模式：翻转单击的任何面的法线。要退出，请再次单击此按钮，或者右击 3ds Max 界面中的任意位置。

▶7.4　编辑网格的实例应用

下面介绍使用"编辑网格"修改器来制作模型的方法，通过制作各种模型来熟悉并掌握各种编辑网格工具的使用。

▐ 实例操作48：使用编辑网格制作飘窗 ▐

【案例学习目标】学习应用"编辑网格"修改器制作飘窗。

【案例知识要点】创建矩形、线和长方体，结合使用"挤出"和"编辑网格"修改器，组合完成飘窗的造型，完成的效果如图7-7所示。

【场景所在位置】光盘>场景>Ch07>飘窗.max。

【效果图参考场景】光盘>场景>Ch07>飘窗ok.max。

【贴图所在位置】光盘>Map。

图7-7

01 先在"前"视图中创建一个矩形作为墙体，设置"长度"为3000、"宽度"为2600，再创建一个"长度"为1600、"宽度"为1500的矩形，调整图形至合适的位置，如图7-8所示。

02 为其中一个矩形施加"编辑样条线"修改器，用鼠标右键单击图形，在弹出的快捷菜单中选择"附加"命令，附加另一个图形，为图形施加"挤出"修改器，设置"数量"为200，如图7-9所示。

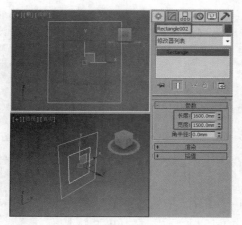

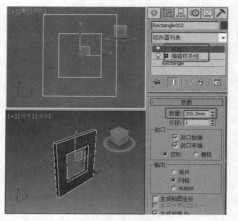

图7-8   图7-9

03 激活 ▦（2.5捕捉开关）按钮，在前视图中根据墙内线创建矩形作为窗框，如图7-10所示。

04 为图形施加"编辑样条线"修改器，将选择集定义为"样条线"，向内轮廓50，如图7-11所示。

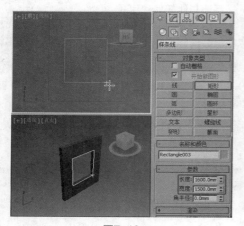

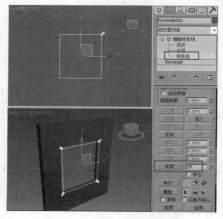

图7-10   图7-11

05 为模型施加"挤出"修改器，设置"数量"为50，如图7-12所示。

06 为模型施加"编辑网格"修改器，将选择集定义为"面"，选择右侧的面，使用移动复制法复制面，如图7-13所示。

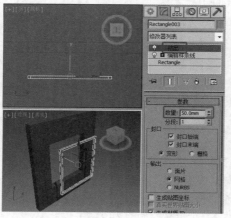

图7-12   图7-13

07 由于复制出的是三角面，将选择集定义为"顶点"，调整顶点的位置，避免不必要的共面，如图7-14所示。

08 将选择集定义为"面"，选择左侧和上下的面，激活"顶"视图，按住Shift键旋转复制面，如图7-15所示。

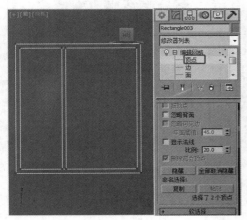
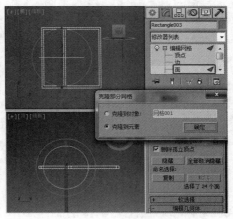

图7-14　　　　　　　　　　　　　　　　　　图7-15

09 调整面至合适的位置，将选择集定义为"顶点"，调整顶点，如图7-16所示。

10 将选择集定义为"元素"，在"顶"视图中移动复制元素，如图7-17所示。

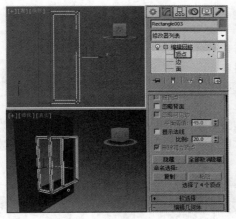
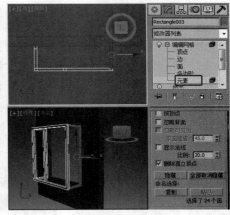

图7-16　　　　　　　　　　　　　　　　　　图7-17

11 使用"线"工具在"顶"视图中根据窗框内侧创建样条线作为玻璃，将选择集定义为"样条线"，设置"轮廓"为5，如图7-18所示。

12 为图形施加"挤出"修改器，设置一个大体的参数，调整模型至合适的位置，如图7-19所示。

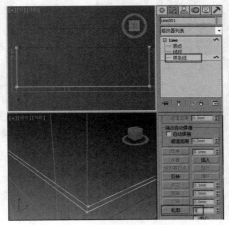
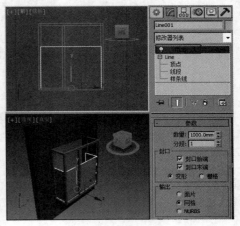

图7-18　　　　　　　　　　　　　　　　　　图7-19

13 为模型施加"编辑网格"修改器，将选择集定义为"顶点"，在"前"视图中选择顶部的顶点，向上调整，如图7-20所示。

14 在"前"视图中创建长方体作为阳台板，设置合适的参数，复制模型并调整模型至合适的位置，如图7-21所示。

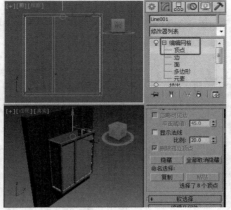 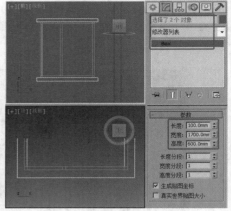

图7-20　　　　　　　　图7-21

实例操作49：使用编辑网格制作足球

【案例学习目标】学习应用"编辑网格"修改器制作足球。

【案例知识要点】创建异面体，并设置其模型的编辑多边形，设置多边形的炸开，并结合使用网格平滑、球形化和编辑多边形制作出足球模型，完成的效果如图7-22所示。

【场景所在位置】光盘>场景>Ch07>足球.max。

【效果图参考场景】光盘>场景>Ch07>足球ok.max。

【贴图所在位置】光盘>Map。

 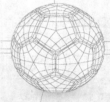

图7-22

01 单击" ■ （创建）> （几何体）>扩展基本体>异面体"按钮，在"前"视图中创建"异面体"，在"参数"卷展栏选择"系列"选项组中的"十二面体>二十面体"单选按钮，在"系列参数"选项组中设置P的值为0.3，如图7-23所示。

02 为模型施加"编辑网格"修改器，将选择集定义为"多边形"，在场景中按Ctrl+A组合键，全选多边形，在"编辑几何体"卷展栏中使用"炸开"工具，将选择的多边形炸开，如图7-24所示。

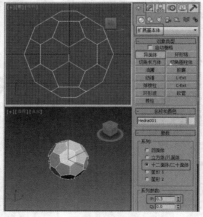 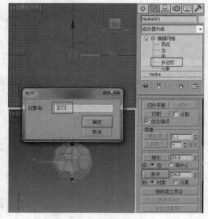

图7-23　　　　　　　　图7-24

03 在场景中全选模型，为其施加"网格平滑"修改器，如图7-25所示。

04 继续为其施加"球形化"修改器，如图7-26所示。

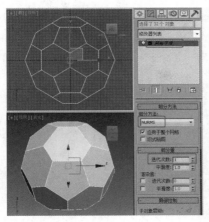

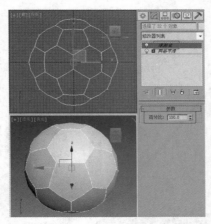

图7-25　　　　　　　　　　　　　　　　　图7-26

05 继续为对象施加"编辑多边形"修改器，将选择集定义为"多边形"，在场景中选择多边形，在"编辑多边形"卷展栏中使用"挤出"工具，为选择的多边形设置合适的挤出，如图7-27所示。

06 为其施加"网格平滑"修改器，设置合适的参数，如图7-28所示。

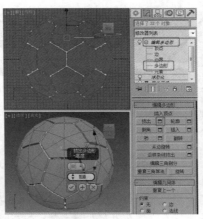

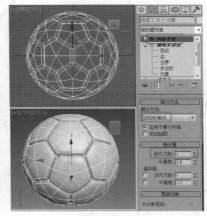

图7-27　　　　　　　　　　　　　　　　　图7-28

> **提示**
>
> "球形化"修改器可以将对象扭曲为球形。此修改器只有一个参数（一个百分比微调器），可以将对象尽可能地变形为球形。

▶7.5　课堂练习——水晶樱桃的制作

　　【练习知识要点】创建球体和圆柱体，通过为模型指定"编辑网格"修改器，设置调整顶点的软选择，调整出樱桃的效果，如图7-29所示。

　　【效果图参考场景】光盘 >场景 >Ch07>樱桃 .max。

　　【贴图所在位置】光盘 >Map。

▶7.6　课后习题——造型台灯的制作

　　【习题知识要点】创建一个几何球体，为几何球体施加"编辑网格"修改器，通过删除多边形，设置模型的壳和平滑，完成造型台灯，如图7-30所示。

　　【效果图参考场景】光盘 >场景 >Ch07>造型台灯 .max。

　　【贴图所在位置】光盘 >Map。

图7-29　　　　　　　　　　　图7-30

第

08章

NURBS建模

NURBS曲面建模方式是最为复杂、最难以掌握的一种建模方式，但它的优势是能够创建和表现较为复杂、精细、光滑且准确的曲面模型，本章将重点介绍NURBS建模。

8.1 NURBS建模简介

NURBS是Non-Uniform Rational B-Spline的英文缩写，是"非统一有理B样条曲线"的意思，大多数高级三维软件中都支持这种建模方式。NURBS 建模方式能够完美地表现出曲面模型，并且易于修改和调整，能够比传统的网格建模方式更好地控制物体表面的曲线度，从而创建出更加逼真、生动的造型，最适于表现有光滑外表的曲面造型。

也可以使用多边形网格或面片来建模曲面。与NURBS曲面相比，网格和面片具有以下缺点。

（1）使用多边形可使其很难确定创建复杂的弯曲曲面。

（2）由于网格为面状效果，因此面状出现在渲染对象的边上时，必须有大量的小面来渲染平滑的弯曲面。

NURBS建模的弱点在于它通常只适用于制作较为复杂的模型。如果模型比较简单，使用它反而要比其他的方法需要更多的拟合，另外，它不适合用来创建带有尖锐拐角的模型。

NURBS造型系统由点、曲线和曲面3种元素构成，曲线和曲面又分为标准和CV型，要创建它们，既可以在创建命令面板内完成，也可以在一个NURBS造型内部完成，还可以将任何模型转换为NURBS。

8.2 创建NURBS曲线

选择"■（创建）> ■（图形）> NURBS曲线"工具，打开"NURBS曲线"面板，如图8-1所示。其中包括"点曲线"和"CV曲线"两种类型。

（1）"点曲线"是由一系列点弯曲而构成的曲线，如图8-2所示，与"线"工具相同，右击完成创建，如图8-3所示。

"创建点曲线"卷展栏中的选项功能介绍如下。

- 步数：设置两点之间的片段数目。该值越高，曲线越圆滑。
- 优化：对两点之间的片段数进行优化处理。
- 自适应：由系统自动指定片段数，以产生光滑的曲线。
- 在所有视口中绘制：选择该复选框，可以在所有的视图中绘制曲线。

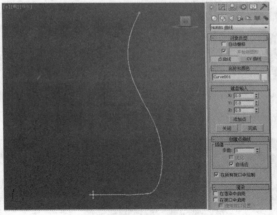

图8-2

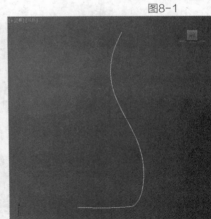

图8-1

图8-3

（2）"CV曲线"的参数设置与"点曲线"完全相同，这里就不再进行介绍，如图8-4所示为创建的CV曲线。

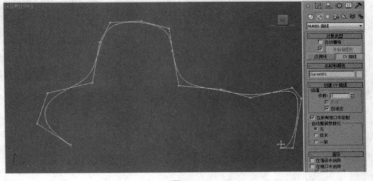

图8-4

8.3 创建NURBS曲面

选择"■（创建）> ◎（几何体）> NURBS 曲面"工具，打开"NURBS 曲面"面板，"NURBS 曲面"中包括"点曲面"和"CV 曲面"两种，如图 8-5 所示。

图8-5

（1）"点曲面"是由矩形点的阵列构成的曲面，如图 8-6 所示。点存在于曲面上，创建时可以修改它的长度、宽度，以及各边上的点。

创建点曲面后，可以在"创建参数"卷展栏中进行调整。

"创建参数"卷展栏中的选项功能介绍如下。

- "长度"和"宽度"：用来设置曲面的长度和宽度。
- 长度点数：设置长度上点的数量。
- 宽度点数：设置宽度上点的数量。
- 生成贴图坐标：生成贴图坐标，以便可以将设置贴图的材质应用于曲面。
- 翻转法线：选择该复选框，可以反转曲面法线的方向。

（2）"CV 曲面"是由可以控制的点组成的曲面，这些点不存在于曲面上，而是对曲面起到控制作用，每一个控制点都有权重值可以调节，以改变曲面的形状，如图 8-7 所示。

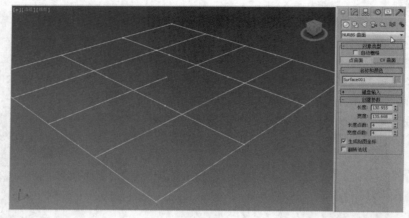

图8-6

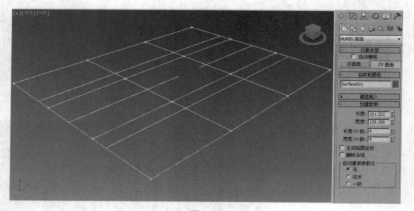

图8-7

创建 CV 曲面后，可以在"创建参数"卷展栏中进行调整。

"创建参数"卷展栏中的选项功能介绍如下。

- 长度 CV 数：曲面长度沿线的 CV 数。
- 宽度 CV 数：曲面宽度沿线的 CV 数。

- 无：不重新参数化。
- 弦长：选择要重新参数化的弦长算法。
- 一致：按一致的原则分配控制点。

8.4　NURBS命令面板和工具箱

除了使用"■（创建）>◎（几何体）"面板中的"NURBS曲线"和"NURBS曲面"外，还可以通过以下几种方法创建NURBS模型。

（1）在视图中创建一个标准几何体，然后选择基本体并右击，在弹出的快捷菜单中选择"转换为>转换为NURBS"命令，如图8-8所示。

（2）创建标准几何体后，在☑（修改）命令面板中的基本体名称上右击，在弹出的快捷菜单中选择NURBS命令，如图8-9所示。

同样，样条线也可以转换为NURBS。创建NURBS对象后，在☑（修改）命令面板中可以通过卷展栏中的工具进行编辑。

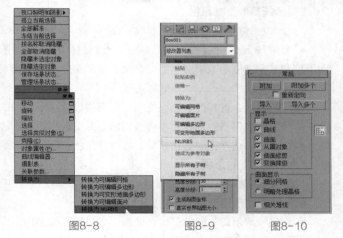

图8-8　　　　　　图8-9　　　　　图8-10

1. "常规"卷展栏

"常规"卷展栏中的选项功能介绍如下（如图8-10所示）。

- 附加：将另一个对象附加到 NURBS 对象上。
- 附加多个：将多个对象附加到 NURBS 曲面上。
- 重新定向：移动并重新定向正在附加或导入的对象，这样其局部坐标系的创建就与NURBS对象局部坐标系的创建相对齐。
- 导入：将另一个对象导入到 NURBS 对象上。与"附加"操作类似，但是导入对象将保留其参数和修改器。
- 导入多个：导入多个对象。与"附加多个"操作类似，但是导入对象将保留其参数和修改器。

"显示"选项组：控制着对象在视口中的显示方式。

- 晶格：启用此复选框后，以黄色线条显示控制晶格，如图8-11所示。

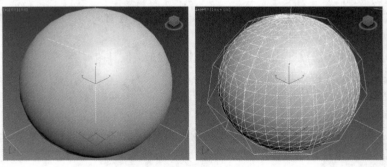

图8-11

- 曲线：启用此复选框后，显示曲线。
- 曲面：启用此复选框后，显示曲面。
- 从属对象：启用此复选框后，显示从属子对象。
- 曲面修剪：启用此复选框后，显示曲面修剪。禁用此复选框后，显示整个曲面，即便它被修剪过。
- 变换降级：启用此复选框后，变换 NURBS 曲面可以降级其着色视口中的显示以保存时间。这与用于播放动画的降级覆盖按钮相似。可以禁用此切换，以便在变换曲面时总保持对曲面着色，但这样做的结果是使变换花费更长的时间。

"曲面显示"选项组：该对话框只对曲面有效，用于选择在视口中曲面的显示方式。

● 细分网格：选择此单选按钮后，NURBS 曲面在着色视口中显示为细分非常精确的网格。

● 明暗处理晶格：选择此单选按钮后，NURBS 曲面在着色视口中显示为着色晶格。线框视口在不进行着色的情况下显示曲面晶格。着色晶格对NURBS曲面的CV控制晶格进行染色。

2. "显示线参数"卷展栏

"显示线参数"卷展栏中的选项功能介绍如下（如图8-12所示）。

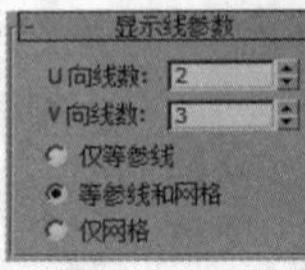

图8-12

● U向线数、V向线数：视口中用于近似NURBS曲面的线条数，分别沿着曲面的局部U向维度和V向维度。减少这些值会加快曲面的显示速度，但是却会降低显示的精确性。增加这些值会提高精确性，但是却以时间为代价。

● 仅等参线：选择此单选按钮后，所有视口将显示曲面的等参线表示。

● 等参线和网格：选择此单选按钮后，线框视口将显示曲面的等参线表示，而着色视口将显示着色曲面。

● 仅网格：选择此单选按钮后，线框视口将曲面显示为线框网格，而着色视口将显示着色曲面。

3. "曲线近似"卷展栏

"曲线近似"卷展栏中的选项功能介绍如下（如图8-13所示）。

图8-13

● 步数：用于近似每个曲线段的最大线段数。

● 优化：启用此复选框以优化曲线。启用后，除非两条线段位于同一条直线上（这种情况下这些线段将转化为一条线段），否则插值将使用特定的"步数"值。当"自适应"复选框处于启用状态时，此控件不可用。

● 自适应：线段处曲率更大时曲线指定的线段更多，而线段处曲率更小时曲线指定的线段更少。

4. "曲面近似"卷展栏

"曲面近似"卷展栏中的选项功能介绍如下（如图8-14所示）。

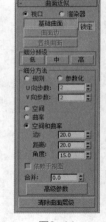

● 视口：选择该单选按钮后，该卷展栏会影响NURBS对象中的曲面在视口中交互显示的方式（包括着色视口），并且还会影响通过预览渲染器显示这些曲面的方式。

● 渲染器：选择该单选按钮后，卷展栏会影响渲染器显示NURBS对象中曲面的方式。

● 基础曲面：设置会影响整个曲面。这是默认设置。

● 曲面边：启用该按钮时，可以设置近似值，以供细化修剪曲线定义的曲面边时使用。禁用锁定时，曲面和边的细化值彼此无关。

● 置换曲面：启用该按钮时，可以为已应用位移贴图的曲面设置第3个独立的近似设置。只有选择"渲染器"单选按钮后，才能使用该选项。

图8-14

"细分预设"选项组：用于选择低、中或高质量的预设曲面近似值。

● 低：选择低质量（相对）的曲面近似。

● 中：视口和渲染的默认值。选择质量中等的曲面近似。

● 高：选择质量高的曲面近似。

"细分方法"选项组：如果已经选择"视口"单选按钮，该选项组中的控件会影响 NURBS 曲面在视口中的显示；如果已经选择"渲染器"单选按钮，这些控件还会影响该渲染器显示曲面的方式。

● 规则：根据"U向步数"和"V向步数"参数，通过曲面生成固定的细化。增加这些参数时，可以提高准确性，但会降低速度，反之亦然。

● 参数化：根据"U向步数"和"V向步数"参数生成自适应细化。使用"参数化"方法时，如果"U向步数"和"V向步数"的值不高，通常可以得到理想的结果。

● 空间：生成由三角形面组成的统一细化。

● 曲率：默认设置。根据曲面的曲率生成可变的细化。如果使曲面更加弯曲，则细化的纹理将更加精致。动态更改曲面曲率时，将会更改曲率的细化。

● 空间和曲率：通过下面的3个值使空间（边长）方法和曲率（距离和角度）方法完美结合。

- 边：该参数可以在细化时指定三角形的最大长度。
- 距离：该参数可以指定近似值偏离实际NURBS曲面的远近程度。
- 角度：该参数可以在计算近似值时指定各面之间的最大角度。
- 依赖于视图：仅限选择"渲染器"单选按钮时有效。启用该复选框后，要在计算细化期间考虑对象到摄影机的距离，从而可以通过对渲染场景距离范围内的对象不生成纹理细密的细化来缩短渲染时间。只有渲染摄影机或透视视口时，才能使用依赖于视图的效果。该效果不适用于正交视图。选择"视口"单选按钮时，将会禁用该控件。

图8-15

图8-16

- 合并：控制对边处于连接或近乎连接状态的曲面子对象的细化。
- 高级参数：单击该按钮，可以弹出"高级曲面近似"对话框，如图8-15所示。
- 清除曲面层级：仅限顶级曲面，清除分配给各个曲面子对象的所有曲面近似设置。

> **注意**
>
> 其卷展栏中的"创建点""创建曲线"和"创建曲面"卷展栏与NURBS工具箱中的命令不同，下面将在NURBS工具箱中介绍该卷展栏中的相同命令。
>
> 除了这些卷展栏工具外，3ds Max还提供了大量的快捷键工具，单击"常规"卷展栏中的▥（NURBS创建工具箱）按钮，可以打开如图8-16所示的面板工具。

　　工具箱中包含用于创建 NURBS 子对象的按钮。启用▥（NURBS创建工具箱）按钮后，只要选择NURBS对象或子对象，并切换到修改命令面板中，就可以看到工具箱。只要取消选择NURBS对象或使其他面板处于活动状态，工具箱就会消失。当返回到修改命令面板，并选择NURBS对象之后，工具箱又会再次出现。

　　下面将着重介绍一下NURBS工具箱。

5．NURBS工具箱

　　NURBS创建工具箱中的选项功能介绍如下。

（1）点。

　　△（创建点）：创建单独的点。

　　⊕（创建偏移点）：创建从属偏移点。

　　◉（创建曲线点）：创建从属的曲线点。

　　⊠（创建曲线—曲线点）：创建从属曲线—曲线相交点。

　　▦（创建曲面点）：创建从属曲面点。

　　◙（创建曲面—曲线点）：创建从属曲面—曲线相交点。

（2）曲线。

　　◥（创建CV曲线）：创建一个独立CV曲线子对象。

　　◥（创建点曲线）：创建一个独立点曲线子对象。

　　◥（创建模拟曲线）：创建一个从属拟合曲线（与曲线拟合按钮相同）。

　　◥（创建变换曲线）：创建一个从属变换曲线。

　　◢（创建混合曲线）：创建一个从属混合曲线。

　　◥（创建偏移曲线）：创建一个从属偏移曲线。

　　◥（创建镜像曲线）：创建一个从属镜像曲线。

　　◥（创建切角曲线）：创建一个从属切角曲线。

　　◥（创建圆角曲线）：创建一个从属圆角曲线。

　　▦（创建曲面—曲面相交曲线）：创建一个从属曲面—曲面相交曲线。

　　▦（创建U向等参曲线）：创建一个从属U向等参曲线。

　　▦（创建V向等参曲线）：创建一个从属V向等参曲线。

（创建法相投影曲线）：创建一个从属法相投影曲线。

（创建向量投影曲线）：创建一个从属矢量投影曲线。

（创建曲面上的CV曲线）：创建一个从属曲面上的CV曲线。

（创建曲面上的点曲线）：创建一个从属曲面上的点曲线。

（创建曲面偏移曲线）：创建一个从属曲面偏移曲线。

（创建曲面边曲线）：创建一个从属曲面边曲线。

（3）曲面。

（创建CV曲面）：创建独立的CV曲面子对象。

（创建点曲面）：创建独立的点曲面子对象。

（创建变换曲面）：创建从属变换曲面。

（混合曲面）：创建从属混合曲面。

（创建偏移曲面）：创建从属偏移曲面。

（创建镜像曲面）：创建从属镜像曲面。

（创建挤出曲面）：创建从属挤出曲面。

（创建车削曲面）：创建从属车削曲面。

（创建规则曲面）：创建从属规则曲面。

（创建封口曲面）：创建从属封口曲面。

（创建U向放样曲面）：创建从属U向放样曲面。

（创建UV放样曲面）：创建从属UV向放样曲面。

（创建单轨扫描）：创建从属单轨扫描曲面。

（创建双轨扫描）：创建从属双轨扫描曲面。

（创建多边混合曲面）：创建从属多边混合曲面。

（创建多重曲线修剪曲面）：创建从属多重曲线修剪曲面。

（创建圆角曲面）：创建从属圆角曲面。

▶8.5 NURBS的实例应用

下面通过实例来学习并掌握NURBS建模的技巧和功能。

▎实例操作50：使用NURBS制作辣椒▏

【案例学习目标】学习如何让利用NURBS建模。

【案例知识要点】创建并复制圆，并将其转换为NURBS，通过 （创建U向放样曲面）制作出辣椒模型，如图8-17所示。

【场景所在位置】光盘>场景>Ch08>辣椒.max。

【效果图参考场景】光盘>场景>Ch08>辣椒ok.max。

图8-17

【贴图所在位置】光盘>Map。

01 选择" （创建）>   （图形）> 圆"按钮，在"顶"视图中创建圆，在"参数"卷展栏中设置"半径"为2，如图8-18所示。

02 切换到   （修改）命令面板，为圆施加"编辑样条线"修改器，将选择集定义为"样条线"，在场景中按住Shift键，移动复制样条线，结合使用缩放工具，缩放圆，如图8-19所示。

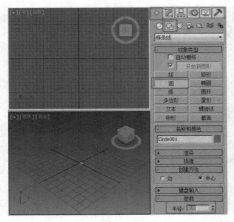

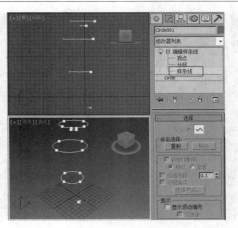

图8-18　　　　　　　　　　　　　　　　　图8-19

03 取消当前的选择集，在场景中选择样条线并右击，在弹出的快捷菜单中选择"转换为>转化为NURBS"命令，如图8-20所示。

04 转换为NURBS之后，将显示出NURBS工具箱，选择 （创建U向放样曲面）工具，在场景中从底部到顶部一直到内侧的圆，创建出放样的曲面，如图8-21所示。

图8-20

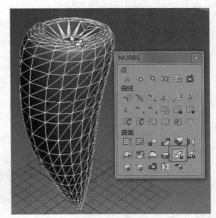

图8-21

05 将选择集定义为"曲线CV"，在场景中对辣椒的顶部控制CV点进行调整，调整出辣椒顶部的不规则效果，如图8-22所示。

06 选择" （创建）> （几何体）>圆柱体"按钮，在"顶"视图中创建圆柱体，在"参数"卷展栏中设置"半径"为15、"高度"为100、"高度分段"为5，如图8-23所示。

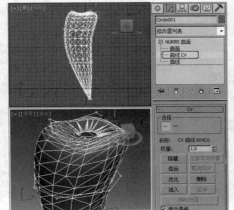

图8-22

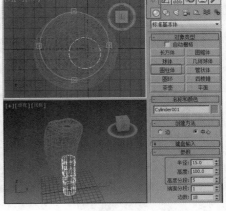

图8-23

07 右击圆柱体，在弹出的快捷菜单中选择"转换为>转换为NURBS"命令，将选择集定义为"曲面CV"，在场景中调整CV点，如图8-24所示，调整出辣椒把的形状。

08 继续调整底部的CV点，如图8-25所示。

09 调整完成辣椒把的效果，如图8-26所示，完成辣椒的制作。

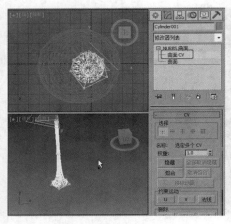

图8-24

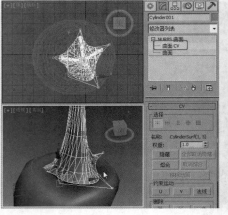

图8-25

图8-26

实例操作51：使用NURBS制作酒杯

【案例学习目标】学习如何利用NURBS制作酒杯。

【案例知识要点】创建CV曲线，并通过 ■（创建车削曲面）和 ■
（混合曲面）制作出酒杯模型，如图8-27所示。

【场景所在位置】光盘>场景>Ch08>酒杯.max。

【效果图参考场景】光盘>场景>Ch08>酒杯ok.max。

【贴图所在位置】光盘>Map。

01 选择" ■（创建）> ■（图形）> NURBS曲线>CV曲线"按钮，
在"前"视图中创建CV曲线，如图8-28所示。

图8-27

02 切换到 ■（修改）命令面板，使用 ■（创建偏移曲线）工具，在场
景中设置CV曲线的偏移线，在"偏移曲线"卷展栏中设置合适的"偏移"参数，如图8-29所示。

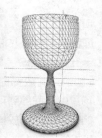

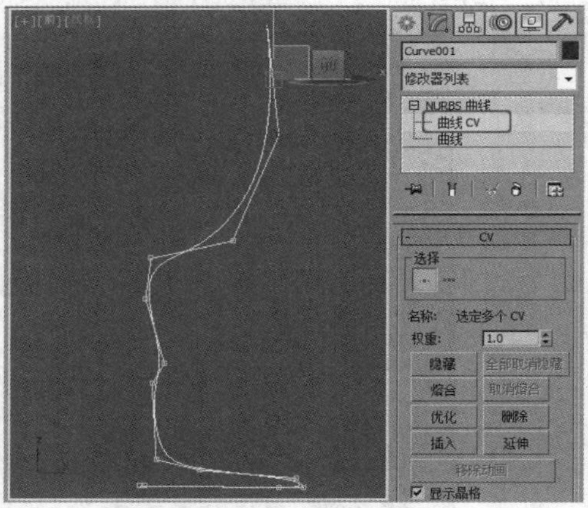

图8-28

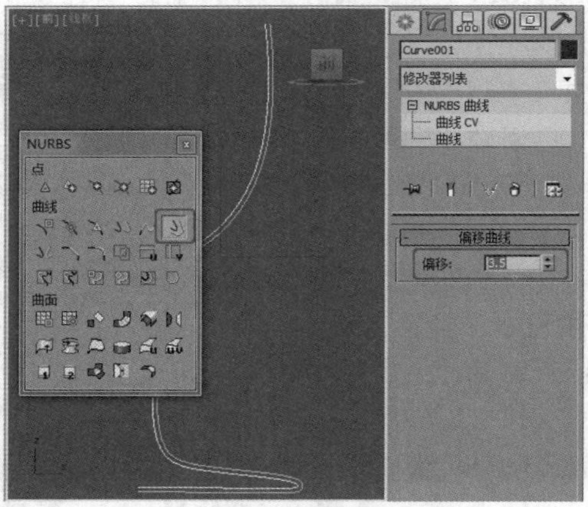

图8-29

03 使用 ■（创建车削曲面）工具，分别设置两条CV线的车削，如图8-30所示。

04 使用 ■（混合曲面）工具，在顶部的模型上依次单击内侧和外侧的曲面，在"混合曲面"卷展栏中选择
"翻转末端1"复选框，如图8-31所示。

05 这样即可完成酒杯的制作，可以根据情况调整酒杯的CV点。

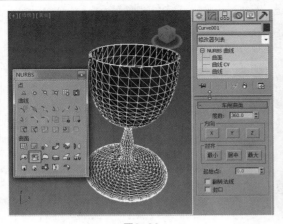
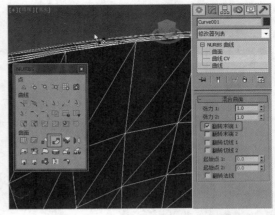

图8-30　　　　　　　　　　　　　　　图8-31

8.6　课堂练习——棒球棒的制作

【练习知识要点】创建圆，复制并调整圆的大小，使用▣（创建U向放样曲面）工具和▣（创建封口曲面）工具制作出棒球棒的效果，如图8-32所示。

【效果图参考场景】光盘>场景>Ch08>棒球棒.max。

【贴图所在位置】光盘>Map。

8.7　课后习题——金元宝的制作

【习题知识要点】创建一个球体，并将模型转换为NURBS，调整CV顶点，制作出元宝的效果，如图8-33所示。

【效果图参考场景】光盘>场景>Ch08>金元宝.max。

【贴图所在位置】光盘>Map。

图8-32　　　　　　　　　　　　　图8-33

第 09 章

面片建模

本章内容

掌握如何创建面片

掌握面片子物体层级

掌握面片建模的公共卷展栏

面片建模也属于高级建模，但相对于NURBS面片建模，学习面片建模要简单得多。因为面片建模中没有太多的命令，经常用到的只有添加三角形面片、添加矩形面片和焊接命令。但这种建模方式对设计者的空间感要求较高，而且要求设计者对模型的形体结构有比较充分的认识，最好可以参照实物模型。

9.1 认识面片栅格

面片建模是一种表面建模方式，即通过面片栅格制作面片并对其进行任意修改，从而完成模型的创建工作。在3ds Max 2014中创建的面片有两种：四边形面片和三角形面片。这两种面片的不同之处是它们的组成单元不同，前者为四边形，后者为三角形。

面片建模这种建模方式是偏重设计者艺术修养的一种建模方式。在面片建模学习过程中，设计者的艺术修养是一方面，而设计者的耐心是决定模型精细程度的另一方面。

要在3ds Max 2014中创建面片，方法是在创建命令面板的"面片栅格"子面板的"对象类型"卷展栏中选择面片的类型，如图9-1所示。选择面片类型，在场景中创建面片，如图9-2所示。

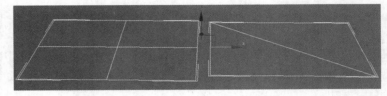

图9-1   图9-2

创建面片后切换到 （修改）命令面板，在"修改器列表"下拉列表框中选择"编辑面片"修改器，如图9-3所示。对面片进行修改，或右击面片，在弹出的快捷菜单中选择"转换为>转化为可编辑面片"命令，如图9-4所示。

图9-3   图9-4

9.2 子物体层级

"编辑面片"提供了各种控件，不仅可以将对象作为面片对象进行操作，而且可以在下面5个子对象层级进行操作："顶点""边""面片""元素"和"控制柄"，如图9-5所示。

"可编辑面片"子物体层级的介绍如下。

● 顶点：用于选择面片对象中的顶点控制点及其向量控制柄。向量控制柄显示为围绕选定顶点的小型绿色方框。

● 边：选择面片对象的边界边。

● 面片：选择整个面片。

● 元素：选择和编辑整个元素。元素的面是连续的。

● 控制柄：用于选择与每个顶点关联的向量控制柄。位于该层级时，可以对控制柄进行操纵，而无须对顶点进行处理，如图9-5所示。

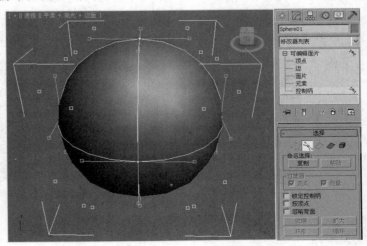

图9-5

9.3 公共卷展栏

下面介绍公共卷展栏中的各种命令和工具的应用。

1. "选择"卷展栏

"选择"卷展栏中的选项功能介绍如下（如图9-6所示）。

"命名选择"选项组：这些功能可以与命名的子对象选择集结合使用。

● 复制：将命名子对象选择置于复制缓冲区。单击该按钮之后，从显示的复制命名选择对话框中选择命名的子对象选择。

● 粘贴：从复制缓冲区中粘贴命名的子对象选择。

"过滤器"选项组：这两个复选框只能在"顶点"子对象层级使用。

● 顶点：启用时，可以选择和移动顶点。

● 向量：启用时，可以选择和移动向量。

● 锁定控制柄：只能影响角点顶点。将切线向量锁定在一起，以便于移动一个向量时，其他向量会随之移动。只有在"顶点"子对象层级时才能使用该选项。

图9-6　　　　　　　　　　图9-7

● 按顶点：单击某个顶点时，将会选中使用该顶点的所有控制柄、边或面片，具体情况视当前的子对象层级而定。只有处于"控制柄""边"和"面片"子对象层级时，才能使用该选项。

● 选择开放边：选择只由一个面片使用的所有边。只在"边子"对象层级下才可以使用。

2. "几何体"卷展栏

"几何体"卷展栏中的选项功能介绍如下（如图9-7所示）。

● "细分"选项组：仅限于"顶点""边""面片"和"元素"子对象层级。

● 细分：细分所选子对象。

● 传播：启用该复选框时，将细分伸展到相邻面片。如果沿着所有连续的面片传播细分，连接面片时，可以防止面片断裂。

● 绑定：用于在两个顶点数不同的面片之间创建无缝无间距的连接。这两个面片必须属于同一个对象，因此，不需要先选中该顶点。单击"绑定"按钮，然后拖动一条从基于边的顶点（不是角顶点）到要绑定的边的直线。此时，如果光标在合法的边上，将会转变成白色的十字形状。

● 取消绑定：断开通过绑定连接到面片的顶点。选择该顶点，然后单击"取消绑定"按钮。

● 添加三角形、添加四边形：仅限于"边"子对象层级。可以为某个对象的任何开放边添加三角形和四边形。在像球体那样的闭合对象上，可以删除一个或者多个现有面片以创建开放边，然后添加新面片，如图9-8所示。

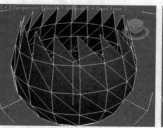
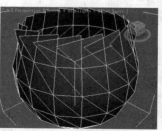

图9-8

● 创建：在现有的几何体或自由空间中创建三边或四边面片。仅限于"顶点""面片"和"元素"子对象层级可用。

- 分离：用于选择当前对象内的一个或多个面片，然后使其分离（或复制面片）形成单独的面片对象。
- 重定向：启用该复选框时，分离的面片或元素复制源对象的创建局部坐标系的位置和方向（当创建源对象时）。
- 复制：启用该复选框时，分离的面片将会复制到新的面片对象，从而使原来的面片保持完好。
- 附加：用于将对象附加到当前选定的面片对象。
- 重定向：启用该复选框时，重定向附加元素，使每个面片的创建局部坐标系与选定面片的创建局部坐标系对齐。
- 删除：删除所选子对象。

> **提示**
>
> 删除顶点和边时要谨慎，删除顶点和边的同时也删除了共享顶点和边的面片。例如，如果删除球体面片顶部的单个顶点，还会删除顶部的 4 个面片。

- 断开：对于顶点来说，将一个顶点分裂成多个顶点。
- 隐藏：隐藏所选子对象。
- 全部取消隐藏：还原任何隐藏子对象，使之可见。

"焊接"选项组：仅限于顶点和边层级。

- 选定：焊接"焊接阈值"微调器（位移焊接按钮的右侧）指定的公差范围内的选定顶点。选择要在两个不同面片之间焊接的顶点，然后将该微调器设置足够的距离，并单击选定。
- 目标：启用该复选框后，从一个顶点拖动到另外一个顶点，以便将这些顶点焊接在一起。

"挤出和倒角"选项组：使用这些控件，可以对边、面片或元素执行挤出和倒角操作。

- 挤出：单击此按钮，然后拖动任何边、面片或元素，以便对其进行交互式的挤出操作。

> **提示**
>
> 执行"挤出"操作时按住 Shift 键，以便创建新的元素。

- 倒角：单击该按钮，然后拖动任意一个面片或元素，对其执行交互式的挤出操作，再单击并释放鼠标按钮，然后重新拖动，对挤出元素执行倒角操作。
- 挤出：使用该微调器，可以向内或向外设置挤出。
- 轮廓：使用该微调器，可以放大或缩小选定的面片或元素。
- 法线：如果将法线设置为"局部"，沿选定元素中的边、面片或单独面片的各个法线执行挤出。如果将法线设置为"组"，沿着选定的连续组的平均法线执行挤出。
- 倒角平滑：使用这些设置，可以在通过倒角创建的曲面和邻近面片之间设置相交的形状。这些形状是由相交时顶点的控制柄配置决定的。"开始"是指边和倒角面片周围的面片的相交；"结束"是指边和倒角面片或面片的相交。
- 平滑：对顶点控制柄进行设置，使新面片和邻近面片之间的角度相对小一些。
- 线性：对顶点控制柄进行设置，以便创建线性变换。
- 无：不修改顶点控制柄。

"切线"选项组：使用这些控件，可以在同一个对象的控制柄之间，或在应用相同"编辑面片"修改器距离的不同对象上复制方向或有选择地复制长度。该工具不支持将一个面片对象的控制柄复制到另外一个面片对象上，也不支持在样条线和面片对象之间进行复制。

- 复制：将面片控制柄的变换设置复制到复制缓冲区。
- 粘贴：将方向信息从复制缓冲区粘贴到顶点控制柄。
- 粘贴长度：如果启用该复选框，并且使用"复制"功能，则控制柄的长度也将被复制；如果启用该复选框，并且使用"粘贴"功能，则将复制最初复制的控制柄的长度及其方向。
- 生成曲面：用现有样条线创建面片曲面，可以定义面片边。默认设置为启用。
- 阈值：确定用于焊接样条线对象顶点的总距离。

- 翻转法线：反转面片曲面的朝向方向。
- 移除内部面片：移除通常看不见的对象的内部面片。
- 仅使用选定分段：通过"曲面"修改器，仅使用在"编辑样条线"修改器或者可编辑样条线对象中选定的分段创建面片。默认设置为禁用状态。
- 视图步数：控制面片模型曲面的栅格分辨率。
- 渲染步数：渲染时控制面片模型曲面的栅格分辨率。
- 显示内部边：使面片对象的内部边可以在线框视图内显示。
- 使用真面片法线：决定 3ds Max 平滑面片之间的边的方式。默认设置为禁用状态。
- 创建图形：创建基于选定边的样条线。仅限于"边"子对象层级。
- 面片平滑：在子对象层级，调整所选子对象顶点的切线控制柄，以便对面片对象的曲面执行平滑操作。

3. "曲面属性"卷展栏

"曲面属性"卷展栏中的选项功能介绍如下（如图9-9所示）。

"松弛网格"选项组：从中设置松弛参数。与"松弛"修改器的功能类似。

- 松弛：选择该复选框，启用松弛。
- 松弛视口：启用该复选框，可以在视口中显示松弛效果。
- 松弛值：控制移动每个迭代次数的顶点程度。

图9-9

- 迭代次数：设置重复此过程的次数。对每次迭代来说，需要重新计算平均位置，重新将松弛值应用到每一个顶点。
- 保持边界点固定：控制是否移动打开网格边上的顶点。默认设置为启用。
- 保留外部角：将顶点的原始位置保持为距对象中心的最远距离。

> **注意**
>
> 选择子对象层级后，相应的面板和命令按钮将被激活，这些命令和面板与前面介绍的命令相同，下面就不重复介绍了。

▶ 9.4 面片建模的实例应用

下面以实例的方式介绍使用面片建模。

▌实例操作52：使用面片制作波斯菊饰品▐

【案例学习目标】学习使用"编辑面片"修改器。

【案例知识要点】创建四边形面片，通过为其施加"编辑面片"修改器，移动复制边，并调整顶点，制作出波斯菊饰品的花瓣，结合使用VR毛皮制作出内侧的花蕊，完成的效果如图9-10所示。

【场景所在位置】光盘>场景>Ch09>波斯菊饰品.max。

【效果图参考场景】光盘>场景>Ch09>波斯菊饰品ok.max。

图9-10

【贴图所在位置】光盘>Map。

01 选择"■（创建）>◯（几何体）>面片栅格>四边形面片"按钮，在"前"视图中创建四边形面片，在"参数"卷展栏中设置"长度"为330、"宽度"为120、"长度分段"为2、"宽度分段"为3，如图9-11所示。

02 切换到◪（修改）命令面板，为圆施加"编辑面片"修改器，将选择集定义为"边"，在场景中选择顶部的左侧的边，按住Shift键，移动复制边，如图9-12所示。

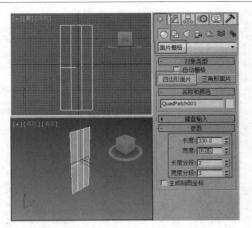

图9-11　　　　　　　　　　　　　　　图9-12

03 使用同样的方法移动复制另外两条边，这里需要注意的是，在复制的过程中需要为其设置不同的高度；将选择集定义为"顶点"，在场景中调整顶点，在调整顶点时调整出现的控制手柄，如图9-13所示。

04 继续调整模型的顶点，如图9-14所示。

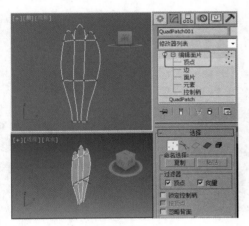

图9-13

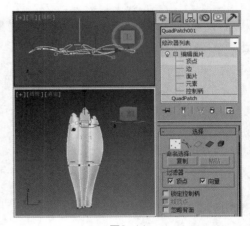

图9-14

05 在场景中旋转复制模型，并调整模型的效果，如图9-15所示。

06 单击"▧（创建）> ▧（图形）> 圆"按钮，在"前"视图中创建圆，如图9-16所示。

图9-15

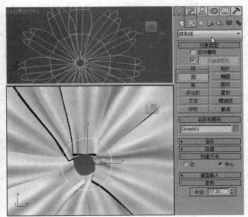

图9-16

07 为模型施加"编辑多边形"修改器,如图9-17所示。

08 确定已选择转换为编辑多边形后的圆,选择"■(创建)>◎(几何体)>VRay>VR毛皮"按钮,在"参数"卷展栏中设置"长度"为15、"厚度"为2、"重力"为0,如图9-18所示。

最后可以为花瓣模型设置壳,制作厚度,这里可以根据需要设置。

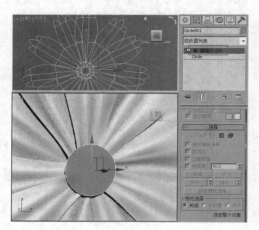
图9-17

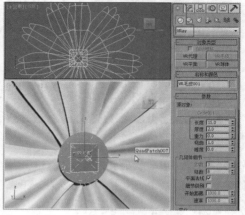
图9-18

实例操作53: 使用面片制作面具

【案例学习目标】学习使用"编辑面片"修改器。

【案例知识要点】创建四边形面片,移动复制边,调整顶点,结合使用"编辑面片""对称"和"编辑多边形"修改器,以及VR毛皮来制作面具,完成的效果如图9-19所示。

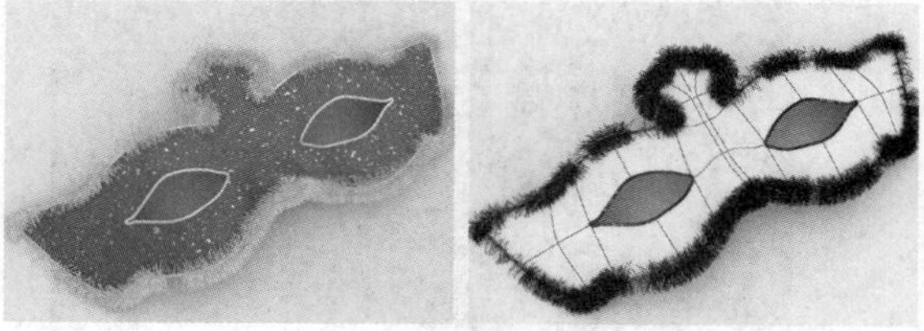

【场景所在位置】光盘>场景>Ch09>面具.max。

【效果图参考场景】光盘>场景>Ch09>面具ok.max。

【贴图所在位置】光盘>Map。

01 选择"■(创建)>◎(几何体)>面片栅格>四边形面片"按钮,在"前"视图中创建四边形面片,在"参数"卷展栏中设置"长度"为50、"宽度"为50,如图9-20所示。

02 切换到☑(修改)命令面板,为圆施加"编辑面片"修改器,将选择集定义为"顶点",在"左"视图中调整顶部的顶点控制点,如图9-21所示。

图9-19

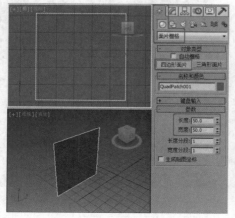
图9-20

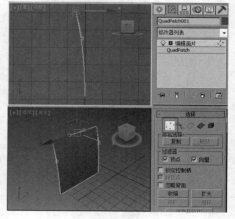
图9-21

03 将选择集定义为"边",在"前"视图中按住Shift键移动复制边,如图9-22所示。

04 继续向下复制边,如图9-23所示。

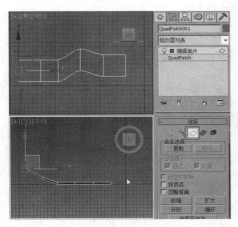 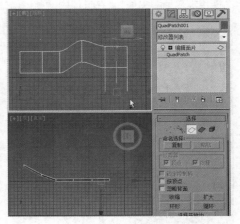

图9-22   图9-23

05 继续复制边,复制之后调整出眼睛的洞,在"几何体"卷展栏中设置"焊接"选项组中的"选定"参数为5,选择需要焊接的顶点,单击"选定"按钮,将顶点进行焊接,如图9-24所示。

06 焊接顶点后,将选择集定义为"顶点",在场景中调整作为鼻子处的顶点,调整出鼻子的高度,如图9-25所示。

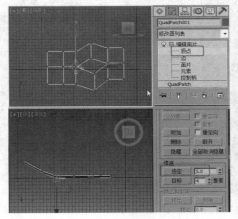 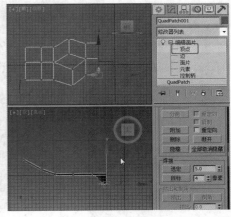

图9-24   图9-25

07 将作为眼睛和鼻子的顶点调整出一定的高度,如图9-26所示。

08 通过调整顶点的控制点,调整出面具的形状,如图9-27所示。

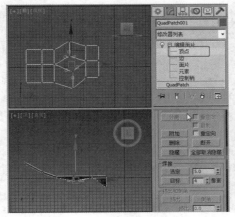 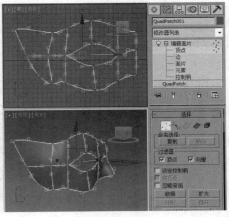

图9-26   图9-27

09 将选择集定义为"边"，按住Shift键移动复制出如图9-28所示的边。

10 关闭选择集，模型施加"对称"修改器，在"参数"卷展栏中选择"镜像轴"为X，选择"翻转"复选框，将选择集定义为"镜像"，在场景中调整镜像轴，如图9-29所示。

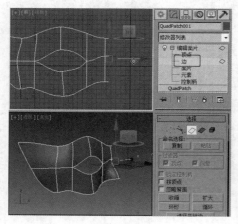
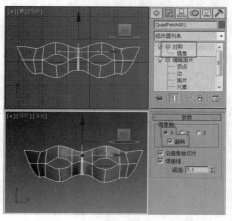

图9-28　　　　　　　　　　　　　　　　图9-29

11 回到"编辑面片"修改器，将选择集定义为"边"，移动复制出如图9-30所示的边。

12 将选择集定义为"顶点"，在场景中调整面片形状，如图9-31所示。

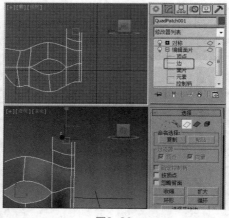
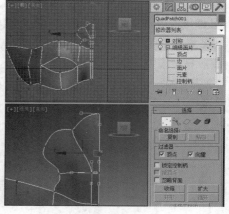

图9-30　　　　　　　　　　　　　　　　图9-31

13 回到"对称"修改器，并再次施加"编辑多边形"修改器，将选择集定义为"边"，选择如图9-32所示的边，在"编辑边"卷展栏中单击"创建图形"按钮，将选择的边创建为图形。

14 使用同样的方法创建另外的图形，设置图形的可渲染，并为可渲染的图形施加"编辑多边形"修改器，将可渲染的样条线转换为多边形，如图9-33所示。

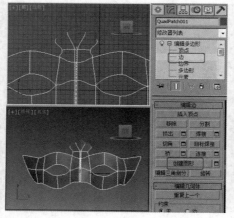
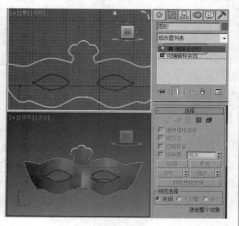

图9-32　　　　　　　　　　　　　　　　图9-33

15 为如图9-34所示的边框模型设置VR毛皮，使用默认的参数。

16 在场景中选择面具模型，删除"编辑多边形"修改器，如图9-35所示。

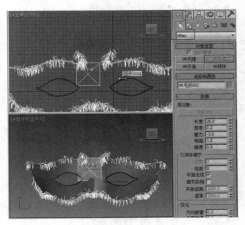

图9-34

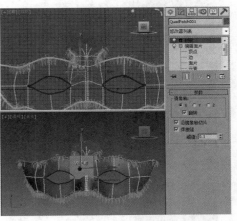

图9-35

9.5 课堂案例——使用曲面制作勺子

"曲面"修改器基于样条线网络的轮廓生成面片曲面，会在三面体或四面体的交织样条线分段的任何地方创建面片。将"曲面"修改器和"横截面"修改器合在一起，称为"曲面工具"。

下面介绍"曲面"修改器的"参数"卷展栏，如图9-36所示。

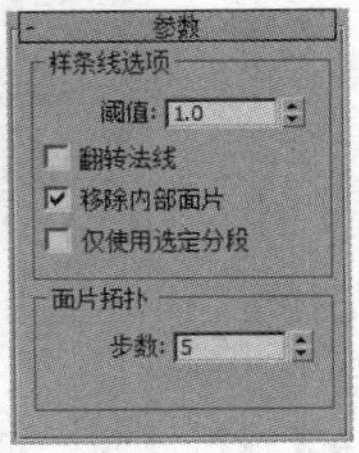

- 阈值：确定用于焊接样条线对象顶点的总距离。所有在彼此阈值内的顶点/向量将视为一个整体。

- 翻转法线：翻转面片曲面的法线方向。

- 移除内部面片：移除通常看不见的对象的内部面片。这些面是在封口内创建的面，或是相同类型闭合多边形的其他内部面片。

图9-36

- 仅使用选定分段：只使用"编辑样条线"修改器中选定的分段来创建面片。

- 步数：用以确定在每个顶点间使用的步数。步数值越高，所得到的顶点之间的曲线就越平滑。

【案例学习目标】学习使用"曲面"修改器。

【案例知识要点】创建样条线，对样条线进行连接复制，通过调整图形的形状，并为其施加"曲面"和"壳"修改器完成勺子的制作，如图9-37所示。

【场景所在位置】光盘>场景> Ch09>勺子.max。

【效果图参考场景】光盘>场景> Ch09>勺子ok.max。

图9-37

【贴图所在位置】光盘>Map。

01 单击"（创建）>（图形）>线"按钮，在"前"视图中创建样条线，创建样条线时样条线中间有一个控制点，如图9-38所示。

02 切换到（修改）命令面板，将选择集定义为"样条线"，在"几何体"卷展栏中选择"连接复制"选项组中的"连接"复选框，在"左"视图中按住Shift键移动复制样条线，如图9-39所示。

03 取消选择"连接复制"选项组中的"连接"复选框，在"软选择"卷展栏中选择"使用软选择"复选框，设置"衰减"为0，如图9-40所示。

04 将选择集定义为"顶点"，在场景中调整勺子头的形状，如图9-41所示。

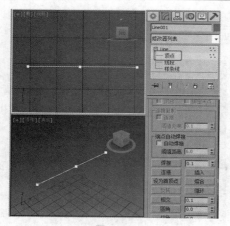

图9-38

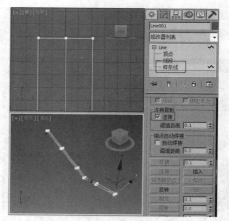

图9-39

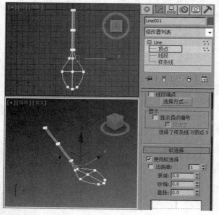

图9-40

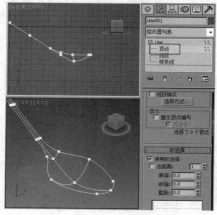

图9-41

05 继续调整勺子把的形状，如图9-42所示。

06 调整图形的形状后，关闭选择集，为图形施加"曲面"修改器，在"参数"卷展栏中设置"阈值"为20，在"面片拓扑"卷展栏中设置"步数"为100，如图9-43所示。

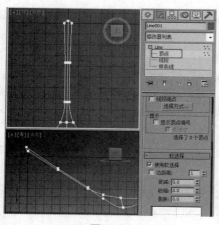

图9-42

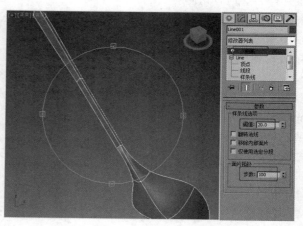

图9-43

07 在修改器堆栈中激活 **I** （显示最终结果）按钮，通过观察模型调整图形的顶点，如图9-44所示。

08 调整完成模型后，为模型施加"壳"修改器，在"参数"卷展栏中设置"外部量"为3，如图9-45所示。

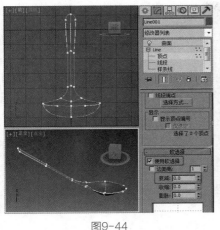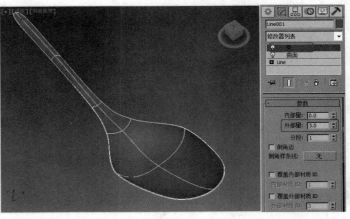

| 图9-44 | 图9-45 |

▶9.6　课堂练习——卡通笑脸的制作

【练习知识要点】创建面片栅格，通过调整顶点的控制手柄和细化命令制作出笑脸，并结合使用"对称"修改器完成卡通笑脸的制作，如图9-46所示。

【效果图参考场景】光盘 >场景 >Ch09>卡通笑脸.max。

【贴图所在位置】光盘 >Map。

▶9.7　课后习题——蝴蝶结的制作

【习题知识要点】创建面片栅格，通过调整顶点，移动复制边，完成蝴蝶结的制作，如图9-47所示。

【效果图参考场景】光盘 >场景 >Ch09>蝴蝶结.max。

【贴图所在位置】光盘 >Map。

| 图9-46 | 图9-47 |

3ds Max中的材质与贴图

好的作品除了模型之外还需要材质贴图的配合，材质与贴图是三维创作中非常重要的环节，其重要性和难度丝毫不亚于建模。通过本章的学习，应掌握材质编辑器的参数设定，常用材质和贴图，以及"UVW贴图"的使用方法。

真实世界中的物体都有自身的表面特征，例如透明的玻璃，不同的金属具有不同的光泽度，石材和木材有不同的颜色和纹理等。

在3ds Max中创建好模型后，使用材质编辑器可以准确、逼真地表现物体不同的颜色、光泽和质感特性，图10-1所示为给3ds Max模型指定材质后的效果。

图10-1

贴图的主要材质是位图，在实际应用中主要用到下面几种位图形式。

● BMP位图格式：它有Windows和OS/2两种格式，该种文件几乎不压缩，占用磁盘空间较大，它的颜色存储格式有1位、4位、8位和24位，是当今应用比较广泛的一种文件格式。

● GIF格式：Compuserve提供的GIF是一种图形变换格式（Graphics Interchange Format），这是一种经过压缩的格式，它使用LZW（Lempel-ZIV And Welch）压缩方式。该格式在Internet上被广泛应用，其原因主要是256种颜色已经较能满足主页图形的需要，且文件较小，适合网络环境下的传输和浏览。

● JPEG格式：JPEG格式是由Joint Photographic Experts Group发展出来的标准，可以用不同的压缩比例对这种文件进行压缩，且压缩技术十分先进，对图像质量影响较小，因此可以用最少的磁盘空间得到较好的图像质量。由于它性能优异，所以应用非常广泛，是目前Internet上主流的图形格式，但JPEG格式是一种有损压缩。

● PSD格式：PSD是Adobe Photoshop的专用格式，在该软件所支持的各种格式中，PSD格式的存取速度比其他格式快很多。由于Photoshop软件越来越广泛地被应用，所以这个格式也逐步流行起来。用PSD格式存档时会将文件压缩，以节省空间，但不会影响图像质量。

● TIFF格式：这是由Commode Amga计算机所采用的文件格式，它是Interchange File Format的缩写，有许多绘图或图像处理软件使用TIFF格式来进行文件交换。TIFF格式具有图形格式复杂、存储信息多的特点。3ds Max中的大量贴图就是TIFF格式的。TIFF最大色深为32bit，可采用LZW无损压缩方案存储。

● PNG格式：PNG（Portable Network Graphics）是一种新兴的网络图形格式，结合了GIF和JPEG的优点，具有存储形式丰富的特点。PNG最大色深为48bit，采用无损压缩方案存储。著名的Macromedia公司的Fireworks软件的默认格式就是PNG。

▶10.1　材质编辑器

材质编辑器是一个浮动的窗口，用于设置不同类型和属性的材质与贴图效果，并将设置的结果赋予场景中的物体。

在工具栏中单击 （材质编辑器）按钮，打开"Slate材质编辑器"窗口，如图10-2所示。平板材质编辑器是一个具有多个元素的图形界面。

按住 按钮，弹出隐藏的 （材质编辑器）按钮，打开精简"材质编辑器"窗口，如图10-3所示。

图10-2

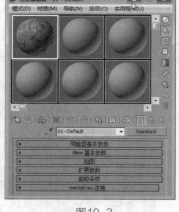

图10-3

10.1.1　材质构成

材质构成用于描述材质视觉和光学上的属性，主要包括颜色构成、高光控制、自发光和不透明性，另外，使用的Shader类型不同，标准材质的构成也有所不同。

颜色构成：一个单一颜色的表面由于光影的作用，通常会反映出多种颜色，3ds Max中绝大部分的标准材质都是通过4种颜色构成对其进行模拟的。

- 环境光：对象阴影区域的颜色。
- 漫反射：普通照明情况下对象的"原色"。
- 高光反射：对象高亮照射部分的颜色。某些标准类型可以产生高光色，但无法进行设置。

这3部分分别代表着对象的3个受光区域，如图10-4所示。

- 过滤色：光线穿过对象所传播的颜色。只有当对象的不透明属性低于100%时才出现。

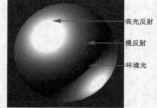

图10-4

- 高光控制：不同的Shader类型对标准材质的高光控制也各不相同，但大部分都是由多个参数进行控制的，如光泽度、高光级别等。
- 自发光：自发光可以模拟对象从内部进行发光的效果。
- 不透明度：不透明度是对象的相对透明程度，降低不透明性，对象会变得更为透明。

以上绝大部分的材质构成都可以指定贴图，诸如漫反射、不透明度等，通过贴图可以使材质的外表更为复杂和真实。

10.1.2　材质编辑器菜单

在菜单栏中包含创建和管理场景中材质的各种选项的菜单。大部分菜单选项也可以从工具栏或导航按钮中找到，因此下面就跟随菜单选项来介绍相应的按钮。

下面介绍"Slate材质编辑器"窗口中的菜单栏。

1. "模式"菜单

"模式"菜单（如图10-5所示）中的各项命令介绍如下。

- 精简材质编辑器：显示精简材质编辑器。
- Slate材质编辑器：显示平板材质编辑器。

图10-5

2. "材质"菜单

"材质"菜单（如图10-6所示）中的各项命令介绍如下。

- 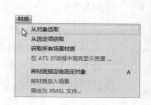（从对象选取）：选择此命令后，3ds Max 会显示一个滴管光标。单击视口中

图10-6

的一个对象，以在当前"视图"中显示出其材质。

- 从选定项获取：从场景中选定的对象上获取材质，并显示在活动视图中。
- 获取所有场景材质：在当前视图中显示所有场景材质。
- 在ATS对话框中高亮显示资源：选择该命令，将弹出"资源追踪"对话框，其中显示了位图使用的外部文件的状态。如果针对位图节点选择此命令，关联的文件将在"资源追踪"对话框中高亮显示。
- （将材质指定给选定对象）：将当前材质指定给当前选择中的所有对象。快捷键为A。
- （将材质放入场景）：仅当具有与应用到对象的材质同名的材质副本，且已编辑该副本以更改材质的属性时，该命令才可用。选择"将材质放入场景"命令可以更新应用了旧材质的对象。
- 导出为XMSL文件：选择该命令，将弹出一个文件对话框，将当前材质导出到 MetaSL（XMSL）文件。

3. "编辑"菜单

"编辑"菜单（如图10-7所示）中的各项命令介绍如下。

- （删除选定对象）：在活动"视图"中，删除选定的节点或关联。快捷键为 Delete。

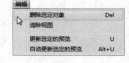

图10-7

- 清除视图：删除活动"视图"中的全部节点和关联。
- 更新选定的预览：自动更新关闭时，选择此选项可以为选定的节点更新预览窗口。快捷键为U。
- 自动更新选定的预览：切换选定预览窗口的自动更新。快捷键为Alt+U。

4. "选择"菜单

"选择"菜单（如图10-8所示）中的各项命令介绍如下。

- （选择工具）：激活"选择工具"工具。"选择工具"处于活动状态时，此命令旁边会有一个复选标记。快捷键为S。
- 全选：选择当前视图中的所有节点。快捷键为Ctrl+A。
- 全部不选：取消当前视图中的所有节点的选择。快捷键为Ctrl+D。
- 反选：反转当前选择，之前选定的节点全都取消选择，未选择的节点现在全都选择。快捷键为Ctrl+I。
- 选择子对象：选择当前选定节点的所有子节点。快捷键为Ctrl+C。
- 取消选择子对象：取消选择当前选定节点的所有子节点。
- 选择树：选择当前树中的所有节点。

图10-8

5. "视图"菜单

"视图"菜单（如图10-9所示）中的各项命令介绍如下。

- （平移工具）：选择"平移工具"命令后，在当前视图中拖动就可以平移视图了。快捷键为Ctrl+P。
- （平移至选定项）：将"视图"平移至当前选择的节点。快捷键为Alt+P。
- （缩放工具）：选择"缩放工具"命令后，在当前视图中拖动就可以缩放视图了。快捷键为Alt+Z。
- （缩放区域工具）：选择"缩放区域工具"命令后，在视图中拖动一块矩形选区就可以放大该区域了。快捷键为Ctrl+W。
- （最大化显示）：缩放视图，从而让视图中的所有节点都可见且居中显示。快捷键为Ctrl+Alt+Z。

图10-9

- （选定最大化显示）：缩放视图，从而让视图中的所有选定节点都可见且居中显示。快捷键为Z。
- 显示栅格：将一个栅格的显示切换为视图背景。默认设置为启用。快捷键为G。
- 显示滚动条：根据需要，切换"视图"右侧和底部的滚动条的显示。默认设置为禁用状态。
- 布局全部：自动排列视图中所有节点的布局。快捷键为L。
- （布局子对象）：自动排列当前所选节点的子对象的布局。此操作不会更改父节点的位置。快捷键为C。

- 打开/关闭选定的节点：打开（展开）或关闭（折叠）选定的节点。
- 自动打开节点示例窗：选择此命令后，新创建的所有节点都将会打开（展开）。
- ☑（隐藏未使用的节点示例窗）：对于选定的节点，在节点打开的情况下切换未使用的示例窗的显示。快捷键为 H。

6. "选项"菜单

"选项"菜单（如图10-10所示）中的各项命令介绍如下。

- ☑（移动子对象）：选择此命令时，移动父节点会移动与之相随的子节点。禁用此命令时，移动父节点不会更改子节点的位置。默认设置为禁用状态。快捷键为 Alt+C。
- 同步选择：启用此命令后，会将下部材质面板中所做出的选择与场景中的模型同步。
- 将材质传播到实例：选择此命令时，任何指定的材质将被传播到场景中对象的所

图10-10

有实例，包括导入的 AutoCAD 块或基于 ADT 样式的对象，它们都是 DRF 文件中常见的对象类型。

- 启用全局渲染：切换预览窗口中位图的渲染。默认设置为启用。
- 首选项：选择该命令将弹出"选项"对话框，如图10-11所示，可以在其中设置材质编辑器的一些选项，这里就不详细介绍了。

图10-11

图10-12

图10-13

7. "工具"菜单

"工具"菜单（如图10-12所示）中的各项命令介绍如下。

- ☑（材质/贴图浏览器）：切换"材质/贴图浏览器"的显示。默认设置为启用。
- ☑（参数编辑器）：切换"参数编辑器"的显示。默认设置为启用。
- 导航器：切换"导航器"的显示。默认设置为启用。

8. "实用程序"菜单

"实用程序"菜单（如图10-13所示）中的各项命令介绍如下。

- 渲染贴图：此命令仅对贴图节点显示。选择该命令将弹出"渲染贴图"对话框，以便可以渲染贴图（可能是动画贴图）预览。
- ☑（按材质选择对象）：仅当为场景中使用的材质选择了单个材质节点时启用。使用"按材质选择对象"可以基于"材质编辑器"中的活动材质选择对象。选择此命令将弹出"选择对象"对话框。
- 清理多维材质：打开"清理多维材质"工具，用于删除场景中未使用的子材质。
- 实例化重复的贴图：打开"实例化重复的贴图"工具，用于合并重复的位图。

10.1.3 活动视图

在"Slate材质编辑器"的"视图"中显示了材质和贴图节点，用户可以在节点之间创建关联。

1. 编辑节点

可以折叠节点隐藏其窗口，如图10-14所示，也可以展开节点显示窗口，如图10-15所示。还可以在水平

方向调整节点大小，这样可以更易于读取窗口名称，如图10-16所示。

通过双击预览，可以放大节点标题栏中预览的大小。要减小预览大小，再次双击预览即可，如图10-17所示。

在节点的标题栏中，材质预览的拐角处表明材质是否是热材质。没有三角形则表示场景中没有使用材质，如图10-18（左）所示；轮廓式白色三角形表示此材质是热材质，换句话说，它已经在场景中被实例化，如图10-18（中）所示；实心白色三角形表示材质不仅是热材质，而且已经被应用到当前选定的对象上，如图10-18（右）所示。如果材质没有应用于场景中的任何对象，就称它是冷材质。

图10-14

图10-15

图10-16

2. 关联节点

要设置材质组件的贴图，请将一个贴图节点关联到该组件窗口的输入套接字。从贴图套接字拖到材质套接字上，图10-19所示为创建的关联。

材质节点标题栏中的预览图标现在显示纹理贴图。Slate材质编辑器还添加了一个 Bezier 浮点控制器节点，以控制贴图量。

若要移除选定项，单击工具栏中的 █（删除选定对象）按钮，或直接单击 Delete键。同样，使用这种方法也可以将创建的关联删除。

图10-17

图10-18

3. 替换关联方法

在视图中拖动出关联，在视图的空白部分释放新关联，将打开一个用于创建新节点的菜单，如图10-20所示。用户可以从输入套接字向后拖动，也可以从输出套接字向前拖动。

如果将关联拖动到目标节点的标题栏，则将显示一个弹出菜单，可通过它选择要关联的组件窗口，如图10-21所示。

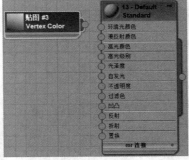

图10-19

10.1.4　材质工具按钮

使用 Slate（平板）材质编辑器工具栏可以快速访问许多命令。该工具栏还包含一个下拉列表框，使用户可以在命名的视图之间进行选择。图10-22所示

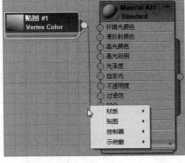

图10-20

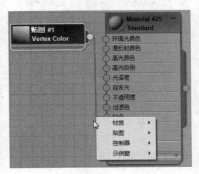

图10-21

为 Slate（平板）材质编辑器的工具栏。

图10-22

工具栏中各个工具的功能介绍如下（前面菜单中相同的工具，这里就不重复介绍了）。

- ▨（在视图中显示标准贴图）：在视图中显示设置的贴图。
- ▨（在预览中显示背景）：在预览窗口中显示方格背景。
- ▨（布局全部－水平）：单击此按钮将以垂直模式自动布置所有节点。
- ▨（布局全部－垂直）：单击此按钮将以水平模式自动布置所有节点。
- ▨（按材质选择）：仅当选定了单个材质节点时才启用此按钮。

"材质编辑器"中与"Slate（平板）材质编辑器"中的参数基本相同，下面将主要介绍"材质编辑器"窗口中的工具按钮的使用。

工具栏中各个工具的功能介绍如下。

- ▨（将材质放入场景）：在编辑材质之后更新场景中的材质。
- ▨（生成材质副本）：通过复制自身的材质，生成材质副本，冷却当前热示例窗。
- ▨（使唯一）：可以使贴图实例成为唯一的副本。
- ▨（放入库）：可以将选定的材质添加到当前库中。
- ▨（材质ID通道）：将材质标记为 Video Post 效果或渲染效果，或存储以 RLA 或 RPF 文件格式保存的渲染图像的目标（以便通道值可以在后期处理应用程序中使用）。材质ID值等同于对象的 G 缓冲区值。范围为 1～15 表示将此通道 ID 的 Video Post 或渲染效果应用于该材质。
- ▨（显示最终结果）：当此按钮处于启用状态时，示例窗将显示▨（显示最终结果），即材质树中所有贴图和明暗器的组合。当此按钮处于禁用状态时，示例窗只显示材质的当前层级。
- ▨（转到父对象）：可以在当前材质中向上移动一个层级。
- ▨（转到下一个同级项）：将移动到当前材质中相同层级的下一个贴图或材质。
- ▨▨▨（采样类型）：使用"采样类型"弹出按钮可以选择要显示在活动示例中的几何体，如图10-23 所示。
- ▨（背光）：将背光添加到活动示例窗中。默认情况下，此按钮处于启用状态。图10-24（左）所示为启用背光后的效果，图10-24（右）所示为未启用背光时的效果。

图10-23

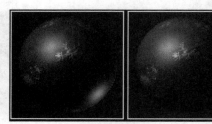

图10-24

- ▨▨▨（采样UV平铺）：使用"采样UV平铺"弹出按钮可以在活动示例窗中调整采样对象上的贴图图案重复，如图10-25 所示。
- ▨（视频颜色检查）：用于检查示例对象上的材质颜色是否超过安全 NTSC 或 PAL 阈值。图10-26（左）所示为颜色过分饱和的材质，图10-26（右）所示为"视频颜色检查"超过视频阈值的黑色区域。

图10-25

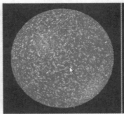

图10-26

- （生成预览）、（播放预览）、（保存预览）：单击"生成预览"按钮，弹出 "创建材质预览"对话框，创建动画材质的 AVI文件，如图10-27所示；单击"播放预览"按钮，使用 Windows Media Player 播放 .avi预览文件；单击"保存预览"按钮，将 .avi预览以另一名称的 AVI文件形式保存。

- （选项）：单击此按钮，将弹出"材质编辑器选项"对话框，可以帮助用户控制如何在示例中显示材质和贴图，如图10-28所示。

图10-27

图10-28

10.2　材质类型

下面将以精简材质编辑器为例向大家介绍材质类型，在材质编辑器窗口中单击Standard按钮，在弹出的"材质/贴图浏览器"对话框中展开"材质"卷展栏中的"标准"卷展栏，其中列出了标准材质类型，如图10-29所示。

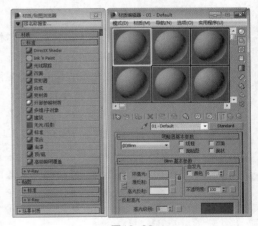

图10-29

实例操作54：使用标准材质设置耳麦材质

"标准"材质是默认的通用材质，在真实生活中，对象的外观取决于它反射光线的情况，在3ds Max 中，标准材质用来模拟对象表面的反射属性，在不使用贴图的情况下，标准材质为对象提供了单一均匀的表面颜色效果。

1. "明暗器基本参数"卷展栏

该卷展栏中的参数用于设置材质的明暗效果及渲染形态，如图10-30所示。

图10-30

- 线框：选择该复选框后，将以网格线框的方式对物体进行渲染，如图10-31所示。
- 双面：选择该复选框后，将对物体的双面全部进行渲染，如图10-32所示。
- 面贴图：选择该复选框后，可将材质赋予物体的所有面，如图10-33所示。
- 面状：选择该复选框后，物体将以面的方式被渲染，如图10-34所示。

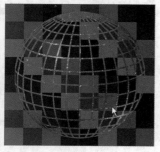
图10-31

图10-32

图10-33

图10-34

- 明暗方式下拉列表框：用于选择材质的渲染属性。3ds Max 2014提供了8种渲染属性，如图10-35所示。其中，Blinn、"金属""各向异性"和Phong是比较常用的材质渲染属性。

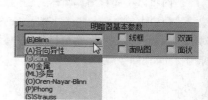
图10-35

- 各向异性：多用于椭圆表面的物体，能很好地表现出毛发、玻璃、陶瓷和粗糙金属的效果。
- Blinn：以光滑方式进行表面渲染，易表现冷色坚硬的材质，是3ds Max 2014默认的渲染属性。
- 金属：专用金属材质，可表现出金属的强烈反光效果。
- 多层：具有两组高光控制选项，能产生更复杂、更有趣的高光效果，适合做抛光的表面和特殊效果等，如缎纹、丝绸和光芒四射的油漆等效果。
- Oren-Nayar-Blinn：是Blinn渲染属性的变种，但它看起来更柔和，适合表面较为粗糙的物体，如织物、地毯等效果。
- Phong：以光滑方式进行表面渲染，易表现暖色柔和的材质。
- Strauss：其属性与"金属"相似，多用于表现金属，如光泽的油漆、光亮的金属等效果。
- 半透明明暗器：专用于设置半透明材质，多用于表现光线穿过半透明物体，如窗帘、投影屏幕或者蚀刻了图案的玻璃等效果。

2. 基本参数卷展栏

基本参数卷展栏中的参数不是一直不变的，而是随着渲染属性的改变而改变，但大部分参数都是相同的。这里以常用的Blinn和"各向异性"为例介绍相关参数。

（1）"Blinn 基本参数"卷展栏中显示的是 3ds Max 2014 默认的基本参数，如图 10-36 所示。

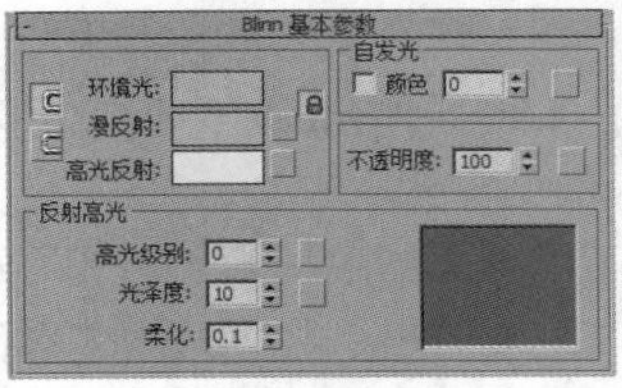

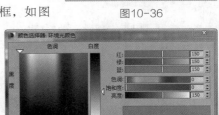

图 10-36

- 环境光：用于设置物体表面阴影区域的颜色。
- 漫反射：用于设置物体表面漫反射区域的颜色。
- 高光反射：用于设置物体表面高光区域的颜色。

单击这 3 个参数右侧的颜色框，会弹出"颜色选择器"对话框，如图 10-37 所示，设置好合适的颜色后单击"确定"按钮即可。若单击"重置"按钮，颜色设置将回到初始位置。对话框右侧用于设置颜色的红、绿、蓝值，可以通过数值来设置颜色。

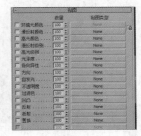

- 自发光：使材质具有自身发光的效果，可用于制作灯和电视机屏幕的光源物体。该参数可以在数值框中输入数值，此时"漫反射"将作为自发光色，如图 10-38 所示。也可以选择左侧的复选框，使数值框变为颜色框，然后单击颜色框选择自发光的颜色，如图 10-39 所示。

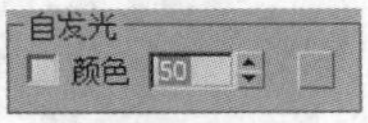

图 10-37

- 不透明度：用于设置材质的不透明百分比值，默认值为 100，表示完全不透明；值为 0 时，表示完全透明。

图 10-38

"反射高光"选项组：用于设置材质的反光强度和反光度。

- 高光级别：用于设置高光亮度。值越大，高光亮度就越大。
- 光泽度：用于设置高光区域的大小。值越大，高光区域越小。
- 柔化：具有柔化高光的效果，取值为 0 ~ 1.0。

图 10-39

（2）"各向异性基本参数"卷展栏：在明暗方式下拉列表框中选择"各向异性"选项，基本参数卷展栏中的参数发生了变化，如图 10-40 所示。

- 漫反射级别：用于控制材质的"环境光"颜色的亮度，改变参数值不会影响高光。取值范围为 0 ~ 400，默认值为 100。
- 各向异性：控制高光的形状。
- 方向：设置高光的方向。

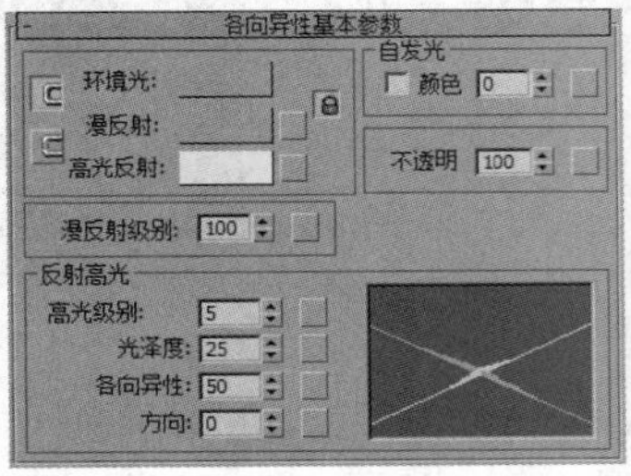

（3）"贴图"卷展栏：贴图是制作材质的关键环节，3ds Max 2014 在标准材质的贴图设置面板中提供了多种贴图通道，如图 10-41 所示。每一种都有其独特之处，通过贴图通道进行材质的赋予和编辑，能使模型具有真实的效果。

图 10-40　　　　　　图 10-41

在"贴图"卷展栏中有部分贴图通道与前面"基本参数"卷展栏中的参数对应。在"基本参数"卷展栏中可以看到有些参数的右侧都有一个█按钮，这和贴图通道中的 None 按钮的作用相同，单击后都会弹出"材质/贴图浏览器"对话框，如图 10-42 所示。在"材质/贴图浏览器"对话框中可以选择贴图类型。下面先对部分贴图通道进行介绍。

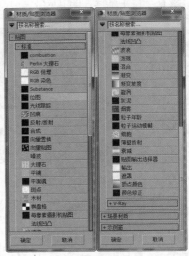

- 环境光颜色：将贴图应用于材质的阴影区，默认状态下，该通道被禁用。
- 漫反射颜色：用于表现材质的纹理效果，是最常用的一种贴图，如图 10-43 所示。
- 高光颜色：将材质应用于材质的高光区。
- 高光级别：与高光区贴图相似，但强度取决于高光强度的设置。
- 光泽度：贴图应用于物体的高光区域，控制物体高光区域贴图的光泽度。

图 10-42

- 自发光：将贴图以一种自发光的形式应用于物体表面，颜色浅的部分会产生发光效果。
- 不透明度：根据贴图的明暗部分在物体表面上产生透明的效果，颜色深的地方透明，颜色浅的地方不透明。
- 过滤色：根据贴图图像像素的深浅程度产生透明的颜色效果。
- 凹凸：根据贴图的颜色产生凹凸的效果，颜色深的区域产生凹下效果，颜色浅的区域产生凸起效果，如图10-44所示。
- 反射：用于表现材质的反射效果，是建模中一个重要的材质编辑参数，如图10-45所示，模型表面具有反射效果。
- 折射：用于表现材质的折射效果，常用于表现水和玻璃的折射效果，如图10-46所示玻璃钟表。

图10-43　　　　　　　　图10-44　　　　　　　　图10-45　　　　　　　　图10-46

【案例学习目标】学习使用标准材质。

【案例知识要点】通过设置模型的线框，并将材质指定给相对的模型渲染出效果，如图10-47所示。

【场景所在位置】光盘>场景>Ch10>耳麦.max。

【效果图参考场景】光盘>场景>Ch10>耳麦ok.max。

【贴图所在位置】光盘>Map。

 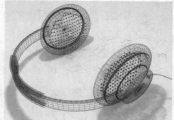

图10-47

01 打开原始场景文件，如图10-48所示，在此场景的基础上设置耳麦的材质。

02 在场景中选择如图10-49所示的耳麦囊模型。

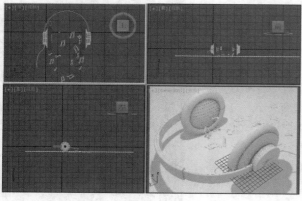 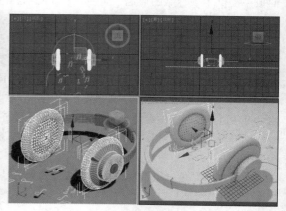

图10-48　　　　　　　　　　　　　　　图10-49

03 在工具栏中单击 （材质编辑器），打开精简"材质编辑器"窗口，从中选择一个新的材质样本球，使用默认的Standard（标准）材质，在"Blinn基本参数"卷展栏中设置"环境光"和"漫反射"的红、绿、蓝均为20，在"反射高光"选项组中设置"高光级别"为0、"光泽度"为0，如图10-50所示，单击 （将材质指定给选定对象），将材质指定给场景中选定的模型。

04 继续在场景中选择如图10-51所示的模型。

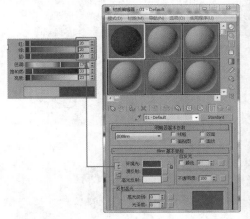

图10-50

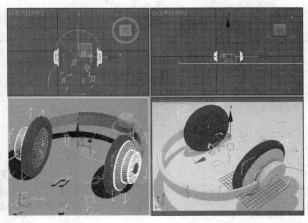

图10-51

05 打开"材质编辑器"窗口，从中选择一个新的材质样本球，在"明暗器基本参数"卷展栏中设置明暗器类型为"各向异性"。

　　在"各向异性基本参数"卷展栏中设置"环境光"和"漫反射"的红、绿、蓝为73、0、198，设置"反射高光"选项组中的"高光级别"为62、"光泽度"为43、"各向异性"为85，如图10-52所示，单击 （将材质指定给选定对象），将材质指定给场景中选定的模型。

06 在场景中选择如图10-53所示的模型。

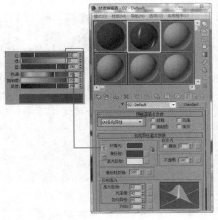

图10-52

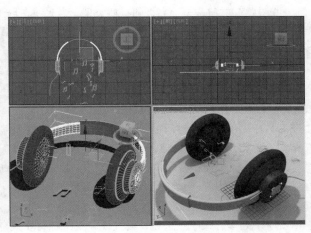

图10-53

07 选择模型后，选择新的材质样本球，在"Blinn基本参数"卷展栏中设置"环境光"和"漫反射"的红、绿、蓝均为15，设置"反射高光"选项组中的"高光级别"为73、"光泽度"为41，如图10-54所示，单击 （将材质指定给选定对象），将材质指定给场景中选定的模型。

08 在场景中选择音符模型，打开"材质编辑器"窗口，从中选择新的材质样本球，在"Blinn基本参数"卷展栏中设置"环境光"和"漫反射"的红、绿、蓝为220、132、0，如图10-55所示。

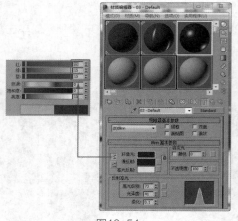

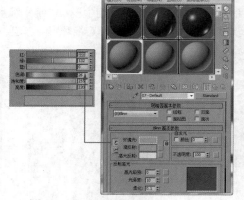

图10-54 图10-55

09 将第一个材质指定给场景中没有指定的最后一个模型，可以看到所有模型指定材质后的效果，如图10-56所示，渲染场景可以得到如图10-57所示的效果。

最后，可以选择所有材质的"线框"复选框，渲染出效果图的线框图。

图10-56 图10-57

实例操作55：使用光线跟踪材质设置玻璃材质

"光线跟踪"材质是一种高级的材质类型。当光线在场景中移动时，通过跟踪对象来计算材质颜色，这些光线可以穿过透明对象，在光亮的材质上反射，得到逼真的效果。

"光线跟踪"材质产生的反射和折射效果要比"光线跟踪"贴图更逼真，但渲染速度会变得更慢。

1. 选择光线跟踪材质

在工具栏中单击 （材质编辑器）按钮，打开"材质编辑器"窗口，单击Standard按钮，弹出"材质/贴图浏览器"对话框，如图10-58所示。双击"光线跟踪"选项，材质编辑器中会显示光线跟踪材质的参数，如图10-59所示。

2. 光线跟踪材质的基本参数

单击明暗处理方式下拉按钮，会发现光线跟踪材质只有5种明暗方式，分别是Phong、Blinn、"金属"、Oren-Nayar-Blinn和"各向异性"，如图10-60所示，这5种方式的属性和用法与标准材质中的是相同的。

图10-58 图10-59

- 环境光：与标准材质不同，此处的阴影色将决定光线跟踪材质吸收环境光的多少。

图10-60

- 漫反射：决定物体高光反射的颜色。
- 发光度：依据自身颜色来规定发光的颜色。与标准材质中的自发光相似。
- 透明度：光线跟踪材质通过颜色过滤表现出的颜色。黑色为完全不透明，白色为完全透明。

● 折射率：决定材质折射率的强度。准确调节该数值能真实反映物体对光线折射的不同折射率。值为1时，是空气的折射率；值为1.5时，是玻璃的折射率；值小于1时，对象沿着它的边界进行折射。

"反射高光"选项组：用于设置物体反射区的颜色和范围。

● 高光颜色：用于设置高光反射的颜色。

● 高光级别：用于设置反射光区域的范围。

● 光泽度：用于决定发光强度，数值范围为0～200。

● 柔化：用于对反光区域进行柔化处理。

● 环境：启用该复选框时，将使用场景中设置的环境贴图；禁用时，将为场景中的物体指定一个虚拟的环境贴图，这会忽略在环境和效果对话框中设置的环境贴图。

● 凹凸：设置材质的凹凸贴图，与标准类型材质的"贴图"卷展栏中的"凹凸"贴图相同。

3. 光线跟踪材质的扩展参数

"扩展参数"卷展栏中的参数用于对光线跟踪材质类型的特殊效果进行设置，如图10-61所示。

（1）"特殊效果"选项组。

● 附加光：与环境光一样，能用于模拟从一个对象放射到另一个对象上的光。

● 半透明：可用于制作薄对象的表面效果，有阴影投在薄对象的表面。当用在厚对象上时，可以用于制作类似于蜡烛或有雾的玻璃效果。

● 荧光、荧光偏移："荧光"使材质发出类似黑色灯光下的荧光颜色，它将使材质被照亮，就像被白光照亮，而不管场景中光的颜色。而"荧光偏移"决定亮度的程度，1.0表示最亮，0表示不起作用。

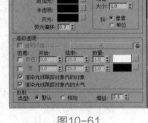

图10-61

（2）"高级透明"选项组。

● 密度和颜色：可以使用颜色密度创建彩色玻璃效果，其颜色的程度取决于对象的厚度和"数量"参数，"开始"参数用于设置颜色开始的位置，"结束"参数用于设置颜色达到最大值的距离。

（3）"反射"选项组决定反射时漫反射颜色的发光效果。选择"默认"单选按钮时，反射被分层，把反射放在当前漫反射颜色的顶端；选择"相加"单选按钮时，给漫反射颜色添加反射颜色。

● 增益：用于控制反射的亮度，取值范围为0～1。

【案例学习目标】学习使用标准材质。

【案例知识要点】通过设置模型的线框，并将材质指定给相对的模型渲染出效果，如图10-62所示。

【场景所在位置】光盘>场景>Ch10>玻璃.max。

【效果图参考场景】光盘>场景>Ch10>玻璃ok.max。

【贴图所在位置】光盘>Map。

图10-62

`01` 打开场景文件，如图10-63所示。

`02` 在工具栏中单击 (材质编辑器)，打开"材质编辑器"窗口，从中选择一个新的材质样本球，单击Standard（标准）按钮，在弹出的"材质/贴图浏览器"对话框中选择"光线跟踪"材质，单击"确定"按钮。

在"光线跟踪基本参数"卷展栏中设置"环境光"和"漫反射"的红、绿、蓝为219、239、255，设置"反射"的红、绿、蓝均为32，设置"透明度"的颜色为白色，设置"反射高光"选项组中的"高光级别"为50、"光泽度"为40，如图10-64所示。

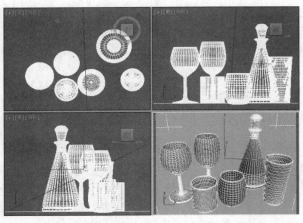
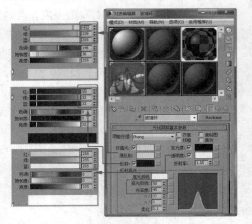

图10-63　　　　　　　　　　　　　　　　　图10-64

实例操作56：使用混合材质设置花瓶图案

　　"混合"材质可以将两种不同的材质融合在表面的同一面上，如图10-65所示。通过不同的融合度，控制两种材质表现出的强度，并且可以制作出材质变形动画。

　　"混合基本参数"卷展栏中的选项功能介绍如下（如图10-66所示）。

- 材质1、材质2：通过单击右侧的空白按钮选择相应的材质。
- 遮罩：选择一张图案或程序贴图来作为蒙版，利用蒙版图案的明暗度来决定两个材质的融合情况。
- 交互式：在视图中以"平滑＋高光"方式交互渲染时，选择哪一个材质显示在对象表面。
- 混合量：确定融合的百分比例，对无蒙版贴图的两个材质进行融合时，依据它来调节混合程度。值为0时，材质1完全可见，材质2不可见；值为1时，材质1不可见，材质2可见。
- 混合曲线：控制蒙版贴图中黑白过渡区造成的材质融合的尖锐或柔和程度，专用于使用了Mask蒙版贴图的融合材质。
- 使用曲线：确定是否使用混合曲线来影响融合效果。
- 转换区域：分别调节"上部"和"下部"数值来控制混合和曲线，两值相近时，会产生清晰尖锐的融合边缘；两值差距很大时，会产生柔和模糊的融合边缘。

　　【案例学习目标】学习使用混合材质。

　　【案例知识要点】通过将材质转换为混合材质，设置材质1和材质2，并指定一个遮罩贴图，完成混合材质的设置，如图10-67所示。

　　【场景所在位置】光盘＞场景＞Ch10＞花瓶图案.max。

　　【效果图参考场景】光盘＞场景＞Ch10＞花瓶图案ok.max。

　　【贴图所在位置】光盘＞Map。

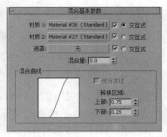

图10-65　　　　　　　　　　　图10-66　　　　　　　　　　　图10-67

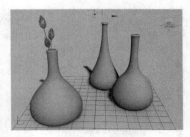

图10-68

01 打开原始场景文件，如图10-68所示。

02 打开"材质编辑器"窗口，单击Standard按钮，在弹出的"材质/贴图浏览器"对话框中选择"混合"材质，单击"确定"按钮，如图10-69所示。

03 单击"材质1"按钮，进入子材质层级面板，单击Standard按钮，在弹出的"材质/贴图浏览器"对话框中选择"光线跟踪"材质，单击"确定"按钮，将材质转换为光线跟踪材质，在"光线跟踪基本参数"卷展栏中，设置"反射"的红、绿、蓝为176、138、0，设置"漫反射"的红、绿、蓝均为80，设置"透明度"的红、绿、蓝均为209，设置"反射高光"选项组中的"高光级别"为62、"光泽度"为52，如图10-70所示。

图10-69

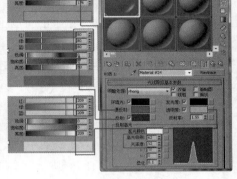

图10-70

04 单击 （转到父对象）按钮，回到混合材质面板中，单击"材质2"按钮，进入材质2面板，在"Blinn基本参数"卷展栏中设置"环境光"和"漫反射"的红、绿、蓝为176、138、0，如图10-71所示。

05 单击 （转到父对象）按钮，回到混合材质面板中，在"混合基本参数"卷展栏中单击"遮罩"后的"无"按钮，在弹出的"材质/贴图浏览器"对话框中选择"位图"贴图，单击"确定"按钮，如图10-72所示。

图10-71

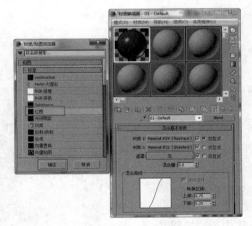

图10-72

06 再在弹出的对话框中选择"黑白条纹.jpg"文件，单击"打开"按钮，如图10-73所示。

07 进入贴图层级面板，使用默认的参数即可，如图10-74所示，单击两次 （转到父对象）按钮，回到主材质面板，将材质指定给场景中的花瓶模型。

08 渲染得到如图10-75所示的效果。

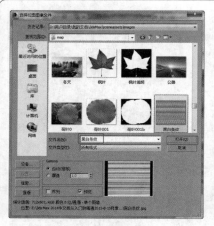

图10-73　　　　　　　　图10-74　　　　　　　　图10-75

实例操作57：使用多维/子对象材质设置包装盒材质

将多个材质组合为一种复合式材质，分别为一个对象的不同子对象指定选择级别，创建"多维/子对象"材质，将它指定给目标对象。

"多维/子对象基本参数"卷展栏中的选项功能介绍如下（如图10-76所示）。

- 设置数量：设置拥有子级材质的数目，注意如果减少数目，将会丢弃已经设置的材质。
- 添加：添加一个新的子材质。新材质默认的ID号为当前最大的ID号加1。
- 删除：删除当前选择的子材质。
- ID排序：单击后按子材质ID号的升序排列。
- 名称排序：单击后按名称栏中指定的名称进行排序。

图10-76

- 子材质排序：单击后按子材质的名称进行排序。

【案例学习目标】学习使用多维子/对象材质和标准材质。

【案例知识要点】设置多维子/对象材质和标准材质来制作包装盒的材质效果，如图10-77所示。

【场景所在位置】光盘>场景>Ch10>包装盒.max。

【效果图参考场景】光盘>场景>Ch10>包装盒ok.max。

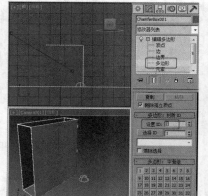

【贴图所在位置】光盘>Map。

图10-77

01 打开原始场景文件，在场景中选择长方体，为模型施加"编辑多边形"修改器，将选择集定义为"多边形"，在场景中选择如图10-78所示的多边形，在"多边形：材质ID"卷展栏中设置"设置ID"为1。

02 在场景中选择如图10-79所示的多边形，设置"设置ID"为2。

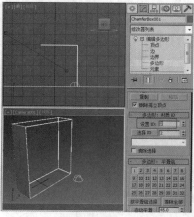

图10-78　　　　　　　　　图10-79

03 在场景中选择如图10-80
所示的多边形，设置"设置ID"
为3。

04 在场景中选择如图10-81
所示的多边形，设置"设置ID"
为4。

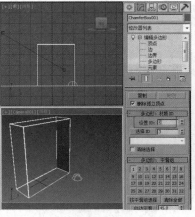
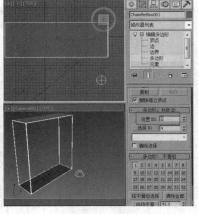

图10-80　　　　　　　　　　　　　　　　图10-81

05 在工具栏中单击 （材质编辑器）按钮，单击Standard按钮，在弹出的"材质/贴图浏览器"对话框中
选择"多维/子对象"
材质，单击"确定"
按钮，如图10-82所
示。

06 在"多维/子对象
基本参数"卷展栏中
单击"设置数量"按
钮，在弹出的对话框
中设置"材质数量"
为4，单击"确定"按
钮，如图10-83所示。

图10-82　　　　　　　　　　　　　　　　图10-83

07 单击（1）号材质后的灰色"无"按钮，在弹出的"材质/贴图浏览器"对话框中选择"标准"材质，单
击"确定"按钮，如图10-84所示。

08 进入（1）号材质设置面板，在"Blinn基本参数"卷展栏中设置"自发光"为20，单击"漫反射"后的灰
色按钮，在弹出的"材质/贴图浏览器"对话框中选择"位图"贴图，单击"确定"按钮，如图10-85所示。

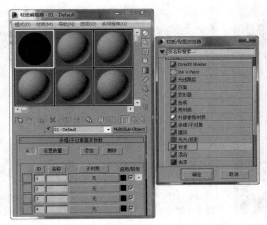
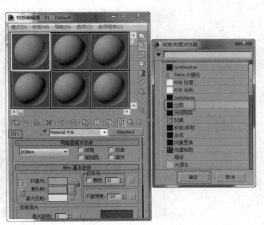

图10-84　　　　　　　　　　　　　　　　图10-85

09 在弹出的"选择位图图像文件"对话框中选择"fangan3.tif"文件，单击"打开"按钮，进入贴图层级面板，在"位图"参数卷展栏中选择"应用"单选按钮，单击"查看图像"按钮，在弹出的对话框中裁剪图像，如图10-86所示。

10 单击 （转到父对象）按钮，回到多维子对象材质面板，将（1）号材质的材质按钮拖曳到（2）号材质的"无"按钮上，在弹出的对话框中选择"复制"单选按钮，单击"确定"按钮，如图10-87所示。

图10-86

图10-87

11 复制材质后，进入（2）号材质的漫反射位图层级面板，修改裁剪图像区域，如图10-88所示。

12 单击两次 （转到父对象）按钮，回到多维/子对象材质面板，将（2）号材质的材质按钮拖曳到（3）号材质的"无"按钮上，在弹出的对话框中选择"复制"单选按钮，单击"确定"按钮，如图10-89所示。

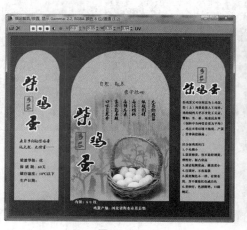

图10-88

图10-89

13 复制材质后，进入（3）号材质的漫反射位图层级面板，修改裁剪图像区域，如图10-90所示。

14 单击两次 （转到父对象）按钮，回到多维子对象材质面板，将（3）号材质的材质按钮拖曳到（4）号材质的"无"按钮上，在弹出的对话框中选择"复制"单选按钮，单击"确定"按钮，如图10-91所示。

图10-90

图10-91

15 单击两次 （转到父对象）按钮，单击 （将材质指定给选定对象），将材质指定给场景中的切角长方体模型，如图10-92所示，可以看到指定材质后模型的材质还是不理想。

16 为模型施加"UVW贴图"修改器，在"参数"卷展栏中设置"贴图"类型为"长方体"，如图10-93所示，这样材质就设置完成。

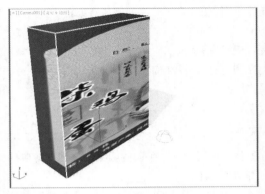

图10-92

图10-93

17 可以对模型进行复制，如图10-94所示。

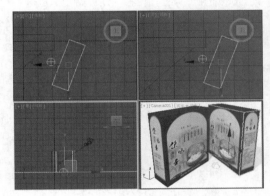

图10-94

10.3 贴图类型

对于纹理较为复杂的材质，用户一般都会采用贴图来实现。贴图能在不增加物体复杂程度的基础上增加物体的细节，提高材质的真实性。

10.3.1 贴图坐标

贴图在空间上是有方向的，当为对象指定一个二维贴图材质时，对象必须使用贴图坐标。贴图坐标指明了贴图投射到材质上的方向，以及是否被重复平铺或镜像等，它使用UVW坐标轴的方式来指明对象的方向。

在贴图通道中选择纹理贴图后，材质编辑器会进入纹理贴图的编辑参数，二维贴图与三维贴图的参数窗口非常相似，大部分参数都相同，如图10-95所示。下面分别介绍"位图"和"凹痕"贴图的编辑参数。

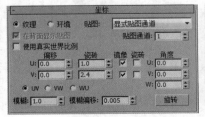

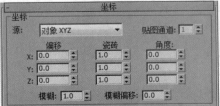

图10-95

- 偏移：用于在选择的坐标平面中移动贴图的位置。
- 瓷砖：用于设置沿着所选坐标方向贴图被平铺的次数。
- 镜像：用于设置是否沿着所选坐标轴镜像贴图。
- "瓷砖"复选框：激活时表示禁用贴图平铺。
- 角度：用于设置贴图沿着各个坐标轴方向旋转的角度。
- UV、VW、WU：用于选择2D贴图的坐标平面，默认为UV平面，VW和WU平面都与对象表面垂直。
- 模糊：根据贴图与视图的距离来模糊贴图。
- 模糊偏移：用于对贴图增加模糊效果，但是它与距离视图远近没有关系。
- 旋转：单击此按钮，将弹出"旋转贴图"对话框，可以对贴图的旋转进行控制。

通过贴图坐标参数的修改，可以使贴图在形态上发生改变。

实例操作58：使用位图贴图设置竹编垃圾篓

"位图"贴图是最简单，也是最常用的二维贴图。它是在物体表面形成一个平面的图案。位图支持包括JPG、TIF、TGA、BMP的静帧图像，以及AVI、FLC和FLI等动画文件。

单击 ![图标]（材质编辑器）按钮，打开"材质编辑器"窗口，在"贴图"卷展栏中单击"漫反射颜色"右侧的None按钮，在弹出的"材质/贴图浏览器"对话框中选择"位图"贴图，弹出"选择位图图像文件"对话框，从中查找贴图，打开后进入"位图参数"卷展栏，如图10-96所示。

- 位图：用于设定一个位图，选择的位图文件名称将出现在按钮上面。需要改变位图文件时也可单击该按钮重新选择。
- 重新加载：单击此按钮，将重新载入所选的位图文件。

"过滤"选项组用于选择对位图应用反走样的计算方法。有"四棱锥""总面积"和"无"3个选项。"总面积"选项要求更多的内存，但是会产生更好的效果。

"RGB通道输出"选项组使位图贴图的RGB通道是彩色的。Alpha作为灰度选项基于Alpha通道显示灰度级色调。

"Alpha来源"选项组用于控制在输出Alpha通道组中的Alpha通道的来源。

- 图像Alpha：以位图自带的Alpha通道作为来源。
- RGB强度：将位图中的颜色转换为灰度色调值，并将它们用于透明度。黑色为透明，白色为不透明。
- 无（不透明）：不适用不透明度。

"裁剪/放置"选项组用于裁剪或放置图像的尺寸。裁剪也就是选择图像的一部分区域，它不会改变图像的缩放。放置是在保持图像完整的同时进行缩放。裁剪和放置只对贴图有效，并不会影响图像本身。

- 应用：用于启用/禁用裁剪或放置设置。
- 查看图像：单击此按钮，将打开一个虚拟缓冲器，用于显示和编辑要裁剪或放置的图像，如图10-97所示。
- 裁剪：选择该单选按钮时，表示对图像进行裁剪操作。
- 放置：选择该单选按钮时，表示对图像进行放置操作。
- U、V：用于调节图像的坐标位置。
- W、H：用于调节图像或裁剪区的宽度和高度。
- 抖动放置：当选择该复选框时，它使用一个随机值来设定放置图像的位

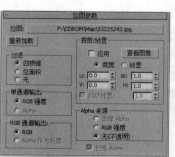

图10-96

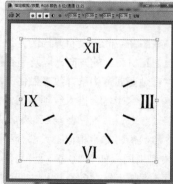

图10-97

置，在虚拟缓冲器窗口中设置的值将被忽略。

【案例学习目标】学习使用"位图"贴图。

【案例知识要点】打开素材场景文件，并设置垃圾桶的竹编材质效果，如图10-98所示。

【场景所在位置】光盘 >场景 >Ch10>竹编垃圾篓 .max。

【效果图参考场景】光盘 >场景 >Ch10>竹编垃圾篓 ok.max。

【贴图所在位置】光盘 >Map。

图10-98

01 打开原始场景文件，在场景中选择垃圾篓上的垃圾袋，如图10-99所示。

02 在工具栏中单击 （材质编辑器）按钮，选择一个新的材质样本球，在"Blinn基本参数"卷展栏中设置"环境光"和"漫反射"的红、绿、蓝为194、157、109，如图10-100所示，单击 （将材质指定给选定对象），将材质指定给场景中的垃圾袋。

图10-99　　　　　　　　　　　　　　　　　图10-100

03 在场景中选择垃圾篓模型，选择一个新的材质样本球，在"贴图"卷展栏中单击"漫反射颜色"后的"无"按钮，在弹出的"材质/贴图浏览器"对话框中选择"位图"贴图，单击"确定"按钮，如图10-101所示。

04 再在弹出的对话框中选择"竹编 .jpg"文件，如图10-102所示。

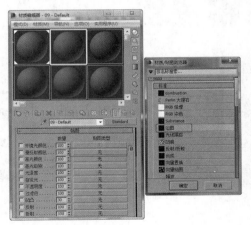

图10-101　　　　　　　　　　　　　　　　图10-102

05 进入漫反射颜色贴图层级面板，在"坐标"卷展栏中设置"瓷砖"的U、V分别为20、80，如图10-

103所示。

06 单击 （转到父对象）按钮，回到父对象面板，在"贴图"卷展栏中为"凹凸"指定"位图"贴图，贴图为"竹编凹凸.jpg"文件，进入贴图层级面板，在"坐标"卷展栏中设置"瓷砖"的U、V分别为20、80，如图10-104所示。

图10-103　　　　　图10-104

实例操作59：使用棋盘格贴图设置地板砖

"棋盘格"贴图类型是一种程序贴图，可以生成两种颜色的方格图像，如果使用了重复平铺，则与棋盘相似，如图10-105所示。

打开"材质编辑器"窗口，在"漫反射颜色"贴图通道中选择"棋盘格"贴图，进入"棋盘格参数"卷展栏，如图10-106所示。

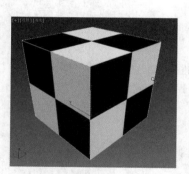

图10-105

图10-106

棋盘格贴图的参数非常简单，可以自定义颜色和贴图。

● 柔化：用于模糊柔和方格之间的边界。

● 交换：用于交换两种方格的颜色。使用后面的颜色样本可以为方格设置颜色，还可以单击后面的按钮来为每个方格指定贴图。

【案例学习目标】学习使用"棋盘格"贴图。

【案例知识要点】打开素材场景文件，并设置地面的棋盘格效果，如图10-107所示。

图10-107

【场景所在位置】光盘＞场景＞Ch10＞地面.max。

【效果图参考场景】光盘＞场景＞Ch10＞地面ok.max。

【贴图所在位置】光盘＞Map。

01 打开原始场景文件，在场景中选择作为地面的平面模型，打开"材质编辑器"窗口，将标准材质转换为光线跟踪材质，如图10-108所示。

02 在"光线跟踪基本参数"卷展栏中单击"漫反射"后的灰色按钮，在弹出的"材质/贴图浏览器"对话框中选择"棋盘格"贴图，单击"确定"按钮，如图10-109所示，进入贴图层级面板，使用默认的参数。

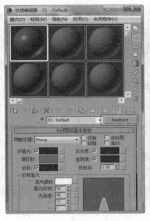
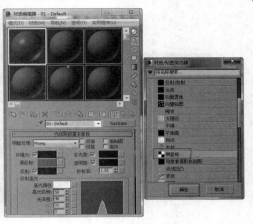

图10-108　　　　　　　　　图10-109

03 单击 （转到父对象）按钮，在"贴图"卷展栏中将"漫反射"的贴图按钮拖曳到"凹凸"贴图按钮上，复制贴图，并设置凹凸的"数量"为5，如图10-110所示。

04 在"光线跟踪基本参数"卷展栏中设置"反射"的红、绿、蓝均为20，如图10-111所示。

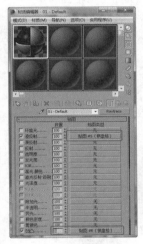

图10-110　　　　　　　　　图10-111

05 将材质指定给场景中的地面后，为地面施加"UVW贴图"修改器，在"参数"卷展栏中设置"长度"为20、"宽度"为20，如图10-112所示。

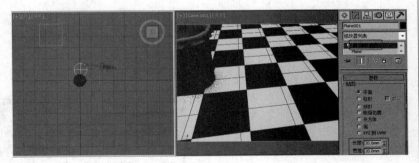

图10-112

▌实例操作60：使用渐变贴图设置渐变瓷器效果▐

"渐变"贴图类型可以混合3种颜色以形成渐变效果，如图10-113所示。

打开"材质编辑器"窗口，在"漫反射颜色"贴图通道中选择"渐变"贴图，进入"渐变参数"卷展栏，如图10-114所示。

- 颜色#1~颜色#3：用于设置渐变所需的3种颜色，也可以为它们指定一个贴图。颜色#2用于设置两种颜色之间的过渡色。

图10-113

图10-114

- 颜色2位置：用于设定颜色2（中间颜色）的位置，取值范围为0～1.0。当值为0时，颜色2取代颜色3；当值为1时，颜色2取代颜色1。
  - 渐变类型：用于设定渐变是线性方式还是从中心向外的放射方式（径向方式）。
  "噪波"选项组：用于应用噪波效果。
  - 数量：当值大于0时，给渐变添加一个噪波效果。有规则、分形和湍流3种类型可以选择。
  - 大小：用于缩放噪波的效果。
  - 相位：用于控制设置动画时噪波变化的速度。
  - 级别：用于设定噪波函数应用的次数。
  "噪波阈值"选项组：用于设置"高"与"低"噪波函数值的界限，"平滑"参数可使噪波变化更光滑，值为"0"表示没有使用光滑。

【案例学习目标】学习使用"渐变"贴图。

【案例知识要点】打开素材场景文件，并结合使用"光线跟踪"材质和"渐变"贴图来完成渐变瓷器材质的设置，如图10-115所示。

【场景所在位置】光盘>场景>Ch10>渐变瓷器.max。

【效果图参考场景】光盘>场景>Ch10>渐变瓷器ok.max。

图10-115

【贴图所在位置】光盘>Map。

01 打开原始场景文件，选择如图10-116所示的模型。

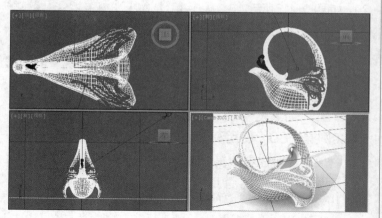

图10-116

02 打开"材质编辑器"窗口，选择一个新的材质样本球，单击Standard按钮，在弹出的"材质/贴图浏览器"对话框中选择"光线跟踪"材质，单击"确定"按钮，如图10-117所示。

03 在"光线跟踪基本参数"卷展栏中单击"漫反射"后的灰色按钮，在弹出的"材质/贴图浏览器"对话框中选择"渐变"贴图，单击"确定"按钮，如图10-118所示。

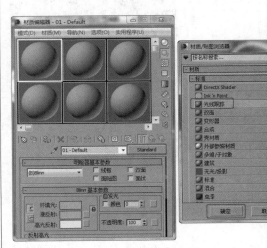
图10-117

图10-118

04 进入贴图层级面板，在"渐变参数"卷展栏中设置"颜色#1"的红、绿、蓝为158、190、255，设置"颜色#2"的红、绿、蓝为50、112、238，设置"颜色#3"的红、绿、蓝为0、57、172，如图10-119所示。

05 单击（转到父对象）按钮，在"光线跟踪基本参数"卷展栏中设置"反射"的红、绿、蓝为20、20、20，将材质指定给场景中的选定对象，如图10-120所示。

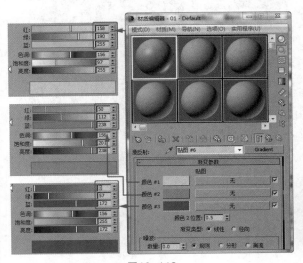
图10-119

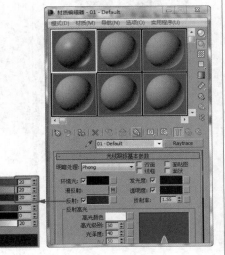
图10-120

06 在场景中选择如图10-121所示的模型。

07 选择一个新的材质样本球，将材质转换为光线跟踪材质，在"光线跟踪基本参数"卷展栏中设置"反射"的红、绿、蓝为20、20、20，如图10-122所示。

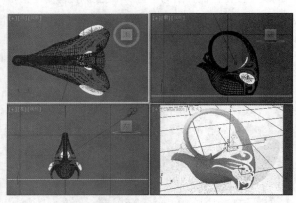

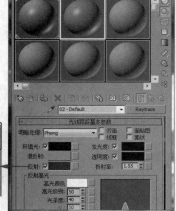

图10-121   图10-122

08 在"贴图"卷展栏中单击"漫反射"后的"无"按钮，在弹出的"材质/贴图浏览器"对话框中选择"渐变"贴图，单击"确定"按钮，如图10-123所示。

09 进入贴图层级面板。在"渐变参数"卷展栏中设置"颜色 #1"的红、绿、蓝为190、139、0，设置"颜色 #2"的红、绿、蓝为230、108、0，设置"颜色 #3"的红、绿、蓝为222、209、125，如图10-124所示。

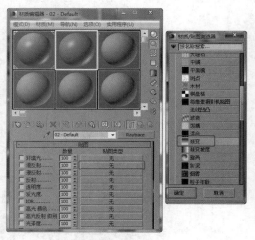

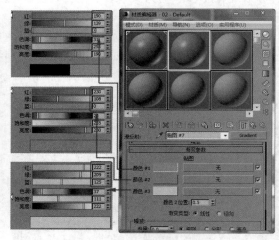

图10-123   图10-124

10 将材质指定给场景中的选定对象，完成的场景效果如图10-125所示。

图10-125

实例操作61：使用衰减贴图设置绒毛布料效果

"衰减"贴图类型用于表现颜色的衰减效果。"衰减"贴图定义了一个灰度值，是以被赋予材质的对象表面的法线角度为起点渐变的。通常把"衰减"贴图用在"不透明度"贴图通道，用于对对象的不透明程度进行控制，如图10-126所示。

选择"衰减"贴图后，"材质编辑器"窗口中会显示"衰减参数"卷展栏，如图10-127所示。

"衰减参数"卷展栏中的两个颜色样本用于设置进行衰减的两种颜色，当选择不同的衰减类型时，其代表的意思也不同。在后面的数值框中可设定颜色的强度，还可以为每种颜色指定纹理贴图。

图10-126　　　　　　　　图10-127

- 衰减类型：用于选择衰减类型，包括朝向/背离、垂直/平行、Fresnel（基于折射率）、阴影/灯光和距离混合，如图10-128所示。

- 衰减方向：用于选择衰减的方向，包括查看方向（摄影机Z轴）、摄影机X/Y轴、对象、局部 X/Y/Z轴和世界 X/Y/Z轴等，如图10-129所示。

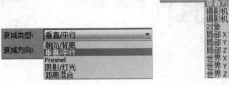

图10-128　　　　　　　　图10-129

"混合曲线"卷展栏用于精确地控制衰减所产生的渐变，如图10-130所示。

在混合曲线控制器中可以为渐变曲线增加控制点并移动控制点位置等，与其他曲线控制器的操作方法相同。

【案例学习目标】学习使用"衰减"贴图。

【案例知识要点】打开素材场景文件，并介绍使用"衰减"贴图模拟出绒毛布料效果，如图10-131所示。

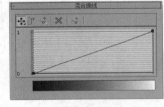

图10-130

【场景所在位置】光盘>场景>Ch10>绒毛布.max。

【效果图参考场景】光盘>场景>Ch10>绒毛布ok.max。

【贴图所在位置】光盘>Map。

01 打开原始场景文件，如图10-132所示。在场景中选择沙发坐垫、靠背和抱枕模型。

图10-131　　　　　　　　图10-132

02 打开"材质编辑器"窗口，从中选择一个新的材质样本球，在"Blinn基本参数"卷展栏中单击"漫反射"后的灰色按钮，在"材质/贴图浏览器"窗口中选择"衰减"贴图，单击"确定"按钮，如图10-133所示。

03 进入贴图层级面板，在"衰减参数"卷展栏中设置第一个色块的红、绿、蓝为121、40、0，设置第二个色块的红、绿、蓝为227、223、221，设置"衰减类型"为Fresnel，如图10-134所示。

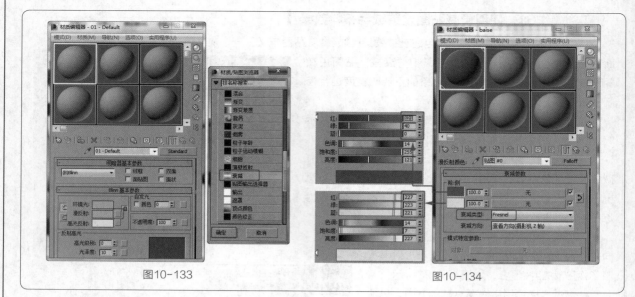

图10-133   图10-134

实例操作62：使用光线跟踪贴图设置木纹反射效果

"光线跟踪"贴图类型可以创建出很好的光线反射和折射效果，其原理与光线跟踪材质相似，渲染速度比光线跟踪材质快，但相对于其他材质贴图来说，速度还是比较慢的。

使用光线追踪贴图，可以比较准确地模拟出真实世界中的反射和折射效果，如图10-135所示。

在建模中，为了模拟反射和折射效果，通常会在"反射"贴图通道或"折射"贴图通道中使用"光线追踪"贴图。选择"光线追踪"贴图后，"材质编辑器"窗口中会显示"光线跟踪器参数"卷展栏，如图10-136所示。

（1）"局部选项"选项组。

● 启用光线跟踪：打开或关闭光线追踪。

● 光线跟踪大气：设置是否打开大气的光线追踪效果。

● 启用自反射/折射：是否打开对象自身反射和折射。

● 反射/折射材质ID：选择该复选框时，此反射折射效果被指定到材质ID号上。

（2）"跟踪模式"选项组。

● 自动检测：如果贴图指定到材质的反射贴图通道，光线跟踪器将反射光线；如果贴图指定到材质的折射贴图通道，光线跟踪器将折射光线；如果贴图指定到材质的其他贴图通道，则需要手动选择是反射光线还是折射光线。

● 反射：从对象的表面投射反射光线。

● 折射：从对象的表面向里投射折射光线。

（3）"背景"选项组。

● 使用环境设置：选择该单选按钮时，在当前场景中考虑环境的设置。也可以使用下面的颜色样本和贴图按钮来设置一种颜色或一个贴图来替代环境设置。

【案例学习目标】学习使用"光线跟踪"贴图。

【案例知识要点】打开素材场景文件，并介绍使用"光线跟踪"贴图模拟反射效果，如图10-137所示。

【场景所在位置】光盘>场景>Ch10>木纹反射.max。

【效果图参考场景】光盘>场景>Ch10>木纹反射ok.max。

【贴图所在位置】光盘>Map。

图10-135　　　　　　　　　　图10-136　　　　　　　　　　图10-137

01 打开原始场景文件，如图10-138所示，在场景中选择鼓凳模型。

02 选择模型后，打开"材质编辑器"窗口，选择一个新的材质样本球，在"Blinn基本参数"卷展栏中设置"反射高光"选项组中的"高光级别"为59、"光泽度"为26，如图10-139所示。

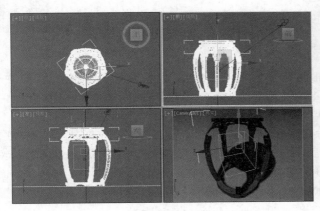

图10-138　　　　　　　　　　　　　　　　　　图10-139

03 在"贴图"卷展栏中为"漫反射颜色"指定"位图"贴图，贴图为"20120211025833679343.jpg"文件，将"漫反射颜色"的位图贴图文件拖曳到"凹凸"后的"无"按钮上，复制贴图，并设置凹凸的"数量"为10，如图10-140所示。

04 渲染场景，如图10-141所示。

05 设置"反射"的数量为30，并为其指定"光线跟踪"贴图，如图10-142所示。

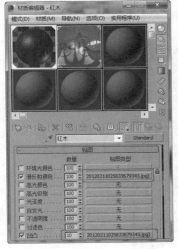

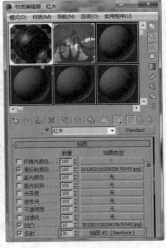

图10-140　　　　　　　　　　图10-141　　　　　　　　　　图10-142

10.3.2 UVW贴图

对纹理贴图的坐标进行编辑，还有一个更快捷、更直观的方法——"UVW 贴图"命令，这个命令可以为贴图坐标的设定带来更多的灵活性。

在建模中经常会遇到这样的问题：同一种材质要赋予不同的物体，要根据物体的不同形态调整材质的贴图坐标。由于材质球数量有限，不可能按照物体的数量分别编辑材质，这时就要使用"UVW 贴图"对物体的贴图坐标进行编辑。

"UVW 贴图"属于修改命令的一种，在"修改器列表"下拉列表框中就可以选择使用。首先在视图中创建一个物体，赋予物体材质贴图，然后在修改命令面板中选择"UVW 贴图"，其"参数"卷展栏如图10-143所示。

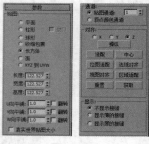

图10-143

"贴图"类型用于确定如何给对象应用 UVW 坐标，共有7个选项。

● 平面：该贴图类型以平面投影方式向对象上贴图。它适合于平面的表面，如纸、墙等。

● 柱形：此贴图类型使用圆柱投影方式向对象上贴图，如螺丝钉、钢笔、电话筒和药瓶等都适于圆柱贴图。选择"封口"复选框，圆柱的顶面和底面放置的是平面贴图投影。

● 球形：该类型围绕对象以球形投影方式贴图，会产生接缝。在接缝处，贴图的边汇合在一起。

● 收缩包裹：像球形贴图一样，它使用球形方式向对象投影贴图，但是收缩包裹将贴图所有的角拉到一个点，消除了接缝，只产生一个奇异点。

● 长方体：以6个面的方式向对象投影。每个面是一个"平面"贴图。面法线决定了不规则表面上贴图的偏移。

● 面：该类型为对象的每一个面应用一个平面贴图。其贴图效果与几何体面的多少有很大关系。

● XYZ到UVW：此类贴图设计用于三维贴图，可以使三维贴图"粘贴"在对象的表面上。此种贴图方式的作用是使纹理和表面相配合，表面拉长，贴图也会随之拉长。

● 长度、宽度、高度：分别指定代表贴图坐标的Gizmo物体的尺寸。

● U/V/W向平铺：用于分别设置3个方向上贴图的重复次数。

● 翻转：将贴图方向进行前后翻转。

"通道"选项组：系统为每个物体提供了99个贴图通道，默认使用通道1。使用此选项组，可将贴图发送到任意一个通道中。通过通道，用户可以为一个表面设置多个不同的贴图。

● 贴图通道：设置使用的贴图通道。

● 顶点颜色通道：指定点使用的通道。

单击修改器堆栈中"UVW 贴图"左侧的加号图标，可以选择"UVW 贴图"命令的子层级命令，如图10-144所示。

图10-144

Gizmo套框命令可以在视图中对贴图坐标进行调节，将纹理贴图的接缝处的贴图坐标对齐。启用该子对象后，物体上会显示黄色的套框。

利用移动、旋转和缩放工具都可以对贴图坐标进行调整，套框也会随之改变，如图10-145所示。

图10-145

10.4　课堂练习——设置果盘材质

【练习知识要点】使用"光线跟踪"材质设置漫反射、反射及透明度，完成果篮的金属和透明材质，如图10-146所示。

【效果图参考场景】光盘＞场景＞Ch10＞果盘材质ok.max。

【贴图所在位置】光盘＞Map。

10.5　课后习题——设置金属漆材质

【习题知识要点】使用"光线跟踪"材质来完成金属效果的模拟，如图10-147所示。

【效果图参考场景】光盘＞场景＞Ch10＞吹风机.max。

【贴图所在位置】光盘＞Map。

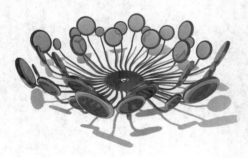

图10-146

图10-147

第 11 章

3ds Max 中的摄影机与灯光系统

本章内容

掌握摄影机的创建及应用

掌握标准灯光的创建及应用

掌握光度学灯光的创建及应用

3ds Max提供了摄影和灯光系统，通过摄影机可以观察场景，通过灯光可以照亮场景并调节气氛。摄影机与灯光是表达空间、时间及氛围的必需条件。

本章主要讲解了摄影机与灯光系统的创建方法和技巧，通过本章内容的学习，将掌握摄影机与灯光的使用，并根据场景需求熟练应用于设计中。

▶11.1　摄影机

　　摄影机是眼睛，是进行一切工作的基础，只有在准确地设置了摄影机的前提下才能高效、有序地进行制作。摄影机决定了视图空间中所能看到的内容，也就是人们想要表达的画面是由摄影机决定的，所以掌握3ds Max中摄影机的应用与技巧是制作场景关键的一步。

　　摄影机虽然只是模拟的效果，但通常是一个场景中必不可少的组成部分，一个场景最后完成的静帧和动态图像都要在摄影机视图中表现。在场景制作中，应首先设置摄影机，这是规范制图过程中的开始。一个好的观察角度可以让人一目了然，因此调节摄影机是进行工作的基础。

　　3ds Max系统提供了两种"标准"摄影机："目标"摄影机和"自由"摄影机。

▌实例操作63：使用自由摄影机创建动画 ▌

　　自由摄影机用于观察所指定方向内的场景内容，多应用于轨迹动画的制作，例如建筑物中的巡游、车辆移动中的跟踪拍摄效果等。自由摄影机的方向能够跟随路径的变化自由变化，如果要设置垂直向上或向下的摄影机动画，也应当选用自由摄影机。这是因为系统会自动约束目标摄影机自身坐标系的y轴正方向尽可能地靠近世界坐标系z轴正方向，在设置摄影机动画靠近垂直位置时，无论是向上还是向下，系统都会自动将摄影机视点跳到约束位置，造成视角突然跳跃。

　　自由摄影机的初始方向是沿着当前视图栅格的z轴负方向，如在"顶"视图中创建时，摄影机方向垂直向下，在"前"视图中创建时，摄影机方向垂直向后，沿着世界坐标系统z轴负方向。

　　其"参数"卷展栏中的选项功能介绍如下（如图11-1所示）。

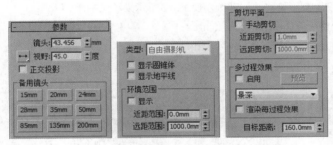

图11-1

- 镜头：以毫米为单位设置摄影机的焦距。
- 视野：决定摄影机查看区域的宽度（视野）。
- ↔：可以选择如何应用视野值：包括↔（水平）应用视野（这是设置和测量FOV的标准方法）、↕（垂直）应用视野和↗（对角线）应用视野（从视口的一角到另一角）。
- 正交投影：启用此复选框后，摄影机视图看起来就像用户视图。禁用此复选框后，摄影机视图好像标准的透视视图。当启用"正交投影"复选框时，视口导航按钮的行为如同平常操作一样，"透视"图除外。"透视"图功能仍然移动摄影机并且更改 FOV，但"正交投影"取消执行这两个操作，以便禁用"正交投影"复选框后可以看到所做的更改。

　　（1）"备用镜头"选项组：这些预设值用于设置摄影机的焦距（以毫米为单位）。
- 类型：将摄影机类型从目标摄影机更改为自由摄影机，反之亦然。
- 显示圆锥体：显示摄影机视野定义的锥形光线（实际上是一个四棱锥）。锥形光线出现在其他视口但不出现在摄影机视口中。
- 显示地平线：选择该复选框后，在摄影机视口中的地平线层级显示一条深灰色的线条。

　　（2）"环境范围"选项组。
- 显示：显示在摄影机锥形光线内的矩形以显示"近距范围"和"远距范围"的设置。
- 近距范围、远距范围：确定在环境面板上设置大气效果的近距范围和远距范围限制，如图11-2所示。

在两个限制之间的对象消失在远端％值和近端％值之间。

（3）"剪切平面"选项组：设置选项来定义剪切平面。在视口中，剪切平面在摄影机锥形光线内显示为红色的矩形（带有对角线）。

图11-2

- 手动剪切：启用该复选框可定义剪切平面。
- 近距剪切、远距剪切：设置近距和远距平面。

（4）"多过程效果"选项组：使用这些控件可以指定摄影机的"景深"或"运动模糊"效果。当由摄影机生成时，通过使用偏移用多个通道渲染场景，这些效果将生成模糊。它们会增加渲染时间。

- 启用：启用该复选框后，使用效果预览或渲染。禁用该复选框后，不渲染该效果。
- 预览：单击该按钮可在活动摄影机视口中预览效果。如果活动视口不是摄影机视图，则该按钮无效。
- 效果下拉列表框：使用该选项可以选择生成哪种多重过滤效果：景深或运动模糊。这些效果相互排斥。
- 渲染每过程效果：启用此复选框后，如果指定任何一个，则将渲染效果应用于多重过滤效果的每个过程（景深或运动模糊）。禁用此复选框后，将在生成多重过滤效果的通道之后只应用渲染效果。默认设置为禁用状态。
- 目标距离：使用自由摄影机，将点设置为用做不可见的目标，以便可以围绕该点旋转摄影机；使用目标摄影机，表示摄影机和其目标之间的距离。

【案例学习目标】学习使用自由摄影机。

【案例知识要点】打开原始场景，在场景的基础上创建一个摄影机跟随路径，通过创建摄影机，将摄影机的位置绑定到路径上，设置摄影机移动的动画。图11-3所示为动画的单帧效果。

【场景所在位置】光盘>场景>Ch11>雕塑.max。

【效果图参考场景】光盘>场景>Ch11>雕塑ok.max。

【贴图所在位置】光盘>Map。

图11-3

01 打开原始场景文件，如图11-4所示，渲染场景，看一下场景中的效果。在原始场景中已创建了目标摄影机，下面再创建一个自由摄影机的移动动画。

02 单击"⚙（创建）>◎（图形）>圆"按钮，在"顶"视图中创

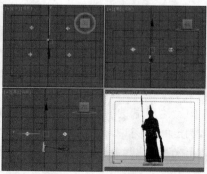

图11-4

建圆，在"参数"卷展栏中设置"半径"为48200，如图11-5所示。

03 在界面下方单击🕒（时间配置）按钮，在弹出的"时间配置"对话框中设置"开始时间"为0、"结束时间"

为150，如图11-6所示。

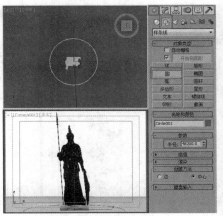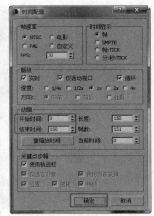

图11-5　　　　　　　　　　　　　　　　图11-6

04 打开"自动关键点"按钮，在场景中0帧到100帧的位置创建圆的由下向上移动的动画，如图11-7所示。

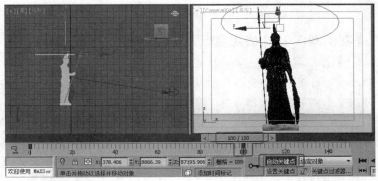

图11-7

05 单击"▣（创建）>▣（摄影机）>自由"按钮，在"左"视图中单击创建自由摄影机，如图11-8所示。
06 切换到◎（运动）命令面板，在"指定控制器"卷展栏中选择"位置：位置XYZ"选项，然后单击▣（指定控制器）按钮，在弹出的对话框中选择"路径约束"选项，单击"确定"按钮，如图11-9所示。

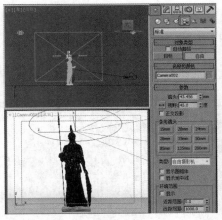

图11-8　　　　　　　　　　　　　　　　图11-9

07 显示出路径约束的一系列面板，单击"添加路径"按钮，在场景中拾取圆，并选择"跟随"复选框，设置"轴"为Y，并选择"翻转"复选框，如图11-10所示。
08 将自由摄影机的路径约束第150帧的关键帧拖曳到第100帧的位置，如图11-11所示。

图11-10   图11-11

实例操作64：使用目标摄影机创建室内摄影机

"目标"摄影机用于观察目标点附近的场景内容，与"自由"摄影机相比，它更容易定位。"目标"摄影机的摄影机和目标点可以分别设置动画，以便当摄影机不沿路径移动时，容易使用摄影机。目标摄影机的具体参数可以参考自由摄影机。

【案例学习目标】学习使用目标摄影机。

【案例知识要点】打开原始场景，在场景的基础上创建一个目标摄影机，通过设置摄影机的剪切平面，并调整摄影机的位置和角

图11-12

度，完成室内摄影机的创建。图11-12所示为创建摄影机的角度效果。

【场景所在位置】光盘>场景>Ch11>室内效果图.max。

【效果图参考场景】光盘>场景>Ch11>室内效果图ok.max。

【贴图所在位置】光盘>Map。

01 打开原始场景，在此场景的基础上创建摄影机，如图11-13所示。

02 单击"▣（创建）>▣（摄影机）>目标"按钮，在"顶"视图中按住鼠标左键不放创建摄影机，拖曳鼠标左键光标至合适的位置释放确定目标点，完成摄影机的创建，如图11-14所示。

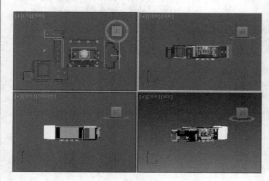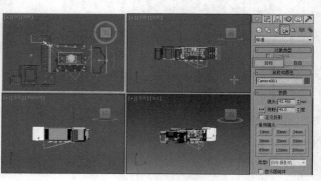

图11-13   图11-14

03 在工具栏中设置选择过滤为"摄影机"，这样可以方便在场景中调整摄影机和目标点，如图11-15所示，

激活"透视"图，按C键，将其转换为摄影机视图。

04 在摄影机的"参数"卷展栏中选择"剪切平面"选项组中的"手动剪裁"复选框，设置"近距剪切"为3555、"远距剪切"为10000，如图11-16所示，调整至合适的角度，完成摄影机的创建。

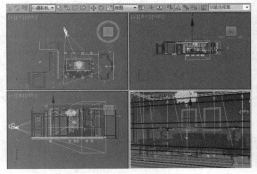

图11-15

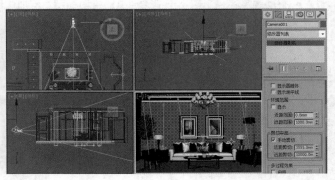

图11-16

技巧

在室内场景中"镜头"值一般为18~24，室外"镜头"值一般为28~35，室内家装摄影机的高度在800mm~1000mm、公装摄影机的高度在1000~1200mm，室外人视镜头高度为1700mm、半鸟瞰为4500mm以上至未看全房顶、鸟瞰以能俯视房顶。如果在室内镜头遇到墙体遮挡，可在"剪切平面"选项组中选择"手动剪切"复选框。

实例操作65：设置摄影机的景深

摄影机可以产生景深的多过程效果，通过在摄影机与焦点的距离上产生模糊来模拟摄影机景深效果，景深的效果可以显示在视图中。在"多过程效果"选项组中选择相应的模糊："景深"或"运动模糊"，将会显示相应的修改卷展栏。

"景深参数"卷展栏中的选项功能介绍如下（如图11-17所示）。

（1）"焦点深度"选项组。

• 使用目标距离：启用该复选框后，将摄影机的目标距离用做每个偏移摄影机的点。

• 焦点深度：当"使用目标距离"复选框处于禁用状态时，设置距离偏移摄影机的深度。

（2）"采样"选项组。

图11-17

• 显示过程：启用此复选框后，渲染帧窗口显示多个渲染通道。禁用此复选框后，该帧窗口只显示最终结果。此控件对于在摄影机视口中预览景深无效。

• 使用初始位置：启用此复选框后，第一个渲染过程位于摄影机的初始位置。禁用此复选框后，与所有随后的过程一样，偏移第一个渲染过程。

• 过程总数：用于生成效果的过程数。增加此值可以增加效果的精确性，但却以增加渲染时间为代价。

• 采样半径：通过移动场景生成模糊的半径。增加该值将增加整体模糊效果；减小该值将减少模糊。

• 采样偏移：模糊靠近或远离采样半径的权重。增加该值将增加景深模糊的数量级，提供更均匀的效果；减小该值将减小数量级，提供更随机的效果。

（3）"过程混合"选项组：由抖动混合的多个景深过程可以由该选项组中的参数控制。这些选项只适用于渲染景深效果，不能在视口中进行预览。

- 规格化权重：使用随机权重混合的过程，可以避免出现如条纹等人工效果。当启用"规格化权重"复选框后，将权重规格化，会获得较平滑的结果。当禁用此复选框后，效果会变得清晰一些，但通常颗粒状效果更明显。

- 抖动强度：控制应用于渲染通道的抖动程度。增加此值会增加抖动量，并且生成颗粒状效果，尤其是在对象的边缘上。

- 平铺大小：设置抖动时图案的大小。此值是一个百分比，0 表示最小的平铺，100 表示最大的平铺。

（4）"扫描线渲染器参数"选项组：使用这些控件可以在渲染多重过滤场景时禁用抗锯齿或过滤。禁用这些渲染通道可以缩短渲染时间。

- 禁用过滤：启用此复选框后，禁用过滤过程。默认设置为禁用状态。

- 禁用抗锯齿：启用此复选框后，禁用抗锯齿。

【案例学习目标】学习使用目标摄影机设置景深参数。

【案例知识要点】打开原始场景文件，在场景文件的基础上创建摄影机，并设置摄影机的景深参数，渲染出景深效果，如图11-18所示。

【场景所在位置】光盘>场景>Ch11>郁金香.max。

图11-18

【效果图参考场景】光盘>场景>Ch11>郁金香ok.max。

【贴图所在位置】光盘>Map。

01 打开原始场景文件，单击"⚙（创建）>📷（摄影机）>目标"按钮，如图11-19所示。

02 在场景中调整目标点和摄影机的位置和角度，需要注意是目标点的放置，因为景深会以目标点为中心进行模糊，如图11-20所示。

03 调整好摄影机后，在"参数"卷展栏中选择"多过程效果"选项组中的"启用"复选框；在"景深参数"卷展栏中设置"过程总数"为5、"采样半径"为20，如图11-21所示。

图11-19

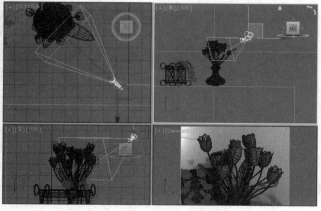

图11-20

图11-21

实例操作66：使用摄影机的运动模糊制作运动模糊动画

"运动模糊"是根据场景中的运动情况，将多个偏移渲染周期抖动结合在一起后所产生的模糊效果。与景深效果一样，运动模糊效果也可以显示在线框和实体视图中。要产生运动模糊，前提是场景中的物体是运动的。

"运动模糊参数"卷展栏中的选项功能介绍如下（如图11-22所示）。

● 显示过程：启用此复选框后，渲染帧窗口显示多个渲染通道。禁用此复选框后，该帧窗口只显示最终结果。该选项对在摄影机视口中预览运动模糊没有任何影响。

● 过程总数：用于生成效果的过程数。增加此值可以增加效果的精确性，但却以增加渲染时间为代价。

● 持续时间（帧）：动画中将应用运动模糊效果的帧数。

● 偏移：更改模糊，以便其显示在当前帧前后，从帧中导出更多内容。

【案例学习目标】学习使用摄影机的运动模糊创建运动模糊动画。

【案例知识要点】通过设置摄影机的运动模糊参数完成已有动画的模糊效果。图11-23所示为单帧效果。

【场景所在位置】光盘>场景>Ch11>荷叶上的水滴.max。

【效果图参考场景】光盘>场景>Ch11>荷叶上的水滴ok.max。

【贴图所在位置】光盘>Map。

图11-22

图11-23

01 打开原始场景文件，可以看到已在场景创建了摄影机，可以拖动时间滑块看一下场景动画，如图11-24所示。

图11-24

> **注意**
>
> "过程总数"参数越低，渲染的运动模糊越粗糙，这里越设置运动模糊的"过程总数"为3，只是测试渲染的参数，如果对效果不满意，可以提高该参数进行最终渲染。

02 在场景中选择创建的摄影机，在"参数"卷展栏中选择"多过程效果"选项组中的"启用"复选框，设置类型为"运动模糊"效果；在"运动模糊参数"卷展栏中设置"过程总数"为3、"持续时间"为1、"偏移"为0.5、"抖动强度"为0.4、"瓷砖大小"为32，如图11-25所示。

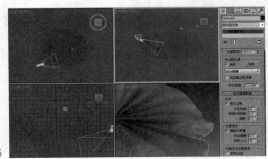

图11-25

03 渲染后的效果如图11-26所示。

04 如果对运动模糊效果满意的话可以对最终的模糊进行渲染。这里需要注意提高"过程总数"参数的值，这里设置为10，如图11-27所示。

05 拖动时间滑块，渲染场景，可以看到渲染的运动效果，如图11-28所示。

 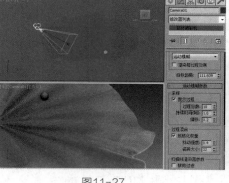 

图11-26   图11-27   图11-28

11.2 灯光的应用

　　光线是画面视觉信息与视觉造型的基础，没有光便无法体现对象的形状、质感和颜色。在3ds Max中，灯光是模拟真实世界中实际灯光的对象，如日常灯具的灯光、屏幕灯光和太阳光等。不同种类的灯光对象用不同的方法投影灯光，模拟真实世界中不同种类的光源。

　　灯光在场景制作中起着举足轻重的作用。任何一个好的画面，如果没有配合适当的灯光照明，就不能算是一个完整的画面。细心分析每一个出色的空间结构，不难发现，灯光是一个十分重要的设计元素。

　　无论使用哪一种类型的灯光来设置，最终目的都是为了得到一个真实而生动的效果。一幅出色的画面需要恰到好处的灯光效果，3ds Max中的灯光比现实中的灯光优越得多，可以随意调节亮度和颜色，可以随意设置它能否穿透对象或是投射阴影，还能设置它要照亮哪些对象而不照亮哪一些对象。

11.2.1 灯光的使用原则和目的

　　（1）提高场景的照明程度。在默认状态下，视图中的照明程度往往不够，很多复杂对象的表面都不能很好地表现出来，这时就需要为场景添加灯光来改善照明程度。

　　（2）通过逼真的照明效果提高场景的真实性。

　　（3）为场景提供阴影，提高真实程度。所有的灯光对象都可以产生阴影效果，当然用户还可以自己设置灯光是否投射或接受阴影。

　　（4）模拟真实世界中的光源。灯光对象本身是不能被渲染的，所以还需要创建复合光源的几何体模型相配合。自发光材质也有很好的辅助作用。

　　（5）制作光域网照明效果的场景。通过光度学灯光设置各种光域网文件，可以很容易地制作出各种不同的分布效果。

11.2.2 灯光的操作和技巧

　　这些操作和技巧对于标准灯光和光度学灯光都试用。

　　（1）可以通过使用默认灯光，将默认的照明方式转换为灯光对象，从而开始对场景的灯光设置。

　　要在场景中显示默认灯光执行以下操作：

01 在视图的左上角单击"+"符号，在弹出的快捷菜单中选择"配置视口"命令，如图11-29所示。

02 弹出"视口配置"对话框，选择"视觉样式和外观"选项卡，在"照明和阴影"选项组中选择"默认灯光"单选按钮，并选择"2盏灯"单选按钮，单击"确定"按钮，如图11-30所示。

03 在菜单栏中选择"创建>灯光>标准灯光>添加默认灯光到场景"命令，弹出"添加默认灯光到场景"对话框，可以在其中设置两盏灯的"缩放距离"，使用默认参数即可，单击"确定"按钮，如图11-31所示。

04 显示在场景中的灯光，在模型的上方偏左方向的灯光为场景中的主光源，在后下方向的灯光为辅助灯光，如图11-32所示。

图11-29

图11-30

图11-31

图11-32

（2）在 📺（显示）面板中设置灯光是否在场景中显示。

（3）通过 🖰（对齐）的弹出工具 🔆（放置高光）工具对灯光对象进行定位。

（4）按Shift+4组合键切换到灯光视口是调节聚光灯的好方法。

11.2.3　灯光的基本属性

　　灯光光源的亮度影响灯光照亮对象的程度，当光线接触到对象表面后，表面会反射或者少部分反射这些光线，这样表面就可以被人们所看到了。对象表面所呈现的效果取决于接触到表面上的光线和表面自身材质的属性。

　　（1）亮度：灯光光源的亮度影响灯光照亮对象的程度，暗淡的光源即使照射在很光鲜的颜色上，也只能产生暗淡的颜色效果。

　　（2）入射角：表面法线相对于光源之间的角度称为灯光的入射角。表面偏离光源的程度越大，它所接收到的光线越少，表面越暗。

　　（3）衰减：在现实生活中，灯光的亮度会随着距离的增加逐渐变暗，离光源远的对象比离光源近的对象要暗，这种效果就是衰减效果。

　　（4）反射光与环境光：对象反射后的光能够照亮其他对象，反射的光越多，照亮环境中其他对象的光越多。反射光产生环境光，环境光没有明确的光源和方向，不会产生清晰的阴影。

　　（5）灯光颜色：灯光的颜色与光源的属性有直接关系，例如钨丝灯产生橘黄色的照明颜色，LED灯为冷蓝白色，日光的颜色为黄白色。

　　（6）色温：色温是一种按照绝对温标来描述颜色的方式，有助于描述光源颜色及其他接近白色的颜色值。

　　（7）灯光照明指南：设置灯光照明时，首先应当明确场景要模拟的是自然光效果还是人工光效果。自然光照明场景无论是日光照明还是月光照明，最主要的光源只有一个——太阳；而人工照明场景通常应包含多个类似的光源，无论是室内还是室外场景，都会受到材质颜色的影响。

▶11.3　标准灯光

　　3ds Max系统提供了两种类型的灯光："标准"灯光和"光度学"灯光。

选择"（创建）>（灯光）>标准"命令，在"标准"灯光创建面板中显示了8种标准灯光类型，如图11-33所示，分别是：目标聚光灯、自由聚光灯、目标平行光、自由平行光、泛光灯、天光、mr Area Omni（mental ray 区域泛光灯）和mr Area Spot（mental ray 区域聚光灯）。

图11-33

实例操作67：使用标准灯光创建桌面静物光照

【案例学习目标】学习使用目标聚光灯和泛光灯。

【案例知识要点】通过创建并调整灯光的参数，完成桌面静物的照明效果，如图11-34所示。

【场景所在位置】光盘>场景>Ch11>桌面静物.max。

【效果图参考场景】光盘>场景>Ch11>桌面静物 ok.max。

图11-34

【贴图所在位置】光盘>Map。

01 打开原始场景文件，如图11-35所示，在此场景的基础上为该场景创建灯光。

02 单击"（创建）>（灯光）>标准>目标聚光灯"按钮，在"前"视图中创建目标聚光灯，在场景中调整灯光的照射角度和位置，如图11-36所示，该灯光将作为主光源照射物体。

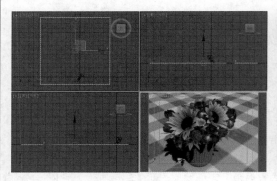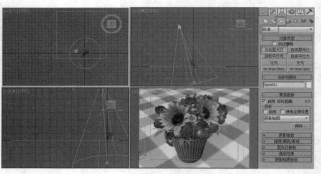

图11-35　　　　　　　　　　　　　　　　图11-36

03 切换到（修改）命令面板，在"常规参数"卷展栏中选择"阴影"选项组中的"启用"复选框，启用阴影；在"强度/颜色/衰减"卷展栏中设置"倍增"为1；在"聚光灯参数"卷展栏中设置"聚光区/光束"为0.5、"衰减区/区域"为100，如图11-37所示。

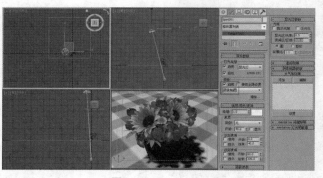

图11-37

04 渲染场景，可以看到阴影贴图处不理想，如图11-38所示。

05 不同的场景可以使用不同的阴影贴图，这里设置阴影贴图为"区域阴影"，如图11-39所示，渲染一下场景，得到如图11-40所示的效果，这个效果还不错，不过阴影的边缘太生硬了。

图11-38　　　　　　　图11-39　　　　　　　　　图11-40　　　　　　　　　图11-41

06 在"区域阴影"卷展栏中设置"区域灯光尺寸"的"长度"和"宽度"均为50，如图11-41所示，设置该参数后可以将区域阴影的边缘设置得模糊一些，使阴影看起来更自然些，渲染的阴影效果如图11-42所示。

07 单击"◎（创建）>　（灯光）>标准>泛光灯"按钮，在"顶"视图中创建泛光灯，在"强度/颜色/衰减"卷展栏中设置"倍增"为0.4，使该泛光灯作为辅助灯光，如图11-43所示。

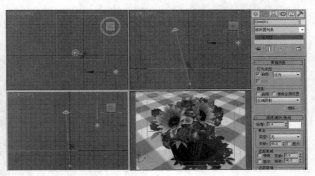

图11-42　　　　　　　　　　　　　　　　　　图11-43

08 按住Shift键，移动复制泛光灯，复制灯光，并调整灯光的位置，灯光的位置取决于摄影机的投射角度，一般辅助灯光是在摄影机背光和高光处各创建一盏，背光处灯光较暗，如图11-44所示。

09 渲染场景观看一下效果，得到的桌面静物效果如图11-45所示。

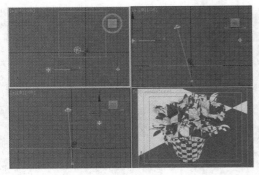

图11-44　　　　　　　　　　　　　　　图11-45

实例操作68：使用标准灯光创建别墅照明

【案例学习目标】学习使用目标平行光和天光。

【案例知识要点】通过创建主光目标平行光，模拟太阳光的照射，然后再结合使用天光作为环境光，并使用光跟踪器渲染器渲染场景，完成别墅照明，如图11-46所示。

图11-46

【场景所在位置】光盘>场景>Ch11>别墅照明.max。

【效果图参考场景】光盘>场景>Ch11>别墅照明ok.max。

【贴图所在位置】光盘>Map。

01 打开原始场景文件，在此场景的基础上创建照明灯光，如图11-47所示。

02 渲染原始场景，得到如图11-48所示的效果。

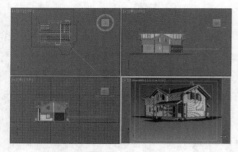

图11-47

图11-48

03 单击"（创建）>（灯光）>标准>目标平行光"按钮，在"顶"视图中创建目标平行光，如图11-49所示。

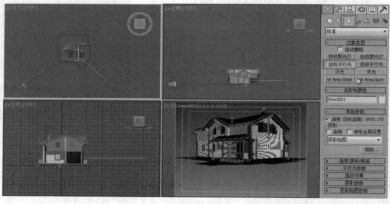

图11-49

04 在场景中调整灯光的位置和角度，切换到（修改）命令面板，在"常规参数"卷展栏中选择"启用"复选框，设置阴影类型为"区域阴影"；在"强度/颜色/衰减"卷展栏中设置"倍增"为1，"颜色"为浅蓝色；在"平行光参数"卷展栏中设置"聚光区/光束"为1000、"衰减区/区域"为30000；在"区域阴影"卷展栏中设置"区域灯光尺寸"的"长度"为50、"宽度"为50，如图11-50所示。

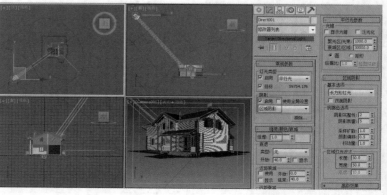

图11-50

05 渲染场景，得到如图11-51所示的效果。

06 单击"■（创建）>◤（灯光）>标准>天光"按钮，在"顶"视图中创建天光，使用默认的参数，如图11-52所示。

图11-51

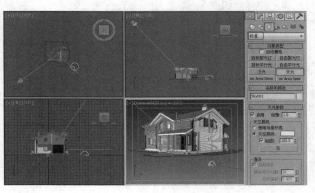

图11-52

07 在工具栏中单击"渲染设置"按钮，打开"渲染设置"窗口，选择"高级照明"选项卡，设置"选择高级照明"为"光跟踪器"，如图11-53所示。

08 渲染得到如图11-54所示的效果。

图11-53

图11-54

11.3.1　常用的标准灯光介绍

● 目标聚光灯：目标聚光灯可以产生锥形的照明区域，在照射区以外的对象不受灯光影响。"目标聚光灯"的投射点和目标点两个图标均可调，方向性非常好，加入投影设置可以产生优秀的静态仿真效果，缺点是在进行动画照射时不易控制方向，两个图标的调节经常使发射范围改变，也不易进行跟踪照射。"目标聚光灯"在静态场景中主要作为主光源进行设置。

● 自由聚光灯：自由聚光灯是一种受限制的目标聚光灯，它具有目标聚光灯的所有功能，只是没有目标对象，如图11-55所示。因为只能控制它的整个图标，而无法在视图中对发射点和目标点分别调节，它的优点是不会在视图中改变投射范围，适用于一些动画的灯光，如汽车的前照灯、矿工的头灯、晃动的手电筒，以及舞台上的投射灯等。

● 目标平行光：目标平行光可产生单方向的平行照射区域，它与目标聚光灯的区别是照射区域呈圆柱形或矩形，而不是"锥形"。平行光主要用于模拟阳光的照射，对于户外场景尤为适用。如果作为体积光源，可以产生一个光柱，常用来模拟探照灯、激光光束等特殊效果。创建"目标平行光"的场景如图11-56所示，渲染后的效果如图11-57所示。

> **提示**
>
> 当创建并设置好灯光后，如果想让该灯光在渲染输出的效果中产生光芒四射效果，那么在菜单栏中选择"渲染 > 环境"命令，打开"环境和效果"对话框，为灯光设置"体积光"特效，然后设置特效的参数即可。

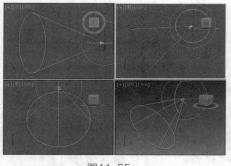
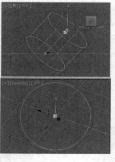

| 图11-55 | 图11-56 | 图11-57 |

- 自由平行光：自由平行光可产生平行的照射区域。它其实是一种受限制的目标平行光，在视图中，它的投射点和目标点不可分别调节，只能进行整体移动或旋转，这样可以保证照射范围不发生改变。如果对灯光的范围有固定要求，尤其是在灯光的动画中，这是一个非常好的选择。

- 泛光：泛光可向四周发散光线，标准的泛光灯可用来照亮场景。它的优点是易于建立和调节，不用考虑是否有对象在范围外而不被照射；缺点是不能创建太多，否则会显得无层次感。泛光灯用于将"辅助照明"添加到场景中，或模拟点光源。

泛光灯可以投射阴影和投影，单个投射阴影的泛光灯等同于6盏聚光灯的效果，从中心指向外侧。泛光灯常用来模拟灯泡、台灯和射灯等光源对象，同时也广泛用于制作对象高光，或者对大场景补光。

- 天光：天光能够模拟日光照射效果。在3ds Max中有多种模拟日光照射效果的方法，但如果配合"照明追踪"渲染方式，天光往往能产生最真实的效果。

- mr Area Omni（mental ray区域泛光灯）：当使用mental ray渲染器渲染场景时，区域泛光灯从球体或圆柱体上发射光线，而不是从点源发射光线。使用默认的"扫描线"渲染器，区域泛光灯与标准的泛光灯一样发射点光源。

> **注意**
>
> 在3ds Max中，由MAX Script脚本创建和支持区域泛光灯。只有mental ray渲染器才可使用"区域光源参数"卷展栏中的参数。

- mr Area Spot（mental ray区域聚光灯）：在使用mental ray渲染器进行渲染时，可以从矩形或圆形区域发射光线，产生柔和的照明和阴影。而在使用3ds Max默认的"扫描线"渲染器时，其效果等同于标准的聚光灯。

11.3.2　标准灯光的参数

标准灯光的参数大部分都是相同或相似的，只有天光具有自身的修改参数，但比较简单。下面就以目标聚光灯的参数为例，介绍标准灯光的参数。

单击"　（创建）>　（灯光）>标准>目标聚光灯"按钮，在视图中创建一盏目标聚光灯。单击　（修改）按钮，切换到修改命令面板，其中显示了目标聚光灯的修改参数，如图11-58所示。

1. "常规参数"卷展栏

"常规参数"卷展栏是所有类型的灯光共有的，用于设定灯光的开启和关闭、灯光的阴影、包含或排除对象，以及灯光阴影的类型等，如图11-59所示。

"灯光类型"选项组：从中设置灯光类型和目标点。

- 启用：启用该复选框，灯光被打开，禁用时，灯光被关闭。被关闭的灯光的图标在场景中用黑颜色表示。

- 灯光类型下拉列表框：使用该下拉列表框可以改变当前选择灯光的类型，包括"聚光灯""平行光"和"泛光"3种类型。改变灯光类型

| 图11-58 | 图11-59 |

后，灯光所特有的参数也将随之改变。

● 目标：取消选择该复选框后，灯光的目标点被关闭。灯光及其目标之间的距离显示在复选框的右侧。对于自由光，可以自行设定该值，而对于目标光，则可通过移动灯光、灯光的目标物体或禁用该复选框来改变值的大小。

"阴影"选项组：用于选择是否开启阴影，以及选择阴影类型。

● 启用：用于开启和关闭灯光产生的阴影。在渲染时，可以决定是否对阴影进行渲染。

● 使用全局设置：该复选框用于指定阴影是使用局部参数还是全局参数。开启该复选框，则其他有关阴影的设置的值将采用场景中默认的全局统一的参数设置，如果修改了其中一个使用该设置的灯光，则场景中所有使用该设置的灯光都会相应地改变。

● 阴影类型下拉列表框：在3ds Max中产生的阴影类型有5种，分别是：高级光线跟踪、mental ray阴影贴图、区域阴影、阴影贴图和光线跟踪阴影，如图11-60所示。

● 阴影贴图：产生一个假的阴影，它从灯光的角度计算产生阴影对象的投影，然后将它投影到后面的对象上。优点是渲染速度较快、阴影的边界较柔和；缺点是阴影不真实、不能反映透明效果，效果如图11-61所示。

● 光线跟踪阴影：可以产生真实的阴影。它在计算阴影时考虑对象的材质和物理属性，缺点是计算量较大。效果如图11-62所示。

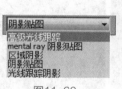

图11-60

图11-61

图11-62

以上介绍的参数基本上都是建模中比较常用的。灯光亮度的调节、阴影的设置及灯光物体摆放的位置等设置技巧需要多加练习，才能熟练掌握。

● 高级光线跟踪：是光线跟踪阴影的改进，拥有更多详细的参数调节。

● mental ray阴影贴图：是由mental ray渲染器生成的位图阴影，这种阴影没有"高级光线跟踪"阴影精确，但计算时间较短。

● 区域阴影：可以模拟面积光或体积光所产生的阴影，是模拟真实光照效果的必备功能。

● 排除：该按钮用于设置灯光是否照射某个对象，或者是否使某个对象产生阴影。单击该按钮，会弹出"排除/包含"对话框，如图11-63所示。

如果只想照亮某些对象，先在右侧选择"包含"单选按钮，再在左侧选择对象名称，单击>>按钮将对象添加到右侧列表框中；同样如果不想照亮某些对象，则选择"排除"单选按钮。但是排除和包含只能使用一种，默认为"排除"，右侧列表框为空，即对照射范围内的所有对象有效。如果要撤销对物体的排除，则在右边的列表框中选择对象名称，单击<<按钮即可。

2."强度/颜色/衰减"卷展栏

"强度/颜色/衰减"卷展栏用于设定灯光的强弱、颜色，以及灯光的衰减参数，参数面板如图11-64所示。

● 倍增：用于调整灯光功率的大小。"倍

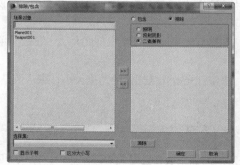

图11-63

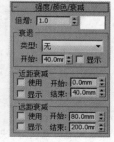

图11-64

增"值小于"1"时减小光的亮度，大于"1"时增加光的亮度。当"倍增"为负值时为吸光灯。

- 颜色选择器：位于倍增的右侧，可以从中设置灯光的颜色。

"衰退"选项组：用于设置灯光的衰减方法。

- 类型：用于设置灯光的衰减类型，共包括3种衰减类型：无、倒数和平方反比。默认为"无"，不会产生衰减。"倒数"类型使光从光源处开始线性衰减，距离越远，光的强度越弱。"平方反比"类型按照离光源距离的平方比倒数进行衰减，这种类型最接近真实世界的光照特性。

- 开始：用于设置距离光源多远开始进行衰减。

- 显示：在视图中显示衰减开始的位置，它在光锥中用绿色圆弧表示。

"近距衰减"选项组：近距衰减是由近到远灯光的倍增由弱变强的效果，用于设定灯光亮度衰减的范围和距离，如图11-65所示。

- 开始、结束："开始"参数用于设定灯光从亮度为0开始逐渐显示的位置，在光源到"开始"参数之间，灯光的亮度为0。从"开始"到结束，灯光亮度逐渐增强到灯光设定的亮度。在"结束"参数以外，灯光保持设定的亮度和颜色。

- 使用：开启或关闭衰减效果。

- 显示：在场景视图中显示衰减范围。灯光及参数的设定改变后，衰减范围的形状也会随之改变。

"远距衰减"选项组：远距衰减是由近到远灯光的倍增由强变弱的效果，用于设定灯光亮度由近至远的衰减，如图11-66所示。

图11-65　　　　　　　　　　　　　　　　图11-66

- 开始、结束："开始"参数用于设定灯光开始从亮度为"开始"设定值逐渐减弱的位置，在光源到"开始"参数之间，灯光的亮度设定为"开始"亮度和颜色。从"开始"到"结束"，灯光亮度逐渐减弱到0。在"结束"参数以外，灯光亮度为0。

3."聚光灯参数"卷展栏

"聚光灯参数"卷展栏用于控制聚光灯的"聚光区/光束"、"衰减区/区域"等，是聚光灯特有的参数卷展栏，如图11-67所示。

"光锥"选项组：用于对聚光灯照明的锥形区域进行设定。

- 显示光锥：该复选框用于控制是否显示灯光的范围框。选择该复选框后，即使聚光灯未被选择，也会显示灯光的范围框。

图11-67

- 泛光化：选择该复选框后，聚光灯能作为泛光灯使用，但阴影和阴影贴图仍然被限制在聚光灯范围内。

- 聚光区/光束：调整灯光聚光区光锥的角度大小。它是以角度为测量单位的，默认值是43，光锥以亮蓝色的锥线显示。

- 衰减区/区域：调整灯光散光区光锥的角度大小，默认值是45。

> **注意**
>
> 聚光区/光束和衰减区/区域两个参数可以理解为调节灯光的内外衰减，如图11-68所示。

- 圆、矩形：决定聚光区和散光区是圆形还是矩形。默认为圆形，当用户要模拟光从窗户中照射进来的效果时，可以设置为矩形的照射区域。

● 纵横比、位图拟合"：当设定为矩形照射区域时，使用纵横比来调整方形照射区域的长宽比，或者使用"位图拟合"按钮为照射区域指定一个位图，使灯光的照射区域与位图的长宽比相匹配。

4."高级效果"卷展栏

"高级效果"卷展栏用于控制灯光影响表面区域的方式，并提供了对投影灯光的调整和设置，如图11-69所示。

"影响曲面"选项组：用于设置灯光在场景中的工作方式。

● 对比度：该参数用于调整最亮区域和最暗区域的对比度，取值范围为0~100。默认值为0，是正常的对比度。

● 柔化漫反射边：取值范围为0~100。数值越小，边界越柔和。默认值为50。

● 漫反射：该复选框用于控制打开或者关闭灯光的漫反射效果。

● 高光反射：该复选框用于控制打开或者关闭灯光的高光部分。

● 仅环境光：该复选框用于控制打开或者关闭对象表面的环境光部分。当选择复选框时，灯光照明只对环境光产生效果，而"漫反射""高光反射""对比度"和"柔化漫反射边"选项将不能使用。

"投影贴图"选项组：将图像投射在物体表面，可以用于模拟投影仪、放映机等效果，如图11-70所示。

● 贴图：开启或关闭所选图像的投影。

● 无：单击该按钮，将弹出"材质/贴图浏览器"对话框，用于指定进行投影的贴图。

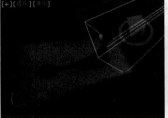

图11-68　　　　　　　　　　　图11-69　　　　　　　　　图11-70

5."阴影参数"卷展栏

"阴影参数"卷展栏用于选择阴影方式，设置阴影的效果，如图11-71所示。

"对象阴影"选项组：用于调整阴影的颜色和密度，以及增加阴影贴图等，是"阴影参数"卷展栏中主要的参数选项组。

● 颜色：阴影颜色，色块用于设定阴影的颜色，默认为黑色。

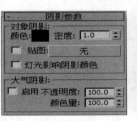

图11-71　　　　　　　　　　图11-72

● 密度：通过调整投射阴影的百分比来调整阴影的密度，从而使它变黑或者变亮。取值范围为 − 1.0~1.0，当该值等于0时，不产生阴影；该值等于1时，产生最深颜色的阴影。若为负值，则产生阴影的颜色与设置的阴影颜色相反。

● 贴图：可以将物体产生的阴影变成所选择的图像，如图11-72所示。

● 灯光影响阴影颜色：选择该复选框，灯光的颜色将会影响阴影的颜色，阴影的颜色为灯光的颜色与阴影的颜色相混合后的颜色。

"大气阴影"选项组：用于控制大气效果是否产生阴影，一般大气效果是不产生阴影的。

● 启用：开启或关闭大气阴影。

● 不透明度：调整大气阴影的透明度。当该参数为0时，大气效果没有阴影；当该参数为100时，产生完全的阴影。

● 颜色量：调整大气阴影颜色和阴影颜色的混合度。当采用大气阴影时，在某些区域产生的阴影是由阴影本身颜色与大气阴影颜色混合生成的。当该参数为100时，阴影的颜色完全饱和。

6. "阴影贴图参数"卷展栏

将阴影类型设置为"阴影贴图"后，将出现"阴影贴图参数"卷展栏，如图11-73所示。这些参数用于控制灯光投射阴影的质量。

● 偏移：该数值框用于调整物体与产生的阴影图像之间的距离。数值越大，阴影与物体之间的距离就越大。如图11-74所示，左图为将"偏移"值设置为1后的效果，右图为将"偏移"值设置为10后的效果。看上去好像是物体悬浮在空中，实际上是影子与物体之间有一定的距离。

● 大小：用于控制阴影贴图的大小，值越大，阴影的质量越高，但也会占用更多内存。

● 采样范围：用于控制阴影的模糊程度。数值越小，阴影越清晰；数值越大，阴影越柔和；取样范围为0~20，推荐使用2~5，默认值是4。

● 绝对贴图偏移：选择该复选框时，为场景中的所有对象设置偏移范围。禁用该复选框时，只在场景中相对于对象偏移。

● 双面阴影：选择该复选框时，在计算阴影时同时考虑背面阴影，此时对象内部并不被外部灯光照亮。禁用该复选框时，将忽略背面阴影，外部灯光也可照亮对象内部。

图11-73

图11-74

7. 天光的特效

天光在标准灯光中是比较特殊的一种灯光，主要用于模拟自然光线，能表现全局光照的效果。在真实世界中，由于空气中的灰尘等介质，即使阳光照不到的地方也不会觉得暗，也能够看到物体。但在3ds Max中，光线就好像在真空中一样，光照不到的地方是黑暗的，所以，在创建灯光时，一定要让光照射在物体上。

天光可以不考虑位置和角度，在视图中的任意位置创建，都会有自然光的效果。下面先来介绍天光的参数。

天光的"天光参数"卷展栏（如图11-75所示）中的选项功能介绍如下。

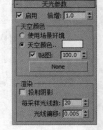

● 启用：用于打开或关闭天光。选择该复选框，将在阴影和渲染计算的过程中利用天光来照亮场景。

● 倍增：通过设置倍增的数值调整灯光的强度。

● 使用场景环境：选择该复选框，将利用"环境和效果"对话框中的环境设置来设定灯光的颜色。只有当光线跟踪处于激活状态时，该设置才有效。

● 天空颜色：选择该复选框，可通过单击颜色样本框弹出"颜色选择器"对话框，并从中选择天光的颜色。一般使用天光，保持默认的颜色即可。

图11-75

● 贴图：可利用贴图来影响天光的颜色，复选框用于控制是否激活贴图，右侧的微调器用于设置使用贴图的百分比，小于100%时，贴图颜色将与天空颜色混合，None按钮用于指定一个贴图。只有当光线跟踪处于激活状态时，贴图才有效。

● 投射阴影：选择该复选框时，天光可以投射阴影，默认禁用。

● 每采样光线数：设置用于计算照射到场景中给定点上的天光的光线数量，默认值为20。

● 光线偏移：设置对象可以在场景中给定点上投射阴影的最小距离。

使用天光时一定要注意，天光必须配合高级灯光才能起作用，否则，即使创建了天光，也不会有自然光的效果。

▶ 11.4　光度学灯光

　　光度学灯光通过设置灯光的光度学值来模拟场景中的灯光效果。用户可以为灯光指定各种各样的缝补方式和颜色特征，还可以导入从照明厂商那里获得的特定光度学文件。单击"▣（创建）>◄（灯光）>光度学"中的任意灯光按钮，如图11-76所示，弹出"创建光度学灯光"对话框，如图11-77所示。

图11-76　　　　　　　　　　　　　图11-77

　　这里可以根据自己的喜好单击"是"或"否"按钮。

▌实例操作69：利用Web灯光模拟壁灯灯光效果 ▌

　　【案例学习目标】学习使用光度学目标灯光。

　　【案例知识要点】在原始场景的基础上，为壁灯模拟照射墙壁效果，如图11-78所示。

　　【场景所在位置】光盘>场景>Ch11>壁灯光照.max。

　　【效果图参考场景】光盘>场景>Ch11>壁灯光照ok.max。

　　【贴图所在位置】光盘>Map。

01 打开原始场景文件，渲染场景，如图11-79所示。

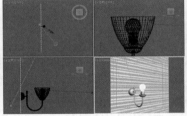

图11-78　　　　　　　　　　　　　　　　　　图11-79

02 单击"▣（创建）>◄（灯光）>光度学>目标灯光"按钮，在"前"视图中创建目标灯光，如图11-80所示。

03 调整灯光的位置和角度，切换到 ◪（修改）命令面板，在"常规参数"卷展栏中设置"灯光分布（类型）"为"光度学Web"；在"分布（光度学Web）"卷展栏中单击灰色的选择光度学文件按钮，在弹出的对话框中选择贴图素材文件中的"30（50000）.ies"文件；在"强度/颜色/衰减"卷展栏中设置"强度"为3000，如图11-81所示。

04 渲染场景即可得到最终的效果。

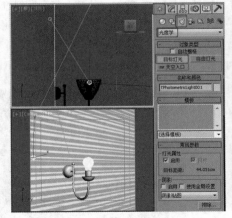
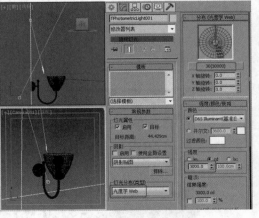

图11-80　　　　　　　　　　　　　　　　　　图11-81

光学度灯光参数

1."模板"卷展栏

通过"模板"卷展栏，可以在各种预设的灯光类型中进行选择，如图11-82所示。

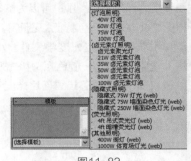

- 40W 灯泡。
- 60W 灯泡。
- 75W 灯泡。
- 100W 灯泡。
- 卤元素聚光灯。
- 21W 卤元素灯泡。
- 35W 卤元素灯泡。
- 50W 卤元素灯泡。
- 80W 卤元素灯泡。
- 100W 卤元素灯泡。
- 隐藏式75W 灯光（Web）。
- 隐藏式75W 墙面染色灯光（Web）。
- 隐藏式250W 墙面染色灯光（Web）。
- 4 ft.吊式荧光灯（Web）。
- 4 ft.暗槽荧光灯（Web）。
- 400W 街灯（Web）。
- 1000W 体育场灯光 (Web)。

图11-82

当选择模板时，将更新灯光参数以使用该灯光的值，并且上边的文本区域显示灯光的说明。如果标题选择的是类别而非灯光类型，则文本区域会提示用户选择实际的灯光。

2."常规参数"卷展栏

下面介绍"常规参数"卷展栏中的灯光分布，如图11-83所示。

"灯光分布（类型）"选项组中的灯光类型如下。

- 光学度Web：光度学 Web 分布使用光域网定义分布灯光。如果选择该灯光类型，在修改命令面板中将显示对应的卷展栏。

- 聚光灯：当使用聚光灯分布创建或选择光度学灯光时，修改命令面板中将显示对应的卷展栏。

- 统一漫反射：统一漫反射分布仅在半球体中投射漫反射灯光，就如同从某个表面发射灯光一样。统一漫反射分布遵循 Lambert 余弦定理：从各个角度观看灯光时，它都具有相同明显的强度，如图11-84所示。

图11-83

- 统一球形：统一球形分布，如其名称所示，可在各个方向上均匀投射灯光，如图11-85所示。

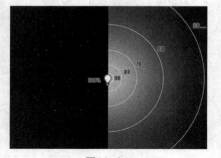

图11-84

图11-85

3. "强度/颜色/衰减"卷展栏

通过"强度/颜色/衰减"卷展栏，可以设置灯光的颜色和强度。此外，还可以选择设置衰减极限，如图11-86所示。

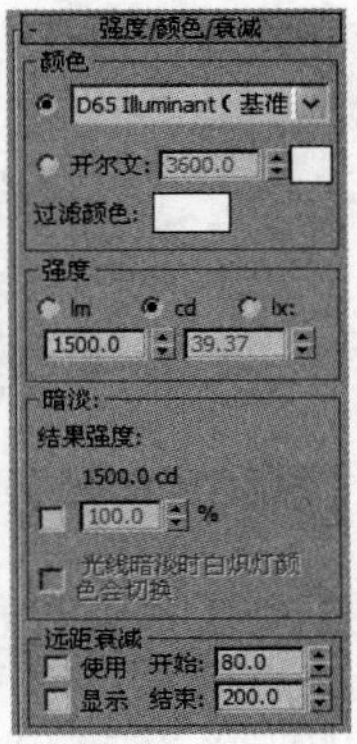

"强度/颜色/衰减"卷展栏中的选项功能介绍如下。

（1）"颜色"选项组。

• 灯光：选择公用灯光，近似灯光的光谱特征。"开尔文"参数旁边的颜色用以反映所选的灯光。可在下拉列表框中选择灯光颜色。

• 开尔文：通过调整微调器来设置灯光的颜色。色温以开尔文度数显示。相应的颜色在微调器旁边的色样中可见。

• 过滤颜色：使用颜色过滤器模拟置于光源上的过滤色的效果。

（2）"强度"选项组：这些控件在物理数量的基础上指定光度学灯光的强度或亮度。

图11-86

• lm：测量整个灯光（光通量）的输出功率。100W 的通用灯泡约有 1750 lm 的光通量。

• cd：用于测量灯光的最大发光强度，通常沿着瞄准发射。100W 通用灯泡的发光强度约为 139 cd。

• lx：测量由灯光引起的照度，该灯光以一定距离照射在曲面上，并面向光源的方向。勒克斯是国际场景单位，等于 1 流明/平方米。照度的美国标准单位是尺烛光 (c)，等于 1 流明/平方英尺。要从 footcandles 转换为 lx，请乘以 10.76。例如，要指定 35 fc 的照度，请将照度设置为 376.6 lx。

（3）"暗淡"选项组。

• 结果强度：用于显示暗淡所产生的强度，并使用与"强度"选项组相同的单位。

• 暗淡 %：启用该复选框后，该值会指定用于降低灯光强度的倍增。如果值为100%，则灯光具有最大强度。百分比较低时，灯光较暗。

• 光线暗淡对白炽灯颜色会切换：启用此复选框后，灯光可在暗淡时通过产生更多黄色来模拟白炽灯。

4. "图形/区域阴影"卷展栏

通过"图形/区域阴影"卷展栏，可以选择用于生成阴影的灯光图形，如图11-87所示。

"图形/区域阴影"卷展栏中的选项功能介绍如下。

（1）"从（图形）发射光线"选项组。

• 下拉列表框：可选择阴影生成的图形，如图11-88所示。

点光源：计算阴影时，如同点在发射灯光一样。点图形未提供其他控件。

线：计算阴影时，如同线在发射灯光一样。线性图形提供了长度控件。

矩形：计算阴影时，如同矩形区域在发射灯光一样。矩形图形提供了长度和宽度控件。

圆形：计算阴影时，如同圆形在发射灯光一样。圆图形提供了半径控件。

球形：计算阴影时，如同球体在发射灯光一样。球体图形提供了半径控件。

圆柱体：计算阴影时，如同圆柱体在发射灯光一样。圆柱体图形提供了长度和半径控件。

图11-87

图11-88

（2）"渲染"选项组。

• 灯光图形在渲染中可见：启用此复选框后，如果灯光对象位于视野内，灯光图形在渲染中会显示为自供照明（发光）的图形。禁用后，将无法渲染灯光图形，而只能渲染它投影的灯光。默认设置为禁用状态。

5. "阴影贴图参数"卷展栏

当已选择"阴影贴图"作为灯光的阴影生成技术时，将显示"阴影贴图参数"卷展栏，如图11-89所示。

"阴影贴图参数"卷展栏中的选项功能介绍如下：

• 偏移：阴影偏移是将阴影移向或移离投射阴影的对象。

• 大小：设置用于计算灯光的阴影贴图的大小（以像素平方为单位），如图11-90所示，左图的"大小"参数为32，右图的"大小"参数为256，阴影贴图尺寸为贴图指定细分量。值越大，对贴图的描述就越细致。

图11-89　　　　　　　　　　　　　　　　图11-90

- 采样范围：采样范围决定了阴影内平均有多少区域。这将影响柔和阴影边缘的程度。范围为 0.01～50.0。
- 绝对贴图偏移：启用此复选框后，阴影贴图的偏移未标准化，但是该偏移在固定比例的基础上以3ds Max的默认单位表示。在设置动画时，无法更改该值。在场景范围的大小的基础上，必须选择该复选框。
- 双面阴影：启用此复选框后，计算阴影时背面将不被忽略。从内部看到的对象不由外部的灯光照亮。禁用此复选框后，忽略背面，这样可使外部灯光照明室内对象。

6."分布（光学度Web）"卷展栏

在"灯光分布（类型）"下拉列表框中选择"光学度Web"灯光类型时，将出现如图11-91所示"分布（光学度Web）"卷展栏。

"分布（光学度Web）"卷展栏中的选项功能介绍如下。

- Web 图：在选择光度学文件之后，该缩略图将显示灯光分布图案的示意图，如图11-92所示。

图11-91　　　图11-92

- 选择光学度文件：单击此按钮，可选择用做光度学 Web 的文件。该文件可采用 IES、LTLI 或 CIBSE 格式。
- X轴旋转：沿着 x 轴旋转光域网。旋转中心是光域网的中心。范围为 －180～180 度。
- Y轴旋转：沿着 y 轴旋转光域网。
- Z轴旋转：沿着 z 轴旋转光域网。

▶11.5　课堂练习——室内灯光的创建

【练习知识要点】学习使用标准灯光目标聚光灯和泛光灯制作室内的照明效果，通过不断地修改参数完成灯光的照明，效果如图11-93所示。

【效果图参考场景】光盘>场景>Ch11>会议室 ok.max。

【贴图所在位置】光盘>Map。

▶11.6　课后习题——为木屋创建摄影机和灯光

【习题知识要点】学习为木屋创建摄影机，并为木屋创建标准灯光，其中主要使用了泛光灯来制作完成夜景中的木屋效果，效果如图11-94所示。

【效果图参考场景】光盘>场景>Ch11>小木屋 ok.max。

【贴图所在位置】光盘>Map。

图11-93　　　　　　　　　　　　　　　　图11-94

第 **12** 章

3ds Max中的渲染器详解

通过前面章节的学习，已掌握了灯光、摄影机和材质等的设置，接下来将介绍3ds Max中的默认渲染，使读者了解默认渲染中的渲染设置及注意事项。

▶12.1 渲染消息窗口

渲染帧窗口会显示渲染输出，如图12-1所示。

该窗口中各选项的功能介绍如下。

图12-1

● 要渲染的区域：该下拉列表框提供了可用的"要渲染的区域"选项。选择"查看""选定""区域""裁剪"或"放大"。当使用"区域""裁剪"或"放大"时，使用"编辑区域"控件来设置区域（请参见以下内容）。或者，可以使用"选择的自动区域"选项，自动将区域设置到当前选择中。

● ▦（编辑区域）：启用对区域窗口的操纵，拖动控制柄可重新调整大小；通过在窗口中拖动可进行移动。当将"要渲染的区域"设置为"区域"时，既可以在渲染帧窗口中也可在活动视口中编辑该区域。

● ▣（选择的自动区域）：启用该选项后，会将"区域""裁剪"和"放大"区域自动设置为当前选择。该自动区域会在渲染时计算，并且不会覆盖用户可编辑区域。如果将"要渲染的区域"设置为"查看"或"选定"，则单击"选择的自动区域"将切换到"区域"模式。

● 视口：当单击"渲染"按钮时，将显示渲染的视口。要渲染的不同视口，可从该下拉列表框中选择所需视口，或在主用户界面中将其激活。

● ▣（锁定到视口）：启用时，即使在主界面中激活不同的视口，也只会渲染"视口"下拉列表框中处于活动状态的视口。但是，仍然可选择要渲染的不同视口。关闭时，在主用户界面中激活不同的视口将更新视口值。

● 渲染预设：从下拉列表框中选择"预设渲染"选项。

● ▣（渲染设置）：打开"渲染设置"窗口。

● 产品级：使用"渲染帧窗口""渲染设置"窗口等选项中的所有当前设置进行渲染。

● 迭代：忽略网络渲染、多帧渲染、文件输出、导出至 MI 文件，以及电子邮件通知。同时，使用扫描线渲染器，渲染选定会使渲染帧窗口的其余部分完好保留在迭代模式中。

● 渲染按钮：使用当前设置渲染场景。

● ▣（保存图像）：用于保存在渲染帧窗口中显示的渲染图像。

● ▣（复制图像）：将渲染图像可见部分的精确副本放置在 Windows 剪贴板上，以准备粘贴到绘制程序或位图编辑软件中。图像始终按当前显示状态复制，因此，如果启用了单色按钮，则复制的数据由 8 位灰度位图组成。

● ▩（克隆渲染帧窗口）：创建另一个包含所显示图像的窗口。这就允许将另一个图像渲染到渲染帧窗口，然后将其与上一个克隆的图像进行比较。可以多次克隆渲染帧窗口。克隆的窗口会使用与原始窗口相同的初始缩放级别。

● ▣（打印图像）：将渲染图像发送至 Windows 中定义的默认打印机。

● ✕（清除）：清除渲染帧窗口中的图像。

● ▣（启用红色通道）：显示渲染图像的红色通道。禁用该选项后，红色通道将不会显示。

● ▣（启用绿色通道）：显示渲染图像的绿色通道。禁用该选项后，绿色通道将不会显示。

● ▣（启用蓝色通道）：显示渲染图像的蓝色通道。禁用该选项后，蓝色通道将不会显示。

● ▣（显示 Alpha 通道）：显示 Alpha 通道。

● ▣（单色）：显示渲染图像的 8 位灰度。

● 色样：存储上次右击像素的颜色值。可以在 3ds Max 中将此色样拖入到其他色样中。单击色样将打开颜色选择器，其中显示颜色的详细信息。

● 通道显示下拉列表：列出用图像进行渲染的通道。当从下拉列表框中选择通道时，它将显示在渲染帧窗口中。

● ▣（切换 UI 叠加）：启用时，如果"区域""裁剪"或"放大"区域中有一个选项处于活动状态，则会显示表示相应区域的帧。要禁用该帧的显示，请关闭该切换选项。

- ■（切换 UI）：启用时，所有控件均可使用。禁用时，将不会显示对话框顶部的渲染控件和对话框下部单独面板上的 mental ray 控件。要简化对话框界面并且使该界面占据较小的空间，请关闭此选项。

- 像素数据：右击"渲染帧窗口"时，色样将更新，并会显示有关渲染和鼠标下方像素的信息，如图12-2所示。如果在拖动时按住鼠标右键不放，则信息将会随着鼠标所经过的每个新像素的改变而改变。

图12-2

12.2　默认扫描线渲染器

默认扫描线渲染器是一种多功能渲染器，可以将场景渲染为从上到下生成的一系列扫描线。

默认扫描线是3ds Max默认的渲染器，需要在"公用"选项卡中指定渲染器，展开"指定渲染器"卷展栏，单击"产品级"后的■按钮，在弹出的"选择渲染器"对话框中选择需要的默认扫描线渲染器即可，如图12-3所示。

图12-3

‖实例操作70：使用默认扫描线渲染器渲染线框图‖

【案例学习目标】学习使默认扫描线渲染器。

【案例知识要点】在打开的原始场景的基础上，选择"强制线框"复选框，即可渲染出线框图，如图12-4所示。

【场景所在位置】光盘 > 场景 > Ch12> 线框图.max。

【效果图参考场景】光盘 > 场景 > Ch12> 线框图ok.max。

【贴图所在位置】光盘 >Map。

打开原始场景文件，打开"渲染设置"窗口，在"渲染器"选项卡中展开"默认扫描线渲染器"卷展栏，选择"强制线框"复选框，即可渲染出线框图，如图12-5所示。

图12-4　　　　　　　　　　　图12-5

12.2.1　默认扫描线渲染器卷展栏

"默认扫描线渲染器"卷展栏的全部参数如图12-6所示。

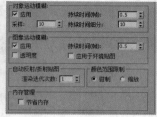

（1）"选项"选项组中的各个选项介绍如下

● 贴图：禁用该选项可忽略所有贴图信息，从而加速测试渲染。自动影响反射和环境贴图，同时也影响材质贴图。默认设置为启用。

● 自动反射/折射和镜像：忽略自动反射/折射贴图以加速测试渲染。

● 阴影：禁用该复选框后，不渲染投射阴影。这可以加速测试渲染。默认设置为启用。

图12-6

● 强制线框：像线框一样设置渲染场景中的所有曲面。可以选择线框厚度（以像素为单位）。默认设置为1。

● 启用 SSE：启用该复选框后，渲染使用"流 SIMD 扩展"（SSE）（SIMD 代表"单指令、多数据"）。取决于系统的 CPU，SSE 可以缩短渲染时间。默认设置为禁用。

（2）"抗锯齿"选项组中的各个选项介绍如下。

● 抗锯齿：抗锯齿可以平滑渲染时产生的对角线或弯曲线条的锯齿状边缘。只有在渲染测试图像并且速度比图像质量更重要时才禁用该复选框。

● "过滤器"下拉列表框：可用于选择高质量的基于表的过滤器，将其应用到渲染上。过滤是抗锯齿的最后一步操作。它们在子对象层级起作用，并允许用户根据所选择的过滤器来清晰或柔化最终输出。在该选项组的下面，3ds Max 会在一个方框内显示过滤器的简要说明及如何将过滤器应用于图像。

● 过滤贴图：启用或禁用对贴图材质的过滤。默认设置为启用。

● 过滤器大小：可以增加或减小应用到图像中的模糊量。此复选框仅供某些过滤器选项使用。将"过滤器大小"设置为 1.0 可以有效地禁用过滤器。

（3）"全局超级采样"选项组中的各个选项介绍如下。

● 禁用所有采样器：禁用所有超级采样。默认设置为禁用。

● 启用全局超级采样器：启用该复选框后，对所有的材质应用相同的超级采样器。禁用后，将材质设置为使用全局设置，该全局设置由"渲染"对话框中的设置控制。除了"禁用所有采样器"选项，"渲染"对话框的"全局超级采样"选项组中的所有其他选项都将无效。默认设置为启用。

● 超级采样贴图：启用或禁用对贴图材质的超级采样。默认设置为启用。

● "采样器"下拉列表框：选择应用何种超级采样方法。默认设置为"Max 2.5 星"。用于超级采样方法的选项与出现在"材质编辑器"和"超级采样"卷展栏中的选项相同。某些方法提供扩展的选项，通过这些选项可以更好地控制超级采样的质量和渲染过程中所获得的采样数。

（4）"对象运动模糊"选项组中的各个选项介绍如下。

● 应用：为整个场景全局启用或禁用对象运动模糊。任何设置了"对象运动模糊"属性的对象都将用运动模糊进行渲染。

● 持续时间：确定"虚拟快门"打开的时间。设置为 1.0 时，虚拟快门在当前帧和下一帧之间的整个持续时间保持打开。较长的值产生更为夸张的效果，如图12-7所示分别为持续时间为 0.5、1、2 的效果。

● 采样：确定采样的"持续时间细分"副本数。最大值为 32。当采样小于持续时间时，在持续时间中随机采样（这也就是运动模糊看起来可能有一点颗粒化的原因）。例如，如果"持续时间细分"值为 12 而"采样"值为 8，那么就可能在每帧的 12 个副本中随机采样出 8 个。

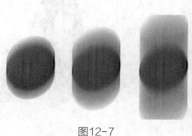

图12-7

● 持续时间细分：确定在持续时间内渲染的每个对象副本的数量，如图12-8所示，左图为采样值与细分值相同，右图为采样值小于细分值。

图12-8

（5）"图像运动模糊"选项组中的各个选项介绍如下。

● 应用：为整个场景全局启用或禁用图像运动模糊。任何设置了图像运动模糊属性的对象都用运动模糊进行渲染。

● 持续时间：指定"虚拟快门"打开的时间。设置为 1.0 时，虚拟快门在当前帧和下一帧之间的整个持续时间保持打开。值越大，运动模糊效果越明显。

● 应用于环境贴图：启用该复选框后，图像运动模糊既可以应用于环境贴图，也可以应用于场景中的对象。当摄影机环游时效果非常显著。环境贴图应当使用"环境"进行贴图：球形、圆柱形或收缩包裹。图像运动模糊不能与屏幕贴图环境一起使用。

● 透明度：启用该复选框后，图像运动模糊对重叠的透明对象起作用。在透明对象上应用图像运动模糊会增加渲染时间。默认设置为禁用。

（6）"自动反射/折射贴图"选项组中的各个选项介绍如下。

● 渲染迭代次数：设置对象间在非平面自动反射贴图上的反射次数。虽然增加该值有时可以改善图像质量，但是这样做也将增加反射的渲染时间。

（7）"颜色范围限制"选项组中的各个选项介绍如下。

● 钳制：要保持所有颜色分量均在"钳制"范围内，则需要将任何大于 1 的颜色值更改为 1，而将任何小于 0 的颜色更改为 0。任何介于 0 和 1 之间的值不做任何更改。使用"钳制"时，因为在处理过程中色调信息会丢失，所以非常亮的颜色将被渲染为白色。

● 缩放：要保持所有颜色分量均在"缩放"范围内，则需要通过缩放所有3个颜色分量来保留非常亮的颜色的色调，这样最大分量的值就会为1。注意，这样将更改高光的外观。

（8）"内存管理"选项组中的各个选项介绍如下。

● 节省内存：启用该复选框后，渲染时将会使用更少的内存，但会增加一点内存时间。可以节约 15% ~ 25% 的内存。而时间大约增加 4%。默认设置为禁用。

12.2.2　"高级照明"选项卡

使用"高级照明"选项卡，可为默认扫描线渲染器选择一个高级照明选项：光线跟踪器或光能传递。

"光线跟踪器"为明亮场景（比如室外场景）提供柔和边缘的阴影和映色。"光能传递"提供场景中灯光的物理性质精确建模。

在选择高级照明选项之前，将显示"选择高级照明"卷展栏，如图12-9所示。

● 插件下拉列表表：从下拉列表框中选择高级照明选项。默认设置为"无照明插件"。

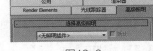

图12-9

● 活动：选择高级照明选项时，使用"活动"可在渲染场景时切换是否使用高级照明。默认设置为启用。

12.2.3　"光线跟踪器"选项卡

本节主要介绍"光线跟踪器全局参数"卷展栏，如图12-10所示，该卷展栏具有针对光线跟踪材质、贴图和阴影的全局设置。

（1）"光线深度控制"选项组中的各个选项介绍如下。

● 最大深度：设置最大递归深度。增加该值会潜在地提高场景的真实感，但却会增加渲染时间。可以降低该值以便缩短渲染时间。范围为 0 ~ 100。默认值为 9。

● 中止阈值：为自适应光线级别设置一个中止阈值。如果光线对于最终像素颜色的作用降低到中止阈值以下，则终止该光线。默认值为 0.05（最终像素颜色的 5%）。这能明显加速渲染时间。

- 最大深度时使用的颜色：通常，当光线达到最大深度时，将被渲染为与背景环境一样的颜色。通过选择颜色或设置可选环境贴图，可以覆盖返回到最大深度的颜色。这使"丢失"的光线在场景中不可见。

- 指定：当光线被视为丢失或者掉入陷阱时，指定光线跟踪器返回的颜色。单击色样以更改该颜色。

- 背景：当光线被认为丢失或者掉入陷阱时恢复为背景颜色。对于"光线跟踪"材质，背景颜色是全局环境背景或针对这种材质指定的局部环境。对于"光线跟踪"贴图，背景颜色为全局环境背景或在"光线跟踪器全局参数"卷展栏中局部设置。默认选择此单选按钮。

图12-10

（2）"全局光线抗锯齿器"选项组中的各个选项介绍如下。

- 启用：启用此复选框之后将使用抗锯齿。默认设置为禁用状态。

- 下拉列表框：选择要使用的抗锯齿设置。具有下列两个选项。

- 快速自适应抗锯齿器：全局使用快速自适应抗锯齿器。

- 多分辨率自适应抗锯齿器：全局使用多分辨率自适应抗锯齿器。

（3）"全局光线跟踪引擎选项"选项组中的各个选项介绍如下。

- 启用光线跟踪：启用或禁用光线跟踪器。默认设置为启用。即使禁用光线跟踪，光线跟踪材质和光线跟踪贴图仍然反射和折射环境，包括用于场景的环境贴图和指定给光线跟踪材质的环境贴图。

- 光线跟踪大气：启用或禁用大气效果的光线跟踪。大气效果包括火、雾和体积光等。默认设置为启用。

- 启用自反射/折射：启用或禁用自反射/折射。默认设置为启用。对象可以自行反射，例如，茶壶的壶体反射茶壶的手柄，但是球体永远不能反射自己。如果不需要这种效果，则可以通过禁用此切换缩短渲染时间。

- 反射/折射材质 ID：启用该复选框之后，材质将反射启用或禁用渲染器的 G 缓冲区中指定给材质 ID 的效果。默认设置为启用。

- 渲染光线跟踪对象内的对象：切换光线跟踪对象内的对象的渲染。默认设置为启用。

- 渲染光线跟踪对象内的大气：切换光线跟踪对象内的大气效果的渲染。大气效果包括火、雾和体积光等。默认设置为启用。

- 启用颜色密度/雾效果：切换颜色密度和雾功能。

- 加速控制：单击该按钮，将弹出"光线跟踪参数"对话框。

- 排除：单击该按钮，将弹出"光线跟踪排除/包含"对话框，可以从中排除光线跟踪中的对象。

- 显示进程对话框：启用此复选框后，渲染显示带进度栏的窗口，进度栏标题为"光线跟踪引擎设置"。默认设置为启用。

- 显示消息：启用此复选框后，打开"光线跟踪消息"窗口，显示来自光线跟踪引擎的状态和进度消息。默认设置为禁用状态。

- 重置：单击该按钮，可将设置还原为默认值。

12.3　Mental Ray 渲染器

来自 NVIDIA 的 Mental Ray 渲染器是一种通用渲染器，它可以生成灯光效果的物理校正模拟，包括光线跟踪反射和折射、焦散和全局照明。

要使用 Mental Ray 渲染器需要在"公用"选项卡中展开"指定渲染器"卷展栏，单击"产品级"后的 ■ 按钮，在弹出的"选择渲染器"对话框中选择需要的 NVIDIA mental ray 渲染器即可。

▋实例操作71：使用Mental Ray渲染器设置焦散 ▋

【案例学习目标】学习设置焦散。

【案例知识要点】打开原始场景文件，通过设置场景中对象的生成焦散和接受焦散选项，制作出焦散的效果，如图12-11所示。

  【场景所在位置】光盘>场景> Ch12>焦散.max。

  【效果图参考场景】光盘>场景> Ch12>焦散ok.max。

  【贴图所在位置】光盘>Map。

图12-11

01 打开原始场景文件，首先确定场景中有作为焦散的灯光，选择场景中的3盏泛光灯，单击鼠标右键，在弹出的快捷菜单中选择"对象属性"命令，在弹出的对话框中选择mental ray选项卡，选择"生成焦散"复选框，单击"确定"按钮，如图12-12所示。

02 使用同样的方法设置场景中两个较小的玻璃球的"生成焦散"效果。

03 在场景中选择作为地面的平面，单击鼠标右键，在弹出的快捷菜单中选择"对象属性"命令，在弹出的对话框中选择mental ray选项卡，选择"接收焦散"复选框，单击"确定"按钮，使该模型只接收焦散不产生焦散，如图12-13所示。

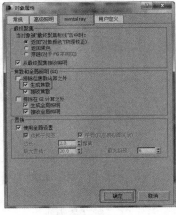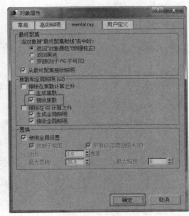

图12-12　　　　　　　　　　图12-13

04 将渲染器指定为mental ray，如图12-14所示。

05 切换到"全局照明"选项卡中，展开"焦散和光子贴图"卷展栏，选择"启用"复选框，设置"每采样最大光子数"为300，选择"最大采样半径"复选框，设置参数为50，设置"过滤器"为Gauss，如图12-15所示。

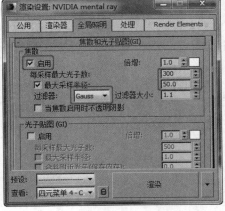

图12-14　　　　　　　　　　图12-15

12.3.1 "渲染器"选项卡

指定mental ray渲染器之后，在"渲染设置"窗口中即可显示出相关的mental ray渲染器参数，首先介绍"渲染设置"窗口中的"渲染器"选项卡，如图12-16所示。

1. "采样质量"卷展栏

"采样质量"卷展栏中的选项会影响 mental ray 渲染器为抗锯齿渲染图像执行采样的方式，如图12-17所示。

图12-16

图12-17

（1）"采样模式"下拉列表框：可用于选择要执行的采样类型。

● 统一／光线跟踪(推荐)：这是默认设置。针对锯齿和计算运动模糊使用相同的采样方法，以此来对场景进行光线跟踪。与"经典"方法相比，此方法可以大大加快渲染速度。

● 经典／光线跟踪：使用"最小值／最大值"采样倍增，和 Autodesk 3ds Max 2014 之前的 3ds Max 版本中相同。

● 光栅／扫描线：与"经典／光线跟踪"模式类似，只是该模式禁用了光线跟踪。"光栅／扫描线"模式使用采样值而不是"最小值／最大值"倍增。

（2）"每像素采样"选项组：此选项组中显示的控件取决于处于活动状态的模式："统一""经典"还是"光栅"。"统一／光线跟踪(推荐)"模式。

● 质量：设置渲染的质量。值越低，渲染速度越快，但图像越粗糙。值越高，图像会越平滑，但渲染时间更长。范围在 0.1 ~ 20.0 之间。默认值为 0.25。质量实质上是设置渲染器停止采样的"噪波级别"。质量越高，噪波越少。

● 最小：设置最小采样率。范围为 0.1 ~ 64.0。默认值为 1.0。

● 最大：设置最大采样率。范围为 1 ~ 100000。默认值为 128.0。

"经典／光线跟踪"模式。

● 最小：设置最小采样率。此值代表每像素采样数。大于等于 1 的值代表对每个像素进行一次或多次采样。分数值代表对 N 个像素进行一次采样（例如，对于每4个像素，1/4 为最小的采样数）。默认值=1/4。

● 最大：设置最大采样率。如果邻近的采样通过对比度加以区分，而这些对比度已经超出对比度限制，则包含这些对比度的区域将通过"最大"值被细分为指定的深度。默认值为 4。

"光栅／扫描线"模式。

● 明暗处理：控制每像素明暗处理调用的近似数量。值越大，渲染越精确，渲染时间也越多。范围为 0.1 ~ 10000 。默认值为 2.0。

● 可见性：控制"光栅"模式使用的每像素的采样数。采样越多就会越平滑，但渲染时间也会越长。范围为 1 ~ 225。默认值为 16。

（3）"过滤器"选项组。

● "类型"下拉列表框：确定如何将多个采样合并成单个像素值。可以设置为长方体、高斯、三角形、Mitchell 或 Lanczos 过滤器。默认设置为长方体。

● 宽度、高度：指定过滤区域的大小。增加"宽度"和"高度"值可以使图像柔和，但是却会增加渲染时间。

（4）"对比度／噪波阈值"选项组。

- R、G、B：指定红、绿、蓝采样组件的阈值。这些值都是规范化了的值，它们的范围是 0.0 到 1.0，0.0 代表了颜色组件为完全未饱和（黑色，或者在八位代码下为 0），1.0 表示颜色组件为完全饱和（白色，或者在八位代码下为 255）。

- A：指定采样 Alpha 组件的阈值。这些值都是规范化了的值，它们的范围是 0.0（全透明，或者在八位代码下为 0）到 1.0（完全不透明，或者在八位代码下为 255）。默认值为 0.01。

- 色样：单击可显示颜色选择器，从而以交互方式指定 R、G 和 B 的阈值。

（5）"选项"选项组。

- 锁定采样：启用此复选后，mental ray 渲染器对于动画的每一帧使用同样的采样模式。禁用后，mental ray 渲染器在帧与帧之间的采样模式中引入了拟随机（Monte Carlo）变量。默认设置为禁用。

- 抖动：在采样位置引入一个变量。如果启用"抖动"复选框，可以避免锯齿问题的出现。默认设置为启用。

- 渲染块宽度：确定每个渲染块的大小（以像素为单位）。范围为 4～512 像素。默认值为 32 像素。

- 渲染块顺序：允许用户指定 mental ray 选择下一个渲染块的方法。如果使用占位符或者分布式渲染，则使用默认的希尔伯特顺序。另外，还可以基于查看显示在渲染帧窗口中渲染图像的方式选择一种方法。

- 帧缓冲区类型：允许用户选择输出帧缓冲区的位深。

2. "渲染算法"卷展栏

"渲染算法"卷展栏中的选项用于选择使用光线跟踪进行渲染，还是使用扫描线渲染进行渲染，或者两者都使用。也可以选择用来加速光线跟踪的方法，如图 12-18 所示。

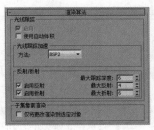

图 12-18

- 启用：此复选框仅在"光栅/扫描线"模式中可用。启用该复选框后，mental ray 使用光线跟踪以渲染反射、折射、镜头效果（运动模糊和景深）和间接照明（焦散和全局照明）。禁用后，渲染器只可以使用扫描线方法。光线跟踪比较慢但却更加精确、真实。默认设置为启用。

- 使用自动体积：启用该复选框后，使用 mental ray 自动体积模式。这允许用户渲染嵌套体积或重叠体积，如两个聚光灯光束的交集。自动体积也允许摄影机穿越嵌套体积或重叠体积。默认设置为禁用状态。

- 光线跟踪加速："方法"下拉列表框用于设置光线跟踪加速所使用的算法。

"反射/折射"选项组：跟踪深度控制光线被反射和折射的次数。0 表示不会发生反射或折射。增加这些值可以增加场景的复杂度和真实感，但需要更长的渲染时间。

- 最大跟踪深度：限制反射和折射的组合。在反射和折射的总数达到最大跟踪深度时，光线的跟踪就会停止。例如，如果最大跟踪深度设置为 3，且两个跟踪深度同时设置为 2，则光线可以被反射两次并折射一次，反之亦然，但是光线无法发射和折射 4 次。默认设置为 6。

- 启用反射：启用时，mental ray 会跟踪反射。不需要反射时，禁用该复选框可提高性能。

- 启用折射：启用时，mental ray 会跟踪折射。不需要折射时，禁用该复选框可提高性能。

"子集像素渲染"选项组。

- 仅将更改渲染到选定对象。启用时，渲染场景只会应用到选定的对象。但是，与使用"选定"选项进行渲染不同，使用该选项会考虑到影响其外观的所有场景因素。其中包括阴影、反射、直接和间接照明等。同时，与使用背景颜色替换渲染帧窗口整个内容（除选定对象之外）的选定选项不同，该选项只替换重新渲染的选定对象使用的像素。

3. "摄影机效果"卷展栏

"摄影机效果"卷展栏中的选项用来控制摄影机效果，如图 12-19 所示，使用 mental ray 渲染器设置景深和运动模糊，以及轮廓着色，并添加摄影机明暗器。

（1）"运动模糊"选项组。

- 启用：启用此复选框后，mental ray 渲染器计算运动模糊。默认设置为禁用。

图 12-19

- 模糊所有对象：不考虑对象属性设置，将运动模糊应用于所有对象。默认设置为启用。
- 快门持续时间（帧）：模拟摄影机的快门速度。0.0 表示没有运动模糊。该快门持续时间值越大，模糊效果越强。默认设置是 0.5。
- 快门偏移（帧）：设置相对于当前帧的运动模糊效果的开头。默认值为 −0.25，在当前帧前略微居中模糊，以实现照片真实级效果。默认为 −0.25。
- 运动分段数：设置用于计算运动模糊的分段数目。该选项针对动画。如果运动模糊要出现在对象真实运动的切线方向上，则增加"运动分段数"值。值越大，运动模糊越精确，渲染时间也越长。默认值为 1。
- 时间采样：当"采样模式"为"统一/光线跟踪"时，此选项将不可用。

（2）"轮廓"选项组：启用轮廓，并使用明暗器调整轮廓的结果。

- 启用：启用该复选框时，可启用轮廓渲染。默认设置为禁用。要更改为用于调整轮廓而指定的明暗器，请单击按钮。默认明暗器已经指定给3个组件，如按钮标签所示。
- 轮廓对比度：可以指定给相应的明暗器。
- 轮廓存储：存储轮廓所基于的数据。
- 轮廓输出：可以指定给相应的明暗器。

（3）"摄影机明暗器"选项组：这些选项可以指定 mental ray 摄影机明暗器。单击一个按钮将明暗器指定给相应的组件。指定明暗器后，其名称将显示在按钮上。可以使用禁用左边的复选框暂时禁用已指定的明暗器。

- 镜头：单击可指定镜头明暗器。
- 输出：单击可指定摄影机输出明暗器。
- 体积：单击可将一个体积明暗器指定给摄影机。

（4）"'景深'（仅透视视图）"选项组。

- 启用：启用此复选框后，渲染"透视"视图时，mental ray 渲染器计算景深效果。默认设置为禁用。
- 方法下拉列表框：可以选择控制景深的方法。默认设置为"f制光圈"。
- 焦点对准范围：使用"近"和"远"值控制景深。
- 焦平面：对于"透视"视图，以 3ds Max 单位设置离开摄影机的距离，在这个距离场景能够完全聚焦。默认设置为 100.0。
- f 制光圈：当 f 制光圈为活动的方法时，设置 f 制光圈以在渲染"透视"视图时使用。增加 f 制光圈值可使景深变宽，减小 f 制光圈值可使景深变窄。默认值为 1.0。
- 近和远："焦距范围"为活动的方法时，这些值以 3ds Max 单位设置范围，在此范围内对象可以聚焦。小于"近"值和大于"远"值的对象不能聚焦。这些值是近似的，因为从聚焦到失去焦点的变换是渐变的，而不是突变的。

4. "阴影与置换"卷展栏

"阴影与置换"卷展栏中的选项可以影响阴影和置换，如图12-20所示。

- 启用：启用此复选框之后，mental ray 渲染器将渲染阴影。如果禁用，则不渲染阴影。默认设置为启用。如果禁用"启用"复选框，其他阴影控件将不可用。
- "模式"下拉列表框：阴影模式可以为"简单""排序"或"分段"。默认设置为"简单"。

（1）"阴影贴图"组：指定用于渲染阴影的阴影贴图。指定阴影贴图文件时，mental ray 渲染器使用阴影贴图，而不是光线跟踪阴影。

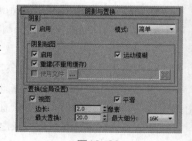

图12-20

- 启用：启用此复选框之后，mental ray 渲染器将渲染阴影贴图的阴影。如果禁用，所有阴影将都是光线跟踪形式的。默认设置为启用。
- 运动模糊：启用此复选框之后，mental ray 渲染器将向阴影贴图应用运动模糊。默认设置为启用。
- 重建（不重用缓存）：启用该复选框之后，渲染器将重新计算的阴影贴图（ZT）文件保存到通过"浏览"按钮指定的文件中。默认设置为启用。

● 使用文件：启用此复选框之后，mental ray 渲染器要么将阴影贴图保存为 ZT 文件，要么加载现有文件。"重建"的状态决定是保存还是加载 ZT 文件。

单击省略号按钮（请参见以下内容）提供 ZT 文件的名称之前，此选项不可用。

● ...（浏览）：单击可弹出一个文件选择器对话框，用于指定阴影贴图 ZT 文件的名称，以及保存该文件的文件夹。

● 文件名：指定阴影贴图文件（请参见上述内容），此字段会显示其名称和路径。

● ▨（删除文件）：单击可删除当前的 ZT 文件。

（2）"置换"选项组。

● 视图：定义置换的空间。启用"视图"复选框之后，"边长"将以像素为单位指定长度。如果禁用，将以世界空间单位指定"边长"。默认设置为启用。

● 平滑：禁用该复选项以使 mental ray 渲染器正确渲染高度贴图。

● 边长：定义由于细分可能生成的最小边长。只要边达到此大小，mental ray 渲染器就会停止对其进行细分。默认设置为 2.0 个像素。

● 最大置换：控制在置换顶点时向其指定的最大偏移，采用世界单位。该值可以影响对象的边界框。默认设置为 20.0。

● 最大细分：控制 mental ray 可以对要置换的每个原始网格三角形进行递归细分的范围。每项细分递归操作可以将单个面分成 4 个较小的面。从下拉列表框中选择相应的值。范围为 4 ~ 64K（65,536）之间。默认值为 16K（16,384）。

利用全局调试参数可为软阴影、光泽反射和光泽折射提供对 mental ray 明暗器质量的高级控制。利用这些选项可调整总体渲染质量，而无须修改单个灯光和材质设置。通常，减小全局调整参数值将缩短渲染时间，增大全局调整参数值将增加渲染时间，如图12-20所示。

● 软阴影精度：针对所有投射软阴影的灯光中"阴影采样"设置（或类似名称，如下所述）的全局倍增。它包括所有光度学灯光（目标灯光、自由灯光、mr 天空入口）、mr 太阳（柔化采样）、mr 区域泛光灯（采样）和 mr 区域聚光灯（采样）。虽然在某些情况下，阴影贴图也可以起作用，但通常情况下，应将灯光设置为投射光线跟踪阴影。图12-21所示为 0.125 和 4.0 的软阴影精度参数的渲染对比图。

● 光泽反射精度：全局控制反射质量。

● 光泽折射精度：全局控制折射质量。

图12-21

12.3.2　"全局照明"选项卡

"全局照明"选项卡提供了在环境中渲染反弹灯光所用的方法，其中包括最终聚集、焦散和光子，如图12-22所示。

1. "天光和环境照明（IBL）"卷展栏

"天光和环境"卷展栏用于从图像或最终聚集生成天光，如图12-23所示。

● 来自最终聚集（FG）的天光照明：选择此单选按钮后，天光将从最终聚集生成。

● 来自 IBL（基于图像的照明）的天光照明：这是默认设置。选择此单

图12-22

选按钮后，天光将从当前的环境贴图生成。要执行此操作，请在场景中添加一个天光，然后在"天空颜色"选项

组中选择"使用场景环境"选项。

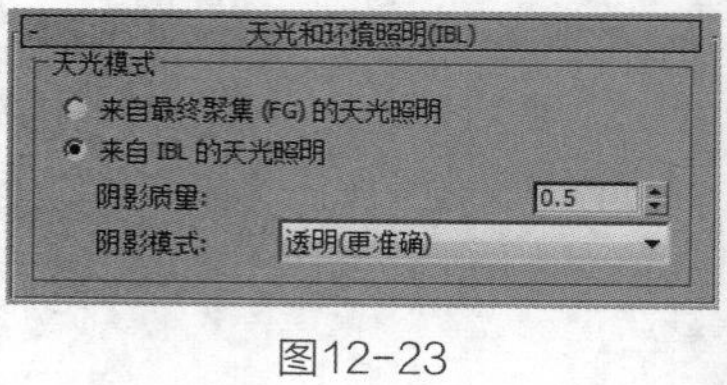

- 阴影质量：设置阴影的质量。值越低，阴影越粗糙。高质量的阴影所需的渲染时间较长。范围在 0.0 ~ 10.0 之间。默认值为 0.5。

- 阴影模式：选择阴影透明还是不透明。

- 透明(更准确)：这是默认设置。阴影透明且准确。此类渲染所需的时间较长。

图12-23

- 不透明(较快)：阴影不透明。此类渲染不太准确，但渲染速度较快。

2. "最终聚集"卷展栏

"最终聚集"卷展栏用于从图像或最终聚集生成天光，如图12-24所示。

对于漫反射场景，最终聚集通常可以提高全局照明解决方案的质量。不使用最终聚集，漫反射曲面上的全局照明由该点附近的光子密度（和能量）来估算。使用最终聚集，发送许多新的光线来对该点上的半球进行采样，以决定直接照明。一些光线撞击漫反射曲面，这些点上的全局照明由这些点上的材质明暗器利用其他材质属性提供的可用光子贴图的照明来决定。其他射线撞击镜曲面，并不会造成最终聚集颜色（因为该种类型的光传输为二次焦散）。跟踪多数光线（每条光线都带有贴图查找）非常耗时，因此，仅在必要时进行。在大多数情况下，附近最终聚集的内插值和外插值已足够。

图12-24

- 启用最终聚集：打开时，mental ray 渲染器使用最终聚集来创建全局照明或提高其质量。默认设置为启用。

- 倍增：调整这些设置可控制由最终聚集累积的间接光的强度和颜色。默认值1.0 和白色可以产生经过物理校正的渲染。

- "最终聚集精度预设"滑块：为最终聚集提供快速、轻松的解决方案。默认预设是：草稿、低、中、高、很高及自定义（默认选项）。只有在"启用最终聚集"复选框处于启用状态时，此选项才可用。

- 下拉列表框：选择一种方法，以避免或减小可能由静止或移动摄影机渲染动画所导致的最终聚集"闪烁"，特别是在场景也包含移动光源和/或移动对象时。

- 按分段数细分摄影机路径：从下拉列表框中选择当使用"沿摄影机路径的位置投影点"选项时要将摄影机路径细分为的分段数。

- 初始最终聚集点密度：最终聚集点密度的倍增。增加此值会增加图像中最终聚集点的密度（及数量）。因此，这些点彼此之间会更加靠近，而且数量会更多。此参数用于解决几何体问题；例如临近的边或角。默认设置为 1.0。

- 每最终聚集点光线数目：设置使用多少光线计算最终聚集中的间接照明。增加该值虽然可以降低全局照明的噪波，但是同时会延长渲染时间。默认设置为 250。

- 插值的最终聚集点数：控制用于图像采样的最终聚集点数。它有助于解决噪音问题并获得更平滑的结果。

- 漫反射反弹次数：设置 mental ray 为单个漫反射光线计算的漫反射光反弹的次数。默认值为 0。

- 权重：控制漫反射反弹对最终聚集解决方案的相对贡献。该值的范围为从"使用无漫反射反弹"（值为0.0）到"使用整个漫反射反弹"（值为1.0）。默认设置为1.0。

（1）"高级"选项组。

- "噪波过滤(减少斑点)"下拉列表框：使用从同一点发射的相邻最终聚集光线的中间过滤器。此参数允许用户从下拉列表框中选择一个值。有"无""标准""高""很高"和"非常高"几个选项。默认设置为"标准"。

- 草稿模式(无预先计算)：启用此复选框之后，最终聚集将跳过预先计算阶段。这将造成渲染不真实，但是可以更快速地开始进行渲染，因此非常适用于进行一系列试用渲染。默认设置为禁用状态。

（2）"跟踪深度"选项组："跟踪深度"选项与用于计算反射和折射的选项类似，不同之处在于它们是指由最终聚集使用的光线，而不是在漫反射和折射中使用的光线。

● 最大深度：限制反射和折射的组合。当光线的反射和折射总数等于"最大深度"设置值时将停止。例如，如果"最大深度"为 3，而每个跟踪深度为 2，则光线可以反射两次，折射一次（反之亦然），但其不能被折射和反射 4 次。默认值为 2。

● 最大反射：设置光线可以反射的次数。0 表示不会发生反射。1 表示光线只可以反射一次。2 表示光线可以反射两次，以此类推。默认设置为 5。

● 最大折射：设置光线可以折射的次数。0 表示不发生折射。1 表示光线只可以折射一次。2 表示光线可以折射两次，以此类推。默认设置为 5。

● 使用衰减（限制光线距离）：启用该复选框之后，使用"开始"和"停止"值可以限制使用环境颜色前用于重新聚集的光线的长度。从而有助于加快重新聚集的时间，特别适用于未由几何体完全封闭的场景。默认设置为禁用状态。

（3）"最终聚集"点插值选项组：通过这些设置可以访问最终聚集点插值的原有方法。

● 使用半径插值方法：启用此复选框之后，将使此选项组中的其余选项可用。同时，还可以使"插值的最终聚集点数"复选框不可用，从而指示这些控件覆盖该设置。

● 半径：启用此复选框之后，将设置应用最终聚集的最大半径。减少此值虽然可以改善质量，但是以渲染时间为代价。如果禁用"以像素表示半径"复选框，则以世界单位来指定半径，且默认值为场景最大圆周的 10%。如果启用"以像素表示半径"复选框，则默认值是 5.0 个像素。

● 以像素表示半径：启用该复选框之后，将以像素来指定半径值。禁用后，半径单位取决于"半径"切换的值。默认设置为禁用状态。

● 最小半径：启用该复选框时，设置必须在其中使用最终聚集的最小半径。减少此值虽然可以改善渲染质量，但是同时会延长渲染时间。除非启用"半径"复选框，否则该复选框不可用。默认设置是 0.1。如果启用"以像素表示半径"复选框，则默认值是 0.5。

3．"焦散和光子贴图（GI）"卷展栏

"焦散和光子贴图"卷展栏中的控件用来控制焦散和全局照明，如图12-25所示。

（1）"焦散"选项组。

● 启用：启用此复选框后，mental ray 渲染器计算焦散效果。默认设置为禁用状态。

● 倍增：可使用它们控制焦散累积的间接光的强度和颜色。默认情况下，1.0 和白色可以产生经过物理校正的渲染。这将有助于调整焦散效果的作用，因此可以改善图像质量。

● 每采样最大光子数：设置用于计算焦散强度的光子个数。增加此值可使焦散产生较少噪波，但变得更模糊。减小此值可使焦散产生较多噪波，但同时减轻了模糊效果。采样值越大，渲染时间越长。默认值为100。

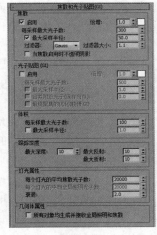

图12-25

● 最大采样半径：启用此复选框后，使用微调器值设置光子大小。禁用后，光子按整个场景半径的 1/100 计算。"最大采样半径"默认设置为禁用状态；值的默认设置为 1.0。

● 过滤器：设置用来锐化焦散的过滤器。可以为长方体、圆锥体或 Gauss。"长方体"选项需要的渲染时间较少。"圆锥体"选项使焦散效果更为锐化。默认设置为"长方体"。Gauss 过滤器使用"高斯"（贝尔）曲线，能产生比"圆锥体"过滤器更为平滑的效果。

● 过滤器大小：选择"圆锥体"作为焦散过滤器时，此选项用来控制焦散的锐化程度。该值必须大于 1.0。增加该值使焦散更模糊。降低该值使焦散更锐化，但同时产生较多的噪波。默认值为 1.1。

● 当焦散启用时不透明阴影：启用此复选框后，阴影为不透明。禁用后，阴影可以部分透明。默认设置为启用。不透明阴影的渲染速度比透明阴影更快。

（2）"光子贴图（GI）"选项组。

● 启用：启用此复选框后，mental ray 渲染器计算全局照明。默认设置为禁用状态。

● 倍增：可使用它们控制全局照明累积的间接光的强度和颜色。默认情况下，1.0 和白色可以产生经过物理校正的渲染。这将有助于调整 GI 效果的作用，因此可以改善图像质量。

● 每采样最大光子数：设置用于计算全局照明强度的光子个数。增加此值可使全局照明产生较少噪波，但同时变得更模糊。减小此值可使全局照明产生较多噪波，但同时减轻模糊效果。采样值越大，渲染时间越长。默认设置是 500。

● 最大采样半径：启用该复选框后，该数值可设置光子大小。禁用后，光子按整个场景半径的 1/10 计算。默认设置为禁用，其值为 1.0。

● 合并附近光子（保存内存）：启用此复选框可以减少光子贴图的内存使用量。启用后，使用数值字段指定距离阈值，低于该阈值时 mental ray 会合并光子。结果是会得到一个较平滑、细节较少而且使用的内存也大大减少的光子贴图。默认设置为禁用，其值为 0.0。

● 最终聚集的优化（较慢 GI）：如果在渲染场景之前启用该选项，则 mental ray 渲染器将计算信息，以加速重新聚集的进程。特别是，每个光子存储有关其相邻光子亮度的其他信息。这在将最终聚集与全局照明结合时特别有用，这种情况下，其他信息使最终聚集可以快速确定区域中存在的光子数量。快速查找计算要花费很长的时间，但是可以大大缩短总体渲染时间。默认设置为禁用状态。

（3）"体积"选项组。

● 每采样最大光子数：设置用于着色体积的光子数。默认值为 100。

● 最大采样半径：启用该复选框时，该数值设置可确定光子大小。禁用时，mental ray 将每个光子计算为场景范围大小的1/10。默认设置为"禁用"；值为 1.0。

（4）"跟踪深度"选项组。

● 最大深度：限制反射和折射的组合。当光子的反射和折射总数等于"最大深度"设置值时将停止。例如，如果"最大深度"为 3，而每个跟踪深度为 2，则光子可以反射两次，折射一次，但其不能折射和反射 4 次。默认设置是 10。

● 最大反射：设置光子可以反射的次数。0 表示不会发生反射。1 表示光子只能反射一次。2 表示光子可以反射两次，以此类推。默认设置是 10。

● 最大折射：设置光子可以折射的次数。0 表示不发生折射。1 表示光子只能折射一次。2 表示光子可以折射两次，以此类推。默认设置是 10。

（5）"灯光属性"选项组。

● 每个灯光的平均焦散光子：设置用于焦散的每束光线所产生的光子数量。这是用于焦散的光子贴图中使用的光子数量。增加此值可以增加焦散的精度，但同时增加内存消耗和渲染时间。减小此值可以减少内存消耗和渲染时间，用于预览焦散效果时非常有用。默认设置为 10000。

● 每个灯光的平均全局照明光子数：设置用于全局照明的每束光线产生的光子数量。这是用于全局照明的光子贴图中使用的光子数量。增加此值可以增加全局照明的精度，但同时增加内存消耗和渲染时间。减小此值可以减少内存消耗和渲染时间，用于预览全局照明效果时非常有用。默认设置为 10000。

● 衰退：当光子移离光源时，指定光子能量衰减的方式。该值由 1/（距离×衰减）确定，其中距离为光源与对象之间的距离，而衰减为此处设置的衰退值。默认设置是 2.0。

（6）"几何体属性"选项组。

● 所有对象均生成并接收全局照明和焦散：启用此复选框后，渲染时，场景中的所有对象都产生并接收焦散和全局照明，不考虑其本地对象属性设置。禁用后，对象的本地对象属性确定是产生还是接收焦散和全局照明。启用此复选框容易确保产生焦散和全局照明，但将增加渲染时间。默认设置为禁用状态。

4．"重用（最终聚集和全局照明磁盘缓存）"卷展栏

"重用（最终聚集和全局照明磁盘缓存）"卷展栏如图12-26所示。

该卷展栏聚集包含所有用于生成和使用最终聚集贴图 (FGM) 和光子贴图 (PMAP) 文件的选项，而且通过在最终聚集贴图文件之间插值，可减少或消除渲染

图12-26

动画的闪烁。

（1）"模式"选项组。

- 模式下拉列表：选择 3ds Max 生成缓存文件的方法。

- 仅单一文件（最适合用穿行和静止）：创建一个包含所有最终聚集贴图点的 FGM 文件，无论使用"立即生成最终聚集贴图文件"还是附带的允许用户在当前范围内每 N 帧生成的下拉列表。在渲染静态图像时，或在渲染只有摄影机移动的动画时使用此方法。

- 每个帧一个文件（最适合用于动画对象）：为每个动画帧创建单独的 FGM 文件。动画期间对象在场景中移动时使用此方法，可导致各帧的最终聚集解决方案都不相同。

- 计算最终聚集/全局照明并跳过最终渲染：启用该复选框时，可渲染场景，渲染场景时，mental ray 会计算最终聚集和全局照明解决方案，但不执行实际渲染。

（2）"最终聚集贴图"选项组。

- 方法下拉列表框：选择用于生成和/或使用最终聚集贴图文件的方法。

- 禁用：通过"启用最终聚集"进行渲染不会生成最终聚集贴图文件。

- 逐渐将最终聚集（FG）点添加到贴图文件：在渲染或生成 FGM 文件时可根据需要创建缓存文件。使用现有文件中的数据并在必要时利用渲染时生成的新的最终聚集点更新它们。

- 仅从现有贴图文件中读取最终聚集 (FG) 点：使用之前保存在用于渲染的 FGM 文件中的最终聚集数据，而不生成任何新的数据。

- 插值的帧数：当前帧之前和之后的要用于插值的 FGM 文件数。

- ⋯（浏览）：单击可弹出一个"文件选择器"对话框，用于指定最终聚集贴图（FGM）文件的名称，以及保存该文件的文件夹。

- 文件名：在使用浏览控件（如前所述）指定最终聚集贴图文件之后，名称字段将显示该文件的名称和路径。

- ⊠（删除文件）：单击可删除当前 FGM 文件。如果不存在任何文件，系统会通知用户；如果文件的确存在，系统会提示用户确认删除。

- 立即生成最终聚集贴图：为所有动画帧处理最终聚集过程。在无须渲染场景的情况下，生成指定文件的贴图。仅在将方法设置为"逐渐将最终聚集（FG）点添加到贴图文件"或"仅从现有贴图文件中读取最终聚集（FG）点"时才可用。

- ▼（帧范围下拉列表框）：此下拉列表框提供了一种用于生成不带渲染的最终聚集贴图的帧范围选择。从下拉列表框中选择某个选项，将会立即开始贴图生成过程。

（3）"焦散和全局照明光子贴图"选项组。

- 方法下拉列表框：选择用于生成焦散和光子贴图文件的方法。

- ⋯（浏览）：单击以显示"文件选择器"对话框，此对话框使用户可以为光子贴图（PMAP）文件指定名称和路径。这会自动启用"读取/写入"文件。

- 文件名：在使用 ⋯（浏览）按钮指定光子贴图文件后，此字段会显示其名称和路径。

- ⊠（删除文件）：单击可删除当前 PMAP 文件。

- 立即生成光子贴图文件：为所有动画帧处理光子贴图过程。在无须渲染场景的情况下，生成指定文件的光子贴图。

12.3.3　"处理"选项卡

"处理"选项卡是附加的"渲染设置"窗口，其中的选项与管理操作渲染器的方式有关。还可用于生成使用伪彩色的诊断渲染，如图12-27所示。

1. "转换器选项"卷展栏

"转换器选项"卷展栏（如图12-28所示）中的选项功能介绍如下。

（1）"内存选项"选项组。

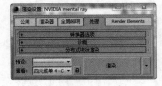

图12-27

● 使用占位符对象：启用此复选框后，3ds Max 只按需要将几何体发送到 mental ray 渲染器。开始时，mental ray 场景数据库中仅填充了 3ds Max 场景中对象的大小（边界框）和位置。对象的几何体仅在 mental ray 渲染包含对象的渲染块时才会发送到渲染引擎。默认设置为禁用状态。

● 使用 mental ray 贴图管理器：启用该复选框后，将从磁盘读取材质和明暗器中使用的贴图（通常为基于文件的位图图像），如果需要，还可转换为 mental ray 渲染器能够读取的格式。禁用后，只能直接从内存中访问贴图，没有必要进行转换。默认设置为禁用状态。

● 节省内存：告知转换器使其运行与内存运行一样有效。这样可以减慢转换过程，但是会减少传到 mental ray 渲染器的数据量。默认设置为禁用状态。

（2）"几何体缓存"选项组：通过几何向缓存，可以将转换的场景内容保存到临时文件中，以在后续渲染中重新使用。因为省去了转换步骤，尤其是还使用几何体场景，所以能够节省时间。可使用两种缓存级别：标准和锁定。

图12-28

● 启用：启用该复选框后，渲染将使用几何体缓存。在第一次渲染期间，转换的几何体会保存至缓存文件。然后，在相同场景的后续渲染中，渲染器会对任何未经更改的对象使用缓存几何体，而非对其进行重新转换。任何经过更改的几何体均会被重新转换。默认设置为禁用状态。

● 🔒（锁定几何体转换）：启用时，子对象层级更改，如顶点编辑或调整修改器（如弯曲）都会被忽略且不会引起重新转换。但是，对象层级更改（如移动或旋转对象）已重新转换。

● 清除几何体缓存：删除缓存的几何体。

（3）"材质覆盖"选项组：使用"材质覆盖"可以渲染用一种主材质代替所有材质的场景。例如，如果需要一个线框通过，可以创建一个线框材质，然后在此处指定此线框材质。渲染时，所有面将使用线框材质。

● 启用：启用此复选框后，渲染对所有曲面使用覆盖材质。禁用后，使用应用到曲面上的材质渲染场景中的曲面。默认设置为禁用。

● 材质：单击此按钮可打开"材质/贴图浏览器"对话框，并且在覆盖时选择使用的材质。选定覆盖材质后，此按钮显示材质名称。

（4）"导出到 .mi 文件"选项组：可以将转换的场景保存在 mental ray MI 文件中。导出前，必须通过单击 ▦（浏览）按钮来指定导出文件。

● 渲染时导出：启用此复选框后，将转换的文件保存为 MI 文件，而不是在单击渲染器时进行渲染。仅在单击 ▦（浏览）按钮指定 MI 文件后才可用。默认设置为禁用状态。

● 解压缩：启用此复选框后，对 MI 文件进行解压缩。禁用后，文件以压缩格式保存。默认设置为启用。

● 增量（单个文件）：启用此复选框后，将动画作为单个 MI 文件导出，此文件包含第一帧的定义和帧到帧增量更改的描述符。禁用时，每一帧将作为单独的 MI 文件进行导出。默认设置为禁用状态。

（5）"渲染过程"选项组：可以在渲染部分场景的多过程之外创建一个渲染。

● 保存：启用此复选框后，保存指定的 PASS 文件中当前正在进行渲染（先于合并）的图像。

● 合并：启用此复选框后，列表中指定的 PASS 文件将合并到最后一个渲染中。

● 合并明暗器：选择用于合并 PASS 文件的明暗器。单击明暗器按钮，弹出"材质/贴图浏览器"对话框，可以选择明暗器（选中明暗器时，其名称显示在按钮上）。该切换处于活动状态时，此明暗器将用于合并。

（6）"映射"选项组

● 跳过贴图和纹理：启用此复选框后，渲染忽略贴图和纹理，包括投影贴图，并且只使用曲面颜色（漫反射、反射等）。默认设置为禁用状态。

2. "诊断"卷展栏

"诊断"卷展栏（如图12-29所示）上的选项可以帮助用户了解 mental ray 渲染器以某种方式运行的原因。尤其是，采样率工具有助于解释渲染器的性能。

● 启用：启用此复选框后，渲染器渲染所选工具的图形表示。

图12-29

- 采样率：选择此复选框后，将渲染显示渲染期间采样位置的图像。该选项有助于调整对比度和其他采样参数。
- 坐标空间：渲染显示对象、世界或摄影机的坐标空间的图像。
- 对象：显示局部坐标（UVW）。每个对象都有自己的坐标空间。
- 世界：显示世界坐标（XYZ）。相同坐标系应用于所有对象。
- 摄影机：显示摄影机坐标，该坐标显示为叠加在视图上的一个矩形栅格。
- 大小：设定栅格的大小。默认设置为 1.0。
- 光子：渲染屏幕中光子贴图的效果。这要求必须存在光子贴图（用于渲染焦散或全局照明）。如果不存在光子贴图，光子渲染看起来就像场景的非诊断渲染：mental ray 渲染器首先渲染着色的场景，然后用伪彩色图像将其替换。
- 密度：渲染光子贴图就好像它被投影到场景中一样。设置的值较高时以红色显示，较低时渲染为越来越冷的颜色。
- 发光度：与密度渲染相似，但基于光子的发光度对光子进行着色。最大发光度渲染为红色，低值渲染为越来越冷的颜色。
- BSP：渲染由 BSP 光线跟踪加速方法中的树使用的参数可视化。如果来自渲染器的消息报告深度或大小值过大，或者渲染速度异常慢，该选项有助于查找问题。
- 深度：显示树的深度，顶面显示为亮红色、并且面越深颜色越冷。
- 大小：显示树中树叶的大小，不同大小的树叶表示为不同的颜色。
- 最终聚集：渲染场景使预处理最终聚集点显示为绿色的点并且平铺渲染（最终渲染器），最终聚集点显示为红色的点。

3. "分布式块状渲染"卷展栏

"分布式块状渲染"卷展栏（如图 12-30 所示）中的选项功能介绍如下。

- 分布式渲染：启用此复选框之后，mental ray 渲染器可以使用多个卫星或主机系统进行分布式渲染。该列表指定要使用的系统。默认设置为禁用状态。
- 分布式贴图：启用此复选框之后，指定可以在每一个从属机器上找到的执行分布式渲染的纹理贴图。mental ray 无须通过 TCP/IP 将所有贴图分布至每一台从属机器，从而节约了时间。如果禁用此复选框，则指定位于本地系统上在渲染中使用的所有贴图；即开始进行渲染的系统上。默认设置为禁用状态。

图 12-30

- 名称字段：显示 RAYHOSTS 文件的名称和路径。
- 主机的列表框：选择 RAYHOSTS 文件之后，该列表框显示可用于分布式 mental ray 渲染的主机系统。使用此列表框可以只选择要用于该特殊渲染的主机。如果启用"分布式渲染"复选框之后进行渲染，mental ray 渲染器只使用其名称在该列表框中高亮显示的主机。单击主机名以将其选中。要取消选择选定的主机名，再次单击即可。
- 全部：高亮显示宿主列表框中的所有系统名称。
- 无：清除主机列表框中所有系统名称的高亮显示。
- 添加：单击可弹出"添加/编辑 DBR 主机"对话框，该对话框允许将主机处理器添加到 RAYHOSTS 文件中。
- 编辑：单击可弹出"添加/编辑 DBR 主机"对话框，并编辑 RAYHOSTS 文件中高亮显示的主机处理器的条目。仅在高亮显示单个列表条目时可用。
- 移除：单击可从列表框和 RAYHOSTS 文件中移除当前高亮显示的主机处理器。仅在高亮显示一个或多个条目时可用。

12.3.4　Mental Ray 材质

3ds Max 附带专门用于 mental Ray 渲染器的创建的几个材质。当 Mental Ray 或 Quicksilver 硬件渲染器为活动的渲染器时，这些材质在"材质/贴图浏览器"对话框中可见。

1. Autodesk 材质

Autodesk 材质是 Mental Ray 材质，用于构造、设计和环境中常用的材质建模。它们与 Autodesk Revit 材质，以及 AutoCAD 和 Autodesk Inventor 中的材质对应，因此可提供共享曲面和材质信息的方式，前提是同时使用上述应用程序。

Autodesk 材质以"Arch & Design"材质为基础。与该材质类似，当将它们用于物理精确（光度学）灯光和以现实世界单位建模的几何体时，会产生最佳效果。另一方面，每个 Autodesk 材质的界面远比"建筑与设计"材质界面简单，这样，通过相对较少的努力就可以获得真实、完全正确的结果。图 12-31 所示为 Autodesk 材质。

图 12-31

- Autodesk 陶瓷：此材质具有光滑的陶瓷（包括瓷器）外观。
- Autodesk 混凝土：此材质具有混凝土的外观。
- Autodesk 通用：此材质是创建自定义外观通用的界面。
- Autodesk 玻璃：此材质用于薄而透明的表面，如门窗中的玻璃。
- Autodesk 硬木：硬木材质具有木材的外观。
- Autodesk 砖石/CMU：此材质具有砖瓦外观或混凝土空心砖（CMU）外观。
- Autodesk 金属：此材质具有金属的外观。
- Autodesk 金属漆：此材质的金属漆外观与汽车上的相同。
- Autodesk 镜像：此材质具有镜像的作用。
- Autodesk 塑料/乙烯基：此材质具有塑料或乙烯基的合成外观。
- Autodesk 点云材质：此特殊用途的材质会自动应用于添加到场景中的任何点云对象。控件包括总体颜色强度、环境光阻挡和接收阴影。
- Autodesk 实体玻璃：此材质具有实心玻璃的外观。
- Autodesk 石头：此材质具有石头的外观。
- Autodesk 壁画：此材质具有绘画曲面的外观。
- Autodesk 水：此材质具有水的外观。
- 用于 Autodesk 材质的常用卷展栏：这些主题描述了对于所有或大多数 Autodesk 材质常用的控件。

2. Arch & Design材质

mental ray "Arch & Design"材质可提高建筑渲染的图像质量。它能够在总体上改进工作流程并提高性能，尤其能够提高光滑曲面（如地面）的性能。

"Arch & Design"材质的特殊功能包括自发光、反射率和透明度的高级选项、Ambient Occlusion 设置，以及将作为渲染效果的锐角和锐边修圆的功能。图 12-32 所示为 Arch & Design 的"材质编辑器"窗口。

mental ray "Arch & Design"材质是一个坚如磐石的材质明暗器，专门设计用于支持在建筑和产品设计渲染中使用的大多数材质。它支持大多数硬表面材质，如金属、木材和玻璃。针对快速光泽反射和折射，对其进行相应的专门调整。

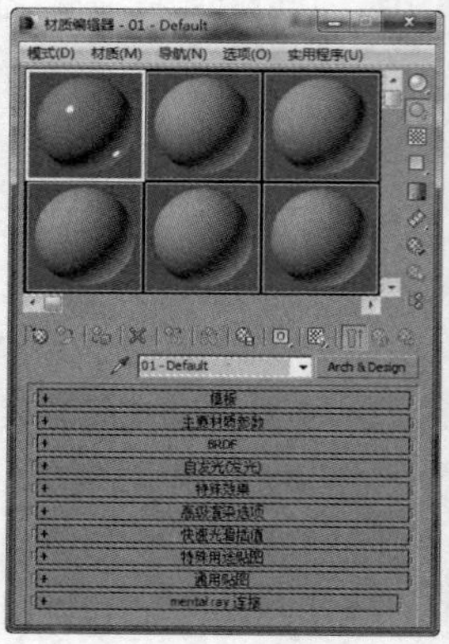

图 12-32

- "模板"卷展栏：提供访问"Arch & Design"材质预设，以便快速创建不同类型的材质，如木头、玻璃和金属。
- "主要材质参数"卷展栏：包含用于"Arch & Design"材质外观的主要控件。
- BRDF卷展栏：BRDF 是 Bidirectional Reflectance Distribution Function（双向反射比分布函数）的缩写。使用这些控件，可以实现由查看对象曲面的角度引导材质的基本反射率。
- "自发光（发光）"卷展栏：使用这些参数可以在"Arch & Design"材质中指定发光曲面，如半透明灯明暗处理。
- "特殊效果"卷展栏：提供用于 Ambient Occlusion（AO），以及圆角和边的设置。

- "高级渲染选项"卷展栏：高级渲染参数用于定义性能加速选项。
- "快速光滑插值"卷展栏：可以插补光泽反射和折射，这样会提高渲染速度，并使折射和反射看起来更平滑。
- "特殊用途贴图"卷展栏：可使用户应用凹凸、位移和其他贴图。
- "通用贴图"卷展栏：支持对任何"Arch & Design"材质参数应用贴图或明暗器。
- "mental ray连接"卷展栏：包含能够帮助用户更有效地使用用于 mental ray 的"Arch & Design"材质的信息。

3.专用 mental ray 材质

本部分介绍的 mental ray 材质与 Autodesk 材质或 Arch & Design 材质相比，在用途方面更加明确具体。图12-33所示为mental ray 材质。

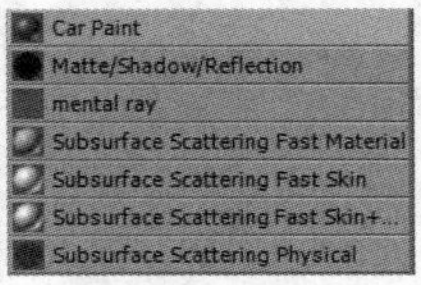

- Car Paint（汽车颜料材质 / 明暗器 (mental ray)）：车漆包含嵌有金属碎片的一层漆、一层清漆和一层朗伯杂质几个组成部分。
- Matte/Shadow/Reflection（无光 / 投影 / 反射材质）：无光 / 投影 / 反射材质（产品级明暗器库的一部分）用于创建"无光对象"；即在用做场景背景（也称为图版）的照片中表示真实世界对象的对象。该材质提供了诸多选项，以使照片背景与 3D 场景紧密结合，这些选项包括对凹凸贴图、Ambient Occlusion 及间接照明的支持。
- mental ray 材质：使用 mental ray 材质可以创建专供 mental ray 渲染器使用的材质。mental ray 材质拥有用于曲面明暗器及另外9个可选明暗器（构成 mental ray 中的材质）的组件。
- 子曲面散布（SSS）材质：子曲面散布（SSS）材质常用于对蒙皮和其他有机材质进行建模，这些材质的外观依赖于多层中的灯光散布。3ds Max 提供了4种这样的材质。每种都是明暗器的一个顶级包裹器（"现象"），明暗器的控件在标准 mental ray 明暗器库文档中进行了介绍。单击一个链接可查看明暗器的 NVIDIA 文档。

图12-33

12.4　独立的渲染元素

在渲染一个或多个元素时，同时也生成一个正常的完整渲染。实际上，元素渲染是在同一渲染通道期间生成的，因此渲染元素耗费很少额外的渲染时间。

仅当用默认的扫描线渲染器或 mental ray 渲染器进行产品级渲染时，渲染到元素才可用（另外，在VRay渲染器插件中也可以使用），如图12-34所示"渲染元素"对话框。单击"添加"按钮即可显示出可以添加的元素，如图12-35所示。下面介绍常用的一些独立的渲染元素。

- Alpha：通道或透明度的灰度表示。不透明的像素呈现为白色（值为 255），透明的像素呈现为黑色（值为 0）。半透明的像素呈现为灰色。像素越暗，透明度越高。

在合成元素时，Alpha 通道非常有用。

- 大气：渲染中的大气效果。
- 背景：场景的背景。
- 混合：前面元素的自定义组合。
- 漫反射：渲染的漫反射组件。
- Hair 和 Fur：由 Hair 和 Fur 修改器（世界空间）创建的渲染组件。
- 照度 HDR 数据：生成一个包含 32 位浮动点数据的图像，该数据可用于分析照在与法线垂直的曲面上的灯光量。
- 墨水：卡通材质的"墨水"组件（边界）。
- 高级照明：场景中的直接和间接灯光，以及阴影的效果。
- 亮度 HDR 数据：生成一个包含 32 位浮动点数据的图像，该数据在曲面材质"吸收"灯光之后可用于分析曲面所接收的亮度。
- 材质 ID：提供指定给对象的材质 ID 信息。此信息在用户对其他图像处理或特殊效果应用做出选择时非常有用，如 Autodesk Combustion。例如，可以选择Combustion中具有给定材质 ID 的所有对象。材质 ID 与用户

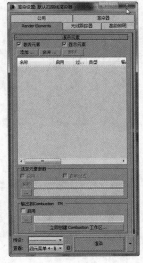

图12-34

为具有材质 ID 通道的材质设置的值相对应。任何给定的材质 ID 始终用相同的颜色表示。特定材质 ID 和特定颜色之间的相关性在 Combustion 中相同。

- 无光：基于选定对象、材质 ID 通道（效果 ID）或 G 缓冲区 ID 渲染无光遮罩。
- mr A&D：这些元素用于将"Arch & Design"材质的各种组件渲染到 HDR 合成器，如 Autodesk Toxik。
- mr 标签元素：使用标签渲染所指定的贴图树的树枝。
- mr 明暗器元素：用于输出场景中任何 mental ray 明暗器的原始元素。这包括标准 3ds Max 材质和平移过程中转换为 mental ray 明暗器的贴图。
- 对象 ID：提供指定给对象的对象 ID 信息。
- 绘制：卡通材质的"绘制"组件（曲面）。
- 反射：渲染中的反射。
- 自发光：渲染的自发光组件。
- 阴影：渲染中的阴影。此元素只保存黑白阴影。
- 高光反射：渲染的高光反射组件。
- Velocity：可在其他应用中使用的运动信息，如创建运动模糊或重新调整动画。
- Z 深度：场景内对象的 Z 深度或视图内深度的灰度表示。最近的对象呈现为白色，而场景的深度呈现为黑色。中间的对象呈现为灰色，颜色越暗，视图内对象的深度就越深。

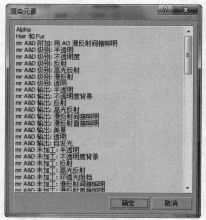

图12-35

12.5 渲染到纹理

使用"渲染到纹理"或"纹理烘焙"可以基于对象在渲染场景中的外观创建纹理贴图。随后纹理将"烘焙"到对象：即它们将通过贴图成为对象的一部分，并用于在 Direct3D 设备上（如图形显示卡或游戏引擎）快速显示纹理对象。在菜单栏中选择"渲染>渲染到纹理"命令，打开"渲染到纹理"窗口，如图12-36所示。

图12-36

- 渲染：渲染场景或"要烘焙的对象"卷展栏中列出的元素。
- 仅展开：将自动压平 UV 修改器应用到所有选定对象，而不进行渲染。
- 关闭：关闭对话框并且保存对设置所进行的任何更改。
- 原始/已烘焙：当设置为"视图"时，原始或烘焙材质将显示在视口中。当设置为"渲染"时，将在渲染中使用原始或已烘焙材质。

12.5.1　常规设置

"常规设置"卷展栏（如图12-37所示）中的各个选项功能介绍如下。

（11）"输出"选项组。

图12-37

● 文本字段：指定保存渲染纹理的文件夹。可以在该字段中输入一个不同的文件夹名称。默认设置为安装 3ds Max 的文件夹的子文件夹\images。

● ▓▓▓（浏览）：单击"浏览"按钮可弹出一个对话框，从中可以浏览要保存渲染纹理的目录。

● 跳过已有文件：启用此复选框可以只渲染还不存在的贴图。

● 渲染帧窗口：启用此复选框后，当元素被渲染时，在"渲染帧窗口"中显示完整的贴图。禁用后，将不打开"渲染帧窗口"。默认设置为启用。

（2）"渲染设置"选项组：使用这些控件可以选择和设置"渲染预设"并激活网络渲染。

● 下拉列表框：可以选择加载预设。将弹出"渲染预设加载"对话框，在其中可以选择 RPS 文件。

● 设置：将弹出"渲染"对话框，可以在其中调整产品设置、草图设置或两者。

● 网络渲染：启用此复选框后，可以将渲染任务指定给服务器系统。

12.5.2　烘焙对象

"烘焙对象"卷展栏（如图12-38所示）中的各个选项功能介绍如下。

（1）"对象和输出设置"选项组。

● "预设"下拉列表框：用于保存包含一个对象中所有当前"渲染到纹理"设置的预设（包括贴图类型和大小），然后将预设加载到任何数量的对象中。"渲染到纹理"预设使用 RTP 扩展文件名。预设包含"要烘焙的对象"和"输出"卷展栏，以及"投影选项"对话框上的所有设置。

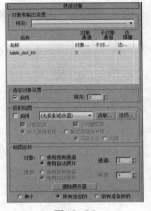

图12-38

● 对象列表框：显示所有选定对象。由于对话框为无模式，打开时可以更改选择，并且可以动态更新列表。

● "名称"列：列出对象的名称。

● "贴图通道"列：列出对象的当前贴图通道设置。

● "边填充"列：列出对象的当前边填充设置。

（2）"选定对象设置"选项组。

● 启用：启用此复选框之后，"通道"和"填充"选项可用于单个对象、所有选定对象及所有准备的对象。如果禁用此复选框，则只有选定对象的纹理渲染才使用这些设置；"整个场景"渲染不使用这些设置。默认设置为禁用状态。

● 填充：允许边在展平（"展开"）纹理中覆盖的数量，以像素为单位。默认值为 2 个像素。如果在着色视口或渲染中查看烘焙纹理时可以看到接缝，则尝试增加此值。

（3）"投影贴图"选项组：包含用于生成法线凹凸投影的选项。请参见创建并使用法线凹凸贴图。

● 启用：启用此复选框之后，将使用投影修改器启用法线凹凸投影。禁用时，不使用投影修改器。默认设置为禁用状态。

● 修改器下拉列表框：选择对象之后，此下拉列表框显示投影修改器。如果指定多个投影修改器，则其名称也显示在下拉列表框中。

● 选取：单击此按钮即可指定投影修改器将从其派生法线的高分辨率对象。这可以打开"添加目标"对话框，与"从场景选择"对话框相似，可以选择一个或多个对象，以在其上放置法线贴图。

● 选项：单击可打开"投影选项"对话框，其中包含各种法线凹凸投影设置。选择"单个"单选按钮之后（位于"烘焙对象"卷展栏的底部），选项将影响选定对象；选择"所有选定对象"或"所有准备好的对象"单选按钮之后，选项适用于所有选定的对象或准备好的对象。

- 对象层级：启用此复选框之后，将从高分辨率对象的对象层级进行投影。默认设置为启用。
- 输出到烘焙材质（默认设置）选择该单选按钮之后，将在烘焙材质中渲染对象层级投影。
- 子对象级别：启用时，使用活动的子对象选择，并使"贴图坐标"选项组中的"对象"选项可用。默认设置为启用。输出到烘焙材质选择该复选框之后，将在烘焙材质中渲染子对象层级投影。选择"实际大小"（默认设置）单选按钮时，法线凹凸贴图的大小相同，就好像渲染所有几何体一样。选择"比例"单选按钮后，法线凹凸贴图的大小将适合子对象选择的大小。

（4）"贴图坐标"选项组。

- 对象：用于使渲染的纹理基于源对象的对象层级。选择"使用现有通道"单选按钮后，展开将使用现有贴图通道。"通道"：当选择"使用现有通道"单选按钮时，可以从下拉列表框中选择一个现有通道用于展开。当选择"使用自动展开"单选按钮时，此选项是微调器，这样可以指定任何通道来用于自动展开。选择"使用自动展开"（默认设置）单选按钮后，将使用自动展开，并将"自动压平 UV"（展开 UVW）修改器应用于要渲染其纹理的对象。

- 通道：用于使渲染的纹理基于源对象的子对象选择。选择"使用现有通道"单选按钮后，展开将使用现有贴图通道。"通道"当选择"使用现有通道"单选按钮，可以从下拉列表框中选择一个现有通道用于展开。当选择"使用自动展开"单选按钮时，此控件是微调器，这样可以指定任何通道来用于自动展开。选择"使用自动展开"（默认设置）单选按钮之后，将使用自动展开，并将"自动压平 UV"（展开 UVW）修改器应用于要渲染其纹理的对象。

- 清除展开器：清除堆栈中的展开修改器。
- 单个：用于选择每个对象，以及一组输出贴图，并以其为目标。列表将显示所有选定对象。
- 所有选定对象：（默认设置。）显示所有选定对象。
- 所有准备好的对象：将显示场景中所有可见的未冻结对象（无论选中与否），这些对象都拥有展开的贴图。

12.5.3 输出

"输出"卷展栏（如图 12-39 所示）中的各个选项功能介绍如下。

图 12-39

- 输出列表框：显示贴图名称、元素名称、贴图大小和指定的贴图示例窗。
- 文件名称：列出将生成的贴图的名称。
- 元素名称：显示与贴图相对应的元素。
- 大小：显示贴图大小。
- 目标贴图窗列：显示材质中的烘焙纹理将占用哪个贴图示例窗。
- 添加：单击可打开"添加纹理元素"对话框，以选择要添加到列表中的一个或多个元素类型。
- 删除：单击可从列表框中移除当前高亮显示的元素。

"选定元素通用设置"选项组。

- 启用：启用此复选框将渲染该元素。如果禁用，将禁用此元素的渲染。默认设置为启用。
- 名称：输入文件名的元素组件。默认设置为元素类型的名称。
- 文件名和类型：输入渲染纹理的文件名。默认设置为对象名后面跟随元素名称，以及 TGA 格式。
- ▪▪▪：单击该按钮可弹出一个"文件"对话框，用于选择渲染纹理的名称，目录和文件格式。
- 目标贴图位置：显示可用于指定给选定对象的材质的所有贴图类型，已经装备用于当前"渲染到纹理"会话中输出的类型除外。
- 元素类型：此只读字段显示添加元素时指定的元素类型，如 CompleteMap。
- 元素背景：对于高亮显示元素的渲染输出，可以设置其背景颜色。
- 使用自动贴图大小：启用此复选项之后，将使用"常规设置"卷展栏中的值自动设置纹理大小。如果禁用，将由该卷展栏中的选项指定纹理大小。默认设置为禁用状态。

- 宽度/高度：用于指定纹理的尺寸。范围为 0～8192。默认值为 256。

"选定元素唯一设置"选项组：该选项组中的内容取决于活动元素。但是始终显示场景各种组件的切换列表，默认情况下将启用所有切换。

12.5.4　烘焙材质

"烘焙材质"卷展栏（如图12-40所示）中的各个选项功能介绍如下。

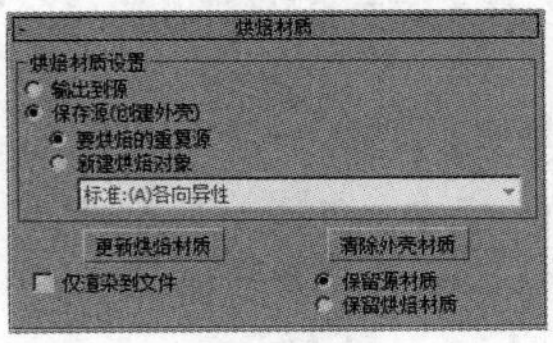

"烘焙材质设置"选项组。

- 输出到源：选择此单选按钮后，将替换对象现有材质中的所有目标贴图位置。使用此选项时要小心，因为材质替换是不可撤销的。

- 保存源（创建外壳）：生成新外壳材质并将其指定给对象。选择此单选按钮后，可以选择"将源复制到烘焙"或"创建新烘焙"单选按钮。

图12-40

- 要烘焙的重复源：复制现有材质作为烘焙材质。

- 创建烘焙对象：将新材质放置在"烘焙材质"窗口中。新材质的类型由下面的下拉列表框设置，并且随后确定在"输出"卷展栏中可用的"目标贴图位置"。

- 更新烘焙材质：为所有选定对象构建一个"壳"材质，并且根据当前"渲染到纹理"设置填充烘焙材质。

- 清除外壳材质：删除应用于纹理烘焙对象的外壳材质，并用原始材质或纹理烘焙材质将其替换。

- 仅渲染到文件：启用此复选框后，渲染烘焙纹理到"常规设置"卷展栏。

- 保留源材质：选择此单击按钮后，原始材质将替换壳材质。

- 保留烘焙材质：选择此单击按钮后，烘焙材质将替换壳材质。

12.5.5　自动贴图

"自动贴图"卷展栏（如图12-41所示）中的各个选项功能介绍如下。

（1）"自动展开贴图"选项组：这些选项是关于在"烘焙对象"卷展栏的"贴图坐标"选项组中选择"使用自动展开"单选按钮时如何展平 UV。

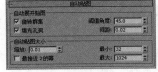

- 旋转群集：用于控制是否旋转群集，以使其边界框的尺寸最小。例如，旋转45 度的矩形边界框比旋转 90 度的矩形边界框占据更多的区域。默认设置为启用。

图12-41

- 阈值角度：该角度用于确定要进行贴图的面簇。默认设置为 45.0。

- 填充孔洞：启用此复选框后，较小的簇将放置较大簇的空的空间中，以充分利用可用的贴图空间。默认设置为启用。

- 间距：用于控制簇之间的间距。默认值为 0.02。

（2）"自动贴图大小"选项组：渲染到纹理可以选择贴图的大小。通过"输出"卷展栏自动设置贴图大小。该选项组中的选项用于指定如何创建贴图，何时启用"自动设置贴图大小"。自动设置贴图大小计算选择中所有对象的总表面积，然后将该值乘以比例，并且创建这些尺寸的方形纹理贴图。

- 缩放：通过该值缩放生成纹理的总表面积。默认值为 0.01。

- 最接近 2 的幂：启用该复选框时，对贴图尺寸（长度和宽度），进行四舍五入，使其接近 2 的幂。默认设置为禁用状态。

- 最小：自动设置大小的贴图的长度和宽度的最小尺寸（以像素为单位）。默认设置为 32。

- 最大：自动设置大小的贴图的长度和宽度的最大尺寸（以像素为单位）。默认设置为 1024。

▌实例操作72：渲染到纹理的操作 ▌

【案例学习目标】学习使用"渲染到纹理"命令。

【案例知识要点】使用"渲染到纹理"命令渲染输出贴图纹理。

【场景所在位置】光盘＞场景＞Ch12＞渲染到纹理.max。

【效果图参考场景】光盘 > 场景 > Ch12> 渲染到纹理ok.max。

【贴图所在位置】光盘 > Map。

01 打开原始场景文件。在场景中选择苹果模型，如图12-42所示。

02 在菜单栏中选择"渲染>渲染到纹理"命令，在打开的窗口中展开"烘焙对象"卷展栏，可以看到选择的对象已经在烘焙对象的列表框中，如图12-43所示。

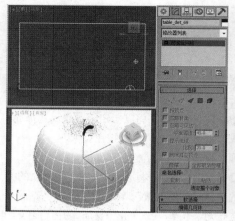

图12-42

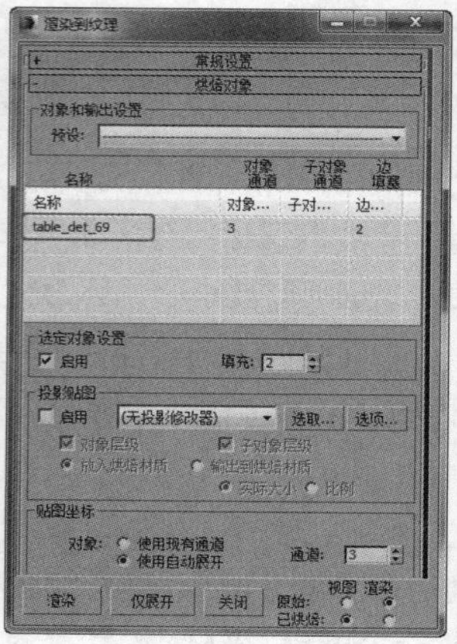

图12-43

03 在"输出"卷展栏中单击"添加"按钮，在弹出的"添加纹理元素"对话框中选择DiffuseMap选项，单击"添加元素"按钮，如图12-44所示。

图12-44

04 在"输出"卷展栏中添加DiffuseMap后，在"目标贴图位置"的下拉列表框中选择"漫反射颜色"选项，并设置一个合适的贴图大小尺寸，如图12-45所示。

05 渲染的纹理效果如图12-46所示。

图12-45

图12-46

▶12.6　课堂案例——批处理渲染

"批处理渲染"是用于描述渲染一系列任务或指定给队列的作业过程的术语。在没有监督的情况下需要渲染图像时，或想渲染大量显示不同白天或夜间照明的测试研究时，又或者为生成各种太阳角度的阴影研究时，批处理渲染非常有用。在查看项目如何从不同的摄影机视点查看时也可以使用批处理渲染。

在菜单栏中选择"选择>批处理渲染"命令，打开如图12-47所示的"批处理渲染"窗口。

图12-47

- 添加：使用默认设置向队列添加新的渲染任务。默认情况下，设置新的任务以渲染活动的视口。要将其设置为渲染特定摄影机，请从"摄影机"下拉列表框中选择摄影机。

- 复制：队列添加高亮显示的渲染任务的副本。所有渲染参数都是原有任务的一部分，并复制给新的任务。

- 删除：删除高亮显示的渲染任务。

- 任务队列：列出已选择进行批处理渲染的所有摄影机任务。任务队列由8个栏组成，它们显示了某项特定摄影机任务的所有参数设置。通过在列表框中切换复选框可以控制对哪些任务进行渲染。

- 覆盖预设：启用此复选框之后，可以通过"起始帧""结束帧""宽度""高度"和"像素纵横比"设置覆盖高亮显示的任务的任何默认设置。默认设置为禁用状态。

- 起始帧：该帧是为高亮显示的任务渲染的第一个帧。该参数的默认设置与"渲染场景"窗口的"公用"卷展栏中的"时间输出"选项组设置相匹配。

- 结束帧：该帧是为高亮显示的任务渲染的最后一个帧。其默认状态还与"渲染设置"窗口的"公用"卷展栏中的"时间输出"选项组设置相匹配。

- 宽度：如果启用"覆盖预设"复选框，则可以为图像指定新的宽度设置。如果禁用，该值将与"渲染设置"窗口中的宽度设置相匹配。

- 高度：如果启用"覆盖预设"复选框，则可以为图像指定新的高度设置。如果禁用，则该值将与"渲染设置"窗口中的高度设置相匹配。

- 像素纵横比：设置显示在其他设备上的像素纵横比。图像可能会在显示上出现挤压效果，但将在具有不同形状像素的设备上正确显示。默认情况下，该值模拟"渲染设置"窗口中设置的值。

- 名称：用于更改高亮显示任务的默认名称。摄影机任务的默认命名结构使用"视图"和递增的视图编号，如 View01 或 View02。如果愿意，可以将任务的名称更改为更具描述性的名称。

- ▦（输出路径）：打开"渲染输出文件"对话框，可在其中指定选定摄影机任务的渲染图像的输出路径、文件名和文件格式。设置之后，输出路径和文件名将出现在输出路径字段中，文件名将出现在任务队列的"输出路径"一栏中。

- ✕（清空输出路径）：从"输出路径"字段和任务队列中移除输出路径和文件名。

- "摄影机"下拉列表框：显示场景中的所有摄影机。

- 场景状态：如果此下拉列表框显示场景状态，则可以指定给高亮显示的任务。如果场景状态处于活动状态，那么将使用当前的场景设置。

- 预设值：用于为高亮显示的任务选择渲染预设。如果渲染预设未处于活动状态且没有覆盖，那么将使用当前的渲染设置。

- 网络渲染：启用此复选框之后，在单击"渲染"按钮时，将弹出"网络作业分配"对话框。

- 导出到 .bat：创建用于命令行渲染的批处理文件。单击该按钮将弹出"将批处理渲染导出为批处理文件"对话框，其中可以指定批处理文件要保存的驱动器位置和名称。

- 渲染：开始批处理渲染进程，如果启用了"网络渲染"复选框则弹出"网络作业分配"对话框。

【案例学习目标】学习使用"批处理渲染"命令。

【案例知识要点】学习使用"批处理渲染"命令渲染多个镜头，渲染的多个镜头效果如图12-48所示。

【场景所在位置】光盘>场景> Ch12>木桥.max。

【效果图案参考场景】光盘>场景> Ch12>木桥ok.max。

【贴图所在位置】光盘>Map。

图12-48

01 打开原始场景文件，如图12-49所示，在此场景的基础上设置多个镜头同时渲染输出。

02 在原始场景中可以看到场景中创建有3个摄影机，需要将3个摄影机效果分别渲染输出，在菜单栏中选择"渲染>批处理渲染"命令，在打开的窗口中单击"添加"按钮，添加3个镜头，如图12-50所示。

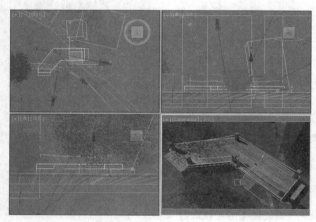

图12-49   图12-50

03 在列表框中选择View01视口，在"选定批处理渲染参数"选项组中设置"摄影机"为Camera001，单击"输出路径"后的 （输出路径）按钮，在弹出的对话框中选择一个存储路径，为文件命名，设置格式为tif，如图12-51所示。

04 使用同样的方法，分别指定不同的摄影机，如图12-52所示，单击"渲染"按钮，即可对场景中的3个摄影机进行渲染。

图12-51   图12-52

12.7 课堂练习——渲染大堂的线框图

【练习知识要点】打开场景文件，在场景的基础上设置渲染，渲染出大厅的线框图，如图12-53所示。

【效果图参考场景】光盘>场景>Ch12>大堂.max。

【贴图所在位置】光盘>Map。

图12-53

12.8　课后习题——设置客厅的批处理渲染

【习题知识要点】打开原始场景文件，并设置场景的批处理参数，渲染出需要的几个分镜头，如图12-54所示。

【效果图参考场景】光盘>场景>Ch12 >客厅批处理渲染.max。

【贴图所在的位置】光盘>Map。

图12-54

第 **13** 章

VRay渲染器详解

本章介绍3ds Max中一个出色的渲染器插件——VRay渲染器，VRay渲染器在灯光、材质、摄影机、渲染和特殊模型等方面都有较为出色的表现。本章将详细讲解VRay渲染器的应用，让读者掌握VRay渲染器的操作和技巧。

13.1　VRay渲染器的介绍

13.1.1　VRay渲染器的概述

　　VRay是由Chaosgroup和Asgvis公司出品，在中国由曼恒公司负责推广的一款高质量渲染软件。VRay是目前业界最受欢迎的渲染引擎。基于V-Ray 内核开发的有VRay for 3ds Max、Maya、Sketchup和Rhino等诸多版本，为不同领域的优秀3D建模软件提供了高质量的图片和动画渲染。除此之外，VRay也可以提供单独的渲染程序，方便使用者渲染各种图片。

　　目前市场上有很多针对3ds Max的第三方渲染器插件，VRay就是其中比较出色的一款。主要用于渲染一些特殊的效果，如次表面散射、光迹追踪、焦散和全局照明等。VRay是一种结合了光线跟踪和光能传递的渲染器，其真实的光线计算能够创建专业的照明效果，可用于建筑设计、灯光设计和展示设计等多个领域。

　　VRay渲染器的特点如下。

　　● 真实性：照片级效果。尤其是基于真实的光影追踪反射和折射，材质的平滑和阴影的细节表现非常真实。

　　● 全面性：具有间接照明系统（全局照明系统）、摄影机的景深效果和运动模糊、物理焦散功能，以及G-缓冲等功能，可以胜任室内设计、展览展厅、室外建筑、外观、建筑动画、工业造型和影视动画等效果的制作。

　　● 基于G-缓冲的抗锯齿功能：可重复使用光照贴图。对于动画可增加采样。

　　● 可重复使用光子贴图带有分析采样的运动模糊。

　　● 真正支持HDRI贴图：包含*.hdr和*.rad 图片装载器，可处理立方体贴图和角贴图贴图坐标。可直接贴图而不会产生变形或切片。

　　● 可产生正确物理照明的自然面光源。

　　● 灵活性与高效性：可根据实际需要调控参数，从而自由控制渲染的质量和速度。可调控，操作性强。在低参数时，渲染速度快，质量差；在高参数时，渲染速度慢，质量高。

　　VRay渲染器的版本有VRay Adv 1.5、VRay Adv 2.0、VRay Adv 2.4和VRay Adv 3.0等。3ds Max 2012和之前的版本有32位和64位之分，所以相应的VRay也分32位和64位。

　　本书中的3ds Max 2014使用的是V-Ray 2.40.03版本，不过也可以支持3ds Max 2013。

13.1.2　指定VRay渲染器

　　安装完VRay渲染器后，VRay的灯光、摄影机、物体、辅助对象和系统等工具会在命令面板中显示；右击模型，VRay属性、VRay网格导出等命令会在四元菜单中显示。VRay材质只有在3ds Max中指定了VRay渲染器之后才会显示。

　　调用VRay渲染器的操作步骤如下。

　　01 在工具栏中单击 📇（渲染设置）按钮或按F10键，打开"渲染设置"窗口，在"公用"选项卡中展开"指定渲染器"卷展栏，在"公用"选项卡中单击"产品级"后的灰色按钮，在弹出的"选择渲染器"对话框中选择"V-Ray Adv"渲染器，单击"确定"按钮，再单击"保存为默认设置"按钮即可，如图13-1所示。

　　02 指定完成后的"渲染设置"窗口如图13-2所示。

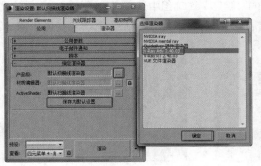

图13-1

图13-2

13.2 VRay灯光

安装VRay渲染器后，VRay灯光为3ds Max的标准灯光和光度学灯光提供了"VRay阴影"和"VRay阴影贴图"两种新的阴影类型，如图13-3所示。还提供了自己的灯光面板，包括VR灯光、VRayIES、VR环境灯光和VR太阳，如图13-4所示。

图13-3　　　　　　　　　　　图13-4

实例操作73：创建静物灯光

当一个灯光的阴影类型指定为"VRay阴影"时，相应的"VRay阴影参数"卷展栏才会显示，如图13-5所示。

- 透明阴影：控制透明物体的阴影，必须使用VRay材质并选择材质中的"影响阴影"才能产生效果。
- 偏移：控制阴影与物体的偏移距离，一般采用默认值。
- 区域阴影：控制物体阴影效果，使用时会降低渲染速度，有长方体和球体两种模式。
- U、V、W大小：值越大阴影越模糊，并且还会产生杂点，降低渲染速度。
- 细分：控制阴影的杂点，参数越高杂点越光滑，同时渲染速度会降低。

当一个灯光的阴影类型指定为"VRay阴影贴图"时，相应的"VRay阴影参数"卷展栏才会显示，如图13-6所示。

- 模式：默认为"单帧"，为静帧效果图使用；还提供了"穿行"选项，为摄影机在做动画时所使用。
- 过滤方法：默认为"精确"，也可以选择"快速"选项。选择"快速"选项后可以设置"过滤细分"的数值。

图13-5　　　　　　图13-6

【案例学习目标】学习使用VRay阴影。

【案例知识要点】创建目标平行光作为主光源，创建泛光灯作为补光和着色，开启"VRay环境"卷展栏中的天光控制全局色调，完成的静物灯光效果如图13-7所示。

【场景所在位置】光盘>场景> Ch13>创建静物灯光.max。

【效果图参考场景】光盘>场景> Ch13>创建静物灯光ok.max。

【贴图所在位置】光盘>Map。

01 单击"（创建）>（灯光）>标准>目标平行光"按钮，在"顶"视图中创建目标平行光作为主光源，调整灯光的角度和位置，按Shift+4组合键激活灯光视口，在视口控制区激活（灯光衰减区）工具，在视图中向下拖曳鼠标，放大衰减区包含整个场景，同样激活（灯光聚光区）工具使其包含整个场景；在"常规参数"卷展栏的"阴影"选项组中选择"启用"复选框，设置阴影类型为"VRay阴影"；在"强度/颜色/衰减"卷展栏中设置"倍增"为0.9，设置灯光颜色的"色调"为红黄之间、"饱和度"为20左右、"亮度"为255，如图13-8所示。

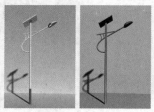

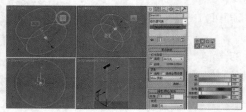

图13-7　　　　　　　　　　　图13-8

02 在场景中创建泛光灯作为补光和着色，不开启投影，在"强度＞颜色＞衰减"卷展栏中设置"倍增器"为0.15，设置灯光颜色的"色调"为青蓝之间偏蓝、"饱和度"为85左右、"亮度"为255，调整灯光至合适的位置，如图13-9所示。

03 按F10键，打开"渲染设置"窗口，切换到"VRay"选项卡，在"VRay环境"卷展栏的"全局照明环境（天光）覆盖"选项组中选择"开"复选框，设置"倍增器"为0.2，如图13-10所示。

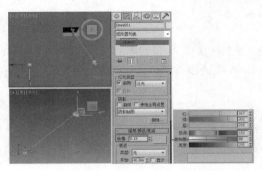

图13-9

图13-10

04 激活摄影机视图，单击 （渲染产品）或按F9键渲染当前场景，渲染后的效果如图13-11所示，可以看到当前阴影太实了，没有真实阴影的柔和的效果。

05 选择目标平行光，在"VRay阴影参数"卷展栏中选择"区域阴影"复选框，通过测试设置各轴向的大小均为1000，设置"细分"为16，如图13-12所示。

06 渲染当前场景，即可得到如图13-7所示的效果。

图13-11   图13-12

实例操作74：布置室内灯光

"VR灯光"主要用于模拟室内灯光或产品展示，是室内渲染中使用频率最高的一种灯光。

"参数"卷展栏中的选项功能介绍如下（如图13-13所示）

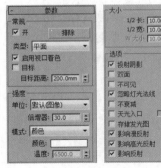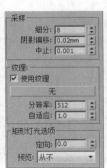

图13-13

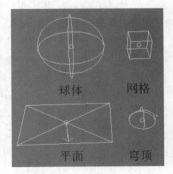

图13-14

（1）"常规"选项组。

● 开：控制灯光的开关。

● 排除：单击该按钮，弹出"包含／排除"对话框，从中选择灯光排除或包含的对象模型，在"排除"时"包含"失效，反之亦然。

- 类型：提供了"平面""穹顶""球体"和"网格"4种类型，如图13-14所示。这4种类型形状各不相同，因此可以应用于各种用途。平面一般用做片灯、窗口自然光和补光；穹顶灯的作用类似于3ds Max的天光，光线来自位于灯光z轴的半球状圆顶；球体是以球形的光来照亮场景，多用于制作亮的各种灯的灯泡；网格用于制作特殊形状灯带和灯池，必须有一个可编辑网格模型为基础。

- 启用视口着色：视口为"真实"状态时，会对视口照明产生影响。
- 目标：选择该复选框后，显示灯光的目标点。

（2）"强度"选项组。

- 单位：灯光的强度单位。提供了5种类型：默认（图像）、发光率（Im）、亮度（Im／m？／sr）、辐射率（W）和辐射（W／m？／sr）。"默认（图像）"为默认单位，依靠灯光的颜色、亮度和大小控制灯光的最后强弱。
- 倍增器：设置灯光的强度。
- 模式：选择灯光的颜色模式，有"颜色"和"色温"两种。
- 颜色：设置灯光的颜色。
- 温度：以温度设置灯光的颜色。

（3）"大小"选项组。

- 1／2长：平面灯光长度的1／2。
- 1／2宽：平面灯光宽度的1／2。
- W大小：当前未激活状态不可用。另外随着灯光类型的改变，"大小"选项组中的参数也会改变。

（4）"选项"选项组。

- 投射阴影：控制是否对物体产生照明阴影。
- 双面：用来控制是否让灯光的双面都产生照明效果，当灯光类型为"平面"时才有效，其他灯光类型无效。
- 不可见：用来控制渲染后是否显示灯光的形状。
- 忽略灯光法线：光源在任何方向上发射的光线都是均匀的，如果将这个选项取消，光线将依照光源的法线向外照射。
- 不衰减：在真实的自然界中，所有的光线都是有衰减的，如果取消选择该复选框，VR光源将不计算灯光的衰减效果。
- 天光入口：如果选择该复选框，会把VRay灯光转换为天光，此时的VRay灯光变成了"间接照明（GI）"，失去了直接照明。"投射阴影""双面"和"不可见"等参数将不可用，这些参数将被VRay等天光参数所取代。
- 存储发光图：如果使用发光贴图来计算间接照明，则选择该复选框后，发光贴图会存储灯光的照明效果。它有利于快速渲染场景，当渲染完光子时，可以把这个VR_光源关闭或者删除，它对最后的渲染效果没有影响，因为它的光照信息已经保存在发光贴图里。
- 影响漫反射：该选项决定灯光是否影响物体材质属性的漫反射。
- 影响高光反射：该选项决定灯光是否影响物体材质属性的高光。
- 影响反射：该选项决定灯光是否影响物体材质属性的反射。

（5）"采样"选项组。

- 阴影偏移：用来控制物体与阴影的偏移距离，一般保持默认即可。
- 细分：该值用于控制VRay在计算某一点的灯光采样点的数量。
- 中止：在VRay灯光的中止的阈值，可缩短在多个微弱灯光场景的渲染时间。就是说当场景中有很多微弱而不重要的灯光的时候，可以使用"采样"里的"中止"值的参数来控制他们，以减少渲染时间。

（6）"纹理"选项组："纹理"即贴图通道。

- 使用纹理：该选项允许用户使用贴图作为半球光的光照。
- 无：单击该按钮，用于选择纹理贴图。
- 分辨率：贴图光照的计算精度，最大为2048。

● 自适应：设置数值后，系统会自动调节纹理贴图的分辨率。

【案例学习目标】学习使用VR灯光。

【案例知识要点】创建VR面光作为灯池、窗口光源及补光，创建光度学目标灯光作为射灯，布置完成的室内灯光效果如图13-15所示。

【场景所在位置】光盘>场景> Ch13>布置室内灯光.max。

【效果图参考场景】光盘>场景> Ch13>布置室内灯光ok.max。

【贴图所在位置】光盘>Map。

图13-15

01 打开原始场景文件，文件位于"光盘>场景>Ch13>布置室内灯光.max"，单击" 💠（创建）> 🔦（灯光）>VRay>VR灯光"按钮，在"后"视图中的窗口和门窗位置创建VR灯光，使用面光作为窗口自然光，在"参数"卷展栏中设置"倍增器"为8，设置灯光"颜色"的"色调"为青蓝之间、"饱和度"为40左右、"亮度"为255，在"选项"选项组中选择"不可见"复选框取消选择"影响反射"复选框，调整灯光至合适的位置，使用移动复制法"实例"复制灯光，使用"缩放"工具调整灯光的大小，如图13-16所示。

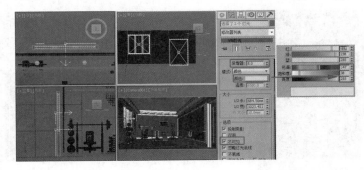

图13-16

提示

作为自然光的VR灯光大小应稍小于窗口，位置一般位于窗外沿与墙外沿之间。"选项"选项组中的"不可见"与"影响反射"一般是相辅的，看不到的没有反射，看到了才会有反射。

02 在场景中选择顶部灯池模型，在"顶"视图中创建VR灯光作为灯池灯光，调整灯光的大小、角度和位置，使用镜像复制法"实例"复制VR灯光，在"参数"卷展栏中设置"倍增器"为1.2，设置灯光"颜色"的"色调"为红黄之间、"饱和度"为80左右、"亮度"为255，在"选项"选项组中选择"不可见"复选框，取消选择"影响反射"复选框，如图13-17所示。

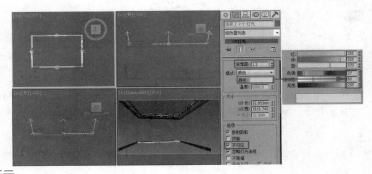

图13-17

03 选择两个灯池灯光，在"顶"视图中使用旋转复制法"复制"灯光，调整灯光至合适的位置，在"顶"视图中使用 ⊡（选择并均匀缩放）工具沿 x 轴放大灯光，如图 13-18 所示。

04 单击" ❋ （创建）> ◁ （灯光）>广度学>目标"按钮，在"前"视图中创建光度学目标灯光作为筒灯，在"常规参数"卷展栏的"阴影"选项组中选择"启用"复选框，设置阴影类型为"VRay 阴影"，设置"灯光分布（类型）"为"光度学（Web）"，在"分布（光度学 Web）"卷展栏中单击"选择光度学文件"按钮，为其指定 IES 文件，文件位于"光盘>Mwp>cooper.ies"，在"强度／颜色／衰减"卷展栏中设置"过滤颜色"的"色调"为红黄之间、"饱和度"为 55 左右、"亮度"为 255，将灯光调整至其中一个筒灯下方，然后"实例"复制灯光到每个筒灯下，如图 13-19 所示。

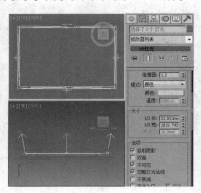
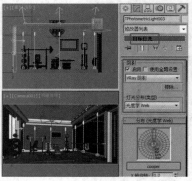

图13-18 图13-19

提示

由于横向和竖向的长度不同，所以亮度应该有一点差异，使用"复制"类型复制的好处是，如果亮度差异太大可直接调整"倍增器"，而原灯光不受影响。

05 在"顶"视图中的吊灯位置创建 VR灯光，与灯差不多大即可，在"前"视图中将 VR 灯光放于吊灯下即可，设置"倍增器"为 3，设置灯光的颜色为暖色，选择"不可见"复选框，取消选择"影响反射"复选框，如图 13-20 所示。

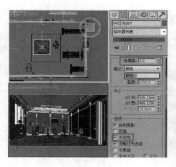

图13-20 图13-21

06 渲染当前场景，得到如图 13-21 所示的效果。

07 单击" ❋ （创建）> ◁ （灯光）>标准>目标平行光"按钮，在"顶"视图中创建目标平行光作为太阳光，按 Shift+4 组合键激活灯光视口，在视口控制区激活 ◎ （灯光衰减区）工具，在视图中向下拖曳鼠标放大衰减区包含整个场景，同样激活 ◎ （灯光聚光区）工具使其包含整个场景，选择摄影机视图的模式为"真实"，按 Ctrl+L 组合键切换到显示场景灯光，这样可以观察到目标平行光照射的角度和位置，根据照射位置再微调灯光的角度位置；在"常规参数"卷展栏的"阴影"选项组中选择"启用"复选框，设置阴影类型为"VRay 阴影"；在"强度／颜色／衰减"卷展栏中设置"倍增器"为 1.5，设置灯光颜色的"色调"为红黄之间、"饱和度"为 20 左右、"亮度"为 255，如图 13-22 所示。

08 渲染当前场景，得到如图 13-23 所示的效果，可以观察到顶部稍暗。

09 在室内的下方创建泛光灯作为面朝下的补光，放置位置离地面最少为2.5倍的房高，这样灯光均匀，不开启投影，设置"倍增"为0.1，设置为纯白色，如图13-24所示。

10 渲染当前场景即可得到最终效果。

  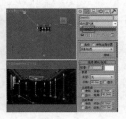

图13-22　　　　　　　　　　图13-23　　　　　　　　图13-24

实例操作75：布置户外灯光

"VR太阳"主要用于模拟真实的室外太阳照射效果，它的效果会随着"VR太阳"的位置变化而变化。

"VR太阳"卷展栏中的选项功能介绍如下（如图13-25所示）。

● 启用：打开或关闭太阳光。

● 混浊：即空气的混浊度，能影响太阳和天空的颜色。如果数值小，则表示晴朗干净的空气，颜色比较蓝；如果数值大，则表示阴天有灰尘的空气，颜色呈橘黄色。

● 臭氧：指空气中臭氧的含量。如果数值小，则阳光比较黄；如果数值大，则阳光比较蓝。

● 强度倍增：指阳光的亮度，默认值为1。"VR太阳"是VRay渲染器的灯光，所以一般使用的是标准摄影机，场景会出现很亮、曝光的效果。一般情况下如果使用标准摄影机，亮度设置为0.03~0.005；如果使用VR摄影机，亮度默认就可以了。

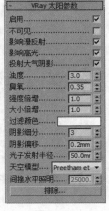

图13-25

● 大小倍增：指太阳的大小，主要控制阴影的模糊程度。值越大，阴影越模糊。

● 过滤颜色：用于自定义阳光的颜色。

● 阴影细分：用来调整阴影的细分质量。值越大，阴影质量越好，而且没有杂点。

● 阴影偏移：用来控制阴影与物体之间的距离。值越大，阴影越向灯光的方向偏移。

● 光子发射半径：这个参数和发光贴图有关。

● 排除：与标准灯光一样，用来排除物体的照明。

在创建"VR太阳"后，会弹出提示对话框，如图13-26所示。提示是否为"环境贴图"添加一张"VR天空"贴图。

VRay天空是VRay灯光系统中的一个非常重要的照明系统，一般与VR太阳配合使用。VRay没有真正的天光引擎，所以只能用环境光来代替。

在"VRay太阳"对话框中单击"是"按钮后，按8键打开"环境和效果"窗口，如图13-27所示，已为"环境贴图"窗口加载了"VR天空"贴图，这样就可以得到VRay的天光。按M键打开"材质编辑器"窗口，将鼠标光标放置在"VR天空"贴图处，按住鼠标左键并将"VR天空"贴图拖曳到一个空的材质球上，选择"实例"复制，这样就可以调节"VR天空"贴图的相关参数。

"VRay天空参数"卷展栏中的选项功能介绍如下。

● 指定太阳节点：默认为关闭，此时VRay天空的参数与VRay太阳的参数是自动匹配的；选择该复选框时，可以从场景中选择不同的灯光，此时VRay太阳将不再控制VRay天空的效果，VRay天空将用它自身的参数来改变天光的效果。

● 太阳光：单击"无"按钮可以选择太阳灯光，这里除了可以选择VRay太阳之外，还可以选择其他的灯光。

其他参数与"VRay太阳参数"卷展栏中对应参数的含义相同。

"浊度"与"强度倍增"是相互影响的，因为空气中的浮尘较多时，浮尘会对阳光有遮挡衰减的作用，因此阳光的强度相应会降低。

"VR 太阳"是 VRay 渲染器的灯光，设计之初就是配合 VRay 摄影机使用的，且 VRay 摄影机模拟的是真实的摄影机，具有控制进光的光圈、快门速度、曝光和光晕等选项，所以"强度倍增"为 1 时不会曝光。但一般使用的是标准摄影机，它不具有 VRay 摄影机的特性，如果"强度倍增"为 1，必然会出现整个场景曝光的效果，所以如果使用标准摄影机，亮度设置为 0.015~0.005。

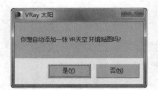
图13-26

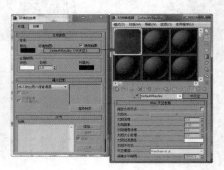
图13-27

"大小倍增"与"阴影细分"是相互影响的，影子的虚边越大，所需要的细分就越多。当影子为虚边阴影时，会需要一定的细分值增加阴影的采样，如果采样数量不够，会出现很多杂点，所以"大小倍增"的值越大，"阴影细分"的值就需要适当增大。

【案例学习目标】学习使用 VR 太阳。

【案例知识要点】创建 VR 太阳作为太阳光，创建 VR 天空作为天光，创建泛光灯作为补光，完成的户外灯光效果如图13-28所示。

【场景所在位置】光盘 > 场景 > Ch13> 布置户外灯光.max。

【效果图参考场景】光盘 > 场景 > Ch13> 布置户外灯光ok.max。

【贴图所在位置】光盘 >Map。

图13-28

01 打开原始场景文件，文件位于"光盘 > 场景 >Ch13> 布置户外灯光.max"，单击"🔆（创建）> 🔦（灯光）>VRay>VR 太阳"按钮，在"顶"视图中创建 VR 太阳作为主光源，调整太阳的角度和位置，设置"强度倍增"为 0.03、"大小倍增"为 4、"阴影细分"为 8，如图13-29所示。

02 在场景中创建泛光灯作为阴影面的补光和着色，设置"倍增"为 0.1，设置颜色为浅暖色，调整灯光至合适的位置，如图13-30所示。

03 渲染场景得到如图13-28所示的效果。

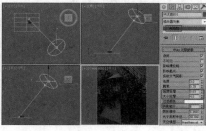
图13-29

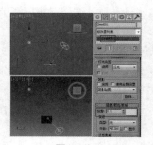
图13-30

13.3　VRay材质

实例操作76：设置金属材质

　　VRayMtl材质是使用频率最高的一种材质，也是使用范围最广的一种材质。VRayMtl材质除了完成反射、折射等效果，还能出色地表现SSS和BRDF等效果。

　　VRayMtl材质的参数设置面板包含7个卷展栏：基本参数、双向反射分布函数、选项、贴图、反射插值、折射插值和mental ray连接，如图13-31所示。

1."基本参数"卷展栏

　　"基本参数"卷展栏中的选项功能介绍如下（如图13-32所示）。

　　（1）"漫反射"选项组。

　　● 漫反射：用于决定物体表面的颜色和纹理。通过单击色块，可以调整自身的颜色。单击右侧的█（无）按钮，可以选择不同的贴图类型。

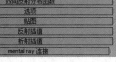

图13-31

图13-32

> **提示**
>
> 　　任何参数在指定贴图后，原有的数值或颜色均被贴图覆盖，如果需要数值或颜色起到一定的作用，可以在"贴图"卷展栏中降低该贴图的数量，这样可以起到原数值或颜色与贴图混合的作用。

　　● 粗糙度：数值越大，粗糙效果越明显。可以用于模拟绒布的效果。

　　（2）"自发光"选项组。

　　● 自发光：通过对色块进行调整，可以使对象具有自发光效果。

　　● 全局照明：取消选择该复选框后，自发光不对其他物体产生全局照明。

　　（3）"反射"选项组。

　　● 反射：物体表面反射的强弱是由色块颜色的"亮度"来控制的，颜色越白反射越强，颜色越黑反射越弱；而色块整体颜色决定了反射出来的颜色和反射的强度是分开计算的。单击右侧的█（无）按钮，可以使用贴图控制反射的强度、颜色和区域。

　　● 高光光泽度：控制材质的高光大小，默认是与"反射光泽度"一起关联控制的。单击 L 按钮将其弹起解除锁定，从而可以单独调整高光的大小。

　　● 反射光泽度：控制物体反射的模糊度。真实的物理世界中所有的物体都有反射光泽度，只是或多或少而已。默认值1表示没有模糊效果，值越小表示越模糊。也可以通过贴图控制。

　　细分：用于控制"反射光泽度"的品质。若品质过低，在渲染时会出现噪点。

> **提示**
>
> 　　"细分"的数值一般与"反射光泽度"的数值成反比，反射光泽度越模糊，细分的数值应越大，以弥补平滑效果。一般当"反射光泽度"为 0.9 时设置"细分"为 10，当"反射光泽度"为 0.76 时设置"细分"为 24，但是"细分"的数值一般最大设置为 32，因为细分值越大，渲染速度越慢。如果某个材质在效果图中占的比重较大，应适量地提升细分，以防止出现噪点。

　　● 使用插值：选择该复选框时，VRay能够使用类似于"发光贴图"的缓存方式来加快反射模糊的计算。

- 菲涅耳反射：选择该复选框后，反射强度会与物体的观察角度有关，当视线垂直于物体表面时反射强度最弱，而当视线非垂直于表面时，夹角越小反射越明显。
- 菲涅耳折射率：该数值用于影响"菲涅耳反射"现象的强弱。当"菲涅耳折射率"为0或100时，将产生完全反射；当"菲涅耳折射率"从1变化到0时，反射越来越强；同样，当"菲涅耳折射率"从1变化到100时，反射也是越来越强。
- 最大深度：是指反射的次数，值越高，效果越真实，但渲染时间也更长。

> **提示**
>
> 渲染室内的大面积玻璃或金属物体时，反射次数需要设置得大一些，渲染地面和墙体时，反射次数可以适当设置得小一些，这样可以在不影响品质的情况下提高渲染速度。

- 退出颜色：当物体的反射次数达到最大次数时会停止计算反射，这时由于反射次数不够造成的反射区域的颜色就用退出颜色来代替。
- 暗淡距离：选择该复选框，可以手动设置参与反射的对象之间的距离，距离大于该设置参数的将不参与反射计算。
- 暗淡衰减：可以设置对象在反射效果中的衰减强度。

（4）"折射"选项组。

- 折射：颜色越白，物体越透明，进入物体内部产生的折射光线也就越多；颜色越黑，透明度越低，产生的折射光线也越少。可以通过贴图控制折射的强度和区域。
- 折射率：设置透明物体的折射率。物理世界中的常用折射率：水为1.33、水晶为1.55、金刚石为2.42、玻璃按成分不同为1.5~1.9。
- 光泽度：用于控制物体的折射模糊度。值越小越模糊；默认数值1不产生折射模糊。可以通过贴图的灰度控制效果。
- 最大深度：用于控制折射的最大次数。
- 细分：用于控制折射模糊的品质。与反射的细分原理一样。
- 影响阴影：该选项用于控制透明物体产生的阴影。选择该复选框时，透明物体将产生真实的阴影。该选项仅对VRay灯光和VRay阴影有效。
- 影响通道：设置折射效果是否影响对应的图像通道。

> **提示**
>
> 如果有透过折射物体观察到的对象时，如：室外游泳池、室内的窗玻璃等，需要选择"影响阴影"复选框，设置"影响通道"的类型为"颜色+Alpha"。

- 烟雾颜色：用于调整透明物体的颜色。
- 烟雾倍增：可以理解为烟雾的浓度。值越大，烟雾颜色越浓。一般都是作为降低"烟雾颜色"的浓度使用，如果"烟雾颜色"的"饱和度"为1基本是最低了，但还是感觉饱和度太高，此时可以通过降低烟雾浓度来控制饱和度。
- 色散：选择该复选框后，光线在穿过透明物体时会产生色散效果。

（5）"半透明"选项组。

- 类型：半透明效果（也称3S效果）的类型有3种，即硬（蜡）模型、软（水）模型和混合模型。
- 背面颜色：用于控制半透明效果的颜色。
- 厚度：用于控制光线在物体内部被追踪的深度，也可以理解为光线的穿透力。
- 散布系数：物体内部的散射总量。0表示光线在所有方向被物体内部散射；1表示光线在一个方向被物体内部散射，而不考虑物体内部的曲面。

● 正／背面系数：控制光线在物体内部的散射方向。0表示光线沿着灯光发射的方向向前散射；1表示光线沿着灯光发射的方向向后散射。

● 灯光倍增：设置光线穿透力的倍增值。

2."双向反射分布函数"卷展栏

"双向反射分布函数"卷展栏中的选项功能介绍如下（如图13-33所示）

● 明暗器下拉列表框：包含3种明暗器类型，即反射、沃德和多面。"反射"适用于硬度高的物体，高光区很小；"沃德"适用于表面柔软或粗糙的物体，高光区最大；"多面"适用于大多物体，高光大小适中。默认为"反射"。

● 各向异性（-1..1）：控制高光区域的形状，可以用该参数来控制拉丝效果。

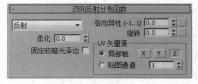

图13-33

● 旋转：控制高光区的旋转方向。

"UV矢量源"选项组：控制高光形状的轴向，也可以通过贴图通道来设置。

● 局部轴：有X、Y、Z这3个轴可供选择。

● 贴图通道：可以使用不同的贴图通道与UVW贴图进行关联，从而实现一个物体在多个贴图通道中使用不同的UVW贴图，这样可以得到各自对应的贴图坐标。

3."选项"卷展栏

"选项"卷展栏中的选项功能介绍如下（如图13-34所示）。

● 跟踪反射：控制光线是否追踪反射。取消选择该复选框后，将不渲染反射效果。

● 跟踪折射：控制光线是否追踪折射。取消选择该复选框后，将不渲染折射效果。

● 双面：默认为启用，可以渲染出背面的面；取消选择该复选框后，将只可以渲染正面的面。

● 背面反射：选择该复选框后，系统将强制计算反射物体的背面产生反射效果。

● 使用发光图：控制当前材质是否使用"发光贴图"。

● 雾系统单位比例：控制是否使用雾系统单位比例。

● 覆盖材质效果ID：选择该复选框后，可以通过左侧的"效果ID"选项设置ID号，可以覆盖掉材质本身的ID。

4."贴图"卷展栏

"贴图"卷展栏中的选项功能介绍如下（如图13-35所示）。

● 半透明：同"基本参数"卷展栏的"半透明"选项组中的"背面颜色"相同。

● 环境：使用贴图为当前材质添加环境效果。

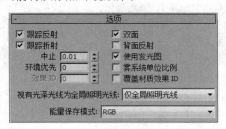

图13-34

图13-35

5."反射插值"和"折射插值"卷展栏

"反射插值"和"折射插值"卷展栏中的选项功能介绍如下（如图13-36所示）。

"反射插值"和"折射插值"卷展栏中的参数相似，这里只介绍"反射折射"卷展栏。

"反射插值"卷展栏下的参数只有在"基本参数"卷展栏的"反射"选项组中选择"使用插值"复选框时才起作用。

● 最小比率：在反射对象颜色单一的区域使用该参数所设置的数值进行插补。数值越高，精度越高；反之精度越低。

● 最大比率：在反射对象图像复杂的区域使用该参数所设置的数值进行插补。数值越高，精度越高；反之精度越低。

● 颜色阈值：插值算法的颜色敏感度。数值越高，敏感度越低。

● 插值采样：用于设置反射插值时所用的样本数量。数值越大，效果越平滑模糊。

● 法线阈值：物体的交接面或细小表面的敏感度。数值越大，敏感度越低。

6. "mental ray连接" 卷展栏

"mental ray 连接" 卷展栏是 VRay 渲染器与 mental ray 材质的一个连接窗口，但实际工作中基本用不到，所以就不详细介绍了。

【案例学习目标】学习使用 VRayMtl 材质。

【案例知识要点】使用 VRayMtl 材质制作金属材质，为 "VRay 环境" 指定反射/折射的 VRayHDRI 环境贴图，完成的金属材质效果如图 13-37 所示。

【场景所在位置】光盘 > 场景 > Ch13 > 设置金属材质 .max。

【效果图参考场景】光盘 > 场景 > Ch13 > 设置金属材质 ok.max。

【贴图所在位置】光盘 > Map。

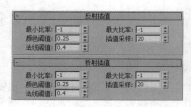

图 13-36

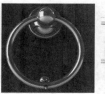

图 13-37

01 打开原始场景文件，文件位于 "光盘 > 场景 > Ch13 > 设置金属材质 .max"，选择 "金属材质" 材质球，单击 "Standard" 按钮，在弹出的 "材质 / 贴图浏览器" 对话框中选择 VRayMtl 选项，将材质转换为 VRayMtl 材质，在 "基本参数" 卷展栏中设置 "漫反射" 颜色的 "色调" 为 20、"饱和度" 为 176、"亮度" 为 100，设置 "反射" 颜色的 "色调" 为 25、"饱和度" 为 117、"亮度" 为 132，设置 "反射光泽度" 为 0.9、"细分" 为 10，如图 13-38 所示。

02 渲染当前场景，得到如图 13-39 所示的效果。

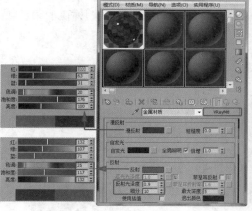

图 13-38

图 13-39

03 通过效果可以观察到，整个金属表面除了左侧的面光因为启用了 "影响反射" 复选框有反射外，没有其他的反射细节，这样看起来比较假，此时需要为其添加一个反射环境。按 F10 键打开 "渲染设置" 窗口，切换到 VRay 选项卡，在 "VRay 环境" 卷展栏的 "反射 / 折射环境覆盖" 选项组中选择 "开" 复选框，为其指定一张VRayHDRI贴图，如图13-40所示。

04 将VRayHDRI贴图拖曳到一个新的材质球上，选择"实例"复制，在"参数"卷展栏中单击"位图"后的"浏览"按钮，为其指定一张"位图"贴图，贴图位于"光盘>Map>灰度.hdr"文件，设置"贴图类型"为球形，设置"全局倍增"为1.5，如图13-41所示。

图13-40

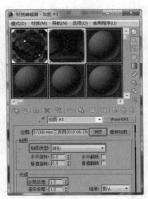

图13-41

实例操作77：设置玻璃材质

【案例学习目标】学习使用VRayMtl材质。

【案例知识要点】使用VRayMtl材质制作玻璃材质，完成的玻璃效果如图13-42所示。

【场景所在位置】光盘>场景>Ch13>设置玻璃材质.max。

【效果图参考场景】光盘>场景> Ch13>设置玻璃材质ok.max。

【贴图所在位置】光盘>Map。

图13-42

01 打开原始场景文件，文件位于"光盘>场景>Ch13>设置玻璃材质.max"，选择一个新的材质球，将材质转换为VRayMtl材质，在"基本参数"卷展栏中设置"反射"颜色的"亮度"为75，设置"最大深度"为6，设置"折射"颜色的"亮度"为245，设置"折射率"为1.33、"最大深度"为6，如图13-43所示。

02 渲染当前场景，得到如图13-44所示的效果。

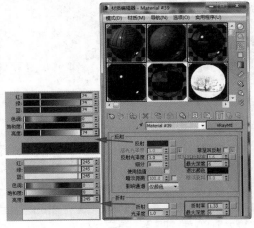

图13-43

图13-44

03 通过效果可以看到，光线只是简单地照亮室内，而完全没有投射阴影，且没有看到折射光效。在"折射"选项组中选择"影响阴影"复选框，设置"影响通道"类型为"颜色+Alpha"，如图13-45所示。

04 渲染当前场景，得到如图13-46所示的效果。

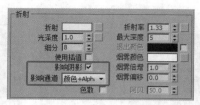

图13-45　　　　　　　　　　　　图13-46

05 设置"烟雾颜色"颜色的"色调"为128、"饱和度"为1、"亮度"为255，设置"烟雾倍增"为0.2，为玻璃上色，如图13-47所示。

06 渲染场景，得到如图13-42所示的效果。

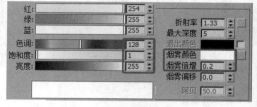

图13-47

实例操作78：设置针织布料材质

【案例学习目标】学习使用VRayMtl材质。

【案例知识要点】使用VRayMtl材质制作沙发布料和丝绸抱枕，完成的效果如图13-48所示。

【场景所在位置】光盘＞场景＞Ch13＞设置针织布料材质.max。

【效果图参考场景】光盘＞场景＞Ch13＞设置针织布料材质ok.max。

【贴图所在位置】光盘＞Map。

 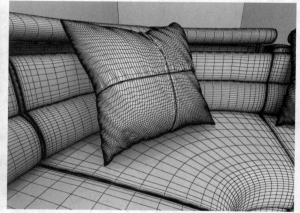

图13-48

01 打开原始场景文件，文件位于"光盘＞场景＞Ch13＞设置针织布料材质.max"，按M键打开"材质编辑器"窗口，选择"沙发"材质，将材质转换为VRayMtl材质，在"基本参数"卷展栏中设置"粗糙度"为0.5，如图13-49所示。

02 为"漫反射"指定"位图"贴图，贴图位于"光盘＞Map＞k_ck2902222.jpg"文件，进入"漫反射贴图"层级面板，在"坐标"卷展栏中设置"模糊"为0.5，单击 （转到父对象）按钮返回上一级；为"自发光"指定"遮罩"贴图；设置"凹凸"的数量为70，为"凹凸"指定"位图"贴图，贴图位于"光盘＞Map＞mat02b.jpg"文件，如图13-50所示。

03 进入"自发光"层级面板，分别为"贴图"和"遮罩"指定"衰减"贴图，如图13-51所示。

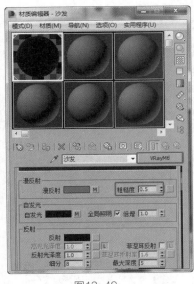

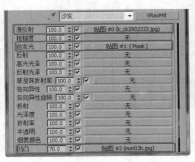

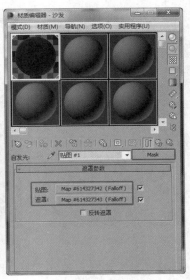

图13-49　　　　　　　　　　图13-50　　　　　　　　　　图13-51

04 进入"贴图"层级面板，设置"侧"面颜色的"亮度"为200，设置"衰减类型"为Fresnel，如图13-52所示。

05 返回上一级，进入"Mask（遮罩）"层级面板，设置"侧"面颜色的"亮度"为200，设置"衰减类型"为阴影／灯光，如图13-53所示。

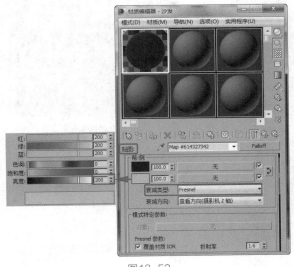

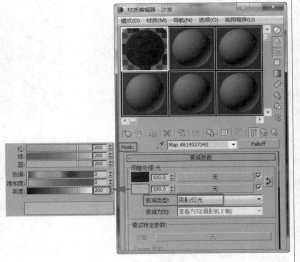

图13-52　　　　　　　　　　　　　　　　图13-53

06 返回主材质面板，进入"凹凸贴图"层级面板，在"坐标"卷展栏中设置"模糊"为0.5，设置"瓷砖"的U、V均为2.3，如图13-54所示。

07 单击 （按材质选择）按钮，选择沙发布料模型，为模型施加"UVW贴图"修改器，在"参数"卷展栏中设置"贴图"的类型为"长方体"，设置合适的坐标，如图13-55所示。

08 在"材质编辑器"窗口中选择"靠枕"材质，将材质转换为VRayMtl材质，为"漫反射"指定"位图"贴图，贴图位于"光盘>Map>布艺03.jpg"文件，将"漫反射"的贴图复制给"凹凸"，为"反射"指定"位图"贴图，贴图位于"光盘>Map>布艺033.jpg"文件，如图13-56所示。

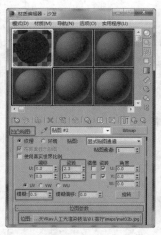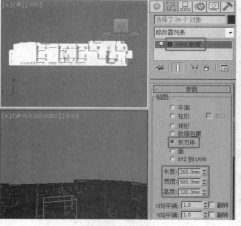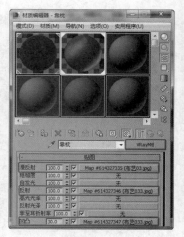

图13-54　　　　　　　　　　图13-55　　　　　　　　　　图13-56

09 在"基本参数"卷展栏的"反射"选项组中设置"反射光泽度"为0.6，解锁"高光光泽度"并设置其数值为0.3，设置"细分"为32，如图13-57所示。

10 在"双向反射分布函数"卷展栏中设置明暗器类型为"沃德"，设置"各向异性（-1..1）"为0.5、"旋转"为45，如图13-58所示。

11 渲染当前场景，即可得到如图13-48所示的效果。

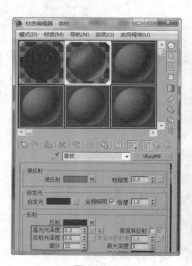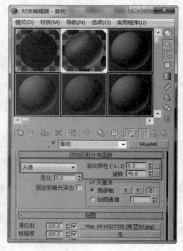

图13-57　　　　　　　　　图13-58

实例操作79：设置霓虹灯材质

"VR灯光材质"主要用于霓虹灯、屏幕等自发光效果。

"参数"卷展栏中的选项功能介绍如下（如图13-59所示）。

● 颜色：设置对象自发光的颜色，后面的文本框可以理解为灯光的倍增器。可以使用右侧的"无"按钮加载贴图，用于代替颜色。

● 不透明度：用于使用贴图指定发光体的透明度。

● 背面发光：选择该复选框后，材质物体的光源双面发光。

● 补偿摄影机曝光：选择该复选框后，VR灯光材质产生的照明效果可以增强摄影机曝光。

● 倍增颜色的不透明度：选择该复选框后，同时使用下方的"置换"贴图通道加载黑白贴图，可以通过贴图的灰度强弱控制发光强度，白色为最强。

● 置换：可以通过加载贴图控制发光效果。可以通过调整倍增数值控制贴图发光的强弱，数值越大越亮。

"直接照明"选项组：用于控制"VR灯光材质"是否参与直接照明计算。

【案例学习目标】学习使用VR灯光材质。

【案例知识要点】使用 VR 灯光材质制作霓虹灯材质，完成的效果如图 13-60 所示。

【场景所在位置】光盘 > 场景 > Ch13> 霓虹灯材质.max。

【效果图参考场景】光盘 > 场景 > Ch13> 霓虹灯材质ok.max。

【贴图所在位置】光盘 >Map。

图13-59

图13-60

01 打开原始场景文件，文件位于"光盘 > 场景 >Ch13> 设置霓虹灯材质.max"，按 M 键打开"材质编辑器"窗口，选择一个新的材质球，将材质转换为 VR 灯光材质，设置"颜色"的倍增为 2，为其指定"渐变坡度"贴图，如图 13-61 所示。

02 进入"灯光颜色"贴图层级面板，在"渐变坡度参数"卷展栏中先将首尾两个点设置为一个颜色，在线上双击创建点，分别调整各点的颜色，如图 13-62 所示。

03 渲染场景，即可得到如图 13-60 所示的效果。

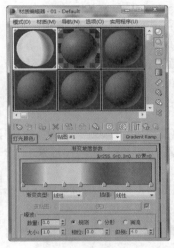

图13-61　　　　图13-62

实例操作80：设置材质包裹器材质

使用 VRay 渲染器渲染场景时，会出现某种对象的反射会影响到其他对象，这就是色溢现象。色溢现象的出现是因为 VRay 渲染器在渲染时间接照明的二次反弹所产生的，所以 VRay 提供了"VR 材质包裹器"材质，该材质可以有效地避免色溢现象。

图13-63

"VR 材质包裹器参数"卷展栏中的选项功能介绍如下（如图 13-63 所示）。

● 基本材质：可以理解为对象基层的材质。

"附加曲面属性"选项组：用于控制材质的全局照明和焦散效果。

● 生成全局照明：控制材质本身色彩对周围环境的影响，降低该值可以减少该材质对象对周围环境的影响，反之则增强。

● 接收全局照明：控制周围环境色彩对材质对象的影响，降低该值可以减少周围环境对其影响，反之增强。

- 生成焦散：控制材质的焦散效果是否影响周围环境和对象。
- 接收焦散：控制周围环境和对象的物体是否影响该材质对象。

"天光属性"选项组一般用不到，这里就不详细介绍了。

【案例学习目标】学习使用VR材质包裹器材质。

【案例知识要点】使用VR材质包裹器材质控制玻璃灯的红色色溢，完成的效果如图13-64所示。

【场景所在位置】光盘>场景>Ch13>设置材质包裹器材质.max。

【效果图参考场景】光盘>场景>Ch13>设置材质包裹器材质ok.max。

【贴图所在位置】光盘>Map。

图13-64

01 打开原始场景文件，文件位于"光盘>场景>Ch13>设置材质包裹器材质.max"，渲染当前场景，得到如图13-65所示的效果，可以看到有很强的色溢，尤其是红色对地面的色溢使地面感觉太假。

02 选择红灯的材质球，将材质转换为"VR材质包裹器"，在弹出的"替换材质"对话框中选择"将旧材质保存为子材质"单选按钮，保留基本材质，如图13-66所示。

图13-65　　　　　　图13-66

03 设置"生成全局照明"为0.1，使该材质对周围环境影响减弱，如图13-67所示。

04 渲染当前场景，得到如图13-68所示的效果，可以看到，在降低"生成全局照明"参数后整个场景也变暗了。

05 分别稍微提高如图13-69所示的两个面光的倍增。

06 渲染当前场景，得到如图13-64所示的效果，可以看到过多的色溢得到了很好的控制。

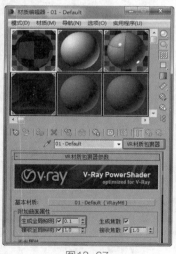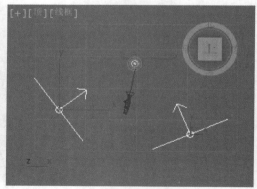

图13-67　　　　　　图13-68　　　　　　图13-69

13.4　VRay摄影机

实例操作81：创建VR物理摄影机

"VR物理摄影机"相当于一台真实的摄影机，具有光圈、曝光、快门和胶片速度（ISO）等调节功能。它的创建方法与标准的"目标"摄影机相同，同样具备相机和目标点。

"VR物理摄影机"具有5个参数卷展栏，如图13-70所示。

1. "基本参数"卷展栏

"基本参数"卷展栏中的选项功能介绍如下（如图13-71所示）。

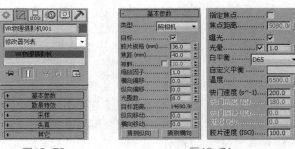

图13-70　　　　　　　　图13-71

- 类型：用于选择摄影机的类型，提供了3种选择类型，即照相机、摄影机（电影）和摄像机（DV）。默认为"照相机"，用于模拟常规快门的静态画面照相机；"摄影机（电影）"用于模拟圆形快门的电影摄影机；"摄像机（DV）"用于模拟带CCD矩阵的快门摄像机。

- 目标：选择复选框时，目标点在焦平面上；禁用后，目标点消失，此时可以通过下面的"目标距离"参数控制摄影机到目标点的位置。

- 胶片规格（mm）：控制摄影机所看到的视野范围，与"目标"摄影机的"视野"选项功能相同。值越大视野越广。

- 焦距（mm）：指镜头长度，控制摄影机的焦长大小，与"目标"摄影机的"镜头"选项基本相同。同时也会影响到画面的感光强度，较大的数值类似于长焦镜头，光从镜头到达胶片（感光画面或材料）的时间长，这时胶片接收的光线减少；较小的数值类似于广角镜头，光从镜头到胶片的时间短，胶片接收的光较强。

- 视野：启用该复选框后，可以调整摄影机的可视区域。

- 缩放因子：可以控制摄影机视图的缩放。值越大画面越大。

- 横向／纵向偏移：控制摄影机视图的水平和垂直方向的偏移量。

- 光圈数：用于设置摄影机的光圈大小，主要用于图像亮度。值越大越暗，值越小越亮。

- 目标距离：启用"目标"复选框后该选项不可用，禁用"目标"复选框后可以调整目标点到相机的距离。

- 纵向／横向移动：控制摄影机在垂直和水平方向上的变形，主要用于纠正三点透视到两点透视。

- 猜测纵向／猜测横向：用于校正垂直和水平方向上的透视关系。

> **提示**
>
> 这里主要用到"猜测纵向"，与"目标"摄影机施加"摄影机校正"后的"推测"效果相同。

- 指定焦点：选择该复选框，可以手动控制焦点。

- 焦点距离：选择"指定焦点"复选框后，可以通过数值控制焦点距离。

- 曝光：选择该复选框后，物理相机的"光圈数""快门速度（s^-1）"和"胶片速度（ISO）"设置才起作用。

- 光晕：模拟真实相机里的光晕效果，也可以称为四角压暗效果。

> **技巧**
>
> 在使用VRay渲染器渲染时，使用标准的摄影机偶尔会出现渲染错误，某些材质会出现暗斑。此时需创建一个"VR物理摄影机"替换标准摄影机，设置"焦距"的数值与标准摄影机的"镜头"数值相同，分别将"VR物理摄影机"的摄影机和目标点对齐标准摄影机的摄影机和目标点，使用 🔄 （对齐）工具，使 x、y、z 的"轴点"对齐目标对象的"轴点"。

- 白平衡：此设置和相机的功能一样，用于控制图的色偏。

- 自定义平衡：具有调整与校正色温的功能。该选项的色块是对应画面的互补色，在需要将画面调冷时，应将色块调为相反的暖色。

● 快门速度（s˄-1）：控制光的进光速度。值越小，进光时间越长，图就越亮；数值越大，进光时间越短，图就越暗。快门速度的单位s表示2为1／2、200为1／200，所以数值越大时间越短。

● 快门角度（度）：当相机选择电影相机类型时，此选项被激活。作用和上面的快门速度一样，用于控制图的亮暗。角度值越大，图就越亮。

● 快门偏移（度）：当相机选择电影相机类型时，此选项被激活，主要控制快门角度的偏移。

● 延迟（秒）：当相机选择视频相机类型时，此选项被激活。作用和上面的快门速度一样，用于控制图的亮暗。值越大，表示光线越充足，图就越亮。

● 胶片速度（ISO）：用于控制图的亮暗，数值越大，表示ISO的感光系数越强，图越亮。一般白天效果比较适合用较小的ISO，而晚上效果比较适合用较大的ISO。

> **技术**
>
> ISO 的应用：ISO 为 50 适用于风景；ISO 为 100 为标准；ISO 为 200~400 时适用于场景内有动态物体、体育类或光线不足时；ISO 为 800 时适用于室内节目表演。

2．"散景特效"卷展栏

"散景特效"卷展栏主要用于控制散景效果。在渲染景深时，或多或少都会产生一些散景效果，主要和散景到摄影机的距离有关。

"散景特效"卷展栏中的选项功能介绍如下（如图13-72所示）。

● 叶片数：控制散景产生的小圆圈的边。默认为禁用，此时散景就是一个圆形；选择该复选框后，默认值为5，表示散景的小圆圈为正五边形。

● 旋转（度）：散景小圆圈的旋转角度。

● 中心偏移：散景偏移源物体的距离。

● 各向异性：控制散景的各向异性。值越大，散景的小圆圈拉得越长，即变为椭圆形。

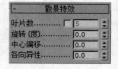

图13-72

3．"采样"卷展栏

"采样"卷展栏中的选项功能介绍如下（如图13-73所示）。

● 景深：控制是否开启景深效果。当某一对象物体的焦距清晰时，从该物体前面的某一段距离到其后面的某一段距离内的所有静物都是相当清晰的。

● 运动模糊：控制是否开启运动模糊功能。只适用于场景有运动对象的情况，对静态物体不起作用。

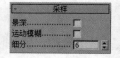

图13-73

● 细分：用于设置"景深"或"运动模糊"的采样细分。数值越高，效果越好，同时渲染速度越慢。

4．"其他"卷展栏

"其他"卷展栏中的选项功能介绍如下（如图13-74所示）。

● 地平线：选择该复选框后，在摄影机视口中将显示一条黑色的地平线。主要用于做动画时寻找地平线。

● 剪切：选择该复选框后，可以自定义设置剪切平面。

● 近端／远端裁剪平面：设置近端和远端的平面。在摄影机视图中，比"近端裁剪平面"近和比"远端裁剪平面"远的对象是不可见的，且在渲染时也不可见。

图13-74

> **技巧**
>
> 在动画制作过程中，为了便于调整景深效果，一般都是单独渲染景深通道图，此时就需要裁剪平面确定景深范围，使用完"剪切"后再关闭即可。

● 近端／远端环境范围：用于设置环境特效的范围。

【案例学习目标】学习使用 VR 物理摄影机。

【案例知识要点】使用 VR 物理摄影机替换原有的标准摄影机，提高灯光倍增适应 VR 物理摄影机，完成的效果如图 13-75 所示。

【场景所在位置】光盘＞场景＞Ch13＞创建 VR 物理摄影机.max。

【效果图参考场景】光盘＞场景＞Ch13＞创建 VR 物理摄影机 ok.max。

【贴图所在位置】光盘＞Map。

01 打开原始场景文件，文件位于"光盘＞场景＞Ch13＞创建 VR 物理摄影机.max"，渲染当前场景，得到如图 13-76 所示的效果。

图 13-75　　　　　　　　　图 13-76

02 选择标准的目标摄影机，可以看到"镜头"为 28，在"顶"视图中创建 VR 物理摄影机，设置"焦距（mm）"为 28，如图 13-77 所示。

03 使用 (对齐) 工具，分别将物理摄影机的摄影机和目标点对齐目标摄影机的摄影机和目标点，选择"对齐位置"为 x、y、z 的"轴点"，如图 13-78 所示。

04 将目标摄影机隐藏或删除，按 C 键将视图切换到"VR 物理摄影机"视图，如图 13-79 所示。

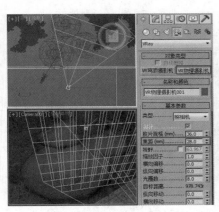
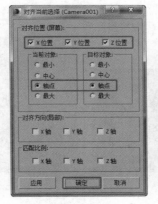
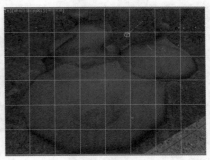

图 13-77　　　　　　　　　图 13-78　　　　　　　　　图 13-79

05 在场景中选择 VR 太阳，设置合适的"强度倍增"，如图 13-80 所示。

06 在场景中选择泛光灯，设置合适的"倍增"，如图 13-81 所示。

07 渲染当前场景，得到如图 13-82 所示的效果。可以看到，光晕效果太强，且画面的色调偏红黄。

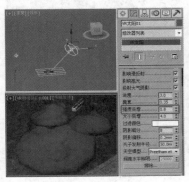
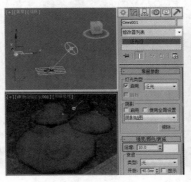

图 13-80　　　　　　　　　图 13-81　　　　　　　　　图 13-82

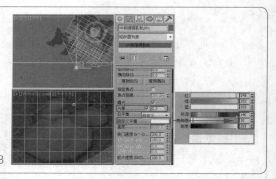

08 选择VR物理摄影机，将"光晕"的数值降低，单击"自定义平衡"的色块，降低"饱和度"，如图13-83所示。

09 渲染当前场景，即可得到如图13-75所示的效果。

图13-83

实例操作82：设置VR物理摄影机的景深

【案例学习目标】学习设置VR物理摄影机的景深效果。

【案例知识要点】开启景深，降低光圈数加强景深效果，使用快门速度配合光圈数调整亮度。图13-84所示为景深的前后对比效果。

【场景所在位置】光盘 > 场景 > Ch13> 设置VR物理摄影机的景深.max。

【效果图参考场景】光盘 > 场景 > Ch13> 设置VR物理摄影机的景深ok.max。

【贴图所在位置】光盘 >Map。

01 打开原始场景文件。

02 选择摄影机，在"采样"卷展栏中选择"景深"复选框，设置"细分"为8，如图13-85所示。

03 渲染当前场景，得到如图13-86所示的效果，可以看到当前景深的位置和模糊度都不是很满意。

图13-84　　　　　　　　　　　　　　　图13-85　　　　　　　　　　　　图13-86

04 为了在调整"焦点距离"时摄影机不变动，需在"基本参数"卷展栏中选择"视野"复选框，然后再选择"指定焦距"复选框，调整"焦点距离"，使门前区域处于焦平面，只有该区域是清晰的，如图13-87所示。

05 为了增强景深效果将"光圈数"降低，"光圈数"降低后场景变亮，需将"快门速度（s^-1）"的值调高来弥补光圈数，如图13-88所示。

06 渲染当前场景，即可得到如图13-84所示的效果。

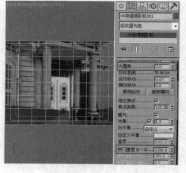

图13-87　　　　　　　　　　　　图13-88

13.5　VRay渲染器的渲染参数

VRay渲染器是保加利亚的Chaos Group公司开发的一款高质量渲染引擎，主要以插件的形式应用在3ds Max、Maya和SkerchUp等软件中。由于VRay渲染器可以真实地模拟现实光照，并且操作简单、可控性强，因此被广泛应用于建筑表现、工业设计和动画制作等领域。

VRay的渲染速度与渲染质量比较均匀，也就是说，在保证较高渲染质量的前提下还具有较快的渲染速度，所有是目前效果图制作领域最为流行的渲染器。

13.5.1　V-Ray选项卡

V-Ray选项卡下包含9个卷展栏，如图13-89所示，下面将着重讲解较为常用的"V-Ray：：帧缓冲区""V-Ray：：全局开关""V-Ray：：图像采样器（反锯齿）""V-Ray：：自适应DMC图像采样器""V-Ray：：环境"和"V-Ray：：颜色贴图"6个卷展栏中的参数。

1. "V-Ray：：帧缓冲区"卷展栏

"V-Ray：：帧缓冲区"卷展栏中的参数可以代替3ds Max自身的帧缓存窗口，这里可以设置渲染图像的大小，以及保存渲染图像等，如图13-90所示。

图13-89

图13-90

- 启用内置帧缓冲区：当选择该复选框后，用户就可以使用VRay自身的渲染窗口。同时需要注意，应该选择3ds Max默认的"渲染帧窗口"复选框，这样可以节省内存。

- 渲染到内存帧缓冲区：选择该复选框后，可以将图像渲染到内存中，然后再由帧缓冲窗口显示出来，这样可以方便用户观察渲染的过程，当禁用时，不会出现渲染框，而直接保存到指定的硬盘文件中，这样的好处是节省内存资源。

- 显示最后的虚拟缓存区：单击该按钮，显示出帧缓冲窗口，从中显示最后缓冲的画面。

（1）"输出分辨率"选项组。

- 从Max获取分辨率：当选择该复选框时，将从"公用"选项卡的"输出大小"选项组中获取渲染尺寸，当禁用时，将从VRay渲染中选择"输出分辨率"选项组中的渲染尺寸。

- 宽度和高度：设置渲染的宽度和高度的尺寸。

- 图像纵横比：设置图像的长宽比例。

- 像素纵横比：控制渲染图像的像素长宽比例。

（2）"V-Ray Raw图像文件"选项组。

- 渲染为V-Ray Raw图像文件：控制是否将渲染后的文件保存到指定的路径中。选择该复选框后，渲染的图像将以RAW格式进行存储。

- 生成预览：选择该复选框后，将在VRay Raw图像渲染完成后生成预览效果。

（3）"分割渲染通道"选项组。

- 保存单独的渲染通道：控制是否单独保存渲染通道。

- 保存RGB：控制是否保存RGB色彩。

- 保存Alpha：控制是否保存Alpha通道。

- 浏览：单击该按钮，可以保存RGB和Alpha文件。

2. "V-Ray：：全局开关"卷展栏

"V-Ray：：全局开关"卷展栏中的参数主要用来对场景中的灯光、材质和置换等进行全局设置，如是否使用默认灯光、是否开启阴影，以及是否开启模糊等，如图13-91所示。

（1）"几何体"选项组。

- 置换：控制是否开启场景中的置换效果。在VRay的置换系统中，

图13-91

共有两种置换方式，分别是材质置换方式和VRay置换模式修改器方式，当取消选择"置换"复选框时，场景中的两种置换方式都不启用。

- 强制背面消隐：执行3ds Max中的"自定义>首选项"命令，弹出"首选项设置"对话框中，选择"视口"选项卡中的"创建对象时背面消隐"复选框。"强制背面隐藏"与"创建对象时背面消隐"选项相似，但"创建对象时背面效果"只用于视图，对渲染没有任何影响，而"强制背面消隐"是针对渲染而言的，选择该复选框后反法线的物体将不可见。

（2）"照明"选项组。

- 灯光：控制是否开启场景中的光照效果，当禁用该复选框时，场景中放置的灯光将不起作用。
- 默认灯光：控制场景是否启用3ds Max系统中的默认灯光，一般情况下都不设置它。
- 隐藏灯光：控制场景中的隐藏灯光产生光照。这个选项对于调节场景中的光照非常方便。
- 阴影：控制场景是否产生阴影。
- 仅显示全局照明：当选择该复选框时，场景渲染结果只显示全局照明的光照效果，虽然如此，渲染过程中也计算了直接光照。

（3）"间接照明"选项组。

- 不渲染最终的图像：控制是否渲染最终图像，如果选择该复选框，VRay将在计算完光子以后，不再渲染最终图像，这对于渲染小光子图时非常方便。

（4）"材质"选项组。

- 反射／折射：控制是否开始场景中的材质的反射和折射效果。
- 最大深度：控制整个场景的反射和折射的最大深度，后面的输入框数值表示反射和折射的次数。
- 贴图：控制是否让场景中物体的程序贴图和纹理贴图渲染输出来。如果禁用该复选框，那么渲染出来的图像就不会显示贴图，取而代之的是漫反射通道的颜色。
- 过滤贴图：该选项用来控制VRay渲染时是否使用贴图纹理过滤。如果选择该复选框，VRay将用自身的"抗锯齿过滤器"来对贴图纹理进行过滤；如果禁用，将以原始图像进行渲染。
- 全局照明过滤贴图：控制是否在全局照明中过滤贴图。
- 最大透明级别：控制透明材质被光线追踪的最大深度。值越高，被光线追踪的深度越深，效果越好，但渲染速度也会变慢。
- 透明中止：控制VRay渲染器对透明材质的追踪中止值。当光纤透明度的累积比当前设置的阈值低时，将停止透明光纤追踪。
- 覆盖材质：是否给场景赋予一个全局材质。当在后面的通道中设置了一个材质后，那么场景中所有的物体都将会使用该材质进行渲染，这在测试阳光效果及检查模型完整度时非常有用。
- 光泽效果：是否开启反射或折射模糊效果。当禁用该复选框时，场景中带模糊的材质将不会渲染出反射或折射模糊效果。

（5）"光线跟踪"选项组

- 二次光线偏移：该选项主要用来控制有重面的物体在渲染时不会产生黑斑。如果场景中有重面，在默认值为0的情况下将会产生黑斑，一般通过设置一个较小的值来纠正渲染错误，如0.0001。但是这个值如果设置得比较大，如10，那么场景中的简介照明将变得不正常。

3. "V-Ray::图像采样器（反锯齿）"卷展栏

""V-Ray::"图像采样器（反锯齿）"卷展栏中的参数介绍如下（如图13-92所示）。

（1）"图像采样器"选项组："类型"（如图13-93所示）下拉列表框中的选项介绍如下。

- 固定：对于每个像素使用一个固定的细分值。该采样方式适合拥有大量的模糊效果（如运动模糊、景深模糊、反射模糊和折射模糊等）或者具有更高细节纹理贴图的场景。在这种情况下，

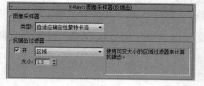

图13-92

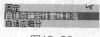

图13-93

使用"固定"方式能够兼顾渲染品质和渲染时间。

● 自适应确定性蒙特卡洛：这是一种常用的采样器。其采样方式可以根据每个像素及与它相邻像素的明暗差异来使不同像素使用不同的样本数量，在角落部分使用较高的样本数量，在平坦部分使用较低的样本数量。该采样方式适合拥有较少数量的模糊效果或者具有更高细节的纹理贴图，以及具有大量几何体面的场景。

● 自适应细分：这个采样器具有负值采样的高级抗锯齿功能，适用于在没有或有少量模糊效果的场景中，在这种情况下，它的渲染速度最快，但是在具有大量细节和模糊效果的场景中，它的渲染速度则非常慢，渲染品质也不高，这是因为它需要优化模糊和大量的细节，这样就需要对模糊和大量细节进行预算，从而降低了渲染速度。同时该采样方式是3种采样类型中最占用内存的一种，而"固定"采样器占用的内存资源最少。

（2）"抗锯齿过滤器"选项组

● 开：选择"开"复选框后，可以从后面的下拉列表框中选择一种抗锯齿过滤器，来对场景进行抗锯齿处理；如果禁用，那么渲染时将使用纹理抗锯齿过滤器，抗锯齿过滤器的类型有16种（如图13-94所示）。

● 区域：用区域大小来计算抗锯齿。

● 清晰四边形：来自Neslon Max算法的清晰9像素重组过滤器。

● Catmull-Rom：一种具有边缘增强的过滤器，可以产生较清晰的图像效果。

图13-94

● 图版匹配／MAXR2：使用3ds Max R2的方法（无贴图过滤）使摄影机和场景或"无光／投影"元素与未过滤的背景图像相匹配。

● 四方形：和"清晰四边形"相似，能产生一定的模糊效果。

● 立方体：基于立方体的25像素过滤器，能够产生一定的模糊效果。

● 视频：适合于制作视频动画的一种抗锯齿过滤器。

● 柔化：用于程度模糊效果的一种过滤器。

● Cook变量：一种过滤器，较小的数值可以得到清晰的图像效果。

● 混合：一种用混合值来确定图像清晰或模糊的抗锯齿过滤器。

● Blackman：一种没有边缘增强效果的抗锯齿过滤器。

● Mitchell-Netravali：一种常用的过滤器，能产生微量模糊的图像效果。

● VRayLanczosFilter／VRaySincFilter：这两个过滤器可以很好地平衡渲染速度和渲染质量，并且它们产生的抗锯齿过滤器效果也很相似。

● VRayBoxFilter／VRayTriangleFilter：这两个过滤器以盒子和三角形的方式进行抗锯齿。

● 大小：设置过滤器的大小。

4. "V-Ray::自适应DMC图像采样器"卷展栏

"V-Ray::自适应DMC图像采样器"是一种高级抗锯齿采样器。展开"VRay::图像采样器（反锯齿）"卷展栏，然后在"图像采样器"选项组中设置"类型"为"自适应确定性蒙特卡洛"，此时会增加一个"自适应DMC图像采样器"卷展栏，如图13-95所示。

● 最小细分：定义每个像素使用样本的最小数量。

● 最大细分：定义每个像素使用样本的最大数量。

● 颜色阈值：色彩的最小判断值，当色彩的判断达到这个值以后，就停止对色彩的判断。具体一点就是分辨哪些是平坦区域，哪些是角落区域。这里的色彩应该理解为色彩的灰度。

● 显示采样：选择该复选框后，可以看到"自适应DMC"的样本分布情况。

● 使用确定性准蒙特卡洛采样器阈值：如果选择了该复选框，"颜色阈值"选项将不起作用，取而代之的是采用DMC图像采样器中的阈值。

5. "V-Ray::环境"卷展栏

"V-Ray::环境"卷展栏分为"全局照明环境（天光）覆盖""反射／折射环境覆盖"和"折射环境覆盖"3个选项组，如图13-96所示。

（1）"全局照明环境（天光）覆盖"选项组。

● 开：控制是否开启VRay的天光，当启用该复选框后，3ds Max默认的天光效果将不起光照作用。

- 颜色：设置天光的颜色。
- 倍增器：设置天光亮度的倍增。值越高，天光的亮度越高。
- 无：选择贴图来作为天光的照明。

（2）"反射／折射环境覆盖"选项组。

- 开：当选择该复选框后，当前场景中的反射环境将由它来控制。
- 颜色：设置反射的环境颜色。
- 倍增器：设置反射／折射环境的亮度倍增，值越高，反射环境效果越强。
- 无：选择一种贴图来作为反射和折射的环境。

（3）"折射环境覆盖"选项组

- 开：当选择该复选框后，当前场景中的折射环境由它来控制。
- 颜色：设置折射的环境颜色。
- 倍增器：设置折射环境的强度。
- 无：选择一种贴图来作为折射的环境。

图13-95

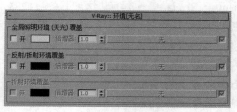

图13-96

6. "VRay::颜色贴图"卷展栏

"VRay::颜色贴图"卷展栏中的参数主要用来控制整个场景的颜色和曝光方式，如图13-97所示。

- 类型：提供不同的曝光模式，包括"线性倍增""指数""HSV指数""强度指数""伽玛校正""强度伽玛"和"莱茵哈德"7种模式。

- 线性倍增：将这种模式基于最终色彩亮度来进行线性的倍增，可能会导致靠近光源的点过分明亮。线性倍增模式包括3个局部参数，"暗色倍增"是对暗部的亮度进行控制，加大该值可以提高暗部的亮度；"亮度倍增"是对亮部的亮度进行控制，加大该值可以提高亮部的亮度；"伽玛值"主要用来控制图像的伽玛值。

图13-97

- 指数：这种曝光是采用指数模式，它可以降低靠近光源处表面的曝光效果，同时场景颜色的饱和度也会降低。"指数"模式的局部参数可以参考"线性倍增"。

- HSV指数：与指数比较相似，不同点在于可以保持场景物体的颜色饱和度，但是这种方式会取消高光的计算。其参数可参考"线性倍增"。

- 强度指数：这种方式是对上面两种指数曝光的结合，既抑制了光源附近的曝光效果，又保持了场景物体的颜色饱和度。

- 伽玛校正：采用伽玛来修正场景中的灯光衰减和贴图色彩，其效果与"线性倍增"曝光模式类似。"伽玛校正"模式包括"倍增""反向伽玛"和"伽玛值"3个局部参数。"倍增"主要用来控制图像的整体亮度倍增；"反向伽玛"是VRay内部转化的，例如，输入2.2就是和显示器的伽玛2.2相同；"伽玛值"主要用来控制图像的伽玛值。

- 强度伽玛：这种曝光模式不仅拥有"伽玛校正"的优点，同时还可以修正场景灯光的亮度。

- 莱茵哈德：这种曝光方式可以把"线性倍增"和"指数"曝光混合起来。它包括一个"加深值"局部参数，主要用来控制"线性倍增"和"指数"曝光的混合值，0表示"线性倍增"不参加混合，1表示"指数"不参加混合，0.5表示"线性倍增"和"指数"曝光效果各一半。

- 子像素贴图：在实际渲染时，物体的高光区域与非高光区的界限处会有明显的黑边，选择"子像素贴图"

复选框后，可以缓解这种现象。

● 钳制输出：当选择该复选框后，在渲染图中有些无法表现出来的色彩会通过限制来自动纠正。但是当前使用HDRI（高动态范围贴图）时，如果限制了色彩的输出会出现一些问题。

● 影响背景：控制是否让曝光模式影响背景。当禁用该复选框时，背景不受曝光模式的影响。

● 不影响颜色（仅自适应）：在使用HDRI（高动态范围贴图）和"VRay发光材质"时，若不选择 该复选框，"颜色贴图"卷展栏中的参数将对这些具有发光功能的材质或贴图产生影响。

● 线性工作流：当使用线性工作流时，可以选择该复选框。

13.5.2 "间接照明"选项卡

"间接照明"选项卡包含4个卷展栏，如图13-98所示，下面将重点介绍相关参数。

1. "V-Ray：间接照明（GI）"卷展栏

在Vray渲染器中，如果没有开启间接照明时的效果就是直接照明效果，开启后就可以得到间接照明效果。开启间接照明后，光线会在物体间互相反弹，因此光线计算会更加准确。该卷展栏如图13-99所示。

● 开：选择该复选框后，将开启间接照明效果。

（1）"全局照明焦散"选项组。

● 反射：控制是否开始反射焦散效果。

● 折射：控制是否开始折射焦散效果。

（2）"渲染后处理"选项组

● 饱和度：可以用来控制色溢，降低该数值可以降低色溢效果。

● 对比度：控制色彩的对比度。数值越高，色彩对比越强；数值越低，色彩对比越弱。

● 对比度基数：控制"饱和度"和"对比度"的基数。数值越高，"饱和度"和"对比度"效果越明显。

（3）"环境阻光（AO）"选项组。

● 开：控制是否开始"环境阻光"功能。

● 半径：设置环境阻光的半径。

● 细分：设置环境阻光的细分值。数值越高，阻光越好，反之越差。

（4）"首次反弹"选项组。

● 倍增器：控制"首次反弹"的光的倍增值。值越高，"首次反弹"的光的能量越强，渲染场景越亮，默认为1。

● 全局照明引擎：设置"首次反弹"的GI引擎，包括"发光图""光子图""BF算法"和"灯光缓存"4种。

（5）"二次反弹"选项组。

● 倍增器：控制"二次反弹"的光的倍增值。值越高，"二次反弹"的光的能量越强，渲染场景越亮，默认为1。

● 全局照明引擎：设置"二次反弹"的GI引擎，包括"无（表示不使用引擎）"、"光子图"、"BF算法"和"灯光缓存"4种。

图13-98

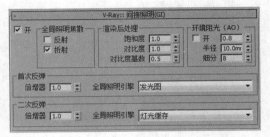

图13-99

2. "V-Ray∷发光图（无名）"卷展栏

"V-Ray∷发光图"中的"发光"描述了三维空间中的任意一点，以及全部可能照射到这点的光线，它是一种常用的全局照明引擎，只存在于"首次反弹"引擎中，如图13-100所示。

（1）"内置预置"选项组。

当前预置：设置发光图的预设类型，共有以下8种。

- 自定义：选择该模式时，可以手动调节参数。
- 非常低：这是一种非常低的精度模式，主要用于测试阶段。
- 低：一种比较低的精度模式，不适用于保存光子贴图。
- 中：是一种中级品质的预设模式。
- 中-动画：用于渲染动画效果，可以解决动画闪烁的问题。
- 高：一种高精度模式，一般用在光子贴图中。
- 高-动画：比中等品质效果更好的一种动画渲染预设模式。
- 非常高：是预设模式中精度最高的一种，可以用来渲染高品质的效果图。

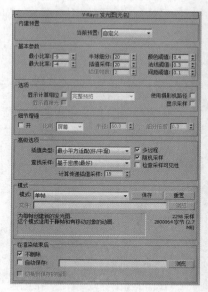

图13-100

（2）"基本参数"选项组。

- 最小比率：控制场景中平坦区域的采样数量。0表示计算区域的每个点都有样本，-1表示计算区域的1／2是样本，-2表示计算区域的1／4是样本。
- 最大比率：控制场景中的物体法线、角度和阴影等细节的采样数量。0表示计算区域的每个点都有样本，-1表示计算区域的1／2是样本，-2表示计算区域的1／4是样本。
- 半球细分：因为VRay采用的是几何光学，所以它可以模拟光线的条数。该参数用来模拟光线的数量，值越高，表示光线越多，那么样本精度也就越高，渲染的品质也就越好，同时渲染时间也会增加。
- 插值采样：该参数可以对样本进行模糊处理，较大的值可以得到比较模糊的效果，较小的值可以得到比较锐利的效果。
- 插值帧数：该选项当前不可用。
- 颜色阈值：该选项主要是让渲染器分辨哪些是平坦区域，哪些不是平坦区域，它是按照颜色的灰度来区分的。值越小，对灰度的敏感度越高，区分能力越强。
- 法线阈值：该选项主要是让渲染器分辨率哪些是交叉区域，哪些不是交叉区域，它是按照发现的方向来区分的，值越小，对法线方向的敏感度越高，区分能力越强。
- 间距阈值：该选项主要是让渲染器分辨哪些是弯曲表面区域，哪些不是弯曲表面区域，它是按照表面距离和表面弧度的比较来区分的，值越高，表示弯曲表面的样本越多，区域能力越强。

（3）"选项"选项组。

- 显示计算相位：选择该复选框后，用户可以看到渲染帧里的GI预计算过程，同时会占用一定的内存资源。
- 显示直接光：在预计算时显示直接照明，以方便用户观察直接光照的位置。
- 使用摄影机路径：该参数主要用于渲染动画，启用后会改变光子采样自摄影机射出的方式，它会自动调整为从整个摄影机的路径发射光子，因此每一帧发射的光子与动画帧更为匹配，可以解决动画闪烁等问题。
- 显示采样：显示采样的分布及分布的密度，帮助用户分析GI的精度够不够。

（4）"细节增强"选项组。

- 开：是否开启"细节增强"功能。
- 比例：细分半径的单位依据，有"屏幕"和"世界"两个选项。"屏幕"是指用渲染图的最后尺寸来作为单位；"世界"是用3ds Max系统中的单位来定义的。
- 半径：表示细节部分有多大区域使用"细节增强"功能。"半径"值越大，使用"细部增强"功能的区域也就越大，同时渲染时间越长。

● 细分倍增：控制细部的细分，但是这个值与"基本参数"选项组中的"半球细分"参数有关系，0.3代表细分是"半球细分"的30%，1代表和"半球细分"的值一样。值越低，细部就会产生杂点，渲染速度比较快；值越高，细部就可以避免产生杂点，同时渲染速度会变慢。

（5）"高级选项"选项组。

插值类型：VRay提供了4种样本插补方式，为"发光图"的样本的相似点进行插补。

● 权重平均值（好/强）：一种简单的插补方法，可以将插补采样以一种平均值的方法进行计算，能得到较好的光滑效果。

● 最小平方适配（好/平滑）：默认的插补类型，可以对样本进行最适合的插补采样，能得到比"权重平均值（好/强）"更光滑的效果。

● Delone三角剖分（好/精确）：最精确的插补算法，可以得到非常精确的效果，但是要有更多的"半球细分"才不会出现斑驳效果，且渲染的时间较长。

● 最小平方权重/泰森多边形权重（测试）：结合了"权重平均值（好/强）"和"最小平方适配（好/平滑）"两种类型的有点，但是渲染时间较长。

查找采样：它主要控制哪些未知的采样点是适合用来作为基础插补的采样点，VRay内部提供了以下4种样本查找方式。

● 平衡嵌块（好）：它将插补点的空间划分为4个区域，然后尽量在它们中寻找相等数量的样本，它的渲染效果比"最近（草图）"效果好，但是渲染速度比"最近（草图）"慢。

● 最近（草图）：这种是一种草图渲染方式，它简单地使用"发光图"中最靠近的插补点样本来渲染图像，渲染速度比较快。

● 重叠（很好/快速）：这种查找方式需要对"发光图"进行预处理，然后对每个样本半径进行计算。低密度区域样本半径比较大，而高密度区域样本半径比较小。渲染速度比其他3种都要快。

● 基于密度（最好）：它基于总体密度来进行样本查找，不但物理边缘处理非常好，而且在物体表面也处理得十分均匀。它的效果比"重叠（很好/快速）"更好，其速度也是4种查找方式中最慢的一种。

● 计算传递插值采样：用在计算"发光图"过程中，主要计算已经被查找后的插补样本的使用数量。较高的数值可以加速计算过程，但是会导致信息不足；较高的计算速度会减慢计算过程，但是所利用的样本数量比较多，所以渲染质量也比较好，推荐10~25的数值。

● 多过程：当选择该复选框时，VRay会根据"最大采样比"和"最小采样比"进行多次计算。如果禁用该复选框，那么就强制一次性计算完。一般根据多次计算以后的样本分布会均匀合理一些。

● 随机采样：控制"发光图"的样本是否随机分配。如果选择该复选框，那么样本将随机分配；如果禁用该复选框，那么样本将以网格方式进行排列。

● 检查采样可见性：在灯光通过比较薄的物体时，很可能会产生漏光现象，选择该复选框可以解决这个问题，但是渲染时间就会长一些。通常在比较高的GI情况下，也不会漏光，所以一般情况下不选择该复选框。当出现漏光现象时，可以试着选择该复选框。

（6）"模式"选项组。

模式共有以下8种模式。

● 单帧：一般用来渲染静帧图像。

● 多帧增量：这个模式用于渲染仅有摄影机移动的动画。当VRay计算完第1帧的光子以后，在后面的帧里根据第1帧里没有的光子信息进行计算，这样就节约了渲染时间。

● 从文件：当渲染完光子以后，可以将其保存起来，这个选项就是调用保存的光子图进行动画计算（静帧同样也可以这样）。

● 添加到当前贴图：当渲染完一个角度的时候，可以把摄影机转一个角度再全新计算新角度的光子，最后把这两次的光子叠加起来，这样的光子信息更丰富、更准确，同时也可以进行多次叠加。

● 增量添加到当前贴图：这个模式和"添加到当前贴图"相似，只不过它不是全新计算新角度的光子，而是只对没有计算过的区域进行新的计算。

● 块模式：把整个图分成块来计算，渲染完一个块再进行下一个块的计算，但是在低GI的情况下，渲染出来的块会出现错位的情况。它主要用于网络渲染，速度比其他方式块。

● 动画（预通过）：适合动画预览，使用这种模式要预先保存好光子贴图。

● 动画（渲染）：适合最终动画渲染，这种模式要预先保存好光子贴图。

● 保存：将光子贴图保存到硬盘。

● 重置：将光子图从内存中删除。

● 文件：设置光子图所保存的路径。

● 预览：从硬盘中调用需要的光子图进行渲染。

（7）"在渲染结束后"选项组。

● 不删除：当光子渲染完成后，不把光子从内存中删除。

● 自动保存：当光子渲染完成后，自动保存在硬盘中，单击"浏览"按钮，就可以选择保存位置。

● 切换到保存的贴图：当选择了"自动保存"复选框后，在渲染结束时会自动进入"从文件"模式，并调用光子贴图。

3. "V-Ray::灯光缓存"卷展栏

"灯光缓存"与"发光图"都是将最后的光发散到摄影机后得到最终图像，只是"灯光缓存"与"发光图"的光线路径是相反的，"发光图"的光线追踪方向是从光源发射到场景的模型中，最后再反弹到摄影机，而"灯光缓存"是从摄影机开始追踪光线到光源，摄影机追踪光线的数量就是"灯光缓存"的最后精度。由于"灯光缓存"是从摄影机方向开始追踪光线的，所以最后的渲染时间与渲染的图像的像素没有关系，只与其中的参数有关，一般适用于"二次反弹"，其参数设置面板如图13-101所示。

（1）"计算参数"选项组。

● 细分：用来决定"灯光缓存"的样本数量。值越高，样本总量越多，渲染效果越好，渲染时间越长。

● 采样大小：用来控制"灯光缓存"的样本大小，比较小的样本可以得到更多的细节，但是同时需要更多的样本。

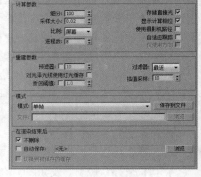

图13-101

● 比例：主要用来确定样本的大小依靠什么单位，这里提供了以下两种单位。一般在效果图中使用"屏幕"选项，在动画中使用"世界"选项。

● 进程数：这个参数由CPU的个数来确定，需要注意的是，这个值设置得太大会让渲染的图像有点模糊。

● 存储直接光：选择该复选框后，"灯光缓存"将会保存直接光照信息。当场景中有很多灯光时，使用这个选项会提高渲染速度。因为它已经把直接光信息保存到"灯光缓存"中，在渲染出图时，不需要对直接光照进行采样计算。

● 显示计算相位：选择该复选框后，可以显示"灯光缓存"的计算过程，方便观察。

● 使用摄影机路径：该选项主要用于渲染动画，用于解决动画渲染的闪烁问题。

● 自适应跟踪：这个选项的作用在于记录场景中的灯光位置，并在灯的位置上采用更多的样本，同时模糊特效也会处理得更快，但是会占用更多的内存资源。

● 仅适用方向：当选择"自适应跟踪"复选框后，该复选框才被激活。它的作用在于只记录直接光照的信息，而不考虑间接照明，可以加快渲染速度。

（2）"重建参数"选项组。

● 预滤器：当选择该复选框后，可以对"灯光缓存"样本进行提前过滤，它主要是查找样本边界，然后对其进行模糊处理。后面的值越高，对样本进行模糊处理的程度越深。

● 对光泽光线使用灯光缓存：是否使用平滑的灯光缓存，开启该功能后会使渲染效果更加平滑，但会影响到细节效果。

● 折回阈值：选择该复选框后，会提高对场景中反射和折射模糊效果的渲染速度。

● 过滤器下拉列表框：该选项用于在渲染最后成图时，对样本进行过滤，其下拉列表框中共有3个选项。

● 无：对样本不进行过滤。

● 最近：当使用这种过滤方式时，过滤器会对样本的边界进行查找，然后对色彩进行均化处理，从而得到一个模糊效果。当选择该选项以后，下面会出现一个"插补采样"参数，值越高，模糊程度越深。

● 固定：这个方式和"最近"方式的不同点在于，它通过采样距离来对样本进行模糊处理。同时它也附带一个"过滤大小"参数，值越大，模糊的半径越大，图像的模糊程度越深。

● 插值采样：控制插值精度，数值越高采样越精细，耗时也就越长。

（3）"模式"选项组。

模式：设置光子图的使用模式，共有以下4种。

● 单帧：一般用来渲染静帧图像。

● 穿行：这个模式用在动画方面，它把第1帧到最后1帧的所有样本都联合在一起。

● 从文件：使用这种模式，VRay要导入一个预先渲染好的光子贴图，该功能只渲染光影追踪。

● 渐进路径跟踪：这个模式就是常说的PPT，它是一种新的计算方式，和"自适应DMC"一样是一个精确的计算方式。不同的是，它不停地去计算样本，并不对任何样本进行优化，直到样本计算完毕为止。

其他的相同参数可以参考"发光图"卷展栏。

4. "V-Ray::焦散"卷展栏

"焦散"是一种特殊的物理现象，在VRay渲染器里有专门的"焦散"卷展栏，如图13-102所示。

● 开：选择该复选框后，就可以渲染焦散效果。

● 倍增器：焦散的亮度倍增。值越高，焦散效果越亮。

● 搜索距离：当光子追踪到物体表面的时候，会自动搜寻位于周围区域同一平面的其他光子，实际上这个搜寻区域是一个以搜寻光子为中心的圆形区域，其半径就是由这个搜寻距离确定的。较小的值容易产生斑点，较大的值会产生模糊焦散效果。

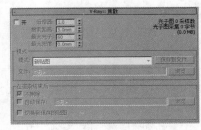

图13-102

● 最大光子：定义单位区域内的最大光子数量，然后根据单位区域内的光子数量来均分照明。较小的值不容易得到焦散效果，而较大的值会使焦散效果产生模糊现象。

● 最大密度：控制光子的最大密度，默认值为0，表示使用VRay内部确定的密度，较小的值会让焦散效果比较锐利。

其他相同的参数可以参考"发光图"卷展栏的相应介绍。

13.5.3 "设置"选项卡

"设置"选项卡中包含3个卷展栏，分别为"V-Ray::DMC采样器""V-Ray::默认置换"和"V-Ray::系统"卷展栏，如图13-103所示。

1. "V-Ray::DMC采样器"卷展栏

"V-Ray::DMC采样器"卷展栏中的参数可以用来控制整体的渲染质量和速度，如图13-104所示。

● 适用数量：主要用来控制适应的百分比。

● 噪波阈值：控制渲染中所有产生噪点的极限值，包括灯光细分、抗锯齿等。数值越小，渲染品质越高，渲染速度越慢。

● 时间独立：控制是否在渲染动画时对每一帧都使用相同的"DMC采样器"参数设置。

● 最小采样值：设置样本及样本插补中使用的最小样本数量。

图13-103

图13-104

数值越小，渲染品质越低，速度越快。

- 全局细分倍增器：VRay渲染器有很多"细分"选项，该选项用来控制所有细分的百分比。
- 路径采样器：设置样本路径的选择方式，每一种方式都会影响渲染速度和品质，一般情况下选择默认方式即可。

2. "V-Ray::默认置换（无名）"卷展栏

"V-Ray::默认置换"卷展栏中的参数是用灰度贴图来实现物体表面的凹凸效果，它对材质中的置换起作用，而不作用于物体表面，如图13-105所示。

- 覆盖MAX设置：控制是否用"默认置换"卷展栏下的参数来替代3ds Max中的置换参数。

图13-105

- 边长：设置3D置换中产生最小的三角面长度。数值越小，精度越高，渲染越慢。
- 依赖于视图：控制是否将渲染图像中的像素长度设置为"边长"的单位。若禁用该复选框，系统将以3ds Max中的单位为准。
- 最大细分：设置物体表面置换后可产生的最大细分值。
- 数量：设置置换的强度总量。数值越大，置换效果越明显。
- 相对于边界框：控制是否在置换时关联边界。若禁用该复选框，在物体的转角处可能会产生裂面现象。
- 紧密边界：控制是否对置换进行预先计算。

3. "V-Ray::系统"卷展栏

"系统"卷展栏中的参数不仅对渲染速度有影响，而且还会影响渲染的显示和提示功能，同时还可以完成联机渲染，如图13-106所示。

（1）"光线计算参数"选项组。

- 最大树形深度：控制根节点的最大分支数量。较高的值会加快渲染速度，同时会占用较多的内存。
- 最小叶片尺寸：控制叶节点的最小尺寸，当达到叶节点尺寸后，系统会停止计算场景。0表示考虑计算所有的叶节点，这个参数对速度的影响不大。

- 面／级别系统：控制一个节点中的最大三角面的数量，当未超过临近点时，计算速度较快；当超过临近点以后，渲染速度会减慢，所以，这个值要根据不同的场景来设定，进而提高渲染速度。
- 动态内存限制：控制动态内存的总量。注意这里的动态内存被分配给每个线程，如果是双线程，那么每个线程各占一半的动态内存。如果这个值较小，那么系统经常在内存中加载并释放一些信息，这样就减慢了渲染速度。用户应该根据自己的内存情况来确定该值。

图13-106

- 默认几何体：控制内存的使用方式，共有以下3种方式。
- 自动：VRay会根据使用内存的情况自动调整使用静态或动态方式。
- 静态：在渲染过程中采用静态内存会加快渲染速度，同时在复杂场景中，由于需要的内存资源较多，经常会出现3ds Max跳出的情况。这是因为系统需要更多的内存资源，这时应该选择动态内存。
- 动态：使用内存资源交换技术，当渲染完一个块后就会释放没用的内存资源，同时开始下个块的计算。这样就有效地扩展了内存的使用。

（2）"渲染区域分割"选项组。

- X：当在后面的下拉列表框中选择"区域宽／高"时，它表现渲染的块的像素宽度。
- Y：当在后面的下拉列表框中选择"区域宽／高"时，它表现渲染的块的像素高度。
- L：当单击该按钮时，将强制X和Y的值相同。
- 反向排序：当选择该复选框以后，渲染顺序将和设定的顺序相反。

- 区域排序：控制渲染块的渲染顺序，共有以下6种方式。
- 上->下：渲染块将按照从上到下的渲染顺序渲染。
- 左->右：渲染块将按照从左到右的渲染顺序渲染。
- 棋盘格：渲染块将以棋盘格的顺序进行渲染。
- 螺旋：渲染块将按照从里到外的渲染顺序进行渲染。
- 三角剖分：这是VRay默认的渲染方式，它将图形分为两个三角形依次进行渲染。
- 希耳伯特曲线：渲染块将按照希耳伯特曲线方式的渲染顺序进行渲染。
- 上次渲染：这个参数确定在渲染开始的时候，在3ds Max默认的帧缓存框中以什么方式处理先前的渲染图像。这些参数的设置不会影响最终渲染效果，系统提供了以下6种方式。
- 无变化：与前一次渲染的图像保持一致。
- 交叉：每隔2个像素图像被设置为黑色。
- 场：每隔一条线设置为黑色。
- 变暗：将图像的颜色设置为黑色。
- 蓝色：将图像的颜色设置为蓝色。
- 清除：清除上一次渲染的图像。

（3）"帧标记"选项组。

- ☑ `V-Ray %vrayversion | file: %filename | frame: %frame | primitives: %`：当选择该复选框后，就可以显示水印。
- 字体：修改水印中的字体属性。
- 全宽度：水印的最大宽度。
- 对齐：控制水印里面的字体的排列位置。

（4）"分布式渲染"选项组。

- 分布式渲染：当选择该复选框后，可以开启"分布式渲染"功能。
- 设置：控制网络中的计算机的添加、删除等。

（5）"VRay日志"选项组。

- 显示窗口：选择该复选框后，可以显示"VRay日志"窗口。
- 级别：控制"VRay日志"的显示内容，一共分为4个级别，1表示仅显示错误信息和情报信息；4表示显示错误、警告、情报和调试信息。
- `%TEMP%\VRayLog.txt`：可以保存"VRay日志"文件的位置。

（6）"杂项选项"选项组。

- MAX-兼容着色关联（配合摄影机空间）：有些3ds Max插件是采用摄影机空间来计算的。因为它们都是针对默认的扫描线渲染器而开发。为了保持与这些插件的兼容性，VRay通过转换来自这些插件的点或向量的数据，模拟在摄影机空间计算。
- 检查缺少文件：当选择该复选框时，VRay会自己寻找场景中丢失的文件，并将它们进行排列，然后保存到C:\VRayLog.txt中。
- 优化大气求值：当场景中拥有大气效果，并且大气比较稀薄时，选择该复选框可以得到比较优秀的大气效果。
- 低线程优先权：当选择该复选框时，VRay将使用低线程进行渲染。
- 对象设置：单击该按钮会弹出"VRay对象属性"对话框，在该对话框中可以设置场景物体的局部参数。
- 灯光设置：单击该按钮会弹出"VRay对象属性"对话框，在该对话框中可以设置场景灯光的一些参数。
- 预置：单击该按钮会弹出"VRay对象属性"对话框，在该对话框中可以保持当前VRay渲染参数的各项属性，方便以后调用。

▌实例操作83：设置常规的室内渲染参数▐

【案例学习目标】学习使用VRay渲染面板。

【案例知识要点】学习使用VRay渲染器，设置室内场景的测试渲染参数，测试渲染的结果如图13-107所示。

【场景所在位置】光盘>场景>Ch13>室内场景.max。

【效果图参考场景】光盘>场景>Ch13>室内场景ok.max。

【贴图所在位置】光盘>Map。

图13-107

1. 测试渲染

01 打开原始场景文件，如图13-108所示。

02 按F10键或单击 🔲（渲染设置）按钮，打开"渲染设置"窗口，在"公用"选项卡的"公用参数"卷展栏中设置一个合适的测试渲染尺寸，单击 🔒 按钮，将宽度和高度比例锁定，如图13-109所示。

03 在"指定渲染器"卷展栏中单击"产品级"后的 ⬜ （选择渲染器）按钮，在弹出的对话框框中选择 VRay Adv 选项，如图13-110所示。

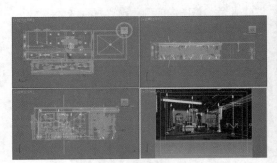

图13-108

图13-109   图13-110

04 切换到V-Ray选项卡，在"V-Ray::全局开关"卷展栏中设置"二次光线偏移"为0.001；在"V-Ray::图像采样器"卷展栏中设置"图像采样器"类型为"固定"，取消选择"抗锯齿过滤器"选项组中的"开"复选框，如图13-111所示。

05 切换到"间接照明"选项卡，在"V-Ray::间接照明"卷展栏中选择"开"复选框，设置"二次反弹"选项组中的全局照明引擎为"灯光缓存"；在"V-Ray::发光图"卷展栏中先设置"当前预置"为"非常低"，再选为"自定义"，设置"最小比率"为-5、"最大比率"为-4，设置"半球细分"为20、"插值采样"为20，如图13-112所示。

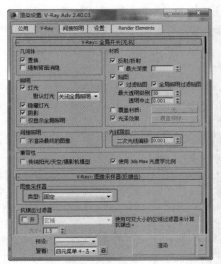

图13-111　　　　　　　　　　　　图13-112

06 在"V-Ray∷灯光缓存"卷展栏中设置"细分"为100，选择"显示计算相位"复选框，如图13-113所示。

07 切换到"设置"选项卡，在"VRay系统"卷展栏中设置"最大树形深度"为90、"动态内存限制"为8000MB、"默认几何体"为"动态"，设置渲染的"区域排序"为"上 - >下"，在"VRay日志"选项组中取消选择"显示窗口"复选框，如图13-114所示。

08 测试渲染出的效果，如图13-115所示，在提示行将显示渲染的时间。

图13-113

图13-114

图13-115

2. 最终渲染

如果对场景的测试渲染效果较为满意，检查场景灯光材质的效果，接下来将在此效果的基础上设置精细的最终渲染。

01 按F10键打开"渲染设置"窗口，在"公用参数"卷展栏中设置最终渲染尺寸，如图13-116所示。

02 切换到"VRay"选项卡，在"V-Ray∷图像采样器"卷展栏中设置"图像采样器"类型为"自适应确定性蒙特卡洛"，在"抗锯齿过滤器"选项组中选择"开"复选框，并设置类型为Catmull-Rom。
在"V-Ray自适应DMC图像采样器"卷展栏中设置"最小细分"为4、"最大细分"为6。
在"V-Ray环境"卷展栏中选择"反射／折射环境覆盖"选项组中的"开"复选框，设置颜色为天蓝色，设置"倍增器"为15，如图13-117所示。

03 切换到"间接照明"选项卡，在"V-Ray::发光图"卷展栏中设置"当前预置"为"自定义"，设置"最小比率"为-3、"最大比率"为0、"半球细分"为60、"插值采样"为20，如图13-118所示。

图13-116

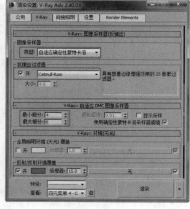

图13-117

图13-118

04 在"V-Ray::灯光缓存"卷展栏中设置"细分"为1200，如图13-119所示。

05 切换到"设置"面板，在"V-Ray::DMC采样器"卷展栏中设置"噪波阈值"为0.005，如图13-120所示。

其他参数可以在测试渲染的基础上不变。

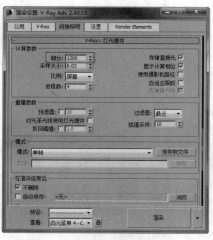

图13-119

图13-120

实例操作84：渲染光子图和白膜线框图

【案例学习目标】学习渲染光子图和白膜线框图的渲染。

【案例知识要点】通过渲染光子贴图，可以节省很多最终渲染时间。图13-121所示为别墅夜景的效果。

【场景所在位置】光盘＞场景＞Ch13＞别墅夜景.max。

【效果图参考场景】光盘＞场景＞Ch13＞别墅夜景ok.max。

【贴图所在位置】光盘＞Map。

图13-121

1. 渲染光子贴图

01 打开原始场景文件，如图13-122所示。

02 打开"渲染设置"窗口，在此场景中，设置了最终渲染，以最终渲染的参数来渲染光子贴图，在"V-Ray::发光图"卷展栏的"在渲染结束后"选项组中选择"自动保存"和"切换到保存的贴图"复选框，单击"浏览"按钮，在弹出的对话框中选择一个存储路径，为文件命名，如图13-123所示。

03 在"V-Ray::灯光缓存"卷展栏中选择"在渲染结束后"选项组的"自动保存"和"切换到被保存的缓存"复选框，单击"浏览"按钮，在弹出的对话框中选择一个存储路径，为文件命名，如图13-124所示。

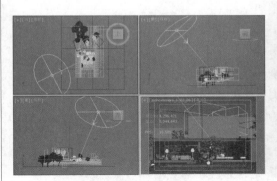

图13-122　　　　　　　　　　　图13-123　　　　　　　　　　　图13-124

04 切换到V-Ray::选项卡，在"V-Ray::全局开关"卷展栏中选择"间接照明"选项组中的"不渲染最终的图像"复选框，如图13-125所示。

05 在"输出大小"选项组中设置一个较小的渲染参数，如图13-126所示。

图13-125　　　　　　　　　　　图13-126

06 单击"渲染"按钮，即可对场景光子图进行渲染，当渲染完毕后弹出如图13-127所示的对话框，从中加载一下光子贴图即可。

07 可以看到指定光子图后的面板如图13-128所示。

图13-127　　　　　　　　　　　　　　　　图13-128

2. 白膜线框图的渲染

01 在V-Ray选项卡中取消选择"不渲染最终的图像"复选框，如图13-129所示。

02 打开"材质编辑器"窗口，选择一个新的材质样本球，将材质转换为VRayMtl材质，在"基本参数"卷展栏中设置"漫反射"颜色为白色，如图13-130所示。

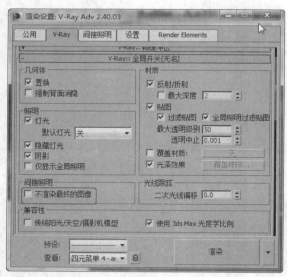

图13-129　　　　　　　　　　　　　　　　图13-130

03 为"漫反射"指定"VR边纹理"贴图，进入贴图层级面板，设置"颜色"为黑色，如图13-131所示。

04 在V-Ray选项卡中选择"V-Ray::全局开关"卷展栏中的"覆盖材质"复选框，并将材质拖曳到"覆盖材质"后的按钮上，以实例的方式进行复制，如图13-132所示。

05 最后设置一个最终渲染尺寸，如图13-133所示，即可渲染出线框图。

图13-131　　　　　　　　图13-132　　　　　　　　图13-133

13.6　课堂练习——渲染走廊效果

【练习知识要点】通过设置走廊的测试渲染参数和最终渲染参数，渲染出走廊的最终效果，如图13-134所示，并设置走廊的线框图渲染。

【效果图参考场景】光盘>场景>Ch13>走廊.max。

【贴图所在位置】光盘>Map。

图13-134

13.7　课后习题——创建物理摄影机

【习题知识要点】通过创建物理摄影机，设置物理摄影机的景深效果，完成场景中摄影机的创建，完成的效果如图13-135所示。

【效果图参考场景】光盘>场景>Ch13>绿松石.max。

【贴图所在位置】光盘>Map。

图13-135

第

14 章

粒子系统与空间扭曲

使用3ds Max 2014可以制作各种类型的场景特效，如下雨、下雪和礼花等。要实现这些特殊效果，粒子系统与空间扭曲的应用是必不可少的。

本章将对各种类型的粒子系统及空间扭曲进行详细讲解，读者可以通过实际操作来加深对3ds Max 2014特殊效果的认识和了解。

14.1　粒子系统

使用粒子制作标版动画可以展现出灵动的魅力，也是最为常用的标版类型动画。

实例操作85：使用粒子流源制作喷射的数字

"粒子流源"系统是一种时间驱动型的粒子系统，它可以自定义粒子的行为，设置寿命、碰撞和速度等测试条件，每一个粒子根据其测试结果会产生相应的转台和形状。

1. "发射"卷展栏

粒子流源的"发射"卷展栏，如图14-1所示。

"发射器图标"选项组：在该选项组中可以设置发射器图标属性。

- 徽标大小：通过设置发射器的半径指定粒子的徽标大小。

- 图标类型：从下拉列表框中选择图标类型，图标类型影响粒子的反射效果。

- 长度：设置图标的长度。
- 宽度：设置图标的宽度。
- 高度：设置图标的高度。
- 显示：是否在视图中显示"徽标"和"图标"。

"数量倍增"选项组：从中设置数量显示。

- 视口%：在场景中显示的粒子百分数。
- 渲染%：渲染的粒子百分数。

图14-1　　　　图14-2

2. "系统管理"卷展栏

粒子流源的"系统管理"卷展栏如图14-2所示。

"粒子数量"选项组：使用这些设置可限制系统中的粒子数，以及指定更新系统的频率。

- 上限：系统可以包含粒子的最大数目。

"积分步长"选项组：对于每个积分步长，粒子流都会更新粒子系统，将每个活动动作应用于其事件中的粒子。较小的积分步长可以提高精度，却需要较多的计算时间。这些设置使用户可以在渲染时对视口中的粒子动画应用不同的积分步长。

- 视口：设置在视口中播放的动画的积分步长。
- 渲染：设置渲染时的积分步长。

在修改器命令面板中会出现如下卷展栏。

3. "选择"卷展栏

粒子流源的"选择"卷展栏如图14-3所示。

- （粒子）：用于通过单击粒子或拖动一个区域来选择粒子。
- ▇（事件）：用于按事件选择粒子。

图14-3　　　　图14-4

"按粒子ID选择"选项组：每个粒子都有唯一的 ID 号，从第一个粒子使用 1 开始，并递增计数。使用这些控件可按粒子 ID 号选择和取消选择粒子。仅适用于"粒子"选择级别。

- ID：使用此选项可设置要选择的粒子的 ID 号。每次只能设置一个数字。
- 添加：设置完要选择的粒子的 ID 号后，单击"添加"按钮，可将其添加到选择中。
- 移除：设置完要取消选择的粒子的 ID 号后，单击"移除"按钮，可将其从选择中移除。
- 清除选定内容：启用该复选框后，单击"添加"按钮，选择粒子，会取消选择所有其他粒子。
- 从事件级别获取：单击该按钮，可将"事件"级别选择转化为"粒子"级别。仅适用于"粒子"级别。
- 按事件选择：该列表框显示了粒子流中的所有事件，并高亮显示选定的事件。要选择所有事件的粒子，请选择相应的选项或使用标准视口选择方法。

4. "脚本"卷展栏

粒子流源的"脚本"卷展栏如图14-4所示。

"每步更新"选项组："每步更新"脚本在每个积分步长的末尾、计算完粒子系统中所有动作后和所有粒子最终在各自的事件中时进行计算。

- 启用脚本：选择此复选框，可打开具有当前脚本的文本编辑器窗口。
- 编辑：单击"编辑"按钮，将弹出打开对话框。
- 使用脚本文件：当此复选框处于启用状态时，可以通过单击下面的"无"按钮加载脚本文件。
- 无：单击可弹出打开对话框，可通过此对话框指定要从磁盘加载的脚本文件。

"最后一步更新"选项组：当完成所查看（或渲染）的每帧的最后一个积分步长后，执行"最后一步更新"脚本。例如，在关闭实时的情况下，如果在视口中播放动画，则在粒子系统渲染到视口之前，粒子流会立即按每帧运行此脚本。但是，如果只是跳转到不同帧，则脚本只运行一次。因此如果脚本采用某一历史记录，就可能获得意外结果。

【案例学习目标】学习使用粒子流源。

【案例知识要点】创建并编辑粒子流源，如图14-5所示。

【场景所在位置】光盘 > 场景 > Ch14 > 喷射的数字.max。

【贴图所在位置】光盘 > Map。

图14-5

01 单击"■（创建）> ◎（几何体）> 粒子系统 > 离子流源"按钮，在"前"视图中创建粒子流源的发射图标，如图14-6所示。

02 在"发射"卷展栏中设置"视口%"参数为100，如图14-7所示。

03 在"设置"卷展栏中单击"粒子视图"按钮，打开"粒子视图"窗口，从中选择"出生"事件，在右侧的"出生001"卷展栏中设置"发射开始"为0，"发射停止"为100，设置"数量"为300，如图14-8所示。

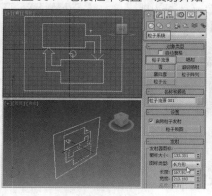

图14-6

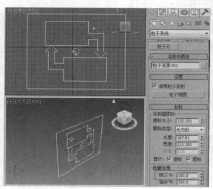

图14-7

图14-8

04 选择"形状"事件，在右侧的"形状001"卷展栏中选择"3D"单选按钮，并设置3D类型为"数字Courier"、"大小"为30，如图14-9所示。

05 在"显示"卷展栏中设置"类型"为"几何体"，如图14-10所示。

06 打开"材质编辑器"窗口，从中选择一个新的材质样本球，在"Blinn基本参数"卷展栏中设置"环境光"和"漫反射"的颜色为红色，设置"自发光"为30，在"反射高光"选项组中设置"高光级别"和"光泽度"为50，如图14-11所示。

图14-9 图14-10 图14-11

07 在"贴图"卷展栏中设置"反射"数量为10、"折射"数量为30,并为"反射"和"折射"指定"光线跟踪"贴图,如图14-12所示。

08 在"粒子视图"窗口中选择"材质静态"事件,并将其拖曳到如图14-13所示的粒子事件列表中。

09 选择"材质静态"事件,在右侧的"材质静态"卷展栏中单击"无"按钮,在弹出的"材质/贴图浏览器"对话框中选择"示例窗"卷展栏,选择设置好的材质,并单击"确定"按钮,如图14-14所示。

10 按8键,打开"环境和效果"窗口,单击"环境贴图"下的"无"按钮,在弹出的对话框中选择"位图"贴图,单击"确定"按钮,如图14-15所示。

11 在弹出的"选择位图文件"对话框中选择随书附带光盘中的"科技背景.jpg"文件,单击"打开"按钮,如图14-16所示。

12 将制定的背景贴图拖曳到"材质编辑器"窗口中的新的材质样本球上,在弹出的对话框中选择"实例"单选按钮,单击"确定"按钮,如图14-17所示。

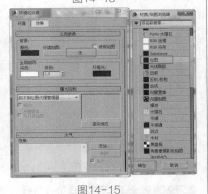

图14-12 图14-13

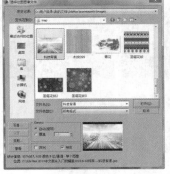

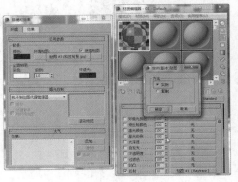

图14-16 图14-17

图14-14 图14-15

13 将贴图放置到"材质编辑器"窗口中后，在"坐标"卷展栏中设置"贴图"类型为"屏幕"，如图14-18所示。

14 在视图中调整一个合适的角度，拖动时间滑块可以看到动画效果，如图14-19所示。

15 在工具栏中单击 （渲染设置）按钮，在打开的窗口中选择"公用参数"卷展栏中的"活动时间段"单选按钮，设置"输出大小"选项组的"宽度"为450，"高度"为338，如图14-20所示。

16 在"渲染输出"选项组中单击"文件"按钮，在弹出的对话框中选择文件的输出路径，为文件命名，并选择保存类型为AVI，单击"保存"按

图14-18　　　　　　　　　　　　　图14-19

图14-20

图14-21

钮。设置输出文件后，单击"渲染"按钮，渲染输出动画文件，如图14-21所示。

实例操作86：使用粒子流源和风制作吹散的文字

【案例学习目标】学习使用粒子流源。

【案例知识要点】使用粒子流源和风动力制作吹散的文字，如图14-22所示。

【场景所在位置】光盘 > 场景 > Ch14 > 吹散的文字.max。

【效果图参考场景】光盘 > 场景 > Ch14 > 吹散的文字ok.max。

【贴图所在位置】光盘 > Map。

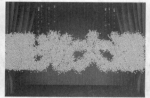

图14-22

01 单击" （创建）> （图形）>文本"按钮，在"前"视图中单击创建文本，在"参数"卷展栏中选择合适的字体，在"文本"列表框中输入"星光灿烂"，如图14-23所示。

02 切换到 （修改）命令面板，在"修改器列表"下拉列表框中选择"挤出"修改器，在"参数"卷展栏中设置"数量"为30，如图14-24所示。

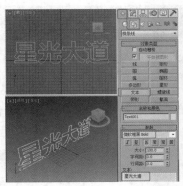

图14-23　　　　　　　　　　　　　　图14-24

03 单击"＊（创建）＞○（几何体）＞粒子系统＞粒子流源"按钮，在"前"视图中拖动创建粒子流源图标，如图14-25所示。

04 在"设置"卷展栏中单击"粒子视图"按钮，打开"粒子视图"窗口，在视图中选择"粒子流源"的"出生"事件，在右侧的"出生"卷展栏中设置"反射开始"和"发射停止"均为0，设置"数量"为20000，如图14-26所示。

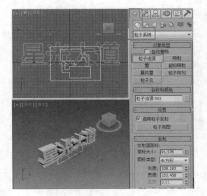

图14-25

图14-26

05 在事件仓库中拖曳"位置对象"事件到窗口的"位置图标"事件上，如图14-27所示，将其进行替换。

06 选择"位置对象001"事件，在右侧的"位置对象"卷展栏中单击"发射器对象"选项组中的"添加"按钮，在场景中拾取文本模型，如图14-28所示。

图14-27

图14-28

07 选择"形状"事件，在右侧的"形状"卷展栏中选择3D单选按钮，并设置3D类型为"20面球体"、"大小"为3，如图14-29所示。

08 选择"速度"事件，在右侧的"速度"卷展栏中设置"速度"和"变化"均为0，设置"方向"为"随机3D"，如图14-30所示。

09 渲染场景，得到如图14-31所示的效果。

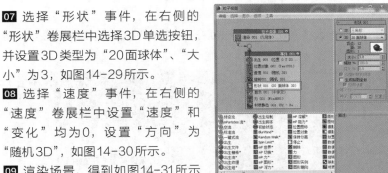

图14-29

图14-30

图14-31

10 在事件仓库中拖曳"力"事件到粒子流事件中，如图14-32所示。

11 单击 ■ （创建）> ≋ （空间扭曲）>"风"按钮，在场景中创建风图标，在"参数"卷展栏中选择"球形"单选按钮，如图14-33所示。

图14-32

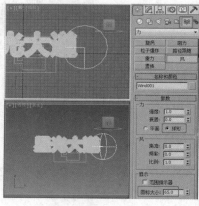

图14-33

12 打开"粒子视图"窗口，选择"力"事件，在右侧的"力"卷展栏中单击"添加"按钮，在场景中拾取"风"空间扭曲，如图14-34所示。

13 在场景中调整"风"空间扭曲图形的位置，如图14-35所示。

14 打开"自动关键点"按钮，在场景中选择"风"空间扭曲，在"参数"卷展栏中设置"强度""衰退""湍流""频率"和"比例"均为0，如图14-36所示。

15 拖动时间滑块到30帧，在"参数"卷展栏中设置"强度""衰退""湍流""频率"和"比例"均为0。

图14-34

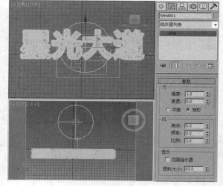

图14-35

16 拖动时间滑块到31帧，在"参数"卷展栏中设置"强度"为1、"衰退"为0、"湍流"为1.74、"频率"为0.7、"比例"为2.14，如图14-37所示。

17 在场景中选择文本模型，切换到 ◻ （显示）面板，在"隐藏"卷展栏中单击"隐藏选定对象"按钮，将文本模型隐藏，如图14-38所示。

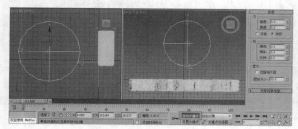

图14-36

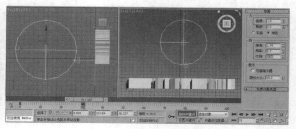

图14-37

18 按 8 键，打开"环境和效果"窗口，设置环境贴图为"位图"，位图位于随书附带光盘中的"舞台0.jpg"文件，如图14-39所示。

19 将贴图复制到"材质编辑器"窗口中，在"坐标"卷展栏中设置"环境"为"屏幕"，如图14-40所示。

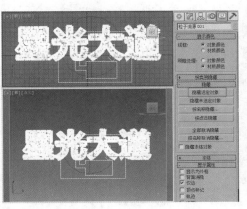
图14-38

图14-39

图14-40

20 选择一个新的材质样本球上，在"Blinn基本参数"卷展栏中设置"自发光"为50，设置"环境光"和"漫反射"的颜色为黄色，并设置"反射高光"选项组中的"高光级别"为35、"光泽度"为26，如图14-41所示。

21 选择粒子，并打开"粒子视图"窗口，在事件仓库中将"材质静态"事件拖曳到粒子事件中，如图14-42所示。

22 选择"材质静态"事件，在"材质静态"卷展栏中单击"无"按钮，在弹出的"材质/贴图浏览器"对话框中选择"示例窗"中设置的黄色材质，如图14-43所示。

参考上面案例中的动画设置渲染输出参数，为该场景进行渲染输出。

图14-41

图14-42

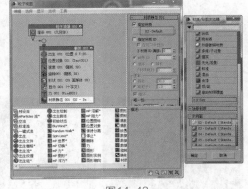
图14-43

实例操作87：使用雪制作流星

"雪"粒子系统可以发射垂直的粒子流，粒子可以是四面体尖锥，也可以是四方形面片。这种粒子系统参数较少，易于控制，使用起来很方便，所有数值均可制作动画效果。

"雪"的"参数"卷展栏中常用的各选项功能介绍如下（如图14-44所示）。

（1）"粒子"选项组。

- 视口计数：用于设置在视图上显示出的粒子数量。
- 渲染计数：用于设置最后渲染时可以同时出现在一帧中的粒子的最大数量，它与"计时"选项组中的参数组合使用。

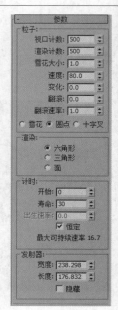

- 雪花大小：用于设置渲染时每个粒子的大小。
- 速度：用于设置粒子从发射器流出时的初速度，它将保持匀速不变，只有增加了粒子空间扭曲，它才会发生变化。
- 变化：可影响粒子的初速度和方向，值越大，粒子喷射得越猛烈，喷洒的范围也越大。
- 翻滚：设置雪花粒子从出生到结束的翻滚周数。
- 翻滚速率：设置雪粒子的翻滚速度。
- 雪花、圆点、十字叉：用于设置粒子在视图中的显示状态。"雪花"是一些类似雪花的条纹，"圆点"是一些点，"十字叉"是一些小的加号。

（2）"渲染"选项组。

- 六角形：以六角形作为粒子的外形进行渲染。
- 三角形：以三角形作为粒子的外形进行渲染。
- 面：以正方形面片作为粒子外形进行渲染，常用于有贴图设置的粒子。

（3）"计时"选项组。

- 开始：用于设置粒子从发射器喷出的帧号。可以是负值，表示在0帧以前已开始。
- 寿命：用于设置每个粒子从出现到消失所存在的帧数。
- 出生速率：用于设置每一帧新粒子产生的数目。
- 恒定：选择该复选框后，"出生速率"选项将不可用，所用的出生速率等于最大可持续速率。取消选择该复选框后，"出生速率"选项可用。

（4）"发射器"选项组。

- 宽度、长度：分别用于设置发射器的宽度和长度，在粒子数目确定的情况下，面积越大，粒子越稀疏。
- 隐藏：选择该复选框后可以在视口中隐藏发射器。取消选择该复选框后，可以在视口中显示发射器。发射器不会被渲染。

图14-44

【案例学习目标】学习使用雪粒子。

【案例知识要点】创建并修改雪粒子参数，制作出流星雨动画，如图14-45所示。

【场景所在位置】光盘＞场景＞Ch14＞流星.max。

【效果图参考场景】光盘＞场景＞Ch14＞流星ok.max。

【贴图所在位置】光盘＞Map。

图14-45

提示

将视口显示数量设置少于渲染计数，可以提高视口的性能。

01 单击" （创建）＞ （几何体）＞粒子系统＞雪"按钮，在"前"视图中创建"雪"粒子，在"参数"卷展栏中设置"视口计数"为500、"渲染计数"为500、"雪花大小"为1、"速度"为80、"变化"为0、"翻滚"为0，如图14-46所示。

02 在场景中创建合适的摄影机，如图14-47所示。

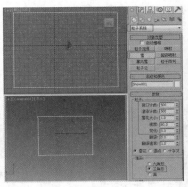
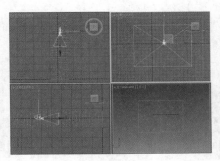

图14-46 图14-47

03 在场景中用鼠标右键单击粒子，在弹出的快捷菜单中选择"对象属性"命令，在弹出的对话框中设置"G缓冲区"选项组中的"对象ID"为1，选择"运动模糊"选项组中的"图像"单选按钮，设置"倍增"为2，如图14-48所示。

04 按8键，打开"环境和效果"窗口，为其设置背景贴图，贴图为"xingkong.jpg"文件，如图14-49所示。

05 将环境背景贴图文件拖曳到"材质编辑器"窗口中的新的材质样本球上，在"坐标"卷展栏中设置"贴图"类型为"屏幕"，设置W的参数为0，如图14-50所示。

06 打开"自动关键点"按钮，拖动时间滑块到100帧的位置，设置W的参数为15，如图14-51所示。

07 在场景中选择粒子，打开"材质编辑器"窗口，选择一个新的材质样本球。在"Blinn基本参数"卷展栏中设置"环境光"和"漫反射"的颜色为白色，设置"自发光"为100，在"反射高光"选项组中设置"高光级别"为48、"光泽度"为36，如图14-52所示。

图14-48 图14-49

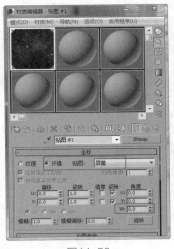
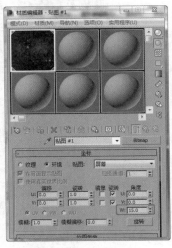

图14-50 图14-51 图14-52

┃实例操作88：使用雪粒子制作下雪 ┃

【案例学习目标】学习使用雪粒子。

【案例知识要点】创建并修改参数，制作下雪效果，如图14-53所示。

【场景所在位置】光盘>场景> Ch14>下雪.max。

【效果图参考场景】光盘>场景> Ch14>下雪ok.max。

【贴图所在位置】光盘>Map。

图14-53

01 按8键，在打开的窗口中为环境背景指定位图贴图"雪景.jpg"，如图14-54所示。

02 将环境背景拖曳到新的材质样本球上，在"坐标"卷展栏中设置"环境"贴图为"屏幕"，如图14-55所示。

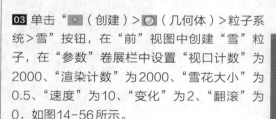

图14-54

图14-55

03 单击"（创建）>（几何体）>粒子系统>雪"按钮，在"前"视图中创建"雪"粒子，在"参数"卷展栏中设置"视口计数"为2000、"渲染计数"为2000、"雪花大小"为0.5、"速度"为10、"变化"为2、"翻滚"为0，如图14-56所示。

04 在场景中用鼠标右键单击雪粒子，在弹出的快捷菜单中选择"对象属性"命令，在弹出的对话框中设置"运动模糊"选项组中的"倍增"为0.5，并选择"图像"单选按钮，如图14-57所示。

图14-56

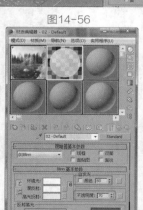

图14-57

05 打开"材质编辑器"窗口，选择一个新的材质样本球，在"Blinn基本参数"卷展栏中设置"环境光"和"漫反射"的颜色为白色，并设置"自发光"为80、"不透明度"为70，如图14-58所示。

06 将材质指定给场景中的粒子对象，并调整合适的"透视"图，按Ctrl+C组合键，创建摄影机，如图14-59所示。

07 设置完成后将动画渲染输出即可。

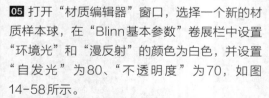

图14-58

图14-59

实例操作89：使用喷射制作下雨

喷射粒子的参数与雪粒子的参数基本相同，这里就不再介绍了。

【案例学习目标】学习使用喷射粒子。

【案例知识要点】创建并修改参数，制作下雨效果，如图14-60所示。

【场景所在位置】光盘>场景>Ch14>下雨.max。

【效果图参考场景】光盘>场景>Ch14>下雨ok.max。

【贴图所在位置】光盘>Map。

图14-60

01 按8键，在打开的窗口中为环境背景指定位图贴图"阴天.jpg"，如图14-61所示。

02 将环境背景拖曳到新的材质样本球上，在"坐标"卷展栏中设置"环境"贴图为"屏幕"，如图14-62所示。

图14-61

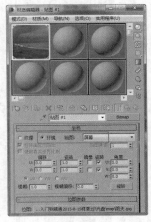

图14-62

03 单击"（创建）>（几何体）>粒子系统>喷射"按钮，在"前"视图中创建"喷射"粒子，在"参数"卷展栏中设置"视口计数"为5000、"渲染计数"为5000、"水滴大小"为2、"速度"为10；在"计时"选项组中设置"开始"为0、"寿命"为100，如图14-63所示。

04 在场景中用鼠标右键单击喷射粒子，在弹出的快捷菜单中选择"对象属性"命令，在弹出的对话框中设置"运动模糊"选项组中的"倍增"为2，并选择"图像"单选按钮，如图14-64所示。

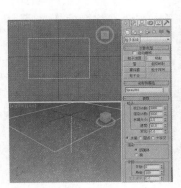

图14-63

图14-64

05 打开"材质编辑器"窗口，选择一个新的材质样本球，在"Blinn基本参数"卷展栏中设置"环境光"和"漫反射"的颜色为白色，并设置"自发光"为100、"不透明度"为80，如图14-65所示。

06 将材质指定给场景中的粒子对象，并调整合适的"透视"图，按Ctrl+C组合键，创建摄影机，如图14-66所示。

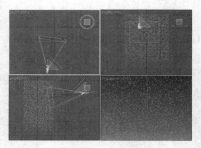

| 图14-65 | 图14-66 |

实例操作90：使用超级喷射制作烟雾动画

"超级喷射"发射受控制的粒子喷射。此粒子系统与简单的喷射粒子系统类似，只是增加了所有新型粒子系统提供的功能。

1. "基本参数"卷展栏

"基本参数"卷展栏如图14-67所示。

- 偏离轴：影响粒子流与z轴的夹角（沿着x轴的平面）。
- 扩散：影响粒子远离发射向量的扩散（沿着x轴的平面）。
- 平面偏离：影响围绕z轴的发射角度。如果"偏离轴"设置为0，则此选项无效。
- 扩散：影响粒子围绕"平面偏离"轴的扩散。如果"偏离轴"设置为0，则此选项无效。
- 图标大小：设置图标显示的大小。
- 发射器隐藏：隐藏发射器。
- 粒子数百分比：通过百分数设置粒子的多少。

2. "粒子生成"卷展栏

"粒子生成"卷展栏如图14-68所示。

（1）"粒子数量"选项组：可以从随时间确定粒子数的两种方法中选择一种。

- 使用速率：指定每帧发射的固定粒子数。使用微调器可以设置每帧产生的粒子数。
- 使用总数：指定在系统使用寿命内产生的总粒子数。使用微调器可以设置每帧产生的粒子数。

（2）"粒子运动"选项组：控制粒子的初始速度，方向为沿着曲面、边或顶点法线（为每个发射器点插入）。

- 速度：粒子在出生时沿着法线的速度（以每帧移动的单位数计）。
- 变化：对每个粒子的发射速度应用一个变化百分比。

（3）"粒子计时"选项组：用于指定粒子发射开始和停止的时间，以及各个粒子的寿命。

- 发射开始：设置粒子开始在场景中出现的帧。
- 发射停止：设置发射粒子的最后一个帧。
- 显示时限：指定所有粒子均将消失的帧。
- 寿命：设置每个粒子的寿命（以从创建帧开始的帧数计）。
- 变化：指定每个粒子的寿命可以从标准值变化的帧数。
- 创建时间：允许向防止随时间发生膨胀的运动等式添加时间偏移。
- 发射器平移：如果基于对象的发射器在空间中移动，在沿着可渲染位置之间的几何体路径的位置上以整数倍数创建粒子，这样可以避免在空间中膨胀。

● 发射器旋转：如果发射器旋转，启用此复选框可以避免膨胀，并产生平滑的螺旋形效果。默认设置为禁用状态。

（4）"粒子大小"选项组：用于指定粒子的大小。

● 大小：可设置动画的参数根据粒子的类型指定系统中所有粒子的目标大小。

● 变化：每个粒子的大小可以从标准值变化的百分比。

● 增长耗时：粒子从很小增长到"大小"值经历的帧数。结果受"大小"和"变化"值的影响，因为"增长耗时"在"变化"之后应用。使用此参数可以模拟自然效果，例如气泡随着向表面靠近而增大。

● 衰减耗时：粒子在消亡之前缩小到其"大小"值的 1／10 所经历的帧数。此设置也在"变化"之后应用。使用此参数可以模拟自然效果，例如火花逐渐变为灰烬。

（5）"唯一性"选项组：通过更改"种子"值，可以在其他粒子设置相同的情况下，达到不同的结果。

● 新建：随机生成新的种子值。

● 种子：设置特定的种子值。

3．"粒子类型"卷展栏

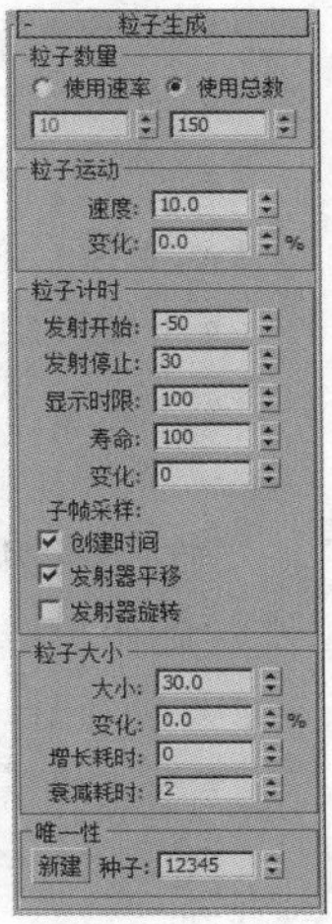

"粒子类型"卷展栏如图 14-69 所示。

（1）"粒子类型"选项组：使用几种粒子类型中的一种，如"变形球粒子"和"实例几何体"。

● 标准粒子：使用几种标准粒子类型中的一种，如"三角形""立方体""特殊""面""恒定""四面体"和"六角形"和"球体"。

（2）"变形球粒子参数"选项组：如果在"粒子类型"选项组中选择了"变形球粒子"单选按钮，则此选项组中的选项变为可用，且变形球作为粒子使用。变形球粒子需要额外的时间进行渲染，但是对于喷射和流动的液体，效果非常有效。

● 张力：确定有关粒子与其他粒子混合倾向的紧密度。张力越大，聚集越难，合并也越难。

● 变化：指定张力效果的变化的百分比。

● 计算粗糙度：指定计算变形球粒子解决方案的精确程度。粗糙值越大，计算工作量越少。不过，如果粗糙大，可能变形球粒子效果很小，或根本没有效果。反之，如果粗糙值设置过小，计算时间可能会非常长。

● 渲染：设置渲染场景中的变形球粒子的粗糙度。如果启用了"自动粗糙度"复选框，则此复选框不可用。

● 视口：设置视口显示的粗糙度。如果启用了"自动粗糙度"复选框，则此复选框不可用。

● 自动粗糙：一般规则是，将粗糙值设置为介于粒子大小的 1／4~1／2 之间。如果启用复选框，会根据粒子大小自动设置渲染粗糙度，视口粗糙度会被设置为渲染粗糙度的大约两倍。

● 一个相连的水滴：如果禁用"默认设置"复选框，将计算所有粒子；如果启用该复选框，将使用快捷算法，仅计算和显示彼此相连或邻近的粒子。

（3）"实例参数"选项组：在"粒子类型"选项组中指定"实例几何体"时，使用这些选项。这样，每个粒子作为对象、对象链接层次或组的实例生成。

● 对象：显示所拾取对象的名称。

● 拾取对象：单击此按钮，然后在视口中选择要作为粒子使用的对象。

图14-67

图14-68

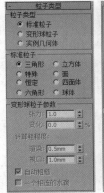

图14-69

- 且使用子树：如果要将拾取对象的链接子对象包括在粒子中，则启用此复选框。如果拾取的对象是组，将包括组的所有子对象。
- 动画偏移关键点：因为可以为实例对象设置动画，此处的选项可以指定粒子的动画计时。
- 无：每个粒子复制原对象的计时。因此，所有粒子的动画的计时均相同。
- 出生：第一个出生的粒子是粒子出生时源对象当前动画的实例。每个后续粒子将使用相同的开始时间设置动画。
- 随机：当"帧偏移"设置为0时，此选项等同于"无"。否则，每个粒子出生时使用的动画都将与源对象出生时使用的动画相同，但会基于"帧偏移"微调器的值产生帧的随机偏移。
- 帧偏移：指定从源对象的当前计时的偏移值。
- 材质贴图和来源：指定贴图材质如何影响粒子，并且可以指定为粒子指定的材质的来源。
- 时间：指定从粒子出生开始完成粒子的一个贴图所需的帧数。
- 距离：指定从粒子出生开始完成粒子的一个贴图所需的距离（以单位计）。
- 材质来源：使用此按钮下面的选项指定的来源更新粒子系统携带的材质。
- 图标：粒子使用当前为粒子系统图标指定的材质。
- 实例几何体：粒子使用为实例几何体指定的材质。

4. "旋转和碰撞"卷展栏

"旋转和碰撞"卷展栏如图14-70所示。

- 自旋时间：粒子一次旋转的帧数。如果设置为0，则不进行旋转。
- 变换：自旋时间的变化百分比。
- 相位：设置粒子的初始旋转（以度计）。此设置对碎片没有意义，碎片总是从零旋转开始。
- 变化：相位的变化百分比。

"自旋轴控制"选项组：以下选项确定粒子的自旋轴，并提供对粒子应用运动模糊的部分方法。

- 随机：每个粒子的自旋轴是随机的。
- 运动方向／运动模糊：围绕由粒子移动方向形成的向量旋转粒子。利用此选项还可以使用"拉伸"微调器对粒子应用一种运动模糊。
- 拉伸：如果大于0，则粒子根据其速度沿运动轴拉伸。仅当选择了"运动方向／运动模糊"单选按钮时，此微调器才可用。

图14-70

- 用户自定义：使用x、y和z轴微调器中定义的向量。仅当选择了"用户自定义"时，这些微调器才可用。
- 变化：每个粒子的自旋轴可以从指定的x轴、y轴和z轴设置变化的量（以度计）。仅当选择了"用户自定义"时，这些微调器才可用。
- 粒子碰撞：以下选项允许粒子之间的碰撞，并控制碰撞发生的形式。
- 启用：在计算粒子移动时启用粒子间的碰撞。
- 计算每帧间隔：每个渲染间隔的间隔数，期间进行粒子碰撞测试。值越大，模拟越精确，但是模拟运行的速度将越慢。
- 反弹：设置在碰撞后速度恢复到的程度。
- 变化：应用于粒子的反弹值的随机变化百分比。

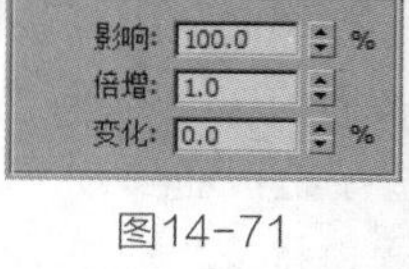

5. "对象运动继承"卷展栏

"对象运动继承"卷展栏如图14-71所示。

图14-71　　　　图14-72

- 影响：在粒子产生时，继承基于对象的发射器运动的粒子所占的百分比。
- 倍增：修改发射器运动影响粒子运动的量。此设置可以是正数，也可以是负数。

- 变化：提供倍增值的变化百分比。

6. "气泡运动"卷展栏

"气泡运动"卷展栏如图14-72所示。

- 幅度：粒子离开通常的速度矢量的距离。
- 变化：每个粒子所应用的振幅变化的百分比。
- 周期：粒子通过气泡"波"的一个完整振动的周期。
- 变化：每个粒子的周期变化的百分比。
- 相位：气泡图案沿着矢量的初始置换。
- 变化：每个粒子的相位变化的百分比。

7. "粒子繁殖"卷展栏

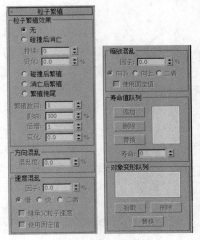

图14-73

"粒子繁殖"卷展栏如图14-73所示。

（1）"粒子繁殖效果"选项组：选择以下选项之一，可以确定粒子在碰撞或消亡时发生的情况。

- 无：不使用任何繁殖控件，粒子按照正常方式活动。
- 碰撞后消亡：粒子在碰撞到绑定的导向器（如导向球）时消失。
- 持续：粒子在碰撞后持续的寿命（帧数）。如果将此选项设置为 0（默认设置），则粒子在碰撞后立即消失。
- 变化：当"持续"值大于 0 时，每个粒子的"持续"值将各有不同。
- 碰撞后繁殖：在与绑定的导向器碰撞时产生繁殖效果。
- 消亡后繁殖：在每个粒子的寿命结束时产生繁殖效果。
- 繁殖拖尾：在现有粒子寿命的每个帧，从相应粒子繁殖粒子。
- 繁殖数目：除原粒子以外的繁殖数。
- 影响：指定将繁殖的粒子的百分比。如果减小此设置，会减少产生繁殖粒子的粒子数。
- 倍增：倍增每个繁殖事件繁殖的粒子数。
- 变化：逐帧指定"倍增"值将变化的百分比范围。

（2）"方向混乱"选项组：用于设置粒子方向混乱。

- 混乱度：指定繁殖的粒子的方向可以从父粒子的方向变化的量。

（3）"速度混乱"选项组：使用以下选项可以随机改变繁殖的粒子与父粒子的相对速度。

- 因子：繁殖的粒子的速度相对于父粒子的速度变化的百分比范围。
- 慢：随机应用速度因子，减慢繁殖的粒子的速度。
- 快：根据速度因子随机加快粒子的速度。
- 两者：根据速度因子，有些粒子加快速度，有些粒子减慢速度。
- 继承父粒子速度：除了速度因子的影响外，繁殖的粒子还继承母体的速度。
- 使用固定值：将"因子"值作为设置值，而不是作为随机应用于每个粒子的范围。

（4）"缩放混乱"选项组：以下选项对粒子应用随机缩放。

- 因子：为繁殖的粒子确定相对于父粒子的随机缩放百分比范围，这还与以下选项相关。
- 向下：根据"因子"的值随机缩小繁殖的粒子，使其小于父粒子。
- 向上：随机放大繁殖的粒子，使其大于父粒子。
- 两者：将繁殖的粒子缩放为大于或小于其父粒子。
- 使用固定值：将"因子"的值作为固定值，而不是值范围。

（5）"寿命值队列"选项组：以下选项可以指定繁殖的每一代粒子的备选寿命值的列表。

- 添加：将"寿命"微调器中的值加入列表框。
- 删除：将"寿命"微调器中的值移除列表框。

- 替换：可以使用"寿命"微调器中的值替换队列中的值。使用时先将新值放入"寿命"微调器，再在队列中选择要替换的值，然后单击"替换"按钮。

- 寿命：设置一代粒子的寿命值。

（6）"对象变形队列"选项组：使用此选项组中的选项，可以在带有每次繁殖"按照'繁殖数目'微调器设置"的实例对象粒子之间切换。

- 拾取：单击此按钮，然后在视口中选择要加入列表的对象。

- 删除：删除列表框中当前高亮显示的对象。

- 替换：使用其他对象替换队列中的对象。

8. "加载／保存预设"卷展栏

"加载／保存预设"卷展栏如图14-74所示。

图14-74

- 预设名：可以定义设置名称的可编辑字段，单击"保存"按钮，保存预设名。

"保存预设"选项组：包含所有保存的预设名。

- 加载：加载"保存预设"列表框中当前高亮显示的预设。此外，在列表框中双击预设名，可以加载预设。

- 保存：保存"预设名"选项中的当前名称，并放入"保存预设"列表框。

- 删除：删除"保存预设"列表框中的选定项。

【案例学习目标】学习使用超级喷射粒子。

【案例知识要点】创建并修改参数，制作出烟雾的效果，如图14-75所示。

【场景】光盘>场景>Ch14>火堆.max

【效果图参考场景所在位置】光盘>场景> Ch14>烟雾.max。

【贴图所在位置】光盘>Map。

图14-75

01 打开随书附带光盘中的素材场景文件，如图14-76所示，渲染当前场景，可以看到在场景中已设置好了材质和灯光等。

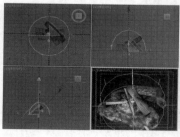

图14-76

02 单击" （创建）> （几何体）>粒子系统>超级喷射"按钮，在"顶"视图中创建超级喷射粒子，如图14-77所示。

03 切换到 （修改）命令面板，在"基本参数"卷展栏中设置"偏离轴"为4、"扩散"为20、"平面偏移"为127、"扩散"为180，在"视口显示"选项组中选择"网格"单选按钮，设置"粒子数百分比"为100%。在"粒子生成"卷展栏中选择"使用速率"单选按钮，设置参数为120，在"粒子运动"选项组中设置"速度"为254、"变化"为12%，在"粒子计时"选项组中设置"发射开始"为-50、"发射停止"为100、"显示时限"为100、"寿命"为10、"变化"为0，设置"粒子大小"选项组中的"大小"为60、"变化"为0、"增长耗时"为10、"衰减耗时"为10。

在"粒子类型"卷展栏中设置"粒子类型"为"标准粒子"，设置"标准粒子"类型为"面"，如图14-78所示。

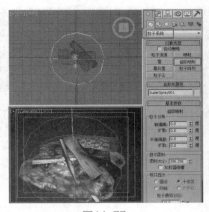

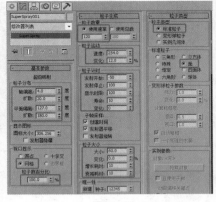

图14-77　　　　　　　　　　　　　　　　　　图14-78

04 打开"材质编辑器"窗口，选择一个新的材质样本球，在"贴图"卷展栏中为"漫反射颜色"指定"粒子年龄"贴图，将"粒子年龄"贴图拖曳到"自发光"后的贴图按钮上，在弹出的对话框中选择"实例"单选按钮；为"不透明度"指定"衰减"贴图，如图14-79所示。

05 进入"漫反射颜色"贴图层级面板，在"粒子年龄参数"卷展栏中设置"颜色#1"的红、绿、蓝为176、12、0，设置"颜色#2"的红、绿、蓝为86、55、30，设置"颜色#3"的红、绿、蓝为67、61、55，如图14-80所示。

06 进入"不透明度"贴图层级面板，在"衰减参数"卷展栏中设置"衰减类型"为Fresnel，如图14-81所示。

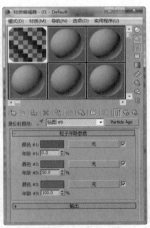

图14-79　　　　　　　　　图14-80　　　　　　　　　图14-81

07 单击 ▓（创建）> ≋（空间扭曲）>风"按钮，在场景中创建"风"空间扭曲，调整空间扭曲的角度和位置，切换到 ▨（修改）命令面板，在"参数"卷展栏中设置"强度"为39.56，如图14-82所示。

08 在工具栏中单击 ≋（绑定到空间扭曲）按钮，在场景中将粒子系统绑定到风空间扭曲上，如图14-83所示。

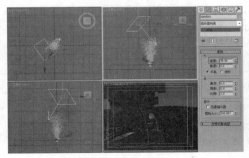

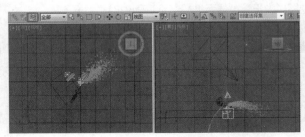

图14-82　　　　　　　　　　　　　　　　图14-83

09 绑定空间扭曲后拖动时间滑块看一下粒子的方向，如图14-84所示。如果显示为水平的粒子需要选择"发射器翻转"复选框，如图14-85所示。

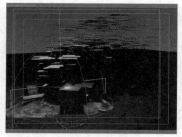  

图14-84 图14-85

实例操作91：使用暴风雪粒子制作海底气泡

"暴风雪"是原来的雪粒子系统的高级版本。"暴风雪"粒子从一个平面向外发射粒子流，与"雪景"粒子系统相似，但功能更为复杂。暴风雪的名称并非强调它的猛烈，而是指它的功能强大，不仅可用于普通雪景的制作，还可以表现火花迸射、气泡上升、开水沸腾、满天飞花和烟雾升腾等特殊效果。

具体参数可以参考超级喷射粒子，这里就不重复介绍了。

【案例学习目标】学习使用暴风雪粒子。

【案例知识要点】创建并修改暴风雪粒子，制作出海底气泡效果，如图14-86所示。

【场景所在位置】光盘>场景>Ch14>海底o.max。

【效果图参考场景】光盘>场景>Ch14>海底ok.max。

【贴图所在位置】光盘>Map。

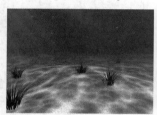  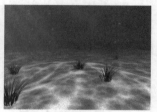

图14-86

01 打开素材场景文件，如图14-87所示，接下来将为其创建气泡效果。

02 渲染打开的场景，得到如图14-88所示的效果。

图14-87 图14-88

03 单击"（创建）>（几何体）>粒子系统>暴风雪"按钮，在"顶"视图中创建暴风雪，在"基本参数"卷展栏中设置"显示图标"选项组中的"宽度"和"长度"均为5，在"视口显示"选项组中选择"网格"单选按钮，设置"粒子数百分比"为100%，如图14-89所示。

04 切换到（修改）命令面板，在"粒子生成"卷展栏中选择"使用总数"单选按钮并设置为100，设置"粒子计时"选项组中的"发射开始"为-50、"发射停止"为100、"显示时限"为100、"寿命"为50；在"粒子大小"选项组中设置"大小"为10、"增长耗时"为30、"衰减耗时"为40。

在"粒子类型"卷展栏中设置"粒子类型"为"标准粒子"，选择"标准粒子"选项组中的"球体"单选按钮。

在"旋转和碰撞"卷展栏中设置"变化"为30%。

在"对象运动继承"卷展栏中设置"倍增"为0、"变化"为0.01，如图14-90所示。

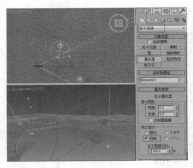
图14-89

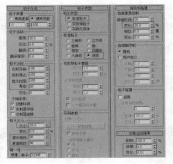
图14-90

05 打开"材质编辑器"窗口，从中选择新的材质样本球，在"Blinn基本参数"卷展栏中设置"环境光"和"漫反射"的颜色为白色；设置"自发光"为50；在"反射高光"选项组中设置"高光级别"为48、"光泽度"为42、"柔化"为0.1，如图14-91所示。

06 在"扩展参数"卷展栏中设置"高级透明"选项组的"衰减"为"内"，设置"数量"为80，如图14-92所示。

07 将材质指定给场景中的粒子系统，在场景中对粒子系统进行复制，如图14-93所示，完成海底气泡的动画制作，可以对场景动画进行渲染，这里就不详细介绍了。

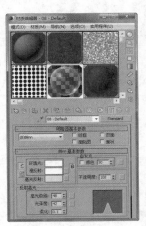
图14-91

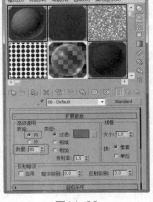
图14-92

图14-93

实例操作92：使用暴风雪粒子制作花瓣雨

【案例学习目标】学习使用暴风雪粒子。

【案例知识要点】创建并修改暴风雪粒子，制作出花瓣雨效果，如图14-94所示。

【场景所在位置】光盘>场景> Ch14>花瓣雨.max。

【效果图参考场景】光盘>场景> Ch14>花瓣雨ok.max。

【贴图所在位置】光盘>Map。

图14-94

01 按8键，在打开的"环境和效果"窗口中单击"环境贴图"下的贴图按钮，在弹出的"材质／贴图浏览器"对话框中选择"位图"贴图，贴图位于随书附带光盘中的"背景图片"，如图14-95所示。

02 将环境背景图像拖曳到"材质编辑器"窗口中的新材质样本球上，在"坐标"卷展栏中设置"贴图"类型为"屏幕"，如图14-96所示。

03 单击"（创建）>（几何体）>平面"按钮，在"顶"视图中创建平面，在"参数"卷展栏中设置"长度"为100、"宽度"为150、"长度分段"为4、"宽度分段"为3，如图14-97所示。

图14-95

图14-96

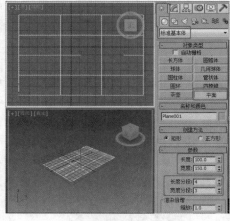
图14-97

04 在"材质编辑器"窗口中选择一个新的材质样本球，在"Blinn基本参数"卷展栏中设置"自发光"为50，如图14-98所示。

05 在"贴图"卷展栏中为"漫反射颜色"指定"位图"贴图，贴图为"花瓣01.jpg"，为"不透明度"指定"位图"贴图，贴图为"花瓣01-P.jpg"文件，如图14-99所示。

06 将花瓣材质指定给场景中的平面，在场景中选择平面模型，为其施加"弯曲"修改器，在"参数"卷展栏中设置"角度"为90、"方向"为90，设置"弯曲轴"为Y，如图14-100所示。

图14-98

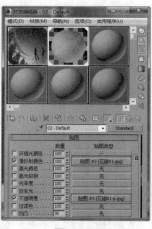
图14-99

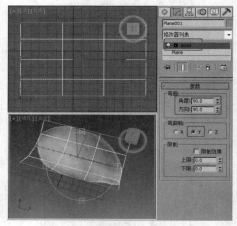
图14-100

07 将选择集定义为Gizmo，使用旋转工具，在场景中旋转弯曲的Gizmo，如图14-101所示。

08 单击"（创建）>（几何体）>粒子系统>暴风雪"按钮，在"顶"视图中创建暴风雪粒子，在"基本参数"卷展栏中设置"宽度"为300、"长度"为300，在"视口显示"选项组中选择"网格"单选按钮，设置"粒子数百分比"为100%，如图14-102所示。

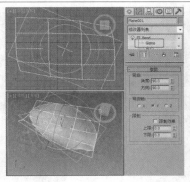
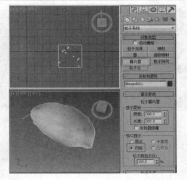

图14-101   图14-102

09 在"粒子生成"卷展栏中设置"发射开始"为–30、"发射停止"为150、"显示时限"为100、"寿命"为100；在"粒子大小"选项组中设置"大小"为0.1。

在"粒子类型"卷展栏中设置"粒子类型"为"实例几何体"，在"实例参数"组中单击"拾取对象"按钮，在场景中拾取制作出的花瓣平面，如图14-103所示。

10 在"透视"图中调整一个合适的视口角度，如图14-104所示。

11 渲染单帧效果，如图14-105所示，可以对场景动画进行渲染输出。

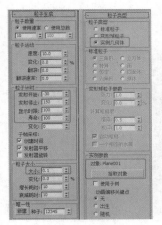

图14-103   图14-104   图14-105

实例操作93：使用粒子阵列制作手写文字

【案例学习目标】学习使用粒子云。

【案例知识要点】创建粒子云，并将其指定到圆柱体发射器，通过为发射器设置路径约束，并结合使用视频后期处理和曲线编辑器制作出手写文字效果，如图14-106所示。

【场景所在位置】光盘 > 场景 > Ch14 > 手写文字 .max。

【效果图参考场景】光盘 > 场景 > Ch14 > 手写文字 ok.max。

【贴图所在位置】光盘 > Map。

图14-106

图14-106（续）

01 在"顶"视图中创建圆柱体，在"参数"卷展栏中设置"半径"为8、"高度"为100、"高度分段"为10、"端面分段"为1、"边数"为5，如图14-107所示。

02 单击"（创建）> （几何体）>粒子系统>粒子云"按钮，在"前"视图中创建粒子云，如图14-108所示。

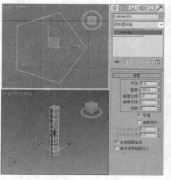

图14-107   图14-108

03 在"基本参数"卷展栏中单击"拾取对象"按钮，在场景中拾取圆柱体，在"视口显示"选项组中选择"网格"单选按钮，设置"粒子数百分比"为100%。在"粒子生成"卷展栏中设置"粒子数量"为"使用速率"，设置参数为10；在"粒子大小"选项组中设置"大小"为2。

在"粒子类型"卷展栏中设置"粒子类型"为"标准粒子"，设置"标准粒子"为"球体"，如图14-109所示。

04 单击"（创建）> （图形）>文本"按钮，在"前"视图中单击创建文本，在"参数"卷展栏中设置"大小"为500，在文本框中输入需要的文字，如图14-110所示。

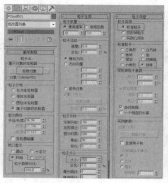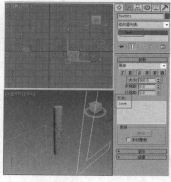

图14-109   图14-110

05 为文本施加"挤出"修改器，在"参数"卷展栏中设置"数量"为50，如图14-111所示。

06 单击"（创建）> （图形）>线"按钮，在"前"视图中绘制并调整样条线，如图14-112所示。

07 在场景中选择作为发射器的圆柱体，为其施加"路径变形"修改器，在"参数"卷展栏中单击"拾取路径"按钮，拾取在文字周围创建的线，并在"路径变形轴"选项组中选择Z单选按钮，启用"翻转"复选框，如图14-113所示。

08 在场景中将圆柱体和作为路径的样条线放置到文本的位置，如图14-114所示。

图14-111   图14-112

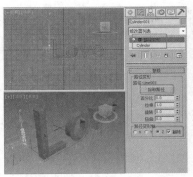

图14-113

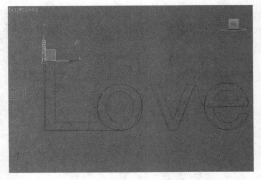

图14-114

09 打开"自动关键点"按钮，将时间滑块拖曳到80帧，设置"百分比"为104，如图14-115所示。

10 在场景中选择粒子对象，在工具栏中单击☒（曲线编辑器）按钮，打开"轨迹视图—曲线编辑器"窗口，选择"编辑＞可见性轨迹＞添加"命令，如图14-116所示。

图14-115

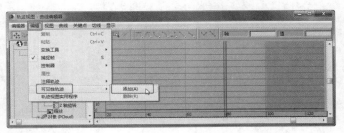

图14-116

11 在工具栏中单击 （添加关键点）按钮，在80帧位置添加关键点，如图14-117所示。

12 继续在79帧的位置创建关键点，在工具箱中单击 （移动关键点）按钮，选择80帧处的关键点，设置"值"为0，说明粒子在80帧以后为不可见，如图14-118所示。

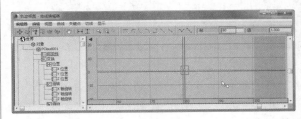

图14-117

图14-118

13 接着在场景中选择文字模型，选择"编辑＞可见性轨迹＞添加"命令，添加可见性轨迹，如图14-119所示。

14 在可见性轨迹上的79帧和80帧处创建关键点，选择79帧处的关键点，设置"值"为0，说明文本模型在79帧之前为不可见，如图14-120所示。

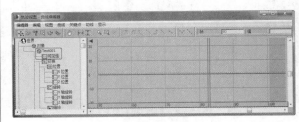

图14-119

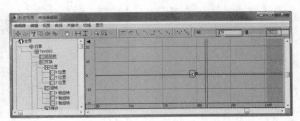

图14-120

15 打开"材质编辑器"窗口，选择一个新的材质样本球，在"Blinn基本参数"卷展栏中设置"不透明度"为0，如图14-121所示，将材质指定给场景中的圆柱体发射器，将该模型设置为透明。

16 选择一个新的材质样本球，在"Blinn基本参数"卷展栏中设置"环境光"和"漫反射"的颜色为黄色，并设置"自发光"为50，如图14-122所示。

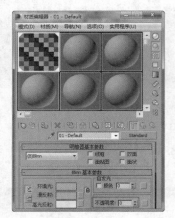

图14-121

图14-122

17 选择新的材质样本球，设置"环境光"和"漫反射"的颜色为红色，在"反射高光"选项组中设置"高光级别"为44、"光泽度"为52，如图14-123所示，将材质指定给场景中的文本模型。

18 在场景中选择粒子模型，单击鼠标右键，在弹出的快捷菜单中选择"对象属性"命令，在弹出的对象属性面板中选择"对象属性"命令，在弹出的对话框中设置"G缓冲区"选项组中的"对象ID"为1，单击"确定"按钮，如图14-124所示。

图14-123

图14-124

19 这时可以在场景中合适的角度和位置创建摄影机，在菜单栏中选择"渲染＞视频后期处理"命令，打开"视频后期处理"窗口，在工具栏中单击 （添加场景事件）按钮，添加摄影机事件，再单击 （添加图像过滤事件）按钮，在弹出的"添加图像过滤事件"对话框中选择"镜头效果高光"选项，单击"确定"按钮，如图14-125所示。

20 添加镜头效果高光事件后，在事件列表框中双击"镜头效果高光"选项，在弹出对话框中单击"设置"按钮，如图14-126所示。

图14-125

图14-126

21 进入"镜头效果高光"窗口，在"属性"选项卡中设置"对象ID"为1，如图14-127所示，拖动时间滑块可以单击"预览""VP列队"及"更新"按钮。

22 在"几何体"选项卡中设置"角度"为30、"钳位"为3，将"大小"和"角度"按钮按下，如图14-128所示。

23 在"首选项"选项卡中设置"大小"为4、"点数"为8，选择"颜色"为"渐变"，如图14-129所示，单击"确定"按钮。

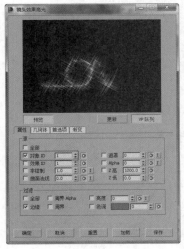
图14-127

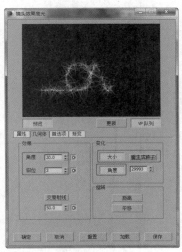
图14-128

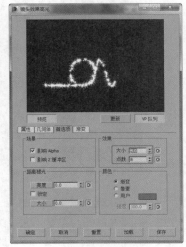
图14-129

24 在场景中选择文本模型，单击鼠标右键，在弹出的快捷菜单中选择"对象属性"命令，在弹出的对话框中设置"对象ID"为2，单击"确定"按钮，如图14-130所示。

25 在"视频后期处理"窗口中单击 （添加图像过滤事件）按钮，在弹出的对话框中选择"镜头效果光晕"选项，添加镜头效果光晕事件后，在事件列表框中双击镜头效果光晕事件，在弹出的对对话框中单击"设置"按钮，如图14-31所示。

26 拖动时间滑块到80帧之后，在"镜头效果光晕"窗口中单击"VP列队""预览"按钮，在"属性"选项卡中设置"对象ID"为2，如图14-132所示。

图14-130

图14-131

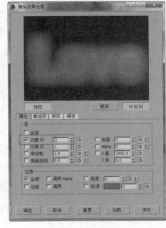
图14-132

27 打开自动关键点，拖动时间滑块到80帧，在"首选项"选项卡中设置镜头效果光晕"大小"为0，如图14-133所示。

28 拖动时间滑块到90帧，设置"大小"为3，如图14-134所示。

29 将时间滑块拖曳到100帧，设置"大小"为2，如图14-135所示，单击"确定"按钮。

30 回到"视频后期处理"窗口，在工具栏中单击 ![] （添加图像输出事件）按钮，在弹出的对话框中单击"文

图14-133　　　　　　　　　　　图14-134　　　　　　　　　　　图14-135

件"按钮，在弹出的对话框中选择一个存储路径，为文件命名，设置"保存类型"为AVI，单击"确定"按钮，如图14-136所示。

图14-136

31 单击 ![] （执行序列）按钮，在弹出的对话框中设置"范围"为0至100，设置输出大小的尺寸，单击"渲染"按钮，即可对动画进行渲染输出，如图14-137所示。

在该案例中涉及的"视频后期处理"和"曲线编辑器"窗口将在后面的章节中进行介绍，这里就不做过多介绍了。

图14-137

▶14.2　空间扭曲

　　空间扭曲对象是一类在场景中影响其他对象的不可渲染对象，它能够创建力场使其他对象发生变形，创建涟漪、波浪和强风等效果，空间扭曲的功能与修改器有些类似，不过空间扭曲改变的是场景空间，而修改器改变的是对象空间。

　　空间扭曲对象在视图中显示为网格框架的形式，与其他对象一样可以进行移动、旋转和缩放变换。空间扭曲对象只作用于其绑定的对象，通过主工具栏中的 ![] （绑定到空间扭曲）工具将对象与空间扭曲绑定在一起。绑定后的空间扭曲名称显示在对象修改堆栈的顶端，对象进行任何改变操作之后，仍受绑定的空间扭曲影响。

实例操作94：使用漩涡制作旋风中的树叶

"漩涡"空间扭曲将力应用于粒子系统，使它们在急转的漩涡中旋转，然后让它们向下移动成一个长而窄的喷流或者漩涡井。漩涡在创建黑洞、涡流、龙卷风和其他漏斗状对象时非常有用。

"漩涡"空间扭曲的"参数"卷展栏中的选项功能介绍如下（如图14-138所示）。

图14-138

- 开始时间、结束时间：空间扭曲变为活动及非活动状态时所处的帧编号。
- 锥化长度：控制漩涡的长度及其外形。
- 锥化曲线：控制漩涡的外形。低数值创建的漩涡口宽而大，而高数值创建的漩涡的边几乎呈垂直状。
- 无限范围：启用该复选框时，漩涡会在无限范围内施加全部阻尼强度。禁用该复选框后，"范围"和"衰减"设置生效。
- 轴向下拉：指定粒子沿下拉轴方向移动的速度。
- 范围：以系统单位数表示的距漩涡图标中心的距离，该距离内的轴向阻尼为全效阻尼。仅在禁用"无限范围"复选框时生效。
- 衰减：指定在轴向范围外应用轴向阻尼的距离。轴向阻尼在距离为"范围"值所在处的强度最大，在轴向衰减极限处线性地降至最低，在超出的部分没有任何效果。
- 阻尼：控制平行于下落轴的粒子运动每帧受抑制的程度。默认设置为 5.0。范围为 0~100。
- 轨道速度：指定粒子旋转的速度。
- 范围：以系统单位数表示的距漩涡图标中心的距离，该距离内的轴向阻尼为全效阻尼。
- 衰减：指定在轨道范围外应用轨道阻尼的距离。
- 阻尼：控制轨道粒子运动每帧受抑制的程度。较小的数值产生的螺旋较宽，而较大的数值产生的螺旋较窄。
- 径向拉力：指定粒子旋转距下落轴的距离。
- 范围：以系统单位数表示的距漩涡图标中心的距离，该距离内的轴向阻尼为全效阻尼。
- 衰减：指定在径向范围外应用径向阻尼的距离。
- 阻尼：控制径向拉力每帧受抑制的程度。范围为 0~100。
- 顺时针、逆时针：决定粒子顺时针旋转还是逆时针旋转。

【案例学习目标】学习使用漩涡空间扭曲。

【案例知识要点】创建粒子并结合使用漩涡空间扭曲，完成旋风中的树叶动画，如图14-139所示。

【场景所在位置】光盘 > 场景 > Ch14 > 旋风中的树叶.max。

【效果图参考场景】光盘 > 场景 > Ch14 > 旋风中的树叶ok.max。

【贴图所在位置】光盘 > Map。

图14-139

01 按8键，打开"环境和效果"窗口，在"环境贴图"下单击贴图按钮，在弹出的对话框中选择位图文件，文件为"公路.jpg"文件，将位图拖曳到"材质编辑器"窗口中的材质样本球上，在"坐标"卷展栏中选择"环境"单选按钮，设置贴图类型为"屏幕"，并设置图像的裁剪区域，如图14-140所示。

02 单击"（创建）>（几何体）>平面"按钮，在"顶"视图中创建平面，在"参数"卷展栏中设置"长度"为52、"宽度"为36，如图14-141所示。

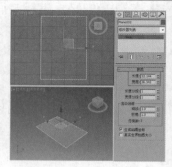

图14-140　　　　　　　　　　　　　　　　　　　　图14-141

03 在"材质编辑器"窗口中选择一个新的材质样本球，在"明暗器基本参数"卷展栏中选择"双面"复选框；在"Blinn基本参数"卷展栏中设置"自发光"为100，如图14-142所示。

04 在"贴图"卷展栏中为"漫反射颜色"指定位图贴图，贴图为"Apple_leaf.JPG"；为"不透明度"指定"位图"贴图，贴图为"apple_leaf_opacity.JPG"文件，如图14-143所示，将材质指定给场景中的平面模型，将模型制作为树叶。

05 单击"（创建）>（几何体）>粒子系统>暴风雪"按钮，在"顶"使视图中创建暴风雪粒子，在"基本参数"卷展栏中设置"宽度"为800、"长度"为800，在"视口显示"选项组中选择"网格"单选按钮，设置"粒子百分比"为100%。

在"粒子生成"卷展栏中选择"使用总数"单选按钮，设置数量为150；在"粒子计时"选项组中设置"发射开始"为-50、"发射停止"为100、"显示时限"为100、"寿命"为100。

在"粒子类型"卷展栏中设置"粒子类型"为"实例几何体"，在"实例参数"选项组中单击"拾取对象"按钮，在场景中拾取作为树叶的平面，如图14-144所示。

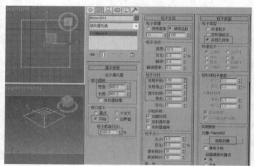

图14-142　　　　　　　　　图14-143　　　　　　　　　　　图14-144

06 单击"（创建）>（空间扭曲）>漩涡"按钮，在场景中创建漩涡空间扭曲，使用默认的参数，如图14-145所示。

07 在工具栏中单击（绑定到空间扭曲）按钮，在场景中将粒子系统绑定到漩涡空间扭曲上，如图14-146所示。这样动画就制作完成了，可以对视口进行调整，调整到合适的角度，并对动画渲染输出即可。

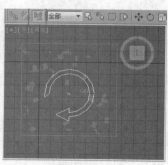

图14-145　　　　　　　　　　　　　　　　　　　图14-146

实例操作95：使用风制作飘向天空的气球

"风"空间扭曲可以模拟风吹动粒子系统所产生的粒子效果。风力具有方向性。顺着风力箭头方向运动的粒子呈加速状，逆着箭头方向运动的粒子呈减速状。在球形风力情况下，运动朝向或背离图标。

"风"空间扭曲的"风"的重要参数如下（如图14-147所示）。

图4-147

● 强度：增加"强度"会增加风力效果。小于 0.0 的强度会产生吸力。它会排斥以相同方向运动的粒子，而吸引以相反方向运动的粒子。

● 衰退：设置"衰退"为 0.0 时，风力扭曲在整个世界空间内有相同的强度。增加"衰退"值会导致风力强度从风力扭曲对象的所在位置开始随距离的增加而减弱。

● 平面：风力效果垂直于贯穿场景的风力扭曲对象所在的平面。

● 球形：风力效果为球形，以风力扭曲对象为中心。

● 湍流：使粒子在被风吹动时随机改变路线。该数值越大，湍流效果越明显。

● 频率：当其设置大于 0.0 时，会使湍流效果随时间呈周期变化。这种微妙的效果可能无法看见，除非绑定的粒子系统生成大量粒子。

● 比例：缩放湍流效果。当"比例"值较小时，湍流效果会更平滑、更规则。当"比例"值增加时，湍流效果会变得更不规则、更混乱。

【案例学习目标】学习使用风空间扭曲。

【案例知识要点】创建粒子并结合使用风空间扭曲，完成飘向天空的气球，如图14-148所示。

【场景所在位置】光盘 > 场景 > Ch14 > 飘向天空的气球.max。

【效果图参考场景】光盘 > 场景 > Ch14 > 飘向天空的气球ok.max。

【贴图所在位置】光盘 > Map。

图14-148

01 单击"（创建）> （图形）>线"按钮，在"前"视图中创建样条线，并通过调整样条线的"顶点"来完成创建，如图14-149所示。

02 为图形施加"车削"修改器，在"参数"卷展栏中设置"度数"为360、"分段"为16，"方向"为Y，设置"对齐"为"最大"，如图14-150所示。

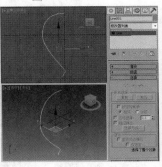

图14-149　　　　　图14-150

03 使用"线"工具，创建并调整出可渲染的样条线作为气球绳子，如图14-151所示。

04 为创建的气球绳施加"编辑多边形"修改器，在"编辑几何体"卷展栏中单击"附加"按钮，附加作为气球的模型，如图14-152所示。

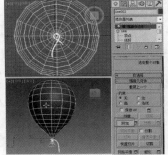

图14-151　　　　　图14-152

05 按8键，打开"环境和效果"窗口，在"环境贴图"下单击贴图按钮，在弹出的对话框中选择位图文件，文件为"蓝天白云.png"文件，将位图拖曳到"材质编辑器"窗口中的材质样本球上，在"坐标"卷展栏中选择"环境"单选按钮，设置贴图类型为"屏幕"，如图14-153所示。

06 单击" ＊（创建）> ○（几何体）>粒子系统>超级喷射"按钮，在"顶"视图中创建超级喷射粒子，如图14-154所示。

切换到 ☑（修改）命令面板，在"基本参数"卷展栏中设置"轴偏离"为180、"扩散"为180、"平面偏移"为180、"扩散"为180，在"视口显示"选项组中选择"网格"单选按钮，设置"粒子数百分比"为100%。

在"粒子生成"卷展栏中选择"使用总数"单选按钮，设置参数为5，设置"发射开始"为−50、"发射停止"为100、"显示时限"为100、"寿命"为100。

在"粒子类型"卷展栏中设置"粒子类型"为"实例几何体"，在"实例参数"选项组中单击"拾取对象"按钮，在场景中拾取气球模型，如图14-154所示。

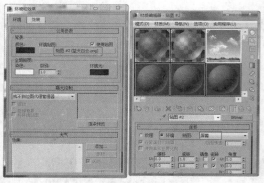
图14-153

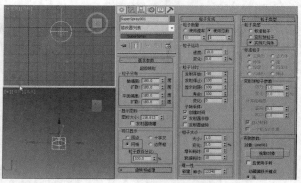
图14-154

07 在场景中复制超级喷射粒子，在"粒子生成"卷展栏中修改"使用总数"的数量为8，如图14-155所示。
08 修改两个超级喷射粒子的"旋转和碰撞"卷展栏中的"自旋时间"为0、"变化"为0、"相位"为0、"变化"为0，如图14-156所示。
09 单击" ＊（创建）> ≋（空间扭曲）>风"按钮，在场景中创建风空间扭曲，使用默认的参数，如图14-157所示。

图14-155

图14-156

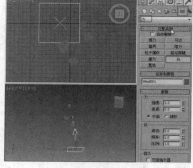
图14-157

10 在工具栏中单击 ≋（绑定到空间扭曲）按钮，在场景中将粒子系统绑定到风漩涡空间扭曲上。
11 打开"自动关键点"按钮，在0帧处旋转风，如图14-158所示。
12 拖动时间滑块到61帧，旋转风，如图14-159所示。
13 拖动时间滑块到29帧，旋转风，如图14-160所示。

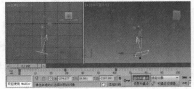

图14-158　　　　　　　　图14-159　　　　　　　　图14-160

14 打开材质编辑器，选择一个新的样本球，设置材质的"环境光"和"漫反射"的颜色为红色，"自发光"为50，设置"反射高光"选项组中的"高光级别"为51、"光泽度"为11。

　　在"扩展参数"卷展栏中设置"高级透明"选项组中的"数量"为40，如图14-161所示。

15 使用同样的方法设置一个蓝色的气球材质，将两个气球材质分别制定给场景中的两个气球粒子，如图14-162所示。

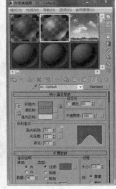

图14-161　　　　　　　　图14-162

实例操作96：使用粒子爆炸制作爆炸

　　粒子阵列的相关参数可以参考超级喷射粒子。

　　"粒子爆炸"空间扭曲能创建一种使粒子系统爆炸的冲击波，它有别于使几何体爆炸的爆炸空间扭曲。该空间扭曲还会将冲击作为一种动力学效果加以应用。

　　"粒子爆炸"空间扭曲的"基本参数"卷展栏中的选项功能介绍如下（如图14-163所示）。

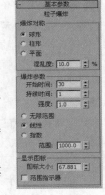

（1）"爆炸对称"选项组：这些选项可以指定爆炸效果的形状或图案。

● 球体：爆炸力从粒子爆炸图标向外朝所有方向辐射。其图标看似一个球形炸弹。

● 柱形：爆炸力垂直于中心轴向外辐射或从柱形图标的核心向外辐射。其图标看似一个带引线的炸药棒。

● 平面：爆炸力垂直于平面图标所在的平面朝上方和下方辐射。其图标看似一个带箭头的平面，这些箭头沿着爆炸力的方向指向上方和下方。

● 混乱度：爆炸力针对各个粒子或各个帧而变化，一种类似于布朗运动的效果，其力方向的变化率等于渲染的间隔率。该设置仅在"持续时间"微调器设置为 0 时有效。

图14-163

（2）"爆炸参数"选项组

● 开始时间：冲击力第一次应用于粒子时所在的帧数。

● 持续时间：第一次之后应用力的帧数。该值通常应该是一个较小的数，如 0 和 3 之间的数。

● 强度：沿爆炸向量的速率变化，用每帧的单位数表示。增加"强度"会增加粒子从爆炸图标向外爆炸的速度。

● 无限范围：爆炸图标的效果能到达整个场景中所有绑定的粒子。该选项会忽略"范围"设置（指定粒子爆炸效果的距离的设置）。

● 线性：冲击力从满"强度"设置到指定的"范围"设置处线性地衰减至 0。

● 指数：冲击力从满"强度"设置到指定的"范围"设置处按指数规律衰减至 0。

● 范围：粒子爆炸图标影响绑定粒子系统的最大距离，以单位数表示。

（3）"显示图标"选项组：这些选项会影响粒子爆炸图标的视觉显示。

● 图标大小：改变粒子爆炸图标的整体大小。

● 范围指示器：显示一个线框球体来表示粒子爆炸影响的体积。如果选择的是"无限范围"单选按钮，则该选项无效。

【案例学习目标】学习使用粒子爆炸空间扭曲。

【案例知识要点】创建并修改粒子阵列，并结合使用粒子爆炸空间扭曲制作出玻璃的爆炸效果，如图14-164所示。

【场景所在位置】光盘>场景> Ch14>爆炸.max。

【效果图参考场景】光盘>场景> Ch14>爆炸ok.max。

【贴图所在位置】光盘>Map。

图14-164

01 单击"❈（创建）>〇（几何体）>平面"按钮，在"前"视图中创建平面，在"参数"卷展栏中设置"长度"为200、"宽度"为300、"长度分段"为2、"宽度分段"为2，如图14-165所示。

02 为平面施加"编辑多边形"修改器，将选择集定义为"边"，在"编辑几何体"卷展栏中单击"切割"按钮，切割平面，如图14-166所示。

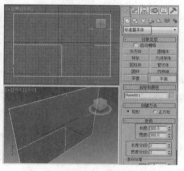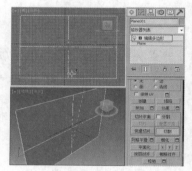

图14-165　　　　　　　　　　图14-166

03 单击"❈（创建）>〇（几何体）>粒子系统>粒子阵列"按钮，在"前"视图中创建粒子阵列，在"基本参数"卷展栏中单击"拾取对象"按钮，在场景中拾取平面，如图14-167所示。

04 在"基本参数"卷展栏底端选择"视口显示"选项组中的"网格"单选按钮。在"粒子生成"卷展栏中设置"粒子计时"选项组中的"发射开始"为0、"显示时限"为100、"寿命"为100。

在"粒子类型"卷展栏中设置"粒子类型"为"对象碎片"，在"对象碎片控制"选项组中设置"厚度"为4，选择"碎片数目"单选按钮，设置"最小值"为50，如图14-168所示。

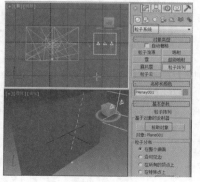

图14-167　　　　　　　　　　图14-168

05 单击❈（创建）> ▒（空间扭曲）>力>粒子爆炸"按钮，在"前"视图中创建粒子爆炸按钮，在"基本参数"卷展栏中的"爆炸参数"选项组中设置"开始时间"为5，如图14-169所示。

06 在工具栏中单击▒▒（绑定到空间扭曲）按钮，在场景中将粒子系统绑定到爆炸空间扭曲上，如图14-170所示。

07 拖动时间滑块，看一下粒子爆炸效果，此时爆炸的粒子没有旋转，可以在场景中选择粒子阵列，在"旋转和碰撞"卷展栏中设置"自旋时间"为30，如图14-171所示。

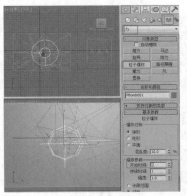
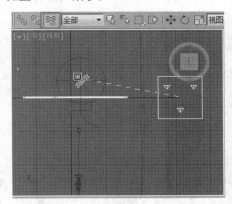

图14-169　　　　　　　　图14-170　　　　　　　　图14-171

08 在场景中创建灯光，灯光的创建可以参考完成的场景中灯光的参数，这里就不详细介绍了，并在场景中创建摄影机，如图14-172所示，打开"自动关键点"按钮，接下来将为摄影机创建移动的动画。

09 拖动时间滑块到48帧，在"左"视图中移动摄影机，创建移动的关键点，如图14-173所示。

10 使用同样的方法在第100帧的位置稍微移动一下摄影机，如图14-174所示。

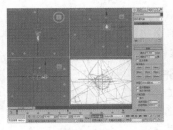
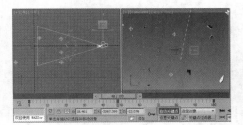

图14-172　　　　　　　　图14-173　　　　　　　　图14-174

11 按8键，打开"环境和效果"窗口，在"环境贴图"下单击贴图按钮，在弹出的对话框中选择位图文件，贴图文件为贴图"舞台.jpg"文件，将位图拖曳到"材质编辑器"窗口中的材质样本球上，在"坐标"卷展栏中选择"环境"单选按钮，设置贴图类型为"屏幕"，如图14-175所示。

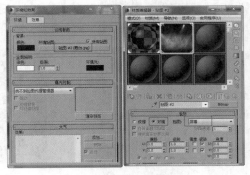

图14-175

实例操作97：使用重力制作喷泉

　　"重力"空间扭曲可以在粒子系统所产生的粒子上对自然重力的效果进行模拟。重力具有方向性。沿重力箭头方向的粒子加速运动，逆着箭头方向运动的粒子呈减速状。通过"重力"系统可以制作烟花效果等。

　　图14-176所示为"重力"空间扭曲的"参数"卷展栏，重要的重力参数如下。

　　● 强度：增加"强度"会增加重力的效果，即对象的移动与重力图标的方向箭头的相关程度。

图4-176

● 衰退：设置"衰退"为 0.0 时，重力空间扭曲用相同的强度贯穿于整个世界空间。增加"衰退"值会导致重力强度从重力扭曲对象的所在位置开始随距离的增加而减弱。

● 平面：重力效果垂直于贯穿场景的重力扭曲对象所在的平面。

● 球形：重力效果为球形，以重力扭曲对象为中心。该选项能够有效地创建喷泉或行星效果。

【案例学习目标】学习使用重力空间扭曲。

【案例知识要点】创建超级喷射粒子，设置合适的参数，结合重力空间扭曲，将粒子制作为喷泉效果，如图14-177所示。

【场景所在位置】光盘>场景> Ch14>小喷泉.max。

【效果图参考场景】光盘>场景> Ch14>小喷泉ok.max。

【贴图所在位置】光盘>Map。

图14-177

01 打开原始场景文件，在该文件的基础上，为场景中的喷泉设置喷泉水效果。图14-178和图14-179所示分别为打开的场景和渲染的效果。

02 单击" ▓ （创建）> ○ （几何体）>粒子系统>超级喷射"按钮，在"顶"视图中创建超级喷射粒子。

切换到 ▓ （修改）命令面板，在"基本参数"卷展栏中设置"偏离轴"为0、"扩散"为30、"平面偏移"为0、"扩散"为90，在"视口显示"选项组中选择"圆点"单选按钮，设置"粒子数百分比"为100%。

在"粒子生成"卷展栏中选择"使用速率"单选按钮，设置参数为1500，设置"发射开始"为-70、"发射停止"为100、"显示时限"为100、"寿命"为100，设置"粒子大小"选项组中的"大小"为6、"变化"为30。

在"粒子类型"卷展栏中设置"粒子类型"为"标准粒子"，设置"标准粒子"类型为"球体"，如图14-180所示。

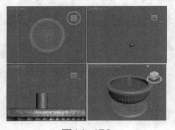  

图14-178   图14-179   图14-180

03 单击" ▓ （创建）> ▓ （空间扭曲）>力>重力"按钮，在"顶"视图中创建重力空间扭曲，在"基本参数"卷展栏中设置"强度"为0.15，如图14-181所示。

04 在工具栏中单击 ▓ （绑定到空间扭曲）按钮，在场景中将粒子系统绑定到重力空间扭曲上，如图14-182所示。

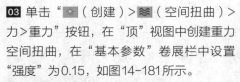

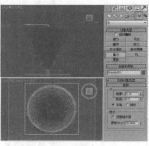 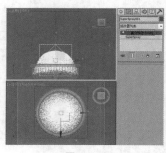

图14-181   图14-182

05 在场景中用鼠标右键点击粒子系统，在弹出的快捷菜单中选择"对象属性"命令，在弹出的对话框中选择"运动模糊"选项组中的"图像"单选按钮，设置"倍增"为2，单击"确定"按钮，如图14-183所示。

06 拖动时间滑块，渲染场景，可得到如图14-184所示的效果。

图14-183

图14-184

07 打开"材质编辑器"窗口，在"Blinn基本参数"卷展栏中设置"环境光"和"漫反射"的颜色为清清的水绿色，并设置"自发光"为30，在"反射高光"选项组中设置"高光级别"为95、"光泽度"为33。在"扩展参数"卷展栏中设置"过滤"颜色为漫反射的颜色，并设置"数量"为70，如图14-185所示。

08 拖动时间滑块，渲染场景，得到最终的效果，如图14-186所示。

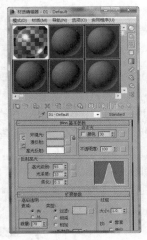

图14-185

图14-186

实例操作98：使用置换制作鹅卵石地面

"置换"空间扭曲以力场的形式推动和重塑对象的几何外形。置换对几何体（可变形对象）和粒子系统都会产生影响。

"置换"空间扭曲的"参数"卷展栏中的选项功能介绍如下（如图14-187所示）。

● 强度：设置为 0.0 时，置换空间扭曲没有任何效果。大于 0.0 的值会使对象几何体或粒子按偏离置换空间扭曲对象所在位置的方向发生置换。小于 0.0 的值会使几何体向扭曲置换。

● 衰退：默认情况下，置换扭曲在整个世界空间内有相同的强度。增加"衰退"值会导致置换强度从置换扭曲对象的所在位置开始，随距离的增加而减弱。

● 亮度中心：默认情况下，置换空间扭曲通过使用中等（50%）灰色作为零置换值来定义亮度中心。大于 128 的灰色值以向外的方向（背离置换扭曲对象）进行置换，而小于 128 的灰色值以向内的方向（朝向置换扭曲对象）进行置换。

● 中心：可以调整默认值。

"图像"选项组：使用这些选项可以选择用于置换的位图和贴图。

● 位图：单击"无"按钮，在弹出的对话框中指定位图或贴图。选择完位图或贴图后，该按钮会显示出位图的名称。

● 模糊：增加该值可以模糊或柔化位图置换的效果。

图14-187

"贴图"选项组：该选项组包含位图置换扭曲的贴图参数。贴图选项与那些用于贴图材质的选项类似。4 种贴图模式控制着置换扭曲对象对其置换进行投影的方式。扭曲对象的方向控制着场景中在绑定对象上出现置换效果的位置。

- 平面：从单独的平面对贴图进行投影。
- 柱形：像将其环绕在圆柱体上那样对贴图进行投影。
- 球形：从球体出发对贴图进行投影，球体的顶部和底部，即位图边缘在球体两极的交汇处均为极点。
- 收缩包裹：截去贴图的各个角，然后在一个单独的极点将它们全部结合在一起，创建一个极点。
- 长度、宽度、高度：指定空间扭曲 Gizmo 的边界框尺寸。高度对平面贴图没有任何影响。
- U 向平铺、V 向平铺、W 向平铺：位图沿指定尺寸重复的次数。

【案例学习目标】学习使用置换空间扭曲。

【案例知识要点】创建平面模型并将其绑定到置换空间扭曲上，为置换添加一个合适的置换图像，即可完成置换效果，如图14-188所示。

【场景所在位置】光盘 > 场景 > Ch14>鹅卵石.max。

【效果图参考场景】光盘 > 场景 > Ch14>鹅卵石ok.max。

【贴图所在位置】光盘 >Map。

图14-188

01 单击"（创建）>（几何体）>平面"按钮，在"顶"视图中创建平面，在"参数"卷展栏中设置"长度"为300、"宽度"为300、"长度分段"为200、"宽度分段"为200，如图14-189所示。

02 单击"（创建）>（空间扭曲）>力>置换"按钮，在"顶"视图中的平面位置创建大小相符的置换区域框，在"参数"卷展栏中设置"置换"的"强度"为5；在"图像"选项组中指定"位图"为"displace.jpg"文件，如图14-190所示。

03 在工具栏中单击"（绑定到空间扭曲）"按钮，在场景中将平面绑定到置换空间扭曲上，如图14-191所示。

04 打开"材质编辑器"窗口，在"贴图"卷展栏中为"漫反射颜色"指定"img.jpg"文件，如图14-192所示，将材质指定给场景中的平面模型，渲染即可得到置换效果。

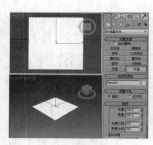
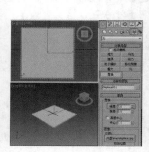
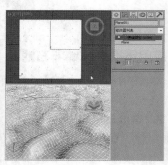

图14-189　　　　　图14-190　　　　　图14-191　　　　　图14-192

实例操作99：使用导向板制作落地的枫叶

"导向板"空间扭曲起着平面防护板的作用，它能排斥由粒子系统生成的粒子。例如，使用导向器可以模拟被雨水冲击的公路。将"导向板"空间扭曲和"重力"空间扭曲结合在一起可以产生瀑布和喷泉效果。

"导向板"空间扭曲的"基本参数"卷展栏中重要的选项功能介绍如下（如图14-193所示）。

- 反弹：决定粒子从导向器反弹的速度。该值为1.0时，粒子以与接近时相同的速度反弹。该值为0时，它们根本不会偏转。

图4-193

- 变化：每个粒子所能偏离"反弹"设置的量。

● 混乱：偏离完全反射角度（当将"混乱度"设置为0.0时的角度）的变化量。设置为100%/时，会导致反射角度的最大变化为90度。

● 摩擦力：粒子沿导向器表面移动时减慢的量。数值0%表示粒子根本不会减慢。

● 继承速度：当该值大于0时，导向器的运动会和其他设置一样对粒子产生影响。例如，要设置导向器穿过被动的粒子阵列的动画，请加大该值以影响粒子。

【案例学习目标】学习使用导向板空间扭曲。

【案例知识要点】创建暴风雪粒子，并将暴风雪粒子的类型设置为枫叶模型，创建导向板空间扭曲，并将粒子绑定到导向板空间扭曲，即可制作出落地的枫叶，如图14-194所示。

【场景所在位置】光盘>场景>Ch14／落地的枫叶.max。

【效果图参考场景】光盘>场景>Ch14／落地的枫叶ok.max。

【贴图所在位置】光盘>Map。

图14-194

01 单击"　（创建）>　（几何体）>平面"按钮，在"顶"视图中创建平面，在"参数"卷展栏中设置"长度"为200、"宽度"为200，如图14-195所示。

02 打开"材质编辑器"窗口，从中选择一个新的材质样本球，在"明暗器基本参数"卷展栏中选择"双面"复选框。

在"Blinn基本参数"卷展栏中设置"自发光"为50，为"漫反射"指定位图，位图为"枫叶.tif"文件，为"不透明度"指定位图，位图为"枫叶透明.tif"文件，如图14-196所示，将材质指定给场景中的平面模型。

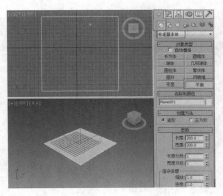

图14-195　　　　　　　　　　图14-196

03 单击"　（创建）>　（几何体）>粒子系统>暴风雪"按钮，在"顶"视图中创建暴风雪粒子，如图14-197所示。

04 在"基本参数"卷展栏中设置"宽度"为400、"长度"为300；在"视口显示"选项组中选择"网格"单选按钮，设置"粒子数百分比"为100。

在"粒子生成"卷展栏中选择"使用总数"单选按钮，设置数量为1；在"粒子计时"选项组中设置"发射开始"为-50、"发射停止"为20、"显示时限"为100、"寿命"为100；在"粒子大小"选项组中设置"大小"为1。在"粒子类型"卷展栏中选择"实例几何体"单选按钮，在"实例参数"选项组中单击"拾取对象"按钮，在场景中拾取作为枫叶的平面，如图14-198所示。

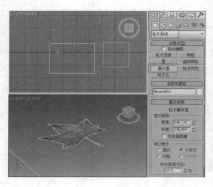

图14-197　　　　　　　　　　　　　　图14-198

05 单击"　（创建）>　（几何体）>标准几何体>平面"按钮，在"顶"视图中创建平面作为地面，
在"参数"卷展栏中设
置"长度"为2000、
"宽度"为2000，如
图14-199所示。

参考步骤02为路面设
置一个路面材质。

06 单击"　（创建）
>　（空间扭曲）>导
向器>导向板"按钮，
在"顶"视图中的平面位
置创建大小相符的导向板

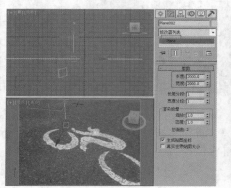

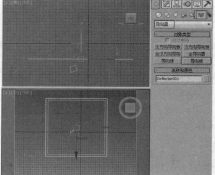

图14-199　　　　　　　　　　　　　　图14-200

区域，如图14-200所示。

07 在工具栏中单击
"　（绑定到空间扭
曲）"按钮，在场景中将
粒子绑定到导向板上，
如图14-201所示。

08 绑定导向板后，拖
动时间滑块，可以看到
粒子在导向板上会反弹
出去，在这里可以设置
导向板的"反弹"为0，
设置导向板不反弹，如
图14-202所示。

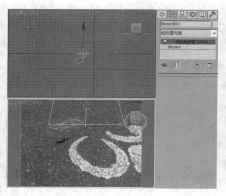

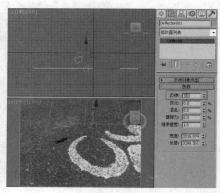

图14-201　　　　　　　　　　　　　　图14-202

09 再拖动时间滑块，可以看到虽然叶子可以落到导向板，但是旋转到地下，这里需要对叶子的旋转参数
进行调整，打开"自动关键点"按钮，设置0~70帧的"自旋时间"为50，如图14-203所示。

10 拖动时间滑块到71帧，设置"自旋时间"为0，如图14-204所示。

11 在场景中创建"目标聚光灯"，在"常规参数"卷展栏中选择"阴影"选项组中的"启用"复选框，设
置"阴影类型"为"阴影贴图"。

在"阴影参数"卷展栏中设置"密度"为0.5。

在"强度／颜色／衰减"卷展栏中设置"倍增"为1，如图14-205所示。

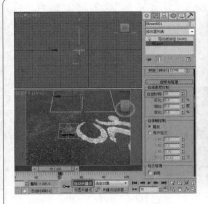
图14-203

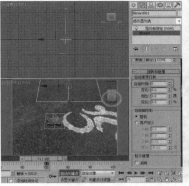
图14-204

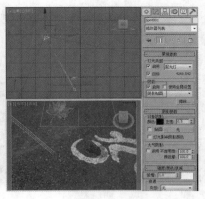
图14-205

12 在"聚光灯参数"卷展栏中设置"聚光区／区域"为0.5、"衰减区／区域"为100，如图14-206所示。

图14-206

14.3　几何/可变形

几何／可变形空间扭曲系统支持任何可变形的对象，接下来将介绍其中常用的几种可变形空间扭曲。

▌实例操作100：使用波浪制作波浪字▐

"波浪"空间扭曲可在对象几何体上产生波浪效果。可以使用两种波浪之一，或将其组合使用。波浪使用标准Gizmo和中心，可以变换，从而增加可能的波浪效果。

下面介绍"波浪"空间扭曲的"参数"卷展栏中的相关参数，如图14-207所示。

（1）"波浪"选项组：这些选项用于控制波浪效果。

- 振幅 1：设置沿波浪扭曲对象的局部 x 轴的波浪振幅。
- 振幅 2：设置沿波浪扭曲对象的局部 x 轴的波浪振幅。
- 波长：以活动单位数设置每个波浪沿其局部 y 轴的长度。

图14-207

- 相位：从其在波浪对象中央的原点开始偏移波浪的相位。整数值无效，仅小数值有效。设置该参数的动画会使波浪看起来像是在空间中传播。
- 衰退：当其设置为 0.0 时，波浪在整个世界空间中有相同的一个或多个振幅。增加Decay（衰退）值会导致振幅从波浪扭曲对象的所在位置开始随距离的增加而减弱。默认设置是 0.0。

（2）"显示"选项组：这些选项用于控制波浪扭曲 Gizmo 的几何体。在某些情况下，例如两个"振幅"值不同时，它们会改变波浪的效果。

- 边数：设置沿波浪对象的局部 x 维度的边分段数。
- 分段：设置沿波浪对象的局部 y 维度的分段数目。
- 拆分：在不改变波浪效果（缩放则会）的情况下调整波浪图标的大小。

【案例学习目标】学习使用波浪空间扭曲。

【案例知识要点】创建模型，并为模型设置合适的分段，并通过绑定模型到波浪空间扭曲，完成波浪字动画，如图14-208所示。

【场景所在位置】光盘>场景> Ch14>波浪字.max。

【效果图参考场景】光盘>场景> Ch14>波浪字ok.max。

【贴图所在位置】光盘>Map。

图14-208

01 单击"🌼（创建）> ◘（图形）>文本"按钮，在"前"视图中创建文本，在"参数"卷展栏中选择合适的文本，并设置文字的"大小"，在文本框中输入"正气凛然"，如图14-209所示。

02 切换到 ◢（修改）命令面板，为文本施加"编辑样条线"修改器，将选择集定义为"分段"，选择稍长的横向分段，设置分段的"拆分"为8，如图14-210所示。

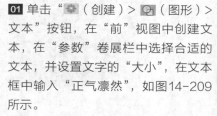

图14-209

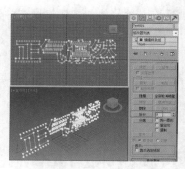

图14-210

03 继续设置横向分段，设置拆分为4，如图14-211所示。

04 关闭选择集，为文本施加"挤出"修改器，在"参数"卷展栏中设置"数量"为10，如图14-212所示。

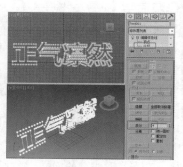

图14-211

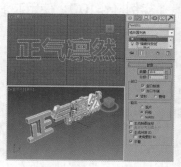

图14-212

05 单击"🔆（创建）> ⧓（空间扭曲）>几何/可变形>波浪"按钮，在"前"视图中创建波浪空间扭曲，如图14-213所示。

06 将波浪图标旋转90度，并使用 ⧓（绑定到空间扭曲）工具，将波浪绑定到文字上，如图14-214所示。

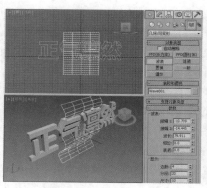

图14-213

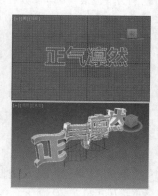

图14-214

07 旋转波浪，在"参数"卷展栏中设置"振幅1"为1、"振幅2"为8、"波长"为99、"相位"为0、"衰退"为0；设置"显示"选项组中的"变数"为3、"分段"为22、"尺寸"为10，如图14-215所示。

08 打开"自动关键点"按钮，拖动时间滑块到100帧的位置，并在场景中将波浪变形图形拖曳到文字的另一侧，如图14-216所示，设置波浪移动的动画。

09 打开"材质编辑器"窗口，选择一个新的材质样本球，在"明暗器基本参数"卷展栏中设置明暗器类型为"金属"。在"金属基本参数"卷展栏中设置"环境光"为白色，设置"漫反射"为灰色，在"反射高光"选项组中设置"高光级别"为100、"光泽度"为86，如图14-217所示。

10 在"贴图"卷展栏中单击"反射"后的"无"按钮，为反射指定"位图"贴图，贴图为"HOUSE.JPG"文件，如图14-218所示，进入贴图层级后，设置"模糊偏移"为0.09，将材质指定给场景中的文字。

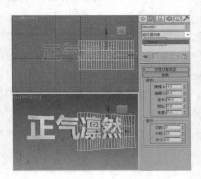

图14-215

图14-216

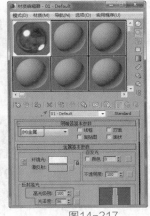

图14-217

图14-218

11 按8键，打开"环境和效果"窗口，在"环境贴图"下单击贴图按钮，在弹出的对话框中选择位图文件，文件为"金属背景1.png"文件，将位图拖曳到"材质编辑器"窗口中的材质样本球上，在"坐标"卷展栏中选择"环境"单选按钮，设置贴图类型为"屏幕"，如图14-219所示。

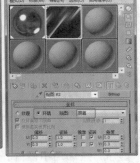

图14-219

实例操作101：使用涟漪制作水面涟漪

"涟漪"空间扭曲可以在整个世界空间中创建同心波纹。它影响几何体和产生作用的方式与"涟漪"修改器相同。当想让涟漪影响大量对象，或想要相对于其在世界空间中的位置影响某个对象时，应该使用"涟漪"空间扭曲。

"涟漪"空间扭曲的"参数"卷展栏，如图14-220所示，下面介绍相关参数。

（1）"涟漪"选项组：振幅值会相等地应用在所有方向中。涟漪的振幅 1 和振幅 2 参数的初始值是相等的。将这些参数设定为不等的数值，可以创建一种振幅相对于空间

图14-220

扭曲的局部 x 和 y 轴有所变化的涟漪。

- 幅度 1：设定沿涟漪扭曲对象的局部 x 轴的涟漪振幅。振幅用活动单位数表示。
- 幅度 2：设定沿涟漪扭曲对象的局部 y 轴的涟漪振幅。振幅用活动单位数表示。
- 波长：以活动单位数设定每个波的长度。
- 相位：从其在波浪对象中央的原点开始偏移波浪的相位。整数值无效，仅小数值有效。设置该参数的动画会使涟漪看起来像是在空间中传播。
- 衰退：当设定为 0.0 时，涟漪在整个世界空间中有着相同的一个或多个振幅。增加"衰退"值会导致振幅从涟漪扭曲对象的所在位置开始随距离的增加而减弱。默认设置是 0.0。

（2）"显示"选项组：这些选项用于控制涟漪扭曲对象图标的显示。它们不会改变涟漪的效果。

- 圆圈：设定涟漪图标中的圆圈数目。
- 分段：设定涟漪图标中的分段（扇形）数目。
- 拆分：调整涟漪图标的大小，不会像缩放操作那样改变涟漪效果。

【案例学习目标】学习使用涟漪空间扭曲。

【案例知识要点】创建平面作为水面和树叶，并将作为水面和树叶的平面绑定到涟漪空间扭曲上，设置合适的涟漪参数，即可制作出水面涟漪效果，如图14-221所示。

【场景所在位置】光盘 > 场景 > Ch14 > 水面涟漪.max。

【效果图参考场景】光盘 > 场景 > Ch14 > 水面涟漪 ok.max。

【贴图所在位置】光盘 > Map。

图14-221

01 单击 "⚙（创建） > ○（几何体） > 平面" 按钮，在 "顶" 视图中创建平面，在 "参数" 卷展栏中设置 "长度" 为 300、"宽度" 为 300、"长度分段" 为 200、"宽度分段" 为 200，如图14-222所示。

02 单击 "✳（创建） > 〰（空间扭曲） > 几何 / 可变形 > 涟漪" 按钮，在 "顶" 视图中创建涟漪，在 "参数" 卷展栏中设置 "振幅1" 为 2、"振幅2" 为 2、"波长" 为 10、"相位" 为 0、"衰退" 为 0.03；在 "显示" 选项组中设置 "圈数" 为 12、"分段" 为 18、"尺寸" 为 4，如图14-223所示。

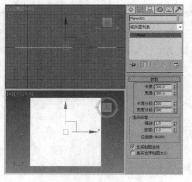

图14-222

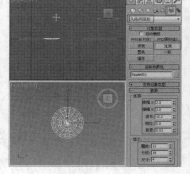

图14-223

03 在工具栏中单击〰（绑定到空间扭曲）按钮，在场景中将平面绑定到涟漪空间扭曲上，如图14-224所示。

04 打开 "材质编辑器" 窗口，选择一个新的材质样本球，将材质转换为 "光线跟踪" 材质。
在 "光线跟踪基本参数" 卷展栏中设置 "发射" 的红、绿、蓝为69、69、69，设置 "发光度" 的红、绿、蓝为12、12、12，设置 "透明度" 的红、绿、蓝为171、171、171，在 "反射高光" 选项组中设置 "高光级别" 为401、"光泽度" 为40，如图14-225所示。

05 在 "贴图" 卷展栏中为 "漫反射" 指定位图贴图，贴图为 "水波.png" 文件，如图14-226所示。

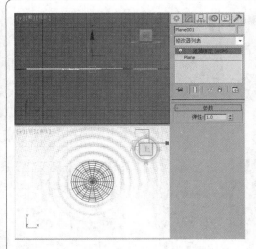

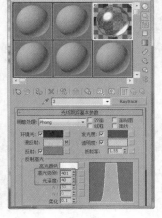

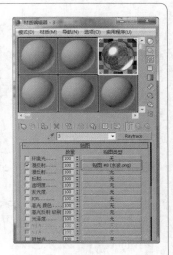

图14-224　　　　　　　　　　　图14-225　　　　　　　　　　　图14-226

06 单击"❋（创建）>◯（几何体）>平面"按钮，在"顶"视图中创建平面，在"参数"卷展栏中设置"长度"为20、"宽度"为20、"长度分段"为1、"宽度分段"为1，如图14-227所示。

07 打开"材质编辑器"窗口，选择一个新的材质样本球，在"明暗器基本参数"卷展栏中选择"双面"复选框。在"Blinn基本参数"卷展栏中设置"自发光"为50，如图14-228所示。

08 在"贴图"卷展栏中为"漫反射颜色"指定"位图"贴图，贴图为"apple_leaf.JPG"，为"不透明度"指定"位图"贴图，贴图为"apple_leaf_opacity.JPG"，如图14-229所示。

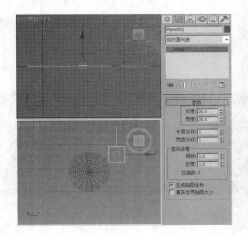

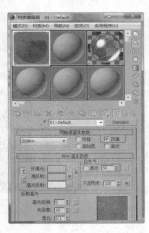

图14-227　　　　　　　　　　　图14-228　　　　　　　　　　　图14-229

09 在工具栏中单击❋（绑定到空间扭曲）按钮，在场景中将作为树叶的平面绑定到涟漪空间扭曲上，如图14-230所示。

10 打开"自动关键点"按钮，拖动时间滑块到100帧，设置涟漪的"波长"为150，如图14-231所示。

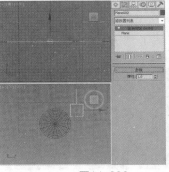

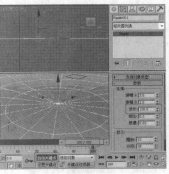

图14-230　　　　　　　　　　　图14-231

11 拖动时间滑块到0帧，在场景中选择作为树叶的平面，调整到合适的位置，如图14-232所示。

12 拖动时间滑块到60帧，在"顶"视图中移动作为树叶的平面，如图14-233所示。

图14-232

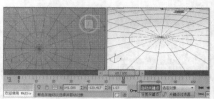
图14-233

13 在场景中复制作为水平面的模型，在"参数"卷展栏中修改平面的"长度"为500、"宽度"为500、"长度分段"为1、"宽度分段"为1，如图14-234所示，将该平面放置到作为水面模型的下方。

14 在"材质编辑器"窗口中将水材质样本球复制到另一个新的样本球上，重命名材质名称，修改"透明度"的红、绿、蓝为65、65、65，如图14-235所示，将材质指定给调整到水面下方的平面模型。

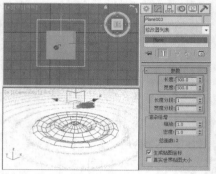
图14-234

图14-235

14.4 课堂练习——制作掉落的玻璃球

【练习知识要点】利用超级喷射和导向板制作掉落的玻璃球，通过不断地修改参数，完成最终掉落的玻璃球效果的制作，如图14-236所示。

【效果图参考场景】光盘＞场景＞Ch14＞掉落的玻璃球.max。

【贴图所在位置】光盘＞Map。

图14-236

14.5 课后习题——制作烟花

【习题知识要点】创建超级喷射，并设置超级喷射的各项参数，结合使用重力空间扭曲和视频后期处理完成烟花的制作，如图14-237所示。

【效果图参考场景】光盘＞场景＞Ch14＞烟花.max。

【贴图所在位置】光盘＞.Map。

图14-237

第

15 章

环境和效果

通过"环境和效果"窗口可以制作出火焰、体积光、雾、体积雾，以及景深和模糊等效果，还可以对渲染进行亮度和对比度的调节，以及对场景进行曝光控制等。

15.1 辅助对象

辅助对象起支持作用，就像舞台上的工作人员或工程助理。下面介绍几种常用的辅助对象。

15.1.1 点

"点"提供了 3D 空间中的特定位置，该位置可用做参考或由其他程序功能使用，如图15-1所示，单击"▥（创建）> ▣（辅助对象）> 点"按钮，在场景中单击，即可创建点辅助对象。

"参数"卷展栏中的选项功能介绍如下。

- 中心标记：在辅助对象的中心显示一个小的X标记。
- 三轴架：显示三轴架，表示辅助对象的位置和方向。当不再选中点对象时，轴仍然可见。
- 交叉：显示一个与轴对齐的交叉。
- 长方体：在辅助对象的中心显示一个与轴对齐的小框。
- 大小：设置点对象的大小。使用该设置缩小点对象或增加其大小以帮助对其进行定位。默认设置为20。
- 恒定屏幕大小：使点对象的大小保持恒定，不考虑放大或缩小的程度。
- 在顶部绘制：在场景中所有其他对象的顶部显示点对象。

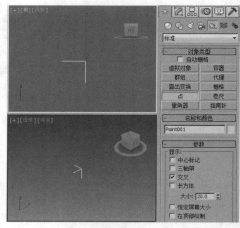

图15-1

15.1.2 大气装置

单击"▥（创建）> ▣（辅助对象）> 大气装置"按钮，可以创建3种类型的大气装置：长方体、圆柱体或球体Gizmo，如图15-2所示。这些Gizmo包括场景中雾或火的效果。

图15-2

15.2 环境

可以使用"环境和效果"窗口应用效果和环境。

实例操作102：使用曝光控制设置室内场景

1."公用参数"卷展栏

"公用参数"卷展栏中的选项功能介绍如下（如图15-3所示）。

（1）"背景"选项组：从该选项组中设置背景的效果。

- 颜色：通过颜色选择器指定颜色作为单色背景。
- 环境贴图：通过其下的贴图按钮，可以在弹出的"材质／贴图浏览器"对话框中选择相应的贴图。

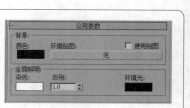

图15-3

- 使用贴图：当指定贴图作为背景后，该复选框自动启用，只有启用该复选框，贴图才有效。

（2）"全局照明"选项组：该选项组中的参数主要用于对整个场景的环境光进行调节。

● 染色：对场景中的所有灯光进行染色处理，默认为白色，不产生染色处理。

● 级别：增强场景中全部照明的强度，值为1时不对场景中的灯光强度产生影响，大于1时整个场景的灯光强度都增强，小于1时整个场景的灯光都减弱。

● 环境光：设置环境光的颜色，它与任何灯光无关，不属于定向光源，类似现实生活中空气的漫射光。默认为黑色，即没有环境光照明，这样材质完全受可视灯光的照明，同时在"材质编辑器"窗口中，材质的Ambient属性也没有任何作用，当指定了环境光后，材质的Ambient属性就会根据当前的环境光设置产生影响，最明显的效果是材质的暗部不是黑色，而是染上了这里设置的环境光色。环境光尽量不要设置得太亮，因为这样会降低图像的饱和度，使效果变得平淡而发灰。

2."曝光控制"卷展栏

"曝光控制"卷展栏中的选项功能介绍如下（如图15-4所示）。

● 下拉列表框：选择要使用的曝光控制。

● 活动：启用该复选框时，在渲染中使用该曝光控制。禁用该复选框时，不应用该曝光控制。

图15-4

● 处理背景与环境贴图：启用该复选框时，场景背景贴图和场景环境贴图受曝光控制的影响。禁用该复选框时，则不受曝光控制的影响。

● 预览窗口：缩略图显示应用了活动曝光控制的渲染场景的预览。渲染了预览后，在更改曝光控制设置时将交互式更新。

● 渲染预览：单击该按钮可以渲染预览缩略图。

【案例学习目标】学习使用曝光控制。

【案例知识要点】通过打开原始场景文件，设置场景的线性曝光控制，设置图像的效果，如图15-5所示。

【场景所在位置】光盘>场景> Ch15>曝光控制.max。

【效果图参考场景】光盘>场景>Ch15>曝光控制ok.max。

【贴图所在位置】光盘>Map。

01 打开原始场景文件，按8键，打开"环境和效果"窗口，在"曝光控制"卷展栏中选择"线性曝光控制"选项，如图15-6所示。

02 在"线性曝光控制参数"卷展栏中设置"亮度"为52、"对比度"为52，如图15-7所示。

图15-5

图15-6　　　　　　　　　　　　　　　图15-7

▶15.3　大气

大气是用于创建照明效果（如雾、火焰等）的插件组件。

▌实例操作103：使用火效果制作爆炸的火球 ▌

使用"火效果"可以生成动画的火焰、烟雾和爆炸效果。火焰效果用法包括篝火、火炬、火球、烟云和星云等。

"火效果参数"卷展栏中的选项功能介绍如下（如图15-8所示）：

● 拾取Gizmo：通过单击该按钮，进入拾取模式，然后单击场景中的某个大气装置。在渲染时，装置会显示火焰效果，装置的名称将添加到"装置"下拉列表框中。

● 移除Gizmo：移除 Gizmo 下拉列表框中所选的 Gizmo。Gizmo 仍在场景中，但是不再显示火焰效果。

● 颜色：可以使用颜色下的色样为火焰效果设置3个颜色属性。

● 内部颜色：设置效果中最密集部分的颜色。对于典型的火焰，此颜色代表火焰中最热的部分。

● 外部颜色：设置效果中最稀薄部分的颜色。对于典型的火焰，此颜色代表火焰中较冷的散热边缘。

● 烟雾颜色：设置用于"爆炸"选项的烟雾颜色。

● 图形：使用"图形"下的选项控制火焰效果中火焰的形状、缩放和图案。

图15-8

● 火舌：沿着中心使用纹理创建带方向的火焰。火焰方向沿着火焰装置的局部 z 轴。"火舌"可以创建类似篝火的火焰。

● 火球：创建圆形的爆炸火焰。"火球"很适合创建爆炸效果。

● 拉伸：将火焰沿着装置的 z 轴缩放。

● 规则性：修改火焰填充装置的方式。如果值为 1.0，则填满装置。效果在装置边缘附近衰减，但是总体形状仍然非常明显。如果值为 0.0，则生成很不规则的效果，有时可能会到达装置的边界，但是通常会被修剪，会小一些。

● 特性：使用"特性"下的参数设置火焰的大小和外观。

● 火焰大小：设置装置中各个火焰的大小。装置大小会影响火焰大小。装置越大，需要的火焰也越大。

● 密度：设置火焰效果的不透明度和亮度。

● 火焰细节：控制每个火焰中显示的颜色更改量和边缘尖锐度。较低的值可以生成平滑、模糊的火焰，渲染速度较快；较高的值可以生成带图案的清晰火焰，渲染速度较慢。

● 采样数：设置效果的采样率。该值越高，生成的效果越准确，渲染所需的时间也越长。

● 动态：使用"动态"选项组中的参数可以设置火焰的涡流和上升的动画。

● 相位：控制更改火焰效果的速率。

● 漂移：设置火焰沿着火焰装置的z轴的渲染方式。较低的值提供燃烧较慢的冷火焰，较高的值提供燃烧较快的热火焰。

● 爆炸：使用"爆炸"选项组中的参数可以自动设置爆炸动画。

● 爆炸：根据相位值动画自动设置大小、密度和颜色的动画。

● 烟雾：控制爆炸是否产生烟雾。

● 设置爆炸：单击该按钮，弹出"设置爆炸相位曲线"对话框。输入开始时间和结束时间。

● 剧烈度：改变相位参数的涡流效果。

【案例学习目标】学习使用火效果。

【案例知识要点】本例主要设置环境背景，并创建球体Gizmos，设置球体Gizmos的火效果，通过设置火效果的参数完成火球爆炸的效果，如图15-9所示。

【场景所在位置】光盘>场景> Ch15>爆炸的火球.max。

【效果图参考场景】光盘>场景> Ch15>爆炸的火球ok.max。

【贴图所在位置】光盘>Map

01 单击" ▓（创建）> ◙（辅助对象）>大气装置>球体Gizmo"按钮，在场景中创建球体Gizmo，如图15-10所示。

02 按8键，打开"环境和效果"窗口，在"大气"卷展栏中单击"添加"按钮，在弹出的对话框中选择"火效果"选项，单击"确定"按钮，如图15-11所示。

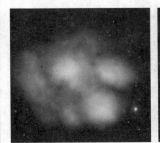

图15-9

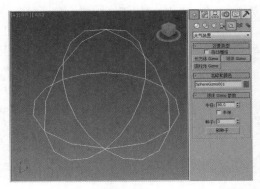

图15-10

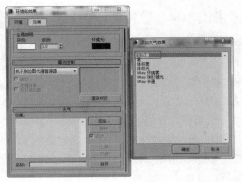

图15-11

03 在"火效果参数"卷展栏中单击"拾取Gizmo"按钮，在场景中拾取球体Gizmo，在"图形"选项组中选择"火球"单选按钮，在"爆炸"选项组中选择"爆炸"复选框，如图15-12所示，可以单击"设置爆炸"按钮。

04 在弹出的"设置爆炸相位曲线"中设置"开始时间"和"结束时间"，如图15-13所示。

05 在场景中调整合适的视图角度，如图15-14所示。

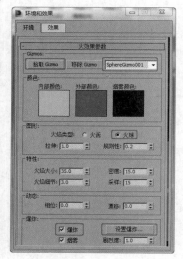

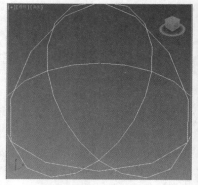

图15-12　　　　　　　　　　　图15-13　　　　　　　　　　　图15-14

06 按8键，打开"环境和效果"窗口，在"公用参数"卷展栏中为"环境贴图"指定"位图"，位图为"xingkong.jpg"，如图15-15所示。

07 将环境贴图拖曳到新的材质样本球上，在弹出的对话框中选择"实例"单选按钮，在"坐标"卷展栏中设置环境贴图为"屏幕"，如图15-16所示。

图15-15　　　　　　　　　　　图15-16

实例操作104：使用体积雾制作水面雾效

"体积雾"可以提供雾效果，雾密度在 3D 空间中不是恒定的。"体积雾"提供吹动的云状雾效果，似乎在风中飘散。

"体积雾参数"卷展栏中的选项功能介绍如下（如图15-17所示）。

● 拾取Gizmo：通过单击该按钮，进入拾取模式，然后单击场景中的某个大气装置。在渲染时，装置会包含体积雾。装置的名称将添加到装置下拉列表框中。

● 移除Gizmo：将 Gizmo 从体积雾效果中移除。

● 柔化Gizmo边缘：羽化体积雾效果的边缘。该值越大，边缘越柔化。

● 颜色：设置雾的颜色。

● 指数：随距离按指数增大密度。禁用该复选框时，密度随距离线性增大。

● 密度：控制雾的密度。

● 步长大小：确定雾采样的粒度，即雾的细度。

● 最大步数：限制采样量，以便使雾的计算不会永远执行（字面上）。如果雾的密度较小，此选项尤其有用。
雾化背景：将雾功能应用于场景的背景。

"噪波"选项组：体积雾的噪波选项相当于材质的噪波选项。

● 类型：从3种噪波类型中选择要应用的一种类型。

● 规则：标准的噪波图案。

● 分形：迭代分形噪波图案。

● 湍流：迭代湍流图案。

● 反转：反转噪波效果。浓雾将变为半透明的雾，反之亦然。

● 噪波阈值：限制噪波效果。

● 高：设置高阈值。

● 级别：设置噪波迭代应用的次数。

● 低：设置低阈值。

● 大小：确定烟卷或雾卷的大小。该值越小，雾卷越小。

● 均匀性：范围为 – 1~1，作用与高通过滤器类似。该值越小，体积越透明，包含分散的烟雾泡。

● 相位：控制风的种子。如果风力强度的设置也大于 0，雾体积会根据风向产生动画。

● 风力强度：控制烟雾远离风向（相对于相位）的速度。

● 风力来源：定义风来自于哪个方向，包括前、后、左、右、顶和底。

【案例学习目标】学习使用体积雾。

【案例知识要点】本例主要设置环境背景，创建球体Gizmo，并为球体Gizmo添加"体积雾"大气效果，完成的体积雾效果如图15-18所示。

【场景所在位置】光盘 > 场景 > Ch15 > 体积雾.max。

【效果图参考场景】光盘 > 场景 > Ch15 > 体积雾ok.max。

【贴图所在位置】光盘 > Map

图15-17

图15-18

01 按8键，打开"环境和效果"窗口，为"环境贴图"指定"位图"贴图，贴图为"唯美雪景.jpg"文件，如图15-19所示。

02 将背景贴图拖曳到新的材质样本球上，在"坐标"卷展栏中选择"贴图"为"屏幕"，如图15-20所示。

03 在场景中激活"透视"图，按Alt+B组合键，在弹出的"视口配置"对话框中选择"背景"选项卡，选择"使用环境背景"单选按钮，单击"确定"按钮，如图15-21所示。

04 可以看到显示背景后的视图，如图15-22所示。

图15-19

图15-20

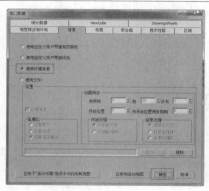

图15-21

图15-22

05 单击"■（创建）>■（辅助对象）>大气装置>球体 Gizmo"按钮，在场景中创建球体 Gizmo，在"球体 Gizmo 参数"卷展栏中设置"半径"为150，如图15-23所示。

06 按8键，打开"环境和效果"窗口，在"大气"卷展栏中单击"添加"按钮，在弹出的"添加大气效果"对话框中选择"体积雾"选项，单击"确定"按钮，如图15-24所示。

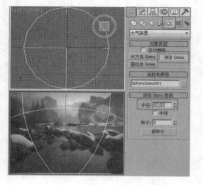

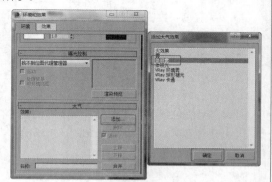

图15-23

图15-24

07 在"体积雾参数"卷展栏中单击"拾取 Gizmo"按钮，在场景中拾取创建的球体 Gizmo，如图15-25所示。

08 测试渲染场景，看一下效果，如图15-26所示。

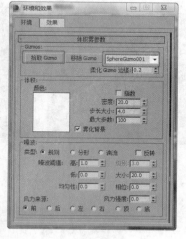

图15-25

图15-26

09 在"前"视图中缩放球体 Gizmo，如图15-27所示，调整"透视"图，将球体 Gizmo 调整至覆盖在水面上。

10 渲染场景，得到如图15-28所示。

11 打开"环境和效果"窗口，并在"体积雾参数"卷展栏中选择"指数"复选框，设置"密度"为5、"步长大小"为80、"最大步数"为150。在"噪波"选项组中设置"类型"为"分形"，并设置"大小"为50，如图15-29所示。

12 渲染场景，得到如图15-30所示的效果。

图15-27

图15-28

图15-29

图15-30

实例操作105：制作体积光效果

"体积光"根据灯光与大气（雾、烟雾等）的相互作用提供灯光效果。

"体积光参数"卷展栏中的选项功能介绍如下（如图15-31所示）。

● 拾取灯光：单击该按钮，进入拾取模式，然后在任意视口中单击要为体积光启用的灯光。

● 移除灯光：将灯光从下拉列表框中移除。

● 雾颜色：设置组成体积光的雾的颜色。

● 衰减颜色：设置体积光随距离而衰减的颜色。

● 指数：随距离按指数增大密度。禁用该复选框时，密度随距离线性增大。只有希望渲染体积雾中的透明对象时，才应激活此复选框。

● 密度：设置雾的密度。

● 最大亮度：表示可以达到的最大光晕效果（默认设置为90%）。

● 最小亮度：与环境光设置类似。如果最小亮度大于 0，光体积外面的区域也会发光。

● 衰减倍增：调整衰减颜色的效果。

● 过滤阴影：用于通过提高采样率（以增加渲染时间为代价）来获得更高质量的体积光渲染。

● 低：不过滤图像缓冲区，而是直接采样。

● 中：对相邻的像素采样并求平均值。对于出现条带类型缺陷的情况，这可以使质量得到非常明显的改进。

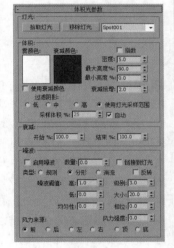
图15-31

● 高：对相邻的像素和对角像素采样，为每个像素指定不同的权重。

● 使用灯光采样范围：根据灯光的阴影参数中的采样范围值，使体积光中投射的阴影变模糊。

● 采样体积%：控制体积的采样质量。

● 自动：自动控制"采样体积%"参数，禁用微调器（默认设置）。

"衰减"选项组：此选项组中的选项取决于单个灯光的开始范围和结束范围衰减参数的设置。

● 开始%：设置灯光效果的开始衰减，与实际灯光参数的衰减相对。

● 结束%：设置照明效果的结束衰减，与实际灯光参数的衰减相对。

● 启用噪波：启用和禁用噪波。

● 数量：应用于雾的噪波的百分比。

● 链接到灯光：将噪波效果链接到其灯光对象，而不是世界坐标。

● 类型：从"规则""分形"和"湍流"3种噪波类型中选择要应用的一种类型。

- 反转：反转噪波效果。
- 噪波阈值：限制噪波效果为"高"或"低"。
- 级别：设置噪波迭代应用的次数。
- 大小：确定烟卷或雾卷的大小。值越小，卷越小。
- 均匀性：作用类似高通过滤器。值越小，体积越透明，包含分散的烟雾泡。

【案例学习目标】学习使用体积光。

【案例知识要点】在原始场景的基础上，创建目标平行光，设置合适的参数，并设置合适的灯光参数，通过为其设置体积光完成体积光效果，如图15-32所示。

【场景所在位置】光盘>场景>Ch15>体积光.max。

【效果图参考场景】光盘>场景>Ch15>体积光ok.max。

【贴图所在位置】光盘>Map。

图15-32

01 打开原始场景文件，如图15-33所示。

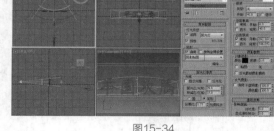

图15-33

02 单击"（创建）>（灯光）>标准>目标聚光灯"按钮，在"顶"视图中创建目标聚光灯，在场景中调整灯光的位置和照射角度，在"常规参数"卷展栏中选择"阴影"选项组中的"启用"复选框，设置阴影类型为"阴影贴图"。在"聚光灯参数"卷展栏中设置"聚光区／光束"为29.6、"衰减区／区域"为37；选择"矩形"单选按钮，设置"纵横比"为5.77。

在"强度／颜色／衰减"卷展栏中设置"倍增"为1，勾选"远距衰减"组中的"使用"，并设置一个合适的参数，如图15-34所示。

图15-34

03 按8键，打开"环境和效果"窗口，在"大气"卷展栏中单击"添加"按钮，在弹出的对话框中选择"体积光"选项，单击"确定"按钮，如图15-35所示。

04 在"体积光参数"卷展栏中单击"拾取灯光"按钮，在场景中拾取目标聚光灯，在"噪波"选项组中设置类型为"分形"，如图15-36所示。这样体积光效果就制作出来了。

图15-35

图15-36

15.4 效果

通过"环境和效果"窗口中的"效果"选项卡，可以在最终渲染图像或动画之前添加各种效果并进行查看。

实例操作106：使用毛发和毛皮制作抱枕

要渲染毛发，该场景中必须包含"毛发和毛皮"渲染效果。

"毛发和毛皮"卷展栏中的选项功能介绍如下（如图15-37所示）。

（1）"毛发渲染选项"选项组中的各个选项介绍如下。

● 毛发：在下拉列表框中选择用于渲染毛发的方法。

● 照明：在下拉列表框中选择毛发接受照明方式。

● mr体素分辨率：仅适用于"几何体"和"mr prim毛发"选项。

● 光线跟踪反射／折射：仅适用于"缓冲"毛发选项。启用该复选框时，反射和折射就变成光线跟踪的反射和折射。禁用该复选框时，反射和折射就照常计算。

图15-37

（2）运动模糊：为了渲染运动模糊的毛发，必须为对象启用"运动模糊"复选框。

● 持续时间：运动模糊计算用于每帧的帧数。

● 时间间隔：持续时间中在模糊之前捕捉毛发的快照点。

（3）缓冲渲染选项：此设置仅适用于缓存渲染方法。

● 过度采样：控制应用于 Hair 缓冲区渲染的抗锯齿等级。

● 平铺内存使用：设置平铺所要使用的最大主内存。

● 透明深度：设置渲染透明或半透明头发的最大深度。

（4）"合成方法"选项组：此选项组可用于选择 Hair 合成毛发与场景其余部分的方法。合成选项仅限于"缓冲"渲染方法。

● 无：仅渲染毛发，带有阻光度。生成的图像即可用于合成。

● 关闭：渲染毛发阴影而非毛发。

● 法线：标准渲染，在渲染帧窗口中将阻挡的毛发和场景中的其余部分合成。由于存在阻光度，毛发将无法出现在透明的物体之后（穿透）。

● G缓冲：缓冲渲染的毛发出现大部分透明对象之后。不支持透明折射对象。

（5）阻挡对象：此设置用于选择哪些对象将阻挡场景中的毛发，即如果对象比较靠近摄影机而不是部分毛发阵列，则将不会渲染其后的毛发。默认情况下，场景中的所有对象均阻挡其后的毛发。

● 自动：场景中的所有可渲染对象均阻挡其后的毛发。

● 全部：场景中的所有对象，包括不可渲染对象，均阻挡其后的毛发。

● 自定义：可用于指定阻挡毛发的对象。选择此单选按钮，将使列表框右侧的按钮变为可用。

● 添加：将单一对象添加到列表框中。

● 添加列表：向列表框中添加多个对象。

● 替换：要替换列表框中的对象。在列表框中高亮显示该对象的名称，单击"替换"按钮，然后单击视口中的替换对象。

● 删除：要从列表框中删除对象。在列表框中高亮显示该对象的名称，然后单击"删除"按钮。

（6）"全局照明"选项组中各个选项的介绍如下。

● 应用天光：启用该复选框时，如果场景中出现天光，"毛发和毛皮"会将天光考虑在内。默认设置为禁用状态。

● 倍增：只有启用"应用天光"复选框时，此选项才可用。

（7）照明：这些设置控制通过场景中支持的灯光从头发投射的阴影及头发的照明。

● 阴影密度：指定阴影的相对密度。

● 渲染时使用所有灯光：启用该复选框后，场景中所有支持的灯光均会照明，并在渲染场景时从头发投射阴影。

●添加毛发属性：将"头发灯光属性"卷展栏添加到场景中的选定灯光。如果要在没灯光的基础上指定特定毛发的阴影属性，则必须使用此卷展栏。仅限至少有一个支持的灯光选中的情况可用。

●移除毛发属性：从场景中的选定灯光移除"头发灯光属性"卷展栏。

【案例学习目标】学习使用"毛发和毛皮"效果。

【案例知识要点】创建并调整切角长方体，调整模型的形状后，分离多边形，并为多边形施加毛发修改器，添加"毛发和毛皮"效果，完成抱枕的制作，如图15-38所示。

【场景所在位置】光盘 > 场景 > Ch15> 抱枕.max。

【效果图参考场景】光盘 > 场景 > Ch15> 抱枕ok.max。

【贴图所在位置】光盘 > Map。

图15-38

01 单击"（创建）>（几何体）>扩展基本体>切角长方体"按钮，在"参数"卷展栏中设置"长度"为200、"宽度"为280、"高度"为30、"圆角"为14、"长度分段"为5、"宽度分段"为5、"高度分段"为1、"圆角分段"为3，如图15-39所示。

02 切换到（修改）命令面板，为模型施加"FFD 4×4×4"修改器，将选择集定义为"控制点"，在"顶"视图中选择中间的4组点，并对其进行缩放，如图15-40所示。

图15-39

图15-40

03 继续在"前"视图中缩放控制点，如图15-41所示。

04 在"前"视图中选择中间横向的两行控制点，并在"顶"视图中缩放控制点，如图15-42所示。

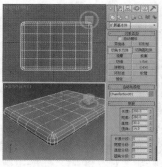

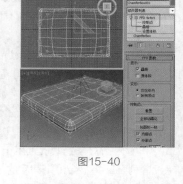

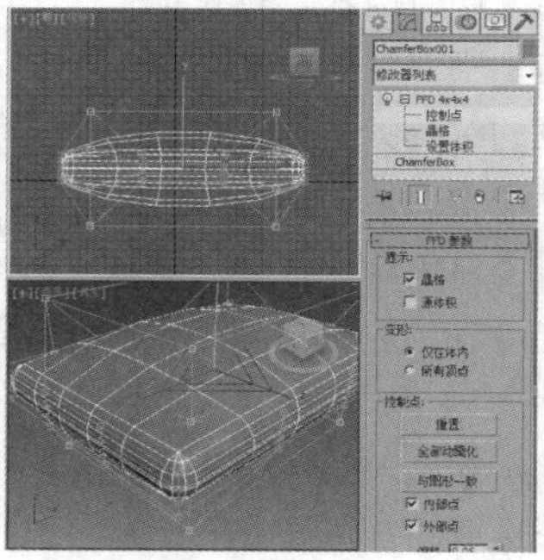

图15-41

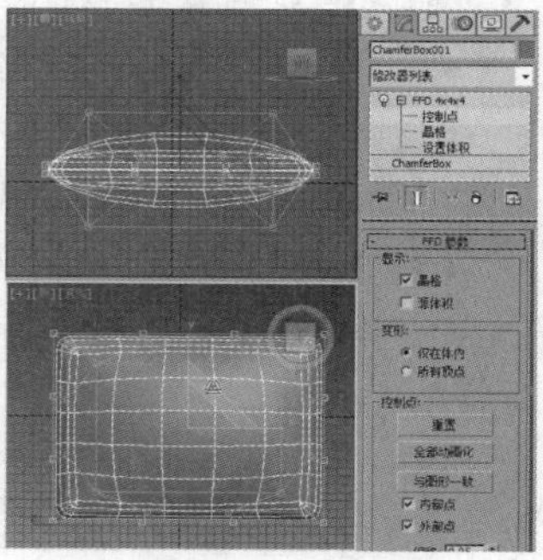

图15-42

05 为模型施加"编辑多边形"修改器，将选择集定义为"多边形"，在"前"视图中选择如图15-43所示的多边形，在"编辑几何体"卷展栏中单击"分离"按钮，分离出选择的多边形。

06 选择分离出的多边形，为其施加"Hair和Fur（WSM）"修改器，如图15-44所示。

07 在"常规参数"卷展栏中设置"毛发数量"为7000、"剪切长度"为50、"随机比例"为40、"根厚度"为5、"梢厚度"为5，如图15-45所示。

08 在"成束参数"卷展栏中设置"束"为60、"强度"为0.5，如图15-46所示。

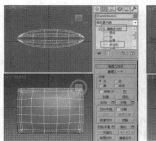
图15-43

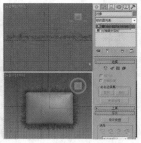
图15-44

图15-45

图15-46

09 在"卷发参数"卷展栏中设置"卷发根"为15.5、"卷发梢"为260，如图15-47所示。

10 渲染场景，得到如图15-48所示的效果。

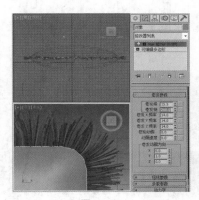
图15-47

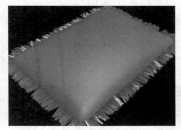
图15-48

11 打开"材质编辑器"窗口，在"贴图"卷展栏中为"漫反射颜色"指定"位图"贴图，贴图为"青花枕头花纹.jpg"文件，将材质指定给场景中的所有模型，如图15-49所示。

12 按8键，打开"环境和效果"窗口，选择"效果"选项卡，在"效果"卷展栏中单击"添加"按钮，在"添加效果"对话框中选择"毛发和毛皮"选项，单击"确定"按钮，如图15-50所示。

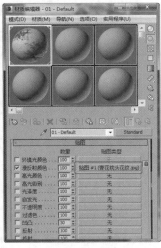
图15-49

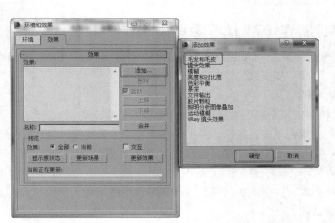
图15-50

13 此时渲染场景，得到如图15-51所示的效果。

14 在"毛发和毛皮"卷展栏中设置"毛发渲染选项"选项组中的"毛发"为"几何体"，如图15-52所示。

图15-51　　　　　　　　　　　　　　　　图15-52

15 此时渲染场景，得到如图15-53所示的效果。

16 在场景中选择抱枕模型，为其施加"噪波"修改器，在"参数"卷展栏中选择"分形"复选框，设置"强度"选项组中的X、Y、Z均为10，如图15-54所示。

17 最后可以为场景创建地面，创建灯光等，这里就不详细介绍了。

图15-53　　　　　　　　　　　　　　　　图15-54

实例操作107：使用镜头效果制作路灯

"镜头效果"可创建与摄影机相关的真实效果。镜头效果包括光晕、光环、射线、自动从属光、手动从属光、星形和条纹

1.镜头效果

"镜头效果全局"卷展栏中的"参数"选项卡如图15-55所示。

- 加载：单击该按钮，弹出"加载镜头效果文件"对话框，可以用于打开LZV文件。

- 保存：单击该按钮，弹出"保存镜头效果文件"对话框，可以用于保存LZV文件。

- 大小：影响总体镜头效果的大小。此值是渲染帧的大小的百分比。

- 强度：控制镜头效果的总体亮度和不透明度。该值越大，效果越亮，越不透明；该值越小，效果越暗，越透明。

- 种子：为镜头效果中的随机数生成器提供不同的起点，创建略有不同的镜头效果，而不更改任何设置。使用"种子"可以保证镜头效果不同，即使差异很小。

● 角度：影响在效果与摄影机相对位置的改变时，镜头效果从默认位置旋转的量。

● 挤压：在水平方向或垂直方向挤压总体镜头效果的大小，补偿不同的帧纵横比。正值在水平方向拉伸效果，而负值在垂直方向拉伸效果。

"灯光"选项组：可以选择要应用镜头效果的灯光。

● 拾取灯光：使用户可以直接通过视口选择灯光。

● 移除：移除所选的灯光。

● 下拉列表框：可以快速访问已添加到镜头效果中的灯光。

"镜头效果全局"卷展栏中的"场景"选项卡如图15-56所示。

● 影响 Alpha：指定如果图像以32位文件格式渲染，镜头效果是否影响图像的 Alpha 通道。Alpha 通道是颜色的额外8位（256色），用于指示图像中的透明度。

● 影响 Z 缓冲区：存储对象与摄影机的距离。Z 缓冲区用于光学效果。启用此复选框时，将记录镜头效果的线性距离，可以在利用 Z 缓冲区的特殊效果中使用。

● 距离影响：允许与摄影机或视口的距离影响效果的大小和 / 或强度。

● 偏心影响：允许与摄影机或视口偏心的效果影响效果的大小和 / 或强度。

● 方向影响：允许聚光灯相对于摄影机的方向影响效果的大小和 / 或强度。

● 内径：设置效果周围的内径，另一个场景对象必须与内径相交，才能完全阻挡效果。

● 外半径：设置效果周围的外径，另一个场景对象必须与外径相交，才能开始阻挡效果。

● 大小：减小所阻挡的效果的大小。

● 强度：减小所阻挡的效果的强度。

● 受大气影响：允许大气效果阻挡镜头效果。

2. 光晕

"光晕"可以用于在指定对象的周围添加光环。

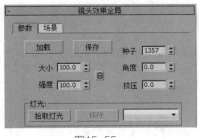

图15-55

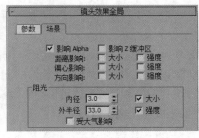

图15-56

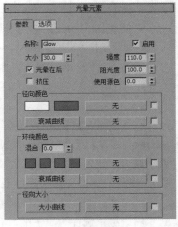

图15-57

（1）"光晕元素"卷展栏中的"参数"选项卡如图15-57所示。

● 名称：显示效果的名称。

● 启用：选择该复选框，可将效果应用于渲染图像。

● 大小：确定效果的大小。

● 强度：控制单个效果的总体亮度和不透明度。该值越大，效果越亮，越不透明；该值越小，效果越暗，越透明。

● 阻光度：确定镜头效果场景阻光度参数对特定效果的影响程度。

● 使用源色：将应用效果的灯光或对象的颜色与"径向颜色"或"环绕颜色"参数中设置的颜色或贴图混合。

- 光晕在后：提供可以在场景中的对象后面显示的效果。
- 挤压：确定是否将效果挤压。

"径向颜色"选项组："径向颜色"设置影响效果的内部颜色和外部颜色。可以设置色样、镜头效果的内部颜色和外部颜色。也可以使用渐变位图或细胞位图等确定径向颜色。

"衰减曲线"选项组：单击该按钮，弹出对话框，在该对话框中可以设置径向颜色中使用颜色的权重。通过操纵衰减曲线，可以使效果更多地使用颜色或贴图。也可以使用贴图确定在使用灯光作为镜头效果光源时的衰减。

"环绕颜色"选项组："环绕颜色"通过使用4种与效果的4个1／4圆匹配的不同色样确定效果的颜色，也可以使用贴图确定环绕颜色。

- 混合选项组：混合在"径向颜色"和"环绕颜色"中设置的颜色。
- 衰减曲线选项组：单击该按钮，弹出对话框，在该对话框中可以设置环绕颜色中使用颜色的权重。

"径向大小"选项组：确定围绕特定镜头效果的径向大小。

- 大小曲线：单击"大小曲线"按钮，将弹出对话框。使用该对话框可以在线上创建点，然后将这些点沿着图形移动，确定效果应放在灯光或对象周围的哪个位置。也可以使用贴图确定效果应放在哪个位置。使用复选框激活贴图。

（2）"光晕元素"卷展栏中的"选项"选项卡如图15-58所示。

- 灯光：将效果应用于"镜头效果全局"中拾取的灯光。
- 图像：将效果应用于使用"图像源"中设置的参数渲染的图像。
- 图像中心：应用于对象中心或对象中由图像过滤器确定的部分。

"图像源"选项组中各个选项的介绍如下。

- 对象ID：将效果应用于场景中设置了G缓冲区的模型。
- 材质ID：将效果应用于场景中设置了材质ID的材质对象。
- 非钳制：超亮度颜色比纯白色（255，255，255）要亮。
- 曲面法线：根据摄影机曲面法线的角度将镜头效果应用于对象的一部分。
- 全部：将镜头效果应用于整个场景，而不仅仅应用于几何体的特定

图15-58

部分。

- Alpha：将镜头效果应用于图像的 Alpha 通道。
- Z高、Z低：根据对象到摄影机的距离（Z 缓冲区距离），高亮显示对象。高值为最大距离，低值为最小距离。这两个Z缓冲区距离之间的任何对象均将高亮显示。

"图像过滤器"选项组：通过过滤"图像源"选择，可以控制镜头效果的应用方式。

- 全部：选择场景中的所有源像素并应用镜头效果。
- 边缘：选择边界上的所有源像素并应用镜头效果。沿着对象边界应用镜头效果，将在对象的内边和外边上生成柔化光晕。
- 周界 Alpha：根据对象的Alpha通道，将镜头效果仅应用于对象的周界。如果选择此复选框，则仅在对象的外围应用效果，而不会在内部生成任何斑点。
- 周界：根据边条件，将镜头效果仅应用于对象的周界。
- 亮度：根据源对象的亮度值过滤源对象。效果仅应用于亮度高于微调器设置的对象。
- 色调：按色调过滤源对象。单击微调器旁边的色样可以选择色调。可以选择的色调值范围为0~255。

"附加效果"选项组：使用"附加效果"可以将噪波等贴图应用于镜头效果。单击"应用"复选框右侧的None按钮，可以打开"材质／贴图浏览器"对话框。

- 应用：激活该复选框时应用所选的贴图。
- 径向密度：确定希望应用其他效果的位置和程度。

3. 光环

"光环"是环绕源对象中心的环形彩色条带。"光环元素"卷展栏中的"参数"选项卡如图15-59所示。

- 厚度：确定效果的厚度（像素数）。
- 平面：沿效果轴设置效果位置，该轴从效果中心延伸到屏幕中心。

4. 射线

"射线"是从源对象中心发出的明亮的直线，为对象提供亮度很高的效果。使用射线可以模拟摄影机镜头元件的划痕。"射线元素"卷展栏中的"参数"选项卡如图15-60所示。

- 数量：指定镜头光斑中出现的总射线数。射线在半径附近随机分布。
- 角度：指定射线的角度。可以输入正值也可以输入负值，这样在设置动画时，射线可以绕着顺时针或逆时针方向旋转。
- 锐化：指定射线的总体锐度。数字越大，生成的射线越鲜明、清洁和清晰。数字越小，产生的二级光晕越多。范围为0~10。

图15-59

图15-60

5. 自动二级光斑

"自动二级光斑"是可以正常看到的一些小圆，沿着与摄影机位置相对的轴从镜头光斑源中发出。这些光斑由灯光从摄影机中不同的镜头元素折射而产生。随着摄影机的位置相对于源对象更改，二级光斑也随之移动。"自动二级光斑元素"卷展栏中的"参数"选项卡如图15-61所示。

- 最小：控制当前集中二级光斑的最小大小。
- 最大：控制当前集中二级光斑的最大大小。
- 轴：定义自动二级光斑沿其进行分布的轴的总长度。
- 数量：控制当前光斑集中出现的二级光斑数。
- 边数：控制当前光斑集中二级光斑的形状。默认设置为圆形，但是可以从 3 面到 8 面二级光斑之间进行选择。
- 彩虹：可以该下拉列表框中选择光斑的径向颜色。

"径向颜色"选项组：设置影响效果的内部颜色和外部颜色。可以通过设置色样，设置镜头效果的内部颜色和外部颜色。每个色样有一个百分比微调器，用于确定颜色应在哪个点停止，下一个颜色应在哪个点开始。也可以使用渐变位图或细胞位图等确定径向颜色。

6. 手动二级光斑

"手动二级光斑"是单独添加到镜头光斑中的附加二级光斑。这些二级光斑可以附加也可以取代自动二级光斑。

如果要添加不希望重复使用的唯一光斑，应使用手动二级光斑。"手动二级光斑元素"卷展栏中的"参数"选项卡如图15-62所示。

图15-61

图15-62

7. 星形

"星形"比射线产生的效果要大，由0~30个辐射线组成，而不像射线由数百个辐射线组成。"星形元素"卷展栏中的"参数"选项卡如图15-63所示。

- 锥化：控制星形的各辐射线的锥化。

- 数量：指定星形效果中的辐射线数。默认值为6。辐射线围绕光斑中心按照等距离点间隔。

"分段颜色"选项组：通过使用3种与效果的3个截面匹配的不同色样，确定效果的颜色。也可以使用贴图确定截面颜色。

- 混合：混合在"径向颜色"和"分段颜色"中设置的颜色。

8. 条纹

"条纹"是穿过源对象中心的条带。在实际使用摄影机时，使用失真镜头拍摄场景时会产生条纹。"条纹元素"卷展栏中的"参数"选项卡如图15-64所示。

【案例学习目标】学习使用镜头效果。

【案例知识要点】设置环境背景，创建泛光灯，通过设置镜头效果，模拟出夜晚的路灯效果，如图15-65所示。

【场景所在位置】光盘>场景>Ch15>路灯光效.max。

【效果图参考场景】光盘>场景>Ch15>路灯ok.max。

【贴图所在位置】光盘>Map。

图15-63

图15-64

图15-65

01 按8键，打开"环境和效果"窗口，从中为背景指定位图贴图，贴图为"路灯124.jpg"文件，如图15-66所示。

02 将环境背景拖曳到新的材质样本球上，在弹出的对话框中选择"实例"单选按钮，复制贴图后，在"坐标"卷展栏中设置贴图类型为"屏幕"，如图15-67所示。

图15-66

图15-67

03 在"透视"图中，按Alt+B组合键，在弹出的对话框中选择"背景"选项卡，选择"使用环境背景"单选按钮，单击"应用到活动视图"按钮，如图15-68所示。

04 在工具栏中单击 （渲染设置）按钮，在弹出的对话框中设置"输出大小"选项组中的"宽度"和"高度"均为800，如图15-69所示。

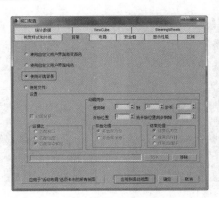

图15-68　　　　　　　　　　　　图15-69

05 单击"　（创建）>　（灯光）>标准>泛光"按钮，在"透视"图中的灯泡位置创建泛光灯，如图15-70所示。

06 按8键，打开"环境和效果"窗口，在"效果"选项卡中单击"添加"按钮，在弹出的对话框中选择"镜头效果"选项，单击"确定"按钮，如图15-71所示。

图15-70

图15-71

07 在"镜头效果参数"卷展栏中选择列表框中的所有镜头效果，单击 > 指定按钮，如图15-72所示，在"镜头效果全局"卷展栏中单击"拾取灯光"按钮，在场景中拾取泛光灯。

08 渲染"透视"图，可以看到如图15-73所示的效果。

09 在"镜头效果全局"卷展栏中设置"大小"为30，如图15-74所示。

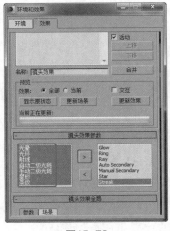

图15-72

图15-73

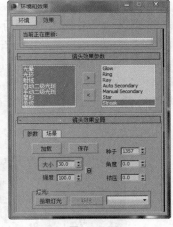

图15-74

10 渲染场景，得到如图15-75所示的效果。

11 接下来将分别调整各个镜头参数，在"镜头效果参数"卷展栏右侧的列表框中选择Glow，在"光晕元素"卷展栏中设置"大小"为100、"强度"为110，如图15-76所示。

12 渲染场景，得到如图15-77所示的效果。

图15-75　　　　　　　　　　图15-76　　　　　　　　　　图15-77

13 选择Ring效果，在"光环元素"卷展栏中设置"大小"为75、"强度"为30，如图15-78所示。

14 渲染场景，得到如图15-79所示。

15 选择Ray效果，在"射线元素"卷展栏中设置"大小"为150、"数量"为100、"强度"为10、"角度"为30，如图15-80所示。

图15-78　　　　　　　　　　图15-79　　　　　　　　　　图15-80

16 渲染场景，得到如图15-81所示的效果。

17 选择Auto Secondary效果，在"自动二级光斑元素"卷展栏中设置"最小"为5、"轴"为3、"数量"为12、"最大"为50、"强度"为15，如图15-82所示。

18 选择Manual Secondary效果，在"手动二级光斑元素"卷展栏中设置"大小"为10、"强度"为15，如图15-83所示。

图15-81　　　　　　　　　　图15-82　　　　　　　　　　图15-83

19 渲染场景，得到如图15-84所示的效果。

20 选择Star效果，在"星形元素"卷展栏中设置"大小"为100、"强度"为10，如图15-85所示。

21 渲染得到最终效果，如图15-86所示。

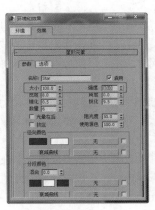

图15-84　　　　　　　　　　　　　图15-85　　　　　　　　　　　图15-86

实例操作108：使用模糊效果制作模糊效果

　　使用"模糊"效果可以通过3种不同的方法使图像变模糊："均匀型""方向型"和"放射型"。模糊效果根据"像素选择"选项卡中所做的选择应用于各个像素。可以使整个图像变模糊，使非背景场景元素变模糊，按亮度值使图像变模糊，或使用贴图遮罩使图像变模糊。模糊效果通过渲染对象或摄影机移动的幻影，提高动画的真实感。

1. "模糊类型"选项卡

　　"模糊参数"卷展栏的"模糊类型"选项卡中的选项功能介绍如下（如图15-87所示）。

　　（1）均匀型：将模糊效果均匀地应用于整个渲染图像。

　　● 像素半径（%）：确定模糊效果的强度。如果增大该值，将增大每个像素计算模糊效果时将使用的周围像素数。像素越多，图像越模糊。

　　● 影响 Alpha：启用该复选框时，将均匀型模糊效果应用于 Alpha 通道。

　　（2）方向型：按照"方向型"参数指定的任意方向应用模糊效果。

　　● U 向像素半径（%）：确定模糊效果的水平强度。

　　● U 向拖痕（%）：通过为 U 轴的某一侧分配更大的模糊权重，为模糊效果添加方向。此设置将添加条纹效果，创建对象或摄影机正在沿着特定方向快速移动的幻影。

　　● V 向像素半径（%）：确定模糊效果的垂直强度。

　　● V 向拖痕（%）：通过为 V 轴的某一侧分配更大的模糊权重，为模糊效果添加方向。此设置将添加条纹效果，创建对象或摄影机正在沿着特定方向快速移动的幻影。

　　● 旋转（度）：旋转将通过"U 向像素半径（%）"和"V 向像素半径（%）"微调器应用模糊效果的 U 向像素和 V 向像素的轴。旋转（度）与"U 向像素半径（%）"和"V 向像素半径（%）"微调器配合使用，可以将模糊效果应用于渲染图像中的任意方向。

　　● 影响 Alpha：启用该复选框时，将方向型模糊效果应用于 Alpha 通道。

　　（3）径向型：径向应用模糊效果。

　　● 像素半径（%）：确定半径模糊效果的强度。如果增大该值，将增大每个像素计算模糊效果时将使用的周围像素数。像素越多，图像越模糊。

- X 原点、Y 原点：以像素为单位，由渲染输出的尺寸指定模糊的中心。
- 拖痕（%）：通过为模糊效果的中心分配更大或更小的模糊权重，为模糊效果添加方向。此设置将添加条纹效果，创建对象或摄影机正在沿着特定方向快速移动的幻影。
- 无：可以指定其中心作为模糊效果中心的对象。
- 清除：从上面的按钮中移除对象名称。
- 影响 Alpha：启用该复选框时，将放射型模糊效果应用于 Alpha 通道。
- 使用对象中心：启用此复选框后，"无"按钮指定对象（拾取要作为中心的对象）作为模糊效果的中心。如果没有指定对象并且启用了"使用对象中心"复选框，则不向渲染图像添加模糊。

2. "像素选择"选项卡

"模糊参数"卷展栏的"像素选择"选项卡中的选项功能介绍如下（如图 15-88 所示）。

（1）整个图像：选择该复选框时，模糊效果将影响整个渲染图像。

- 加亮：加亮整个图像。
- 混合：将模糊效果和"整个图像"参数与原始的渲染图像混合。可以使用此选项创建柔化焦点效果。

（2）非背景：选择该复选框时，将影响除背景图像或动画以外的所有元素。

- 加亮：加亮除背景图像或动画以外的渲染图像。
- 羽化半径：羽化应用于场景的非背景元素的模糊效果。
- 混合：将模糊效果和"非背景"参数与原始的渲染图像混合。

（3）亮度：影响亮度值介于"最小值"和"最大值"微调器之间的所有像素。

- 加亮：加亮介于最小亮度值和最大亮度值之间的像素。
- 羽化半径：羽化应用于介于最小亮度值和最大亮度值之间的像素的模糊效果。如果使用"亮度"作为"像素选择"，模糊效果可能会产生清晰的边界。使用微调器羽化模糊效果，消除效果的清晰边界。
- 混合：将模糊效果和"亮度"参数与原始的渲染图像混合。

（4）贴图遮罩：根据通过在"材质／贴图浏览器"窗口中选择的通道和应用的遮罩应用模糊效果。选择遮罩后，必须从"通道"下拉列表框中选择通道。然后，模糊效果根据"最小值"和"最大值"微调器中设置的值检查遮罩和通道。遮罩中属于所选通道并且介于最小值和最大值之间的像素将应用模糊效果。如果要使场景的所选部分变模糊，如创建通过结霜的窗户看到的冬天的早晨效果，可以使用此复选框。

- 通道：选择将应用模糊效果的通道。选择了特定通道后，使用最小和最大微调器可以确定遮罩像素要应用效果必须具有的值。
- 加亮：加亮图像中应用模糊效果的部分。
- 混合：将贴图遮罩模糊效果与原始的渲染图像混合。
- 最小值：像素要应用模糊效果必须具有的最小值（RGB、Alpha 或亮度）。
- 最大值：像素要应用模糊效果必须具有的最大值（RGB、Alpha 或亮度）。
- 羽化半径：羽化应用于介于最小通道值和最大通道值之间的像素的模糊效果。

（5）对象 ID：如果具有特定对象 ID（在 G 缓冲区中）的对象与过滤器设置匹配，会将模糊效果应用于该对象或其中部分。

- 添加：添加对象 ID 号。
- 替换：在 ID 中输入 ID 号，在列表框中选择 ID，单击该按钮替换。
- 删除：选择 ID 号，单击该按钮删除 ID。
- ID：输入 ID 号。
- 最小亮度：像素要应用模糊效果必须具有的最小亮度值。
- 最大亮度：像素要应用模糊效果必须具有的最大亮度值。
- 加亮：加亮图像中应用模糊效果的部分。
- 混合：将对象 ID 的模糊效果与原始的渲染图像混合。

- 羽化半径：羽化应用于介于最小亮度值和最大亮度值之间的像素的模糊效果。

（6）材质ID：如果具有特定材质 ID 通道的材质与过滤器设置匹配，将模糊效果应用于该材质或其中部分。

- 最小亮度：像素要应用模糊效果必须具有的最小亮度值。
- 最大亮度：像素要应用模糊效果必须具有的最大亮度值。
- 加亮：加亮图像中应用模糊效果的部分。
- 混合：将材质模糊效果与原始的渲染图像混合。
- 羽化半径：羽化应用于介于最小亮度值和最大亮度值之间的像素的模糊效果。
- 羽化衰减：使用"羽化衰减"曲线可以确定基于图形的模糊效果的羽化衰减。可以向图形中添加点，创建衰减曲线，然后调整这些点中的插值。
- 加亮：使用这些单选按钮可以选择"相加"或"相乘"加亮。"相加"加亮比相乘加亮更亮、更明显。如果将模糊效果光晕效果组合使用，可以使用"相加"加亮。"相乘"加亮为模糊效果提供柔化高光效果。
- 使曲线变亮：用于在"羽化衰减"曲线图中编辑加亮曲线。
- 混合曲线：用于在"羽化衰减"曲线图中编辑混合曲线。

图15-87

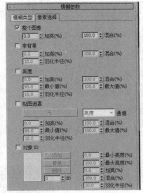

图15-88

【案例学习目标】学习使用模糊效果。

【案例知识要点】打开原始场景文件，在场景的基础上设置模糊效果，如图15-89所示。

【场景所在位置】光盘>场景> Ch15>棒棒糖.max。

【效果图参考场景】光盘>场景> Ch15>棒棒糖ok.max。

图15-89

01 打开原始场景文件，如图15-90所示。

02 按8键，打开"环境和效果"窗口，选择"效果"选项卡，单击"添加"按钮，添加"模糊"效果，在"模

糊参数"卷展栏中设置"均
匀型"的像素半径为1,如图
15-91所示。

读者这里可以选择其他模糊
的类型进行测试渲染,这里
就不详细介绍了。

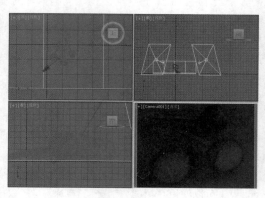
图15-90

图15-91

实例操作109: 使用亮度对比度效果调整面包效果

使用"亮度和对比度"可以调整图像的对比度和亮度,用于将渲染场景对象与背景图像或动画进行匹配。"亮度和对比度参数"卷展栏中的选项功能介绍如下(如图15-92所示)。

- 亮度:增加或减少所有色元(红色、绿色和蓝色)。

- 对比度:压缩或扩展最大黑色和最大白色之间的范围。

- 忽略背景:将效果应用于 3ds Max 场景中除背景以外的所有元素。

【案例学习目标】学习使用亮度和对比度。

图15-92

【案例知识要点】在原始场景的基础上,添加亮度和对比度效果,设置合适的亮度和对比度参数。图15-93所示为亮度和对比度的前后对比效果。

【场景所在位置】光盘>场景> Ch15>面包.max。

【效果图参考场景】光盘>场景> Ch15>面包ok.max。

【贴图所在位置】光盘>Map。

图15-93

01 打开原始场景文件,如图15-94所示。

02 按8键,打开"环境和效果"窗口,选择"效果"选项卡,单击"添加"按钮,添加"亮度和对比度"效果,在"亮度和对比度参数"卷展栏中设置"亮度"为0.55、"对比度"为0.6,如图15-95所示。

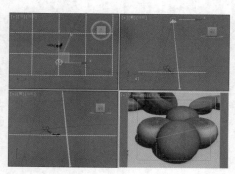
图15-94

图15-95

实例操作110：使用色彩平衡效果调整效果图的色彩平衡

使用"色彩平衡"可以通过独立控制 RGB 通道操纵相加或相减颜色，如图15-96所示。

- 青一红：调整红色通道。
- 洋红一绿：调整绿色通道。
- 黄一蓝：调整蓝色通道。
- 保持发光度：启用此复选框后，在修正颜色的同时保留图像的发光度。
- 忽略背景：启用此复选框后，可以在修正图像模型时不影响背景。

【案例学习目标】学习使用色彩平衡。

【案例知识要点】在原始场景的基础上，添加色彩平衡效果，设置合适的参数。图15-97所示为调整的前后对比效果。

【场景所在位置】光盘 > 场景 > Ch15 > 橙子.max。

【效果图参考场景】光盘 > 场景 > Ch15 > 橙子ok.max。

【贴图所在位置】光盘 > Map

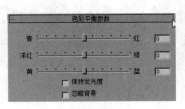

图15-96

图15-97

01 打开原始场景文件，如图15-98所示。

02 按8键，打开"环境和效果"窗口，选择"效果"选项卡，单击"添加"按钮，添加"色彩平衡"效果，在"色彩平衡参数"卷展栏中设置色彩平衡的参数，如图15-99所示。

图15-98

图15-99

实例操作111：使用景深效果设置

"景深参数"卷展栏中的选项功能介绍如下（如图15-100所示）。

- 影响 Alpha：启用该复选框时，影响最终渲染的 Alpha 通道。
- 拾取摄影机：使用户可以从视口中交互选择要应用景深效果的摄影机。
- 移除：删除下拉列表框中当前所选的摄影机。
- 焦点节点：选择该单选按钮，使用拾取的节点对象，进行模糊。
- 拾取节点：用户可以选择要作为焦点节点使用的对象。
- 移除：移除作为焦点节点的对象。

"焦点参数"选项组中各个选项的介绍如下。

- 自定义：使用"焦点参数"选项组中设置的值，确定景深效果的属性。

- 使用摄影机：使用在摄影机下拉列表框中高亮显示的摄影机值确定焦点范围、限制和模糊效果。
- 水平焦点损失：在选择"自定义"单选按钮时，确定沿着水平轴的模糊程度。
- 垂直焦点损失：在选择"自定义"单选按钮时，确定沿着垂直轴的模糊程度。
- 焦点范围：在选择"自定义"单选按钮时，设置到焦点任意一侧的 z 向距离（以单位计），在该距离内图像将仍然保持聚焦。
- 焦点限制：在选择"自定义"单选按钮时，设置到焦点任意一侧的 z 向距离（以单位计），在该距离内模糊效果将达到其由聚焦损失微调器指定的最大值。

图15-100

图15-101

【案例学习目标】学习使用景深效果。

【案例知识要点】在原始场景的基础上，添加景深效果，并设置景深的参数，制作出景深的效果。图15-101所示为景深的前后对比效果。

【场景所在位置】光盘>场景> Ch15>百合 .max。

【效果图参考场景】光盘>场景> Ch15>百合 ok.max。

【贴图所在位置】光盘>Map。

01 打开原始场景文件，如图15-102所示。

02 按8键，打开"环境和效果"窗口，选择"效果"选项卡，单击"添加"按钮，添加"景深"效果，如图15-103所示。

03 在"景深参数"卷展栏中设置景深的参数，如图15-104所示，参数合适即可。

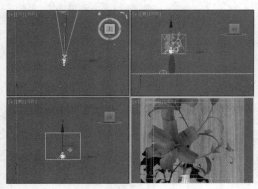

图15-102

图15-103

图15-104

实例操作112：学习使用文件输出

通过"文件输出"可以输出各种格式的图像项目。在应用其他效果前将当前中间时段的渲染效果以指定的文件进行输出，类似于渲染中途的一个快照，这个功能和直接渲染输出的文件输出功能是相同的，支持相同类型的文件格式。

"文件输出参数"卷展栏中的选项功介绍如下（如图15-105所示）。

● 文件：单击该按钮，弹出一个对话框，使用户可以将渲染的图像或动画保存到磁盘上。

可以输出为以下格式。

AVI 文件（AVI）。

位图图像文件（BMP）。

Encapsulated PostScript 格式（EPS、PS）。

JPEG 文件（JPG）。

Kodak Cineon（CIN）。

MOV QuickTime 文件（MOV）。

PNG 图像文件（PNG）。

RLA 图像文件（RLA）。

RPF 图像文件（RPF）。

SGI 图像文件格式（RGB）。

Targa 图像文件（TGA、VDA、ICB、UST）。

TIF 图像文件（TIF）。

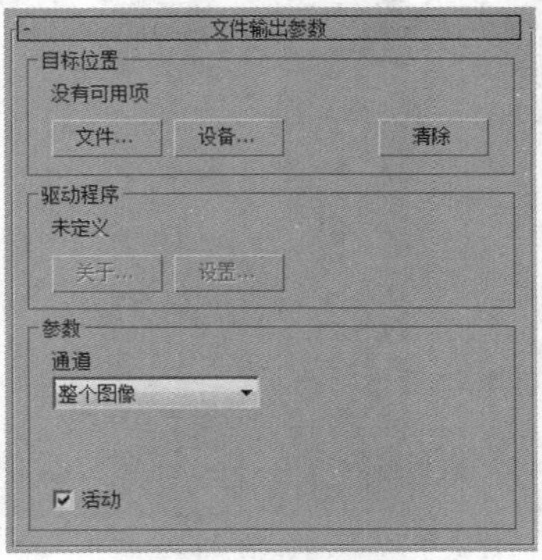

图15-105

● 设备：单击该按钮，弹出一个对话框，以便将渲染的输出发送到录像机等设备。

● 清除：清除目标位置分组框中所选的任何文件或设备。

"驱动程序"选项组：只有将选择的设备用做图像源时，这些按钮才可用。

● 关于：提供用于使图像可以在 3ds Max 中处理的图像处理软件的来源的有关信息。

● 设置：显示特定于插件的设置对话框。某些插件可能不使用此按钮。

● 通道：选择要保存或发送回渲染效果堆栈的通道。

【案例学习目标】学习使用文件输出。

【案例知识要点】在原始场景的基础上，设置文件输出，设置合适的参数，如图15-106所示。

【场景所在位置】光盘>场景>Ch15>文件输出.max。

【效果图参考场景】光盘>场景> Ch15>文件输出 ok.max。

【贴图所在位置】光盘>Map

图15-106

01 打开原始场景文件，如图15-107所示。

02 按8键，打开"环境和效果"窗口，选择"效果"选项卡，单击"添加"按钮，在弹出的对话框中选择"文件输出"效果，单击"确定"按钮，如图15-108所示。

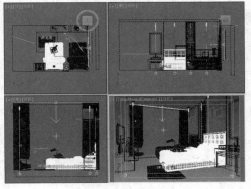

图15-107

图15-108

03 添加文件输出效果后，在"文件输出参数"卷展栏中单击"文件"按钮，弹出"保存图像"对话框，从中选择文件的存储位置，为文件命名，并设置文件的"保存类型"，单击"保存"按钮，如图15-109所示。

04 在"效果"选项卡中设置"通道"为"整个图像"，如图15-110所示。

图15-109

图15-110

05 渲染场景，即可将渲染的图像输出到自己指定的路径中，如图15-111所示。

图15-111

▌ 实例操作113：使用运动模糊设置动画的运动模糊 ▌

"运动模糊"通过使移动的对象或整个场景变模糊，将图像运动模糊应用于渲染场景。运动模糊可以通过模拟实际摄影机的工作方式，增强渲染动画的真实感。摄影机有快门速度，如果场景中的物体或摄影机本身在快门打开时发生了明显移动，胶片上的图像将变模糊。

"运动模糊参数"卷展栏中的选项功能介绍如下（如图15-112所示）。

● 处理透明：启用该复选框时，运动模糊效果会应用于透明对象后面的对象。禁用该复选框时，透明对象后面的对象不会应用运动模糊效果。禁用此复选框可以加快渲染速度。默认设置为"启用"。

● 持续时间：该值越大，运动模糊效果越明显。

【案例学习目标】学习使用运动模糊。

【案例知识要点】通过打开原始文件，设置场景的运动模糊，设置图像的效果，如图15-113所示。

【场景所在位置】光盘>场景>Ch15>运动模糊ok.max。

【效果图参考场景】光盘>场景>Ch15>运动模糊ok.max。

【贴图所在位置】光盘>Map。

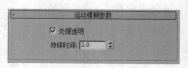

图15-112

图15-113

01 打开原始场景文件，如图15-114所示。

02 在场景中选择文本模型和沿路径移动的丝带模型，单击鼠标右键，在弹出的快捷菜单中选择"对象属性"命令，弹出"对象属性"对话框，选择"运动模糊"选项组中的"启用"复选框，选择"图像"单选按钮，单击"确定"按钮，如图15-115所示。

03 按8键，打开"环境和效果"窗口，选择"效果"选项卡，从中单击"添加"按钮，在弹出的对话框中选择"运动模糊"效果，在"运动模糊参数"卷展栏中设置"持续时间"为2，如图15-116所示。

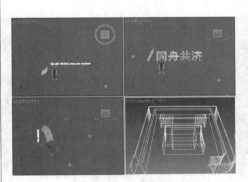

图15-114

图15-115

图15-116

15.5　课堂练习——设置燃烧的蜡烛

【练习知识要点】使用球体Gizmo，并为球体Gizmo设置火效果，完成燃烧的蜡烛效果，如图15-117所示。

【场景所在位置】光盘＞场景＞Ch15＞燃烧的蜡烛.max。

【效果图参考场景】光盘＞场景＞Ch15＞燃烧的蜡烛ok.max。

15.6　课后习题——设置云彩

【习题知识要点】使用体积光设置体积光的参数，模拟云彩效果，如图15-118所示。

【效果图参考场景】光盘＞场景＞Ch15＞云彩.max。

图15-117

图15-118

第

16

章

视频后期处理

视频后期制作是指场景在做完渲染后要进行的工作。利用视频后期处理，可以进行各种图像和动画的合成工作，以及对场景应用各种特殊的效果，如发光和高光效果、过渡效果等。本章主要介绍视频后期处理的主要使用方法。

"视频后期处理"是3ds Max中的一个重要组成部分，它相当于一个视频后期处理软件，类似享有盛誉的Adobe公司的Premiere视频合成软件。

16.1 视频后期处理

"视频后期处理"可以将不同的图像、效果及图像过滤器和当前的动画场景结合起来，它的主要功能包括以下两个方面。

- 将动画、文字图像和场景等合成在一起，对动态影像进行非线性编辑，分段组合以达到剪辑影片的作用。
- 对场景添加效果处理功能，比如对画面进行发光处理，在两个场景衔接时做淡入淡出处理。

所谓动画合成，是指把几幅不同的动画场景合成为一幅场景的处理过程。每一个合成元素都包括在一个单独的事件中，而这些事件排列在一个列队中，并且按照排列的先后顺序被处理。这些列队中可以包括一些循环事件。

在菜单栏中选择"渲染＞视频后期处理"命令，打开"视频后期处理"窗口 ，如图16-1所示。

在许多方面，"视频后期处理"窗口和"轨迹视图"窗口相类似，左侧序列中的每一个事件都对应着一条深色的范围线，这些范围线可以拖动两端的小方块来编辑。"视频后期处理"界面包括：序列窗口、编辑窗口、信息栏和显示控制工具。

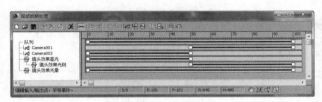

图16-1

16.1.1 序列窗口和编辑窗口

在工具栏下方是"视频后期处理"的主要工作区域：序列窗口和编辑窗口。

1. 序列窗口

"视频后期处理"窗口的左侧区域为序列窗口，窗口中以分支树的形式列出了后期处理序列中包括的所有事件，如图16-2所示。这些事件按照被处理的先后序列排列，背景图像应该放在最上层。可以调整某一事件的先后次序，只需要将该事件拖放到新的位置即可。也可以在事件之间分层，与轨迹视图中项目分层的概念是一样的。

图16-2

在按下Ctrl键的时候单击事件的名称可以同时选中多个事件，或者先选中某个事件，然后按下Shift键，再选择另一个事件，则两个事件之间的所有事件被选中。双击某个事件可以打开它的参数控制面板进行参数设置。

2. 编辑窗口

"视频后期处理"窗口的右侧区域为编辑窗口，以深蓝色的范围线表示事件作用的时间段。选中某个事件以后，编辑窗口中对应的范围线会变成红色，如图16-3所示。选中多条范围线可以进行各种对齐操作，双击某个事件对应的范围线可以直接打开参数控制面板进行参数设置，如图16-4所示。

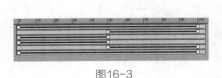

图16-3

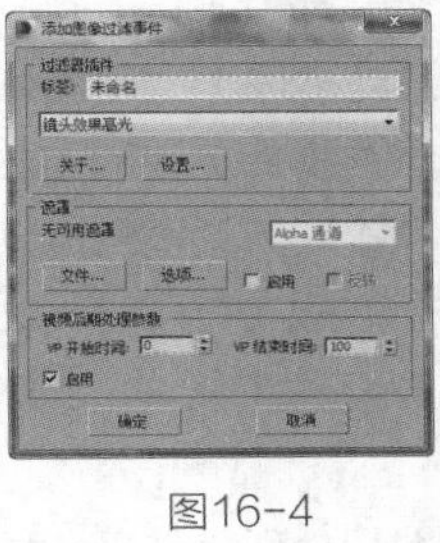

图16-4

范围线两端的方块标志了该事件的最初一帧和最后一帧，拖动两端的方块可以放大或缩小事件作用的时间范围，拖动两个方块之间的部分则可以整体移动范围线。如果范围线超出了给定的动画帧数，系统会自动添加一些附加帧。

16.1.2 工具栏和信息栏

1. 工具栏

工具栏位于"视频后期处理"窗口的上部。工具栏由不同的功能按钮组成，主要用于编辑图像和动画场景事件，如图16-5所示。

图16-5

"视频后期处理"窗口的工具栏中的各工具功能介绍如下。

- 　（新建序列）：创建一个新的序列，同时将当前的所有序列设置删除，实际上相当于一个删除全部序列的命令。

- 　（打开序列）：打开一个"视频后期处理"的Vpx标准格式文件，当保存的序列被打开后，当前的所有事件被删除。

- 　（保存序列）：将当前的"视频后期处理"中的序列保存设置为Vpx标准格式文件，以便于将来用于其他场景。

- 　（编辑当前事件）：如果在序列窗口中有可编辑事件，该按钮变成可选择状态，单击它可以打开对话框编辑事件参数。

- 　（删除当前事件）：将当前选择的事件删除。

- 　（交换事件）：当两个相邻的事件同时被选择时，它成为活动状态，可以将两个事件的前后顺序交换。

- 　（执行序列）：对当前"视频后期处理"的序列进行输出渲染前最后的设置。将打开一个参数设置面板，与"轨迹视图"的设置参数几乎完全相同，但它们是各自独立的，不会产生相互影响。

- 　（编辑范围条）："视频后期处理"中的基本编辑工具，对序列窗口和编辑窗口都有效。

- 　（当前选择左对齐）：将多个选择的事件范围线左侧对齐。在对齐时间的选择顺序上有严格要求，要对齐的目标范围线（即本身不变动的范围线）最后一个必须被选择，它的两个棒端以红色方块显示，而其他以白色方块显示，这就表明白色方块要向红方块对齐。可以同时选择多个事件，同时对齐到一个事件上。

- 　（当前选择右对齐）：将多个选择的事件方位线右对齐，与左对齐按钮的使用方法相同。

- 　（当前选择长度对齐）：将多个选择的事件范围线长度与最后一个选择的范围线长度进行对齐，使用方法与左对齐按钮相同。

- 　（当前选择对接）：根据按钮图像显示效果，进行范围线的对接操作。该操作不考虑选择的先后顺序，可以快速地将几段影片连接起来。

- 　（添加场景事件）：用于添加新的场景，并可以从当前使用的几种标准视图中选择，可以使用多台摄影机在不同的角度拍摄场景，通过"视频后期处理"将它们以时间段组合在一起，编辑成一段连续切换镜头的影片。

- 　（添加图像输出事件）：通过它可以加入各种格式的图像事件，将它们通过合成控制叠加连接在一起。

- 　（添加图像过滤事件）：使用3ds Max提供的多种过滤器对已有的图像添加图像效果并进行特殊处理。

- 　（添加图像层次事件）：专门的视频编辑工具，用于两个子级事件以某种特殊方式与父级事件合成在一起，能合成输入图像和输入场景事件，也可以合成图层事件，产生嵌套的层级。将两个图像或场景合成在一起，利用Alpha通道控制透明度，产生一个新的合成图像，或将两段影片连接在一起，做淡入淡出等效果。

- 　（添加图像输出事件）：与图像输入事件用法相同，但是支持的图像格式较少，可以将最后的合成结果保存为图像文件。

- 　（添加外部图像处理事件）：为当前事件加入一个外部处理软件，如Photoshop，打开外部程序，将保存在系统剪贴板中的图像粘贴为新文件，在Photoshop中对它进行编辑，最后再复制到剪贴板中。关闭该程序后，剪贴板上加工过的图像会自动回到3ds Max中。

- （添加循环事件）：对指定事件进行循环处理，可对所有类型的事件进行操作，包括其自身。加入循环事件后会产生一个层级，子事件为原事件，父事件为循环事件。

2．状态栏

"视频后期处理"窗口的底部是状态栏，如图16-6所示，它包括提示行、事件值域和一些视图工具按钮。

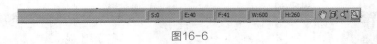

图16-6

状态栏中的各工具命令功能介绍如下。

- S：显示当前选择项目的起始帧。
- E：显示当前选择项目的结束帧。
- F：显示当前选择项目的总帧数。
- W、H：显示当前序列最后输出图像的尺寸，单位为"像素"。
- （平移）：用于上下左右移动编辑窗口。
- （最大化显示）：以左右宽度为准将编辑窗口中的全部内容最大化显示，使它们都出现在屏幕上。
- （放大时间）：用于缩放时间。
- （区域放大）：用于放大编辑窗口中的某个区域到充满窗口显示。

16.2　添加图像过滤事件

过滤器事件可提供图像和场景的图像处理。本节主要介绍"视频后期处理"窗口中可用的过滤器事件。

实例操作114：使用底片事件

"底片"过滤器用于反转图像的颜色，使其反转为类似彩色照片底片的效果。

在菜单栏中选择"渲染＞视频后期处理"命令，打开"视频后期处理"窗口，在工具栏中单击 （添加图像过滤事件）按钮，在弹出的对话框中选择"底片"过滤器，单击"设置"按钮，弹出"底片过滤器"对话框，如图16-7所示，从中设置出现的"混合"量。

- 混合：设置出现的混合量。

【案例学习目标】学习使用底片过滤事件。

【案例知识要点】通过指定环境背景，并设置底片事件，学习和掌握底片的使用。图16-8所示为底片的前后对比效果。

【场景所在位置】光盘＞场景＞ Ch16/ 底片.max。

【效果图参考场景】光盘＞场景＞ Ch16/ 底片ok.max。

【贴图所在位置】光盘＞Map。

图16-7　　　　　　　　　　　　　　　　　　图16-8

01 运行3ds Max软件，重置一个新的场景，按8键，打开"环境和效果"窗口，在"公用参数"卷展栏中为"环境贴图"指定"位图",位图为"001.tif"文件,如图16-9所示。

02 将环境背景的贴图拖曳到新的材质样本球上,在"坐标"卷展栏中选择"环境"单选按钮,并设置"贴图"类型为"屏幕",如图16-10所示。

03 按Alt+B组合键,在弹出的对话框中选择"使用环境背景"单选按钮,单击"确定"按钮,如图16-11所示。

图16-9

图16-10

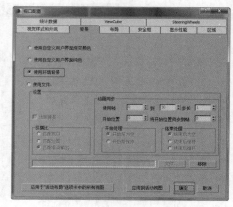
图16-11

04 在菜单栏中选择"渲染>视频后期处理"命令,打开"视频后期处理"窗口,单击 (添加场景事件)按钮,在弹出的对话框中选择"透视"选项,如图16-12所示。

05 添加场景事件后,单击 (添加图像过滤事件)按钮,在弹出的对话框中选择"底片"事件如图16-13所示,单击"设置"按钮,在弹出的对话框中设置"混合"为0,单击"确定"按钮,如图16-14所示。

图16-12

图16-13

图16-14

06 单击 (执行序列)按钮,在弹出的对话框的"时间输出"选项组中选择"单个"单选按钮,并设置为0,设置合适的输出大小,单击"渲染"按钮,渲染场景,如图16-15所示。

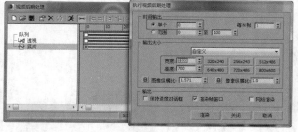
图16-15

实例操作115:使用对比度事件

可以使用"对比度"过滤器调整图像的对比度和亮度。

在"视频后期处理"窗口的主工具栏中单击 (添加图像过滤事件)按钮,弹出"添加图像过滤事件"对话框，在"过滤器插件"选项组的下拉列表框中选择"对比度"过滤器，单击"设置"按钮，弹出"图像对比度控制"对话框，在其中设置参数，如图16-16所示。

- 对比度：将微调器设置在0~1.0之间。这将通过创建 16 位查找表来压缩或扩展最大黑色度和最大白色度之间的范围，此表用于图像中任一指定灰度值。灰度值的计算取决于选择"绝对"还是"派生"单选按钮。
- 亮度：将微调器设置在0~1.0之间。这将增加或减少所有颜色分量（红、绿和蓝）。
- 绝对、派生：确定"对比度"的灰度值计算。"绝对"使用任一颜色分量的最高值。"派生"使用3种颜色分量的平均值。

【案例学习目标】学习使用对比度过滤事件。

【案例知识要点】通过指定环境背景，并设置对比度事件，学习和掌握对比度的使用。图16-17所示为对比度的前后对比效果。

【场景所在位置】光盘>场景> Ch16>对比度.max。

【效果图参考场景】光盘>场景> Ch16>对比度ok.max。

【贴图所在位置】光盘>Map。

图16-16

图16-17

01 运行3ds Max软件，重置一个新的场景，按8键，打开"环境和效果"窗口，在"公用参数"卷展栏中为"环境贴图"指定"位图"，位图为"磨砂玻璃酒杯.tif"文件，将环境背景的贴图拖曳到新的材质样本球上，在"坐标"卷展栏中选择"环境"单选按钮，并设置"贴图"类型为"屏幕"，如图16-18所示。

02 在菜单栏中选择"渲染>视频后期处理"命令，打开"视频后期处理"窗口，单击 ![icon]（添加场景事件）按钮，在弹出的对话框中选择"透视"图，添加场景事件后，单击 ![icon]（添加图像过滤事件）按钮，在弹出的对话框中选择"对比度"事件，如图16-19所示。

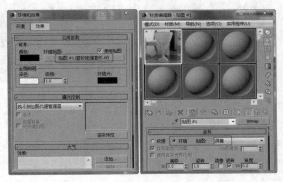

图16-18

03 在添加的事件中，双击"对比度"选项，在弹出的对话框中单击"设置"按钮，弹出"图像对比度控制"对话框，设置"对比度"为0.1、"亮度"为-0.1，选择"绝对"单选按钮，单击"确定"按钮，如图16-20所示。

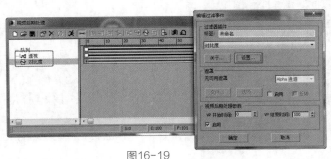

图16-19

图16-20

实例操作116：使用简单擦除事件

"简单擦除"使用擦拭变换显示或擦除前景图像。

在菜单栏中选择"渲染>视频后期处理"命令，打开"视频后期处理"窗口，在工具栏中单击 （添加图像过滤事件）按钮，在弹出的对话框中选择"简单擦除"过滤器，如图16-21所示。

"简单擦除控制"对话框中的各个选项功能介绍如下。

"方向"选项组：从中选择从左向右擦拭或从右向左擦拭。

"模式"选项组。

● 推入：显示图像。

● 弹出：擦除图像。

【案例学习目标】学习使用简单擦除控制。

图16-21

【案例知识要点】通过打开原始场景文件，设置"简单擦除"事件来设置场景的简单擦除动画。图16-22所示为简单擦除的分镜头效果。

【场景所在位置】光盘>场景> Ch16>简单擦除.max。

【效果图参考场景】光盘>场景> Ch16>简单擦除ok.max。

【贴图所在位置】光盘>Map。

01 打开原始场景文件，如图16-23所示。

图16-22　　　　　　　　　　　　　　　　　　　图16-23

02 在菜单栏中选择"渲染>视频后期处理"命令，打开"视频后期处理"窗口，单击 （添加场景事件）按钮，在弹出的对话框中选择"透视"选项，添加场景事件后单击 （添加图像过滤事件）按钮，在弹出的对话框中选择"简单擦除"事件，如图16-24所示。

03 在添加的事件中双击"简单擦除"选项，在弹出的对话框中单击"设置"按钮，弹出"简单擦除控制"对话框，在其中进行相应的设置，单击"确定"按钮，如图16-25所示。

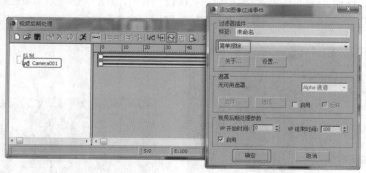

图16-24　　　　　　　　　　　　　　　　　　　图16-25

04 单击 （添加图像输出事件）按钮，在弹出的"添加图像输出事件"对话框中单击"文件"按钮，如图16-26所示。

05 在弹出的对话框中选择一个存储路径，为文件命名，设置"保存类型"为AVI，单击"保存"按钮，如图16-27所示。

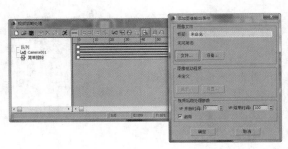
图16-26

图16-27

06 可以调整"简单擦除"的时间长度，如图16-28所示。

07 单击 （执行序列）按钮，在弹出的对话框中选择"范围"单选按钮，设置范围为0~100，设置合适的渲染尺寸，单击"渲染"按钮，渲染场景动画，如图16-29所示。

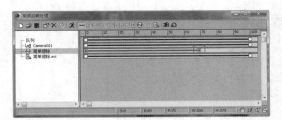
图16-28

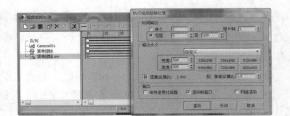
图16-29

16.2.1　简单混合合成器

简单混合合成器使用第二个图像的强度（HSV 值）来确定透明度以合成两个图像。完全强度（255）区域为不透明区域，零强度区域为透明区域，中等透明区域为半透明区域。

在菜单栏中选择"渲染>视频后期处理"命令，打开"视频后期处理"窗口，在工具栏中单击 （添加图像过滤事件）按钮，在弹出的对话框中选择"简单混合合成器"过滤器，如图16-30所示。

双击添加的"简单混合合成器"事件，在弹出的"添加图像过滤事件"对话框中单击"设置"按钮，在弹出的"简单混合控制"对话框中可以控制混合的参数。

图16-30

- 混合比例%：通过混合比率可以控制混合的百分比，该参数用于设置第二个图像的百分数。

> **注意**
>
> "简单混合合成器"后期处理效果可以在一些后期的视频软件中制作，这里的简单混合合成器在 3ds Max 2014 版本中尚未完善，且渲染时容易出现差错，所以建议不使用。

实例操作117：使用镜头效果光晕和镜头效果高光制作紫色飘带

1. 镜头效果光晕

添加镜头效果光晕事件后，进入其设置面板，显示出相关的参数选项卡。下面将介绍其中常用的重要参数。

（1）"属性"选项卡中的各选项功能介绍如下（如图16-31所示）。

"源"选项组：指定场景中要应用光晕的对象，可以同时选择多个源选项。

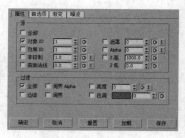

- 全部：将光晕应用于整个场景，而不仅仅应用于几何体的特定部分。

- 对象 ID：如果具有特定对象 ID（在 G 缓冲区中）的对象与过滤器设置匹配，可将光晕应用于该对象或其中一部分。

- 效果 ID：如果具有特定 ID 通道的对象或该对象的一部分与过滤器设置相匹配，将光晕应用于该对象或其中一部分。

图16-31

- 非钳制：超亮度颜色比纯白色（255，255，255）要亮。

- 曲面法线：根据曲面法线到摄影机的角度，使对象的一部分产生光晕。

- 遮罩：使图像的遮罩通道产生光晕。

- Alpha：使图像的 Alpha 通道产生光晕。

- Z 高、Z 低：根据对象到摄影机的距离使对象产生光晕。高值为最大距离，低值为最小距离。这两个 Z 缓冲区距离之间的任何对象均会产生光晕。

"过滤"选项组：选择过滤源以控制光晕应用的方式。

- 全部：选择场景中的所有源对象，并将光晕应用于这些对象上。

- 边缘：选择所有沿边界的源对象，并将光晕应用于这些对象上。沿对象边界应用光晕会在对象的内外边上生成柔和的光晕。

- 周界 Alpha：根据对象的 Alpha 通道，将光晕仅应用于此对象的周界。

- 周界：根据边推论，将光晕效果仅应用于此对象的周界。

- 亮度：根据源对象的亮度值过滤源对象。只选定亮度值高于微调器设置的对象，并使其产生光晕。此复选框可反转。此参数可设置动画。

- 色调：按色调过滤源对象。单击微调器旁边的色样可以选择色调。"色调"色样右侧的微调器可用于输入变化级别，从而使光晕能够在与选定颜色相同的范围内找到几种不同的色调。

（2）"首选项"选项卡中的各选项功能介绍如下（如图16-32所示）。

"场景"选项组中各个选项的功能介绍如下。

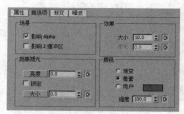

- 影响 Alpha：指定渲染为 32 位文件格式时，光晕是否影响图像的 Alpha 通道。

- 影响 Z 缓冲区：指定光晕是否影响图像的 Z 缓冲区。

"效果"选项组中各个选项的功能介绍如下。

图16-32

- 大小：设置总体光晕效果的大小。此参数可设置动画。

- 柔化：柔化和模糊光晕效果。

"距离褪光"选项组：该选项组中的选项根据光晕到摄影机的距离衰减光晕效果。这与镜头光斑的距离褪光相同。

- 亮度：可用于根据到摄影机的距离来衰减光晕效果的亮度。

- 锁定：选择该复选框时，同时锁定"亮度"和"大小"值，因此大小和亮度同步衰减。

- 大小：可用于根据到摄影机的距离来衰减光晕效果的大小。

（3）"颜色"选项组中各个选项的功能介绍如下。

- 渐变：根据"渐变"选项卡中的设置创建光晕。

- 像素：根据对象的像素颜色创建光晕。这是默认方法，其速度很快。

- 用户：让用户来选择光晕效果的颜色。

● 强度：控制光晕效果的强度或亮度。

（4）"噪波"选项卡中的各选项功能介绍如下（如图16-33所示）。

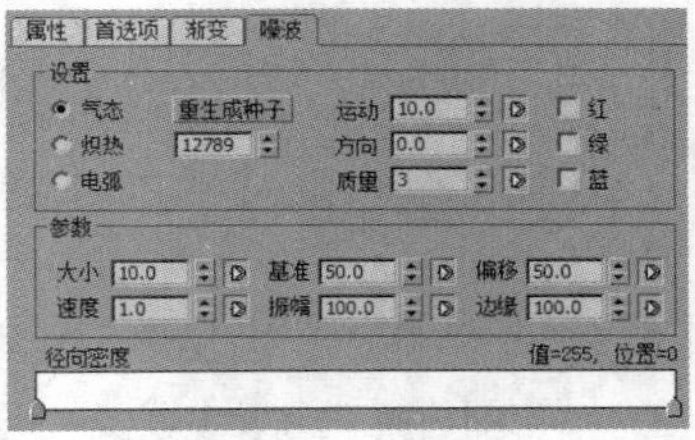

"设置"选项组中各个选项的功能介绍如下。

● 气态：一种松散和柔和的图案，通常用于云和烟雾。

● 炽热：带有亮度、定义明确的区域的分形图案，通常用于火焰。

● 电弧：较长的、定义明确的卷状图案。设置动画时，可用于生成电

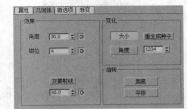

图16-33

弧。通过将图案质量调整为 0，可以创建水波反射效果。

● 重生成种子：分形时用做起始点的数。将此微调器设置为任一数值来创建不同的分形效果。

● 运动：对噪波设置动画时，指定噪波图案在由"方向"微调器设置的方向上的运动速度。

● 方向：指定噪波效果运动的方向（以度为单位）。

● 质量：指定噪波效果中分形噪波图案的总体质量。该值越大，会导致分形迭代次数越多，效果越细化，渲染时间也会有所延长。

● 红、绿、蓝：选择用于"噪波"效果的颜色通道。

"参数"选项组中各个选项的功能介绍如下。

● 大小：指定分形图案的总体大小。较低的数值会生成较小的粒状分形；较高的数值会生成较大的图案。

● 速度：在分形图案中设置在设置动画时湍流的总体速度。较高的数值会在图案中生成更快的湍流。

● 基准：指定噪波效果中的颜色亮度。

● 振幅：使用"基准"微调器控制分形噪波图案每个部分的最大亮度。较高的数值会产生带有较亮颜色的分形图案；较低的数值会产生带有较柔和颜色的相同图案。

● 偏移：将效果颜色移向颜色范围的一端或另一端。

● 边缘：控制分形图案的亮区域和暗区域之间的对比度。较高的数值会产生较高的对比度和更多定义明确的分形图案；较低的数值会产生较少定义和微小的效果。

● 径向密度：从效果中心到边缘以径向方式控制噪波效果的密度。无论何时，渐变为白色时，只能看到噪波；渐变为黑色时，可以看到基本的光晕。如果将渐变右侧设置为黑色，将左侧设置为白色，并将噪波应用到光斑的光晕效果中，那么当光晕的中心仍可见时，噪波效果朝光晕的外边呈现。

2．镜头效果高光

使用"镜头效果高光"可以指定明亮的、星形的高光，将其应用在具有发光材质的对象上。

"几何体"选项卡中的各选项功能介绍如下（如图16-34所示）。

"效果"选项组中的各个选项的功能介绍如下。

● 角度：控制动画过程中高光点的角度。

● 钳位：确定高光必须读取的像素数，用此数量来放置一个单一高光效果。多数情况下，会希望将高光效果脱离，可产生许多像素从中发光的对象亮度。其中每个像素都将高光交叉绘制在其顶部，这样会模糊总体效果。只需要一个或两个高光时，可使用此微调器调整高光处理选定像素的方式。

图16-34

● 交替射线：替换高光周围的点长度。

"变化"选项组：使用"变化"选项组将给高光效果增加随机性。

● 大小：变化单个高光的总体大小。

● 角度：变化单个高光的初始方向。

● 重生成种子：强制高光使用不同随机数来生成其效果的各部分。

"旋转"选项组：这两个按钮可用于使高光基于场景中它们的相对位置自动旋转。

● 距离：单个高光元素逐渐随距离模糊时自动旋转。元素模糊得越快，其旋转的速度就越快。

● 平移：单个高光元素横向穿过屏幕时自动旋转。如果场景中的对象经过摄影机，这些对象会根据其位

置自动旋转。元素穿过屏幕的移动速度越快，其旋转的速度就越快。

【案例学习目标】学习使用视频后期处理中的镜头效果光晕和镜头效果高光。

【案例知识要点】通过创建动画，并设置动画对象的对象ID，来为对象设置不同的视频后期效果，如图16-35所示。

【场景所在位置】光盘>场景> Ch16>紫色飘带.max。

【效果图参考场景】光盘>场景> Ch16>紫色飘带ok.max。

【贴图所在位置】光盘>Map

图16-35

01 单击"（创建）>（几何体）> 粒子系统>雪"按钮，在"顶"视图中创建雪，在"参数"卷展栏中设置"视口计数"为300、"渲染计数"为300、"雪花大小"为2、"速度"为10、"变化"为3，选择"圆点"单选按钮，如图16-36所示。

02 设置"渲染"为"六角形"，在"计时"选项组中设置"开始"为-50、"寿命"为100，设置"发射器"的"宽度"为500、"长度"为500，如图16-37所示。

03 在场景中选择创建的雪粒子，单击鼠标右键，在弹出的快捷菜单中选择"对象属性"命令，在弹出的对话框中设置"G缓冲区"选项组中的"对象ID"为1，如图16-38所示。

04 单击"（创建）>（图形）>样条线>螺旋线"按钮，在"顶"视图中创建螺旋线，在"参数"卷展栏中设置"半径1"为400、"半径2"为0、"高度"为300、"圈数"为3，如图16-39所示。

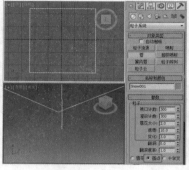

图16-36

图16-37　　　　图16-38　　　　　　　图16-39

05 在"透视"图中调整合适的视图角度，并调整合适的粒子和螺旋线的位置，按Ctrl+C组合键，创建摄影机，如图16-40所示。

06 单击"（创建）>（几何体）> 标准基本体>平面"按钮，在"顶"视图中创建平面，在"参数"卷展栏中设置"长度"为500、"宽度"为50、"长度分段"为42、"宽度分段"为4，如图16-41所示。

07 在场景中选择平面模型，为其施加"路径变形绑定（WSM）"修

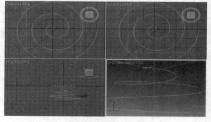

图16-40

改器，在"参数"卷展栏中单击"拾取路径"按钮，在场景中拾取螺旋线，单击"转到路径"按钮，在"路径变形轴"选项组中选择Y单选按钮，并选择"翻转"复选框，如图16-42所示。

08 打开"自动关键点"按钮，拖动时间滑块到100帧，设置平面的路径变形绑定"百分比"为126，如图16-43所示。

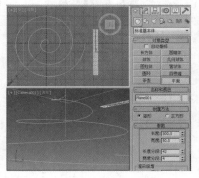
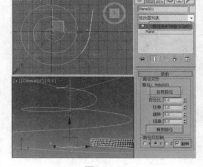
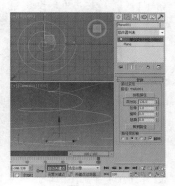

图16-41　　　　　　　　　　　图16-42　　　　　　　　　　　图16-43

09 在场景中选择平面模型，单击鼠标右键，在弹出的快捷菜单中选择"对象属性"命令，在弹出的对话框中设置"G缓冲区"选项组中的"对象ID"为2；在"运动模糊"中设置"倍增"为3，并选择"图像"单选按钮，如图16-44所示。

10 打开"材质编辑器"窗口，选择新的材质样本球，在"明暗器基本参数"卷展栏中选择"双面"复选框。在"Blinn基本参数"卷展栏中设置"环境光"和"漫反射"的颜色为紫色，并设置"自发光"参数为50，如图16-45所示。

11 在菜单栏中选择"渲染>视频后期处理"命令，打开"视频后期处理"窗口，如图16-46所示。

图16-44　　　　　　　　　　　图16-45

12 在工具栏中单击 （添加场景事件）按钮，在弹出的对话框中选择"透视"选项，然后单击"确定"按钮。单击 （添加图像过滤事件）按钮，从中选择"镜头效果高光"事件，再次单击 （添加图像过滤事件），添加"镜头效果光晕"事件，如图可以看到添加的事件，如图16-47所示。

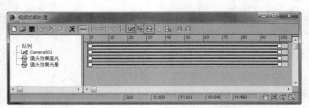

图16-46　　　　　　　　　　　　　　　　　图16-47

13 双击添加的"镜头效果高光"事件，在弹出的对话框中单击"设置"按钮，打开"镜头效果高光"窗口，单击"VP列队"和"预览"按钮，设置"对象ID"为1，单击"确定"按钮，如图16-48所示。

14 双击"镜头效果光晕"事件，在弹出的对话框中单击"设置"按钮，打开"镜头效果光晕"窗口，单击"VP列队"和"预览"按钮，设置"对象ID"为2，如图16-49所示。

15 选择"首选项"选项卡，设置"大小"为80、"强度"为60，单击"确定"按钮，如图16-50所示。

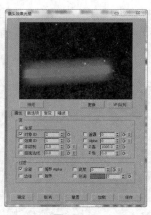

图16-48　　　　　　　　　　　图16-49　　　　　　　　　　　图16-50

16 单击 🔲（添加图像输出事件）按钮，在弹出的"添加图像输出事件"对话框中单击"文件"按钮，在弹出的对话框中选择一个存储路径，并为文件命名，设置"保存类型"为AVI，单击"保存"按钮，如图16-51所示。

17 添加图像输出事件后，在工具栏中单击 ✖（执行序列）按钮，在弹出的对话框中选择"范围"单选按钮，设置"宽度"为450、"高度"为338，单击"渲染"按钮即可，如图16-52所示。

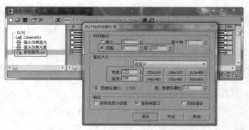

图16-51　　　　　　　　　　　　　　　　　　　图16-52

▌实例操作118：使用镜头效果光斑制作太阳光斑 ▐

"镜头效果光斑"用于将镜头光斑效果作为后期处理添加到渲染中。通常对场景中的灯光应用光斑效果，随后对象周围会产生镜头光斑。可以在"镜头效果光斑"窗口中控制镜头光斑的各个参数。

"镜头效果光斑"窗口中的各选项功能介绍如下（如图16-53所示）：

• 预览：单击"预览"按钮时，如果光斑拥有自动或手动二级光斑元素，则在窗口左上角显示光斑。如果光斑不包含这些元素，光斑会在预览窗口的中央显示。

• 更新：每次单击此按钮时，重画整个主预览窗口和小窗口。

• VP列队：在主预览窗口中显示Video Post队列的内容。

（1）"镜头光斑属性"选项组：指定光斑的全局设置，如光斑源、大小、种子数和旋转等。

图16-53

• 种子：为镜头效果中的随机数生成器提供不同的起点，创建略有不同的镜头效果，而不更改任何设置。

使用"种子"可以确保产生不同的镜头光斑，尽管这种差异非常小。

- 大小：影响整个镜头光斑的大小。
- 色调：如果选择了"全局应用色调"复选框，它将控制镜头光斑效果中应用的"色调"的量。此参数可设置动画。
- 角度：影响光斑从默认位置开始旋转的量，如光斑位置相对于摄影机改变的量。
- 强度：控制光斑的总体亮度和不透明度。
- 挤压：在水平方向或垂直方向挤压镜头光斑的大小，用于补偿不同的帧纵横比。
- 全局应用色调：将"节点源"的"色调"全局应用于其他光斑效果。
- 节点源：可以为镜头光斑效果选择源对象。

（2）"镜头光斑效果"选项组：控制特定的光斑效果，如淡入淡出、亮度和柔化等。

- 加亮：设置影响整个图像的总体亮度。
- 距离褪光：随着与摄影机之间的距离变化，镜头光斑的效果会淡入淡出。
- 中心褪光：在光斑行的中心附近，沿光斑主轴淡入淡出二级光斑。这是通过真实摄影机镜头可以在许多镜头光斑中观察到的效果。此值使用 3ds Max 世界单位。只有按下"中心褪光"按钮时，此设置才能启用。
- 距离模糊：根据到摄影机之间的距离模糊光斑。
- 模糊强度：将模糊应用到镜头光斑上时控制其强度。
- 柔化：为镜头光斑提供整体柔化效果。此参数可设置动画。
- "首选项"选项卡：此页面可以控制激活的镜头光斑部分，以及它们影响整个图像的方式。
- "光晕"选项卡：以光斑的源对象为中心的常规光晕。可以控制光晕的颜色、大小、形状和其他方面。
- "光环"选项卡：围绕源对象中心的彩色圆圈。可以控制光环的颜色、大小、形状和其他方面。
- "自动二级光斑"选项卡：自动二级光斑。通常看到的小圆圈会从镜头光斑的源显现出来。随着摄影机的位置相对于源对象的更改，二级光斑也随之移动。此选项处于活动状态时，二级光斑会自动产生。
- "手动二级光斑"选项卡：手动二级光斑。添加到镜头光斑效果中的附加二级光斑。它们出现在与自动二级光斑相同的轴上，而且外观也类似。
- "射线"选项卡：从源对象中心发出的明亮的直线，为对象提供很高的亮度。
- "星形"选项卡：从源对象中心发出的明亮的直线，通常包括 6 条或多于 6 条辐射线（而不是像射线一样有数百条）。"星形"通常比较粗，并且比射线从源对象的中心向外延伸得更远。
- "条纹"选项卡：穿越源对象中心的水平条带。
- "噪波"选项卡：在光斑效果中添加特殊效果，如爆炸。

（3）"首选项"选项卡中的各选项功能介绍如下。

- 影响 Alpha：指定以 32 位文件格式渲染图像时，镜头光斑是否影响图像的 Alpha 通道。Alpha 通道是颜色的额外 8 位（256 色），用于指示图像中的透明度。Alpha 通道用于无缝地在一个图像的上面合成另外一个图像。
- 影响 Z 缓冲区：Z 缓冲区会存储对象与摄影机之间的距离。Z 缓冲区用于光学效果，例如雾。
- 阻光半径：光斑中心周围的半径，它确定在镜头光斑跟随在另一个对象后时，光斑效果何时开始衰减。此半径以像素为单位。
- 运动模糊：确定是否使用"运动模糊"渲染设置动画的镜头光斑。"运动模糊"以较小的增量渲染同一帧的多个副本，从而显示出运动对象的模糊。对象快速穿过屏幕时，如果打开了运动模糊，动画效果会更加流畅。使用运动模糊会显著增加渲染时间。
- 轴向透明度：标准的圆形透明度渐变，会沿其轴并相对于其源影响镜头光斑二级元素的透明度。这使得二级元素的一侧要比另外一侧亮，同时使光斑效果更加具有真实感。
- 渲染：指定是否在最终图像中渲染镜头光斑的每个部分。使用这一组复选框可以启用或禁用镜头光斑的各部分。

- 场景外：指定其源在场景外的镜头光斑是否影响图像。
- 挤压：指定挤压设置是否影响镜头光斑的特定部分。
- 噪波：定义是否为镜头光斑的此部分启用噪波设置。
- 阻光：定义光斑部分被其他对象阻挡时其出现的百分比。

具体的镜头效果参数可以参考前面镜头效果中的相关介绍，这里就不重复介绍了。

【案例学习目标】学习使用视频后期处理中的镜头效果光斑。

【案例知识要点】通过设置背景，创建灯光，并设置灯光的镜头效果光斑，如图16-54所示。

【场景所在位置】光盘 >场景 > Ch16>太阳光斑.max。

【效果图参考场景】光盘 >场景 > Ch16>太阳光斑ok.max。

【贴图所在位置】光盘 >Map。

01 按8键，打开"环境和效果"窗口，为环境背景指定"位图"，贴图为"森林草地.jpg"文件，如图16-55所示。

02 将环境背景贴图拖曳到新的材质样本球上，在弹出的对话框中选择"实例"单选按钮，复制贴图后，在"坐标"卷展栏中设置"贴图"为"屏幕"，如图16-56所示。

图16-54

图16-55

03 激活"透视"图，按Alt+B组合键，在弹出的"视口配置"对话框中选择"使用环境背景"单选按钮，单击"确定"按钮，如图16-57所示。

04 在"透视"图中按Ctrl+C组合键，创建摄影机，单击"❖（创建）> ⚲（灯光）>标准>泛光"按钮，在摄影机视图中的光照位置创建泛光灯，如图16-58所示。

图16-59

05 在菜单栏中选择"渲染>视频后期处理"命令，打开"视频后期处理"窗口，在工具栏中单击 ⬛（添加场景事件）按钮，在弹出的对话框中选择"透视"选项，然后点击"确定"按钮。单击 ⬛（添加图像过滤事件）按钮，从中选择"镜头效果光斑"事件，添加镜头效果光斑，可以看到添加的事件，如图16-59所示。

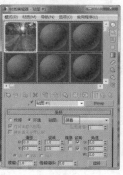
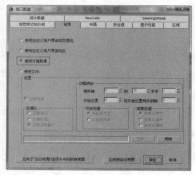

图16-56

图16-57

图16-58

06 双击"镜头效果光斑"事件，在弹出的对话框中单击"设置"按钮，在打开的"镜头效果光斑"窗口中单击"预览"和"VP队列"按钮，选择"镜头光斑属性"选项组中的"全局应用色调"复选框，单击"节点源"按钮，在弹出的对话框中选择创建的泛光灯，并在效果中选择如图16-60所示的复选框。

07 选择"条纹"选项卡，设置"大小"为300、"角度"为60，如图16-61所示。

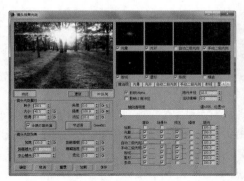

图16-60

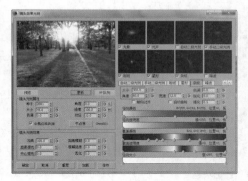

图16-61

08 单击 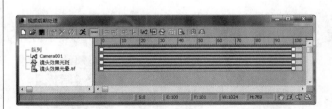（添加图像输出事件）按钮，在弹出的"添加图像输出事件"对话框中单击"文件"按钮，在弹出的对话框中选择一个存储路径，并为文件命名，设置"保存类型"为tif，单击"保存"按钮，添加渲染输出图像事件，如图16-62所示。

09 添加图像输出事件后，在工具栏中单击 （执行序列）按钮，在弹出的对话框中设置合适的渲染尺寸，单击"渲染"按钮即可，如图16-63所示。

图16-62

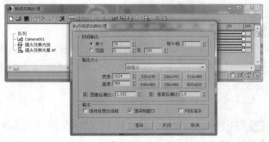

图16-63

实例操作119：使用镜头效果焦点

"镜头效果焦点"与景深效果基本相同。

在菜单栏中选择"渲染 > 视频后期处理"命令，打开"视频后期处理"窗口，在工具栏中单击 （添加图像过滤事件）按钮，在弹出的对话框中选择"镜头效果焦点"事件，如图16-64所示。

双击"镜头效果焦点"事件，在弹出的对话框中单击"设置"按钮，在打开的窗口中设置焦点参数，如图16-65所示。

● 场景模糊：将模糊效果应用到整个场景，而非场景的一部分。

● 径向模糊：从帧的中心开始，将模糊效果以径向方式应用到整个场景。

图16-64

图16-65

● 焦点节点：用于选择场景中的特定对象，将其作为模糊的焦点。选定的对象保留在焦点中，而模糊焦点限制设置外的对象。

● 选择：单击该按钮，弹出"选择焦点对象"对话框，从中选择3ds Max 对象以用做焦点对象。

● 影响Alpha：若启用该复选框，当渲染为32位格式时，同时也将模糊效果应用到图像的Alpha通道。选择该复选框可以在另一个图像上合成模糊图像。

● 水平焦点损失：指定在水平（x轴）方向应用到图像中的模糊量。

● 锁定：同时锁定水平和垂直方向的损失设置。

● 垂直散点损失：指定在垂直（y轴）方向应用到图像中的模糊量。

● 焦点范围：指定距离图像中心"径向模糊"的距离，或距离模糊效果开始处的摄影机（焦点对象）的距离。增大数值会使效果半径远离摄影机或图像中心。

● 焦点限制：指定距离图像中心"径向模糊"的距离，或距离模糊效果达到最大强度处的摄影机（焦点对象）的距离。使用低"焦点范围"设置高"焦点限制"时，会使得场景中的模糊量渐增，同时禁用"焦点限制"和"焦点范围"复选框会生成短距离的快速模糊效果。此参数可设置动画。

【案例学习目标】学习使用视频后期处理中的镜头效果焦点。

【案例知识要点】通过设置环境背景，创建作为焦点的模型，设置视频后期处理中的镜头效果焦点，完成镜头效果焦点的一个简单动画。图16-66所示为分镜头效果。

【场景所在位置】光盘>场景>Ch16/镜头效果焦点.max。

【效果图参考场景】光盘>场景>Ch16>镜头效果焦点ok.max。

【贴图所在位置】光盘>Map。

图16-66

01 运行3ds Max软件，重置一个新的场景，按8键，打开"环境和效果"窗口，为"环境贴图"指定"位图"，位图为"百合渲染.tif"文件，将图像拖曳到材质编辑器中心的材质样本球上，在"坐标"卷展栏中选择"环境"单选按钮，并设置"贴图"类型为"屏幕"，如图16-67所示。

02 在场景中创建球体和摄影机，如图16-68所示。

03 在菜单栏中选择"渲染>视频后期处理"命令，在打开的窗口中单击 （添加场景事件）按钮，然后再单击 （添加图像过滤事件）按钮，在弹出的"添加图像过滤事件"对话框中选择"镜头效果焦点"事件，单击"确定"按钮，如图16-69所示。

图16-67

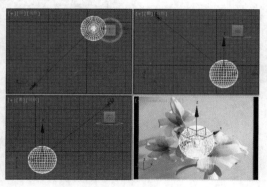

图16-68

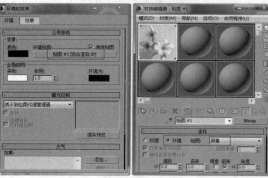

图16-69

04 双击添加的"镜头效果焦点"事件，在弹出的对话框中单击"设置"按钮，打开"镜头效果焦点"窗口，单击"预览"和"VP队列"按钮，单击"选择"按钮，在弹出的对话框中选择场景中的球体模型，单击"确定"按钮，如图16-70所示。

05 选择模型后，设置模糊为"焦点节点"，单击"确定"按钮，如图16-71所示。

06 在场景中选择球体模型，打开"自动关键点"按钮，拖动时间滑块到90帧，并在场景中缩放模型，将模型放大到充满整个摄影机视图，如图16-72所示。

为场景中的球体设置并指定一个"不透明度"为0的材质。

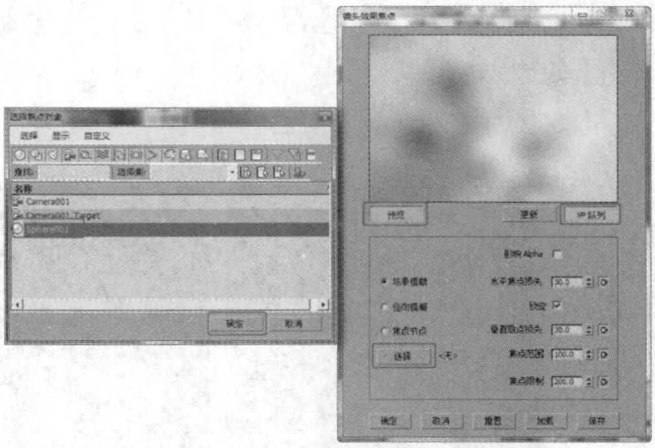

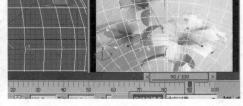

图16-70

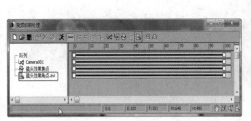

图16-71

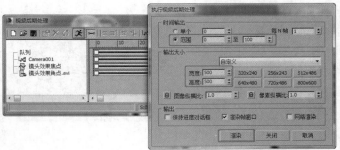

图16-72

07 在"视频后期处理"窗口的工具栏中单击 （添加图像输出事件）按钮，设置渲染输出，如图16-73所示。

08 单击 （执行序列）按钮，在弹出的对话框中设置"范围"为0至100，设置合适的渲染尺寸，单击"渲染"按钮，渲染场景动画，如图16-74所示。

图16-73

图16-74

实例操作120：使用衰减事件

"衰减"事件随时间淡入或淡出图像。淡入淡出的速率取决于淡入淡出过滤器时间范围的长度。

在"视频后期处理"窗口的主工具栏中单击 （添加图像过滤事件）按钮，弹出"添加图像过滤事件"对话框，在"过滤器插件"选项组中选择"衰减"过滤器，单击"设置"按钮，弹出"衰减图像控制"对话框，从中设置参数，如图16-75所示。

"衰减图像控制"对话框中的各选项功能介绍如下。

● 淡入：设置淡入图像。

● 淡出：设置淡出图像。

图16-75

【案例学习目标】学习使用视频后期处理中的衰减。

【案例知识要点】设置环境背景，并设置场景的衰减效果。图16-76所示为分镜头效果。

【场景所在位置】光盘>场景> Ch16>衰减.max。

【效果图参考场景】光盘>场景> Ch16>衰减ok.max。

【贴图所在位置】光盘>Map

图16-76

01 为环境背景指定位图贴图，贴图为"室内效果.jpg"文件，参考前面案例中的环境背景设置，设置本案例的环境背景，如图16-77所示。

02 打开"视频后期处理"窗口，从中添加"场景事件""衰减"和"输出事件"，如图16-78所示。

03 双击"衰减"事件，并设置衰减图像控制为"淡入"，单击"确定"按钮，如图16-79所示。

04 最后对场景动画进行渲染输出。

图16-77

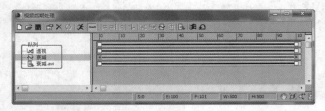

图16-78

图16-79

16.2.2 图像Alpha

"图像Alpha"过滤器用过滤遮罩指定的通道替换图像的 Alpha 通道。

此过滤器采用"遮罩"（包括G缓冲区通道数据）下的"通道"选项中所选定的任一通道，并将其应用到此队列的 Alpha 通道，从而替换此处的内容，如图16-80所示。

图16-80

16.2.3 伪Alpha

"伪 Alpha"根据图像的第一个像素（位于左上角的像素）创建一个 Alpha 图像通道。所有与此像素颜色相同的像素都会变成透明。

由于只有一个像素颜色变为透明，所以不透明区域的边缘将变成锯齿形状。此过滤器主要用于希望合成格式不带 Alpha 通道的位图。

在菜单栏中选择"渲染 > 视频后期处理"命令，打开"视频后期处理"窗口，在工具栏中单击 ◘（添加图像过滤事件）按钮，在弹出的对话框中选择"伪 Alpha"过滤器，如图 16-81 所示。

图16-81

实例操作121：使用星空制作圆月星空效果

"星空"过滤器使用可选运动模糊生成具有真实感的星空。"星空"过滤器需要摄影机视图。任一星空运动都是摄影机运动的结果。

在菜单栏中选择"渲染 > 视频后期处理"命令，打开"视频后期处理"窗口，在工具栏中单击" ◘（添加图像过滤事件）"按钮，在弹出的对话框中选择"星空"过滤器，单击"确定"按钮，返回"视频后期处理"窗口，双击"星空"事件，弹出"星星控制"对话框，如图 16-82 所示。各选项功能介绍如下。

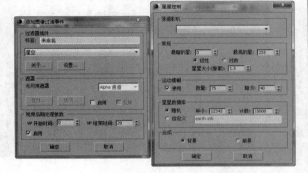

- 源摄影机：用于从场景中的摄影机列表中选择摄影机。选择与用于渲染场景的摄影机相同的摄影机。

"常规"选项组：设置星星的亮度范围和大小。

图16-82

- 最暗的星：指定最暗的星。
- 最亮的星：指定最亮的星。
- 线性、对数：指定是按线性还是按对数计算亮度的范围。
- 星星大小：以像素为单位指定星星的大小。

"运动模糊"选项组：摄影机移动时，这些设置控制星星的条纹效果。

- 使用：启用此复选框之后，星空使用运动模糊。禁用此复选框之后，星星会显示为圆点，而不论摄影机是否运动。
- 数量：摄影机快门打开的帧时间百分比。
- 暗淡：确定经过条纹处理的星星如何随着其轨迹的延长而逐渐暗淡。默认值40提供了很好的视频效果，略微让星星暗淡一些，使其不闪烁。

"星星数据库"选项组：这些设置指定了星空中星星的数量。

- 随机：使用随机数"种子"来初始化随机数生成器，生成由"计数"微调器指定的星星数量。
- 种子：初始化随机数生成器。
- 计数：选择"随机"单选按钮时指定所生成的星星数量。
- 自定义：读取指定文件。
- 背景：合成背景中的星星。
- 前景：合成前景中的星星。

【案例学习目标】学习使用视频后期处理中的星空。

【案例知识要点】设置环境背景，并设置星空的事件，完成的星空前后对比效果如图16-83所示。

【场景所在位置】光盘 > 场景 > Ch16 > 星空.max。

【效果图参考场景】光盘 > 场景 > Ch16 > 星空ok.max。

【贴图所在位置】光盘 > Map。

图16-83

01 设置环境背景为"贴图",贴图为"满月夜晚.jpg",设置背景的贴图类型为"屏幕",如图16-84所示。

02 在场景中选择"透视"图,按Ctrl+C组合键,创建摄影机,如图16-85所示。

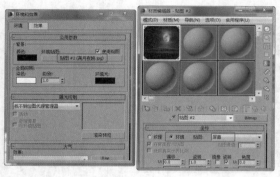

图16-84

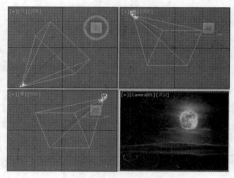

图16-85

03 打开"视频后期处理"窗口,从中添加"场景事件""星空"和"输出事件",如图16-86所示。

04 双击"星空"事件,在弹出的对话框中设置合适的星空参数,如图16-87所示。

05 最后可以渲染输出动画,也可以渲染静帧效果。

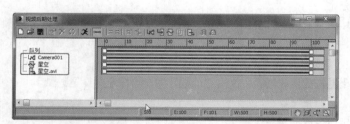

图16-86

图16-87

▶16.3 课堂练习——制作闪光流星动画

【练习知识要点】通过创建粒子,将粒子系统绑定到螺旋线上,作为粒子的运动路径,并设置粒子的"镜头效果光晕"和"镜头效果高光"效果,完成闪光流星的制作,静帧效果如图16-88所示。

【效果图参考场景】光盘>场景>Ch16>闪光流星.max。

【贴图所在位置】光盘>Map。

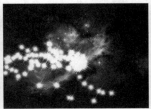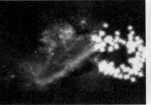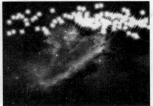

图16-88

16.4 课后习题——制作炙热字

【习题知识要点】通过创建可渲染的文字，设置出可渲染文字的镜头效果光晕，制作出炙热字，并设置炙热字的一些简单动画，完成炙热字效果的制作。图16-89所示为静帧效果。

【效果图参考场景】光盘＞场景＞Ch16＞炙热字.max。

【贴图所在位置】光盘＞Map。

图16-89

第 **17** 章

毛发技术

本章内容

毛发技术的概念

了解Hair和Fur修改器

掌握VRay毛皮

长久以来，毛发移植都是动画角色制作的难点，但随着动画制作技术的不断更新和完善，如今大多数的主流软件都具备了制作逼真毛发的能力，其中3ds Max中的Hair和Fur与其软件的VRay插件的毛皮工具，都已完善到可以独立完成角色中的毛发制作，不过所有毛发的弊端就是占用太多系统内存，在渲染和制作上比较慢。本章将重点介绍Hair和Fur修改器与VRay毛皮工具。

17.1　毛发技术的概述

毛发在静帧和角色动画制作中非常重要，同时毛发也是动画制作中最难模拟的。在3ds Max中，主要用Hair和Fur（WSM）修改器和"VRay毛皮"工具来制作毛发。

Hair和Fur（WSM）修改器是毛发系统的核心。该修改器可以应用在生长毛发的任何对象上，如果是网格对象，毛发将从整个曲面上生长出来；如果是样条线对象，毛发将在样条线之间生长出来。

VRay毛皮是VRay渲染器自带的一种毛发制作工具，经常用来制作地毯、草地和毛制品等。

17.2　Hair和Fur修改器

17.2.1　"选择"卷展栏

"选择"卷展栏中的各选项功能介绍如下（如图17-1所示）。

图17-1

- （导向）：访问导向子对象层级，该层级允许用户使用设计卷展栏中的工具编辑样式导向。

- （面）：访问面子对象层级，可选择光标下的三角形面。区域选择用于在区域中选择多个三角形面。

- （多边形）：访问多边形子对象层级，可选择光标下的多边形。区域选择用于选中区域中的多个多边形。

- （元素）：访问元素子对象层级，该层级允许用户通过单击一次选择对象中的所有连续多边形。区域选择用于选择多个元素。

- 按顶点：启用该复选框后，只需选择子对象使用的顶点，即可选择子对象。单击顶点时，将选择使用该选定顶点的所有子对象。

- 忽略背面：启用此复选框后，使用鼠标选择子对象只影响面对用户的面。禁用（默认值）时，无论可见性或面向方向如何，都可以选择鼠标光标下的任何子对象。如果光标下的子对象不止一个，请反复单击在其中循环切换。同样，禁用该复选框后，无论面对的方向如何，区域选择都包括了所有的子对象。

- 复制：将命名选择放置到复制缓冲区。

- 粘贴：从复制缓冲区中粘贴命名选择。

- 更新选择：根据当前子对象选择重新计算毛发生长的区域，然后刷新显示。

17.2.2　"工具"卷展栏

"工具"卷展栏中的各选项功能介绍如下（如图17-2所示）。

从样条线重梳：用于使用样条线对象设置毛发的样式。单击此按钮，然后选择构成样条线曲线的对象。头发将该曲线转换为导向，并将最近的曲线的副本植入到选定生长网格的每个导向中。

"样条线变形"选项组：样条线变形可通过使头发变形至样条线的形状来设置头发的样式或动画。

- 无：单击以选择将用来使头发变形的样条线，然后在视口中单击样条线，或按 H 键并使用"拾取对象"对话框选择样条线。

- ×：要停止使用样条线变形，可单击清除样条线按钮（标记为"×"）。

重置剩余：使用生长网格的连接性执行头发导向平均化。

重生头发：忽略全部样式信息，将头发复位至默认状态，保持当前修改命令面板中的所有设置。

"预设值"选项组：用于加载和保存头发的预设值。每个预设值都包含所有当前的"修改"面板设置（"显示"设置除外），但是不含任意样式信息。

- 加载：单击以打开"头发预设"对话框，其中包含采用命名样本格式的预设列表。要加载预设值，可双击其样本。3ds Max 附带了若干示例预设。

- 保存：创建新的预设值。系统将提示输入预设值的名称，输入之后，头发将渲染样例，状态栏上会显示消息。在渲染期间，可以单击状态栏上的"取消"按钮，终止预设值的创建。如果输入了现有的预设值名称，将询问用户确认是否覆盖预设值。

"发型"选项组：用于复制和粘贴发型。每个发型都包括所有当前的"修改"面板设置（"显示"设置除外）和样式信息，便于在对象之间应用所有的毛发设置。

- 复制：将所有毛发设置和样式信息复制到粘贴缓冲区。
- 粘贴：将所有毛发设置和样式信息粘贴到当前的 Hair 修改对象。

"实例节点"选项组：用于指定对象，用做定制毛发的几何体。毛发几何体不是取自初始对象的实例化，但是从其创建的所有毛发都互为实例，用于节省内存。

- 无：要指定毛发对象，可单击该按钮，然后选择要使用的对象。此后，该按钮显示拾取的对象的名称。要使用其他实例对象，或要使用原始对象的修改版本，可单击此按钮，然后拾取新的对象。

图17-2

- × ：要停止使用实例节点，可单击"清除实例"按钮（标记为"×"）。
- 混合材质：启用该复选框之后，将应用于生长对象的材质和应用于毛发对象的材质合并为单一多／子对象材质，并应用于生长对象。关闭之后，生长对象的材质将应用于实例化的毛发。默认设置为启用。

"转换"选项组：使用这些控件可以将由"Hair 和 Fur"修改器生成的导向或毛发转换为可直接操作的 3ds Max 对象。

- 导向 –> 样条线：将所有导向复制为新的单一样条线对象。初始导向并未更改。
- 头发 –> 样条线：将所有毛发复制为新的单一样条线对象。初始毛发并未更改。
- 头发 –> 网格：将所有毛发复制为新的单一网格对象。初始毛发并未更改。

渲染设置：单击以打开"效果"面板和卷展栏，并向场景添加"Hair 和 Fur"渲染效果。

17.2.3 "设计"卷展栏

"设计"卷展栏中的各选项功能介绍如下（如图17-3所示）。

- 设计发型／完成发型：单击"设计发型"按钮，开始设计发型。单击"完成发型"按钮，禁用样式模式。

（1）"选择"选项组。

- ![icon]（由头梢选择头发）：可以只选择每根导向头发末端的顶点。
- ![icon]（选择全部顶点）：（默认设置）选择导向头发中的任意顶点时，会选择该导向头发中的所有顶点。初次单击"设计发型"时，Hair 将激活此模式并选择所有导向毛发上的全部顶点。
- ![icon]（选择导向顶点）：可以选择导向头发上的任意顶点。
- ![icon]（由根选择导向）：可以只选择每根导向头发根处的顶点，此操作将选择相应导向头发上的所有顶点。

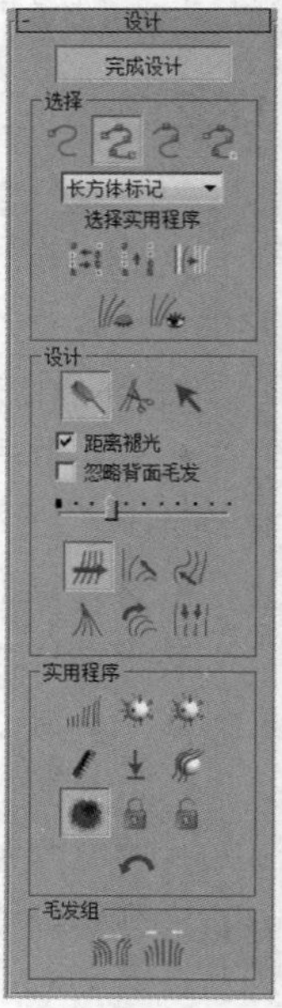

选择选定顶点在视口中的显示方式。

- 长方体标记：（默认设置）选定顶点显示为小正方形。
- 加号标记：选定顶点显示为小加号。
- × 标记：选定顶点显示为 ×。
- 点标记：选定顶点显示为点。
- 选择实用程序："选择实用程序"按钮用来处理选择内容。
- ![icon] Invert Selection（反转）：反转顶点的选择。键盘快捷键为Ctrl+I。
- ![icon] Rotate Selection（轮流选）：旋转空间中的选择。
- ![icon] Expand Selection（展开选择对象）：通过递增的方式增大选择区域，从而扩展选择。
- ![icon] Hide Selected（隐藏选定对象）：隐藏选定的导向头发。
- ![icon] Show Hidden（显示隐藏对象）：取消隐藏任何隐藏的导向头发。

图17-3

（2）"设计"选项组。

- ▨（发梳）：（默认设置）在这种样式模式下，拖动鼠标只会影响画刷区域中的选定顶点。

- ▨（剪头发）：可以修剪导向头发。要修剪头发，请遵循建议的步骤。

- ▨（选择）：激活模式，在该模式下可以使用 3ds Max 的各种选择工具，根据▨（选择）组中选定的约束来选择导向顶点。

- 距离褪光：只适用于"发梳"。启用此复选框时，刷动效果朝着画刷的边缘褪光，从而提供柔和的效果。禁用时，刷动效果会以同样的方式影响选定的所有顶点，从而提供边缘清晰的效果。默认设置为启用。

- 忽略背面头发：只适用于"发梳"和"剪头发"。启用此复选框时，背面的头发不受画刷的影响。默认设置为禁用状态。

- 画刷大小滑块：通过拖动此滑块来更改画刷的大小。

- ▨（平移）：按照鼠标的拖动方向移动选定的顶点。

- ▨（站立）：向曲面的垂直方向推选定的导向。

- ▨（蓬松发根）：向曲面的垂直方向推选定的导向头发。此工具作用的偏离处更加靠近毛发的根部而非末端点。

- ▨（丛）：强制选定的导向之间相互更加靠近（向右拖动鼠标）或更加分散（向左拖动鼠标）。

- ▨（旋转）：以光标位置为中心（位于发梳中心）旋转导向头发顶点。

- ▨（比例）：放大（向右拖动鼠标）或缩小（向左拖动鼠标）选定的导向。

（3）"实用程序"选项组。

- ▨（衰减）：根据底层多边形的曲面面积来缩放选定的导向。这一工具比较实用，例如将毛发应用到动物模型上时，毛发较短的区域多边形通常也较小。

- ▨（选定弹出）：沿曲面的法线方向弹出选定头发。

- ▨（弹出大小为零）：与"选定弹出"类似，但只能对长度为零的头发操作。

- ▨（重梳）：使导向与曲面平行，使用导向的当前方向作为线索。

- ▨（重置剩余）：使用生长网格的连接性执行头发导向平均化。

- ▨（切换碰撞）：如果启用此选项，设计发型时将考虑头发碰撞。如果禁用此选项，设计发型时会忽略碰撞。默认设置为禁用状态。

- ▨（切换头发）：切换生成的（插补的）头发的视口显示。这不会影响头发导向的显示。默认值为启用（即显示头发）。

- ▨（锁定）：将选定的顶点相对于最近曲面的方向和距离锁定。锁定的顶点可以选择但不能移动。

- ▨（解除锁定）：解除对锁定的所有导向头发的锁定。

- ▨（撤消）：反转最近的操作。键盘快捷键为 Ctrl+Z。

（4）"毛发组"选项组。

- ▨（拆分选定头发组）：将选定的导向拆分至一个组。例如，对于创建组成部分或额前的刘海儿，非常有用。

- ▨（合并选定头发组）：重新合并选定的导向。

17.2.4 "常规参数"卷展栏

"常规参数"卷展栏中的各选项功能介绍如下（如图17-4所示）。

- 毛发数量：由 Hair 生成的头发总数。在某些情况下，这是一个近似值，但是实际的数量通常和指定数量非常接近。默认设置为 10000。范围为 0 ~ 10000000（千万）。

- 毛发段：每根毛发的段数。默认设置为 5。范围为 1 ~ 150。

- 毛发过程数：设置透明度。默认设置为 1。范围为 1 ~ 20。

- 密度：该数值设定整体头发密度，即其充当头发数量值的一个百分比乘数因子。默认设置为 100.0。范围为 0.0 ~ 100.0。

- 比例：设置头发的整体缩放比例。默认设置为 100.0。范围为 0.0~100.0。
- 剪切长度：该数值将整体头发长度设置为比例值的百分比乘数因子。默认设置为 100.0。范围为 0.0~100.0。
- 随机比例：将随机比例引入到渲染的头发中。默认设置为 40.0。范围为 0.0~100.0。
- 根厚度：控制发根的厚度。对于实例化的毛发，该值将整体厚度控制为原始对象尺寸在对象控件的 x 和 y 轴的乘数因子。
- 梢厚度：控制发梢的厚度。
- 置换：头发从根到生长对象曲面的位移。默认设置为 0.0。范围为 – 999999.0 ~ 999999.0。

图17-4

- 插值：启用该复选框之后，头发生长是插入到导向头发之间，且曲面将根据"常规参数"设置完全植入头发。禁用之后，Hair 只在生长对象的每个三角面上生成一根头发，受"毛发数量"设置的限制。默认设置为启用。

17.2.5 "材质参数"卷展栏

"材质参数"卷展栏中的各选项功能介绍如下（如图17-5所示）。

- 阻挡环境光：控制照明模型的环境／漫反射影响的偏差。设置为 100.0 时使用平面光渲染毛发。设置为 0.0 时仅使用场景灯光照明，通常造成高对比度的方案。默认值为 40.0。范围为 0.0~100.0。
- 发梢褪光：只适用于mental ray 渲染器。启用此复选框时，毛发朝向梢部淡出到透明。禁用时，毛发的整个长度具有相同的不透明度。

- 松鼠：启用该复选框后，根颜色与梢颜色之间的渐变更加锐化，并且更多的梢颜色可见。
- 梢颜色：距离生长对象曲面最远的毛发梢部的颜色。要更改该颜色，可单击色样，然后通过"颜色选择器"选择颜色。
- 根颜色：距离生长对象曲面最近的毛发根部的颜色。要更改该颜色，可单击色样，然后通过"颜色选择器"选择颜色。
- 色调变化：Hair 令毛发颜色变化的量。默认值可以产生看起来比较自然的毛发。默认值为 10.0。范围为 0.0~100.0。

图17-5

- 值变化：Hair 令毛发亮度变化的量。默认值可以产生看起来比较自然的毛发。默认值为 50.0。范围为 0.0~100.0。
- 变异颜色：变异毛发的颜色。变异毛发基于变异百分比的值随机选择，然后接受此颜色。显示出定义年龄的灰发就是变异毛发的示例之一。
- 变异 %：接受变异颜色的毛发的百分比。
- 高光：毛发上高亮显示的亮度。
- 光泽度：毛发上高亮显示的相对大小。较小的高亮显示产生看起来比较光滑的毛发。反射和光泽度设置组合效果显示在这两个参数右侧的图形中。
- 高光反射染色：此颜色色调反射高光。单击色样，可通过"颜色选择器"选择颜色。默认设置为白色。
- 二级光斑：将颜色设置为更宽的二级高光（即自主反射高光的偏移）。模拟高光的散布，尽管这不是物理上精确的效果。
- 自身阴影：控制自身阴影的多少，即毛发在相同"Hair 和 Fur"修改器中对其他毛发投影的阴影。值为 0.0 时将禁用自阴影，值为 100.0 时产生的自阴影最大。默认值为 100.0。范围为 0.0~100.0。
- 几何体阴影：头发从场景中的几何体接收到的阴影效果的量。默认值为 100.0。范围为 0.0~100.0。
- 几何体材质 ID：指定给几何体渲染头发的材质 ID。默认值为 1。

17.2.6 "mr 参数"卷展栏

"mr 参数"卷展栏中的各选项功能介绍如下（如图17-6所示）。

图17-6

- 应用 mr 明暗器：启用此复选框时，可以应用 mental ray 明暗器生成头发。
- 无：只有启用"应用 mr 明暗器"时才启用。单击以显示"材质／贴图浏览器"对话框并指定明暗器。如果未指定明暗器，此按钮会标记为"无"。如果指定明暗器，按钮的标签会显示明暗器的名称。

17.2.7　"海市蜃楼参数"卷展栏

"海市蜃楼参数"卷展栏中的各选项功能介绍如下（如图17-7所示）。

- 百分比：设置要对其应用"强度"和"Mess 强度"值的毛发百分比。范围为 0～100。
- 强度：强度指定海市蜃楼毛发伸出的长度。范围为 0.0～1.0。
- Mess 强度：Mess 强度将卷毛应用于海市蜃楼毛发。范围为 0.0～1.0。

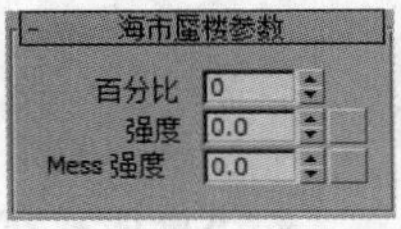

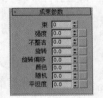

图17-7

17.2.8　"成束参数"卷展栏

"成束参数"卷展栏中的各选项功能介绍如下（如图17-8所示）。

- 束：相对于总体毛发数量，设置毛发束数量。
- 强度：强度越大，束中各个梢彼此之间的吸引越强。范围为 0.0～1.0。
- 不整洁：值越大，越不整洁地向内弯曲束，每个束的方向是随机的。范围为 0.0～400.0。
- 旋转：扭曲每个束。范围为 0.0～1.0。
- 旋转偏移：从根部偏移束的梢。范围为 0.0～1.0。
- 颜色：非零值可改变束中的颜色。范围为 0.0～1.0。
- 随机：随机分配成束的数量。
- 平坦度：在垂直于梳理方向的方向上挤压每个束，效果是缠结毛发，使其类似于诸如猫或熊等的毛。

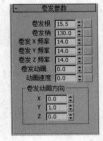

图17-8

17.2.9　"卷发参数"卷展栏

"卷发参数"卷展栏中的各选项功能介绍如下（如图17-9所示）。

- 卷发根：控制头发在其根部的置换。默认设置为 15.5。范围为 0.0～360.0。
- 卷发梢：控制毛发在其梢部的置换。默认设置为 130.0。范围为 0.0～360.0。
- 卷发 X／Y／Z 频率：控制 3 个轴中每个轴上的卷发频率效果。默认设置为 14.0。范围为 0.0～100.0。和卷发一样，卷发动画使用噪点域取代毛发。其差异在于用户可以移动噪点域以创建动画置换，产生波浪运动，无须再利用其他动态计算。
- 卷发动画：设置波浪运动的幅度。默认设置为 0.0。范围为 －9999.0～9999.0。
- 动画速度：此倍增控制动画噪波场通过空间的速度。此值将乘以卷发动画方向属性的 x、y 和 z 分量，以确定动画噪点域的每帧偏移。默认设置为 0.0。范围为 －9999.0～9999.0。

图17-9

"卷发动画方向"选项组：设置卷发动画的方向向量。默认设置为 0.0。范围为 －1.0～1.0。此向量在使用之前没有规格化。这意味着可以对这些值应用调整以对给定轴上的动画速度实现微调控制。要减少混淆，最好将这些方向保持为 －1、0 或 1。一旦动画接近于想要的结果，就可以由此展开，调整值以达到所需要的准确结果。

17.2.10　"纽结参数"卷展栏

"纽结参数"卷展栏中的各选项功能介绍如下（如图17-10所示）。

- 纽结根：控制毛发在其根部的纽结置换量。默认值为 0.0。范围为 0.0～100.0。

- 纽结梢：控制毛发在其梢部的纽结置换量。默认值为 0.0。范围为 0.0 ~ 100.0。
- 纽结 X / Y / Z 频率：控制 3 个轴中每个轴上的纽结频率效果。默认值为 0.0。范围为 0.0 ~ 100.0。

图 17-10

17.2.11 "多股参数"卷展栏

"多股参数"卷展栏中的各选项功能介绍如下（如图 17-11 所示）。

- 数量：每个聚集块的头发数量。
- 根展开：为根部聚集块中的每根毛发提供随机补偿。
- 梢展开：为梢部聚集块中的每根毛发提供随机补偿。
- 扭曲：使用每束的中心作为轴扭曲束。
- 偏移：使束偏移其中心。离尖端越近，偏移越大。
- 纵横比：在垂直于梳理方向的方向上挤压每个束，效果是缠结毛发，使其类似于诸如猫或熊等的毛。

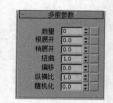

图 17-11

- 随机化：随机处理聚集块中的每根毛发的长度。

17.2.12 "动力学"卷展栏

"动力学"卷展栏中的各选项功能介绍如下（如图 17-12 所示）。

（1）"模式"选项组：选择头发用于生成动力学效果的方法。"现场"模式适用于实验，但要在使用头发渲染动画时获得最佳结果，可使用"预计算"模式。

- 无：头发不模拟动力学效果。
- 现场：头发在视口中以交互方式模拟动力学效果，但是不为动力学效果生成动画关键帧或 Stat 文件。

- 预计算：用于为渲染设置了动力学效果动画的头发生成 Stat 文件。仅在为 Stat 文件设置了名称和位置之后可用。

图 17-12

（2）"Stat 文件"选项组：Stat 文件可用于记录和回放 Hair 生成的动态模拟。

- 文本字段：显示 Stat 文件的路径和文件名。
- ▓（省略号按钮）：单击以打开"另存为"对话框，选择 Stat 文件的文件名前缀和位置。
- 删除所有文件：从目标目录删除 Stat 文件。文件必须有使用▓按钮指定的名称前缀。

（3）"模拟"选项组：确定模拟的范围，然后加以运行。只有在选择"预计算"模式并在"Stat 文件"选项组中指定 Stat 文件后，这些控件才可用。将"起始"和"结束"设置到模拟开始和结束的帧处，然后单击"运行"按钮。3ds Max 随后将计算动态参数并保存 Stat 文件。

- 起始：计算模拟时要考虑的第一帧。
- 结束：计算模拟时要考虑的最后一帧。
- 运行：单击以运行模拟并在由"开始"和"结束"指示的帧范围之内生成 Stat 文件。

（4）"动力学参数"选项组：这些控件指定了动力学模拟的基本参数。

- 重力：用于指定在全局空间中垂直移动毛发的力。负值上拉毛发，正值下拉毛发。要令毛发不受重力影响，可将该值设置为 0.0。默认值为 1.0。范围为 - 999.0 ~ 999.0。
- 刚度：控制动力学效果的强弱。如果将"刚度"设置为 1.0，动力学不会产生任何效果。默认值为 0.4。范围为 0.0 ~ 1.0。
- 根控制：与刚度类似，但只在头发根部产生影响。默认值为 1.0。范围为 0.0 ~ 1.0。
- 衰减：动态模拟头发承载前进到下一帧的速度。

（5）"碰撞"选项组：使用这些设置确定毛发在动态模拟期间碰撞的对象和计算碰撞的方法。

- 无：动态模拟期间不考虑碰撞。这将导致头发穿透其生长对象，以及其所开始接触的其他对象。

- 球体："头发"使用球体边界框来计算碰撞。此方法速度更快，其原因在于所需计算更少，但是结果不够精确。当从远距离查看时该方法最为有效。
- 多边形："头发"考虑碰撞对象中的每个多边形。这是速度最慢的方法，但也是最为精确的方法。
- 使用生长对象：开启之后，头发和生长（网格）对象碰撞。
- 对象列表：列出头发将与之碰撞的场景对象的名称。
- 添加：要在列表框中添加对象，单击"添加"按钮然后在视口中单击对象。
- 更换：要替换对象，先在列表框中高亮显示其名称并单击"更换"按钮，然后在视口中单击不同的对象。
- 删除：要从列表框中删除对象，在列表框中高亮显示该对象的名称然后单击"删除"按钮。

（6）"外力"选项组：可用于指定在动态模拟期间影响毛发的空间扭曲。例如，可以添加"风"空间扭曲来营造头发被微风吹动的效果。

- 对象列表框：列出对头发产生动态影响的力的名称。
- 添加：要在列表框中添加空间扭曲，单击"添加"按钮，然后在视口中单击扭曲图标。
- 更换：要替换空间扭曲，先在列表框中高亮显示其名称并单击"更换"按钮，然后在视口中单击不同的扭曲图标。
- 删除：要从列表框中删除空间扭曲，在列表框中高亮显示其名称然后单击"删除"按钮。

17.2.13 "显示"卷展栏

"显示"卷展栏中的各选项功能介绍如下（如图17-13所示）。

（1）"显示导向"选项组。

- 显示导向：开启之后，头发在视口中使用色样中所显示的颜色显示导向。默认设置为禁用。
- 导向颜色：单击以显示"颜色选择器"，并更改显示导向所采用的颜色。

（2）"显示毛发"选项组。

- 显示毛发：开启之后，Hair 在视口中显示头发。默认设置为启用。

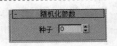

图17-13

- 覆盖：禁用该复选框之后，3ds Max 使用与其渲染颜色近似的颜色显示毛发。开启该复选框之后，则使用色样中所显示的颜色显示头发。默认设置为禁用。
- 色样：在启用"覆盖"复选框后，单击以显示"颜色选择器"，并更改显示头发所使用的颜色。
- 百分比：在视口中显示的全部毛发的百分比。降低此值将改善视口中的实时性能。默认设置为 50.0。
- 最大毛发数：无论百分比值为多少，在视口中显示的最大毛发数。默认设置为 10000（一万）。
- 作为几何体：启用该复选框，将头发在视口中显示为要渲染的实际几何体，而不是默认的线条。默认设置为禁用。

17.2.14 "随机化参数"卷展栏

"随机化参数"卷展栏中的各选项功能介绍如下（如图17-14所示）。

- 种子：设置随机毛发效果的种子。

图17-14

实例操作122： 使用Hair和Fur制作毛刷

【案例学习目标】学习使用"Hair和Fur"修改器。

【案例知识要点】打开原始场景文件，设置制作出毛刷模型的基本形状，并施加"Hair和Fur"修改器，通过设置参数制作出毛刷效果，如图17-15所示。

【场景所在位置】光盘＞场景＞Ch17毛刷.max。

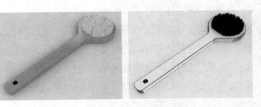

图17-15

【效果图参考场景】光盘 > 场景 > Ch17 毛刷 ok.max。

【贴图所在位置】光盘 > Map。

01 打开原始场景文件，在场景中选择毛刷模型，如图17-16所示。

02 按Ctrl+V组合键，在弹出的对话框中选择"复制"单选，单击"确定"按钮，如图17-17所示。

03 选择复制出的模型，将选择集定义为"多边形"，选择顶部的多边形，按Ctrl+I组合键，反选多边形，如图17-18所示，按Delete键，将其删除。

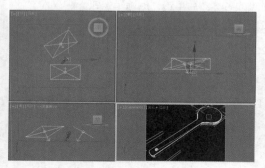

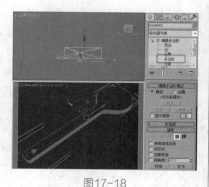

图17-16 　　　　　　　　　　　　图17-17 　　　　　　　　　　　　图17-18

04 将选择集定义为"边"，在"几何体"卷展栏中单击"快速切片"按钮，在"顶"视图中的圆形区域创建切片，作为毛发的寄体，如图17-19所示。

05 关闭"快速切片"按钮，在"顶"视图中选择边，如图17-20所示，按Delete键，删除选择的边。

06 在"顶"视图中对剩下的模型进行缩放，如图17-21所示。

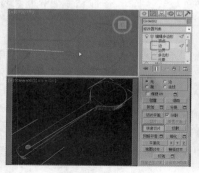
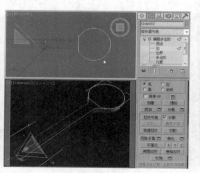
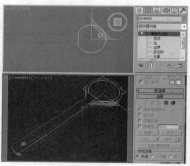

图17-19 　　　　　　　　　　　　图17-20 　　　　　　　　　　　　图17-21

07 为模型施加"Hair和Fur"修改器，在"常规参数"卷展栏中设置"毛发数量"为10000、"密度"为100、"比例"为100、"剪切长度"为100、"随机比例"为40、"根厚度"为7、"梢厚度"为5；在"成束参数"卷展栏中设置"束"为100、"强度"为0.5；在"卷发参数"卷展栏中设置"卷发根"为1、"卷发梢"为1，如图17-22所示。

08 按8键，在打开的"环境和效果"窗口中选择"效果"选项卡，在"效果"卷展栏中单击"添加"按钮，在弹出的对话框中选择"毛发和毛皮"选项，添加效果后，在"毛发和毛皮"卷展栏中设置"毛发渲染选项"选项组中的"毛发"为"几何体"，如图17-23所示。

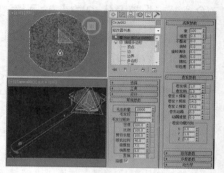

图17-22

09 打开"材质编辑器"窗口，选择一个新的材质样本球，在"Blinn基本参数"卷展栏中设置"环境光"和"漫反射"

的颜色为白色，设置"自发光"为20，如图17-24所示。

图17-23　　　　　　　　　　　图17-24

实例操作123：使用Hair和Fur制作草地效果

【案例学习目标】学习使用"Hair和Fur"修改器。

【案例知识要点】打开原始场景文件，为山坡模型施加"Hair和Fur"修改器，通过设置参数，制作出草地效果，如图17-25所示。

【场景所在位置】光盘>场景> Ch17>草地.max。

【效果图参考场景】光盘>场景> Ch17>草地ok.max。

【贴图所在位置】光盘>Map。

01 打开原始场景文件，如图17-26所示，在场景中选择山坡模型。

图17-25

02 为模型施加"Hair和Fur"修改器，在"常规参数"卷展栏中设置"毛发数量"为20000、"比例"为30、"随机比例"为10、"根厚度"为3、"梢厚度"为0；在"材质参数"卷展栏中选择"发梢褪光"和"松鼠"复选框，设置"梢颜色"为33、161、16，设置"根颜色"为125、166、25，设置"色调变化"为10、"值变化"为50；在"卷发参数"卷展栏中设置"卷发根"为20、"卷发梢"为360、"卷发X频率"为14、"卷发Y频率"为14、"卷发Z频率"为14，如图17-27所示。

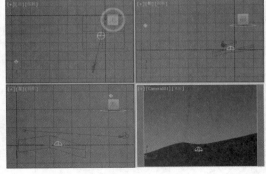 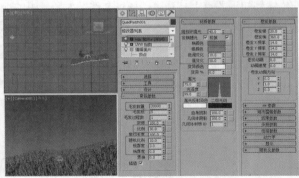

图17-26　　　　　　　　　　　　　　图17-27

▶ 17.3　课堂案例——使用VRay毛皮制作地毯

　　VRay毛皮是一个非常简单的毛皮插件，毛发仅仅在渲染时产生，在场景处理时并不能实时观察效果。下面介绍VRay毛发的一些重要参数，一些不常用的参数这里就不详细介绍了。

"参数"卷展栏中的各选项功能介绍如下（如图17-28所示）。

● 源对象：需要增加毛发的源物体。

● 长度、厚度：毛发的长度和厚度（粗细）。

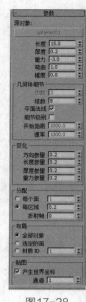

- 重力：控制将毛发往z方向拉下的力度。
- 弯曲：控制毛发的弯曲度。
- 锥度：控制毛发的锥化程度。

（1）"几何体细节"选项组。

- 边数：目前这参数不可调节，毛发通常作为面对跟踪光线的多边形来渲染。正常是使用插值来创建一个平滑的表现。

结数：毛发是作为几个链接起来的直段来渲染的，该参数控制直段的数量。

- 平面法线：当选择该复选框后，毛发的法线在毛发的宽度上不会发生变化。虽然不是非常准确，这与其他毛发解决方案非常相似。同时亦对毛发混淆有帮助，使得图像的取样工作变得简单一点。当禁用后，表面法线在宽度上会变得多样，创建一个有圆柱外形的毛发。

- 细节级别：选择该复选框，"开始距离"和"速率"选项将可以使用。

（2）"变化"选项组。

- 方向参量：这个参数对源物体上生出的毛发在方向上会增加一些变化。任何数值都是有效的。这个参数同样依赖于场景的比例。

- 长度参量、厚度参量、重力参量：在相应参数上增加变化数值从0.0（没有变化）到1.00

（3）"分配"选项组：决定毛发覆盖源物体的密度。

- 每个面：指定源物体每个面的毛发数量，每个面产生指定数量的毛发。

- 每区域：所给面的毛发数量基于该面的大小，较小的面有较少的毛发，较大的面有较多的毛发，每个面至少有一条毛发。

- 折射帧：明确源物体获取到计算面大小的帧，获取的数据将贯穿于整个画面过程，确保所给面的毛发数量在动画中保持不变。

（4）"布局"选项组：决定源物体的哪一面产生毛发。

- 全部对象：全部面产生毛发。
- 选定的面：仅被选中的面产生毛发。
- 材质ID：仅指定材质ID的面产生毛发。

【案例学习目标】学习使用VRay毛皮。

【案例知识要点】打开原始场景文件，为场景中的地毯模型施加VRay毛皮，通过修改参数，完成地毯的制作，如图17-29所示。

【场景所在位置】光盘>场景>Ch17>地毯.max。

【效果图参考场景】光盘>场景>Ch17>地毯ok.max。

【贴图所在位置】光盘>Map。

图17-28

图17-29

01 打开原始场景文件，如图17-30所示。

02 在场景中选择作为地毯的模型，单击"⚙（创建）>◯（几何体）>VRay>VR毛皮"按钮，如图17-31所示。

03 切换到☑（修改）命令面板，在"参数"卷展栏中设置"长度"为0.7、"厚度"为0.03、"重力"为-0.3、"弯曲"为0.8；在"分配"选项组中设置"每区域"的参数为0.7，如图17-32所示。

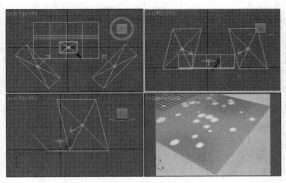
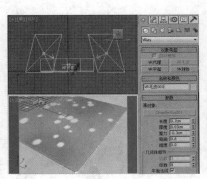

图17-30   图17-31   图17-32

▶ 17.4 课堂练习——制作窗帘流苏

【练习知识要点】为场景中底部相应的模型施加VRay毛皮，通过设置合适的参数来完成窗帘流苏的制作，如图17-33所示。

【效果图参考场景】光盘>场景 > Ch17>窗帘.max。

【贴图所在位置】光盘>Map。

图17-33

▶ 17.5 课后习题——制作海葵

【习题知识要点】通过创建海葵的单个模型，创建一个载体，为载体施加"Hair 和 Fur"修改器，通过拾取创建的海葵模型作为毛发效果，制作出海葵的效果，如图17-34所示。

【效果图参考场景】光盘>场景 > Ch17>海葵.max。

【贴图所在位置】光盘>Map。

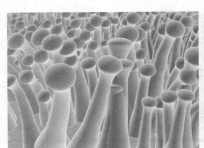
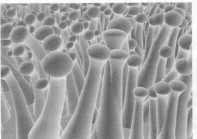

图17-34

基础动画的模拟

动画是制作动画影片、展示三维动画艺术的重要环节，是
动画影片的生命，也是最为复杂和难以掌握的内容。3ds
Max为艺术家们提供了丰富多样的动画工具和动画控制
器，包括常见的关键帧动画、动画约束、动画修改器和
MassFX工具等。

18.1 动画的基本概念

动画是连续播放一系列静止的画面，当连续播放达到一定的速度时，人们用肉眼看到的就是动画了。它的基本原理与电影、电视一样，都是利用视觉原理。医学已经证明，人的眼睛具有"视觉暂留"特性，就是人的眼睛看到一幅画或一个物体后，在1／24秒内不会消失，利用这一原理，在一幅画还没有消失前播放出下一幅画，就会给人造成一种流畅的视觉变化效果。因此，电影采用了每秒25幅（PAL制）或30幅（NSTC制）画面的速度拍摄播放，如果以每秒低于24幅画面的速度拍摄播放，就会出现停顿现象。

在动画播放过程中，每个单幅画面被称为"帧"。通常情况下，1分钟的动画至少要包括720~1800帧的图像。传统动画工作室为了提高工作效率，让主要艺术家只绘制重要的帧，称为关键帧，如图18-1所示。然后助手再计算出关键帧之间需要的帧。填充在关键帧中的帧称为中间帧。画出了所有关键帧和中间帧之后，需要链接或渲染图像以产生最终图像。即使在今天，传统动画的制作过程通常都需要数百名艺术家生成上千个图像。因此，制作传统动画的工作量之大可想而知。

3ds Max的出现使动画创作人员从繁重的动画帧画面的制作中解脱出来，在制作动画时，只需要创建出记录每个动画序列起点和终点的关键帧（这些关键帧的值称为关键点），各关键帧之间的过渡帧（中间帧）由软件自动计算生成，执行渲染操作时，系统会自动渲染各帧，从而生成高质量的动画。如图18-2所示，位于1和2的对象位置是不同帧上的关键帧模型，中间帧由计算机自动生成。

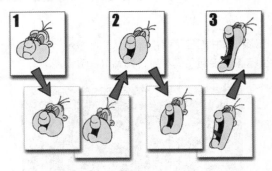

图18-1

图18-2

3ds Max可以为各种应用创建3D计算机动画。可以为计算机游戏设置角色或汽车的动画，或为电影或广播设置特殊效果的动画，还可以创建用于严肃场合的动画，如医疗手册或法庭上的辩护陈述。无论设置动画的原因何在，会发现3ds Max是一个功能强大的环境，可以实现各种目的。图18-3所示为《功夫熊猫》和《最终幻想》中的海报。

设置动画的基本方式非常简单。可以设置任何对象变换参数的动画，以随着时间改变其位置、旋转和缩放。启用"自动关键点"按钮，然后移动时间滑块处于所需的状态，在此状态下，所做的更改将在视口中创建选定对象的动画。

动画可被应用于整个3ds Max中。可以为对象的位置、旋转和缩放，以及几乎所有能够影响对象的形状与外表的参数设置动画。可以使用正向和反向运动学链接层次动画的对象，并且可以在轨迹视图中编辑动画。

图18-3

▶18.2 动画工具

使用动画工具可以设置各种关键点动画，动画工具是3ds Max中制作动画时不可缺少的工具，具体的介绍可以参考第1章中工具的介绍。

▌实例操作124：创建关键帧动画飞机飞行▐

【案例学习目标】学习利用动画工具创建关键帧动画。

【案例知识要点】创建摄影机的移动、飞机移动，以及背景贴图移动的关键点动画效果，如图18-4所示。

【场景所在位置】光盘>场景> Ch18>飞机飞行.max。

【效果图参考场景】光盘>场景> Ch18>飞机飞行ok.max。

【贴图所在位置】光盘>Map。

图18-4

01 打开原始场景文件，可以看到该场景中创建有灯光和摄影机，并指定了背景环境，如图18-5所示。

02 在工具栏中单击▣（选择并连接）工具，将摄影机的目标点连接到飞机本身，如图18-6所示。

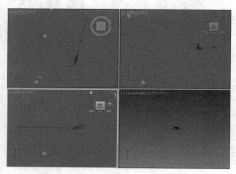

图18-5

图18-6

03 打开"自动关键点"按钮，拖动时间滑块到100帧，在"顶"视图中移动飞机，设置飞机的移动动画，可以看到摄影机的目标点跟随摄影机运动，如图18-7所示。

04 单击▣（显示）命令面板，在"显示属性"卷展栏中选择"轨迹"复选框，如图18-8所示。

图18-7

图18-8

05 在场景中选择飞机模型，单击鼠标右键，在弹出的对话框中选择"运动模糊"选项组中的"启用"复选框，选择"图像"单选按钮，并设置"倍增"为1，单击"确定"按钮，如图18-9所示。

06 拖动时间滑块，渲染场景，可以看到运动模糊的飞机，如图18-10所示。

07 按8键，打开"环境和效果"窗口，为环境背景指定位图贴图，贴图为"Background005.jpg"，如图18-11所示。

图18-9　　　　　　　　　图18-10　　　　　　　　　图18-11

08 将环境背景"实例"复制到新的材质样本球上，在"位图参数"卷展栏中选择"应用"复选框，单击"查看图像"按钮，在打开的窗口中裁剪图像，如图18-12所示。

09 打开"自动关键点"按钮，拖动时间滑块到100帧，调整裁剪图像，如图18-13所示，设置动画后，可以将动画渲染输出。

图18-12　　　　　　　　　　　　　　图18-13

实例操作125：创建关键帧动画文字标版

在实例中将使用"时间配置"对话框（如图18-14所示），具体的介绍如下。

3ds Max 2014默认的时间是100帧，通常所制作的动画比100帧要长很多，那么如何设置动画的长度呢？动画是通过随时间改变场景而创建的，在3ds Max 2014中可以使用大量的时间控制器，这些时间控制器的操作可以在"时间配置"对话框中完成。单击状态栏上的"时间配置"按钮，弹出"时间配置"对话框，如图18-14所示。

"时间配置"对话框中的各选项功能介绍如下。

（1）"帧速率"选项组。

● NTSC：是北美、大部分中南美国家和日本所使用的电视标准的名称。帧速率为每秒30帧（fps）或者每秒60场，每个场相当于电视屏幕上的隔行插入扫描线。

● 电影：电影胶片的计数标准，它的帧速率为每秒24帧。

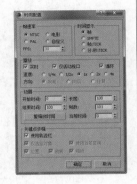

图18-14

● PAL：根据相位交替扫描线制定的电视标准，在我国和欧洲大部分国家中使用，它的帧速率为每秒25帧（fps）或每秒50场。

● 自定义：选择该单选按钮，可以在其下的FPS文本框中输入自定义的帧速率，其单位为帧／秒。

● FPS：采用每秒帧数来设置动画的帧速率。视频使用30 fps的帧速率，电影使用24 fps的帧速率，而Web和媒体动画则使用更低的帧速率。

（2）"时间显示"选项组。

● 帧：默认的时间显示方式，单个帧代表的时间长度取决于所选择的当前帧速率，如每帧为1／30秒。

● SMPTE：这是广播级编辑机使用的时间计数方式，对电视录像带的编辑都是在该计数下进行的，标准方式为00：00：00（分：秒：帧）。

● 帧：TICK：使用帧和3ds Max内定的时间单位——十字叉显示时间，十字叉是3ds Max查看时间增量的方式。因为每秒有4800个十字叉，所以访问时间实际上可以减少到每秒的1／4800。

● 分：秒：TICK：与SMPTE格式相似，以分钟、秒钟和十字叉显示时间，其间用冒号分隔。例如，0.2：16：2240表示2分钟16秒和2240十字叉。

（3）"播放"选项组。

● 实时：选择此复选框，在视图中播放动画时，会保证真实的动画时间，当达不到此要求时，系统会跳格播放，省略一些中间帧来保证时间的正确。可以选择5个播放速度，如1x是正常速度、1／2x是半速等。速度设置只影响在视口中的播放。

● 仅活动视口：可以使播放只在活动视口中进行。禁用该复选框后，所有视口都将显示动画。

● 循环：控制动画只播放一次，还是反复播放。

● 速度：设置播放时的速度。

● 方向：将动画设置为向前播放、反转播放或往复播放。

（4）"动画"选项组。

● 开始时间、结束时间：分别设置动画的开始时间和结束时间。默认设置开始时间为0，根据需要可以设为其他值，包括负值。有时可能习惯于将开始时间设置为第1帧，这比0更容易计数。

● 长度：设置动画的长度，它其实是由"开始时间"和"结束时间"设置得出的结果。

● 帧数：被渲染的帧数，通常是设置数量再加上一帧。

● 重缩放时间：对目前的动画区段进行时间缩放，以加快或减慢动画的节奏，这会同时改变所有的关键帧设置。

● 当前时间：显示和设置当前所在的帧号码。

（5）"关键点步幅"选项组。

● 使用轨迹栏：使关键点模式能够遵循轨迹栏中的所有关键点。其中包括除变换动画之外的任何参数动画。

● 仅选定对象：在使用关键点步幅时只考虑选定对象的变换。如果取消选择该复选框，则将考虑场景中所有未隐藏对象的变换。默认设置为启用。

● 使用当前变换：禁用"位置""旋转"和"缩放"，并在关键点模式中使用当前变换。

● 位置、旋转和缩放：指定关键点模式所使用的变换。取消选择"使用当前变换"复选框，即可使用"位置""旋转"和"缩放"复选框。

【案例学习目标】学习利用动画工具 创建文字标版动画。

【案例知识要点】创建摄影机 的移动动画，如图18-15所示。

【场景所在位置】光盘＞场景＞Ch18＞文字标版.max。

【效果图参考场景】光盘＞场景＞Ch18＞文字标版ok.max。

【贴图所在位置】光盘＞Map。

图18-15

01 打开原始场景文件，如图18-16所示。

02 在时间控件中单击 ▣（时间配置）按钮，在弹出的对话框中设置"结束时间"为80，如图18-17所示。

03 在场景中创建摄影机，并将"透视"图转换为摄影机视图，调整摄影机的角度，如图18-18所示。

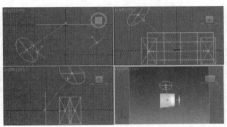

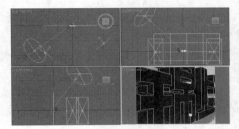

图18-16   图18-17   图18-18

04 拖动时间滑块到40帧的位置，并调整摄影机的位置，调整至如图18-19所示摄影机的角度。

05 拖动时间滑块到45帧的位置，在场景中调整摄影机的位置，如图18-20所示。

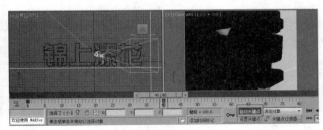
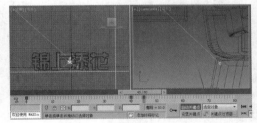

图18-19   图18-20

06 拖动时间滑块到60帧的位置，在场景中调整摄影机的位置如图18-21所示。

07 拖动时间滑块到80帧的位置，在场景中调整摄影机的位置，如图18-22所示。

拖动时间滑块可以预览动画，设置合适的渲染可以渲染场景动画。

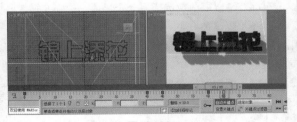

图18-21   图18-22

▶ 18.3 轨迹视图（曲线编辑器）

轨迹视图对于管理场景和动画制作功能非常强大，在主工具栏中单击 ▣（曲线编辑器（打开））按钮，可以打开"轨迹视图"窗口，此外还可以通过选择"图形编辑>轨迹视图－曲线编辑器"命令，打开"轨迹视图"窗口，如图18-23所示。

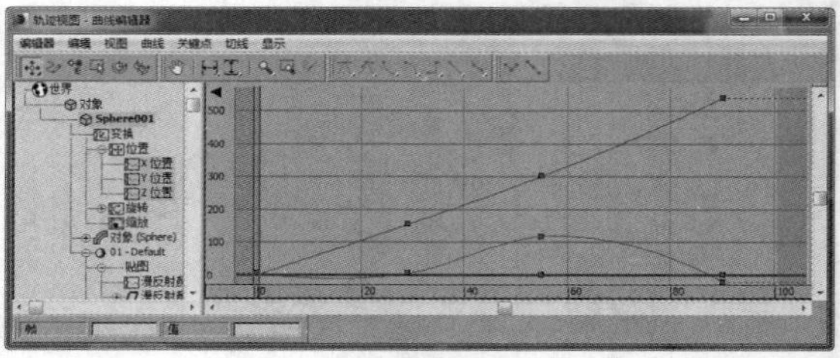

图18-23

1. 轨迹视图的功能板块

- **层级清单**：位于视图的左侧，它将场景中的所有项目显示在一个层级中，在层级中选择相应的物体名称，即可选择场景中的对象。

- **编辑窗口**：位于视图的右侧，显示轨迹和功能曲线，表示时间和参数值的变化。编辑窗口使用浅灰色背景表示激活的时间段。

- **菜单栏**：整合了轨迹视图的大部分功能。

- **工具栏**：包括控制项目、轨迹和功能曲线的工具。

- **状态栏**：包含指示、关键时间、数值栏和导航控制的区域。

- **时间标尺**：测量在编辑窗口中的时间，在时间标尺上的标志反映了"时间配置"对话框的设置。上下拖动时间标尺，可以使它和任何轨迹对齐。

- **世界**：将所有场景中的轨迹收为一个轨迹，以便更快速地进行全局操作。

2. 轨迹视图的工具栏

- **（移动关键点）**：在"关键点"窗口中水平和垂直移动关键点。从弹出按钮中可选择"移动关键点"工具变体。

- **（绘制曲线）**：绘制新运动曲线，或直接在功能曲线图上绘制草图来修改已有曲线。

- **（添加关键点）**：在现有曲线上创建关键点。

- **（区域关键点工具）**：在矩形区域内移动和缩放关键点。

- **（重定时工具）**：基于每个轨迹的扭曲时间。

- **（对全部对象重定时工具）**：全局修改动画计时。

- **（平移）**：使用"平移"时，可以单击并拖动关键点窗口，以将其向左移、向右移、向上移或向下移。除非单击鼠标右键以取消或单击另一个选项，否则"平移"将一直处于活动状态。

- **（框显水平范围）**："框显水平范围"是一个弹出按钮，其中包含"框显水平范围"按钮和"框显水平范围关键点"按钮。

- **（框显值范围）**："框显值范围"是一个弹出按钮，该弹出按钮包含"框显值范围"按钮和"框显值范围的范围"按钮。

- **（缩放）**：在"轨迹视图"中，可以从该按钮的弹出菜单获得交互式"缩放"控件。可以使用鼠标水平（缩放时间）、垂直（缩放值）或同时在两个方向（缩放）缩放时间的视图。向右或向上拖动可放大，向左或向下拖动可缩小。

- **（缩放区域）**："缩放区域"用于拖动"关键点"窗口中的一个区域以缩放该区域，使其充满窗口。除非单击鼠标右键以取消或选择另一个选项，否则"缩放区域"将一直处于活动状态。

- **（隔离曲线）**：默认情况下，轨迹视图显示所有选定对象的所有动画轨迹的曲线。只可以将"隔离曲线"用于临时显示，仅切换具有选定关键点的曲线显示。多条曲线显示在"关键点"窗口中时，使用此命令可以临时简化显示。

- **（将切线设置为自动）**：对关键点附近的功能曲线的形状进行计算，将高亮显示的关键点设置为自动切线。

- **（将切线设置为样条线）**：将高亮显示的关键点设置为样条线切线，它具有关键点控制柄，可以通过在"曲线"窗口中拖动进行编辑。在编辑控制柄时按住 Shift 键以中断连续性。

- **（将切线设置为快速）**：将关键点切线设置为快。

- **（将切线设置为慢速）**：将关键点切线设置为慢。

- **（将切线设置为阶跃）**：将关键点切线设置为步长。使用阶跃来冻结从一个关键点到另一个关键点的移动。

- **（将切线设置为线性）**：将关键点切线设置为线性。

- （将切线设置为平滑）：将关键点切线设置为平滑。用它来处理不能继续进行的移动。
- （断开切线）：允许将两条切线（控制柄）连接到一个关键点，使其能够独立移动，以便不同的运动能够进出关键点。选择一个或多个带有统一切线的关键点，然后单击"断开切线"按钮。
- （统一切线）：如果切线是统一的，按任意方向（请勿沿其长度方向，这将导致另一控制柄以相反的方向移动）移动控制柄，从而使控制柄之间保持最小角度。选择一个或多个带有断开切线的关键点，然后单击"统一切线"按钮。
- 帧：在文本框中显示当前选择的关键帧。
- 值：从中设置当前关键帧在曲线的位置。

3. 轨迹视图的菜单栏

- 编辑器：用于当使用"轨迹视图"时在"曲线编辑器"和"摄影表"之间进行切换。
- 编辑：提供用于调整动画数据和使用控制器的工具。
- 视图：将在"摄影表"和"曲线编辑器"模式下显示，但并不是所有命令在这两个模式下都可用。其控件用于调整和自定义"轨迹视图"中项目的显示方式。
- 曲线：在"曲线编辑器"和"摄影表"模式下使用"轨迹视图"时，可以使用"曲线"菜单，但在"摄影表"模式下，并非该菜单中的所有命令都可用。此菜单中的命令可加快曲线调整。
- 关键点：通过"关键点"菜单中的命令，可以添加动画关键点，然后将其对齐到光标并使用软选择变换关键点。
- 时间：使用"时间"菜单中的命令可以编辑、调整或反转时间。只有在"轨迹视图"处于"摄影表"模式时才能使用"时间"菜单。
- 切线：只有在"曲线编辑器"模式下操作时，轨迹视图的"切线"菜单才可用。此菜单中的命令便于管理动画－关键帧切线。
- 显示："轨迹视图"中的"显示"菜单包含如何显示项目，以及如何在"控制器"窗口中处理项目的控件。

▌实例操作126：利用轨迹视图制作运动的汽车 ▌

【案例学习目标】学习使用曲线编辑器设置旋转动画。

【案例知识要点】打开原始场景文件，通过设置轮子的转动和车子的移动制作车子在行驶中的效果，如图18-24所示。

【场景所在位置】光盘＞场景＞Ch18＞行驶的汽车.max。

【效果图参考场景】光盘＞场景＞Ch18＞行驶的汽车ok.max。

【贴图所在位置】光盘＞Map。

图18-24

01 打开原始场景文件，如图18-25所示。

02 在场景中只留下4个轮子，将其他不需要的模型暂时隐藏，在场景中选择其中一个轮子模型，打开"自动关键点"按钮，拖动时间滑块到100帧，使用 （选择并旋转）工具，在场景中旋转模型，如图18-26所示。

03 在工具栏中单击 （曲线编辑器（打开））按钮，在打开的窗口中选择左侧列表框中设置了旋转动画的模型，

选择变换为"旋转>X轴旋转",在右侧的曲线编辑窗口中选择第100帧的关键点,设置"值"为2000,如图18-27所示。

图18-25

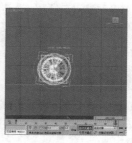

图18-26

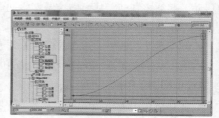

图18-27

04 选择另外的一个车轮模型,选择"变换>旋转>X轴旋转",使用 按钮,在曲线上第0帧和100帧分别创建关键点,如图18-28所示。

05 设置100帧处的关键点"值"为2000,如图18-29所示。

图18-28

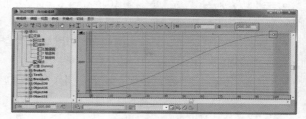

图18-29

06 使用同样的方法设置另外两个轮子的旋转曲线,选择4个轮子,单击鼠标右键,在弹出的快捷菜单中选择"对象属性"命令,在弹出的对话框中设置"运动模糊"选项组中的"倍增"为2,选择"启用"复选框,选择"图像"单选按钮,如图18-30所示。

07 在工具栏中使用 工具,将4个轴辘链接到车体上,如图18-31所示。

08 使用 工具,将摄影机的目标点链接到车体上,如图18-32所示。

图18-30

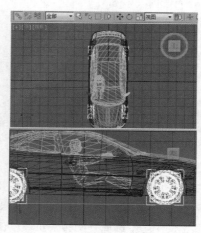

图18-31

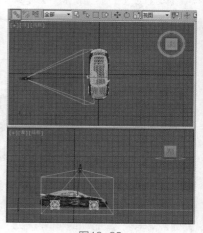

图18-32

09 打开"自动关键点"按钮,拖动时间滑块到20帧,在场景中调整汽车模型的位置,如图18-33所示。

10 拖动时间滑块到80帧,调整汽车和摄影机的位置,如图18-34所示。

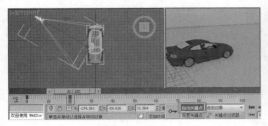

图18-33　　　　　　　　　　　　　　　　　图18-34

11 拖动时间
滑块到99帧，
移动汽车和摄
影机的位置，
如 图18-35
所示。

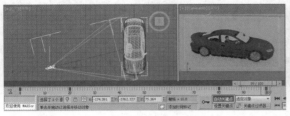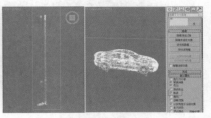

12 为了方便　　　　　　　　　图18-35　　　　　　　　　　　　　图18-36
观察所创建的关键点，可以切换到 （显示）命令面板，在"显示属性"卷展栏中选择"轨迹"复选框，
如图18-36所示。

实例操作127：利用轨迹视图制作弹力球

【案例学习目标】学习使用曲线编辑器设置快速和慢速的切换。

【案例知识要点】打开原始场景文件，创建弹跳球的动画，设置球体运动的快速和慢速效果，制作出弹跳
球的动画，如图18-37所示。

【场景所在位置】光盘>场景>
Ch18>弹跳的球.max。

【效果图参考场景】光盘>场景>
Ch18>弹跳的球ok.max。

【贴图所在位置】光盘>Map。

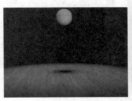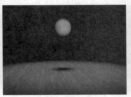

图18-37

01 打开原始场景文件，如图18-38所示。

02 打开"自动关键点"按钮，拖动时间滑块到20帧，将球体调整至
平面上，如图18-39所示。

03 在工具栏中单击 （曲线编辑器（打开））按钮，在打开的窗口左
侧的列表框中选择对象为球体，选择"变换>变换>Z位置"，可以
看到设置的关键点曲线，如图18-40所示。

图18-38

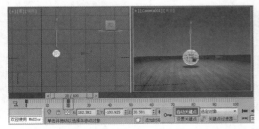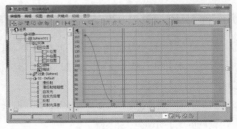

图18-39　　　　　　　　　　　　　图18-40

04 在工具栏中单击 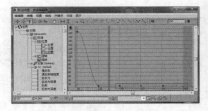（添加关键点）按钮，在40、60、80、100帧添加关键点，如图18-41所示。

05 选择40帧的关键点，设置"值"参数为150，如图18-42所示。

06 选择80帧的关键点，设置"值"参数为130，如图18-43所示。

图18-41

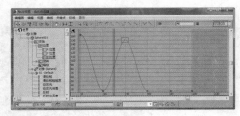

图18-42

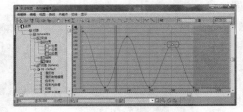

图18-43

07 选择曲线编辑中的20帧处的关键点，并在工具栏中单击 （将切换设置为快速）按钮，将关键点设置为快速，如图18-44所示，播放动画可以看到在20帧处反弹起来时会转换为快速的反弹。

08 使用同样的方法设置球体落到平面上的关键点为快速，如图18-45所示。

09 在场景中选择球体，单击鼠标右键，在弹出的快捷菜单中选择"对象属性"命令，在弹出的对话框中设置"运动模糊"选项组中的"倍增"为2，选择"启用"复选框，选择"图像"单选按钮，如图18-46所示。

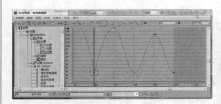

图18-44

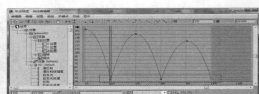

图18-45

图18-46

▶18.4 "运动"命令面板

"运动"命令面板用于控制选中物体的运动轨迹，指定动画控制器，还可以对单个关键点信息进行编辑，如编辑动画的基本参数（位移、旋转和缩放）、创建和添加关键帧及关键帧信息，以及对象运动轨迹的转化和塌陷等。

在命令面板中单击 按钮，即可打开"运动"命令面板，可以看到该面板由"参数"和"轨迹"两部分组成，如图18-47所示。

图18-47

┃实例操作128：通过指定控制器制作音响颤抖的动画┃

【案例学习目标】学习使用噪波控制器制作颤动的音响颤抖的震撼效果。

【案例知识要点】打开原始场景文件，为摄影机指定噪波控件，完成音响的颤抖效果，如图18-48所示。

【场景所在位置】光盘 > 场景 > Ch18 > 音响.max。

【效果图参考场景】光盘 > 场景 > Ch18 > 音响ok.max。

【贴图所在位置】光盘 > Map。

图18-48

01 打开原始场景文件，在从中选择摄影机镜头，切换到 （运动）命令面板，在"指定控制器"卷展栏中选择"变换：位置／旋转／缩放"中的"位置>Y位置"，单击 （指定控制器）按钮，在弹出的对话框中选择"噪波浮点"选项，单击"确定"按钮，如图18-49所示。

02 在弹出的"噪波控制器"对话框中使用默认的参数，如图18-50所示，关闭对话框即可。

03 在场景中选择摄影机，在工具栏中单击 （曲线编辑器（打开））按钮，在打开的窗口中查看一下摄影机镜头Y位置的曲线效果，如图18-51所示。

图18-49

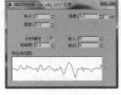

图18-50

图18-51

18.4.1　参数

　　"指定控制器"卷展栏可以为选择的物体指定各种动画控制器，以完成不同类型的运动控制。

　　在列表框中可以观察到当前可以指定的动画控制器项目，一般由一个"变换"携带3个分支项目，即"位置""旋转"和"缩放"项目。每个项目可以提供多种不同的动画控制器，使用时要选择一个项目，这时右上角的 （指定控制器）按钮变为可使用状态，单击它，弹出一个动画控制器列表对话框，如图18-52所示。选择一个动画控制器，单击"确定"按钮，此时当前项目右侧显示出新指定的动画控制器名称。

　　在指定动画控制器后，"变换"下的"位置""旋转"和"缩放"3个项目会提供相应的控制面板，有些在其项目上单击鼠标右键，在弹出的快捷菜单中选择"属性"命令，可以打开其控制面板。

图18-52

1. "PRS参数"卷展栏

　　"PRS参数"卷展栏中的选项功能介绍如下（如图18-53所示）。

　　"PRS参数"卷展栏主要用于创建和删除关键点。

● 创建关键点、删除关键点：在当前帧创建或删除一个移动、旋转或缩放关键点。这些按钮是否处于活动状态取决于当前帧存在的关键点类型。

● 位置、旋转和缩放：分别控制打开其对应的控制面板，由于动画控制器的不同，各自打开的控制面板也不同。

图18-53

2. "关键点信息（基本）"卷展栏

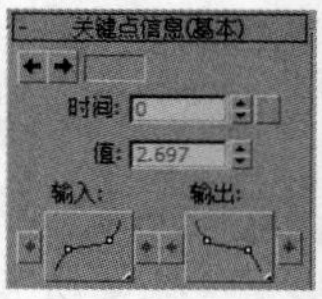

"关键点信息（基本）"卷展栏用于改变动画值、时间和所选关键点的中间插值方式（如图18-54所示）。

* ◀▶：到前一个或下一个关键点上。
* ▮▮：显示当前关键点数。

图18-54

* 时间：显示关键点所处的帧号，右侧的锁定按钮▮可以防止在轨迹视图编辑模式下关键点发生水平方向的移动。
* 值：调整选定对象在当前关键点处的位置。
* 关键点进出切线：通过两个按钮进行选择，"输入"确定入点切线的形态；"输出"确定出点切线的形态。
* ▱：建立平滑的插补值穿过此关键点。
* ◿：建立线性的插补值穿过此关键点。
* ⊓：将曲线以水平线控制，在接触关键点处垂直切下。
* ◢：插补值改变的速度围绕关键点逐渐增加。越接近关键点，插补越快，曲线越陡峭。
* ◤：插补值改变的速度围绕关键点缓慢下降。越接近关键点，插补越慢，曲线越平缓。
* ∧∨：在曲线关键点两侧显示可调整曲线的滑块，通过它们可以随意调节曲线的形态。

左向箭头表示将当前插补形式复制到关键点左侧，右向箭头表示将当前插补形式复制到关键点右侧。

提示

设置关键点切线可以设置运动效果，如缓入缓出、速度均匀等。

3. "关键点信息（高级）"卷展栏

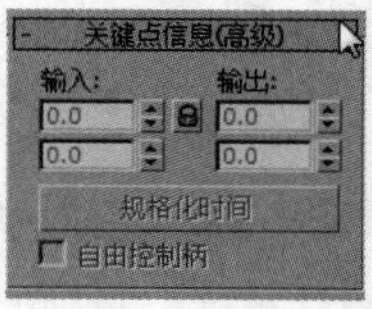

"关键点信息（高级）"卷展栏中的选项功能介绍如下（如图18-55所示）。

* 输入、输出："输入"是参数接近关键点时的更改速度；"输出"是参数离开关键点时的更改速度。
* ▮：单击该按钮后，更改一个自定义切线会同时更改另一个，但是量相反。

图18-55

* 规格化时间：平均时间中的关键点位置，并将它们应用于选定关键点的任何连续块。在需要反复为对象加速和减速，并希望平滑运动时使用。
* 自由控制柄：用于自动更新切线控制柄的长度。取消选择该复选框时，切线长度是其相邻关键点相距固定百分比。在移动关键点时，控制柄会进行调整，以保持与相邻关键点的距离为相同百分比。

18.4.2 轨迹

"轨迹"用于控制显示对象随时间变化而移动的路径，如图18-56所示。

"轨迹"卷展栏中的选项功能介绍如下。

* 删除关键点：将当前选择的关键点删除。

* 添加关键点：单击该按钮，可以在视图轨迹上添加关键点，也可以在不同的位置增加多个关键点，再次单击该按钮可以将它关闭。

"采样范围"选项组中各个选项的介绍如下。

* 开始时间、结束时间：为转换指定间隔。如果要将轨迹转化为一个样条曲线，它可以确定哪一段间隔的轨迹将进行转化；如果要将样条曲线转化为轨迹，它将确定这一段轨迹放置的时间区段。

图18-56

* 采样数：设置采样样本的数目。它们均匀分布，成为转化后曲线上的控制点或转化后轨迹上的关键点。

"样条线转化"选项组中各个选项的介绍如下。

* 转化为：单击该按钮，将依据上面的区段和间隔进行设置，把当前选择的轨迹转换为样条曲线。
* 转化自：单击该按钮，将依据上面的区段和间隔进行设置，允许在视图中选择一条样条曲线，从而将它转

换为当前选择物体的运动轨迹。

"塌陷变换"选项组中各个选项的介绍如下。

- 塌陷：将当前选择物体的变换操作进行塌陷处理。
- 位置、旋转、缩放：决定塌陷所要处理的变换项目。

18.5 动画约束

动画约束通过将当前对象与其他目标对象进行绑定，从而可以使用目标对象控制当前对象的位置、旋转或缩放。动画约束至少需要一个目标对象，在使用了多个目标对象时，可通过设置每个目标对象的权重来控制其对当前对象的影响程度。

在"运动"命令面板  的"指定控制器"卷展栏中，通过单击"指定控制器"按钮 为参数施加动画约束；也可以选择菜单栏中的"动画 > 约束"命令，从打开的子菜单中选择相应的动画约束，如图18-57所示。

下面介绍几种常用的动画约束。

图18-57

实例操作129：使用附着约束制作水面皮艇

"附着约束"可以将一个对象附着到另一个对象的表面上，它属于一种位置约束，可以设置对象位置的动画。

"附着约束"是一种位置约束，它将一个对象的位置附着到另一个对象的面上（目标对象不用必须是网格，但必须能够转化为网格）。通过随着时间设置不同的附着关键点，可以在另一对象的不规则曲面上设置对象位置的动画，即使这一曲面是随着时间而改变的。

在"运动"命令面板 的"指定控制器"卷展栏中选择"位置"选项，单击 （指定控制器）按钮，在弹出的对话框中选择"附加"选项。

指定约束后，显示"附着参数"卷展栏，如图18-58所示。

"附着参数"卷展栏中的选项功能介绍如下。

（1）"附加到"选项组用于设置对象附加。

- 拾取对象：在视口中为附着选择并拾取目标对象。
- 对齐到曲面：将附着对象的方向固定在其所指定的面上。禁用该复选框后，附着对象的方向不受目标对象上的面的方向影响。

（2）"更新"选项组。

- 更新：更新显示。
- 手动更新：选择该复选框后，将使"更新"有效。

"关键点信息"选项组中各个选项的介绍如下。

- 时间：显示当前帧，并可以将当前关键点移动到不同的帧中。

（3）"位置"选项组中各个选项的介绍如下。

- 面：提供对象所附着到的面的索引。
- A、B：含有定义面上附着对象的位置的中心坐标。
- 设置位置：在目标对象上调整源对象的放置。在目标对象上拖动以指定面和面上的位

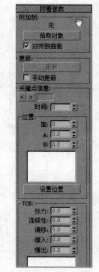

图18-58

置。源对象在目标对象上相应地进行移动。

（4）TCB选项组：该选项组中的所有选项与TCB控制器中的相同。源对象的方向也受这些设置的影响，并按照这些设置进行插值。

- 张力：控制动画曲线的曲率。
- 连续性：控制关键点处曲线的切线属性。
- 偏移：控制动画曲线偏离关键点的方向。
- 缓入：放慢动画曲线接近关键点时的速度。

● 缓出：放慢动画曲线离开关键点时的速度。

【案例学习目标】学习使用附着约束。

【案例知识要点】打开水面场景，并将皮艇导入到场景中，使用附着约束，将皮艇附着约束在水面上，如图18-59所示。

【原始场景所在位置】光盘 > 场景 > Ch18> 水面 .max。

【素材场景所在位置】光盘 > 场景 > Ch18> 皮艇 .max。

【效果图参考场景】光盘 > 场景 > Ch09> 水面上的皮艇 .max。

【贴图所在位置】光盘 >Map。

图18-59

01 打开水面场 景文件，如图18-60所示。

02 在菜单栏中选择"文件 > 合并"命令，在弹出的对话框中选择需要合并的"皮艇 .max"场景，单击"打开"按钮，如图18-61所示。

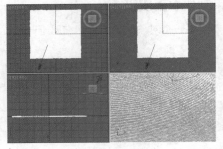 

图18-60

03 在弹出的对话框中选择皮艇场景，单击"确定"按钮，如图18-62所示。

04 合并皮艇模型后的界面如图18-63所示。

05 在场景中调整模型至合适的位置和大小，如图18-64所示。

06 在场景中选择皮艇模型，在菜单栏中选择"动画 > 约束 > 附着约束"命令，在场景中可以看到在皮艇上拖曳出一条虚线，单击水平面即可绑定模型到水面，出现相关卷展栏，如图18-65所示。在"附着参数"卷展栏中单击"位置"按钮。

图18-61　　　　　　　　　　　　　图18-62

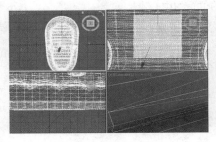 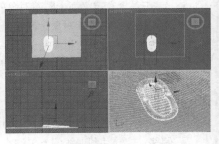

图18-63　　　　　　　　　　　　　图18-64

07 在"位置"选项组中设置位置"面"为34942、A为0、B为0，如图18-66所示。

08 在TCB选项组中设置"张力"为1、"连续性"为30、"偏移"为24.3、"缓入"为0.5、"缓出"为0.5，如图18-67所示。

09 渲染场景，得到如图18-68所示的效果。

10 设置完成后可以对场景动画进行渲染输出。

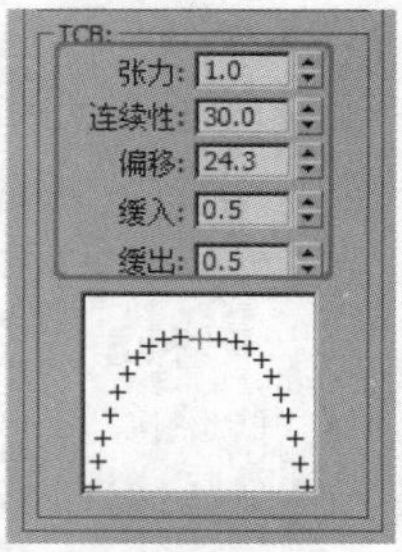

图18-67

图18-65

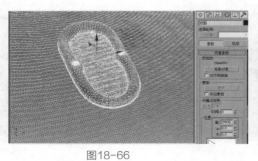

图18-66

图18-68

实例操作130：使用路径约束制作自由的鱼儿

"路径约束"会对一个对象沿着样条线或对多个样条线间的平均距离间的移动进行限制。具体效果如图18-69所示。

路径目标可以是任意类型的样条线。样条曲线（目标）为约束对象定义了一个运动的路径，目标可以使用任意的标准变换、旋转和缩放工具设置为动画。以路径的子对象级别设置关键点，如顶点或分段，虽然这将影响到受约束对象，但可以制作路径的动画。

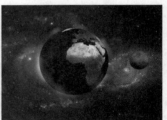

图18-69

几个目标对象可以影响受约束的对象。当使用多个目标时，每个目标都有一个权重值，该值定义了它相对于其他目标影响受约束对象的程度。

"路径参数"卷展栏中的选项功能介绍如下。

- 添加路径：单击该按钮，然后在场景中选择样条线，使之对当前对象产生约束影响。
- 删除路径：从列表框中移除当前选择的样条线。
- 列表框：列出了所有被加入的样条线名称。
- 权重：设置当前选择的样条线相对于其他样条线影响受约束对象的程度。
- %沿路径：设置对象沿路径的位置百分比，为该值设置动画，可让对象在规定时间内沿路径进行运动。
- 跟随：使对象的某个局部坐标轴向运动方向对齐，具体轴向可在下面的"轴"选项组中进行设置。
- 倾斜：当对象在样条曲线上移动时允许其进行倾斜。
- 倾斜量：调整该值设置倾斜从对象的哪一边开始，取决于这个量是正数还是负数。
- 平滑度：设置对象在经过转弯时翻转速度改变的快慢程度。
- 允许翻转：启用此复选框，可避免对象沿着垂直的路径移动时可能出现的翻转情况。
- 恒定速度：为对象提供一个恒定的沿路径运动的速度。
- 循环：启用此复选框，当对象到达路径末端时会自动循环回到起始点。

- 相对：启用此复选框，将保持对象的原始位置。
- 轴：设置对象的哪个轴向与路径对齐。
- 翻转：启用此复选框，将翻转当前轴的方向。

【案例学习目标】学习使用路径约束。

【案例知识要点】创建路径，设置鱼的动画，并将其绑定到路径上，完成路径约束的动画。图18-70所示为静帧图像。

【原始场景所在位置】光盘>场景> Ch18>海底.max。

【素材场景所在位置】光盘>场景> Ch18>鱼.max。

【贴图所在位置】光盘>Map。

图18-70

01 打开海底场景，并在菜单栏中单击■按钮，从列表中选择"导入>合并"命令，合并"鱼.max"场景文件，如图18-71所示。

02 在弹出的对话框中选择需要合并的模型，单击"确定"按钮，如图18-72所示。

03 单击"■（创建）>■（图形）>线"按钮，在"顶"视图中创建线，作为路径，如图18-73所示。

04 切换到■（运动）命令面板，在"指定控制器"卷展栏中选择"变换>位置"选项，单击■（指定控制器）按钮，在弹出的"指定位置控制器"对话框中选择"路径约束"选项，单击"确定"按钮，如图18-74所示。

图18-71

图18-72　　　　　图18-73　　　　　图18-74

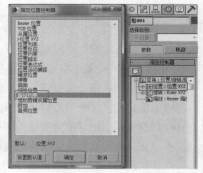

05 指定路径约束后，在"路径参数"卷展栏中单击"添加路径"按钮，在场景中添加路径，在"路径选项"选项组中选择"跟随"复选框，在"轴"选项组中选择"X"和"翻转"选项，如图18-75所示。

06 打开"自动关键点"按钮，拖动时间滑块到21帧的位置，如图18-76所示，在路径的拐弯处，为鱼模型施加"弯曲"修改器，在"参数"卷展栏中设置"角度"为80、"方向"为90，选择合适的弯曲轴。

图18-75

07 将时间滑块拖曳到15帧处，设置"弯曲"和"方向"均为0，如图18-77所示。

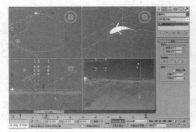

图18-76

图18-77

08 拖动时间滑块到25帧，在"参数"卷展栏中设置"角度"为0，如图18-78所示。

09 拖动时间滑块到35帧，在"参数"卷展栏中设置"角度"为－46.5，如图18-79所示。

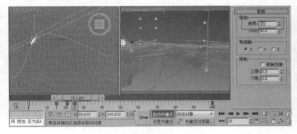

图18-78

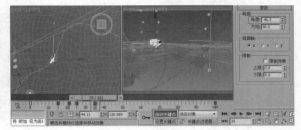

图18-79

10 拖动时间滑块到44帧，设置"角度"为59，如图18-80所示。

11 拖动时间滑块到52帧，设置"角度"为－26.5，如图18-81所示。

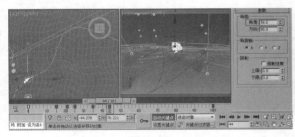

图18-80

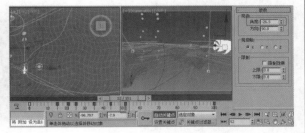

图18-81

12 拖动时间滑块到55帧，设置"角度"为112.5，如图18-82所示。

13 拖动时间滑块到60帧，设置"角度"为29.5，如图18-83所示。

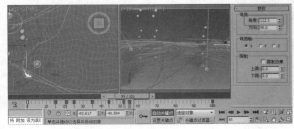

图18-82

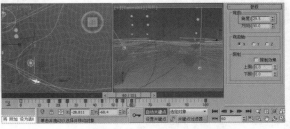

图18-83

14 拖动时间滑块，看一下动画的播放效果，可以在场景中调整鱼和路径的位置，也可以调整一下摄影机，直到得到满意的效果为止，如图18-84所示。

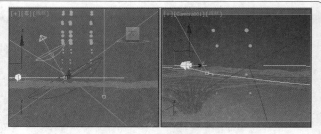

图18-84

实例操作131：使用位置约束制作用手拨动球的动画

"位置约束"将当前对象的位置限制到另一个对象的位置，或多个对象的权重平均位置。

当使用多个目标对象时，每个目标对象都有一个权重值，该值定义了它相对于其他目标对象影响受约束对象的程度。

下面介绍"位置约束"卷展栏，如图18-85所示。

"位置约束"卷展栏中的选项功能介绍如下。

- 添加位置目标：添加影响受约束对象位置的新目标对象。
- 删除位置目标：移除目标。一旦将目标移除，它将不再影响受约束的对象。
- 权重：为每个目标指定并设置动画。
- 保持初始偏移：使用"保持始终偏移"复选框来保存受约束对象与目标对象的原始距离。这可避免将受约束对象捕捉到目标对象的轴。默认设置为禁用。

图18-85

【案例学习目标】学习使用位置约束。

【案例知识要点】在打开的场景中将球体设置位置约束，并将球体位置约束到手的骨骼上，然后设置骨骼的关键帧动画，即可完成拨动球的动画，如图18-86所示。

【原始场景所在位置】光盘>场景> Ch18>用手拨动球.max。

【场景所在位置】光盘>场景> Ch18>用手拨动球的动画.max。

【贴图所在位置】光盘>Map。

图18-86

01 打开原始场景，打开场景文件，将在此文件的基础上学习使用位置约束，如图18-87所示。

02 在场景中选择球体，切换到 （运动）命令面板，在"指定控制器"卷展栏中选择"位置"选项，单击 （指定控制器）按钮，在弹出的"指定位置控制器"对话框中选择"位置约束"选项，单击"确定"按钮，如图18-88所示。

图18-87

03 在"位置约束"卷展栏中单击"添加位置"按钮，在场景中拾取手掌的骨骼，并选择"保持初始偏移"复选框，如图18-89所示。

图18-88　　　　　　　　　　图18-89

04 打开"自动关键点"按钮，确定0帧效果，如图18-90所示。

05 拖动时间滑块到39帧，移动手掌的骨骼，如图18-91所示。

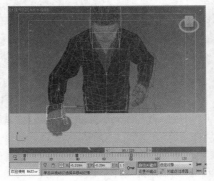 

图18-90　　　　　　　　　　图18-91

06 拖动时间滑块到80帧，再次将手掌移动回来，如图18-92所示。

07 单击 （时间配置）按钮，由于只有80帧的动画，所以设置"结束时间"为80，如图18-93所示。

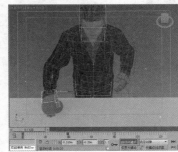

图18-92　　　　　　　　　　图18-93

实例操作132：使用链接约束制作传递小球

"链接约束"可使当前对象继承目标对象的位置、旋转和缩放。使用"链接约束"可以制作用手拿起物体等动画。

链接约束卷展栏中的选项功能介绍如下（如图18-94所示）。

● 添加链接：单击该按钮，在场景中单击要加入（链接约束）的物体，使之成为目标对象，并把其名称添加到下面的目标列表框中。

● 链接到世界：将对象链接到世界。

● 删除链接：移除列表框中当前选择的链接目标。

● 开始时间：设置当前选择链接目标对施加对象产生影响的开始帧。

● 无关键点：启用此单选按钮，（链接约束）在不插入关键点的情况下使用。

● 设置节点关键点：启用此单选按钮，将关键帧写入指定的选项。"子对橡"表示仅在受约束对象上设置关键帧；"父子橡"表示为受约束对象和其所有目标对象都设置关键帧。

● 设置整个层次关键点：启用此单选按钮，在整个链接层次上设置关键帧。

【案例学习目标】学习使用链接约束。

图18-94

【案例知识要点】在打开的场景中创建球体，并设置球体链接到一只手，并通过设置链接，设置链接到另外一只手，形成一个用手传递球体的动画，如图18-95所示。

【原始场景所在位置】光盘 > 场景 > Ch18 > 用手传递小球.max。

【效果图参考场景】光盘 > 场景 > Ch18 > 用手传递小球ok.max。

【贴图所在位置】光盘 > Map。

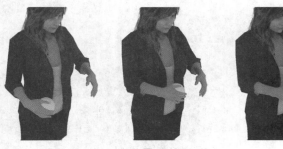

图18-95

01 打开原始场景文件，在场景中已创建了手的移动和传递动画，如图18-96所示，可以拖曳时间滑块来看一下动画。

02 在"顶"视图中创建"球体"，在"参数"卷展栏中设置"半径"为0.05，如图18-97所示。

03 在场景中调整球体的位置，如图18-98所示。

04 在场景中选择球体，在菜单栏中选择"动画 > 约束 > 链接约束"命令，如图18-99所示，可以看到

图18-96

在球体上拖曳出一条虚线，在拿着球的手掌骨骼上单击，创建约束。

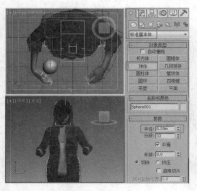

图18-97

图18-98

图18-99

05 创建链接后，可以看到在 ◎ （运动）命令面板中显示相关的参数，如图18-100所示。

06 拖动时间滑块到51帧，在"链接参数"卷展栏中单击"添加链接"按钮，在场景中拾取另一只手的手掌骨骼，如图18-101所示，这样球体就会在51帧之后链接到另一个手掌上。

拖动时间滑块可以看到创建的链接动画。

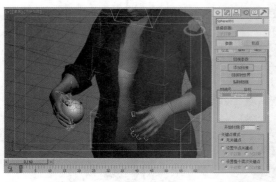

图18-100

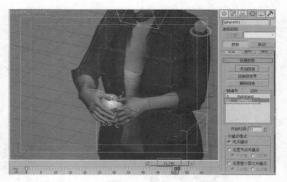

图18-101

实例操作133：使用注视约束创建转动的眼睛

"注视约束"可以控制对象的方向，使其一直注视另一个对象。同时它会锁定对象的旋转度，使对象的一个轴点朝向目标对象。注视轴点朝向目标，而上部节点轴定义了轴点向上的朝向。如果这两个方向一致，结果可能会产生翻转的行为，这与指定一个目标摄影机直接向上相似。

在 ◎（运动）命令面板中指定"注视约束"后，显示"注视约束"卷展栏，如图18-102所示。

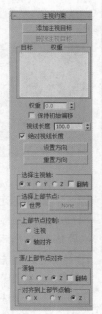

"注视约束"卷展栏中的选项功能介绍如下。

- 添加注视目标：用于添加影响约束对象的新目标。
- 删除注视目标：用于移除影响约束对象的目标对象。
- 权重：用于为每个目标指定权重值并设置动画。仅在使用多个目标时可用。
- 保持初始偏移：将约束对象的原始方向保持为相对于约束方向上的一个偏移。
- 视线长度：定义从约束对象轴到目标对象轴所绘制的视线长度（或者在多个目标时为平均值）。值为负时会从约束对象到目标的反方向绘制视线。
- 绝对视线长度：启用此复选框后，3ds Max 仅使用"视线长度"来设置主视线的长度，约束对象和目标之间的距离对此没有影响。
- 设置方向：启用此按钮后，3ds Max 仅使用"视线长度"设置主视线的长度，约束对象和目标之间的距离对此没有影响。
- 重置方向：将约束对象的方向重置为默认值。如果要在手动设置方向后重置约束对象的方向，该选项非常有用。
- 选择注视轴：用于定义注视目标的轴。X、Y、Z单选按钮反映约束对象的局部坐标系。"翻转"复选框用于反转局部轴的方向。

图18-102

- 选择上部节点：默认上部节点是"世界"。可以禁用"世界"复选框来手动选中定义上部节点平面的对象。此平面的绘制是从约束对象到上部节点对象，如果注视轴与上部节点一致，会导致约束对象的翻转。对上部节点对象设置动画会移除上部节点平面。
- 上部节点控制：允许在注视上部节点控制器和轴对齐之间快速翻转。
- 注视：选择此单选按钮时，上部节点与注视目标相匹配。
- 轴对齐：选择此单选按钮时，上部节点与对象轴对齐。
- 源轴：选择与上部节点轴对齐的约束对象的轴。源轴反映了约束对象的局部轴。源轴和注视轴协同工作，因此用于定义注视轴的轴会变得不可用。
- 对齐到上部节点轴：选择与选中的源轴对齐的上部节点轴。注意所选中的源轴可能会也可能不会与上部节点轴完全对齐。

【案例学习目标】学习使用注视约束。

【案例知识要点】打开场景，并设置场景中眼睛的注释约束，将其约束到一个球体上，移动小球即可得到转动眼球的动画，如图18-103所示。

【场景文件位置】光盘>场景>Ch18>转动的眼睛.max。

【效果图参考场景】光盘>场景>Ch18>转动的眼睛ok.max。

【贴图所在位置】光盘>Map。

图18-103

01 打开原始场景文件，如图18-104所示。

02 在场景中选择两个眼睛模型，在菜单栏中选择"动画>约束>注视约束"命令，拖曳出虚线并将其拖曳到球体上，如图18-105所示，创建约束后，可以移动一下球体的位置，看一下约束效果。

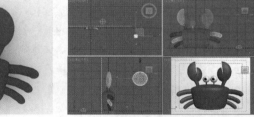

图18-104   图18-105

03 创建约束后可以看到眼睛的方向发生的改变，这里需要切换到 ◎（运动）命令面板，设置"选择注视轴"为Y，并选择"翻转"复选框如图18-106所示。

04 打开"自动关键点"按钮，确定时间滑块在0帧，调整注视的球体的位置，如图18-107所示。

05 拖动时间滑块到100帧，并在场景中调整球体模型的位置，将眼睛设置为转动的动画，可以根据自己的需要和喜好进行设置，如图18-108所示。

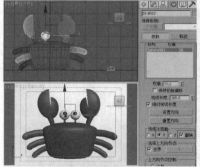

图18-106

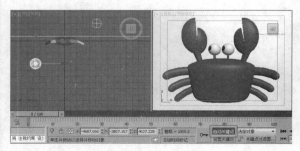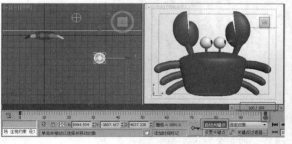

图18-107   图18-108

18.6 修改器与动画

下面介绍几个制作动画时常用的修改器。

实例操作134：使用柔体制作摆头的小毛驴

"柔体"修改器使用对象顶点之间的虚拟弹力线模拟软体动力学。可设置弹力线的刚度，它们如何有效控制顶点相互接近，如何拉伸，以及它们可移动的距离。此系统的最简单功能是使顶点妨碍对象的移动。在更高层次上，还可以控制倾斜值及弹力线角度的更改大小。图18-109所示为柔体使舌头随头部旋转而摇摆的单帧动画。

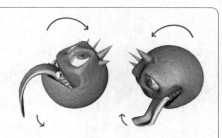

图18-109

（1）"参数"卷展栏介绍如下（如图18-110所示）。

● 柔软度：设置柔体量和弯曲量。范围为0.0~1000.0，默认值为1.0。

● 强度：设置跟随弹力的整体弹力强度。

● 倾斜：为跟随弹力设置对象停止移动的时间。

● 使用跟随弹力：启用时会启用跟随弹力，强制对象恢复为其原始形状。禁用时，不使用跟随弹力，而顶点移动量仅取决于它们的权重。默认设置为启用。

● 使用权重：启用时，"柔体"识别为对象顶点分配的不同权重，相应地应用不同的变形量。禁用时，柔体效果将其本身作为大的整体应用于对象。默认设置为启用。

图18-110

● 解算器类型：从下拉列表框中为模拟选择一个解算器。默认设置为Euler。

● 采样：每帧中按相等时间间隔运行Flexc（柔软度）模拟的次数。采样越多，模拟越精确和稳定。在使用"中点"或Runge-Kutta4解算器时，可能不需要与Euler一样多的采样。默认设置为5。

（2）"力和导向器"卷展栏介绍如下（如图18-111所示）。

"力"选项组：使用这些控件可将力类别中的空间扭曲添加到"柔体"修改器。

"导向器"选项组：使用这些控件可将导向器类别中的空间扭曲添加到"柔体"修改器。

● 添加：单击此控件，然后在视口中选择粒子空间扭曲，将该效果添加到柔体。所添加的空间扭曲显示在列表框中。

图18-111

● 移除：在列表框中选择一个空间扭曲，然后单击"移除"按钮可从"柔体"中移除该效果。

（3）"高级参数"卷展栏介绍如下（如图18-112所示）。

● 参考帧：设置"柔体"开始模拟的第一帧。

● 结束帧：启用时，设置"柔体"生效的最后一帧。在此帧后，对象循序恢复为堆栈当前定义的形状。

● 影响所有点：强制"柔体"忽略堆栈中的所有子对象选择并对整个对象应用它本身。

● 设置参考：更新视口。移动效果中心后，单击"设置参考"按钮以更新视口。

● 重置：将顶点权重重置为默认值。

图18-112

（4）"高级弹力线"参数卷展栏介绍如下（如图18-113所示）。

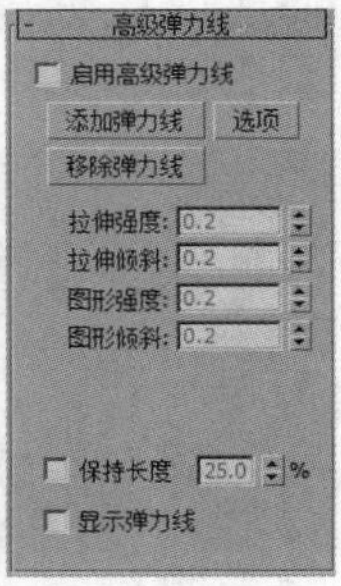

● 启用高级弹力线：使数值控件可用于编辑，并通过简单软体控件禁用强度和倾斜设置。默认设置为禁用状态。

● 添加弹力线：基于"权重和弹力线"子对象层级的顶点选择和"弹力线选项"对话框设置，为对象添加一条或多条弹力线。

● 选项：单击以打开用于确定如何使用"添加弹力线"功能添加弹力线的"弹力线选项"对话框。

● 移除弹力线：在"权重和弹力线"子对象层级删除已选中两端顶点的所有弹力线。

图18-113

- 拉伸强度：确定边弹力线的强度；强度越高，弹力线之间可以变化的距离越小。
- 拉伸倾斜：确定边弹力线的倾斜；强度越高，边弹力线之间的角度变化越小。
- 图形强度：确定图形弹力线的强度；强度越高，弹力线之间可以变化的距离越小。
- 图形倾斜：确定图形弹力线的倾斜；强度越高，弹力线之间的角度变化越小。
- 弹力线数：显示边弹力线的数量，后面跟随包含在括号中的图形弹力线数量。
- 保持长度：将边弹力线长度保持在指定百分比。
- 显示弹力线：将边弹力线显示为蓝色线，将图形弹力线显示为红色线。弹力线仅在"柔体"子对象处于活动状态时可见。

【案例学习目标】学习使用"柔体"修改器。

【案例知识要点】打开原始场景文件，设置小毛驴的摆头动画，并为小毛驴的耳朵施加"柔体"修改器，设置合适的柔体参数，播放动画可以看到耳朵出现柔体的效果，如图18-114所示。

【场景所在位置】光盘>场景>Ch18>摆头的小毛驴.max。

【效果图参考场景】光盘>场景>Ch18>摆头的小毛驴ok.max。

【贴图所在位置】光盘>Map。

图18-114

01 打开原始场景文件，如图18-115所示，将在此场景的基础上为小毛驴设置摆头的动画，并使用柔体设置耳朵的柔体动画。

02 打开"自动关键点"按钮，拖动时间滑块到25帧，在场景中旋转毛驴的头部，如图18-116所示。

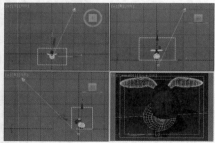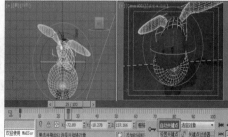

图18-115   图18-116

03 拖动时间滑块到50帧，在场景中继续调整毛驴的头部，如图18-117所示。

04 拖动时间滑块到60帧，继续调整头部的旋转动画，如图18-118所示。

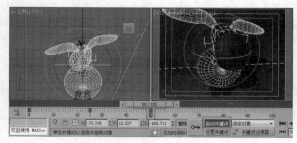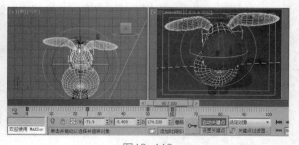

图18-117   图18-118

05 拖动时间滑块到 70 帧，设置仰头的动画，如图 18-119 所示。

06 拖动时间滑块到 80 帧，在场景中旋转毛驴低头的动画，如图 18-120 所示。

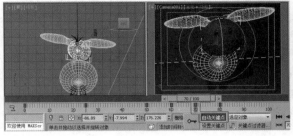

图18-119　　　　　　　　　　　　　　　　图18-120

07 在场景中选择毛驴的耳朵，为其施加"柔体"修改器，在"参数"卷展栏中设置"柔软度"为10，如图 18-121 所示。

08 拖动时间滑块可以看到摇头和耳朵的柔体动画，如图 18-122 所示。

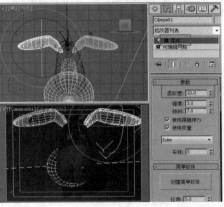

图18-121　　　　　　　　　　　　　　　　图18-122

实例操作135：使用融化制作融化的冰激凌

　　"融化"修改器使用户可以将实际融化效果应用到所有类型的对象上，包括可编辑面片和 NURBS 对象，同样也包括传递到堆栈的子对象选择。选项包括边的下沉、融化时的扩张，以及可自定义的物质集合，这些物质的范围包括从坚固的塑料表面到在其自身上塌陷的冻胶类型。

　　"参数"卷展栏中的选项功能介绍如下（如图 18-123 所示）。

　　● 数量：指定衰退程度，或者应用于 Gizmo 上的融化效果，从而影响对象。范围为 0.0~1000.0。

　　● 融化百分比：指定随着"数量"值的增加多少对象和融化会扩展。该值基本上是沿着平面凸起的。

　　"固态"选项组：决定融化对象中心的相对高度。固态稍低的物质（如冻胶）在融化时中心会下陷得较多。该选项组为物质的不同类型提供多个预设值，同时包含"自定义"微调器，用于设置用户自己的固态。

图18-123

　　● 冰（默认）：默认的"固态"设置。

　　● 玻璃：使用高"固态"设置来模拟玻璃。

　　● 冻胶：产生在中心处显著的下垂效果。

　　● 塑料：相对的固体，但是在融化时其中心稍微下垂。

● 自定义：将固态设置为 0.2~30.0 间的任何值。

"融化轴"选项组中的 X、Y、Z：选择会产生融化的轴（对象的局部轴）。

● 翻转轴：通常，融化沿着给定的轴从正向朝着负向发生。启用"翻转轴"复选框可以反转这一方向。

【案例学习目标】学习使用"融化"修改器。

【案例知识要点】设置雪糕的融化参数的关键帧，设置融化的动画并调整雪糕把的移动关键帧，完成融化的冰激凌，完成的静帧图像如图 18-124 所示。

【场景所在位置】光盘 > 场景 > Ch18 > 融化的雪糕 .max。

【效果图参考场景】光盘 > 场景 > Ch18 > 融化的雪糕 ok.max。

【贴图所在位置】光盘 > Map。

图18-124

01 打开原始场景文件，在场景中选择雪糕模型，如图 18-125 所示，为其施加"融化"修改器。

02 打开"自动关键点"按钮，拖动时间滑块到 100 帧，在"参数"卷展栏中设置"数量"为 45，如图 18-126 所示。

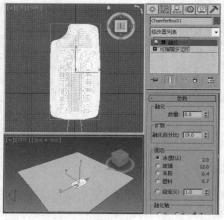

图18-125

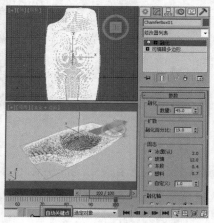

图18-126

03 在场景中选择雪糕把，拖动时间滑块到 0 帧，确定雪糕把的位置，如图 18-127 所示。

04 拖动时间滑块到 100 帧，在"左"视图中沿 y 轴向下移动模型，创建关键帧移动的动画，如图 18-128 所示。

05 这样融化的雪糕动画就制作完成，播放关键帧看一下动画效果，可以对场景动画进行渲染输出，这里就不详细介绍了。

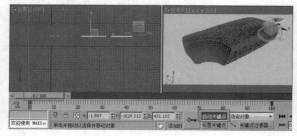

图18-127

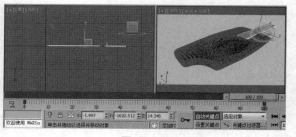

图18-128

实例操作136：使用路径变形制作小溪

"路径变形"修改器将样条线或 NURBS 曲线作为路径使用来变形对象。可以沿着该路径移动和拉伸对象，也可以基于该路径旋转和扭曲对象。该修改器也有一个世界空间修改器版本。

"参数"卷展栏中的选项功能介绍如下（如图18-129所示）。

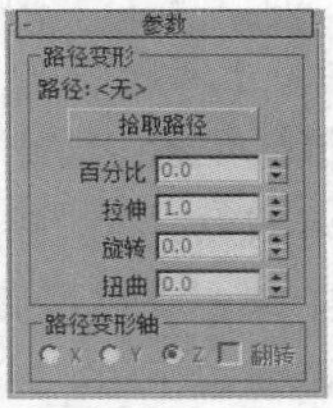

"路径变形"选项组：提供拾取路径、调整对象位置和沿着路径变形的控件。

- 拾取路径：单击该按钮，然后选择一条样条线或 NURBS 曲线，以作为路径使用。
- 百分比：根据路径长度的百分比，沿着Gizmo 路径移动对象。
- 拉伸：使用对象的轴点作为缩放的中心，沿着Gizmo 路径缩放对象。
- 旋转：基于Gizmo 路径旋转对象。

图18-129

- 扭曲：基于路径扭曲对象。根据路径总体长度一端的旋转决定扭曲的角度。通常，变形对象只占据路径的一部分，所以产生的效果很微小。

- X、Y、Z：选择一条轴以旋转Gizmo 路径，使其与对象的指定局部轴相对齐。

- 翻转：将Gizmo 路径关于指定轴反转 180°。

【案例学习目标】学习使用"路径变形"修改器。

【案例知识要点】创建平面，并为其施加"编辑多边形"和"FFD4×4×4"修改器，调整出基本的形状，通过施加"路径变形"修改器完成小溪的形状，如图18-130所示。

【场景所在位置】光盘>场景> Ch18>小溪.max。

【效果图参考场景】光盘>场景> Ch18>小溪ok.max。

【贴图所在位置】光盘>Map。

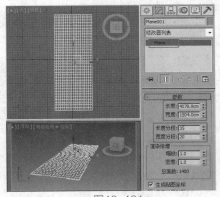

图18-130

01 单击"（创建）>（几何体）>标准基本体>平面"按钮，在"顶"视图中创建平面，在"参数"卷展栏中设置"长度"为4078、"宽度"为1504，设置"长度分段"为35、"宽度分段"为20，如图18-131所示。

02 为平面施加"编辑多边形"修改器，将选择集定义为"顶点"，在"顶"视图中选择如图18-132所示的顶点。

03 选择顶点后，在"修改器列表"下拉列表框中选择"FFD4×4×4"修改器，将选择集定义为"控制点"，在场景中调整中间两组控制点，如图18-133所示。

图18-131

04 为模型施加"编辑多边形"修改器，该修改器的作用就是取消选择集，如图18-134所示。

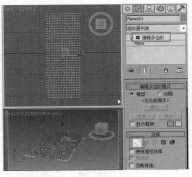

图18-132

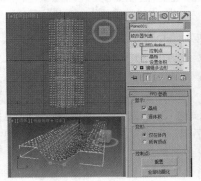

图18-133

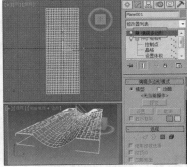

图18-134

05 为模型施加"噪波"修改器，在"参数"卷展栏中设置"强度"的X／Y／Z均为50，如图18-135所示。

06 单击"■（创建）>◉（图形）>线"按钮，在"顶"视图中创建线，如图18-136所示。

07 为模型施加"路径变形"修改器，在"参数"卷展栏中单击"拾取路径"按钮，设置合适的"百分数"和"拉伸"，设置合适的"路径变形轴"为Y，如图18-137所示。

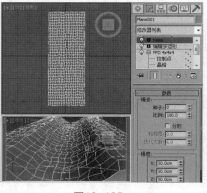

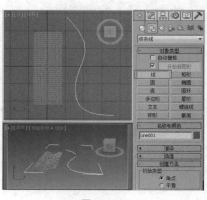

图18-135 图18-136

08 复制模型作为水，删除相应的变形类修改器，调整并模拟水模型。

09 为模型施加"UVW贴图"修改器，设置贴图类型为"长方体"，长、宽、高均为500。

10 为模型施加"编辑多边形"修改器，将选择集定义为"边"，在场景中选择两侧的边，按住Shift键移动复制边，如图18-138所示。

11 将选择定义为"顶点"，在"左"视图中缩放复制出的边的顶点到一个水平位置上，如图18-139所示。

12 将选择集定义为"边"，分别移动复制边到左侧和右侧，作为路面调整顶点，如图18-140所示。

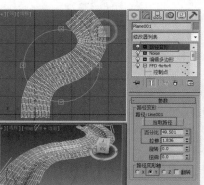

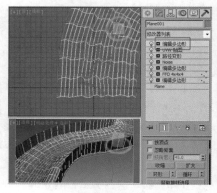

图18-137 图18-138

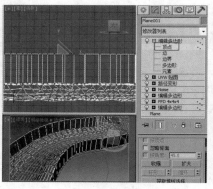

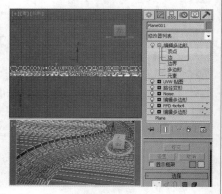

图18-139 图18-140

13 将选择集定义为"多边形"，将作为路面的多边形选中，并分离出来。

14 在工具栏中单击◉（材质编辑器）按钮，打开"材质编辑器"窗口，选择一个新的材质样本球，单击Standard按钮，在弹出的"材质／贴图浏览器"对话框中选择"光线跟踪"材质。

在"光线跟踪基本参数"卷展栏中设置"环境光"和"漫反射"的颜色为浅墨绿色，设置"反射"为"灰色"，设置"透明度"为浅灰蓝，设置"折射率"为1.55，为"凹凸"指定"混合"贴图，如图18-141所示。

15 进入凹凸的贴图层级，为"颜色#1"指定"噪波"贴图，设置"混合量"为50，为"颜色#2"指定"混合"贴图，如图18-142所示。

图18-141

16 进入颜色 #1 的"噪波"贴图层级，在"噪波参数"卷展栏中设置"噪波类型"为"湍流"，设置"级别"为3、"大小"为25，如图18-143所示。

17 进入颜色 #2 的混合贴图层级，为"颜色 #1"指定"噪波"贴图，设置"混合量"为50，为"颜色 #2"指定"混合"贴图，如图18-144所示。

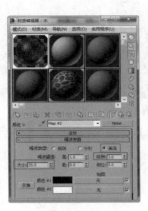

图18-142　　　　　　　　　图18-143　　　　　　　　　图18-144

18 进入颜色 #1 的"噪波"贴图层级，设置"噪波参数"卷展栏中的"大小"为3，如图18-145所示。

19 进入颜色 #2 的"混合"贴图层级，为"颜色 #1"和"颜色 #2"均指定"噪波"贴图，设置"混合"量为30，如图18-146所示。

分别进入颜色 #1 和颜色 #2 的噪波贴图层级，设置其大小分别为0.5和0.1，设置完成水材质后，单击 🔲（将材质指定给选定对象）按钮将材质指定给场景中的水对象。

20 选择一个新的材质样本球，在"贴图"卷展栏中为"漫反射"指定"位图"，贴图为tiles_floor.jpg，为"凹凸"指定"位图"，贴图为tiles_floor_bump.jpg，如图18-147所示，将材质指定给场景中的作为路面的模型，设置模型的UVW贴图修改器。

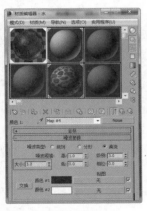
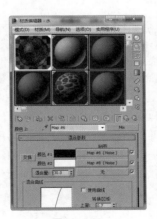
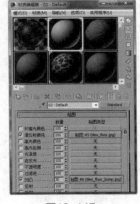

图18-145　　　　　　　　　图18-146　　　　　　　　　图18-147

21 选择一个新的材质样本球，在"贴图"卷展栏中为"漫反射"指定"位图"，贴图为img.jpg，为"凹凸"指定"位图"，贴图为bump.jpg，如图18-148所示，将材质指定给场景中的鹅卵石小溪造型，设置模型的UVW贴图修改器。

22 在场景中创建两盏"泛光"灯，调整灯光的位置，如图18-149所示。

23 在场景中创建一盏"天光"，设置"倍增"为0.5，如图18-150所示。

24 对场景进行渲染即可。

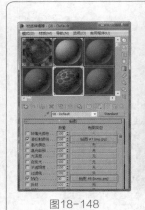

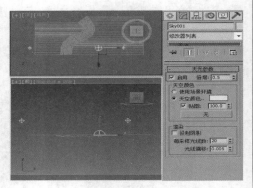

图18-148　　　　　　　　　　图18-149　　　　　　　　　　图18-150

18.7　MassFX工具

MassFX 工具可用来制作动力学刚体和布料等动力学。

MassFX工具栏

一个使用 MassFX 的便捷方法是使用 MassFX 工具栏。默认情况下，该工具栏以浮动状态打开。如果工具栏不可见，可以像使用 3ds Max 中的任何其他工具栏一样打开该工具栏：在工具栏的空白处单击鼠标右键，在弹出的快捷菜单中选择 MassFX 命令，即可打开 MassFX 工具栏。

（1）"世界参数"弹出按钮如图18-151所示。

- （世界参数）：打开"MassFX 工具"对话框并定位到"世界参数"面板。
- （模拟工具）：打开"MassFX 工具"对话框并定位到"模拟工具"面板。
- （多对象编辑器）：打开"MassFX 工具"对话框并定位到"多对象编辑器"面板。
- （显示选项）：打开"MassFX 工具"对话框并定位到"显示选项"面板。

图18-151

（2）"刚体"弹出按钮如图18-152所示。

- （将选定项设置为动力学刚体）：将未实例化的 MassFX 刚体修改器应用到每个选定对象，并将"刚体类型"设置为"动力学"，然后为对象创建单个凸面物理图形。如果选定对象已经具有 MassFX 刚体修改器，则现有修改器将更改为动力学，而不重新应用。

图18-152

- （将选定项设置为运动学刚体）：将未实例化的 MassFX 刚体修改器应用到每个选定对象，并将"刚体类型"设置为"运动学"，然后为每个对象创建一个凸面物理图形。如果选定对象已经具有 MassFX 刚体修改器，则现有修改器将更改为运动学，而不重新应用。

- （将选定项设置为静态刚体）：将未实例化的 MassFX 刚体修改器应用到每个选定对象，并将"刚体类型"设置为"静态"。为对象创建单个凸面物理图形。如果选定对象已经具有 MassFX 刚体修改器，则现有修改器将更改为静态，而不重新应用。

（3）mCloth弹出按钮如图18-153所示，使用这些命令可以将mCloth修改器应用到对象或从对象中移除修改器。

- （将选定对象设置为mCloth对象）：将未实例化的 mCloth 修改器应用到每个选定对象，然后切换到"修改"命令面板来调整修改器的参数。

- （从选定对象中移除mCloth）：从每个选定对象移除 mCloth 修改器。

（4）"约束"弹出按钮的这些命令可用于创建MassFX约束辅助对象。它们之间的唯一区别是约束类型的合理默认值应用的值，如图18-154所示。

图18-153　　　　　　图18-154

调用命令之前，选择两个对象以表示受约束影响的刚体。选择的第一个对象将被用做约束的父对象，而第二个将被对象被用做子对象。第一个对象不能是静态刚体，而第二个对象不能是静态或运动学刚体。如果选定的对象没有应用MassFX刚体修改器，将打开一个确认对话框，用于为对象应用修改器。

在调用"创建……约束"命令后，在视口中进行拖动，以设置约束的初始位置，并显示大小。之后将创建约束并将其链接到父对象。

- ▨（创建刚体约束）：将新 MassFX 约束辅助对象添加到带有适合于刚体约束设置的项目中。刚体约束使平移、摆动和扭曲全部锁定，尝试在开始模拟时保持两个刚体在相同的相对变换中。

- ▨（创建滑块约束）：将新MassFX约束辅助对象添加到带有适合于滑块约束设置的项目中。滑块约束类似于刚体约束，但是启用受限的 y 变换。

- ▨（创建转枢约束）：将新 MassFX 约束辅助对象添加到带有适合于转枢约束设置的项目中。转枢约束类似于刚体约束，但是"摆动 1"限制为 100 度。

- ▨（创建扭曲约束）：将新 MassFX 约束辅助对象添加到带有适合于扭曲约束设置的项目中。扭曲约束类似于刚体约束，但是"扭曲"设置为无限制。

- ▨（创建通用约束）：将新 MassFX 约束辅助对象添加到带有适合于通用约束设置的项目中。通用约束类似于刚体约束，但"摆动1"和"摆动2"限制为45度。

- ▨（创建球和套管约束）：将新 MassFX 约束辅助对象添加到带有适合于球和套管约束设置的项目中。球和套管约束类似于刚体约束，但"摆动1"和"摆动2"限制为80度，且"扭曲"设置为无限制。

图18-155

（5）选择角色中的任一骨骼或关联的蒙皮网格，然后选择"碎布玩偶"命令，它会影响整个系统，如图18-155所示。

- ▨（创建动力学碎布玩偶）：设置选定角色作为动力学碎布玩偶。其运动可以影响模拟中的其他对象，同时也受这些对象的影响。

- ▨（创建运动学碎布玩偶）：设置选定角色作为运动学碎布玩偶。其运动可以影响模拟中的其他对象，但不会受这些对象的影响。

- ▨（移除碎布玩偶）：通过删除刚体修改器、约束和碎布玩偶辅助对象，从模拟中移除选定的角色。

（6）模拟控件如图18-156所示。

- ▨（重置模拟）：停止模拟，将时间滑块移动到第一帧，并将任意动力学刚体的变换设置为其初始变换。

图18-156

- ▨（开始模拟）：从当前模拟帧运行模拟。默认情况下，该帧是动画的第一帧，它不一定是当前的动画帧。如果模拟正在运行，会使按钮显示为已按下，单击此按钮将在当前模拟帧处暂停模拟。

如果模拟暂停，请再次单击"开始模拟"以从当前模拟帧处恢复模拟。

模拟运行时，时间滑块为每个模拟步长前进一帧，从而导致运动学刚体作为模拟的一部分进行移动。

- ▨（开始没有动画的模拟（在"开始模拟"弹出按钮上））：与"开始模拟"类似（前面所述），只是模拟运行时时间滑块不会前进。这可用于使动力学刚体移动到固定点，以准备使用捕捉初始变换。

- ▨（将模拟前进一帧）：运行一个帧的模拟并使时间滑块前进相同量。

实例操作137：使用刚体制作掉在地板上的篮球

在场景中为模型施加刚体后，即可在 ▨（修改）命令面板中显示刚体的相关卷展栏。

（1）"刚体属性"卷展栏如图18-157所示。

- 刚体类型：所有选定刚体的模拟类型。

- 直到帧：如果启用该复选框，MassFX 会在指定帧处将选定的运动学刚体转换为动力学刚体。仅在将"刚体类型"设置为"运动学"时可用。

图18-157

- 烘焙／取消烘焙：将刚体的模拟运动转换为标准动画关键帧，以便进行渲染。仅应用于动力学刚体。

● 使用高速碰撞：如果启用此复选框及"世界参数"面板中的"使用高速碰撞"开关，"高速碰撞"设置将应用于选定刚体。

● 在睡眠模式中启动：如果启用此复选框，刚体将使用世界睡眠设置以睡眠模式开始模拟。

● 与刚体碰撞：启用（默认设置）此复选框后，刚体将与场景中的其他刚体发生碰撞。

（2）"物理材质"卷展栏如图18-158所示。

● 网格：使用下拉列表框选择要更改其材质参数的刚体的物理图形。默认情况下，所有物理图形都使用名为"（对象）"的公用材质设置。只有"覆盖物理材质"复选框处于启用状态的物理图形才会显示在该列表框中。

● 预设值：从下拉列表框列表中选择一个预设，以指定所有的物理材质属性。（根据对象的密度和体积值对刚体的质量进行重新计算）。选中预设时，设置是不可编辑的，但是当预设设置为"（无）"时，可以随便编辑值。

● 密度：此刚体的密度，度量单位为 g／cm^3（克每立方厘米）。这是国际单位制（kg／m^3）中等价度量单位的千分之一。根据对象的体积，更改此值将自动计算对象的正确质量。

● 质量：此刚体的重量，度量单位为 kg（千克）。根据对象的体积，更改此值将自动更新对象的密度。

● 静摩擦力：两个刚体开始互相滑动的难度系数。值 0.0 表示无摩擦力（比聚四氟乙烯更滑）；值 1.0 表示完全摩擦力（砂纸上的橡胶泥）。

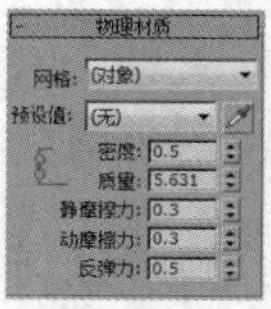

● 动摩擦力：两个刚体保持互相滑动的难度系数。严格意义上来说，此参数称为"动摩擦系数"。值 0.0 表示无摩擦力（比聚四氟乙烯更滑）；值 1.0 表示完全摩擦力（砂纸上的橡胶泥）。

图18-158

● 反弹力：对象撞击到其他刚体时反弹的轻松程度和高度。

（3）使用"物理图形"卷展栏可以编辑在模拟中指定给某个对象的物理图形，如图18-159所示。

● 图形列表框：显示组成刚体的所有物理图形。

● 添加：将新的物理图形应用到刚体。

● 重命名：更改高亮显示的物理图形的名称。

● 删除：将高亮显示的物理图形从刚体中删除。

● 复制图形：将高亮显示的物理图形复制到剪贴板中以便随后粘贴。

● 粘贴图形：将之前复制的物理图形粘贴到当前刚体中。

● 镜像图形：围绕指定轴翻转图形几何体（请参见下文的"镜像图形设置"）。

● …：打开一个对话框，用于设置沿哪个轴对图形进行镜像，以及是使用局部轴还是世界轴。

图18-159

● 重新生成选定对象：使列表中高亮显示的图形自适应图形网格的当前状态。

● 图形类型：物理图形类型，其应用于"修改图形"列表中高亮显示的项。

● 图形元素：使"图形"列表框中高亮显示的图形适合从"图形元素"下拉列表框中选择的元素。

● 转换为自定义图形：单击该按钮时，将基于高亮显示的物理图形在场景中创建一个新的可编辑网格对象，并将物理图形类型设置为"自定义"。

● 覆盖物理材质：默认情况下，刚体中的每个物理图形使用在"物理材质"卷展栏中设置的材质设置。

● 显示明暗处理外壳：启用时，将物理图形作为明暗处理视口中的明暗处理实体对象（而不是线框）进行渲染。

（4）根据具体的"图形类型"设置，"物理网格参数"卷展栏的内容会有所不同，如图18-160所示，在大多数情况下，"凸面"物理图形是默认类型。

● 图形中有 # 个顶点：此只读字段显示生成的凸面物理图形中的实际顶点数。

● 膨胀：将凸面图形从图形网格的顶点云向外扩展（正值）或向图形网格内部收缩（负值）的量。正值以世界单位计量，而负值基于缩减百分比。

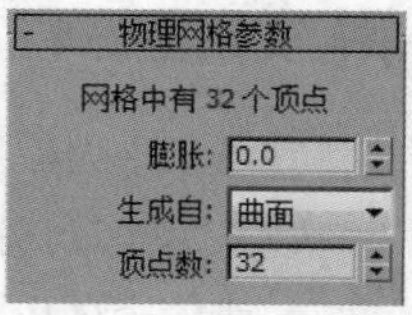

图18-160

● 生成自：选择创建凸面外壳的方法。

● 顶点数：用于凸面外壳的顶点数。

（5）使用"力"卷展栏可以控制重力，然后将力空间扭曲应用到刚体，如图18-161所示。

● 使用世界重力：禁用此复选框时，刚体仅使用此处应用的力并忽略全局重力设置。启用此复选框时，刚体将使用全局重力设置。

● 应用的场景力：列出会影响模拟中的此对象的场景中的力空间扭曲。使用"添加"可以向对象应用一个空间扭曲。要防止空间扭曲影响对象，请在列表框中高亮显示该空间扭曲，然后单击"移除"按钮 。

● 添加：将场景中的力空间扭曲应用到模拟中的对象。在将空间扭曲添加到场景后，单击"添加"按钮，然后单击视口中的空间扭曲。

● 移除：可防止应用的空间扭曲影响对象。首先在列表框中高亮显示该空间扭曲，然后单击"移除"按钮。

（6）"高级"卷展栏如图18-162所示。

● 覆盖解算器迭代次数：如果启用此复选框，MassFX 将为此刚体使用在此处指定的解算器迭代次数设置，而不使用全局设置。

● 启用背面碰撞：仅可用于静态刚体。如果为凹面静态刚体指定原始图形类型，启用此复选项可确保模拟中的动力学对象与其背面发生碰撞。

● 覆盖全局：如果启用此复选框，MassFX 将为选定刚体使用在此处指定的碰撞重叠设置，而不使用全局设置。

● 接触距离：允许移动刚体重叠的距离。

● 支撑深度：允许支撑体重叠的距离。当使用捕获变换设置实体在模拟中的初始位置时，此设置可以发挥作用。

● 绝对／相对：此设置只适用于刚开始时为运动学类型（通常已设置动画），之后在指定帧处（通过"刚体属性"卷展栏中的"直到帧"指定）切换为动力学类型的刚体。

● 初始速度：刚体在变为动态类型时的起始方向和速度（每秒单位数）。

● 初始自旋：刚体在变为动态类型时旋转的起始轴和速度（每秒度数）。

● 以当前时间计算：适用于设置了动画的运动学刚体。确定设置了动画的对象在当前帧处的运动值，然后将"初始速度"和"初始自旋"字段设置为这些值。

● 从网格计算：基于刚体的几何体自动为刚体确定适当的质心。

● 使用轴：使用对象的轴作为其质心。

● 局部偏移：用于设置与用做质心的 x 轴、y 轴和 z 轴上对象轴的距离。

● 将轴移动到 COM：重新将对象的轴定位在局部偏移 X、Y、Z 值指定的质心。仅在"局部偏移"处于活动状态时可用。

● 线性：为减慢移动对象的速度所施加的力大小。

● 角度：为减慢旋转对象的旋转速度所施加的力大小。

【案例学习目标】学习使用刚体。

【案例知识要点】创建球体和平面，设置球体和平面的材质，并模型设置为刚体，模拟出刚体的动画，静帧效果如图18-163所示。

【场景所在位置】光盘 > 场景 > Ch18>掉在地板上的篮球.max。

【效果图参考场景】光盘 > 场景 > Ch18>掉在地板上的篮球ok.max。

【贴图所在位置】光盘 >Map。

图18-161

图18-162

图18-163

01 在"顶"视图中创建"平面",并在场景中创建"球体",设置合适的参数并调整至合适的位置,为场景中的模型设置合适的材质,如图18-164所示。

02 打开MaxxFox工具栏,在场景中分别选择模型,单击 （刚体）按钮,为其施加刚体修改器,如图18-165所示。

03 为所有模型设置刚体后,选择其中一个模型单击 （开始模拟）按钮,模拟刚体动画,如图18-166所示。

04 在MaxxFox工具栏中单击选择 （模拟工具）按钮,在打开的工具面板中单击 选项卡,单击"烘培所有"按钮,烘焙动画,如图18-167所示,渲染输出动画即可,这里就不详细介绍了。

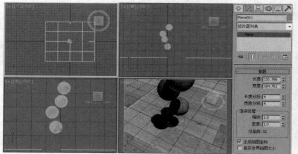

图18-164

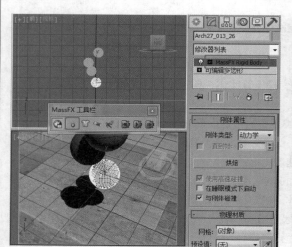

图18-165

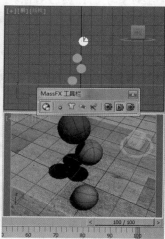

图18-166

图18-167

实例操作138: 使用mCloth工具制作吹动的窗帘

（将选定对象设置为mCloth对象）是一种特殊版本的布料修改器,设计用于MassFX模拟。

（1）"mCloth模拟"卷展栏如图18-168所示。

图18-168

● 布料行为:确定 mCloth 对象如何参与模拟。

● 动力学:mCloth 对象的运动影响模拟中其他对象的运动,也受这些对象运动的影响。

● 运动学: mCloth 对象的运动影响模拟中其他对象的运动,但不受这些对象运动的影响。

● 直到帧:启用该复选框时,MassFX 会在指定帧处将选定的运动学布料转换为动力学布料。仅在"布料行为"设置为"运动学"时才可用。

● 烘焙／取消烘焙:烘焙可以将mCloth 对象的模拟运动转换为标准动画关键帧以进行渲染。仅适用于动力学mCloth对象。

● 继承速度:启用该复选框时,mCloth 对象可通过使用动画从堆栈中的 mCloth 对象下面开始模拟。

● 动态拖动:不使用动画即可模拟,且允许拖动布料以设置其姿势或测试行为。

（2）使用"力"卷展栏可以控制重力，并将"力空间扭曲"应用于mCloth对象刚体，如图18-169所示。

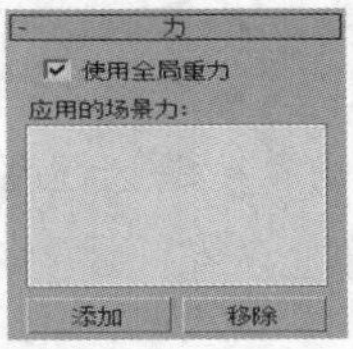

图18-169

- 使用全局重力：启用该复选框时，mCloth对象将使用MassFX全局重力设置。

- 应用的场景力：列出场景中影响模拟中此对象的力空间扭曲。使用"添加"按钮可将空间扭曲应用于对象。要防止空间扭曲影响对象，请在列表框中高亮显示它，然后单击"移除"按钮。

- 添加按钮：将场景中的力空间扭曲应用于模拟中的对象。将空间扭曲添加到场景中后，请单击"添加"按钮，然后单击视口中的空间扭曲。

- 移除：可防止应用的空间扭曲影响对象。首先在列表框中高亮显示它，然后单击"移除"按钮。

图18-170

（3）"捕获状态"卷展栏如图18-170所示。

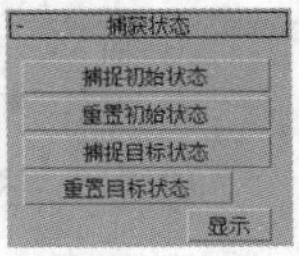

- 捕捉初始状态：将所选 mCloth 对象缓存的第一帧更新到当前位置。

- 重置初始状态：将所选mCloth对象的状态还原为应用修改器堆栈中的mCloth之前的状态。

- 捕捉目标状态：抓取 mCloth 对象的当前变形，并使用该网格定义三角形之间的目标弯曲角度。

- 重置目标状态：将默认弯曲角度重置为堆栈中mCloth下面的网格。

- 显示：显示布料的当前目标状态，即所需的弯曲角度。

（4）"纺织品物理特性"卷展栏如图18-171所示。

- 加载：单击以打开"mCloth 预设"对话框，用于从保存的文件中加载"纺织品物理特性"设置。

- 保存：单击以打开一个小对话框，用于将"纺织品物理特性"设置保存到预设文件。输入预设名称，然后按Enter键或单击"确定"按钮。

图18-171

- 重力比：使用全局重力处于启用状态时重力的倍增。使用此选项可以模拟效果，如湿布料或重布料。

- 密度：布料的权重，以克每平方厘米为单位。

- 延展性：拉伸布料的难易程度。

- 弯曲度：折叠布料的难易程度。

- 使用正交弯曲：计算弯曲角度，而不是弹力。在某些情况下，该方法更准确，但模拟时间更长。

图18-172

- 阻尼：布料的弹性，影响在摆动或捕捉后其还原到基准位置所经历的时间。

- 摩擦力：布料在其与自身或其他对象碰撞时抵制滑动的程度。

- 限制：布料边可以压缩或折皱的程度。

- 刚度：布料边抵制压缩或折皱的程度。

（5）"体积特性"卷展栏如图18-172所示。

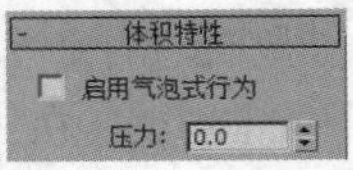

- 启用气泡式行为：模拟封闭体积，如轮胎或垫子。

- 压力：充气布料对象的空气体积或坚固性。

（6）"交互"卷展栏如图18-173所示。

- 自相碰撞：启用该复选框时，mCloth对象将尝试阻止自相交。

- 自厚度：用于自碰撞的 mCloth 对象的厚度。如果布料自相交，则尝试增加该值。

- 刚体碰撞：启用复选框时，mCloth 对象可以与模拟中的刚体碰撞。

图18-173

- 厚度：用于与模拟中的刚体碰撞的 mCloth 对象的厚度。如果其他刚体与布料相交，则尝试增加该值。

- 推刚体：启用该复选框时，mCloth 对象可以影响与其碰撞的刚体的运动。

- 推力：mCloth 对象对与其碰撞的刚体施加的推力的强度。

- 附加到碰撞对象：启用该复选框时，mCloth 对象会粘附到与其碰撞的对象。

- 影响：mCloth 对象对其附加到的对象的影响。
- 分离后：与碰撞对象分离前布料的拉伸量。
- 高速精度：启用该复选框时，mCloth 对象将使用更准确的碰撞检测方法。这样会降低模拟速度。

（7）"撕裂"卷展栏如图 18-174 所示。

- 允许撕裂：启用该复选框时，布料中的预定义分割将在受到充足力的作用时撕裂。
- 撕裂后：布料边在撕裂前可以拉伸的量。

图18-174

"撕裂之前焊接"选项组：选择在出现撕裂之前 MassFX 如何处理预定义撕裂。

- 顶点：顶点分割存在预定义撕裂中焊接（合并）顶点，更改拓扑。
- 法线：沿预定义的撕裂对齐边上的法线，将其混合在一起。此选项保留原始拓扑。
- 不焊接：不对撕裂边执行焊接或混合。

（8）"可视化"卷展栏如图 18-175 所示。

图18-175

- 张力：启用该复选框时，通过顶点着色的方法显示纺织品中的压缩和张力。拉伸的布料用红色表示，压缩的布料用蓝色表示，其他用绿色表示。

（9）"高级"卷展栏如图 18-176 所示。

- 抗拉伸：启用该复选框时，帮助防止低解算器迭代次数值的过度拉伸。
- 限制：允许的过度拉伸的范围。
- 使用 COM 阻尼：影响阻尼，但使用质心，从而获得更硬的布料。
- 硬件加速：启用该复选框时，模拟将使用 GPU。
- 解算器迭代：每个循环周期内解算器执行的迭代次数。使用较高值可以提高布料稳定性。

图18-176

- 层次解算器迭代：层次解算器的迭代次数。在 mCloth 中，"层次"是指在特定顶点上施加的力到相邻顶点的传播。此处使用较高值可提高此传播的精度。
- 层次级别：力从一个顶点传播到相邻顶点的速度。增加该值可增加力在布料上扩散的速度。

【案例学习目标】学习使用 mCloth 工具。

【案例知识要点】打开场景文件，在已有的场景中设置窗帘的布料效果，并设置布料的风空间扭曲，完成被风吹动的窗帘效果的制作，如图 18-177 所示。

【场景所在位置】光盘 > 场景 > Ch18 > 被风吹动的窗帘.max。

【效果图参考场景】光盘 > 场景 > Ch18 > 被风吹动的窗帘 ok.max。

【贴图所在位置】光盘 > Map。

图18-177

01 打开原始场景文件，如图 18-178 所示。

02 在场景中选择窗帘模型，在 MassFX 工具栏中单击 （布料）按钮，为窗帘指定 mCloth 修改器，如图 18-179 所示。

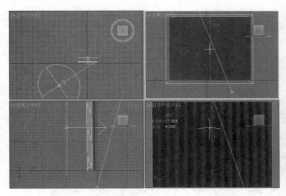

图18-178　　　　　　　　　　　　　　　　图18-179

03 将选择集定义为"顶点"，在场景中选择如图18-180所示的顶点，在"组"卷展栏中单击"设定组"按钮，在弹出的对话框中使用默认参数，单击"确定"按钮。

04 创建组后，选择列表框中的组，并单击"枢轴"按钮，如图18-181所示。

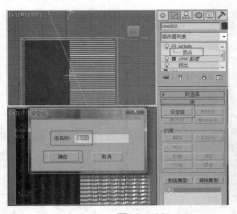
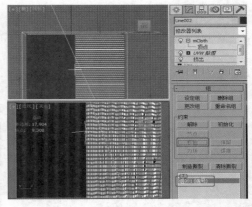

图18-180　　　　　　　　　　　　　　　　图18-181

05 在"前"视图中创建"风"空间扭曲，在场景中调整其位置，在"参数"卷展栏中设置"强度"为5、"湍流"为1、"频率"为5、"比例"为1，如图18-182所示。

06 选择窗帘，在"力"卷展栏中单击"添加"按钮，添加"风"空间扭曲，如图18-183所示。

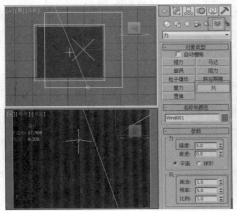
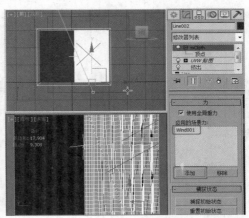

图18-182　　　　　　　　　　　　　　　　图18-183

07 在"mCloth模拟"卷展栏中单击"烘焙"按钮，烘焙布料效果，使用同样的方法设置另一个窗帘布料的效果，如图18-184所示。

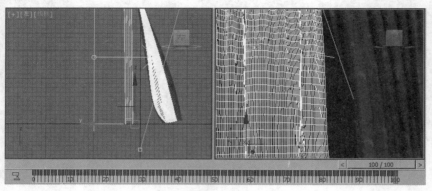

图18-184

18.8 课堂练习——制作地球与行星

【练习知识要点】使用一大一小两个球体和一个图形圆，并将小球体的路径绑定到图形圆上，使其围绕大球体沿圆路径进行运动，如图18-185所示。

【效果图参考场景】光盘>Ch18>场景>地球与行星.max。

【贴图所在位置】光盘>Map。

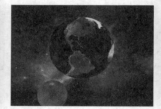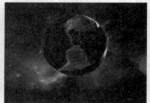

图18-185

18.9 课后习题——制作抱枕掉落

【习题知识要点】使用柔体和刚体制作抱枕掉落的效果，使用刚体烘焙出动画效果即可，如图18-186所示。

【效果图参考场景】光盘>Ch18>场景>抱枕掉落.max。

【贴图所在位置】光盘>Map。

图18-186

第 **19** 章

层次和运动学

本章将介绍正向动力学（FK）层次和反向动力学（IK），通过对本章的学习，读者可以掌握如何创建层次链接，并了解利用正向动力学和反向动力学制作动画的基本操作。

▶19.1 层次的介绍

通过链接方式，可以在物体之间建立父子关系，如果对父物体进行变换操作，也会影响其他的子物体。父子关系是单纯的，许多子物体可以分别链接到相同的或者不同的父物体上，建立各种复杂的复合父子链接。

层次相互链接在一起的对象之间的关系如下。

- 父对象：控制一个或多个子对象的对象。一个父对象通常也被另一个更高级的父对象控制。
- 子对象：父对象控制的对象。子对象也可以是其他子对象的父对象。默认情况下，没有任何父对象的子对象是世界的子对象（世界是一个虚拟对象）。
- 祖先对象：一个子对象的父对象，以及该父对象的所有父对象。
- 派生对象：一个父对象的子对象，以及子对象的所有子对象。
- 层次：在一个单独结构中相互链接在一起的所有父对象和子对象。
- 根对象：层次中唯一比所有其他对象的层次都高的父对象，所有其他对象都是根对象的派生对象。
- 子树：所选父对象的所有派生对象。
- 分支：在层次中从一个父对象到一个单独派生对象之间的路径。
- 叶对象：没有子对象的子对象，分支中最低层次的对象。
- 链接：父对象同它的子对象之间不可见的链接。链接是父对象到子对象之间变换位置、旋转和缩放信息的管道。
- 轴点：为每一个对象定义局部中心和坐标系统。可以将链接视为子对象轴点同父对象轴点之间的链接。

▶19.2 正向动力学

处理层次的默认方法使用一种被称为"正向动力学"的技术。这种技术采用的基本原理如下。

（1）按照父层次到子层次的链接顺序进行层次链接。

（2）轴点位置定义了链接对象的链接关节。

（3）按照从父层次到子层次的顺序继承位置、旋转和缩放变换。

创建对象的链接前首先要明白谁是谁的父级，谁是谁的子级，如车轮就是车体的子级，四肢是身体的子级。正向运动学中，父级影响子级的运动、旋转及缩放，但子级只能影响它的下一级而不能影响父级。

将两个对象进行父子关系的链接，定义层级关系，以便进行链接运动操作。通常要在几个对象之间创建层级关系，例如将手链接到手臂上，再将手臂链接到躯干上，这样它们之间就产生了层级关系，进行正向运动或反向运动操作时，层级关系就会带动所有链接的对象，并且可以逐层发生关系。

子级对象会继承施加在父级对象上的变化（如运动、缩放和旋转），但它自身的变化不会影响到父级对象。

可以将对象链接到关闭的组。执行此操作时，对象将成为组父级的子级，而不是该组的任何成员。整个组会闪烁，表示已链接至该组。

┃实例操作139：使用图解视图创建木偶的层级┃

1. 创建链接

使用█（选择和链接）工具可以通过将两个对象链接作为子和父，定义它们之间的层次关系。

（1）选择工具栏中的█工具。

（2）在场景中选择子对象，选择对象后按住鼠标左键不放并拖动，这时会引出虚线。

（3）牵引虚线至父对象上，父对象闪烁一下外框，表示链接成功，打开图解视图看一下是否成功链接。

另一种方法就是在"图解视图"窗口中选择█工具，在图解视图中选择子级并将其拖向父级，与█工相同。

2. 断开当前链接

要取消两个对象之间的层级链接关系，也就是拆散父子链接关系，使子对象恢复独立，不再受父对象的约束，可以通过 （断开当前选择链接）工具实现。这个工具是针对子对象执行的。

（1）在场景中选择链接对象的子对象。

（2）选择工具栏中的 （断开当前选择链接）工具，当前选择的子对象与父对象的层级关系即被取消。

3. 图解视图

在工具栏中单击 图解视图（打开），按钮，打开"图解视图"窗口，如图19-1所示。

"（图解视图）"窗口的工具栏中的各工具功能介绍如下。

图19-1

- （显示浮动框）：显示或隐藏 （显示浮动框），激活该按钮表示开启浮动框，禁用该按钮表示隐藏浮动框。

- （选择）：使用此按钮可以在"图解视图"窗口和视口中选择对象。

- （连接）：允许创建层次。

- （断开选定对象链接）：断开"图解视图"窗口中选定对象的链接。

- （删除对象）：删除在"图解视图"窗口中选定的对象。删除的对象将从视口和"图解视图"窗口中消失。

- （层次模式）：用级联方式显示父对象及子对象的关系。父对象位于左上方，而子对象朝右下方缩进显示。

- （参考模式）：基于实例和参考（而不是层次）显示关系。使用此模式可查看材质和修改器。

- （始终排列）：根据排列首选项（对齐选项）将图解视图设置为始终排列所有实体。执行此操作之前将弹出一个警告信息。启用此按钮将激活工具栏按钮。

- （排列子对象）：根据设置的排列规则（对齐选项）在选定父对象下排列显示子对象。

- （排列选定对象）：根据设置的排列规则（对齐选项）在选定父对象下排列显示选定对象。

- （释放所有对象）：从排列规则中释放所有实体，在它们的左侧使用一个孔图标记它们，并将它们留在原位。使用此按钮可以自由排列所有对象。

- （释放选定对象）：从排列规则中释放所有选择的实体，在它们的左端使用一个孔图标标记它们并将它们留在原位。使用此按钮可以自由排列选定对象。

- （移动子对象）：将图解视图设置为已移动父对象的所有子对象。启用此按钮后，工具栏按钮处于活动状态。

- （展开选定项）：显示选定实体的所有子实体。

- （折叠选定项）：隐藏选定实体的所有子实体，选定的实体仍保持可见。

- （首选项）：显示"图解视图首选项"对话框。使用该对话框可以按类别控制"图解视图"窗口中显示和隐藏的内容。这里有多种选项可以过滤和控制"图解视图"窗口中的显示。

- （转至书签）：缩放并平移"图解视图"窗口，以便显示书签选择。

- （删除书签）：移除显示在书签名称字段中的书签名。

- （缩放选定视口对象）：放大在视口中选定的对象，可以在此按钮旁边的文本字段中输入对象的名称。

【案例学习目标】学习如何使用图解视图。

【案例知识要点】通过调整图解视图中各个模型对应的名称并创建链接，创建出层次关系，如图19-2所示。

【场景所在位置】光盘＞场景＞Ch19＞木偶.max。

【效果图参考场景】光盘＞场景＞Ch19＞木偶ok.max。

【贴图所在位置】光盘＞Map。

01 打开原始场景文件，如图19-3所示。

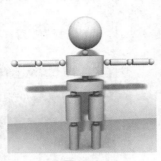

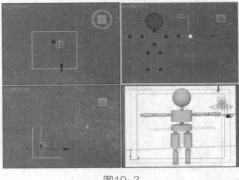

图19-2   图19-3

02 在工具栏中单击▣（图解视图（打开））按钮，打开"图解视图"窗口，如图19-4所示，这里可以根据场景中模型的位置来摆放各个模型的名称位置。

03 使用▨工具，从手臂的末端向上一级创建链接，如图19-5所示。

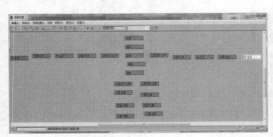

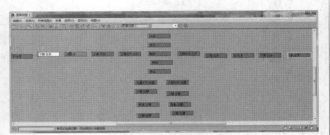

图19-4   图19-5

04 使用同样的方法创建末端向上一级的链接，如图19-6所示。

05 将最终极父对象指定为骨盆，将手臂链接到胸部，如图19-7所示。

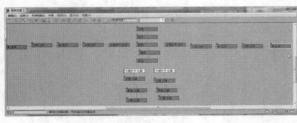

图19-6   图19-7

▎实例操作140：使用轴和链接信息制作蜻蜓飞行▎

"轴"和"链接信息"都位于▩（层次）命令面板中。其中"轴"选项卡用于调整物体的轴心点；"链接信息"选项卡用于在层级中设置运动的限制。

物体的轴心点不是物体的几何体中心或质心，而是可以处于空间任何位置的人为定义的轴心，作为自身坐标系统，它不仅仅是一个点，而是一个可以自由变换的坐标系。轴心点的作用主要有以下几点。

- 轴心可以作为转换中心，因此可以方便地控制旋转和缩放的中心点。
- 设置修改器的中心位置。
- 为物体连接定义转换关系。
- 为IK定义结合位置。

利用"轴"选项卡中的"调整轴"卷展栏可以调整轴心的位置、角度和比例。"移动／旋转／缩放"选项组中提供了 3 个调整选项。

- 仅影响轴：仅对轴心进行调整操作，不会对对象产生影响。
- 仅影响对象：仅对对象进行调整操作，不会对该对象的轴心产生影响。
- 仅影响层次：仅对对象的子层级产生影响。

"对齐"选项组用于设置物体轴心的对齐方式。当单击"仅影响轴"按钮时，该选项组中的选项如图 19-8（左）所示。当单击"仅影响对象"按钮时，该选项组中的选项如图 19-8（右）所示。

"轴"选项组中只有一个"重置轴"按钮，单击该按钮可以将轴心恢复到物体创建时的状态。

图 19-8

"调整变换"卷展栏用于在不影响子对象的情况下对物体进行调整操作，在"移动／旋转／缩放"选项组中只有一个"不影响子对象"按钮，单击该按钮后执行的任何调整操作都不会影响子物体，如图 19-9 所示。

"链接信息"选项卡中包含两个卷展栏，即"锁定"和"继承"，如图 19-10 所示。其中"锁定"卷展栏中包含可以限制对象在特定轴中移动的控件。"继承"卷展栏中包含可以限制子对象继承其父对象变换的控件。

- 锁定：用于控制对象的轴向，当对象进行移动、旋转或缩放时，它可以在各个轴向上变换，但如果在这里选择了某个轴向的锁定开关，它将不能在此轴向上变换。
- 继承：用于设置当前选择对象对其父对象各项变换的继承情况，默认情况为开启，即父对象的任何变换都会影响其子对象，如果禁用了某项，则相应的变换不会向下传递给其子对象。

图 19-9　　　图 19-10

【案例学习目标】学习如何使用轴、锁定和继承关系。

【案例知识要点】创建蜻蜓翅膀的正向链接，调整轴心位置，设置翅膀旋转的动画，完成蜻蜓翅膀扇动的动画效果，静帧效果如图 19-11 所示。

【场景所在位置】光盘 > 场景 > Ch19> 蜻蜓 .max。

【效果图参考场景】光盘 > 场景 > Ch19> 蜻蜓 ok.max。

【贴图所在位置】光盘 >Map。

图 19-11

01 打开原始场景文件，将在此场景的基础上设置动画，如图 19-12 所示。

02 在工具栏中单击图（图解视图（打开））按钮，打开"图解视图"窗口，可以看到已经创建好了层次，如图 19-13 所示。

图19-12

图19-13

03 在场景中选择其中的一个翅膀模型，切换到 ▦（层次）命令面板中，选择"链接信息"选项卡，在"锁定"卷展栏中取消选择"旋转"选项组中的Y复选框，选择其他的"锁定"和"继承"复选框，如图19-14所示，使用同样的方法设置其他翅膀的锁定和继承。

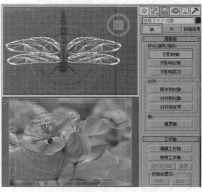

图19-14　　　　　　　　　图19-15

04 单击 ▦（层次）命令面板中的"轴"按钮，在"调整轴"卷展栏中单击"仅影响轴"按钮，在场景中将4个翅膀的轴调整到翅膀与父对象连接的位置，如图19-15所示。

05 打开自动关键点按钮，拖动时间滑块到20帧，在前视图中旋转4个翅膀，如图19-16所示。

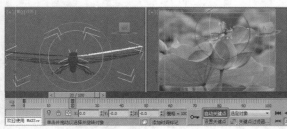
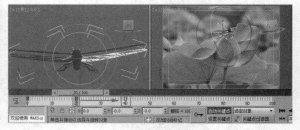

图19-16　　　　　　　　　　　　图19-17

06 选择20帧的关键点，按住Shift键，移动复制到40帧，如图19-17所示。

07 移动复制0帧关键点到50帧，如图19-18所示。

08 选择20、40、50帧3处的关键点，移动复制到70、90、100帧，如图19-19所示，使用同样的方法复制其他翅膀的关键点。

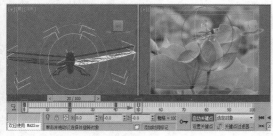
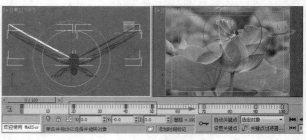

图19-18　　　　　　　　　　　图19-19

19.3 反向运动学动画

反向运动学建立在层次链接的概念上。要了解IK是如何进行工作的，必须首先了解层次链接和正向运动学的原则。使用反向运动创建动画的操作步骤如下。

（1）首先确定场景中的层次关系。生成计算机动画时，最有用的工具之一是将对象链接在一起以形成链的功能。通过将一个对象与另一个对象相链接，可以创建父子关系。应用于父对象的变换同时将传递给子对象。链也称为层次。

父对象：控制一个或多个子对象的对象。一个父对象通常也被另一个更高级别的父对象控制。

子对象：父对象控制的对象。子对象也可以是其他子对象的父对象。默认情况下，没有任何父对象的对象是世界的子对象。

（2）使用链接工具或在"图解视图"窗口中对模型由子级向父级创建链接。

（3）调整轴。在层级关系中的一项重要任务，就是调整轴心所在的位置，通过轴设置对象依据中心运动的位置。

确保避免对要使用IK设置动画的层次中的对象使用非均匀缩放。如果进行了此类操作，会看到拉伸和倾斜。为避免此类问题，应该对子对象等级进行非均匀缩放。如果有些对象显示了这种行为，那么要使用重置变换。

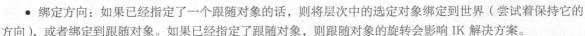

实例操作141：使用反向运动学制作风铃

通过上面的实例，应该对IK有一个初步的了解，下面将对IK中用到的参数进行介绍。

首先介绍 🔡 （层级）命令面板中的IK按钮。

1. "反向运动学"卷展栏

"反向运动学"卷展栏中的各选项功能介绍如下（如图19-20所示）。

图19-20

- 交互式IK：允许对层次进行 IK 操纵，而无须应用 IK 解算器或使用下列对象。
- 应用IK：为动画的每一帧计算IK解决方案，并为IK链中的每个对象创建变换关键点。提示行上将出现栏图形，指示计算的进度。
- 仅应用于关键点：为末端效应器的现有关键帧解算 IK 解决方案。
- 更新视口：在视口中按帧查看应用 IK 帧的进度。
- 清除关键点：在应用 IK 之前，从选定 IK 链中删除所有移动和旋转关键点。
- 开始、结束：设置帧的范围以计算应用的 IK 解决方案。

2. "对象参数"卷展栏

"对象参数"卷展栏中的各选项功能介绍如下（如图19-21所示）。

- "终结点"：通过将一个或多个选定对象定义为终结点，设置 IK 链的基础。启用"终结点"复选框将在运动学链计算到达层次的根对象之前停止。终结点对象停止终结点子对象的计算，终结点本身并不受 IK 解决方案的影响，从而可以对运动学链的行为提供非常精确地控制。

（1）"位置"选项组中各个选项的介绍如下。

图19-21

- 绑定位置：如果已经指定了一个跟随对象的话，则将IK 链中的选定对象绑定到世界（尝试着保持它的位置），或者绑定到跟随对象。如果已经指定了跟随对象，则跟随对象的变换会影响 IK 解决方案。

（2）"方向"选项组中各个选项的介绍如下。

- 绑定方向：如果已经指定了一个跟随对象的话，则将层次中的选定对象绑定到世界（尝试着保持它的方向），或者绑定到跟随对象。如果已经指定了跟随对象，则跟随对象的旋转会影响 IK 解决方案。
- "轴" X、Y、Z：如果其中一个轴处于禁用状态，则该指定轴就不再受跟随对象或HD IK 解算器位置末端效应器的影响。例如，如果在"位置"选项组中禁用 X 复选框，跟随对象（或末端效应器）沿 x 轴的移动就对 IK 解决方案没有影响，但是沿 y 或者 z 轴的移动仍然有影响。

- 权重：在跟随对象（或末端效应器）的指定对象和链的其他部分上，设置跟随对象（或末端效应器）的影响。设置为0时会关闭绑定。使用该值可以设置多个跟随对象或末端效应器的相对影响，以及在解决IK解决方案中它们的优先级。相对"权重"值越高，优先级就越高。

（3）"绑定到跟随对象"选项组：反向运动学链中将对象绑定到跟随对象。

- 无：显示选定跟随对象的名称。

- 绑定：将反向运动学链中的对象绑定到跟随对象。

- 取消绑定：在HD IK链中从跟随对象上取消选定对象的绑定。

- 优先级：手动为IK链中的任何对象指定优先级值。高优先级值在低优先级值之前计算。将按照"子＞父"顺序计算相等的优先级值。

- 子→父：自动设置关节优先级，以减少从子到父的值。这将导致应用力量位置（末端效应器）最近的关节移动速度比远离力量的关节快。

- 父→子：自动设置关节优先级，以减少从父到子的值。这将导致应用力量位置（末端效应器）最近的关节移动速度比远离力量的关节慢。

（4）"滑动关节"选项组：使用下列按钮可在对象之间复制滑动关节参数。这些按钮不可用于路径关节。

（5）"转动关节"选项组：使用下列按钮在对象之间复制转动关节参数。

（6）"镜像粘贴"选项组：用于在"粘贴"操作期间关于 x、y 或 z 轴镜像IK关节设置。

3."自动终结"卷展栏

"自动终结"卷展栏中的各选项功能介绍如下（如图19-22所示）：

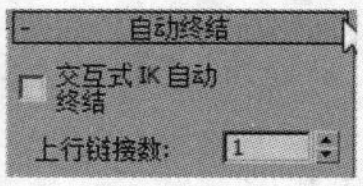

- 交互式IK自动终结：启用自动终结功能。

图19-22

- 上行链接数：指定终结应用链路的上行程度。例如，如果将该值设置为5，则当用户移动层次中的任何对象时，则从用户所调整对象开始上行5个链路的对象作为终结点。如果选择层次中的不同对象，则终结将切换到从最新选定的对象开始上行5个链路的对象。

4."转动关节"卷展栏

"转动关节"卷展栏中的各项选项功能介绍如下（如图19-23所示）。

X、Y、Z轴：每个卷展栏包含有相同的组框，用于控制 x、y 和 z 轴。

- 活动：激活某个轴（x、y、z）。允许选定的对象在激活的轴上滑动，或沿着它旋转。

- 受限：限制活动轴上所允许的运动或旋转范围。与"从"和"到"微调器共同使用。多数关节沿着活动轴所做的运动有它们的限制范围。例如，活塞只能在汽缸的长度范围之内滑动。

- 减缓：当关节接近"从"和"到"限制时，使它抗拒运动。用来模拟有机关节，或者旧机械关节。它们在运动的中间范围移动或转动时是自由的，但是在范围的末端，却无法很自由地运动。

- 从、到：确定位置和旋转限制。与"受限"功能共同使用。

- 弹回：激活弹回功能。每个关节都有停止位置。关节离停止位置越远，就会有越大的力量，将关节向它的停止位置拉，像有弹簧一样。

图19-23

- 弹簧张力：设置"弹回"的强度。当关节远离平衡位置时，这个值越大，弹簧的拉力就越大。设置为0时会禁用弹簧，非常高的设置值会把关节限制住，因为弹簧弹力太强，关节不会移动过某个点，只能达到那个点范围之内的点。

- 阻尼：在关节运动或旋转的整个范围中，应用阻力。用来模拟关节摩擦或惯性的自然效果。当关节受腐蚀、干燥或受重压时，它会在活动轴方向抗拒运动。

【案例学习目标】学习如何使用交互式IK创建动画。

【案例知识要点】使用原始场景，在原始场景中已创建了链接并调整了轴心，在此基础上打开"自动关键点"按钮，并使用"交互式IK"来设置IK动画，如图19-24所示。

【场景所在位置】光盘 > 场景 > Ch19 > 风铃 .max。

【效果图参考场景】光盘 > 场景 > Ch19 > 风铃 ok.max。

【贴图所在位置】光盘 > Map。

图19-24

01 打开原始场景文件，如图19-25所示。

02 在工具栏中单击国（图解视图（打开））按钮，可以看到已创建好的层级效果，如图19-26所示。

03 切换到（层级）命令面板，选择"轴"按钮，在"调整轴"卷展栏中单击"仅影响轴"按钮，在场景中调整轴到父对象与子对象的链接处，如图19-27所示。

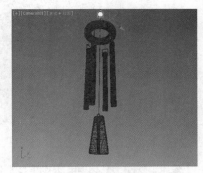

图19-25

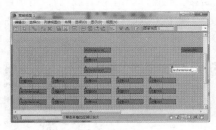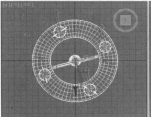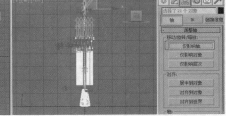

图19-26　　　　　　　　　　　　　　　　　图19-27

04 单击IK按钮，在"反向运动学"卷展栏中单击"交互式IK"按钮，打开"自动关键点"按钮，拖动时间滑块到20帧，在场景中调整最底端的模型，如图19-28所示。

05 确定时间滑块到20帧，在场景中调整风铃模型子对象，如图19-29所示。

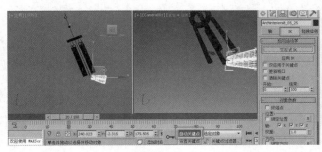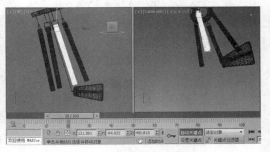

图19-28　　　　　　　　　　　　　　　　　图19-29

06 拖动时间滑块到50帧，在场景中移动模型，如图19-30所示。

07 拖动时间滑块到80帧，在场景中调整模型，如图19-31所示。

08 拖动时间滑块到100帧，在场景中调整模型，如图19-32所示。

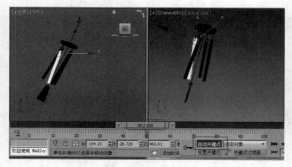

图19-30 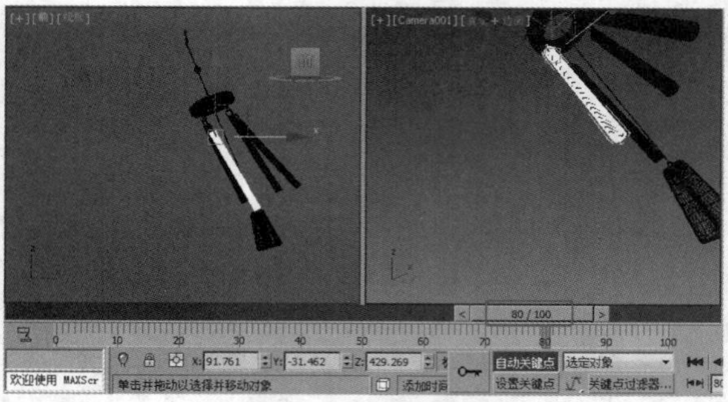　　　　　　　　　　　　　　　图19-31

图19-32

实例操作142：使用解算器设置摇尾巴动画

IK 解算器可以创建反向运动学解决方案，用于旋转和定位链中的链接。它可以应用 IK 控制器，用于管理链接中子对象的变换。用户可以将 IK 解算器应用于对象的任何层次。使用"动画"菜单中的命令，如图19-33所示，可以将 IK 解算器应用于层次或层次的一部分。在层次中选中对象，并选择 IK 解算器，然后单击该层次中的其他对象，以便定义 IK 链的末端。应用IK 解算器后的骨骼系统如图19-34所示。

IK解算器的设置可以在 ◎（运动）命令面板和 ▦（层级）命令面板中进行调整。

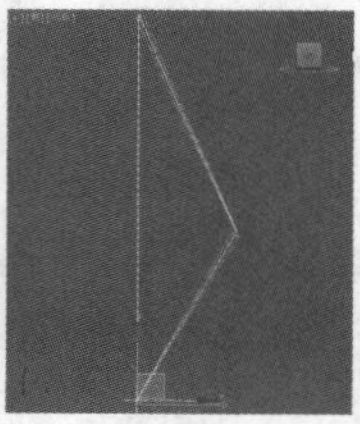

反向运动学链可以在部分层次中加以定义，即从角色

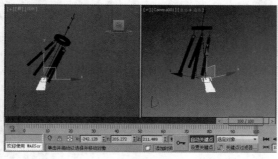

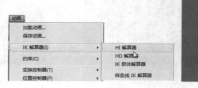

图19-33　　　　　　　　图19-34

的臀部到脚跟或者从肩部到手腕。IK 链的末端是Gizmo，即目标。随时重新定位目标或设置目标动画时可以采用各种方法，这些方法通常包括使用链接、参数关联或约束。无论目标如何移动，IK 解算器都尝试移动链中最后一个关节的枢轴（也称终端效应器），以便满足目标的要求。IK 解算器可以对链的部分进行旋转，以便扩展和重新定位末端效应器，使其与目标相符。

1. HI解算器

对角色动画和序列较长的任何 IK 动画而言，HI 解算器是首选的方法。使用 HI 解算器，可以在层次中设置多个链。例如，角色的腿部可能存在一个从臀部到脚踝的链，还存在另外一个从脚跟到脚趾的链。

因为该解算器的算法属于历史独立型，所以，无论涉及的动画帧有多少，都可以加快使用速度。它在第2000帧的速度与在第10帧的速度相同，它在视口中稳定且无抖动。该解算器可以创建目标和末端效应器（虽然在默认情况下末端效应器的显示处于关闭状态）。它使用旋转角度调整该解算器平面，以便定位肘部或膝盖。用户可以将旋转角度操纵器显示为视口中的控制柄，然后对其进行调整。另外，HI IK 还可以使用首选角度定义旋转方向，使肘部或膝盖正常弯曲。

2. HD解算器

HD 解算器是一种最适用于动画制作计算机的解算器，尤其适用于那些包含需要 IK 动画的滑动部分的计算机。使用该解算器，可以设置关节的限制和优先级。它具有与长序列有关的性能问题，因此，最好在短动画序列中使用。该解算器适用于设置动画的计算机，尤其适用于那些包含滑动部分的计算机。

因为该解算器的算法属于历史依赖型，所以，最适合在短动画序列中使用。在序列中求解的时间越迟，计算解决方案所需的时间就越长。该解算器使用户可以将末端效应器绑定到后续对象，并使用优先级和阻尼系统定义关节参数。该解算器还允许将滑动关节限制与IK动画组合起来。与HI IK解算器不同的是，该解算器允许在使用FK移动时限制滑动关节。

3. IK 肢体解算器

IK 肢体解算器只能对链中的两块骨骼进行操作，它是一种在视口中快速使用的分析型解算器，因此，可以设置角色手臂和腿部的动画。

使用 IK 肢体解算器，可以导出到游戏引擎。

因为该解算器的算法属于历史独立型，所以，无论涉及的动画帧有多少，都可以加快使用速度。它在第2000帧的速度与在第 10 帧的速度相同，它在视口中稳定且无抖动。该解算器可以创建目标和末端效应器（虽然在默认情况下末端效应器的显示处于关闭状态）。它使用旋转角度调整该解算器平面，以便定位肘部或膝盖。用户可以将旋转角度锁定其他对象，以便对其进行旋转。另外，IK 肢体解算器还可以使用首选角度定义旋转方向，使肘部或膝盖正常弯曲。使用该解算器，还可以通过启用关键帧IK在IK和FK之间进行切换。该解算器具有特殊的IK设置FK姿态功能，使用户可以使用IK设置FK关键点。

4. 样条线IK解算器

样条线 IK 解算器使用样条线确定一组骨骼或其他链接对象的曲率。

样条线 IK 样条线中的顶点称为节点。同顶点一样，可以移动节点，并对其设置动画，从而更改该样条线的曲率。

样条线节点数可能少于骨骼数。与分别设置每个骨骼的动画相比，这样便于使用几个节点设置长型多骨骼结构的姿势或动画。

样条线 IK 提供的动画系统比其他 IK 解算器的灵活性高。节点可以在3D空间中随意移动，因此，链接的结构可以进行复杂的变形。

分配样条线IK时，辅助对象将会自动位于每个节点中。每个节点都链接在相应的辅助对象上，因此，可以通过移动辅助对象移动节点。与 HI 解算器不同的是，样条线 IK 系统不会使用目标。节点在3D空间中的位置是决定链接结构形状的唯一因素，旋转或缩放节点时，不会对样条线或结构产生影响。

【案例学习目标】学习如何使用HI解算器。

【案例知识要点】在原始场景的基础上创建骨骼，并设置骨骼的HI解算器，通过调整节点，创建摇尾巴的动画，如图19-35所示。

图19-35

【场景所在位置】光盘>场景> Ch19>狗.max。

【效果图参考场景】光盘>场景> Ch19>狗 ok.max。

【贴图所在位置】光盘>Map。

01 打开原始场景文件，如图19-36所示。

02 单击"（创建）>（系统）>骨骼"按钮，在"骨骼参数"卷展栏中设置"宽度"为8、"高度"为8，在"左"视图中尾巴的位置创建骨骼，创建6段左右的骨骼即可，单击鼠标右键结束创建，如图19-37所示。

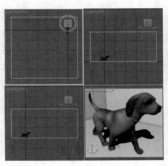

图19-36　　　　　图19-37

03 在"透视"图中通过旋转观察并调整骨骼至尾巴中，如图19-38所示。

04 在场景中选择狗模型，为其施加"蒙皮"修改器，在"参数"卷展栏中单击"骨骼"中的"添加"按钮，在弹出的对话框中选择所有的骨骼，单击"选择"按钮，如图19-39所示。

05 在"参数"卷展栏中单击"编辑封套"按钮，在场景中单击封套的框架并移动鼠标，调整封套影响的区域，如图19-40所示。使用同样的方法，调整各个骨骼影响的范围。

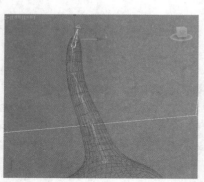

图19-38

图19-39

06 选择末端骨骼，在菜单栏中选择"动画>IK解算器>HI解算器"命令，用鼠标拖曳出虚线后在第二根骨骼上单击，创建HI解算，如图19-41所示。

07 创建解算后，打开"自动键点"按钮，拖动时间滑块到20帧，在场景中调整解算器的解算节点的位置，创建移动移动，如图19-42所示。

08 拖动时间滑块到60帧，在场景中移动解算节点，创建关键点，如图19-43所示。

图19-40

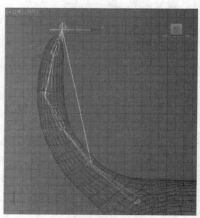

图19-41

09 拖动时间滑块到80帧，调整尾巴，如图19-44所示。

10 选择0帧的关键点，按住Shift键，复制关键点到100帧，如图19-45所示。

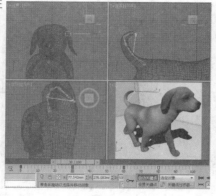

图19-42

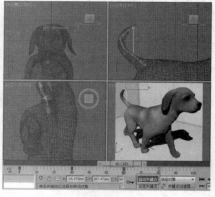

图19-43

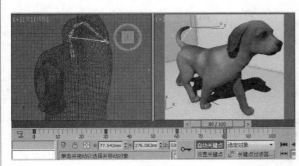 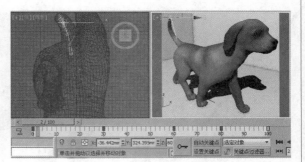

图19-44   图19-45

19.4 课堂练习——制作活塞运动

【练习知识要点】学习并创建层级链接，使用反向动力学，设置活塞的运动。图19-46所示为分镜头效果。

【效果图参考场景】光盘 >Ch19> 场景 > 活塞运动ok.max。

【贴图所在位置】光盘 >Map。

图19-46

19.5 课后习题——制作蝴蝶动画

【习题知识要点】蝴蝶的重心是身体，先创建蝴蝶的链接，调整蝴蝶的轴心位置，并为蝴蝶创建动画，如图19-47所示。

【效果图参考场景】光盘 >Ch19> 场景 > 蝴蝶ok.max。

【贴图所在位置】光盘 >Map。

图19-47

第 **20** 章

骨骼与蒙皮

本章将介绍骨骼的创建和编辑、蒙皮的编辑和调整，通过对本章的学习，读者可以对骨骼和蒙皮有一个初步的了解。

20.1　骨骼系统

骨骼蒙皮动画可以看做是关节动画和单一网格模型动画的结合。在骨骼蒙皮动画中，一个角色由作为皮肤的单一网格模型和按照一定层次组织起来的骨骼组成。骨骼层次描述了角色的结构，就像关节动画中的不同部分一样，骨骼蒙皮动画中的骨骼按照角色的特点组成一个层次结构。相邻的骨骼通过关节相连，并且可以做相对的运动。通过改变相邻骨骼间的夹角和位移，组成角色的骨骼就可以做出不同的动作，实现不同的动画效果。皮肤则作为一个网格蒙在骨骼之上，规定角色的外观。这里的皮肤不是固定不变的刚性网格，而是可以在骨骼影响下变化的一种可变形网格。组成皮肤的每一个顶点都会受到一个或者多个骨骼的影响。在顶点受到多个骨骼影响的情况下，骨骼按照顶点的几何和物理关系确定对该顶点的影响权重，这一权重可以通过建模软件计算，也可以手工设置。通过计算影响该顶点的不同骨骼对它影响的加权和，就可以得到该顶点在世界坐标系中的正确位置。动画文件中的关键帧一般包括骨骼的位置、朝向等信息。通过计算动画序列中相邻的两个关键帧间的差值可以确定某一时刻各个骨骼的新位置和新朝向。然后按照皮肤网格各个顶点中保存的影响它的骨骼索引和相应权重信息，可以计算出该顶点的新位置。这样就实现了在骨骼驱动下的单一皮肤网格变形动画，或者简单地说骨骼蒙皮动画。骨骼蒙皮动画的效果比关节动画和单一网格动画更逼真、更生动。而且，随着3D硬件性能的提高，越来越多的相关计算可以通过硬件来完成，骨骼蒙皮动画是动画应用中使用最广泛的动画技术。

骨骼系统是角色制作中的重要工具，3ds Max中角色骨骼的创建可以分两种情况。传统方法是在"创建"菜单和"创建"命令面板中，如图20-1和图20-2所示，利用"骨骼"工具来创建，具体使用菜单还是面板，可以根据具体的制作情况而定；另一种方法是利用Biped模块进行创建，这种方法主要是针对两足动物的。

图20-1 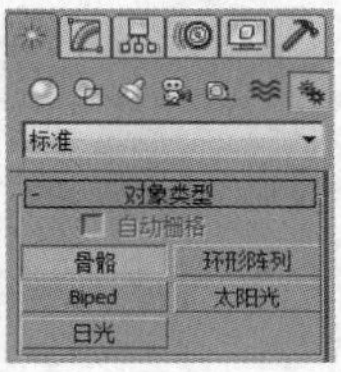　　　　　　图20-2

▌实例操作143：创建骨骼▐

选择"骨骼"工具按钮后，将显示出相应的参数卷展栏。

1."IK链指定"卷展栏

"IK链指定"卷展栏如图20-3所示，下面对该卷展栏进行介绍。

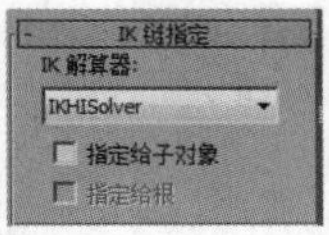

图20-3

- IK 解算器：从中选择要自动应用的 IK 解算器的类型，包括IKHISolver、IKHDSolver、IKLimb和SplineIKSolver共4种类型。

- 指定给子对象：如果启用IK解算器，则将在"IK解算器"下拉列表框中命名的IK解算器指定给最新创建的所有骨骼（除第一个（根）骨骼之外）。

- 指定给根：如果启用该复选框，则为最新创建的所有骨骼（包括第一个（根）骨骼）指定IK解算器。启用"指定给子对象"复选框也会自动启用"指定给根"复选框。

2."骨骼参数"卷展栏

在"骨骼参数"卷展栏中可以更改骨骼的外观。

"骨骼参数"卷展栏中的选项功能介绍如下（如图20-4所示）。

（1）"骨骼对象"选项组。

- 宽度：设置要创建的骨骼宽度。

- 高度：设置要创建的骨骼高度。

- 锥化：调整骨骼形状的锥化。如果锥化量为 0，则可生成长方体骨骼。

图20-4

（2）"骨骼鳍"选项组。

- 侧鳍：在所创建骨骼的侧面添加一组鳍，如图20-5所示。
- 大小：控制鳍的大小。
- 始端锥化：控制鳍的始端锥化。
- 末端锥化：控制鳍的末端锥化。
- 前鳍：在所创建骨骼的前端添加鳍，如图20-6所示。
- 后鳍：在所创建骨骼的后端添加鳍，如图20-7所示。
- 生成贴图坐标：在骨骼上创建贴图坐标。由于骨骼是可渲染的，因此也可以应用材质，因而可以使用这些贴图坐标。

 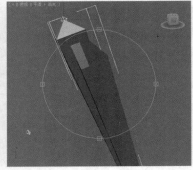 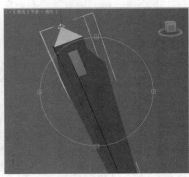

图20-5   图20-6   图20-7

【案例学习目标】学习如何创建骨骼。

【案例知识要点】打开原始的场景文件，在场景中为鹅创建骨骼，并创建虚拟对象和链接。

【场景所在位置】光盘＞场景＞Ch20＞鹅.max。

【效果图参考场景】光盘＞场景＞Ch20＞鹅骨骼.max。

【贴图所在位置】光盘＞Map。

01 打开原始场景文件，如图20-8所示。

02 在场景中选择鹅的模型，单击鼠标右键，在弹出的快捷菜单中选择"冻结当前选择"命令，将选择的鹅模型冻结，如图20-9所示。

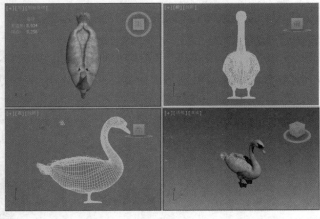 

图20-8   图20-9

03 单击"■（创建）＞■（系统）＞骨骼"按钮。在"骨骼参数"卷展栏中设置"宽度"为10、"高度"为10，在"左"视图中鹅的脖子根、脖子、头和嘴巴处创建骨骼，单击鼠标右键，可以结束创建，如图20-10所示。

04 在工具栏中单击▣（图解视图（打开））按钮，打开"图解视图"窗口，可以看到骨骼自动创建的链接，如图20-11所示。

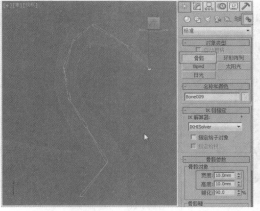

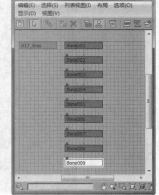

图20-10　　　　　　　　　　　　　图20-11

05 使用同样的方法创建身体中屁股到尾巴的骨骼，如图20-12所示。

06 在"前"视图中调整骨骼的位置，如图20-13所示。

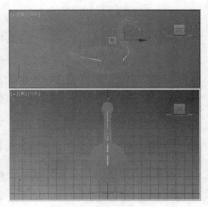

图20-12　　　　　　　　　　　　　图20-13

07 使用同样的方法创建并调整鸭子腿脚的骨骼，如图20-14所示。

08 单击"▣（创建）>▣（扶助对象）>虚拟对象"按钮，在"左"视图中创建虚拟对象，大小合适即可，如图20-15所示。

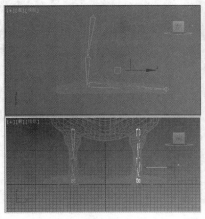

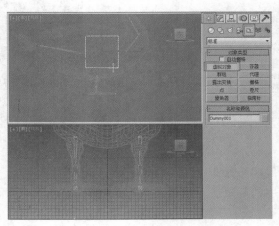

图20-14　　　　　　　　　　　　　图20-15

09 在工具栏中选择每个骨骼的父对象，在工具栏中单击▣（选择并链接）按钮，将骨骼链接到虚拟对象上，如图20-16所示。

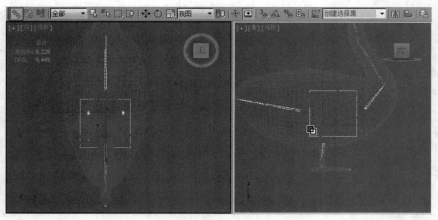

图20-16

实例操作144：设置骨骼的IK

关于解算器的介绍读者可以参考前面章节，下面将为鹅设置骨骼的IK

【案例学习目标】学习如何创建骨骼的IK。

【案例知识要点】继续上面案例的操作，接下来在鹅的骨骼的基础上创建骨骼的IK。

【场景所在位置】光盘>场景>Ch20>鹅骨骼.max。

【效果图参考场景】光盘>场景>Ch20>鹅骨骼的IK.max。

【贴图所在位置】光盘>Map。

01 在场景中选择脖子头部和嘴巴处的末端骨骼，在菜单栏中选择"动画>IK解算器>HI解算器"命令，如图20-17所示。

02 将末端骨骼链接到父骨骼上，如图20-18所示。

03 在场景中使用HI解算器，将尾巴的末端骨骼链接到如图20-19所示的鼠标位置的骨骼上。

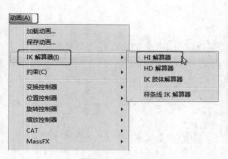

图20-17

图20-18

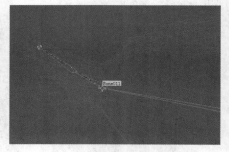

图20-19

04 使用HI解算器，将脚掌的末端骨骼链接到脚掌骨骼上，如图20-20所示。

05 使用HI解算器，将脚掌的骨骼链接到腿部顶部的父骨骼上，如图20-21所示。

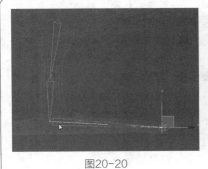 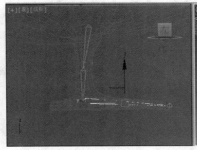 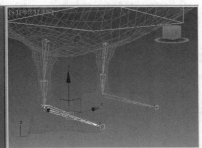

图20-20   图20-21

▶ 20.2   Biped

    Biped 模型是具有两条腿的体形，包括人类、动物或想象物。每个 Biped 都是一个为动画而设计的骨架，它被创建为一个互相连接的层次。Biped 骨骼具有即时动画的特性，就像人类一样，Biped 被特意设计成直立行走，然而也可以使用 Biped 来创建多条腿的生物。为了与人类躯体的关节相匹配，Biped 骨骼的关节受到了一些限制。

Biped的相关参数

    下面介绍Biped的相关卷展栏参数。

1. 创建Biped

    "创建Biped"卷展栏中的选项功能介绍如下（如图20-22所示）。该卷展栏在创建骨骼时可见。

    （1）"创建方法"选项组中各个选项的介绍如下。

    ● 拖动高度：选择该单选按钮，可以在视图中利用单击并拖动鼠标的方式创建出一个Biped。

    ● 拖动位置：选择该单选按钮后，在视图中通过单击，可以直接创建Biped，如果在视图中按住鼠标左键不放，拖动鼠标可以选择放置Biped的位置，松开鼠标后完成创建。

    （2）"结构源"选项组中各个选项的介绍如下。

    ● U/I：默认为启用状态，可以使用显示的参数创建Biped。

    ● 最近.fig文件：选择该单选按钮，会根据最近调入人体文件的大小和结构来创建Biped。

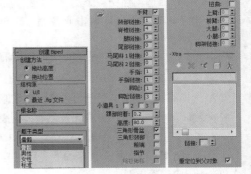

图20-22

    （3）"躯干类型"选项组：共提供了4种模式供选择，分别为骨骼、男性、女性和标准。

    ● 手臂：通过选择或取消此复选框来设置是否将手臂赋予当前的Biped。

    ● 颈部链接：用来设置Biped颈部的链接数量，范围为1～5。

    ● 脊椎链接：用来设置Biped脊椎的链接数量，范围为1～5。

    ● 腿链接：用来设置Biped腿部的链接数量，范围为3～4。

    ● 尾部链接：用来设置Biped尾部的链接数量，范围为0～5。

    ● 马尾辫1链接、马尾辫2链接：用来设置马尾辫链接的数量，范围为0～5。使用马尾辫链接可为头发设置动画，如果连接到角色的头部，可用于为其他的附加物设置动画。

    ● 手指：用来设置Biped手指的数量，范围为0～5。

    ● 手指链接：用来设置Biped每个手指的链接数量，范围为1～3。

    ● 脚趾：用来设置Biped脚趾的数量，范围为1～5。

    ● 脚趾链接：用来设置Biped每个脚趾的链接数量，范围为1～3。

- 小道具：可以打开至多3个道具，这些道具可以用来表现链接到 Biped 的工具或武器。默认情况下，道具1出现在右手的旁边，道具2出现在左手的旁边，道具3出现在躯干前面之间的中心。
- 踝部附着：沿着足部块指定踝部的粘贴点。可以沿着足部块的中线在脚后跟到脚趾间的任何位置放置脚踝。
- 高度：设置当前 Biped 的高度。
- 三角形骨盆：当附加体格后，启用该复选框来创建从大腿到 Biped 最下面一个脊椎对象的链接。通常腿部是链接到 Biped 骨盆对象上的。
- 三角形颈部：启用此复选框后，将锁骨链接到顶部脊椎链接，而不链接到颈部。默认设置为禁用状态。
- 前端：启用此复选框后，可以将 Biped 的手和手指作为脚和脚趾。为手设置踩踏关键点后，旋转手不会影响手指的位置。默认设置为禁用状态。
- 指节：启用该复选框，使用符合解剖学特征的手部结构，每个手指均有指骨。默认设置为禁用状态。
- 缩短拇指：启用该复选框后，将缩短一节拇指。

（4）"扭曲链接"选项组中各个选项的介绍如下。

- 扭曲：对 Biped 肢体启用扭曲链接。启用该复选框后，扭曲链接可见，但是仍然被冻结。
- 上臂：设置上臂中扭曲链接的数量。默认值为 0。范围为 0 ~ 10。
- 前臂：设置前臂中扭曲链接的数量。默认值为 0。范围为 0 ~ 10。
- 大腿：设置大腿中扭曲链接的数量。默认值为 0。范围为 0 ~ 10。
- 小腿：设置小腿中扭曲链接的数量。默认值为 0。范围为 0 ~ 10。
- 脚架链接：设置脚架链接中扭曲链接的数量，在将"腿链接"设置为 4 时出现其他小腿骨骼。默认值为 0。范围是 0 ~ 10。

（5）Xtras选项组中各个选项的介绍如下。

- ▣（创建Xtra）：单击此按钮，可创建新 Xtra 尾部。默认情况下，尾巴的父对象是 Biped 的根重心（COM）对象。
- ▣（删除Xtra）：单击此按钮，可删除在列表框中高亮显示的 Xtra 尾部。
- ▣（创建相反的Xtra）：单击此按钮，可在 Biped 的反面创建另一个 Xtra 尾部。首先，用户必须使用列表框来选择原始的 Xtra 尾巴的名称，并且原始的尾巴一定不具有相反的尾巴。
- ▣（同步选择）：单击此按钮后，列表框中选定的任何 Xtra 尾部将同时在视口中选定，反之亦然。
- ▣（选择对称）：单击此按钮后，选择一个尾部的同时也将选定反面的尾部。

切换到"▣（运动）"面板命令，可对骨骼进行编辑并创建动画。

2. Biped应用程序

"Biped应用程序"卷展栏中的选项功能介绍如下（如图20-23所示）。

- 混合器：打开运动混合器，用户可以在其中设置动画文件的层，以便定制 Biped 运动。
- 工作台：打开工作台，用户可以在其中分析并调整 Biped 的运动曲线。

图20-23

3. Biped

"Biped"卷展栏中的选项功能介绍如下（如图20-24所示）。

- ▣（体型模式）：当 ▣（体型模式）处于活动状态时，可以更改 Biped 的结构并使其结构适合角色网格。
- ▣（足迹模式）：创建和编辑足迹，生成行走、跑动或跳跃足迹图案，编辑空间内选定的足迹，以及使用足迹模式中提供的参数附加足迹。
- ▣（运动流模式）：创建脚本并使用可编辑过渡将 BIP 文件组合到一起，以便采用 ▣（运动流模式）模式创建角色动画。

图20-24

- ▣（混合器模式）：激活 Biped 上当前任意混合器动画，显示相应的卷展栏。
- ▣（Biped 播放）：在视口中播放创建的骨骼动画。
- ▣（加载文件）：加载 .bip、.fig 或 .stp 文件。

- ■（保存文件）：用户可以在其中保存 Biped 文件（.bip）、体形文件（.fig），以及步长文件（.stp）。
- ■（转化…）：将足迹动画转换成自由形式的动画。
- ■（移动所有模式）：可以一起移动和旋转 Biped 及其相关动画。可以在视口中交互式变换 Biped，或使用按钮处于活动状态时打开的对话框。
- ■（缓冲区模式）：编辑缓冲区模式中的动画分段。首先，使用"足迹操作"卷展栏中的复制足迹，将足迹和相关的 Biped 关键点复制到缓冲区中，然后打开缓冲区模式，以便查看和编辑复制的动画段落。
- ■（橡皮圈模式）：使用此按钮可重定位 Biped 的肘部和膝盖，而无须在 ■（体型模式）下移动 Biped 的手或脚。重新定位 Biped 的重心，以便模拟施向 Biped 的自然风或重量。要启用■（橡皮圈模式），必须打开 ■（体型模式）模式。
- ■（缩放步幅模式）：可以调整足迹步幅的长度和宽度，使其与 Biped 体形的步幅长度和宽度相匹配。默认情况下，■（缩放步幅模式）模式处于打开状态。
- ◎（原地模式）：使用原地模式可在播放动画时确保 Biped 显示在视口中。
- ■（对象）：显示 Biped 形体对象。
- ■（显示足迹和编号）：显示 Biped 的足迹和足迹数量。
- ∞（扭曲链接）：切换 Biped 中使用的扭曲链接的显示。默认设置为启用。
- ■（腿部状态）：启用该按钮后，视口会在相应帧的每个脚上显示移动、滑动和踩踏。
- ∧（轨迹）：显示选定的 Biped 肢体的轨迹。
- ■（首选项）：单击该按钮，弹出"首选项"对话框，该对话框用于更改足迹的颜色和轨迹参数，以及设置使用 Biped 卷展栏中的 Biped 播放时要播放的 Biped 数。足迹颜色首选项是一种区别于某个场景中两个或多个 Biped 足迹的理想方法。

4. 轨迹选择

"轨迹选择"卷展栏中的选项功能介绍如下（如图20-25所示）。

图20-25

- ↔（躯干水平）：选择质心可编辑 Biped 的水平运动。
- ↕（躯干垂直）：选择质心可编辑 Biped 的垂直运动。
- ↻（躯干旋转）：选择质心可编辑 Biped 的旋转运动。
- ■（锁定COM 关键点）：启用该按钮后，用户可以同时选择多个 COM 轨迹。一旦锁定，轨迹将存储在内存中，并且每次选择 COM 时，都将记住这些轨迹。
- ■（对称）：选择 Biped 另一侧的匹配对象。
- ■（相反）：选择 Biped 另一侧的匹配对象，并取消选择当前对象。

5. 扭曲姿势

"扭曲姿势"卷展栏中的选项功能介绍如下（如图20-26所示）。

- ←→：上一个、下一个关键点。
- "扭曲姿势"下拉列表框：可以使用户选择一个预设或保存姿态，应用到 Biped 选定的肢体中。默认情况下，有5个扭曲姿态，可用于每个有3种自由度的肢体：上、前、侧、下和后。用户还可以重命名当前的扭曲姿势。

图20-26

- 扭曲：将所应用的扭曲旋转的数量（以度计算）设置给链接到选定肢体的扭曲链接。这样就影响了来自相反一侧的扭曲链接。
- 偏移：沿扭曲链接设置旋转分布。
- 添加：根据选定肢体的方向创建一个新的扭曲姿态，并将扭曲和偏移重设为其默认值。
- 设置：用当前的"扭曲"和"偏移"值更新活动扭曲姿态。
- 删除：移除当前的扭曲姿态。
- 默认：用5个默认的预设姿态替换所有具有3种自由度的肢体的所有扭曲姿态。

6. 弯曲链接

"弯曲链接"卷展栏中的选项功能介绍如下（如图20-27所示）。

图20-27

- **⟩**（弯曲链接模式）：此模式可以用于旋转链的多个链接，而无须先选择所有链接。**⟩**（弯曲链接模式）可以将一个链接的旋转传输到其他链接，符合自然曲率。

- **⟍**（扭曲链接模式）：该模式与**⟩**（弯曲链接模式）很相似，其使沿局部 x 的旋转应用于选定的链接，并在其余整个链中均等地递增它，从而保持其他两个轴中链接的关系。

- **⟩**（扭曲个别模式）：该模式与**⟩**（弯曲链接模式）很相似，其允许沿局部 x 旋转选定的链链接，而不会影响其父链接或子链接。因此该链保持其形状，而单个链接将被调整。

- **⟍**（平滑扭曲模式）：此模式考虑沿链的第一个和最后一个链接的局部 x 的方向旋转，以便分布其他链接的旋转。这将导致每个链链接之间的平滑旋转。

- **⟍**（零扭曲）：根据链的父链接的当前方向，沿局部 x 将每个链链接的旋转重置为 0。这不会更改链的当前形状。

- **⟨**（所有归零）：根据链的父链接的当前方向，沿所有轴将每个链链接的旋转重置为 0。这将调整链的当前形状，使其与 Biped 平行。

7. 关键点信息

"关键点信息"卷展栏中的选项功能介绍如下（如图20-28所示）。

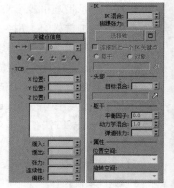

- **◉**（设置关键点）：移动 Biped 对象时在当前帧创建关键点。这与 3ds Max 工具栏中的"设置关键点"是一致的。

- **✖**（删除关键点）：删除选定对象在当前帧的关键点。

- **▲**（设置踩踏关键点）：设置一个 Biped 关键点，使其"K混合"值为 1，启用"连接到上一个 IK 关键点"复选框，并在 IK 选项组中选择"对象"单选按钮。

- **▲**（设置滑动关键点）：设置一个滑动关键点，使其"IK 混合"值为 1，启用"连接到上一个 IK 关键点"复选框，并在 IK 选项组中选择"对象"单选按钮。以此方法创建滑动足迹，在视口中显示滑动足迹，并有一条线贯穿足迹中间。滑动足迹被理解为具有移动 IK 限制的足迹。

- **▲**（设置自由关键点）：设置一个 Biped 关键点，使其"IK 混合"值为 0，启用"连接到上一个 IK 关键点"复选框，并在 IK 选项组中选择"对象"单选按钮。

图20-28

- **∿**（轨迹）：显示和隐藏选定 Biped 对象的轨迹。可通过打开"轨迹"、打开子对象，以及在视口中选择水平或垂直重心轨迹和变换关键点来编辑有关 Biped 水平和垂直轨迹的关键点。

（1）TCB 选项组中各个选项的介绍如下。

- X位置、Y位置、Z位置：可以使用这些微调器重新定位选定的 Biped 形体部位。在世界坐标系 XYZ 中可以重新定位手或脚。使用这些微调器也可以定位 Biped 重心。

- TCB图：绘制改变控制器属性对动画的影响。曲线顶端的红色标记代表关键点。曲线左右两边的标记代表关键点两侧时间的均匀分布。

- 缓入：放慢动画曲线接近关键点时的速度。默认值为 0。

- 缓出：放慢动画曲线离开关键点时的速度。默认值为 0。

- 张力：控制动画曲线的曲率。

- 连续性：控制关键点处曲线的切线属性。默认设置是产生通过关键点的平滑动画曲线的唯一值。所有其他值都会在动画曲线中产生非连续性，从而引起动画的突然变化。默认设置为 25。较高的"连续性"值可以在关键点的两侧产生弯曲的泛光化；较低的"连续性"值会产生线性动画曲线。除了不会生成"缓进"和"缓出"效果之外，较低连续性和较高张力生成的线性曲线类似。默认设置可以在关键点处创建平滑的连续曲线。

- 偏移：控制动画曲线偏离关键点的方向。

（2）IK 选项组中各个选项的介绍如下。

- IK 混合：用于设置 IK 关键点，并调整 IK 关键点的参数，以及如何混合正向动力学和反向动力学来插值中间位置。移动手臂来控制手就是正向运动的一个例子。移动手来控制手臂就是反向运动的一个实例。

- 脚踝张力：调整膝关节和踝关节的优先级顺序。值为 0 时，膝关节先动；值为 1 时，踝关节先动。该效果只有在关键帧中才可见。

- 选择轴：激活该按钮，可指定 Biped 的手脚旋转所围绕的轴。单击视口中的某个轴后，将关闭"选择坐标轴"，然后旋转手或脚。

- 连接到上一个 IK 关键点：启用该复选框，将 Biped 脚放到上一个关键点的坐标系空间。禁用该复选框，将 Biped 脚放到新参考位置。

- 躯干：将 Biped 肢体放置到 Biped 坐标系空间。

- 对象：对象空间。Biped 肢体既可以在世界坐标系空间，也可以在选定的 IK 对象坐标系空间。在关键点之间可以混合坐标系。

- ↗（选择 IK 对象）：设置"IK 混合"值为 1，且选择"对象"单选按钮时，Biped 的手或脚要跟随的对象。选定对象的名称显示在按钮旁边。不能为此选择制作动画，对于动画中的每个手和脚来说，只有一个 IK 对象处于活动状态。

（3）"头部"选项组：用来为要注视的目标定义目标对象。

- 目标混合：确定目标与头部现有动画的混合程度。

- ↗（选择注视目标）：单击可选择头部要注视的对象。

（4）"躯干"选项组中各个选项的介绍如下。

- 平衡因子：定位 Biped 权重沿着从重心到头部的连线上的分布。此重心（形体水平轨迹）参数可以用做关键帧。如要激活"平衡因子"，请单击"↔（躯干水平）"按钮（在"轨迹选择"卷展栏中），设置点，然后在"平衡因子"文本框输入值。

- 动力学混合：选择"↕（躯干垂直）"轨迹（重心垂直轨迹），并控制在悬空阶段、奔跑或跳跃运动中的重力。该参数对足迹重叠的行走运动没有影响。

- 弹道张力：选择"↕（躯干垂直）"轨迹（COM），并控制 Biped 着陆，或从跳跃或奔跑中起步时的弹力或张力，变化是微妙的。

（5）"属性"选项组中各个选项的介绍如下。

- 位置空间：用来给世界坐标空间、形体坐标空间、右手或左手坐标空间设置属性位置空间。

- 旋转空间：用来给世界坐标空间、形体坐标空间、右手或左手坐标空间设置属性旋转空间。

8．关键帧工具

图20-29

"关键帧工具"卷展栏中的选项功能介绍如下（如图 20-29 所示）。

- ⧉（启用子动画）：启用 Biped 子动画。

- ⧉（清除选定轨迹）：从选定对象和轨迹中移除所有关键点和约束。

- ⧉（清除所有动画）：从 Biped 中移除所有关键点和约束。

- ⧉（操纵子对象）：修改 Biped 子动画。

- ⧉（适当位置的镜像）：该弹出按钮有两个。这两个按钮均用于局部镜像动画，以便 Biped 的右侧可以执行左侧的动作，反之亦然。

- ⧉（设置父对象模式）：启用设置父对象模式后，在创建肢体关键点的同时，还会为父对象创建关键点。启用单独 FK 轨迹后使用设置父级模式。

- ⧉（设置多个关键点）：使用过滤器选择关键点或将转动增量应用于选定的关键点。使用此按钮可以更改轨迹视图中的周期运动关键点。

- ⧉（锚定左臂）、⧉（锚定右臂）、⧉（锚定左腿）、⧉（锚定右腿）：用户可以临时修正手和腿的位置和方向。创建具有反向运动对象空间的动画时（在该空间中，手臂或腿追随场景中的对象），使用锚定方式。锚定可以确保手或腿保持对齐，直到设置了建立对象空间序列的第二个关键点为止。

- 在轨迹视图中显示全部：显示轨迹视图设置关键帧中选项的所有曲线。

"单独 FK 轨迹"选项组中各个选项的介绍如下。

- 手臂：启用该复选框，为手指、手、前臂和上臂创建单独的变换轨迹。

- 颈部：启用该复选框，为颈部链接创建单独的变换轨迹。

- 腿：启用该复选框，创建单独的脚趾、脚和小腿变换轨迹。
- 尾部：启用该复选框，为每个尾部链接创建单独的变换轨迹。
- 手指：启用该复选框，为手指创建单独的变换轨迹。
- 脊椎：启用该复选框，创建单独的脊椎变换轨迹。
- 脚趾：启用该复选框，为脚趾创建单独的变换轨迹。
- 马尾辫1：启用该复选框，创建单独的马尾辫1变换轨迹。
- 马尾辫2：启用该复选框，创建单独的马尾辫2变换轨迹。
- Xtras：启用该复选框，可为附加尾部创建单独的轨迹。

9．复制/粘贴

"复制/粘贴"卷展栏中的选项功能介绍如下（如图20-30所示）。

图20-30

- ▓（创建集合）：清除当前集合名称，以及与之关联的姿势、姿态和轨迹。
- ▓（加载集合）：加载CPY文件，并在"复制收集"下拉列表框的顶部显示其集合名称，并使其处于活动状态。
- ▓（保存集合）：保存存储在CPA文件的当前会话活动集合中的所有姿势、姿态和轨迹。
- ▓（删除集合）：从场景中删除当前集合。
- ▓（删除所有集合）：从场景中删除所有集合。
- ▓（Max加载首选项）：单击该按钮，弹出一个对话框，其中提供了用于执行打开Max文件时操作的选项。
- 姿态、姿势、轨迹：选择其中一个按钮来选择要进行复制和粘贴的信息种类。复制/粘贴按钮更改为当前模式。默认值为"姿态"。
- ▓（复制姿态）：复制选定的Biped对象姿势并将其保存在一个新的姿势缓冲区中。
- ▓（粘贴姿势）：将活动缓冲区中的姿势粘贴到Biped中。
- ▓（向对面粘贴姿势）：将活动缓冲区中的姿势粘贴到Biped相反的一侧中。
- ▓（将姿势粘贴到所选的Xtras）：将姿势粘贴到所选的Xtras系统。
- ▓（删除选定姿态）：删除选定的姿势、姿势或轨迹缓冲区。
- ▓（删除所有姿态副本）：删除复制的姿态、姿势和轨迹列表框中的所有缓冲区。
- "复制的姿态"下拉列表框：对于每一模式，列出所复制的缓冲区。活动缓冲区是即将要使用粘贴按钮粘贴的缓冲区。要激活缓冲区，从下拉列表框中选中它。要更改缓冲区名称并激活它，突出显示其名称并输入新名称。
- ▓（从视口中捕捉快照）：单击该按钮后，将创建整个Biped活动2D或3D视口的快照。
- ▓（自动捕捉快照）：默认设置。单击该按钮后，将创建独立身体部位的前视图快照。
- ▓（无快照）：单击该按钮后，将使用灰色画布替换快照。
- ▓（隐藏快照）：切换快照视图的显示。

"粘贴选项"选项组中各个选项的介绍如下。

- ▓（粘贴水平）、▓（粘贴垂直）、▓（粘贴旋转）：启用该按钮后，将COM的躯干水平、垂直或旋转数据设为在下次执行粘贴操作时要粘贴的内容。选择粘贴COM数据会保持复制到当前数据轨迹的COM的世界空间位置和方向。否则，将在粘贴复制的数据轨迹时保持COM的当前位置和方向。
- 由速度：启用该复选框，将基于通过场景的上一个COM轨迹决定活动的COM轨迹的值。只有在"粘贴水平""粘贴垂直"或"粘贴旋转"按钮处于活动状态时，才能启用该复选框。
- 自动关键点TCB/IK值：启用后，将基于通过场景的上一个COM轨迹决定活动COM轨迹的值。只有在▓（粘贴水平）、▓（粘贴垂直）和▓（粘贴旋转）按钮处于活动状态时才启用该单选按钮。
- 默认值：将TCB缓入和缓出设为0，将张力、连续性和偏移设为25。这些设置与复制的内容或粘贴的位置无关。将保持任何已经设置的IK关键点值。否则，将在前面和后面的关键点之间的时间内获得位置的值。

● 复制：将 TCB/IK 值设置为与复制的数据值相匹配。如果复制的姿态或姿势不在关键点上，则 TCB/IK 值将基于从前面的关键点到后面的关键点之间的插值。

● 插补：将 TCB 值设置为进行粘贴的动画的插值。如果正在粘贴现有关键点，则将保持其 TCB 值。沿着相同的行，在粘贴时还将保持现有的 IK 值。如果不存在关键点，将在前面和后面的关键点之间的时间内，从位置设置 IK 值。

10. 层

"层"卷展栏中的选项功能介绍如下（如图20-31所示）。

图20-31

● （加载层）：单击可显示文件选择器，并打开当前活动层的 BIP 文件。

● （保存层）：单击可显示文件选择器，并将当前层的动画保存为 BIP 文件。

● （上一层）、（下一层）：使用向上和向下箭头对层进行导航。

● 活动：此字段显示当前层（层级）。

● （创建层）：创建层及级别字段增量，调整 Biped 位置，从而在层中创建关键点。

● （删除层）：删除当前层。被删除层以上的所有层的层号减1。

● （塌陷）：将所有层塌陷为层 0。散布在更高层中原有足迹的腿部便会被"拖进"到原有足迹中。

● （捕捉和设置关键点）：将选定的 Biped 部位捕捉到其在层 0 中的原始位置，然后创建关键点。

● （只激活我）：在选定的层中查看动画。启用（只激活我）按钮后，选择播放，以查看运动中的层关键点。

● （全部激活）：激活所有层。播放动画，观看所有层组合。

● 之前可视：设置要显示为线型轮廓图的前面的层编号。

● 之后可视：设置要显示为线型轮廓图的后面的层编号。

● 高亮显示关键点：通过突出显示线型轮廓图来显示关键点。

"正在重定位"选项组中各个选项的介绍如下。

● Biped的基础层：选择此单选按钮，可以将所选 Biped 的原始层上的 IK 约束作为重新定位参考。默认设置为活动状态。

● 参考Biped：选择此单选按钮，可以将显示在"选择参考Biped"按钮旁边的 Biped 的名称作为重新定位参考。

● （选择参考Biped）：选择 Biped 作为所选 Biped 的重新定位参考。选定 Biped 的名称显示在按钮旁边。

● （重定位左臂）：启用此按钮后，可以使Biped的左臂遵循基础层的IK约束。

● （重定位右臂）：启用此按钮后，可以使Biped的右臂遵循基础层的IK约束。

● （重定位左腿）：启用此按钮后，可以使Biped的左腿遵循基础层的IK约束。

● （重定位右腿）：启用此按钮后，可以使Biped的右腿遵循基础层的IK约束。

● 更新：根据重新定位的方法（基础层或参考 Biped）、活动的重新定位身体部位和"仅IK"选项为每个设置的关键点计算选定 Biped 的手部和腿部位置。

● 仅IK：启用此复选框后，仅在那些受 IK 控制的帧间才重新定位 Biped 受约束的手部和足部。禁用此复选框后，在IK和FK关键点间都会重新定位手部和足部。默认设置为禁用状态。

11. 运动捕捉

"运动捕捉"卷展栏中的选项功能介绍如下（如图20-32所示）。

图20-32

● （加载运动捕捉文件）：关键点减少并提取原始运动捕捉数据中的足迹。加载 BIP、CSM 或 BVH 文件。

● （从缓冲区转化）：过滤最近加载的运动捕捉数据。这些数据存储于运动捕获缓冲区。单击该按钮，将弹出参数对话框。

● （从缓冲区粘贴）：将一帧原始运动捕捉数据粘贴到 Biped 的选中部位。

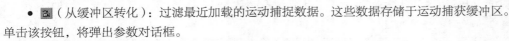

- 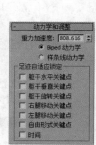 (显示缓冲区)：将原始运动捕捉数据显示为红色线条图。
- (显示缓冲区轨迹)：将为 Biped 的选定躯干部位缓冲的原始运动捕捉数据显示为黄色区域。
- (批处理文件转化)：将一个或多个 CSM 或 BVH 运动捕获文件转换为过滤的 BIP 格式。
- (特征体形模式)：加载原始标记文件后，启用 (特征体形模式) 按钮来相对于标记缩放 Biped。退出 "特征形体" 时，会校准整个标记文件。
- (保存特征体形结构)：在特征体形模式中更改 Biped 的比例后，可以将更改存储为 FIG 文件。在 "运动捕获转换参数" 对话框中使用此文件来调整由同一演员创建的标记文件。
- (调整特征姿势)：加载标记文件后，使用 "调整特征姿势" 来相对于标记修正 Biped 的位置。将 Biped 的肢体与标记对齐，然后单击 "调整特征姿势" 按钮，即可计算所有加载的标记数据的这种偏移。
- (保存特征姿势调整)：将特征姿势调整保存为 CAL 文件。
- (加载标记名称文件)：加载标记名称（MNM）文件，将运动捕捉文件（BVH 或 CSM）中的传入标记名称映射到 Character Studio 标记命名约定中。单击该按钮，将弹出 "标记名称文件" 对话框。
- (显示标记)：单击该按钮，将弹出对话框，其中提供了用于指定标记显示方式的设置。

12. 动力学和调整

"动力学和调整" 卷展栏中的选项功能介绍如下（如图20-33所示）。

- 重力加速度：设置用来计算 Biped 运动的重力加速度强度。
- Biped动力学：使用 "Biped动力学" 创建新的重心关键点。
- 样条线动力学：使用完全样条线插值来创建新的重心关键点。

"足迹自适应锁定" 选项组中各个选项的介绍如下。

- 躯干水平关键点：启用该复选框，以防止在空间中编辑足迹时躯干水平关键点发生自适应调整。
- 躯干垂直关键点：启用该复选框，以防止在空间中编辑足迹时躯干垂直关键点发生自适应调整。

图20-33

- 躯干旋转关键点：启用该复选框，以防止在空间中编辑足迹时躯干翻转关键点发生自适应调整。
- 右腿移动关键点：启用该复选框，以防止在空间中编辑足迹时右腿移动关键点（腿移动关键点是足迹之间的腿部关键点）发生自适应调整。
- 左腿移动关键点：启用该复选框，以防止在空间中编辑足迹时左腿移动关键点（腿移动关键点是足迹之间的腿部关键点）发生自适应调整。
- 自由形式关键点：启用该复选框，可以防止足迹动画中自由形式周期发生自适应调整。如果在自由形式周期之后的足迹被移得更远，那么在一个自由形式周期中的Biped 位置将不发生移动。
- 时间：启用该复选框，可以防止当 "轨迹视图" 中的足迹持续时间发生变化时，上半身关键点发生自适应调整。

▌实例操作145：创建Biped两足动物▐

【案例学习目标】学习如何创建 Biped 两足动物。

【案例知识要点】使用原始场景文件，为场景中的角色创建 Biped 两足动物，调整骨骼至角色的形体上。

【场景所在位置】光盘 > 场景 > Ch20 > 角色.max。

【效果图参考场景】光盘 > 场景 > Ch20 > 角色两足.max。

【贴图所在位置】光盘 > Map。

01 打开原始场景文件，打开的场景如图20-34所示。

02 在场景中选择角色，用鼠标右键单击模型，在弹出的快捷菜单中选择 "冻结当前选择" 命令，冻结当前的选择模型，如图20-35所示。

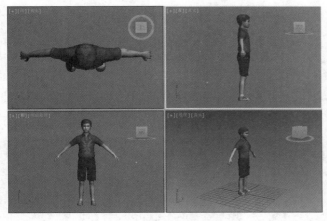

图20-34　　　　　　　　　　　　　　　　　　图20-35

03 单击"■（创建）> ■（系统）>Biped"按钮，在顶视图中创建Biped，设置合适的大小，如图20-36所示。

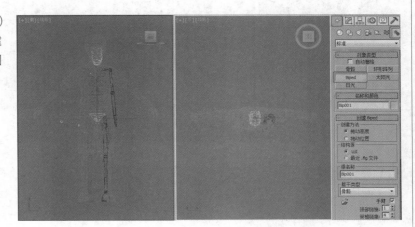

图20-36

> **注意**
>
> 不能删除 Biped 身体的各部位，但是不需要的部位可以隐藏起来。如果删除 Biped 的某个部位，则将同时删除整个 Biped。

04 切换到 ◎（运动）命令面板，在Biped卷展栏中单击 ✦（体型模式）按钮，如图20-37所示。

05 在场景中调整骨骼，缩放并旋转骨骼到对应的模型位置，在"结构"卷展栏中设置"躯干类型"为"标准"，设置"手指"为5、"手指链接"为3，如图20-38所示。

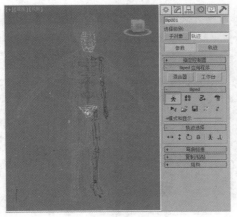

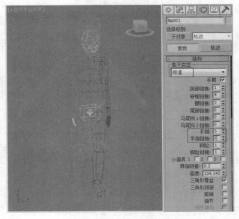

图20-37　　　　　　　　　　　　　　　　图20-38

提示

按下 （体型模式）按钮时，才可以对场景中的骨骼进行编辑，在编辑过程中可以选择模型，按 Alt+X 组合键，将模型转换为透明，便于编辑和调整骨骼。要取消透明模式，再次按 Alt+X 组合键即可。

06 调整各个骨骼至合适的位置和大小，如图20-39所示。

07 创建完成手指后的骨骼如图20-40所示。

图20-39

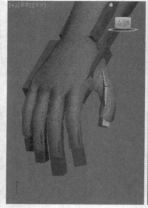

图20-40

20.3 蒙皮

"蒙皮"修改器是一种骨骼变形工具，用于通过一个对象对另一个对象进行变形。可使用骨骼、样条线或其他对象变形网格、面片或 NURBS 对象。

实例操作146：为角色施加蒙皮

【案例学习目标】学习如何为角色添加蒙皮。

【案例知识要点】为角色添加蒙皮，将骨骼添加到角色上。

【场景所在位置】光盘>场景>Ch20>角色两足.max。

【效果图参考场景】光盘>场景>Ch20>角色蒙皮.max。

【贴图所在位置】光盘>Map。

01 继续上面小节的操作，在场景中空白的地方单击鼠标右键，在弹出的快捷菜单中选择"全部解冻"命令，如图20-41所示。

02 在场景中选择角色模型，将场景中的人物模型解冻，在 （修改）命令面板的"修改器列表"下拉列表框中选择"蒙皮"修改器，在"参数"卷展栏中单击"骨骼"后的"添加"按钮，在弹出的对话框中选择角色的骨骼，如图20-42所示。

图20-41

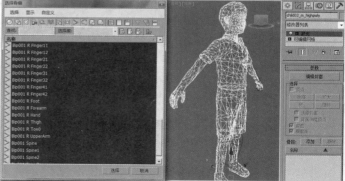

图20-42

实例操作147：编辑封套

【案例学习目标】学习如何为角色设置蒙皮的封套。

【案例知识要点】为角色添加蒙皮之后，调整封套，可以使骨骼影响角色模型的范围。

【场景所在位置】光盘/场景/Ch20/角色两足.max。

【效果图参考场景】光盘/场景/Ch20/角色蒙皮.max。

【贴图所在位置】光盘/Map。

01 在修改器堆栈中选择"封套"选择集或在"参数"卷展栏中单击"编辑封套"按钮，注意观察封套的两端，可以看到有两组截面控制点，调整两端的截面控制点，使其的影响面积扩大，红色的部分为完全影响区域，黄色的为半影响区域，蓝色的为不影响区域，如图20-43所示。

02 选择移动工具，选择横截面上的控制点并移动，调整蒙皮封套的范围，如图20-44所示。

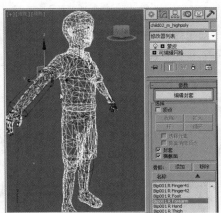

图20-43

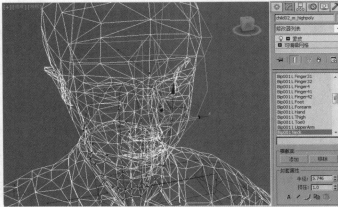

图20-44

蒙皮的相关参数

下面介绍"蒙皮"修改器的参数卷展栏。

1. 参数

"参数"卷展栏中的选项功能介绍如下（如图20-45所示）。

（1）编辑封套：启用此子对象层级以处理封套和顶点权重。

（2）"选择"选项组：以下过滤选项组合在一起可以防止在视口中意外地选择错误项目，从而帮助用户完成特定任务。

图20-45

- 顶点：启用该复选框以选择顶点。

- 收缩：从选定对象中逐渐减去最外部的顶点，以修改当前的顶点选择。如果选择了一个对象中的所有顶点，则没有任何效果。

- 扩大：逐渐添加所选定对象的相邻顶点，以修改当前的顶点选择。必须从至少一个顶点开始，以能够扩充用户的选择。

- 环：扩展当前的顶点选择，以包括平行边中的所有部分。必须选择至少两个顶点，以使用"环"选择。

- 循环：扩展当前的顶点选择，以包括连续边中的所有顶点部分。

- 选择元素：启用该复选框后，只要选择所选元素的一个顶点，就会选择它的所有顶点。

- 背面消隐顶点：启用该复选框后，不能选择指向远离当前视图的顶点（位于几何体的另一侧）。

- 封套：启用该复选框以选择封套。

- 横截面：启用该复选框以选择横截面。

（3）"骨骼"选项组中各个选项的介绍如下。

- 添加：单击可从"选择骨骼"对话框中添加一个或多个骨骼。
- 移除：在列表框中选择骨骼，然后单击"移除"按钮以移除它。

（4）"横截面"选项组：在默认情况下，每个封套具有两个圆的横向横截面，分别位于封套两端。下列按钮用于从封套添加和移除横截面。

- 添加：在列表框中选择骨骼，单击"添加"按钮，然后在视口中骨骼上的某个位置单击以添加横截面。
- 移除：选择封套横截面并单击"移除"按钮以删除它。

（5）"封套属性"选项组中各个选项的介绍如下。

- 半径：选择封套横截面，然后使用"半径"参数调整其大小。
- 挤压：所拉伸骨骼的挤压倍增器。
- ▲（绝对/相对）：此切换确定如何为内外封套之间的顶点计算顶点权重。
- ✎（封套可见性）：确定未选定封套的可见性。
- ◡（缓慢衰减）：为选定封套选择衰减曲线。
- ▤（复制）：将当前选定封套的大小和图形复制到内存。启用子对象封套，在列表框中选择一个骨骼，单击▤（复制）按钮，然后在列表框中选择另一个骨骼，并单击▣（粘贴）按钮，将封套从一个骨骼复制到另一个骨骼。

（6）"权重属性"选项组中各个选项的介绍如下。

- 绝对效果：输入选定骨骼相对于选定顶点的绝对权重。
- 刚体：使选定顶点仅受一个最具影响力的骨骼影响。
- 刚性控制柄：使选定面片顶点的控制柄仅受一个最具影响力的骨骼影响。
- 规格化：强制每个选定顶点的总权重合计为 1.0。
- ▦（排除选定的顶点）：将当前选定的顶点添加到当前骨骼的排除列表框中。此排除列表框中的任何顶点都不受此骨骼影响。
- ▦（包含选定的顶点）：从排除列表框中为选定骨骼获取选定顶点。然后，该骨骼将影响这些顶点。
- ▦（选择排除的顶点）：选择所有从当前骨骼排除的顶点。
- ▣（烘焙选定顶点）：单击以烘焙当前的顶点权重。
- ✐（权重工具）：单击该按钮，将弹出对话框，该对话框提供了一些控制工具，用于帮助用户在选定顶点上指定和混合权重。
- 权重表：单击该按钮，将打开一个表，用于查看和更改骨架结构中所有骨骼的权重。
- 绘制权重：在视口中的顶点上单击并拖动光标，以便刷过选定骨骼的权重。
- … ：单击该按钮，将弹出"绘制选项"对话框，可从中设置权重绘制的参数。
- 绘制混合权重：启用该复选框后，通过将相邻顶点的权重均分，然后基于笔刷强度应用平均权重，可以缓和绘制的值。默认设置为启用。

2. 镜像参数

"镜像参数"卷展栏中的选项功能介绍如下（如图20-46所示）。

- 镜像模式：单击该按钮，启用镜像模式，允许将封套和顶点指定从网格的一个侧面镜像到另一个侧面。此模式仅在"封套"子对象层级可用。

图20-46

- ▣（镜像粘贴）：将选定封套和顶点指定粘贴到物体的另一侧。
- ▣（将绿色粘贴到蓝色骨骼）：将封套设置从绿色骨骼粘贴到蓝色骨骼。
- ◀（将蓝色粘贴到绿色骨骼）：将封套设置从蓝色骨骼粘贴到绿色骨骼。
- ▶（将绿色粘贴到蓝色顶点）：将各个顶点指定从所有绿色顶点粘贴到对应的蓝色顶点。
- ◀（将蓝色粘贴到绿色顶点）：将各个顶点指定从所有蓝色顶点粘贴到对应的绿色顶点。
- 镜像平面：确定将用于确定左侧和右侧的平面。启用"镜像模式"模式时，该平面在视口中显示在网格的轴点处。选定网格的局部轴用做平面的基础。如果选择了多个对象，将使用一个对象的局部轴。
- 镜像偏移：沿"镜像平面"轴移动镜像平面。

● 镜像阈值：设置在将顶点设置为左侧或右侧顶点时，镜像工具看到的相对距离。如果在启用"镜像模式"时，网格中的部分顶点（镜像平面上顶点以外的顶点）不是蓝色或绿色，可以提高"镜像阈值"的值以包含更大的角色区域。还可以提高此值以补偿不对称模型中的对称不足。

● 显示投影：当将"显示投影"设置为"默认显示"时，选择镜像平面一侧上的顶点会自动将选择投影到相对面。使用正值和负值选项，可仅在角色的一侧选择顶点。"无"选项不会将选定顶点投影到任何一侧。

● 手动更新：如果启用该复选框，则可以手动更新显示内容，而不是每次释放鼠标后自动更新。

● 更新：在启用"手动更新"复选框时，使用此按钮可使新设置更新显示。

3. 显示

"显示"卷展栏中的选项功能介绍如下（如图 20-47 所示）。

图 20-47

● 色彩显示顶点权重：根据顶点权重设置视口中的顶点颜色。

● 显示有色面：根据面权重设置视口中的面颜色。

● 明暗处理所有权重：向封套中的每个骨骼指定一个颜色。顶点加权将颜色混合在一起。

● 显示所有封套：同时显示所有封套。

● 显示所有顶点：在每个顶点绘制小十字叉。在面片曲面上，该控件还绘制所有控制柄。

● 显示所有 Gizmos：显示除当前选定 Gizmo 以外的所有 Gizmo。

● 不显示封套：即使已选择封套，也不显示封套。

● 显示隐藏的顶点：启用该复选框后，将显示隐藏的顶点。

"在顶部绘制"选项组：这些选项将确定在视口中，在所有其他对象的顶部绘制哪些元素。

● 横截面：强制在顶部绘制横截面。

● 封套：强制在顶部绘制封套。

4. 高级参数

"高级参数"卷展栏中的选项功能介绍如下（如图 20-48 所示）。

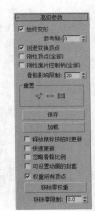

图 20-48

● 始终变形：用于编辑骨骼和所控制点之间的变形关系的切换。此关系是在最初应用蒙皮时设置的，要更改该关系，可禁用"始终变形"复选框，移动对象或骨骼后重新激活它。现在，将使用新的变形关系。

● 参考帧：设置骨骼和网格位于参考位置的帧。

● 回退变换顶点：用于将网格链接到骨骼结构。通常，在执行此操作时，任何骨骼移动都会根据需要将网格移动两次，一次随骨骼移动，一次随链接移动。选择此复选框，可防止在这些情况下网格移动两次。

● 刚性顶点（全部）：如果启用此复选框，则可以有效地将每个顶点指定给其封套影响最大的骨骼，即使为该骨骼指定的权重为 100% 也是如此。顶点将不具有分布到多个骨骼的权重，蒙皮对象的变形将是刚性的。这主要用于不支持权重点变换的游戏引擎。

● 刚性面片控制柄（全部）：在面片模型上，强制面片控制柄权重等于结权重。

● 骨骼影响限制：限制可影响一个顶点的骨骼数。

"重置"选项组中各个选项的介绍如下。

● ⬚（重置所选的顶点）：将选定顶点的权重重置为封套默认值。手动更改顶点权重后，需要时可使用此控件重置权重。

● ⬌（重置选定的骨骼）：将关联顶点的权重重新设置为为选定骨骼的封套计算的原始权重。

● ▤（重置所有骨骼）：将所有顶点的权重重新设置为为所有骨骼的封套计算的原始权重。

● 保存、加载：用于保存和加载封套位置及形状，以及顶点权重。

● 释放鼠标按钮时更新：启用该复选框后，如果按下鼠标，则不进行更新。释放鼠标时，将进行更新。该复选框可以避免不必要的更新，从而使工作流程快速移动。

● 快速更新：在不渲染时，禁用权重变形和 Gizmo 的视口显示，并使用刚性变形。

● 忽略骨骼比例：启用此复选框，可以使蒙皮的网格不受缩放骨骼的影响。

● 可设置动画的封套：启用"自动关键点"按钮时，切换在所有可设置动画的封套参数上创建关键点的可能性。默认设置为禁用状态。

● 权重所有顶点：启用该复选框后，将强制不受封套控制的所有顶点加权到与其最近的骨骼。对手动加权的顶点无效。默认设置为启用。

● 移除零权重：如果顶点低于"移除零限制"值，则从其权重中将其去除。从而可以使蒙皮的模型更加简洁（例如在游戏中），因为存储在几何体中的不必要的数据较少了。

● 移除零限制：设置权重阈值，该阈值确定在单击"移除零权重"按钮后是否从权重中去除顶点。

5. Gizmos

Gizmos卷展栏中的选项功能介绍如下（如图20-49所示）。

● Gizmo列表框：列出了当前的角度变形器。

● "变形器"下拉列表框：列出了可用的变形器。

● ⊞（添加Gizmo）：将当前Gizmo添加到选定顶点。

● ✖（移除）：从列表框中移除选定Gizmo。

● ▣（复制Gizmo）：复制选定Gizmo。

● ▣（粘贴Gizmo）：粘贴Gizmo。

图20-49

▶20.4 骨骼动画

下面介绍如何制作骨骼动画。

▌实例操作148：创建两足动画▐

【案例学习目标】学习如何为角色设置动画。

【案例知识要点】本例继续上面案例的制作，为角色设置蒙皮封套，添加封套之后加载运动捕捉文件，制作出两足动画，如图20-50所示。

【场景所在位置】光盘>场景>Ch20>角色蒙皮.max。

【效果图参考场景】光盘>场景>Ch20>角色动画.max。

【贴图所在位置】光盘>Map。

图20-50

01 继续前面章节来制作，查看封套，如图20-51所示。

02 在场景中选择骨骼的重心，如图20-52所示，切换到 ◎（运动）命令面板，在Biped卷展栏中取消 ⚡（体型模式）的选择，在"运动捕捉"卷展栏中单击 ▣（加载运动捕捉文件）按钮。

03 在弹出的对话框中选择随书附带光盘中的"场景>cheer_f.bip"文件加载运动骨骼，单击"打开"按钮，如图20-53所示。

04 在弹出的对话框中单击"确定"按钮，如图20-54所示。

05 导入到场景的动作如图20-55所示。

可以看到场景中的骨骼已经加载了关键帧动画，这样的加载方式较为方便，一般在制作角色动画时需要一个骨骼一个骨骼地进行调整，一帧一帧地调整出来，这里就不详细介绍了。

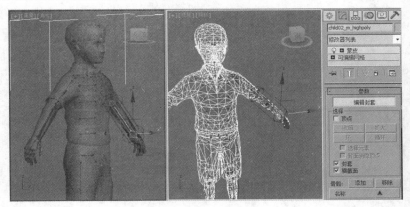

图20-51

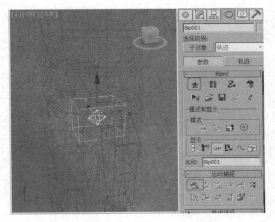

图20-52

图20-53

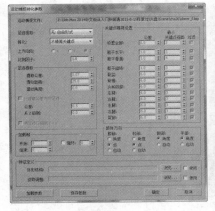

图20-54

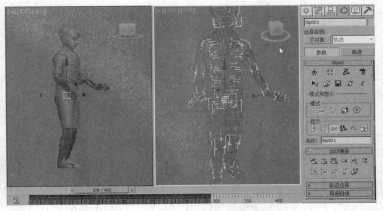

图20-55

06 在场景中选择所有骨骼，如图20-56所示，用鼠标右键单击所有骨骼，在弹出的快捷菜单中选择"对象属性"命令，弹出"对象属性"对话框，取消选择"可渲染"复选框，取消对场景中的骨骼的渲染，如图20-57所示。

07 最后，设置场景的灯光和合适的角度，并设置动画的渲染输出，在制作过程中随时调整封套，这里就不详细介绍了。

图20-56

图20-57

实例操作149：创建鹅的动画

【案例学习目标】学习如何调整骨骼的动画。

【案例知识要点】首先为鹅模型设置蒙皮，通过打开自动关键点，并调整骨骼，调整出鹅的迈步、抬头、低头和摆动尾巴的动画，分镜头如图20-58所示。

【场景所在位置】光盘>场景>Ch20>鹅骨骼的IK.max。

【效果图参考场景】光盘>场景>Ch20>鹅动画.max。

【贴图所在位置】光盘>Map。

图20-58

01 打开原始场景文件，在场景中选择鹅模型，为其施加"蒙皮"修改器，在"参数"卷展栏中单击"骨骼"后的"添加"按钮，添加创建的所有骨骼和辅助对象，如图20-59所示。

02 在"参数"卷展栏中单击"编辑封套"按钮，在场景中设置骨骼的影响范围，如图20-60所示。

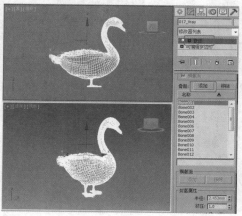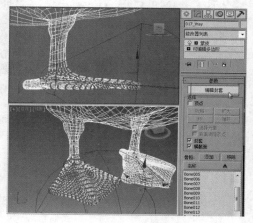

图20-59

图20-60

03 打开"自动关键点"按钮，拖动时间滑块到10帧，在场景中选择如图20-61所示的脚掌的HI解算点，对其进行移动。

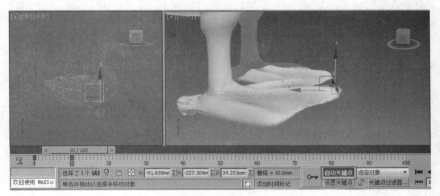

图20-61

04 移动脚掌和腿部的解算点，将脚掌抬起，如图20-62所示，出现了模型的撕裂效果。

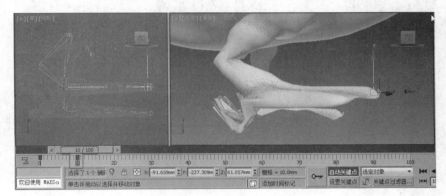

图20-62

05 若出现撕裂，就必须重新调整一下骨骼影响的脚掌封套，调整的封套至如图20-63所示的效果，直到满意为止。

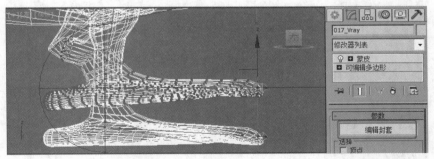

图20-63

06 可以看一下脚掌在第10帧抬起的效果，如图20-64所示。

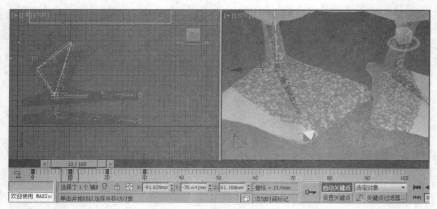

图20-64

07 拖动时间滑块到20帧，移动解算控制点，如图20-65所示。

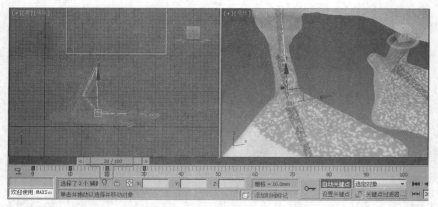

图20-65

08 拖动时间滑块到30帧，移动解算控制点，将脚掌放到平面上，也就是落地，如图20-66所示。在移动脚掌和腿的解算点的同时移动脚掌的解算点。

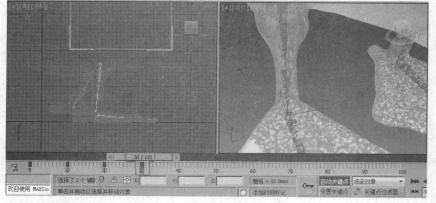

图20-66

09 确定时间滑块在30帧的位置，在场景中"左"视图，沿 x 轴移动虚拟对象，使身体前倾，如图20-67所示。

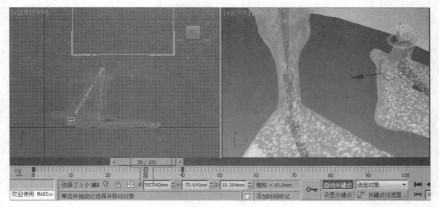

图20-67

10 在场景中选择另一只脚的脚掌和腿部的解算点，选择0帧的关键帧，按住Shift键移动复制关键点到30帧，如图20-68所示。

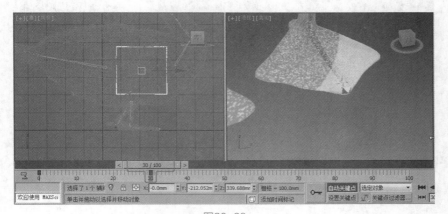

图20-68

11 拖动时间滑块到40帧的位置，移动解算点，将另一脚也落地，与另一只脚平行，如图20-69所示。

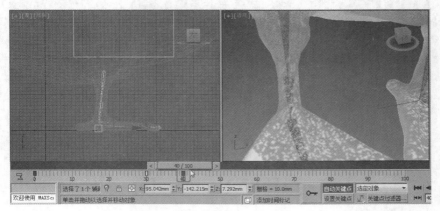

图20-69

12 在移动脚和腿的同时，注意移动脚掌的解算控制点，如图20-70所示。

接下来设置头部的动画。

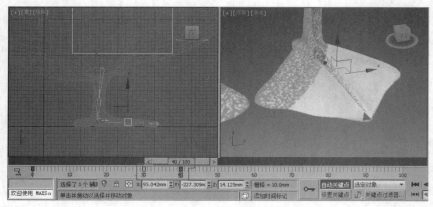

图20-70

13 拖动时间滑块到30帧，选择解算点，解算点的位置如图20-71所示。

图20-71

14 拖动时间滑块到40帧，调整解算点的位置，调整鹅抬头的效果，如图20-72所示。

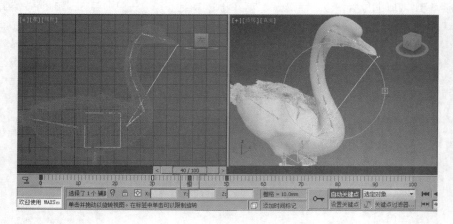

图20-72

15 拖动时间滑块到50帧，调整解算点的位置，调整鹅低头的动作，如图20-73所示。

图20-73

16 最后设置尾巴处的解算点，使其产生一个摇摆尾巴的动画，具体的制作就不详细介绍了，如图20-74所示。

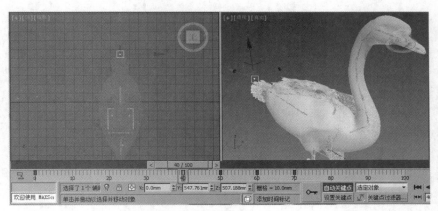

图20-74

20.5　课堂练习——制作跳舞的角色

【练习知识要点】参考前面角色加载动作的操作，为提供的角色设置跳舞的动画。图20-75所示为静帧效果。

【场景所在位置】光盘>Ch20>场景>跳舞的角色.max。

【效果图参考场景】光盘>Ch20>场景>跳舞的角色ok.max。

【贴图所在位置】光盘>Map。

图20-75

20.6 课后习题——制作火烈鸟的骨骼动画

【习题知识要点】场景中已提供了创建骨骼和蒙皮后的火烈鸟，根据骨骼来设置其走路的动画。图20-76所示为分镜头效果。

【场景所在位置】光盘 >Ch20>场景 > 火烈鸟.max。

【效果图参考场景】光盘 >Ch20>场景 > 火烈鸟ok.max。

【贴图所在位置】光盘 >Map。

图20-76

第 21 章

综合商业应用

本章为本书的综合实战演练章节，通过实战演练融合前面章节中所学的内容，制作出完整的案例效果。

▶ 21.1 欧式亭子

【案例学习目标】制作欧式亭子。

【案例知识要点】通过创建各种模型，并施加多种修改器，再设置合适的材质和灯光，导入一些装饰素材，完成欧式亭子的制作，如图21-1所示。

【场景所在位置】光盘>场景>Ch21>欧式亭子.max。

【贴图所在位置】光盘>Map。

图21-1

21.1.1 创建亭子和地面

01 单击"■"（创建）>◎（几何体）>球体"按钮，在"顶"视图中单击创建球体，在"参数"卷展栏中设置"半径"为3500，如图21-2所示。

02 切换到 ☑（修改）命令面板，为模型施加"编辑多边形"修改器，将选择集定义为"多边形"，"前"视图中选择下半部分多边形，如图21-3所示，按Delete键删除。

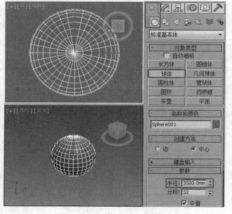

图21-2

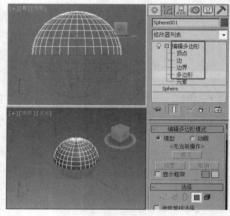

图21-3

03 为模型施加"壳"修改器，设置合适的"外部量"，如图21-4所示。

04 在"顶"视图中创建一个与球体半径相同的"圆"，作为檐口的路径，在"插值"卷展栏中设置"步数"为7，调整模型至合适的位置，边尽量与半球的下边吻合，如图21-5所示。

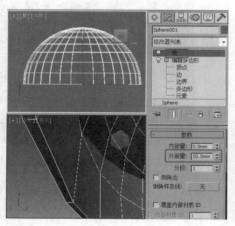

图21-4

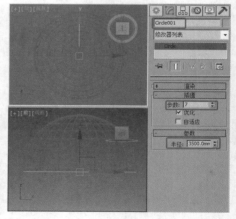

图21-5

05 在"前"视图中创建如图21-6所示的图形，作为檐口的截面图形，选择左上角的顶点，单击鼠标右键，在弹出的快捷菜单中选择"设为首顶点"命令。

06 选择作为路径的圆，为图形施加"扫描"修改器，在"截面类型"卷展栏中选择"使用自定义截面"单击按钮，单击"拾取"按钮，拾取截面图形，在"扫描参数"卷展栏中选择"轴对齐"的点，调整模型至合适的位置，如图21-7所示。

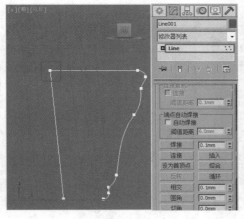

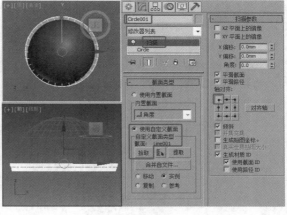

图21-6　　　　　　　　　　　　　　　　　　　　　　　　图21-7

07 为模型施加"编辑多边形"修改器，将选择集定义为"边"，在场景中选择底部内侧的一个边，按 Alt+L 组合键循环选择，在"编辑边"卷展栏中单击"创建图形"后的设置按钮，在弹出的小盒中设置"图形类型"为"线性"，如图21-8所示。

08 选择根据边创建出的图形，为图形施加"挤出"修改器，在"参数"卷展栏中设置"数量"为1300、"分段"为3，取消选择"封口始端"和"封口末端"复选框，调整模型至合适的位置，如图21-9所示。

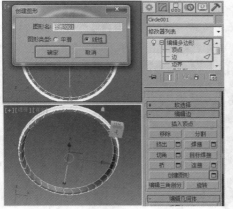

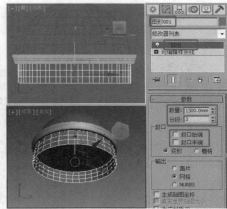

图21-8　　　　　　　　　　　　　　　　　　　　　　　　图21-9

> **提示**
>
> 该处提取模型内侧的线是为了使制作出的不同模型之间尽量无缝衔接。

09 为模型施加"壳"修改器，设置合适的"外部量"，如图 21-10 所示。

10 激活 （2.5捕捉开关）按钮，在"前"视图中根据半球的外轮廓创建如图21-11所示的弧。

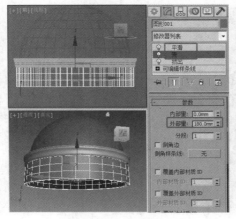

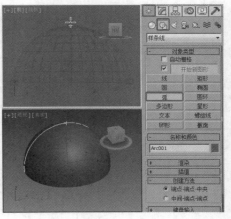

图21-10　　　　　　　　　　　　　　　　　　　　　　　图21-11

11 为弧施加"编辑样条线"修改器，将选择集定义为"样条线"，选择样条线，设置向外"轮廓"为150，如图21-12所示。

12 为图形施加"挤出"修改器，设置"数量"为200，调整模型至合适的位置，如图21-13所示。

图21-12   图21-13

13 切换到 🔳（层次）命令面板，单击"仅影响轴"按钮，再单击"居中到对象"按钮，激活 🔳（角度捕捉切换）按钮，按住Shift键旋转复制模型，如图21-14所示。

14 在"前"视图中创建合适的圆柱体作为布尔对象，调整模型至合适的位置，切换到 🔳（层次）命令面板，单击"仅影响轴"按钮，激活"顶"视图，单击 🔳（对齐）按钮，在弹出的"对齐当前选择"对话框中选择对齐"X位置"和"Y位置"，选择"当前对象"的"轴点"对齐"目标对象"的"轴点"，如图21-15所示。

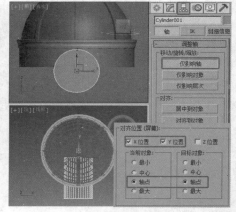

图21-14   图21-15

15 在"顶"视图中使用旋转复制法复制模型，旋转45°复制，设置"副本数"为7，在"参数"卷展栏中设置"半径"为1200、"高度分段"为1、"边数"为36，在"前"视图中调整圆柱体至合适的位置，如图21-16所示。

16 将8个圆柱体模型塌陷，以方便布尔模型，如图21-17所示。

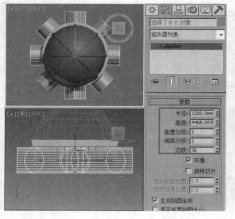
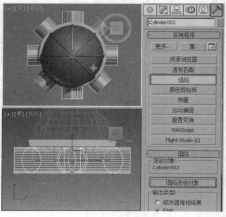

图21-16   图21-17

17 选择图形001模型，使用"▦（创建）>▣（几何体）>复合对象>ProBoolean"按钮，单击"开始拾取"按钮，拾取塌陷的圆柱体，如图21-18所示。

18 用鼠标右键单击▦（角度捕捉切换）按钮，设置"角度"为22.5，在"顶"视图中旋转模型22.5°，使布尔的洞口与顶部模型相对齐，如图21-19所示。

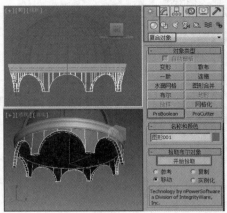

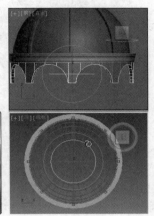

图21-18   图21-19

19 先在"前"视图中创建"长度"为5200的矩形，作为立柱高度的标尺，再使用"线"创建如图21-20所示的图形作为立柱，确定首顶点在左侧。

20 为图形施加"车削"修改器，在"参数"卷展栏中设置"度数"为360，选择"焊接内核"复选框，设置"分段"为32，设置"方向"为Y、"对齐"为"最小"，调整模型至合适的位置，在"顶"视图中使用对齐的方法调整轴点位置，使用旋转复制法复制模型，如图21-21所示。

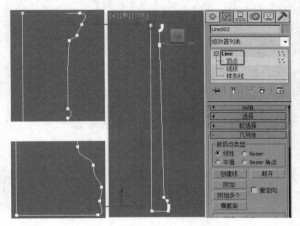
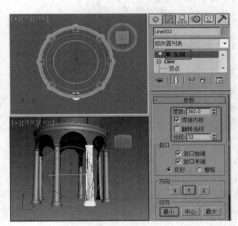

图21-20   图21-21

21 在"顶"视图中创建圆柱体作为亭子的石基，设置"半径"为4200、"高度"为900、"高度分段"为1、"边数"为50，调整模型至合适的位置，如图21-22所示。

22 在"顶"视图中创建"宽度"为2400的长方体作为布尔对象模型，调整模型至合适的位置，选择圆柱体，使用ProBoolean布尔模型，如图21-23所示。

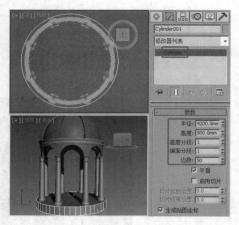

图21-22

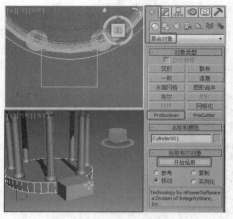

图21-23

23 在"顶"视图中创建长方体作为踏步，设置"长度"为500、"宽度"为2400、"高度"为600，调整模型至合适的位置，移动复制一个模型，选择"复制"单选按钮，修改"高度"为300，如图21-24所示。

24 在场景中选择整个亭子模型，切换到 ❯（实用程序）命令面板，在"实用程序"卷展栏中单击"塌陷"按钮，在打开的"塌陷"卷展栏中单击"塌陷选定对象"按钮，如图21-25所示。

25 塌陷后的效果如图21-26所示，可以看到名称栏中原有的18个模型塌陷为一个名称。

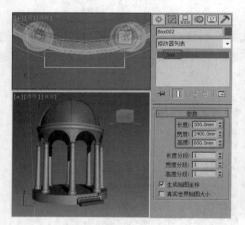

图21-24

图21-25

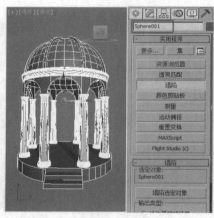

图21-26

26 在"实用程序"卷展栏中单击"更多"按钮，在弹出的"实用程序"窗口中选择"重缩放世界单位"命令，在弹出的"重缩放世界单位"窗口中设置"比例因子"为0.5，设置"影响"类型为"场景"，单击"确定"按钮，如图21-27所示。

图21-27

> **提示**
>
> 　本例由于初始建模时与真实建筑的尺寸比例为 2：1，所以需在此处重缩放场景，这样在后边调试时更方便、准确。

27 在重缩放世界单位后，会有视口更新不及时的情况，需在菜单栏中选择"编辑＞暂存"命令，再选择"编辑＞取回"命令，这样场景即可更新过来。

21.1.2　设置测试渲染

01 按F10键打开"渲染设置"窗口，设置一个较小的渲染尺寸和纵横比，单击 ⃞ 按钮锁定"图像纵横比"，如图21-28所示。

02 切换到V-Ray选项卡，在"V-Ray::全局开关"卷展栏中选择"反射/折射"下的"最大深度"复选框并设置
数值为2，设置"光线跟踪"选项
组中的"二次光线偏移"为
0.001。在"V-Ray::图像采样
器"卷展栏中设置"图像采样器"
的"类型"为"固定"，设置"抗
锯齿过滤器"为Catmull-Rom，
禁用"开"复选框，如图21-29
所示。

图21-28　　　　　　　　　　　　　　　　　图21-29

03 切换到"间接照明"选项卡，在"V-Ray::间接照明"卷展栏中设置"二次反弹"的"全局照明引擎"为"BF
算法"，在"V-Ray::发光图"卷展栏中设置"当前预置"为"非常低"，再选择"自定义"选项，设置"最小比
率"为-5、"最大比率"为-4、"半球细分"为20、"插值采样"为20，如图21-30所示。

04 切换到"设置"选项卡，在
"V-Ray::系统"卷展栏中设置
"最大树形深度"为90、"动态内
存限制"为8000MB，设置"默
认几何体"为"动态"、"区域排
序"为"上->下"，取消选择
"显示窗口"复选框，如图21-31
所示。

图21-30　　　　　　　　　　　　　　　　　图21-31

21.1.3　创建摄影机

01 单击"[图]（创建）>[图]（摄影机）>标准>目标"按钮，在"顶"视图中创建目标摄影机，室外效果图标准"镜
头"应为28mm至35mm，人视应为1.7m的高度，但是本例制作是较小的中近景，所以选择稍小的镜头，设置
"镜头"为24mm，设置镜头高度为1.2m即可，将目标点调高，如图21-32所示。

> **提示**
>
> 先选择镜头和目标点，在时间栏下方激活[图]（绝对模式变换输入）按钮，如在"前"视图中，在Y后输入1200mm，按
> Enter（回车）键确认，再单独抬高目标点。

02 选择目标摄影机，单击鼠标键，在弹出的快捷菜单中选择"应用摄影机校正修改器"命令，如图21-33所示，
如果在应用校正后再次启动了摄影机，单击"推测"按钮即可。

03 在"顶"视图中创建一个平面作为地面，调整模型的位置，如图21-34所示。

04 切换到[图]（显示）命令面板，在"按类别隐藏"卷展栏中选择"图形"和"摄影机"复选框，这样是为了观
察方便。

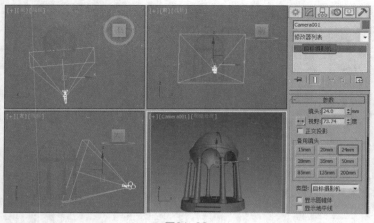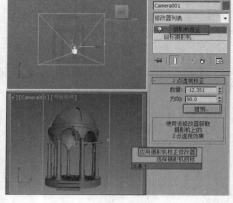

图21-32　　　　　　　　　　　　图21-33

21.1.4　材质的设置

01 在场景中选择亭子模型，按M键打开"材质编辑器"窗口，选择一个新的材质球，将其命名为"亭子"，为"漫反射"指定"位图"贴图，贴图位于"光盘>Map>Archexteriors1_003_stone_01.jpg"文件，进入"漫反射颜色"层级面板，在"坐标"卷展栏中设置"模糊"为0.2，如图21-35所示。

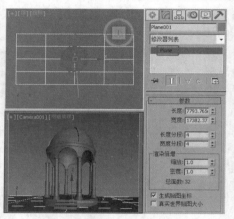

图21-34　　　　　　　　　　　　图21-35

02 在"输出"卷展栏中选择"启用颜色贴图"复选框，选择"颜色贴图"的模式为RGB，依次单击R、G按钮让其弹起，此时只能调整B（Blue）蓝色，选择右侧的点，单击鼠标右键，在弹出的快捷菜单中选择"Bezier-角点"命令，调整控制杆降低蓝色，贴图蓝色少了以后红绿色显得较多，红绿色组合为黄色，这样可以稍微为贴图添加黄色，如图21-36所示。

03 依次单击R、G按钮将其激活，框选右侧的点，设置数量为0.9，单击"材质编辑器"窗口的工具栏中的（显示最终结果）按钮，显示贴图本身的效果，这样便于观察，如图21-37所示。

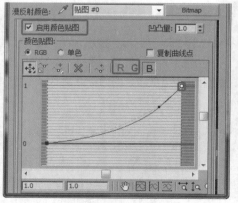

图21-36　　　　　　　　　　　　图21-37

04 单击（转到父对象）按钮返回上一层，为"凹凸"指定"位图"贴图，贴图位于"光盘>Map>Archexteriors1_003_stone_01副本.jpg"文件，进入"凹凸"层级面板，设置"模糊"为0.7，返回主材质面板，设置"凹凸"的"数量"为30，将材质指定给选定对象，如图21-38所示。

05 为模型施加"UVW贴图"修改器，设置贴图类型为"长方体"，设置"长度""宽度"和"高度"均为1500，如图21-39所示。

06 在场景中选择地面模型，选择一个新的材质球，设置"高光级别"为13、"光泽度"为18，如图21-40所示。

图21-38

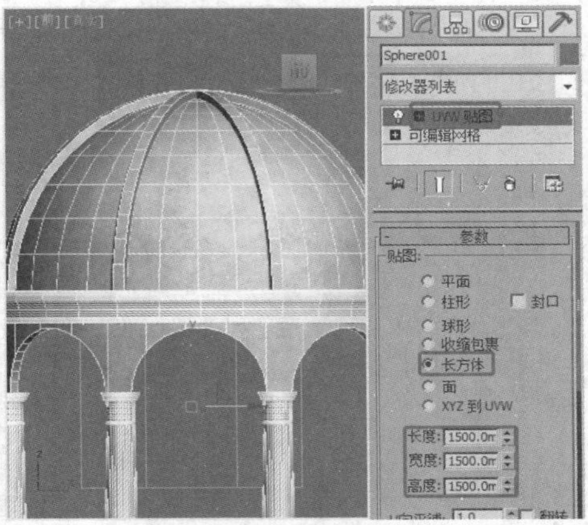

图21-40

图21-39

07 为"漫反射"指定"位图"贴图，贴图位于"光盘>Map> S1-040无缝.JPG"文件，进入"漫反射颜色"层级面板，设置"模糊"为0.2，返回主材质面板，将贴图复制给"凹凸"，设置"凹凸"的"数量"为5，将材质指定给选定对象，如图21-41所示。

08 为模型施加"UVW贴图"修改器，设置"长度"为1000、"宽度"为1900，如图21-42所示。

图21-41

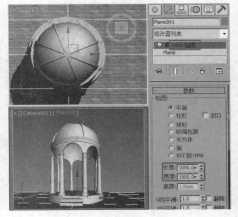
图21-42

21.1.5 灯光的创建

01 按8键打开"环境和效果"窗口，为"环境贴图"指定"位图"贴图，贴图位于"光盘>Map> 0757.JPG"文件，将贴图拖曳给一个新的材质球，使用"实例"的复制方式，在"坐标"卷展栏中设置"贴图"类型为"屏幕"，如图21-43所示。

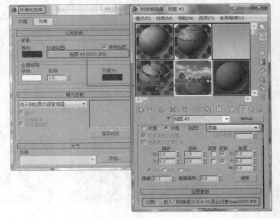
图21-43

02 在"输出"卷展栏中选择"启用颜色贴图"复选框，设置"颜色贴图"的模式为"单色"，选择左侧的点，设置最暗处的数值为0.1，这样可以将背景稍微提亮并降低饱和度，如图21-44所示。

03 激活摄影机视图，按Alt+B组合键弹出"视口配置"对话框，在"背景"选项卡中选择"使用环境背景"单选按钮，单击"确定"按钮，如图21-45所示。

04 打开"渲染设置"窗口，切换到V-Ray选项卡，在"V-Ray::环境"卷展栏中选择"全局照明环境（天光）覆盖"选项组中的"开"复选框打开VRay环境，提高颜色的饱和度，设置"倍增器"为0.3。

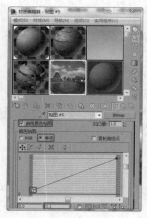

图21-44

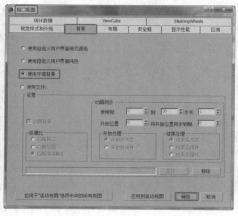

图21-45

图21-46

在"V-Ray::颜色贴图"卷展栏中选择"子像素贴图"和"钳制输出"复选框，如图21-46所示。

05 根据摄影机视图调整地面的大小，如图21-47所示。

06 单击"（创建）>（灯光）>标准>目标平行光"按钮，在"顶"视图中创建目标平行光作为主光源，调整灯光的角度和位置，按Shift+4组合键转换到灯光视图，在右下角视图控制区中激活（灯光衰减区）按钮，在视图中向下拖曳鼠标放大衰减区包含整个场景，同样激活（灯光聚光区）按钮，使其包含整个场景；

在"常规参数"卷展栏中的"阴影"选项组中选择"启用"复选框，设置阴影类型为"VRay阴影"，在"强度/颜色/衰减"卷展栏中设置"倍增"为1，设置灯光颜色的"色调"为红黄之间、"饱和度"为75左右、"亮度"为255，如图21-48所示。

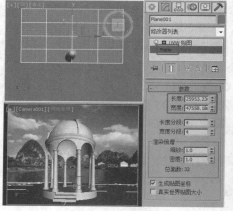

图21-47

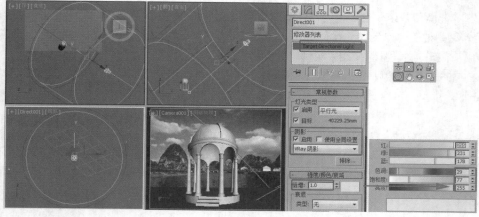

图21-48

07 在场景中创建泛光灯作为暗面补光和染色，调整灯光至合适的位置，不开启投影，在"强度/颜色/衰减"卷展栏中设置"倍增"为0.3，设置灯光颜色的"色调"为153、"饱和度"为100、"亮度"为255，如图21-49所示。

08 测试渲染当前灯光，效果如图21-50所示。可以根据个人显示器屏幕的饱和度与亮度调节灯光，除了基本的照明外，还要考虑到与背景画面时间、投影和色调的统一性。

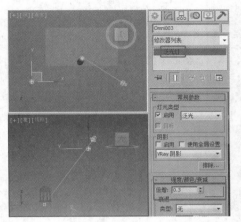

图21-49

图21-50

21.1.6　导入植物素材

01 单击 ■（应用程序）按钮，选择"导入>合并"命令，导入合并"光盘>场景>Ch21>花.max"文件，弹出"合并"对话框，单击"全部"按钮，再单击"确定"按钮，如图21-51所示。

02 选择导入的花模型，单击鼠标右键，在弹出的快捷菜单中选择"V-Ray网格导出"命令，弹出"VRay网格导出"对话框，单击"文件件"后的"浏览"按钮，选择一个存储路径，如有需要可以设置文件名称，选择"自动创建代理"复选框，设置合适的"预览面数"，如图21-52所示。

03 使用移动复制法"实例"复制模型，如图21-53所示，否则将渲染不出或渲染一个方盒。

图21-51

图21-52

图21-53

04 复制并调整后的效果如图21-54所示。

提示

如果场景中的代理模型过多，从而导致场景过卡，可以在调整完该代理物体后，在"网格代理参数"卷展栏的"显示"选项组中选择"边界框"复选框，这样就基本不会影响场景速度了。

05 导入合并"光盘>场景>Ch21>花池花草.max"文件,在"网格代理参数"卷展栏中设置合适的"比例",调整模型至合适的位置,使用移动复制法"实例"复制模型,使用镜像稍微变化下,该模型主要起遮挡作用,如图21-55所示。

图21-54　　　　　　　　　　　图21-55

06 导入合并"光盘>场景>Ch21>小花01.max"文件,调整模型的大小和位置,使用移动复制法"实例"复制模型,使用旋转、缩放和位移工具对花进行变化设置,该模型主要起协调和丰富的作用,如图21-56所示。

07 导入合并"光盘>场景>Ch21>带花树.max"文件,调整模型大小和位置,该树种主要丰富右侧画面,如图21-57所示。

图21-56　　　　　　　　　　　图21-57

08 导入合并"光盘>场景>Ch21>小树.max"文件,调整模型的角度、大小和位置,补充右侧画面,如图21-58所示。

09 导入合并"光盘>场景>Ch21>樱花树.max"文件,调整模型的角度、大小和位置,起到左侧压角的作用,如图21-59所示。

图21-58　　　　　　　　　　　图21-59

10 导入合并"光盘>场景>Ch21>树和绿篱.max"文件,将需要的树调至如图21-60所示的位置,起到左侧远景遮挡和压重的作用,如图21-60所示。

11 导入合并"光盘>场景>Ch21>灌木.max"文件,使用移动复制法复制模型,调整模型的角度、大小和位置,起到丰富画面的作用,如图21-61所示。

12 在"树和绿篱"导入的树种中找一棵提供前景阴影,该树不需要在镜头内,调整模型至合适的位置,将不需要的模型删除即可,如图21-62所示。

图21-60

图21-61

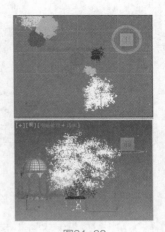
图21-62

13 选择目标平行光,在"V-Ray::阴影参数"卷展栏中选择"区域阴影"复选框,设置各轴向的坐标,如图21-63所示。

14 测试渲染当前场景,得到如图21-64所示的效果。

提示

树的位置和大小需要通过不停地进行测试渲染和调整,以达到理想效果。"区域阴影"的参数需要通过测试得到,场景的不同数值可能不同,效果真实即可。

图21-63

图21-64

21.1.7 设置最终渲染

01 选择目标平行光,在"V-Ray::阴影参数"卷展栏中提高"细分"值,提升灯光的品质,如图21-65所示。

02 按F10键打开"渲染设置"窗口,在"公用"选项卡中设置最终的渲染尺寸,如图21-66所示。

图21-65

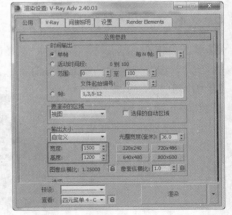
图21-66

03 切换到V-Ray选项卡,在"V-Ray::图像采样器"卷展栏中设置"图像采样器"的"类型"为"自适应确定性蒙特卡洛",选择"抗锯齿过滤器"选项组中的"开"复选框,如图21-67所示。

04 切换到"间接照明"卷展栏,在"V-Ray::发光图"卷展栏中设置"当前预置"为"中",设置"半球细分"为50、"插值采样"为35,如图21-68所示。

05 渲染完图像后，单击
■（保存图像）按钮，
存储非压缩格式.tga
或.tiff，如需后期处理必
须存储为.tga格式。

图21-67

图21-68

21.2 梦幻的蘑菇小屋

【案例学习目标】制作卡通模型蘑菇小屋。

【案例知识要点】通过创建各种模型，并施加多种修改器，创建出蘑菇房子，再设置合适的材质和灯光，导入一些装饰素材，完成梦话的蘑菇小屋的制作，如图21-69所示。

【场景所在位置】光盘>场景>Ch21>梦幻蘑菇ok.max。

【贴图所在位置】光盘>Map。

图21-69

21.2.1 创建蘑菇小屋

01 单击"■（创建）>■（几何体）>球体"按钮，在"顶"视图中创建球体，在"参数"卷展栏中设置"半径"为160、"分段"为18，如图21-70所示。

02 切换到■（修改）命令面板，为模型施加"编辑多边形"修改器，将选择集定义为"顶点"，在场景中缩放顶点，如图21-71所示。

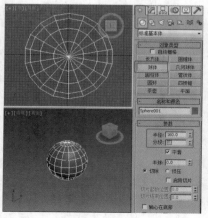

图21-70

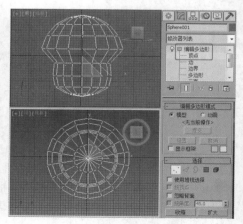

图21-71

03 选择底部的顶点，在"编辑顶点"卷展栏中单击"移除"按钮，保留出如图21-72所示的效果。

04 对纵向的顶点进行缩放和移动，如图21-73所示。

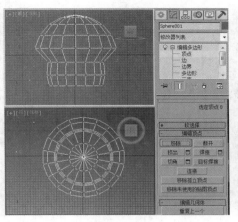
图21-72

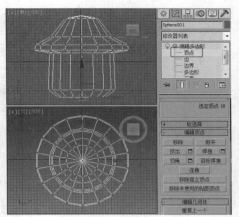
图21-73

05 选择如图21-74所示的顶点。

06 为其施加"噪波"修改器，在"参数"卷展栏中选择"分形"复选框，设置"强度"的X为80、Y为50、Z为30，如图21-75所示。

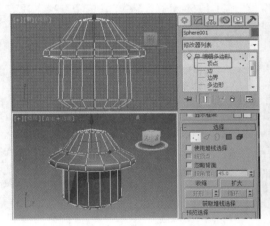
图21-74

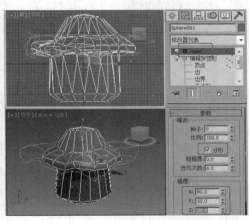
图21-75

07 为模型施加"编辑多边形"修改器，取消处于选择状态的选择集，继续为模型施加"涡轮平滑"修改器，使用默认的参数，观察模型，如果对模型不满意可以返回到噪波下的"编辑多边形"中，对其模型进行调整，如图21-76所示。

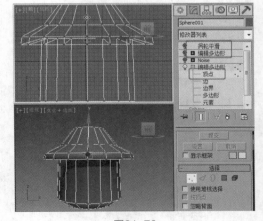
图21-76

08 设置模型的"涡轮平滑"效果，如图21-77所示。

09 接着为模型施加"FFD 4×4×4"修改器，将选择集定义为"控制点"，在场景中调整控制点，调整模型的形

状，如图21-78
所示。

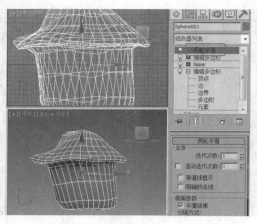

图21-77   图21-78

10 复制出一个模型，并调整"FFD 4×4×4"效果，可以施加多个"FFD 4×4×4"修改器进行调整，直到调整至满意的效果，如图21-79所示。

11 单击"■（创建）>◪（图形）>弧"按钮，在"前"视图中大蘑菇的位置创建弧，作为门顶，如图21-80所示。

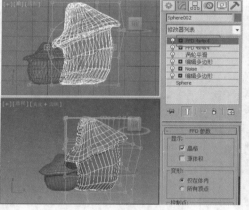
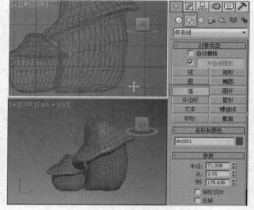

图21-79   图21-80

12 切换到 ◪（修改）命令面板，为其施加"编辑样条线"修改器，将选择集定义为"顶点"，在"几何体"卷展栏中单击"优化"按钮，在弧的底端优化出两个顶点，如图21-81所示。

13 调整顶点，效果如图21-82所示。

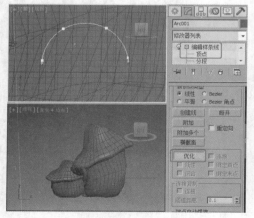
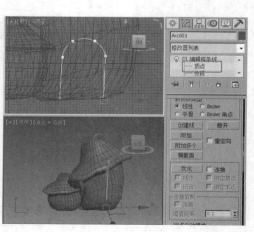

图21-81   图21-82

14 为调整的门框图形施加"可渲染样条线"修改器，在"参数"卷展栏中选择"在渲染中启用"和"在视口中启用"复选框，设置"厚度"为20，如图21-83所示。

15 在场景中为大蘑菇施加"编辑多边形"修改器，将选择集定义为"顶点"，在场景中选择门处的顶点，在

"左"视图中对其
顶点进行缩放，
缩放到一个平面
上，如图21-84
所示。

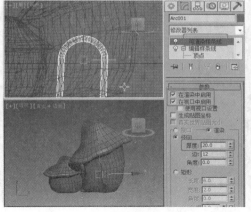

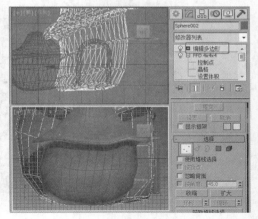

图21-83　　　　　　　　　　　　　　图21-84

16 继续调整大蘑菇的顶点，如图21-85所示。

17 对弧进行复
制，并对其形状
进行调整，调整
至如图21-86所
示的效果，为两
个图形施加"编
辑多边形"修改
器，将可渲染的
图形转换为多边
形，在"编辑几
何体"卷展栏中
单击"附加"按
钮，附加另一个门框模型。

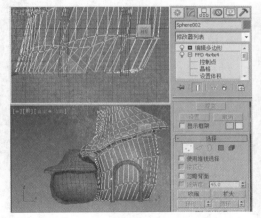

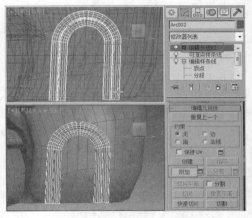

图21-85　　　　　　　　　　　　　　图21-86

18 在"前"视图中门框的位置创建"平面"模型，设置"长度分段"为1、"宽度分段"为3，如图21-87所示。

19 为平面施加
"编辑多边形"修
改器，将选择集
定义为"顶点"，
调整平面，如图
21-88所示。

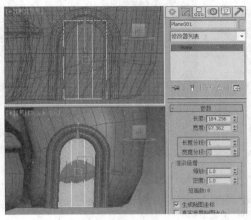

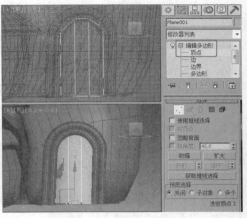

图21-87　　　　　　　　　　　　　　图21-88

20 选择作为门框的模型，为其施加"噪波"修改器，在"参数"卷展栏中选择"分形"复选框，设置"强度"的X为20、Y为20、Z为0，如图21-89所示。

21 使用制作门的方法，制作出窗户。

22 选择大蘑菇模型，将选择集定义为"多边形"，在场景中选择如图21-90所示的多边形，在"多边形：材质ID"卷展栏中设置"设置ID"为1。

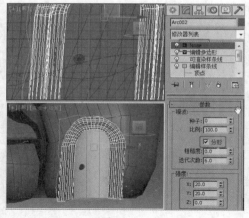

图21-89

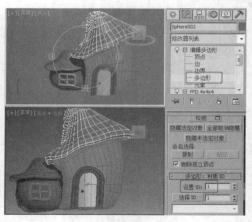

图21-90

23 在场景中选择如图21-91所示的多边形，在"多边形：材质ID"卷展栏中设置"设置ID"为2。

24 使用同样的方法设置小蘑菇的材质ID。

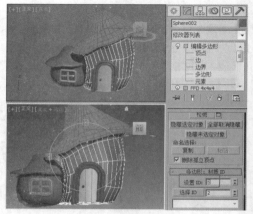

图21-91

21.2.2 设置蘑菇小屋材质

01 在工具栏中单击 ![按钮]（材质编辑器）按钮，打开"材质编辑器"窗口，从中选择一个新的材质样本球，单击Standard按钮，在弹出的"材质/贴图浏览器"对话框中选择"多维/子对象"材质，单击"确定"，在"多维/子对象基本参数"卷展栏中单击"设置数量"按钮，在弹出的对话框中设置数量为2，如图21-92所示。

02 单击进入（2）号材质设置面板，在"贴图"卷展栏中为"漫反射颜色"和"凹凸"指定"位图"贴图，贴图为"mogu01.jpg"文件，如图21-93所示。

图21-92

图21-93

03 进入"凹凸"的贴图层级面板，在"坐标"卷展栏中设置"模糊偏移"为0.01，如图21-94所示。

04 单击两次 ![按钮]（转到父对象）按钮，回到主材质面板，单击进入（1）号材质设置面板，在"贴图"卷展栏中为

"漫反射颜色"和"凹凸"指定"位图"贴图,贴图为"mogu02.jpg"文件,如图21-95所示。

05 将材质指定给蘑菇模型,为其施加"UVW贴图"修改器,在"参数"卷展栏中选择"柱形"贴图类型,设置合适的贴图角度,并设置合适的高度,将选择集定义为Gizmo,在场景中调整Gizmo的位置,如图21-96所示。

图21-84

图21-95

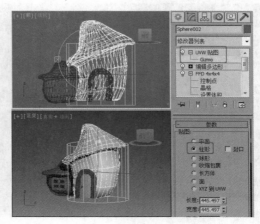
图21-96

06 选择一个新的材质样本球,在"Blinn基本参数"卷展栏中设置"环境光"和"漫反射"的红、绿、蓝为42、25、11;设置"高光级别"为114、"光泽度"为33,如图21-97所示,将材质指定给场景中的门框和窗框。

07 选择一个新的材质样本球,在"贴图"卷展栏中为"漫反射颜色"指定"位图"贴图,贴图为"20120211025833679343.jpg"文件,如图21-98所示,将材质指定给场景中的门模型。

08 选择一个新的材质样本球,在"Blinn基本参数"卷展栏中设置"环境光"和"漫反射"的红、绿、蓝为255、225、193,设置"自发光"为50,如图21-99所示,将材质指定给场景中的窗框模型。

09 渲染当前场景,效果如图21-100所示。

图21-97

图21-98

图21-99

图21-100

21.2.3 背景的制作

01 在"左"视图中绘制"线"图形,为图形施加"挤出"修改器,在"参数"卷展栏中设置"数量"为1282.5,如图21-101所示。

02 打开"材质编辑器"窗口,选择一个新的材质样本球,在"明暗器基本参数"卷展栏中选择"双面"复选框,在"贴图"卷展栏中为"漫反射颜色"指定"蘑菇bg.png"位图文件,如图21-102所示,将材质指定给场景中的背景模型。

03 在场景中选择作为背景的模型，为其施加"UVW贴图"修改器，选择合适的轴向，并在场景中调整Gizmo，如图21-103所示，调整至合适的效果。

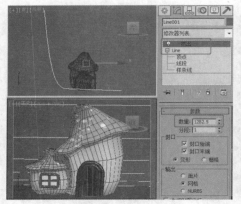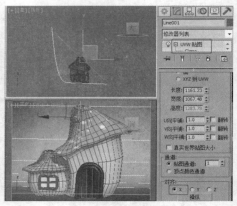

图21-101 　　　　　　图21-102 　　　　　　图21-103

21.2.4　导入素材

01 单击█（应用程序）按钮，选择"导入>合并"命令，导入合并"光盘>场景>Ch21"中的"花01~花04"文件，如图21-104所示。

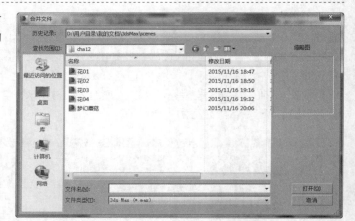

图21-104

02 对导入到场景中的素材进行调整，如图21-105所示。
03 导入并调整如图21-106所示的花。

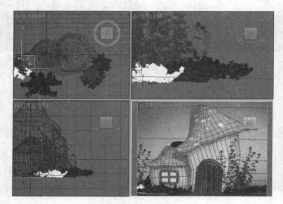

图21-105 　　　　　　　　图21-106

21.2.5 创建灯光

在场景中调整合适的"透视"图，按Ctrl+C组合键，创建摄影机。

01 单击"⚙（创建）＞◣（灯光）＞标准＞目标聚光灯"按钮，在场景中创建并调整目标聚光灯，在"常规参数"卷展栏中选择"阴影"选项组中的"启用"复选项，设置阴影类型为"区域阴影"。在"聚光灯参数"卷展栏中设置"聚光区/光束"为0.5、"衰减区/区域"为45，如图21-107所示。

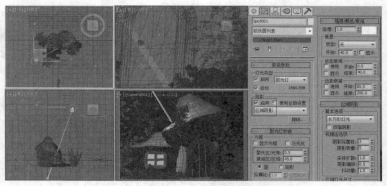

图21-107

02 单击"⚙（创建）＞◣（灯光）＞标准＞天光"按钮，在场景中创建天光，在"天光参数"卷展栏中设置"倍增"为0.5，如图21-108所示。

03 在工具栏中单击▣（渲染设置）按钮，在打开的窗口中选择"高级照明"选项卡，设置高级照明为"光跟踪器"，如图21-109所示。最后再用Photoshop稍微做一些调整，这里就不详细介绍了。

图21-108

图21-109

▶ 21.3 广告动画的制作

【案例学习目标】制作广告动画。

【案例知识要点】创建动画的各个素材模型，并分别设置关键点动画和视频后期处理，完成的广告动画静帧如图21-110所示。

【场景所在位置】光盘＞场景＞Ch21＞广告动画的制作.max。

【贴图所在位置】光盘＞Map。

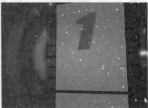

图21-110

21.3.1 制作电影拍板

01 单击 ">>矩形" 按钮，在 "前" 视图中创建矩形，在 "参数" 卷展栏中设置 "长度" 为150、"宽度" 为260、"角半径" 为5，如图21-111所示。

02 切换到 命令面板，为图形施加 "挤出" 修改器，在 "参数" 卷展栏中设置 "数量" 为15，如图21-112所示。

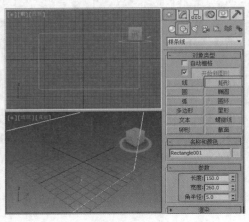

图21-111

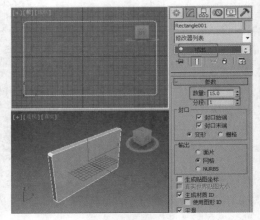

图21-112

03 复制模型，并为其施加 "编辑多边形" 修改器，将选择集定义为 "顶点"，调整顶点，作为上方的板，如图21-113所示。

04 复制模型，并使用 "线" 工具，在 "前" 视图中创建并调整图形的形状，为图形施加 "挤出" 修改器，在 "参数" 卷展栏中设置 "数量" 为2，如图21-114所示。

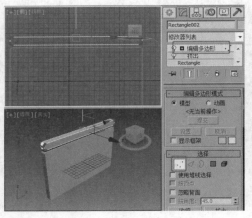

图21-113

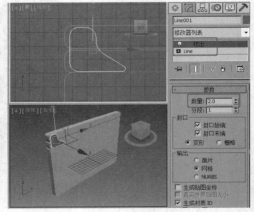

图21-114

05 在 "前" 视图中创建球体，在 "参数" 卷展栏中设置 "半球" 为0.5，设置合适的大小参数，如图21-115所示。

06 在场景中选择如图21-116所示的模型，切换到 命令面板，单击 "仅影响轴" 按钮，在 "前" 视图中调整轴的位置。

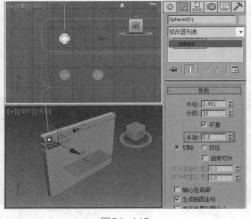

图21-115

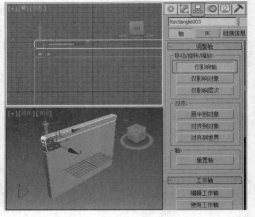

图21-116

07 打开"材质编辑器"窗口，选择一个新的材质样本球，在"贴图"卷展栏中为"漫反射颜色"指定"电影拍板 .tif"位图文件，如图21-117所示，将材质指定给场景中较大的矩形模型。

08 为模型施加"UVW贴图"修改器，在"参数"卷展栏中选择"平面"单选按钮，选择合适的轴，如图21-118所示。

09 在"材质编辑器"窗口中选择一个新的材质样本球，在"贴图"卷展栏中为"漫反射颜色"指定"电影拍板 0.tif"位图文件，如图21-119所示，将材质指定给场景中较小的两个矩形。

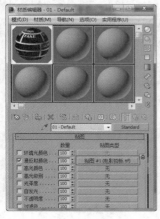
图21-117

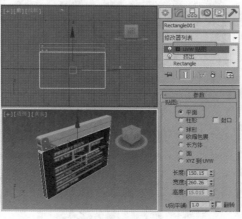
图21-118

图21-119

10 选择一个新的材质样本球，在"Blinn基本参数"卷展栏中设置"环境光"和"漫反射"颜色为黑色，并设置"高光级别"为93、"光泽度"为36，如图21-120所示，将材质指定给场景中施加了"挤出"修改器的模型。

11 选择一个新的材质样本球，将材质转换为"光线跟踪"材质，在"光线跟踪基本参数"卷展栏中设置"漫反射"的红、绿、蓝为44、47、61；设置"反射"的红、绿、蓝为108、115、148，如图21-121所示，将材质指定给场景中的半球模型。

图21-120

图21-121

12 在场景中将模型旋转一定的角度，如图21-122所示。

13 调整"透视"图至合适的角度，按Ctrl+C组合键，创建摄影机。

14 打开"自动关键点"按钮，拖动时间滑块到30帧，旋转模型，如图21-123所示。

图21-122

图21-123

15 在32帧上单击鼠标右键，在弹出的快捷菜单中选择"位置"命令，如图21-124所示。

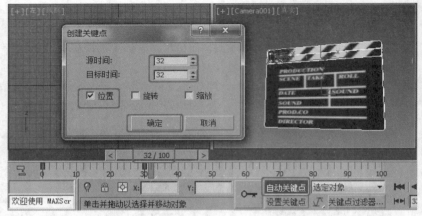

图21-124

16 在工具栏中单击□（曲线编辑器）按钮，打开"曲线编辑器"窗口，从中可以看到拍板的所有模型，如图21-125所示。

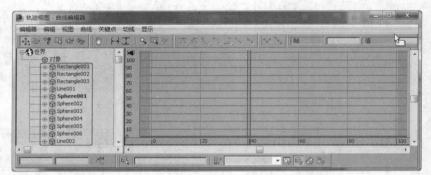

图21-125

17 选择其中一个模型，在"曲线编辑器"窗口中选择"编辑>可见性轨迹>添加"命令，如图21-126所示。

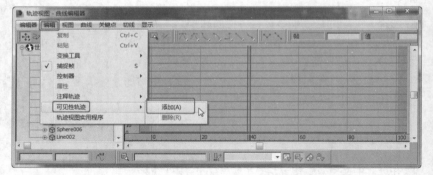

图21-126

18 添加可见性轨迹后，在40帧和41帧处创建关键点，并设置41帧的"值"为0，说明模型在41帧之后是隐藏的，如图21-127所示。

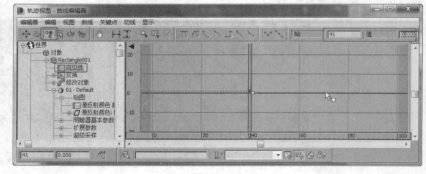

图21-127

21.3.2 制作光环

01 在"前"视图中创建"管状体",设置"半径1"为245、"半径2"为150,设置其高度为0,打开"自动关键点"按钮,拖动时间滑块,设置放大或缩小"半径1"和"半径2"的参数,如图21-128所示。

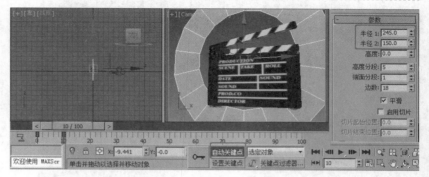

图21-128

02 使用同样的方法设置管状体变大、变小的动画,可以复制并缩放管状体,如图21-129所示。

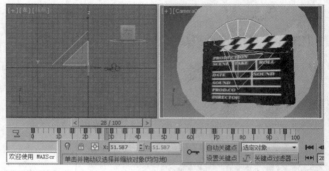

图21-129

03 复制管状体后,可以看到动画关键点也被复制出来,可以调乱关键点的位置,不要让两个管状体同步,如图21-130所示。

04 打开"材质编辑器"窗口,从中选择一个新的材质样本球,设置"不透明度"为0,指定管状体材质,如图21-131所示。

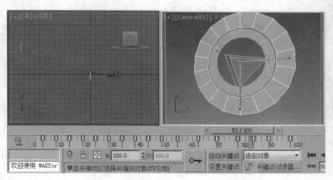

图21-130

图21-131

21.3.3 设置背景

01 按8键,打开"环境和效果"窗口,为环境背景指定"渐变"贴图,将渐变贴图拖曳到新的材质样本球上,以"实例"的方式进行复制。

在"坐标"卷展栏中设置"贴图"类型为"屏幕",如图21-132所示。

02 在"渐变擦数"卷展栏中设置"渐变类型"为"径向";设置"颜色#1"的红、绿、蓝为0、0、9;设置"颜色#2"的红、绿、蓝为0、9、31;设置"颜色#3"的红、绿、蓝为0、22、78,如图21-133所示。

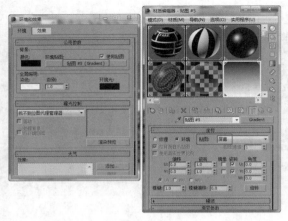

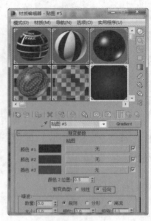

图21-132   图21-133

21.3.4 制作胶片

01 在"前"视图中创建"平面",在"参数"卷展栏中设置"长度"为2600、"宽度"为280,如图21-134所示。

02 在场景中将胶片模型放置到摄影机镜头的下方,打开"自动关键点"按钮,拖动时间滑块到40帧,用鼠标右键单击关键点,在弹出的对话框中选择"位置"复选框,创建位置关键点,如图21-135所示。

图21-134

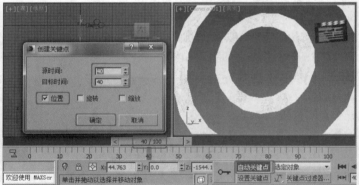

图21-135

03 拖动时间滑块到70帧,将胶片穿过摄影机镜头,移动到摄影机视图的上方,如图21-136所示。

04 打开"材质编辑器"窗口,在"贴图"卷展栏中为"漫反射"指定"胶片3.tif"位图文件,为"不透明度"指定"胶片3B.tif"文件,如图21-137所示,将材质指定给场景中的胶片。

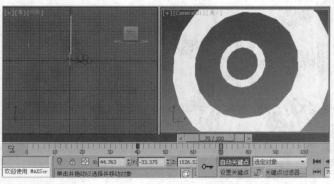

图21-136

图21-137

21.3.5　创建粒子

01 在"前"视图中创建"暴风雪"粒子，在场景中调整粒子的位置，在"基本参数"卷展栏中设置"宽度"为700、"长度"为700，设置"粒子数百分比"为100%。

在"粒子生成"卷展栏中设置"使用总数"为10000，设置"粒子运动"选项组中的"速度"为30，在"粒子计时"选项组中设置"发射开始"为-100、"发射停止"为100、"显示时限"为100，在"粒子大小"选项组中设置"大小"为10，如图21-138所示。

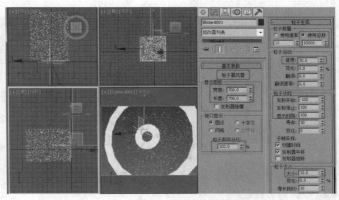

图21-138

02 在场景中用鼠标右键单击粒子，在弹出的快捷菜单中选择"对象属性"命令，在弹出的对话框中设置"G缓冲区"选项组中的"对象ID"为1，选择"运动模糊"选项组中的"图像"单选按钮，并设置"倍增"为10，单击"确定"按钮，如图21-139所示。

03 在场景中选择两个管状体，单击鼠标右键，在弹出的快捷菜单中选择"对象属性"命令，在弹出的对话框中设置"G缓冲区"选项组中的"对象ID"为2，选择"运动模糊"选项组中的"图像"单选按钮，并设置"倍增"为5，单击"确定"按钮，如图21-140所示。

图21-139　　　　　　　　　图21-140

　　　　播放动画观看一下效果，可以修改电影拍板的关键点，使其更紧凑些，调整影视拍板的关键点位置，如图21-141所示。

图21-141

21.3.6　创建文字

01 在"前"视图中创建文本，修改文本的参数，并为其施加"挤出"修改器，拖动时间滑块到70帧，为模型施加"挤出"修改器，设置"数量"为800，如图21-142所示，拖动时间滑块到80帧的位置，设置挤出的"数量"为30。

02 选择一个新的材质样本球，将材质转换为"光线跟踪"材质，在"光线跟踪基本参数"卷展栏中设置"漫反射"的红、绿、蓝为137、71、0，设置"反射"的红、绿、蓝为137、71、0，设置"高光级别"为103、"光泽度"为40，如图21-143所示。

03 打开"自动关键点"按钮，设置"透明度"为100，拖动时间滑块到79帧，设置"透明度"为0，将"透明度"为100的关键点拖曳到69帧，如图21-144所示。

图21-142   图21-143   图21-144

04 拖动时间滑块看一下动画效果，如图21-145所示。

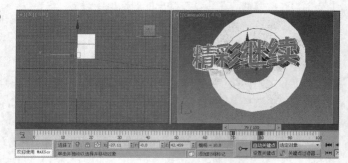

图21-145

05 在工具栏中单击 (曲线编辑器)按钮，打开"曲线编辑器"窗口，选择文本模型，在菜单栏中选择"编辑>可见性轨迹>添加"按钮，添加可见性轨迹，在68帧和69帧添加关键点，并设置68帧的"值"为0，如图21-146所示，设置其文本在68帧之前为隐藏。

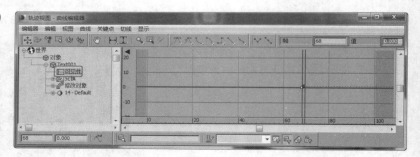

图21-146

21.3.7 创建灯光

在场景中如图21-131所示的位置创建两盏"泛光"灯，设置两盏灯光的"倍增"均为2，如图21-147所示。

图21-147

21.3.8 设置视频后期处理

01 选择"渲染 > 视频后期处理"命令，打开"视频后期处理"窗口，添加一个场景事件，添加两个"镜头效果光晕"事件，添加一个输出时间，如图21-148所示。

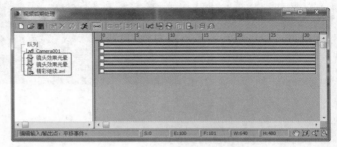

图21-148

02 双击第一个"镜头效果光晕"事件，在弹出的对话框中单击"设置"按钮，打开"镜头效果光晕"窗口，在"属性"选择卡中设置"对象ID"为1，如图21-149所示。

03 切换到"首选项"选项卡，设置"大小"为50、"强度"为100，单击"确定"按钮，如图21-150所示。

04 双击第二个"镜头效果光晕"事件，在弹出的对话框中单击"设置"按钮，打开"镜头效果光晕"窗口，在"属性"选项卡中设置"对象ID"为2，如图21-151所示。

05 切换到"首选项"选项卡，设置"大小"为3、"强度"为50，单击"确定"按钮，如图21-152所示。

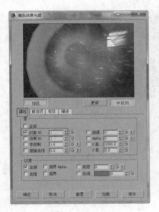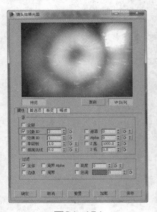

图21-149   图21-150   图21-151   图21-152

06 单击 ✖ （执行序列）按钮，在弹出的对话框中选择"范围"单选按钮，设置合适的渲染尺寸，单击"渲染"按钮，如图21-153所示。

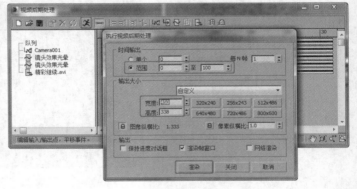

图21-153

21.4 穿梭门的制作

【案例学习目标】制作网游穿梭门。

【案例知识要点】通过创建模型，用贴图表示各部分内容，最后使用粒子和视频后期处理来完成穿梭门的制作，如图21-154所示。

【场景所在位置】光盘>场景>Ch21>穿梭门.max。

【贴图所在位置】光盘>Map。

图21-154

21.4.1 墙体和地面的制作

01 单击 "　 （创建 ）>　 （几何体 ）>圆柱体" 按钮，在 "顶" 视图中创建圆柱体，在 "参数" 卷展栏中设置 "半径" 为1200、"高度" 为1200、"高度分段" 为1，如图21-155所示。

02 切换到　 （修改 ）命令面板，为模型施加 "编辑多边形" 修改器，将选择集定义为 "多边形"，在场景中选择顶部的多边形，如图21-156所示，按Delete键，删除多边形。

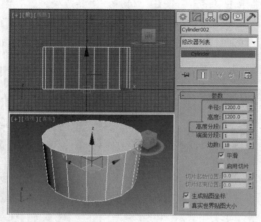

图21-155

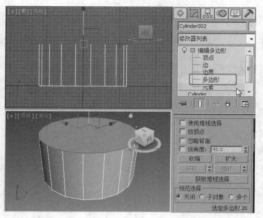

图21-156

03 在场景中选择作为墙体的多边形，在 "编辑几何体" 卷展栏中单击 "分离" 按钮，将墙体多边形分离出来，如图21-157所示。

04 打开 "材质编辑器" 窗口，选择新的材质样本球，在 "贴图" 卷展栏中为 "漫反射颜色" 指定 "位图" 贴图，贴图为 "qiang.tif"，为 "凹凸" 指定 "位图" 贴图，贴图为 "qiang-b.tif"，如图21-158所示。

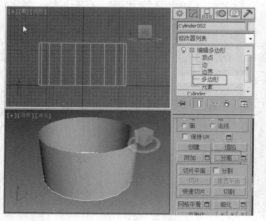

图21-157

图21-158

05 进入漫反射贴图层级面板，在 "坐标" 卷展栏中设置 "瓷砖" 的U、V分别为6和1，如图21-159所示。

06 进入凹凸贴图层级面板，在 "坐标" 卷展栏中设置 "瓷砖" 的U、V分别为6和1，如图21-160所示，将材质指定给场景中的墙体模型。

07 选择一个新的材质样本球，在 "贴图" 卷展栏中为 "漫反射颜色" 指定 "位图" 贴图，贴图为 "葡萄牙地面.jpg"，为 "凹凸" 指定 "位图" 贴图，贴图为 "葡萄牙地面.jpg"，如图21-161所示。

08 进入贴图层级面板，在"坐标"卷展栏中设置"瓷砖"的U、V均为3，如图21-162所示，使用同样的方法设置凹凸贴图层级的瓷砖UV，将材质指定给场景中的地面模型。

图21-159　　　　　　图21-160　　　　　　图21-161　　　　　　图21-162

21.4.2　穿梭门的模拟

01 在"顶"视图中创建"圆柱体"，在"参数"卷展栏中设置"半径"为700、"高度"为20，如图21-163所示。

02 打开"材质编辑器"窗口，选择一个新的材质样本球，在"贴图"卷展栏中为"漫反射颜色"指定"位图"贴图，贴图为"yuan012.tif"文件，设置"凹凸"的数量为80，为其指定"位图"贴图，贴图为"yuan012.tif"文件，如图21-164所示，将材质指定给场景中的圆柱体。

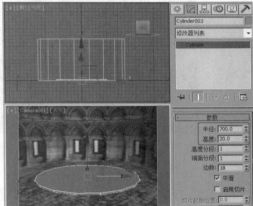

图21-163　　　　　　　　　　　　图21-164

03 为圆柱体施加"UVW贴图"修改器，设置合适的参数，如图21-165所示。

04 复制圆柱体，修改圆柱体的"半径"为700、"高度"为926.2，如图21-166所示。

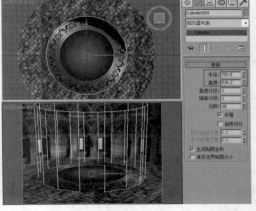

图21-165　　　　　　　　　　　　图21-166

05 打开"材质编辑器"窗口，在"Blinn基本参数"卷展栏中设置"环境光"和"漫反射"的颜色为蓝色，设置
"不透明度"为1，如图21-167所
示，将材质指定给复制并修改的圆
柱体。

06 为模型施加"编辑多边形"修改
器，将选择集定义为"多边形"，在
场景中删除顶部的模型，如图21-
168所示。

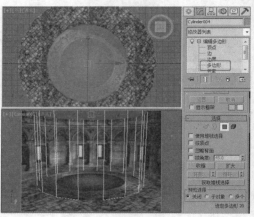

图21-167　　　　　　　　　　　　　图21-168

07 删除多边形后，用鼠标右键单击指定透明材质的圆柱体，在弹出的快捷菜单中选择"对象属性"命令，在弹
出的对话框中设置"对象ID"为1，
单击"确定"按钮，如图21-169
所示。

08 单击" ■ （创建）> ◎ （几何体）
>粒子系统>粒子云"按钮，在
"基本参数"卷展栏中设置"粒子分
布"为"圆柱体放射器"，在"顶"
视图中创建圆柱体粒子云，如图
21-170所示。

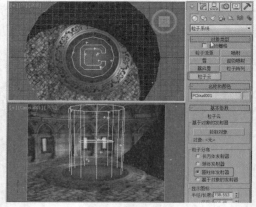

图21-169　　　　　　　　　　　　　图21-170

09 在"基本参数"卷展栏中选择"视口显示"选项组中的"网格"单选
按钮。

在"粒子生成"卷展栏中选择"使用总数"单选按钮，设置参数为300；
在"粒子运动"选项组中设置"速度"为10、"变换"为50；在"粒子
计时"选项组中设置"发射开始"为-50、"发射停止"为100、"显示时
限"为120、"寿命"为120；在"粒子大小"选项组中设置"大小"为
10。

在"粒子类型"卷展栏中设置"粒子类型"为"标准粒子"选项；在"标
准粒子"选项组中选择"球体"单选按钮，如图21-171所示。

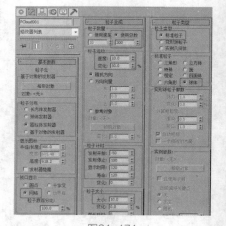

图21-171

10 在场景中用鼠标右键单击粒子对象，在弹出的快捷菜单中选择"对象属性"命令，在弹出的对话框中设置
"对象ID"为2，单击"确定"按钮，如图21-172所示。

11 打开材质编辑器，选择一个新的材质样本球，在"Blinn基本参数"卷展栏中设置"环境光"和"漫反射"的
颜色为蓝紫色，设置"自发光"为50、"不透明度"为30，如图21-173所示。

图21-172   图21-173

21.4.3 灯光的创建

01 在场景中创建"目标聚光灯",在"聚光灯参数"卷展栏中设置"聚光区/光束"为0.5、"衰减区/区域"为45,在"强度/颜色/衰减"卷展栏中设置"倍增"为1,如图21-174所示。

02 继续在场景中创建"天光",在"天光参数"卷展栏中设置"倍增"为0.2,如图21-175所示。

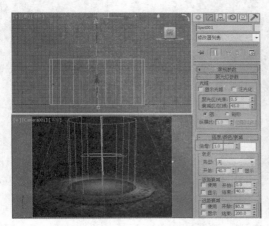

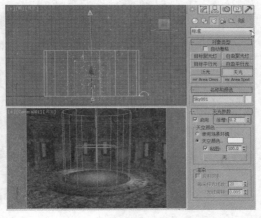

图21-174   图21-175

03 打开"渲染设置"窗口,在"高级照明"选项卡中选择高级照明为"光跟踪器",如图21-176所示。

04 渲染场景,得到如图21-177所示的效果。

图21-176   图21-177

21.4.4 视频后期处理

01 打开"视频后期处理"窗口，添加场景事件和两个"镜头效果光晕"事件，如图21-178所示。

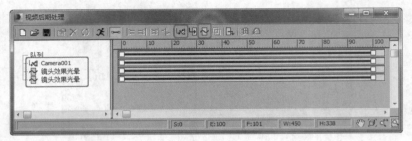

图21-178

02 双击第一个"镜头效果光晕"事件，在弹出的对话框中单击"设置"按钮，在打开的"镜头效果光晕"窗口中设置"对象ID"为1，如图21-179所示。

03 选择"首选项"选项卡，在"效果"选项组中设置"大小"为1，在"颜色"选项组中选择"像素"单选按钮，如图21-180所示。

04 选择"噪波"选项卡，选择"红""绿""蓝"3个选项，选择"电弧"单选按钮，并设置"参数"选项组中的"大小"为80，如图21-181所示，单击"确定"按钮。

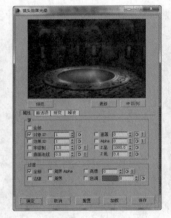

图21-179　　　　　　　　　　图21-180　　　　　　　　　　图21-181

05 双击第二个"镜头效果光晕"事件，在弹出的对话框中单击"设置"按钮，打开"镜头效果光晕"窗口，设置"对象ID"为2，如图21-182所示。

06 选择"首选项"选项卡，在"效果"选项组中设置"大小"为3、"柔化"为0，设置"颜色"为"渐变"，单击"确定"按钮，如图21-183所示。

07 然后添加图像输出时间，并设置视频，最后执行序列，完成本案例的制作。

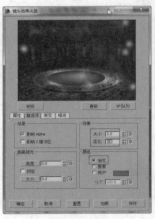

图21-182　　　　　　　　　　图21-183